生态酿酒新技术及应用

余有贵　主　编
伍　强　副主编

中国轻工业出版社

图书在版编目（CIP）数据

生态酿酒新技术及应用 / 余有贵主编；伍强副主编.
北京：中国轻工业出版社，2025. 8. -- ISBN 978-7
-5184-5665-9

Ⅰ．TS261.4

中国国家版本馆 CIP 数据核字第 20254FD817 号

责任编辑：狄宇航
策划编辑：江　娟　　责任终审：唐是雯　　　　封面设计：锋尚设计
版式设计：宋振全　　责任校对：刘小透　晋　洁　责任监印：张京华

出版发行：中国轻工业出版社（北京鲁谷东街 5 号，邮编：100040）
印　　刷：北京君升印刷有限公司
经　　销：各地新华书店
版　　次：2025 年 8 月第 1 版第 1 次印刷
开　　本：787×1092　1/16　印张：26.75
字　　数：633 千字
书　　号：ISBN 978-7-5184-5665-9　定价：88.00 元
邮购电话：010-85119873
发行电话：010-85119832　010-85119912
网　　址：http://www.chlip.com.cn
Email：club@chlip.com.cn
版权所有　侵权必究
如发现图书残缺请与我社邮购联系调换

242099K7X101ZBW

本书编委会

主　　任　余有贵（邵阳学院）

副主任　　伍　强（邵阳学院）
　　　　　韩　英（山西杏花村汾酒厂股份有限公司）
　　　　　汤向阳（珍酒李渡集团有限公司、天津科技大学）
　　　　　陈　翔（江苏洋河酒厂股份有限公司）

委　　员　张文学（四川大学）
　　　　　罗惠波（四川轻化工大学）
　　　　　范文来（江南大学）
　　　　　黄明泉（北京工商大学）
　　　　　郑　青（邵阳学院）
　　　　　赵　东（宜宾五粮液股份有限公司）
　　　　　张宿义（泸州老窖股份有限公司）
　　　　　葛向阳（江苏洋河酒厂股份有限公司、宿迁学院）
　　　　　张聪芝（江苏洋河酒厂股份有限公司、江南大学）
　　　　　万　康（湖南湘窖酒业有限公司）
　　　　　朱栋才（江西李渡酒业有限公司）
　　　　　王建成（四川金六福酒业有限公司）
　　　　　甄　攀（山西杏花村汾酒厂股份有限公司）
　　　　　余　冰（酒鬼酒股份有限公司）
　　　　　张振山（中科恒信智能科技有限公司）
　　　　　李长文（贵州国台数智酒业集团股份有限公司）
　　　　　陈　斌（老村长酒业有限公司）

序
一

  仲春时节，阅读《生态酿酒新技术及应用》书稿，墨香悠悠恍见时光流转。二十余年前，我在国际会议上率先提出"生态酿酒"概念时，未曾想到这颗种子能在行业沃土中萌发得如此葳蕤。从生态酿酒技术奠定基础，至"五三原理""五官九觉""全P标准"等发明创新，再至《走向生态化经营》《标准化整合营销》《固态发酵》等系列著作，共同构筑以"幽雅、舒适、健康"新酒体为导向的全产业生态价值链"生态酿酒学"体系，每一步进展都凝聚了我与众多酿酒同仁的心血与智慧。本书旨在分享心得、交流思想、探讨未来，既欣慰于理念的薪火相传，更深刻领悟到生态酿酒已从技术革新的层面逐步升华为一种文明自信。

  本书从原粮种植的生态密码到酒体设计的数字孪生，从窖池微生态调控到副产物的深度开发，十个章节环环相扣，既传承了"天人共酿"的东方智慧，又注入了智能制造的时代基因。特别是精选的80余个企业案例，犹如镶嵌在理论经纬线上的明珠，既有五粮液"种酿循环"的生态闭环，又有洋河"零碳车间"的智造实践，生动诠释了"绿水青山就是金山银山"的产业转化路径。这些案例不仅展示了生态酿酒的实践成果，更为行业提供了可借鉴的又一实践范本。

  在"双碳"战略深入实施的新阶段，本书的价值已超越技术专著的范畴。它既是酿酒业的又一部生态宣言，亦是传统产业转型升级的启示录。书中对酿酒微生态的进一步深度解构，揭示出微生物群落与地域环境的共生法则；对生态酿酒的进一步系统论述，展现了从末端治理到源头控制的范式转变。作者将信息化管理与生态化经营单列成章节，从李渡酒业"小舵-分舵-总舵"三级生活化场景营销模式到山西汾酒的生态酿酒全产业链追溯技术，洋溢着时代的新气息，标志着生态酿酒进一步拓展至全生态价值链的构建。书中字里行间闪动着传承与创新的光芒，从湘窖酒业循环利用黄水预处理稻壳，到李渡酒业新基地成功复活古窖功能菌，这些鲜活的实践案例正是生态酿酒理念的最佳诠释。书中对智能感官评价、风味定向调控等前沿技术的剖析，既保持了学术严谨，又凸显了产业应用的务实品格。这种产学研深度融合的编纂特色，使本书既可作为企业技术改造的参考书，又能作为相关专业高等院校的教学参考书。

  掩卷沉思，生态酿酒的演进恰似一坛老酒的陈化：需要时间的沉淀，更需要智慧的勾调。从二十余年前的理念破土与《走向生态经营》面世，至2016年《生态酿酒新技术》问世，直至当下《生态酿酒新技术及应用》的出版，白酒人用匠心续写着这曲绿色交响。此刻，我特别感谢余有贵教授及其团队，他们以十年磨一剑的定力，将散落业界的珍珠串成璀璨的项链，让生态酿酒从抽象的概念转化为可复制、可推广的实践成熟样本。《齐民要术》有云："顺天时，量地利，则用力少而成功多。"当白酒行业立足于新质生产力赋能高质量发展的新阶段，药食（酒）同源的文化基因决定了二者标准体系的同源性，中国白酒标准的升级应立足文化自信。由于药品标准体系的国际认知，酒业标准体系向药品标准体系看齐，从根源上破解白酒国际化中的标准壁垒与认知鸿沟。通过激活酒药同源的文化密码构建国际化标准框架，是突破白酒出口瓶颈的战略捷径。盼望着更多酿酒人在阅读此书中触发灵感，在实践中创新突破，共同谱写中国白酒绿色生态发展的新篇章。让我们以生态之名，酿时间佳酿，让这杯承载着东方智慧的美酒，香飘寰宇，泽被后世。

乙巳年仲春

序言作者简介：正高级工程师、中国酿酒大师、中国白酒大师、中国首席品酒师、生态酿酒学家，中国生态酿酒标准化的引领者、中国当代发明家、中国首届酒业科技领军人才、国家级技能大师、中国杰出质量人、享受国务院特殊津贴专家，四川省学术和技术带头人。拥有130多项科研项目、10部著作、40多篇论文、13项国际发明金奖，60多次四川省科技进步一等奖等科技奖励以及40项专利。

前　言

自1999年"生态酿酒"理念破茧而生，经过廿六载春华秋实，这项承载着东方酿造智慧的革命性思想已深深镌刻进中国白酒的发展基因。在生态文明与千年酒脉的共振中，《生态酿酒新技术》初版问世九年来，以其系统化的理论架构与实践指南，成为高校课堂的经典教材、企业技改的案头宝典，多次重印中持续焕发着学术生命力。

站在"双碳"战略纵深推进的历史节点，我们见证了生态酿酒技术从理念先导转向全面实践的关键跨越。国家绿色制造体系的构建、消费者健康意识的觉醒、全球酒业可持续发展趋势的倒逼，三重驱动力正推动行业进行深层变革。从五粮液"粮-酒-糟-电-白炭黑"生态循环的清洁生产模式，到洋河"智慧低碳"酿造车间的创新实践；从酒醅微生物组学的科研突破，到区块链溯源技术的广泛应用，体现的不仅是生态理念与智能科技的双螺旋演进，更是传统酿造文明与现代工业文明的深度融合。

《生态酿酒新技术及应用》此次迭代升级的出版，凝聚了产学研协同创新的最新结晶。由8所高校和科研机构、11家酿酒企业组建的编委会，甄选了80余项创新技术，既传承了"天人共酿"的东方智慧，又注入了智能制造的时代基因，最终形成覆盖全产业链的技术体系。全书以"理论奠基-技术解析-案例实证"为脉络，构建起覆盖"从田间到舌尖"的中国白酒全产业链生态体系。全书共分为10章：首章总览生态酿酒发展全景，中间八章详解酒曲微生态构建、窖池菌群调控等核心技术，终章构建数字化管理体系，以"特点-原理-路径-要点-成效"递进式解析技术细节。理论与实践案例阐述交相辉映，构筑了知行合一的完整的知识图谱。通过对技术案例的精心编纂与深度剖析，全面展现了其技术特点、工作原理、实施步骤、核心要点及应用成效，从而揭示了这些技术在生态可持续性、文化传承以及经济效益方面的卓越贡献与价值。

本书的诞生得益于行业智慧的共同浇灌。"生态酿酒"理念的首倡者李家民高级工程师参与全程指导，编委会成员提供了核心技术案例，邵阳学院生态酿酒团队坚持深耕研究，山西杏花村汾酒厂股份有限公司、江苏洋河酒厂股份有限公司、江西李渡酒业有限公司、湖南湘窖酒业有限公司等单位对新书出版给予了鼎力支持。新书通过国家知识产权局、知网及企业官网等权威渠道，引用并采纳了多位专家的专利成果、学术论文及行业报道等内容。全书由曹智华、王莎莎统稿，生态酿酒重点实验室师生参与校稿。正是这些涓滴努力汇聚成河，方使散落业界的珍珠终成体系。在此，向为本书顺利出版做出贡献的各方致以诚挚的谢意！

面对消费品质跃迁、国际标准接轨、健康诉求迭代的三重历史性跨越，中国白酒的生态化转型正处于关键时期。尽管本书力求全面详尽，但在日新月异的科技浪潮中，难免存在某些方面的滞后与不足。以敬畏之心将拙作付梓，既为阶段性成果的总结，更为抛砖引玉。期待本书能成为行业绿色转型的路标，更盼读者在掩卷之余，生发出超越书本的创造灵光。愿业界同仁共执生态之笔，续写中国酒业的永恒传奇。

余有贵

2025 年 3 月 5 日于邵阳学院

目　录

第一章　生态酿酒概述　1
- 第一节　生态酿酒术语　2
- 第二节　生态酿酒技术环节　7
- 第三节　生态酿酒与生态经营模式　9
- 第四节　生态酿酒主要思想　14
- 第五节　酿酒生态工业园　21
- 第六节　生态酿酒和生态经营思想传播　26

第二章　生态化酒曲生产技术　28
- 第一节　白酒酒曲与微生物　28
- 第二节　强化大曲生产技术　33
- 第三节　自动化大曲坯制作技术　41
- 第四节　自动化培曲管理生产技术　52
- 第五节　机压丢糟包包曲生产技术　57
- 第六节　智能化大曲生产技术　67

第三章　窖池窖泥微生态技术　73
- 第一节　中国白酒窖池微生态系统与研究　73
- 第二节　人工窖泥培养技术　87
- 第三节　人工老窖技术　94
- 第四节　窖泥功能菌发掘与应用技术　103
- 第五节　微生态解析与应用技术　106
- 第六节　古窖功能菌复活与应用技术　118

第四章　生态化原料种植与预处理技术　121
- 第一节　"红缨子"高粱选育技术　121
- 第二节　"迁酿1号"高粱选育技术　127
- 第三节　白酒用水的预处理技术　132
- 第四节　酒用稻壳预处理技术　134
- 第五节　酒用原粮高压糊化处理技术　138

第六节　多粮同甑糊化处理技术 …………………………………………… 147
> 第五章　生态化发酵与蒸馏技术 ………………………………………………… 150
　　第一节　复合香型白酒发酵技术 …………………………………………… 150
　　第二节　浓香型白酒发酵新技术 …………………………………………… 158
　　第三节　酱香型白酒堆积发酵技术 ………………………………………… 168
　　第四节　雅致型白酒酿造技术 ……………………………………………… 172
　　第五节　馥郁香型白酒智能化酿造技术 …………………………………… 175
　　第六节　机器人仿人簸箕装甑技术 ………………………………………… 188
> 第六章　生态化贮存与勾调技术 ………………………………………………… 194
　　第一节　自然贮存新技术 …………………………………………………… 194
　　第二节　人工催陈技术 ……………………………………………………… 202
　　第三节　贮存老熟机理解析技术 …………………………………………… 211
　　第四节　酒体风味设计技术 ………………………………………………… 215
　　第五节　生产调味酒的超临界萃取技术 …………………………………… 219
　　第六节　勾兑调味技术 ……………………………………………………… 222
> 第七章　生态化检测新技术 ……………………………………………………… 228
　　第一节　白酒风味研究与风味导向技术 …………………………………… 228
　　第二节　区分酒质的指纹图谱技术 ………………………………………… 237
　　第三节　白酒健康因子检测技术 …………………………………………… 241
　　第四节　酱香型白酒后味的判别技术 ……………………………………… 247
　　第五节　白酒中塑化剂的检测技术 ………………………………………… 251
　　第六节　窖泥菌群的绝对定量分析技术 …………………………………… 256
> 第八章　生态化副产物高值利用技术 …………………………………………… 265
　　第一节　酒糟的利用技术 …………………………………………………… 265
　　第二节　黄水的利用技术 …………………………………………………… 281
　　第三节　废水的生态处理技术 ……………………………………………… 288
　　第四节　尾酒的利用技术 …………………………………………………… 299
　　第五节　固液香味成分共提技术 …………………………………………… 302
　　第六节　糟水联合处理技术 ………………………………………………… 305
> 第九章　生态化白酒包装技术 …………………………………………………… 308
　　第一节　生态化包装材料的必要性 ………………………………………… 308
　　第二节　生态化包装材料的基本特性 ……………………………………… 310
　　第三节　生态化包装材料的分类 …………………………………………… 312
　　第四节　中国白酒包装生态材料的发展趋势 ……………………………… 312
　　第五节　生物基可降解纳米材料制备技术 ………………………………… 315
　　第六节　智能化包装技术 …………………………………………………… 318

> **第十章 生态化管理信息技术** ································· 324
　　第一节 企业管理一体化信息技术 ································ 324
　　第二节 白酒酿造主要环节管理信息化技术 ······················· 326
　　第三节 白酒产品全过程管理信息化技术 ·························· 339
　　第四节 浓香型白酒酿造的智能化管理技术 ······················ 343
　　第五节 酱香型白酒智能化生产质量管控技术 ···················· 359
　　第六节 生态酿酒的产品追溯技术 ································ 365

> **附录 GB/T 5009.271—2016《食品安全国家标准　食品中邻苯二甲酸酯的测定》** ·· 380

> **参考文献** ·· 394

第一章 生态酿酒概述

在人类与自然关系的探索历程中,"人类中心主义"观念在20世纪中期以前长期占据核心地位,导致了对生态环境的漠视与资源的无度消耗,进而催生了工业的畸形膨胀。然而,自20世纪后期起,人类在深刻反思中逐渐觉醒,一股倡导绿色工业、生态环境维护及自然资源节约的浪潮席卷全球,促使人们广泛接纳并追求一种"健康、环保、珍视生命"的生活方式。在此背景下,白酒行业的有识之士开始积极探索如何在推动产业发展与改善自然环境之间找到和谐共生的路径,力求将传统且粗放的酿酒产业引领至可持续发展的新航道。随着人类从工业文明向生态文明步伐的迈进,生态已成为酿酒产业未来发展的不可或缺的关键因素。白酒产业不再局限于单纯的白酒生产,其产业链已扩展至上游、中游及下游的全方位范畴(图1-1)。中国酒业协会理事长宋书玉曾强调,酒业的发展必须秉持尊重、顺应与保护自然的生态理念,积极构建酒类产业的生态文明体系,全面推动酒类产业向绿色生态转型,营造酒与自然生态和谐共荣的发展环境,坚定不移地走绿色生态酿造之路,从而形成涵盖种植、酿造、品鉴、消费的全链条绿色生态发展体系,确保可持续发展的实现。

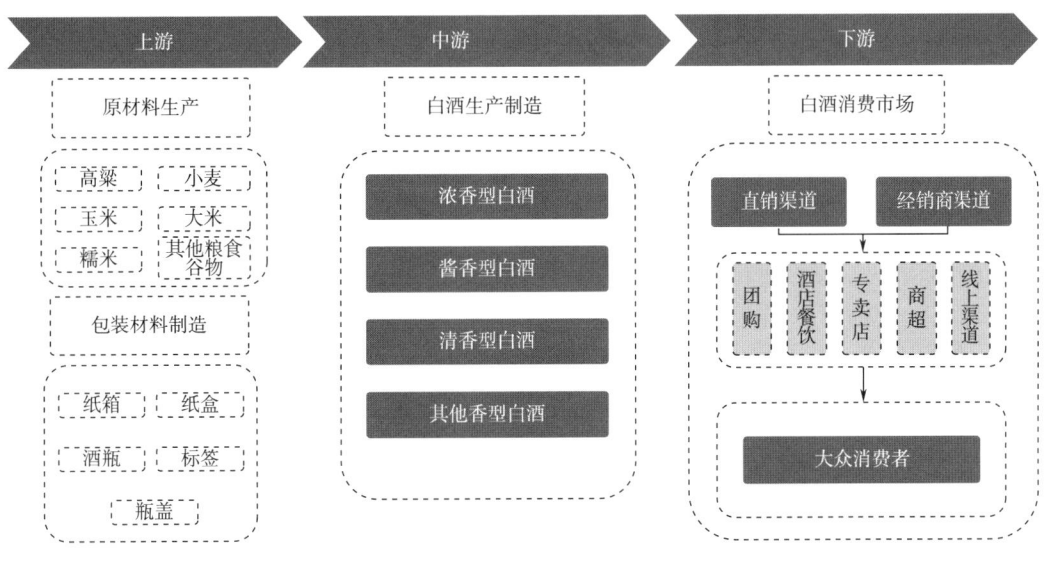

图1-1 白酒产业链结构图
(资料来源:前瞻产业研究院)

值得注意的是,1999年11月,在北京举办的"国际企业创新论坛第一届年会"上,沱牌集团总工程师李家民首次提出了"生态酿酒"的概念。随后，在 2008 年，"生态酿酒"被正式纳入 GB/T 15109—2008《白酒工业术语》国家标准之中。生态酿酒作为一个复杂而庞大的系统，其内涵包括：①致力于环境的建设与保护；②运用高新技术对传统酿酒产业进行革新与升级，以达到安全、优质、高产、低耗的目标；③基于"减量化、无害化、资源化"原则，构建循环经济产业链。中国酒业协会发布的《中国酒业"十四五"发展指导意见》明确指出，要在生态保护的基础上构建酒类产业的生态酿造体系，全面促进酒类产业向绿色生态转型。经过二十多年的生态化发展，我国白酒产业不仅积极推动绿色生态建设，持续创造社会价值，还有力地推动了产业的高质量发展。展望未来，我国白酒产业将以新质生产力为引擎，进一步优化产业结构，致力于发展低碳经济和资源节约型经济，从而稳步迈向可持续发展的宏伟目标。

第一节　生态酿酒术语

一、基本概念

（1）生态（Ecological）　源于古希腊字，意思是指家（house）或者我们的环境。简单地说，生态就是指一切生物的生存状态，以及它们之间和它与环境之间环环相扣的关系。如今，生态学已经渗透到各个领域，"生态"一词涉及的范畴也越来越广，人们常常用"生态"来定义许多美好的事物，如健康的、美的、和谐的等事物均可冠以"生态"修饰。

（2）酿酒（Liquor making）　是指利用微生物发酵生产含一定浓度酒精饮料的过程。酿酒过程可分为上游加工过程和下游加工过程两个部分，上游加工过程：淀粉质或糖质原料通过微生物或酶的作用生成酒精和香味成分，酿酒原料不同，所用微生物及酿造过程也不一样；下游加工过程：从发酵物中分离、提纯酒精和香味成分，方式有蒸馏：如白酒；过滤：如啤酒、黄酒、葡萄酒。

（3）生态酿酒（Brewing Ecotypically）　GB/T 15109—2021《白酒工业术语》中，生态酿酒指保护与建设适宜酿酒微生物生长、繁殖的生态环境，以安全、优质、高产、低耗为目标，最终实现资源利用最大化和循环使用。

（4）生态经营（Ecological management）　指生产性企业以市场需求为导向，以科技进步为前提，以资源综合利用、降低消耗、减少污染为立足点，以企业效益、社会效益、生态效益为目标，在发展企业主导产品的基础上，开发关联性产品，培育相互依存、相互补充、相互促进的经营共生体，实现以尽可能少的投入而获得尽可能多的产出的经营管理方法。就酿酒业而言，生态经营即按照生态经济学原理，将生态理念融入产前、产中和产后的各经营环节，建立起系统内"生产者、消费者、还原者"的产业生态链，实现经济发展与环境资源相互协调，企业与社会的可持续和谐发展。

（5）生态学（Ecology）　德国生物学家恩斯特·海克尔于 1869 年定义的概念：生态学是研究生物体与其周围环境（包括非生物环境和生物环境）相互关系的科学。目前已经发展为"研究生物与其环境之间的相互关系的科学"。

(6) 生态系统（Ecological system） 是指一定空间区域内，生物群落与非生物环境之间，通过不断地进行物质循环，能量流动和信息传递而形成的相互作用和相互依存的统一整体。

(7) 生态经济学（Ecological economics） 是研究生态系统和经济系统的复合系统的结构、功能及其运动规律的学科，即生态经济系统的结构及其矛盾运动发展规律的学科，是生态学和经济学相结合而形成的一门边缘学科。主要内容包括：①生态经济基本理论。包括：社会经济发展同自然资源和生态环境的关系，人类的生存、发展条件与生态需求，生态价值理论，生态经济效益，生态经济协同发展等；②生态经济区划、规划与优化模型；③生态经济管理；④生态经济史。

(8) 产业链（Industry chain） 各个产业部门之间基于一定的技术经济关联，并依据特定的逻辑关系和时空布局关系客观形成的链条式关联关系形态。产业链是一个包含价值链、企业链、供需链和空间链四个维度的概念。这四个维度在相互对接的均衡过程中形成了产业链，这种"对接机制"是产业链形成的内模式，作为一种客观规律，它像一只"无形之手"调控着产业链的形成。

(9) 经济效益（Economic performance） 是通过商品和劳动的对外交换所取得的社会劳动节约，即以尽量少的劳动耗费取得尽量多的经营成果，或者以同等的劳动耗费取得更多的经营成果。经济效益是资金占用、成本支出与有用生产成果之间的比较。所谓经济效益好，就是资金占用少，成本支出少，有用成果多。

(10) 社会效益（Social results） 是指最大限度地利用有限的资源满足社会上人们日益增长的物质文化需求。人的行动自由只能在必要的公共利益范围内才得以限制。往往在一段比较长的时间后才能发挥出来。

(11) 生态效益（Eco-efficiency） 是指人们在生产中依据生态平衡规律，使自然界的生物系统对人类的生产、生活条件和环境条件产生的有益影响和有利效果，它关系到人类生存发展的根本利益和长远利益。生态效益的基础是生态平衡和生态系统的良性、高效循环。

(12) 生态环境（Ecological environment） 是"由生态关系组成的环境"的简称，是指与人类密切相关的，影响人类生活和生产活动的各种自然（包括人工干预下形成的第二自然）力量（物质和能量）或作用的总和。生态环境是指影响人类生存与发展的水资源、土地资源、生物资源以及气候资源数量与质量的总称，是关系到社会和经济持续发展的复合生态系统。

(13) 生态产业链（Eco-industry chain） 是指依据生态学的原理，以恢复和扩大自然资源存量为宗旨，为提高资源基本生产率和根据社会需要为主体，对两种以上产业的链接所进行的设计（或改造）并开创为一种新型的产业系统的系统创新活动。

(14) 生态酿酒工业园（Eco-industry park of liquor making） 模拟自然生态系统的功能，建立起系内"生产者、消费者、还原者"的工业生态链，以低消耗、低（无）污染、工业发展与生态环境协调发展并形成良性循环为目标的酿酒体系。

(15) 白酒（Baijiu） 在 GB/T 15109—2021《白酒工业术语》中，白酒为以粮谷为主要原料，以大曲、小曲、麸曲、酶制剂及酵母菌等为糖化发酵剂，经蒸煮、糖化、发酵、蒸馏、陈酿、勾调而成的蒸馏酒。

二、五三原理

中国的白酒酿造历史悠久，其中多采用固态发酵方式，利用微生物发酵的传统工艺技术来生产各类美食。在固态发酵过程中，微生物起着至关重要的作用，它们通过复杂的生化反应，将原料转化为具有独特风味和营养价值的产品。中国杰出质量人、全国白酒标准化技术委员会浓香型白酒分会委员李家民高级工程师是中国生态酿酒的开创者、酿酒大师，通过对包括中国传统白酒在内的多菌种固态发酵过程进行深入研究，他在论文《"五三"原理比较简析——食品酿造微生态与人体消化道微生态规律性研究》中系统总结并提出了广泛存在的"五三原理"，该原理体现为"五法则三层次"规律。

（一）五法则

(1) 固、液、气三相变化规律 固态发酵过程中固-液-气三相协同作用，三相的比例及转化程度直接影响到发酵质量。

(2) 微生物繁衍规律 各类微生物在发酵过程中，经历菌种—种群—群落的生态演替过程。

(3) 生物转化规律 微生物所处环境中的物系-菌系-酶系相互影响、相互关联，处于一种不断变化的动态平衡中。

(4) 封闭系统的氧变规律 自然封闭状态下，整个微生物体系要经历好氧-微氧-厌氧的代谢环境。

(5) 固态发酵体系温变规律 体系温度变化总会表现出前缓-中挺-后缓落的共同特征。

（二）三层次

上述五法则在发酵过程中呈现出三个层次的结构：

(1) 微观层次 涉及微生物细胞内的代谢活动和酶的催化作用，这是发酵过程的基础。

(2) 中观层次 包括微生物种群和群落的结构、功能和动态变化，以及它们与发酵环境的相互作用。

(3) 宏观层次 体现在发酵体系的整体变化和产物的性质上，如温度、pH、氧气浓度等参数的变化，以及最终产物的质量和产量。

传统白酒生产中，酿酒人遵循自然，不断地整合和优化资源，通过微生物的发酵作用，产出"天人共酿"的美酒。"五三原理"揭示了固态发酵的内在规律和机制，为酿酒行业提供了科学的理论指导和技术支持。同时，该原理也具有普适性，可以应用于其他使用固态发酵的领域。随着生态酿酒理念的不断发展，"五三原理"的理论和实践价值将逐渐被微生物学领域、酿酒工程领域的更多学者所认识和重视。

三、生态酿酒的全P标准体系

李家民高级工程师基于酒药同源理论，结合生态酿酒的核心内涵和特点，提出"像管药品一样管食品，像做药品一样做食品"理念。他经过多年的探索和实践，借鉴药品行业推行的管理标准，创建了"生态酿酒全 P 标准体系"，对白酒生产的产前、产中和产后实施标准化管理，将白酒变为实实在在的生态产品。生态酿酒全 P 标准体系由 GAP（Good agriculture practice，良好种植规范）、GPP（Good pretreatment practice，预处理生产质量管理规范）、GLP（Good laboratory practice，良好研发管理规范）、GBP（Good biological practice，良好生物试验规范）、GMP（Good manufacturing practice，良好生产规范）、GFP（Good flavor practice，良好酒体设计规范）、GSP（Good supply practice，良好供应规范）及 GUP（Good using practice，良好饮用规范）所构成。

1. GAP

GAP 是主要针对初级农产品生产的种植业和养殖业，以危害分析与关键控制点（HACCP）、GHP（Good hygiene practice，良好卫生规范）、可持续发展农业和持续改良农场体系为基础，制定的一套保证初级农产品生产安全的规范体系。中国白酒（特别是名优白酒）多以粮谷为原料，且对粮料的质量有较为特殊的要求，生态酿酒 GAP，根据不同原料种植对土壤、气候、水分等环境条件的不同要求，从地块、土壤选择、选种、播种、田间管理、施肥灌溉、病虫害防治、采收与储存等方面进行科学的规范，生产基地按照此标准组织原料的种植及管理，使产品的质量安全管控体系向前延伸，最终实现从种子到餐桌的无缝连接。如在储存阶段，利用低温冷冻物理储存，不得使用灭虫灭鼠药品，杜绝农药或化学药品对原料造成污染等。

2. GPP

GPP 通过对原料预处理过程各个单元的有效控制，解决 GAP 不能彻底解决或难以克服的批次原料品质不一、杂质各样等问题，实现标准可控、质量稳定、成分相对明确。其重视原料整体与个体之间的平衡关系，每一操作步骤都有明确的目的；在生产过程中保持生产原料组分的平衡并且在规定的标准范围内，通过对流程中关键参数的控制，确保原料品质变化在规定范围内。GPP 过程涉及原料的风选、水选、机械选择等不同单元操作，每个单元操作针对原料中混杂的不同组分进行处理。预处理过程作为联系 GAP 与 GMP 的纽带和桥梁，对保障最终的产品质量具有良好的作用，可使用于生产的原料品质保持优良水准。

3. GLP

GLP 最早起源于药品研究，目前 GLP 的范围已经覆盖了与人类健康有关的所有实验室研究工作。生态酿酒 GLP 标准，是结合白酒产品研发过程安全性、功效性质量评价要求，对研发组织机构和人员、实验设施、仪器设备和实验材料、研究工作实施过程、档案管理及实验室资格认证及监督检查等进行规范，严格控制涉及白酒产品安全性、功效性质量评价的各个环节，即严格控制可能影响实验结果准确性的各种主客观因素，降低试验误差，确保实验结果的真实性。如要求定期验证实验系统和校准仪器设备，数据的记录要及时、直接、准确、清楚，要经常自查数据记录的准确性、完整性，更正错误时要按照规定方法等。

4. GBP

GBP 主要是利用动物及人对白酒进行生物验证实验，以确保酒质的安全、优质。本质量规范不同于药业 GCP 质量规范，其更注重于动物和人这一广泛的生物体试验，其试验项目更注重产品的安全、优质、舒适，更贴近人的口味嗜好需求。GBP 的质量保证措施主要包括合格的研究人员、科学的试验设计、标准的操作规程、严格的监督管理和完备的资料管理。科学的试验设计指要求试验设计科学化、规范化和标准化，如有关人的试验中，不仅要从专业的角度，对酒体色、香、味、格进行全方位评价，而且还应进行试饮和长期适量饮用试验，从有益于身体健康的角度进行酒体质量安全的验证；同时，还应对引起身体危害的醉酒剂量进行试验，以确定适宜的饮用量，确保对人体的健康安全。

5. GMP

GMP 作为政府强制性对药品生产、包装、贮存卫生制定的法规，因其突出且有效的对生产过程的安全管控，被借鉴到食品行业。生态酿酒 GMP 由管理规范、操作规范、技术规范和规范记录四个方面的内容组成，是在传统酿酒的基础上，综合利用现代科学技术，改造传统技艺，以 GMP 标准为载体，在规范化、科学化、精细化上下功夫，操作细节更加细化，既保留了药业生产的严谨性，又能满足白酒酿造开放式生产的特点，使产品的安全性和质量保障提升到了一新的层次。

6. GFP

GFP 源于药业"优良制剂规范"，生态酿酒 GFP 是指良好酒体设计规范。该规范对白酒产品酒体设计环节的各个方面因素，包括计量器具、操作平台等设备设施，酒体设计环境，酒体设计人员的技术素质要求，酒体设计人员着装、卫生管理，标准操作规程，质量检验等作出规定，是进行酒体设计的基本准则，适用于酒体设计全过程。

7. GSP

GSP 源于药业"药品经营质量管理规范"，生态酿酒 GSP 指要求酒类批发商、零售商的行为除了遵守国家法律法规的要求之外，还受 GSP 要求的约束，这些要求是根据生产企业的质量安全管理实际提出，其目的是保证向最终的消费者提供最优质的产品。通过 GSP 的实施，使质量安全管理链条延伸到流通和消费领域，真正实现生产企业对产品经营全过程的质量安全控制，从而达到质量安全可追溯的目的。

8. GUP

药业 GUP 是指医疗机构在药品使用过程中，针对药事管理机构设置，人员素质制度职责，设施设备，药品的购进、验收、储存、养护和调剂使用，药品不良反应监测，信息反馈，合理用药等环节而制定的一整套管理标准和规程。生态酿酒 GUP 是指饮用者按照科学的饮用方法，饮用的量、饮用的方式、饮用的注意事项等；同时，对饮用者饮用后的情况进行收集，特别是对饮用后反应有上头、口干、头痛、昏醉等情形进行主动联系和跟踪，对有较大面积饮后有不良反应的产品，应按召回机制进行处理。

以"食品质量安全、优质"为导向的生态酿酒全 P 标准体系，是一套统一的涵盖从农田到餐桌全过程、一体化的质量安全保证体系，对实现生态酿酒标准化经营及食品质量安全的有效监控，提升食品质量安全整体水平，引导和推动白酒及食品等中国传统优势产业走向规范化、标准化、国际化具有重要的意义，并为用药品监管的标准来监管食品提供了参考。经四川沱牌舍得集团有限公司应用实践证明，全 P 标准体系实现了生态酿酒的标准化经营，酿造出的"超值享受型"高品质生态白酒，具有幽雅、舒适、健康、安全的特性。

第二节 生态酿酒技术环节

酿酒工业生态工程致力于资源高效利用与环境友好发展，其核心在于减少粮食消耗，融合传统与现代技术，优化工艺以降低劳动强度，并实现废物的再生资源化利用。产前环节聚焦于资源的科学生产，为酿酒提供坚实基础；产中环节则强调低消耗、低污染的生产模式，运用高新技术提升酒品质量与安全；而产后环节，更是将副产物资源化，推动生态经营，倡导科学健康的消费方式。根据李家民高工撰写的论文资料，生态酿酒技术分为三个环节。

一、产前环节

资源生产为酿酒工业生产提供原辅料及能源；将传统的酿酒生产向前延伸，建立原料基地，采用标准化种植技术，为生态酒酿造提供可靠原料保障；同时，使用生物质等清洁能源，确保良好的生态环境，形成良性循环（图1-2）。

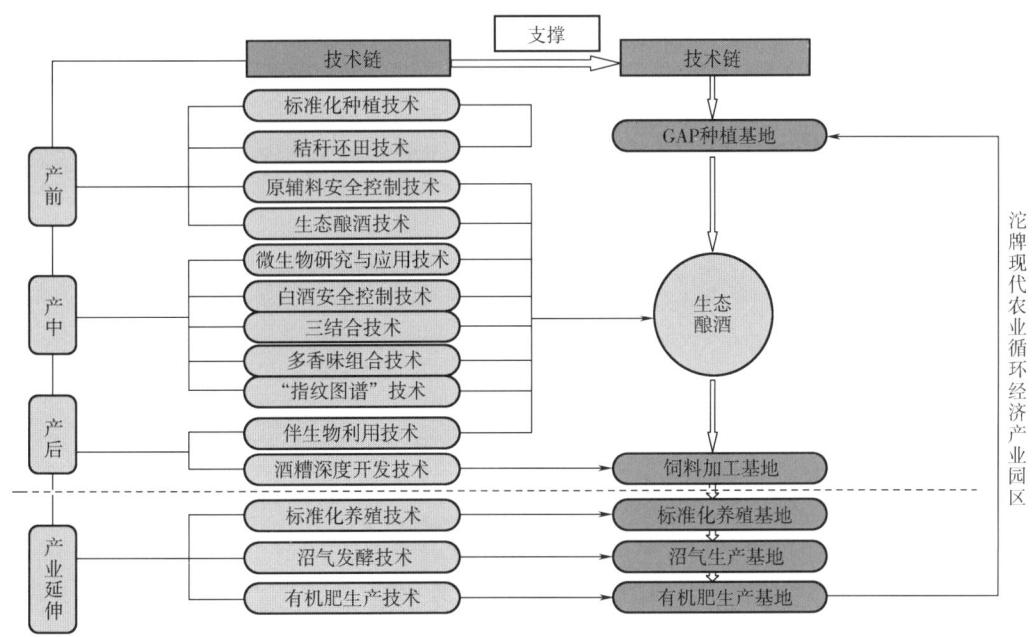

图1-2 以生态酿酒为核心的循环经济型现代农业产业链

二、产中环节

加工生产以低消耗、低污染或无污染为目标，生产人类所需的生态酒产品；科学配置厂房和设备设施，避免危害白酒安全卫生的物质侵蚀；严格控制白酒内在卫生指标，制订优于国家标准的企业内控标准；采用人工智能优化、优质安全生态维护、近红外光谱等高新技术；"口感更好、卫生指标更低"的酒体设计原则；实施全面、全员、全过程管理控制，进一步提升产品质量安全水平。传统酿酒产业升级，实现新型工业化（图1-3）。

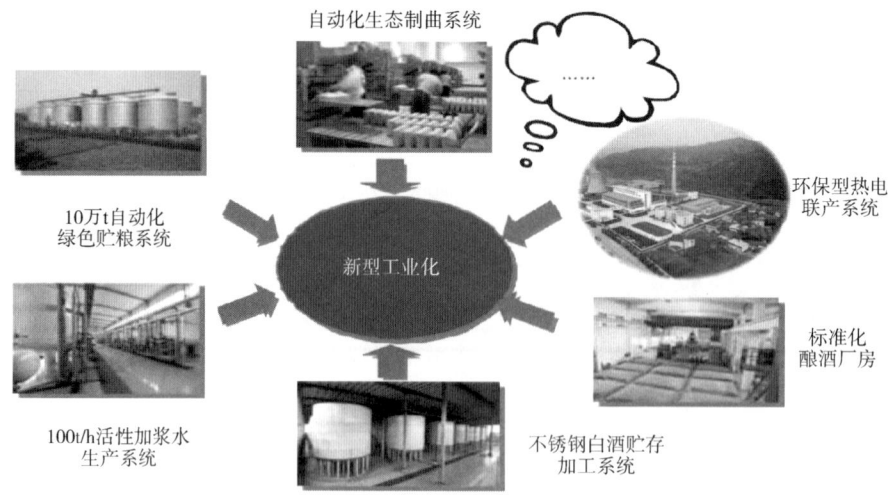

图 1-3 集成创新实现新型工业化

三、产后环节

（一）还原生产——将加工生产中的各种副产物再资源化

对传统酿酒发酵副产物进行再加工，在产业内部形成资源的循环利用，酿酒企业以酒产品为中心，加工多品种的关联产品（图1-4），形成循环经济的产业链。

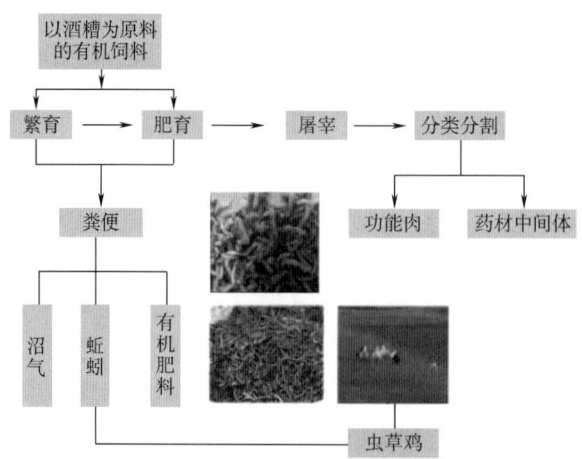

图 1-4 酒糟循环产业发展流程

（二）生态经营——引导消费者科学、健康、文明消费

生态经营具有经营理念的创新性、经营产品的创造性、经营效益的持续性的特征，把生产者和消费者的利益有机统一，把经济效益、社会效益和生态效益有机统一。酿酒企业根据社会需求，开发出生态酒产品，通过多种途径宣传和展示生态酒产品特性、品

牌特征、酒文化，倡导科学、文明和健康的饮酒方式。消费者接受生态酒产品，认可生态酒品牌，形成消费生态酒产品的习惯，自觉保护生态环境。如贵州茅台集团，其茅台酒品牌集绿色、有机、地理标志于一身，展现了酿酒产业与自然和谐共生的可持续发展之路。

第三节　生态酿酒与生态经营模式

中国白酒作为中华农耕文明的活态传承，其酿造技艺与生态系统的共生关系贯穿千年发展史。元代始创说以"烧酒"工艺革新为标志，不仅奠定了白酒固态发酵的技术基础，更暗含"道法自然"的生态智慧——通过顺应气候规律、依托地域物产，形成了"天酿美酒"的朴素生态观。步入生态文明新时代，白酒产业正以"人与自然和谐共生"为核心，重构生产与经营范式。在宏观层面，生态酿酒模式以清洁生产技术和低碳工艺推动白酒酿造绿色化。同时延伸至"生态经营模式"的构建，强调从单一生产环节向绿色供应链、循环经济体系及生态文化IP的拓展，通过数字化赋能碳足迹管理、社会责任融入品牌价值，实现经济效益、社会效益和生态效益的协同增益。李家民高工提出并探索生态酿酒与生态经营的双重模式，既是传统酿造业回应"双碳"战略的实践创新，也为全球蒸馏酒产业可持续发展提供了东方经验。

一、中国白酒起源的元代始创说

白酒又名烧酒或火酒，是我国特有的一大酒种，是世界上著名六大蒸馏烈酒［白兰地（Brandy）、威士忌（Whisky）、伏特加、金酒、朗姆酒（Rum）和中国白酒］之一。白酒（Spirits）是以曲类、酒母等为糖化发酵剂，利用粮谷或代用原料（淀粉或可发酵糖类物质）经蒸煮、糖化、发酵、蒸馏、贮存、勾调而成的蒸馏酒。关于中国白酒起源，有汉代、唐代、宋代起源之说，亦有"国外输入"说，但缺乏考古文物支撑。"江西李渡无形堂元代烧酒作坊遗址"的发现，为中国白酒起源的"元代始创说"提供了更具说服力的证据。

（1）古籍记载证据　有关蒸馏酒即烧酒酿造工艺的准确记载，最早出现于元代1331年的《饮膳正要》等文献中。明代医学家李时珍在《本草纲目》中写道："烧酒非古法也，自元时始创，其法用浓酒和糟入甑、蒸令汽上，用器承取滴露，凡酸坏之酒，皆可蒸烧。近时唯以糯米或粳米，或黍或秫，或大麦，蒸熟，和曲酿瓮中七日，以甑蒸取，其清如水，味极浓烈，盖酒露也。"

（2）文物遗址证据　2002年6月，李渡酒业在对老厂无形堂生产车间改造扩建施工的时候，一个完整齐全的酿酒遗址惊现在世人面前。经江西省文物考古研究所的考古发掘，元、明、清三代李渡酿酒遗址考古勘探面积1600m^2，发掘面积300m^2。遗址中发现了元、明、清三代酒窖群22个，还有水井、蒸馏设施、陶瓷器、酒醅、石臼、青铜用具、铁具、铭文砖、木具、竹签等文物（完整、修复的共350多件，其中元、明、清三代有278件）。在22个酒窖群中，元代圆形砖砌地缸酒窖13个，直径0.65~0.95m，深0.56~0.72m。元代酒醅被挖掘出来时按国家文物保护要求用玻璃器皿装好存放于酒醅展柜中，但在后来的文物展示中发现，酒醅展柜玻璃内壁凹凸不平、有雾浊现象，经分析验证，酒醅中微生物仍有活体成分，经国家文物部门 2013 年批准，李渡酒业将此酒醅中微生物复活并开发利用少数古窖池酿酒。在《李渡镇志》中有明确记载：2003 年 10 月 10 日，被评为全国十大考古新发现之一的李渡元代烧酒作坊遗址颁奖仪式在南昌举行，而李渡酒是公认的中国蒸馏酒（即烧酒）的发源地。2006 年 6 月，李渡无形堂烧酒酿造古遗址被评为全国重点文物保护单位。同年 12 月，又作为中国白酒酿造遗址和泸州老窖、水井坊等名酒共同列入《中国世界文化遗产预备名单》。2021 年 6 月，由工信部牵头，会同国家文物局等八部委联合启动了中国白酒文化申报世界文化遗产事宜。中国文物交流中心、中国酒业协会以及贵州茅台、五粮液、泸州老窖、洋河股份、山西汾酒、古井贡酒和李渡酒业 7 家酒企联合发布了《中国白酒联合申遗共识》。要成为世界遗产，必经三个步骤：被本国列入预备名单、被国际组织审核、确认入选，中国白酒申遗工作正在全力推进之中。图 1-5 是元代酒窖群的现场外形，图 1-6 展示了密封保存于玻璃瓶中的元代窖池酒醅。

已故白酒泰斗周恒刚先生多次到李渡酒业考察和指导工作，抚今追昔，感慨万千，不但给予了"李渡烧酒作坊遗址的发现和发掘是我们酒行业难得的国宝，是一部中国白酒酿造的无字史书"的最高评价，在品尝李渡酒之后，还诗兴大发，当场口占一绝：李渡高粱甜又香，八百多年窖龄长，继往开来夸酒业，重新崛起创辉煌。

图 1-5　元代酒窖群的现场外形

图 1-6　密封保存于玻璃瓶中的元代窖池酒醅

二、生态酿酒模式

（一）中国酒的三种酿酒模式

在中国酒历史的演变过程中，中国酿酒经历了三种发展模式（表 1-1），其中的生态酿酒引领中国酿酒行业走上了可持续发展的创新之路。

表 1-1　　　　　　　　　　　　　中国酿酒模式的比较

酿酒模式	定义	特点	侧重点
传统酿酒	利用传统工艺技术，以家庭、作坊为单位的手工为主，机械为辅的生产经营、管理的小规模生产方式	劳动强度大，资源消耗高，环境污染大，不可控因素多，质量安全风险大，产量小	生产工艺和产品质量的符合性控制和管理，更关注结果——诉求"产品达标"
工业规划化酿酒（GAP+GMP）	将良好种植规范（GAP），良好生产规范（GMP）与传统酿酒的原辅料种植，酿酒操作工艺规范有机结合，规范化、科学化、精细化地组织生产，是一种机械操作为主，手工为辅，且特别注重酿造过程质量，提高产品卫生安全性的自主性生产方式	在吸收了传统酿酒精华的基础上，使感性认识上升到了理性认识，在规范化、科学化、精细化上下功夫，操作更加细节细化，克服了传统酿酒过于依赖个别技师经验以及简单规模化生产导致工艺粗放，产品风格变型的缺陷	强化、细化了厂区环境、厂房和设施、设备与加工器具、人员管理与培训、物料控制与管理、加工过程控制、质量管理、卫生管理、安全管理、成品贮存和运输、文件和记录以及投诉处理和产品召回等方面的基本要求，特别注重制造过程中产品质量与卫生安全的自主性管理——诉求良心品质
生态酿酒	保护与建设适宜酿酒微生物生长、繁殖的生态环境，以安全、优质、高产、低耗为目标，最终实现资源的最大化利用和循环使用	生态酿酒是利用生态学技术，使酿酒产业完成了从依赖自然环境到理性建设与保护环境的升华，利用产前、产中、产后所涉及的资源，进行闭路循环生产，形成低投入、低耗用、高产出、无污染的良性生产链，更深层次地使酿酒产业与生态环境持续、协调、健康发展，为酿酒业的发展拓展了新的产业链	在酿酒的基础上，以多重生态园为依托，立足于产业链的资源循环利用，从产前开始延伸，采取"公司+农户"，生产绿色原料；产中通过建立系统内"生产者—消费者—还原者"工业生产链，生产生态型白酒，实现生产的低消耗、低（无）污染、工业发展与生态环境协调发展的良性循环；产后延伸到消费领域、企业文化及其品牌培育，倡导生态营销和生态消费，向消费者传播生态理念，达到人与自然和谐相融的目的——诉求"人文关怀"

（二）生态酿酒的成效实例

生态酿酒已成为酿酒行业的发展方向，在一些企业取得了良好的成效。以笔者主持的"生态酿酒综合技术的研发及产业化"成果为例，该成果获得 2014 年湖南省科学技术进步奖二等奖，其创新点如下：

（1）人工窖泥建窖技术　用老窖泥和己酸菌液培养人工窖泥，提高窖泥质量，在湖南湘窖酒业有限公司新基地的一期建立人工老窖；建立了己酸菌液及老窖泥液检测标准。应用结果表明，窖泥中己酸菌含量在 $2.5×10^8$ CFU/mL 以上。

（2）丢糟强化大曲技术　使用纯种红曲霉强化的机压丢糟包包曲生产工艺，提高大曲生香功能，促进酒醪发酵酯化生香，有利于提高产酒的优质品率。酿酒效果显示，出酒率达到了 43.36%，比浓香酿酒平均出酒率 35% 提高 8.36%。采用机压强化包包曲生产的原酒中己酸乙酯含量比机压纯小麦包包曲生产的原酒提高 40.0mg/100mL，乳酸乙酯降低 44mg/100mL，已乳比例更为协调。

（3）回糟降酸与再利用技术　使用回糟降酸技术及专用曲发酵，提高回糟出酒率。用 60~70℃ 热水按 250kg/甑打入蒸酒后的糟中，打完水后滤水 20min 即可出甑，有效控制入池酸度为 2.0 以内。

该技术申请了国家专利并获得发明专利授权。回糟专用曲以 25kg 机压丢糟强化包包曲与 0.5kg 糖化酶配比，既有利于提高出酒率，也能保证酒体质量。经专家鉴定，成果居国内同类研究领先水平。成果在湖南湘窖酒业有限公司推广应用，近四年间，生产原酒 68269t，优质品率 24.4%。累计节约粮食 31862t，节电 142.5 万度，节汽 8.5 万吨，节水 60 万吨。实现销售收入 319270 万元，利润总额 36001 万元，上缴税金 57969 万元，新增就业岗位 181 个，进一步带动了当地农业、玻璃制品、印刷包装、物流等相关产业的发展，形成更大规模的产业链。

三、生态经营模式

（一）中国酒的三种经营模式

在中国酒历史的演变过程中，中国酒经历了三种经营模式（表 1-2）。

表 1-2　　　　　　　　　中国酿酒经营模式的比较

经营模式	定义	特点	侧重点
生产经营	将资金投入企业对产品按照供、产、销的方式进行的经营活动，即通过生产要素的合理配置，取得利润最大化的经营管理方式	由作坊向产业化过渡	以产品为导向的经营
质量经营	指在市场经济条件下，企业在经营管理活动中以顾客为中心，以创造相关方（顾客、员工、投资方、供方和社会）价值为目标，追求卓越的经营绩效模式	将传统质量管理提升到一个新的阶段，属于广义质量范畴，由产业化向品牌化发展	以市场为导向的经营
生态经营	按照生态经济学原理，将生态理念融入产前、产中、产后的各经营环节，建立起系统内"生产者、消费者、还原者"的产业生产链，实现经济发展与环境资源相互协调，企业与社会的可持续和谐发展	由品牌化向生态化演进	以生态文明为导向的经营

（二）中国酒消费的三个时代

2024 年 12 月 10 日在山西太原举办的"第三届中国酒业活态文化大会暨中国酒业活态文化研究院揭牌仪式"上，中国酒业协会理事长宋书玉在主旨演讲中提出了中国酒消费的三个时代：

1.0 时代——数量时代。在这个时代，人们从最初的没酒可饮，逐渐过渡到有酒可享，这标志着酒业消费的初步形成与数量的满足。

2.0 时代——品质时代。在这一阶段，消费者的需求从简单的有酒可喝，升级到了追求好酒、名酒乃至陈年酒的品鉴，体现了对酒类品质与口感的更高追求。

3.0时代——创意新时代。在这个时代，品质依然是基础，但更重要的是，融入了文化的底蕴与创造力的核心。消费者不再仅仅满足于酒的口感与品质，更开始品味酒背后的文化、价值与生活方式。这是一个品文化、品价值、品生活态度的全新时代，也是中国酒业消费迈向更高层次的重要里程碑。

（三）生态经营的成效实例

中国白酒行业的营销创新，让消费者了解品牌、了解产品品质、了解酒文化，让白酒企业价值、品牌价值、产品价值不断被消费者所认可，所以说营销创新是中国白酒行业的一面鲜明旗帜。在产品营销的浩瀚征途中，白酒企业正以破茧成蝶之势，积极探索新媒体与新渠道的融合之道，通过线上线下的双向互动，为白酒企业注入新的活力，让白酒品牌走向新的高度，引领白酒行业发展。

1. 李渡酒业："小舵—分舵—总舵"三级生活化场景营销模式

在掌舵人汤向阳的引领下，江西李渡酒业有限公司，秉持生态营销的智慧之光，精准定位差异化发展路径，精心布局五大体验环节，创新性地构建了宾主共融的互动模式，致力于中国白酒文化的弘扬与酒旅融合的深度探索。早在2020年之前，李渡酒业便凭借其深厚的千年酒文化底蕴与作为江西白酒界首屈一指的国家AAAA级旅游景区的独特优势，依托元代烧酒作坊遗址（图1-7），精心策划了"场景+文化"的深度沉浸体验。在这里，消费者不仅能品尝到"酒醅鸡蛋、酒糟冰棒"等特色美食，还能畅饮"李渡高粱"佳酿，更可亲自参与调酒、封坛等趣味活动，享受打卡拍照、全酒欢宴的乐趣，深刻感受中国酒文化的博大精深与李渡高粱美酒的卓越品质，倡导健康饮酒的生活方式。每年，数十万人次的游客慕名而来，李渡酒业因此成功转型为一家"好玩的酒厂"，不仅激活了企业的内在竞争力，更为白酒这一民族瑰宝的非物质文化遗产的有效传承注入了强大动力。

在沉浸式体验的成功基础上，李渡酒业再次突破自我，率先在行业内构建了覆盖全国的"小舵—分舵—总舵"三级生活化场景营销模式。"小舵"依托企业茶台、烟酒店、店中店等平台，为消费者提供便捷的体验机会；"分舵"则以遍布全国的300余家"国宝李渡知味轩"为据点，将沉浸式体验延伸至消费者的日常生活之中；"总舵"则围绕"历史文化、品质文化、体验文化、组织文化"四大核心，邀请消费者亲临"李渡元代烧酒作坊遗址+国宝李渡酒庄+李渡老酒厂"，参与诸如"启龙步 争上游"白酒申遗封坛季、"申遗文化节"等一系列主题鲜明的特色活动。通过参观、体验、自调酒、酒王争霸赛、特色主题活动等多元化的场景体验，李渡酒业成功实现了与消费者之间从小范围到大规模、从线下到线上的全域互动，引领酒类销售行业开始从单纯的产品销售向提供生活方式体验转变。如今，国宝李渡每年线下活动吸引超过千万人次参与，"一口四香"的李渡高粱美酒已享誉国内外。在第二十一届中国营销盛典上，由《销售与市场》杂志社与安得智联联合主办的盛会上，江西李渡酒业有限公司荣耀加冕，荣获"2024中国企业营销创新奖"与"年度营销案例"两项殊荣，彰显了其在生态经营与创新营销领域的卓越成就。

图1-7所示为李渡酒业元代作坊遗址区外景。

图1-7 李渡酒业元代烧酒作坊遗址区外景

2. 国台酒业：数智化营销革新

在探索满足消费者多元化需求的征途中，国台酒业集团勇立潮头，开创性地构建了数智化营销的新纪元。2024年12月16日，国台酒业集团携手贵州白酒交易所，共同推出了国台数智国标酒与国台数智珍藏酒，标志着白酒行业数智化转型的又一里程碑。国台数智国标酒，作为满五年的真实年份酒，每一瓶都镌刻着真实的酿造年份，让消费者在品鉴中明明白白、安心享受。而国台数智珍藏酒，更是精选陶坛存储的正宗大曲酱香老酒，每一瓶或每一坛都配备了独一无二的"电子身份证"——数智酒证。这一创新之举，利用区块链技术，实现了从生产、质检、物流、经销到零售消费的全流程信息可追溯，确保了数据的真实性与不可篡改性。更为先进的是，国台酒业建立了数字仓库系统，消费者可以实时通过广角镜头查看坛储仓库的实景，每一瓶酒的取酒过程都被视频记录并可以上网查询，物流签收信息实时推送，真正做到了全程可视化、透明化。这两款产品不仅彰显了"数智化"的鲜明特征，更承载着国台酒业对于数智化酿造的深刻理解与实践。它们不仅代表了国台酒作为数智化时代酿造出的高品质佳酿，更标志着国台酒业在构建"数智化"营销新模式上的坚定步伐。同时，它们也为消费者带来了前所未有的"数智化"美酒新体验，让每一位消费者都能感受到数智化带来的便捷与乐趣。

国台数智酒业集团与贵州白酒交易所的强强联合，以数智化为引领，通过为每一坛酒创建数字酒证，并与封坛珍藏酒实物紧密锚定，深度挖掘了产品的品饮价值、珍藏价值以及社交价值。这些产品不仅具有收藏与分享的意义，更可在公共交易平台上进行交易，为消费者打造了一个线上线下融合的全新消费模式。这一模式的推出，不仅为消费者提供了高品质美酒的新体验，更为白酒行业的数智化转型树立了新的标杆。

第四节 生态酿酒主要思想

"生态酿酒"是指保护与建设适宜酿酒微生物生长、繁殖的生态环境，以安全、优质、高产、低耗为目标，最终实现资源的最大化利用和循环使用。生态酿酒以提高经济效益为基础，兼顾社会效益与生态效益，三者和谐统一，成为酿酒产业发展的最高准则，最终实现人、产业、社会与自然环境的全面协调发展。生态酿酒进一步深化了人与自然关系、产业发展与环境保护关系、工业生产系统与自然环境系统关系的本质认识，蕴含着一系列传统与现代的产业发展思想。

一、生态酿酒与道家儒家思想的契合

道家是中国古代哲学的主要流派之一，由老子始创、庄子继承和发展。无论是《道德经》中"道生一，一生二，二生三，三生万物。万物负阴而抱阳，冲气以为和"的宇宙生成模式，还是《淮南子》的"道曰规始于一，一而不生，故分而为阴阳，阴阳合和而万物生"的"道—气—物"模式，都遵循"万物同出于道"的本原论。因此，道家思想精髓为"人法地，地法天，天法道，道法自然。"这里的"道"就是客观规律，"自然"是指"客体"的"存在方式"和"状态"即"自己如此"。儒家"天人合一"则揭示了天与人的关系、生态道德目标、生态道德准则的基本规律，即天与人是一个完整的系统，人只有尊重自然规律，与自然界和谐相处，才能实现人类的可持续发展。

生态酿酒的思想与道家思想在顺应自然、遵循自然规律上是一致的，两者对自然怀有一种"敬畏感"。典型的中国酒一般是指以酒曲作为糖化发酵剂，以粮谷类为原料酿制而成的黄酒和曲酒以及以其为酒基生产的露酒。中国白酒是自然发酵的产物，中国白酒要创新发展，前提是要保护好适宜酿酒微生物生长、繁殖的生态环境，只有回归酿酒的本原，才能坚守"工艺特殊、香型繁多、风格迥异"的三大特点。

（一）酒是自然的产物

关于中国酒的起源，根据现代观点，从自然成酒到人工酿酒经历了四个阶段（表1-3），说明人类并不是发明了酒，而只是发现和利用了酒。酿酒的基本原理是自然界的微生物作用于淀粉质的谷物原料或糖质原料，霉菌作为糖化主要菌种将淀粉液化、糖化变成糖，其中可发酵性糖经过酵母菌发酵产生酒精，细菌作为产香的主要菌种将原料中有机物代谢生成醇、醛、酸、酯等风味物质，发酵产物经人工蒸馏提香便可得到蒸馏酒。

表1-3　　　　　　　　　　　酒起源的四个阶段

阶段	与酒有关的事件	推测时间
阶段一	自然界天然成酒	人类产生以前
阶段二	人类饮酒（发现果酒，祭祀天神和祖先）	距今50万年左右
阶段三	人类酿酒（发现、认识酒，初步学会酿酒）	距今4万~5万年
阶段四	人类大规模酿酒	距今5千~7千年（考古、文字）

（二）酿酒生产传承古法

（1）"曲是酒之骨"　　酒曲作为酿酒糖化发酵剂是中国酒技艺的源泉，制曲的本质为扩大培养酿酒微生物的过程，酒曲微生物来源于人、机械（曲模、粉碎机、压曲机等）、材料（谷物、水、草等）、环境等因素，一直沿用"生料制曲""自然接种"方式，通过控制曲坯的形状、温度和湿度等工艺条件，培养了各具特色的大曲（可分为高温曲、偏高温曲和中温曲）与小曲，为酿造出风格迥异的白酒产品奠定基础。

（2）"水是酒的血液"　酿造用水直接进入了白酒产品中，占成品酒的40%~65%。中国名酒企业一般出现在长江、黄河、淮河、渭河、赤水河等流域，充沛的水源、优良的水质，以及由庞大水系造就的适合微生物生长的环境，对酿酒来说都是必不可少的基本条件。

（3）白酒是"天地共酿，人间共生"　酿酒过程强调"天时、地利、人和"，五谷杂粮产酒采用野生多微的发酵方式，因地制宜，人为控制入窖条件，入窖酒糟在边糖化与边发酵的过程中积累酒精和风味物质，成熟酒醅经固态甑桶蒸馏，运用"探汽上甑、缓火蒸馏、截头去尾、量质摘酒"等工艺操作获得了不同香型风格的新酒。

（4）"酒是陈的香"　在白酒贮存老熟中，将新酒置于地下室、防空洞和天然溶洞等环境中贮存一段时间，经过物理和化学的变化，将新酒的刺激性和辛辣味降低，促进酒体的增香、酒味的柔和。

（5）特色是酿酒工艺的坚守　中国白酒为世界六大著名蒸馏酒之一，不同香型白酒有自己独特的生产工艺特点（表1-4），其中关键工艺代代相传，坚守便形成了各具特色风格的白酒。如酱香茅台酒的生产，严格遵循"端午踩曲，重阳下沙，七次蒸馏，八次发酵，九次蒸煮"的季节性生产规律，达成人与自然天人合一的结晶；茅台酒对粮耗与产酒的比例，始终不渝地坚守"5kg粮食生产1kg酒"的铁律。

表1-4　不同香型白酒生产特点

白酒香型	发酵容器	发酵次数/次	发酵时间/d	贮藏周期/年	出酒率/%
浓香型	黄泥老窖	1	45~60	1	41~47
酱香型	石料地窖	7	300	3	27（酱香原酒6~7）
清香型	地缸发酵	2	56	2	45

（三）白酒品质的自然选择

白酒作为独特的地域生态产品，极大地依托生态环境（表1-5）。地域决定白酒的兴盛优劣，故有川黔"江酒"和苏皖（豫）"河酒"之分，"江酒"以"浓郁、丰满、悠长"见长，"河酒"则以"秀雅、绵柔、净爽"著称。其中"中国白酒金三角"被联合国教科文及粮农组织誉为"在地球同纬度上最适合酿造优质纯正蒸馏白酒的地区"，是中国名优白酒生产的不可或缺的地域资源优势。因此，四川称为浓香型白酒的故乡，贵州称为酱香型白酒的故乡，浓香型白酒占中国白酒市场份额的70%。

表1-5　白酒产品与生态环境的关系

酒名	产地	气候带	水源	土壤
五粮液	四川宜宾	亚热带湿润性季风	岷江江心、安乐泉	紫色土
茅台	贵州仁怀	亚热带湿润性季风	赤水	赤土
三花酒	广西桂林	亚热带湿润性季风	漓江水	七色朱红
汾酒	山西汾阳	暖热带半湿润性季风	当地古井和深井	黄土

二、生态酿酒与系统论整体观的契合

系统论是由 L. V. 贝塔朗菲（L. Von. Bertalanffy）在 20 世纪 30 年代创立的学说，系统的整体观念是系统论的核心思想，对某一事物来说，要求从整体去了解该事物的各组成要素、弄清楚各要素之间的相互关系、各组成要素与事物整体的关系，同时又要把该事物整体作为一个要素融入更大的整体和周围环境之中一起来考虑，通过协调各要素的关系、调整系统的结构，实现系统的最优化。在产业革命中，人、技术与自然组成了一个密不可分的系统，于是系统论逐渐应用于不同的产业领域。

生态酿酒的思想与系统论思想在整体性上是一致的，强调系统的整体观念和最优化。生态酿酒是个系统工程，它从安全、优质、高产、低耗的整体目标出发，倍加珍惜生态、资源、环境等人类赖以生存的要素条件，以生态酒生产与供应为中心，依托多重生态圈，精心打造原料种植、循环加工和产品供应三个生态子系统的酿酒产业系统，构建"从农田到餐桌"的现代立体循环酿酒产业大系统，自觉地将酿酒产业大系统融入到人类生存需要的自然生态系统之中，从而实现经济、社会和自然之间的和谐相融。

（1）生态酿酒拓展了传统酿酒产业链　传统白酒企业按单一的白酒产品组织生产，生产过程为"酿酒原料—加工—酒—废物"。然而，生态酿酒的白酒企业拓展了传统白酒的产业链，形成了上游产业链和下游产业链相互联系的两条产业链，其中上游产业链为"农业—粮食—酿酒业—饲料业或肥料业—畜牧（饲养）业—农业"的良性生物循环链，下游产业链则与第一条产业链匹配，酿酒业与机械装备、包装、建筑等行业的融合，推动和提升加工设备、包装印刷、生态建筑、物流运输等一系列相关产业的快速发展。

（2）生态酿酒构建要素的有序缔结　生态酿酒涉及原辅材料、机械设备、工艺技术、包装运输、消费市场、人员操作、质量管理、生态环境等要素，它们相互作用，共同影响白酒产品的安全与质量、生产的效率与成本、加工的效益与环境。生态酿酒全面考虑各生产要素与生产环节的关联，从酿酒材质的生态化、酿造过程的生态化、包装储运过程的生态化、销售消费过程的生态化着手，打造中国白酒产业的生态化。

（3）生态酿酒实现子系统良性循环　白酒生产由原来唯一的产中加工子系统，向前延伸了产前子系统和向后延伸了产后子系统。生态种植酿酒原料的产前子系统，建立酿酒原料生产基地，采取"公司+基地+农户"方式和 GAP 标准体系，种植高粱、小麦、玉米、糯稻等酿酒原料，为生态酿酒生产提供安全优质的专用原料；清洁加工多产品的产中子系统，在企业内建立由"生产者—消费者—还原者"组成的工业生态链和推行 GLP、GCP 和 GMP 标准体系与 6S（整理 Seiri、整顿 Seiton、清扫 Seiso、清洁 Seiketsu、素养 Shitsuke、安全 Safety）管理等，采用新技术把好生态酒产品生产的过程关，除生产出安全、优质的生态白酒主产品外，对发酵副产物如酒糟、黄水、酒头与酒尾、底锅水、窖皮泥等进行资源化再利用和深加工，做到物尽其用、零排放、无污染；生态营销生态酒的产后子系统，生态经营和推行 GSP 标准体系，向消费者传播生态消费理念，引导消费者科学、健康、文明消费白酒，鼓励生态包装物的定点回收与再利用等。协调好三个子系统，打造生态酿酒系统的良性循环，自觉将生态酿酒产业系统融入大自然的生态系统大循环中，最终实现经济效益、社会效益和生态效益之间的平衡。

三、生态酿酒与可持续发展思想的契合

胡锦涛同志生态伦理思想的核心在于首次将"建设生态文明"和资源节约型、环境友好型社会建设上升为国家战略,体现了马克思主义生态观的创新发展。科学发展观是坚持以人为本,全面协调可持续的发展观,其中,第一要义是发展,核心是以人为本,基本要求是全面协调可持续,根本方法是统筹兼顾。

与科学发展观在可持续发展上相同,生态酿酒思想强调经济发展、社会进步和环境友好三者协调。生态酿酒从产业生态学角度指出了酿酒业未来的发展模式,推动传统的"资源—产品—废弃物"的线性增长模式转变为物质闭环流动的可持续发展系统,实现传统白酒粗放型发展向"资源节约+环境友好"型发展的根本转型,形成绿色低碳循环发展新方式。

(一)产业发展

在环境保护和技艺传承的前提下,应用现代生物工程技术改造传统白酒产业,加速行业的技术创新,通过扩大生产规模、结构调整、产业升级等途径促进降低粮耗和能耗、增加出酒率和优质品率、提高酿酒副产物的附加值,依靠发展解决酿酒产业内部矛盾,把握好自然生态、人文生态和社会生态的平衡。

(二)以人为本

从消费者角度看,提供生态酒产品。白酒作为承载中国传统文化的特殊饮料,要以安全优质为前提组织生产,优化生产工艺,加强生态加工全过程的品质控制,开发新产品,调整产品结构,为消费者提供安全、优质、低度、营养、保健与人文关怀的生态酒产品,不断满足市场对白酒消费在物质方面和精神方面的新需求。从生产者角度看,制造取代手工操作。传统白酒生产是手工劳动过程,白酒是智慧和汗水的结晶。酿酒人要发扬工匠精神,在传承传统工艺精华的前提下,不断创新,依靠科学技术进步,全面提高酿酒产业的技术装备和管理水平,用机械化、自动化逐渐取代传统的手工操作,提高生产效率的同时,改善劳动者的生产环境和降低生产者劳动强度。

(三)全面协调可持续发展

优化生态酿酒产业的顶层设计,建设好原料基地、酿酒生态工业园和销售网络渠道,建设好人工老窖和保护窖泥微生态,保护和合理利用水资源,为产业可持续发展奠定良好的基础;酿酒工业经济增长方式从粗放型向集约型转变,以生态酒生产带动相关产品生产,实现新型工业化,打造多样化的产品群;以节约资源、保护环境为目标,大力发展循环经济,用无用变成有用、有害变成无害的思路处理传统意义上的"三废",实现资源的最大化利用,努力实现零排放,减少环境污染。

(四)注意统筹兼顾

兼顾国家产业政策、酿酒企业、消费者三者目标追求的一致性,达成经济效益、社会效益和生态效益的平衡;兼顾白酒产业的循环经济链的良性循环,白酒产业要实现以

酒为主、多元发展的生态酿酒格局；兼顾企业发展规模、产品结构与市场需求的平衡，合理控制人力、物力、财力的投入，在激烈的市场竞争中确保企业做大、做强、做长。

四、生态酿酒与美丽中国思想的契合

建设生态文明的核心就是增加优质生态产品供给，让良好生态环境成为普惠的民生福祉，成为提升人民群众获得感、幸福感的增长点。促进生态文明是中国社会发展迈上新台阶，打造经济升级版的重要战略抉择。"美丽中国"是中国共产党第十八次全国代表大会提出的概念，党的十八届五中全会上，"美丽中国"被纳入"十三·五"规划。"美丽中国"的深层次内涵是指"人与自然之间的和谐"，核心就是要按照生态文明要求，通过生态、经济、政治、文化及社会"五位一体"的建设，实现人民对"美好生活"的追求，实现民族伟大复兴的中国梦（图1-8）。

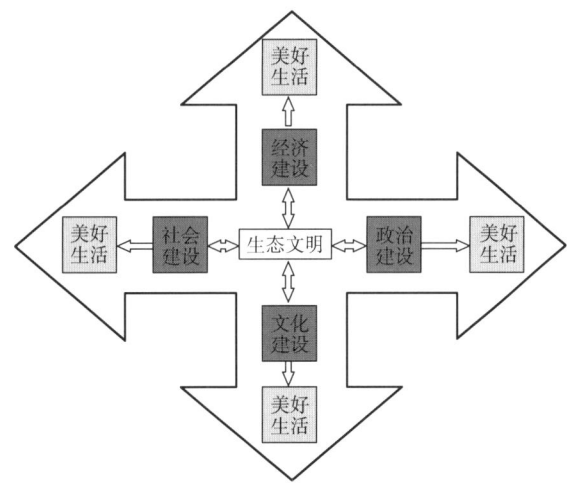

图1-8 "美丽中国"概念模型图

生态酿酒的思想完全契合了生态文明建设的"美丽中国"思想，强调在保护环境中实现经济的发展和民生的改善。在经济发展新常态下，生态酿酒以工业生态学理论为指导，结合酿酒行业的特点，大力推动企业循环式生产、产业循环式组合、园区循环式改造，创建了酿酒工业生态体系，形成绿色低碳循环发展新方式（图1-9），体现了酿酒由农耕文明到生态文明的历史性跨越，酿酒产业在推进"美丽中国"的实践中贡献智慧和添砖加瓦。

（一）增加生态酒产品供给

行业依靠生态酿酒技术，提高安全、优质生态酒产品的比例，增加生态酒产品供给量，不断满足消费者对白酒产品的消费需求，让消费者买得放心、喝着开心、喝后安心。

（二）建设优美的生态环境

工业园的建设应合理布局、加强绿化，建设优美的生态酿酒工业园，升级成为对外开放的4A级或5A级景区，为白酒消费者提供"旅游+体验"的舒适环境，让良好的生

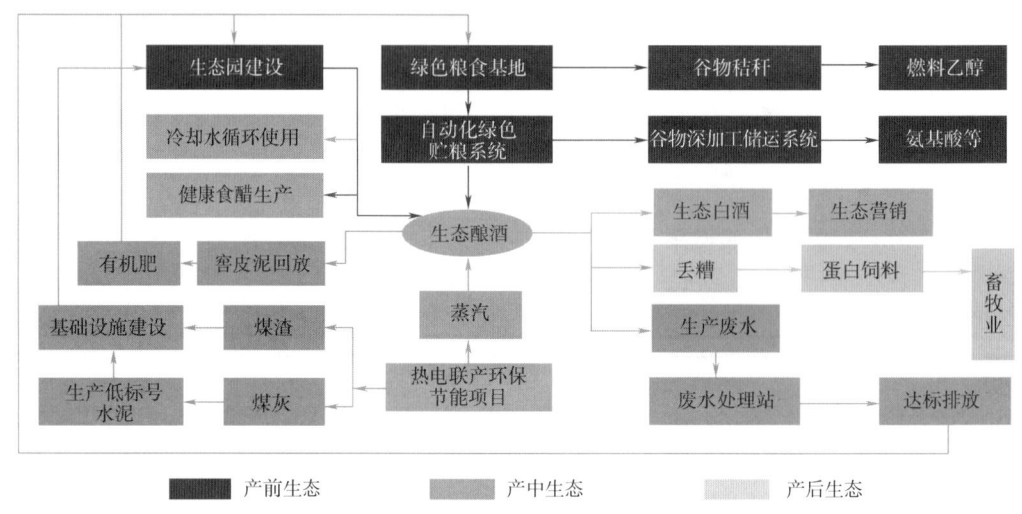

图 1-9　生态酿酒工艺流程闭路循环

态环境成为提升消费者获得感、幸福感的增长点。

(三) 创新酿酒企业发展新模式

依靠科学技术进步，促进多元发展，建立酿酒企业新的经济循环发展模式。在生态酿酒发展模式中，"沱牌舍得"循环发展模式和"循环经济五粮液模式"为酿酒行业的典范。四川沱牌舍得酒业股份有限公司早在20世纪80年代就提出了以"绿色、低碳、生态"为主题，以"质量经营与生态经营相结合"为方针，保护与改善生态环境，开创"生态酿酒"之先河，成功创建了全国首家生态酿酒工业园；以"新型工业化"改造和提升传统产业，全面推行"清洁无污染生产"，提供生态酒产品与实施"沱牌舍得"循环发展模式，被评为"国家环保先进企业"和"四川省循环经济试点单位"。五粮液集团有限公司作为中国第一大白酒生产企业，从最早提出"三废是放错位置的资源"，到企业实施清洁生产，走循环经济的发展道路，再到实行以节约资源和生态建设为主的环保发展战略，创建了低投入、低消耗、高产出、高效益、生态化的"循环经济五粮液模式"。推行"粮食购进酿酒—废弃酒糟—烘干—环保锅炉—糟灰—生产白炭黑"的循环型生产方式，实施废弃物资源化再利用、清洁能源、节能减排的配套产业发展，被国家六部委确定为全国42家循环经济试点企业——白酒行业唯一企业，在倡导白酒生态、推动绿色经济、构建行业规范上，走在了前列。

中国白酒产业生态化代表了行业未来发展的方向，但要实现这一目标可谓任重道远，需要从以下三个方面继续努力。

(1) 生态酿酒理念普及化是先决条件　四川沱牌舍得集团有限公司树立了中国生态酿酒标杆，得到了部分规模以上的白酒企业积极响应，但全国白酒企业众多，在白酒行业发展处于低谷时期，生态酿酒理念要被全体酿酒企业和酿酒人普遍接受的难度增大。因此，加大生态酿酒理念宣传力度、提高企业生产许可门槛、市场竞争中优胜劣汰是行业发展的必然选择。

(2) 酿酒技术创新生态化是核心支撑　技术创新是促进行业进步的原动力，酿酒技术创新生态化是实现中国白酒行业可持续发展的核心支撑。生态化酿酒的技术创新是在保护自然生态平衡和酿酒技艺传承的前提下实现经济增长的目的,把追求经济效益最佳与追求生态效益最好和社会效益最优有机结合。

(3)生态酿酒行动化是关键环节　生态酿酒理念不仅是白酒行业的标志性口号,而且要自觉付诸行动予以实施,对酿酒人来说,要将生态酿酒系统自觉地融入"社会—经济—自然"系统中,认真落实在原料种植、循环加工和产品供应的各个环节上,促进产业永续发展,最终实现经济效益、社会效益和生态效益三者的和谐统一。

第五节　酿酒生态工业园

我国改革开放的政策不仅极大地拓宽了国际交流的渠道,还促使国内生态工业园的建设步伐与国外先进水平保持同步。以丹麦卡伦堡工业园区为榜样,在白酒产业的核心区域——川黔、苏皖、两湖、鲁豫地区以及华北、东北这六大板块中,时任四川沱牌舍得酒业集团总工的李家民牵头建立了国内首座生态酿酒工业园,为行业树立了标杆。紧随其后,五粮液、泸州老窖、茅台集团、洋河股份、古井贡酒、湖南湘窖酒业、李渡酒庄、伊力特等众多企业也相继落成各自的生态酿酒工业园,这些园区不仅促进了产业发展,还转化为了众多国家 AAAA 级旅游景区,为社会增添了独特的文化风景线。此外,各地政府积极发挥引导作用,推动白酒企业向产业园区集聚发展,特别是在遵义、宜宾、泸州、德阳、宿迁、吕梁、亳州和宝鸡八个特色鲜明的白酒产业园区。这一战略部署不仅汇聚了地理位置的天然优势,还融合了生态环保、卓越品质、良好信誉、产业集群效应及地域特色等多重优势,为白酒产业的可持续发展奠定了坚实基础。

一、生态工业园

(一)生态工业园关注重点

生态工业园重点关注六个方面(图1-10),它们相互关联。

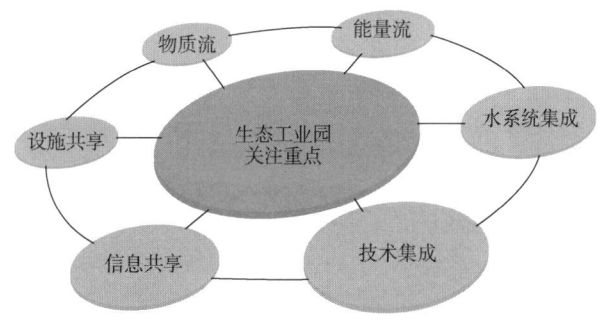

图1-10　生态工业园关注重点

(二)最典型的生态工业园

20世纪70年代以来,丹麦卡伦堡工业园区是目前世界上工业生态系统运行最为典型的代表(图1-11)。卡伦堡模式即建设生态工业园(Eco-Industrial Parks,EIPs)可称之为企业之间的循环经济运行模式,其要义是把不同的工厂联结起来,形成共享资源和互换副产品的产业共生组合,使得一家工厂的废气、废热、废水、废渣等成为另一家工厂的原料和能源。这个工业园区的主体企业是电厂、炼油厂、制药厂和石膏板生产厂,以这四个企业为核心,通过贸易方式利用对方生产过程中产生的废弃物或副产品,作为自己生产中的原料,不仅减少了废物产生量和处理费用,还产生了很好的经济效益,使经济发展和环境保护处于良性循环之中。其中的燃煤电厂位于这个工业生态系统的中心,对热能进行了多级使用,对副产品和废物进行了综合利用。电厂向炼油厂和制药厂供应发电过程中产生的蒸汽,使炼油厂和制药厂获得了生产所需的热能;通过地下管道向卡伦堡全镇居民供热,由此关闭了镇上3500座燃烧油渣的炉子,减少了大量的烟尘排放;将除尘脱硫的副产品工业石膏,全部供应给附近的一家石膏板生产厂作原料;同时,还将粉煤灰出售,以供修路和生产水泥之用。炼油厂和制药厂也进行了综合利用,炼油厂产生的火焰气通过管道供石膏厂用于石膏板生产的干燥,减少了火焰气的排空。一座车间进行酸气脱硫生产的稀硫酸供给附近的一家硫酸厂;炼油厂的脱硫气则供给电厂燃烧。卡伦堡生态工业园还进行了水资源的循环使用。炼油厂的废水经过生物净化处理,通过管道每年输送给电厂70万m^3的冷却水。整个工业园区由于进行了水的循环使用,每年减少25%的需水量。

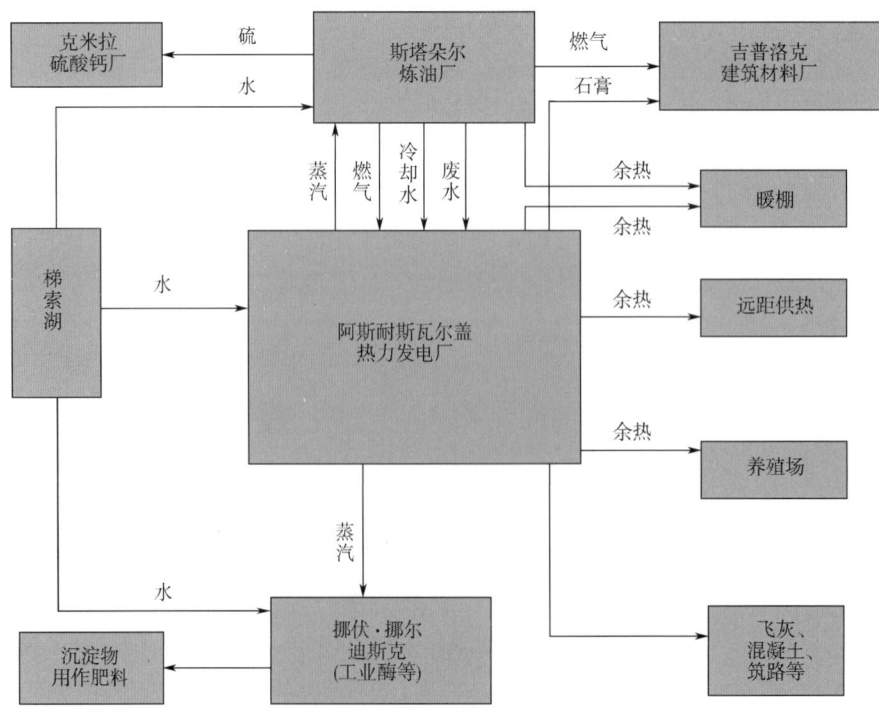

图1-11　丹麦卡伦堡生态工业园循环产业链

虽然丹麦卡伦堡工业园区主要是以燃煤及化工为主的生态工业园,但它形成了蒸汽、热水、石膏、硫酸、生物污泥的相互依存和共同利用的格局。这一模式成了全球各种类型生态工业园区建设的表率,美国于20世纪90年代相继建成了开普查尔斯可持续科技工业园和红丘陵生态园等全球著名生态工业园。

二、我国酿酒生态工业园

自20世纪90年代末沱牌集团有限公司(现四川沱牌舍得集团有限公司,简称沱牌集团,是舍得酒业股份有限公司的控股股东,简称舍得酒业)创建了国内首家生态酿酒工业园后,越来越多的酿酒企业创建自己的生态酿酒工业园。这些工业园不仅注重生态环境的保护,还通过循环利用、清洁生产等方式,实现了经济效益和生态效益的双赢。下面介绍三个白酒企业的酿酒生态工业园。

(一)舍得酒业生态酿酒工业园

四川沱牌集团舍得酒业在20世纪80年代,提出了以"绿色、低碳、生态"为主题,以"质量经营与生态经营相结合"为方针,开创"生态酿酒"之先河。沱牌集团借鉴全球首个生态共生系统"丹麦卡伦堡工业园",斥巨资、倾注20年之力,于2001年率先建成了中国首座生态酿酒工业园——舍得酒业生态酿酒工业园(图1-12),赋予它三大内涵:一是用高新技术改造和提升传统酿酒产业;二是构建"低投入、低消耗、高产出、高效益、生态化"的循环经济发展模式,促进地方经济的可持续发展;三是以信息化带动工业化、以工业化促进信息化,发展高新技术,从而实现生产力的跨越式发展。通过培养生态酒品牌及产业生态化经营的实践与探索,将酿酒工业全程生态、酿酒产业目标模式与经营方式提高到一个全新的产业生态文明价值台阶。沱牌集团创建酿酒工业生态园的新理念,理论深度高,生态文明创新实践突出,为酿酒工业生态园建设和酿酒产业生态化经营提供理论指导。正如中国科学院院士、生态学家庞雄飞在《走向生态化经营——沱牌集团的创新及其思考》著作的序言中指出,沱牌集团生态酿酒工业园创新实践的意义在于:第一,沱牌集团的实践突破了传统酒文化的藩篱,开创了生态酒文化之先河,构建了全新的生态理念与绿色情怀及人文关怀;第二,沱牌集团的实践突破了传统酿酒产业的发展模式,开创了酿酒产业生态化经营的崭新思路,构建了具有广泛示范价值的生态生产与生态消费的组织形式;第三,沱牌集团通过建立满足生态酒酿造要求的原料型生态农业,一方面为农业结构的调整提供了示范;另一方面为农副产品深加工提供了思路,为我国新形势下的农业发展提供了启示;第四,沱牌集团的实践突破了资源耗用与环境污染的工业发展思路,开创了工业发展走向生态化的新路径,构建了实施可持续发展战略的微观基础;第五,沱牌集团的实践突破了传统文明观的局限,开创了社会文明形态演化的新进程,构建了物质文明、精神文明与生态文明有机结合的文明体系。

图1-12 舍得酒业生态酿酒工业园

(二)湖南湘窖酒业生态工业园

1957年,国营邵阳市酒厂在时光的长河中应运而生,历经半个多世纪的风雨洗礼与岁月沉淀,终于在2003年华丽转身,正式更名为湖南湘窖酒业有限公司。湘窖酒业傲立于湖南腹地,坐拥龙山南麓与资水北岸之间的绝佳位置,这里是北纬27°的酿酒与储酒圣地,独有的"龙山小气候"为其赋予了无与伦比的自然生态优势。在此基础上,湘窖酒业倾注多年心血,精心打造了一座集园林美学、生态智慧、环保理念与工业旅游于一体的湘窖生态文化酿酒城(图1-13),这座酿酒城不仅集成了国内先进的酿酒技术,还荣获了国家AAAA级旅游景区的殊荣,充分展现了其非凡的魅力与独特的价值。

湘窖酒业在业界独树一帜,以其"一树三花"的酿造技艺著称,匠心独运地酿造出浓香、酱香及兼香三大系列的美酒。其中,酱香型白酒的规划产能高达2万t,目前已有5千t产能顺利投产,并配备了音乐陶坛酒库、壮观的地下酒窖群以及神秘的洞藏酒庄等先进的酒体贮存与老熟设施,确保每一滴酒液都能在岁月的沉淀中绽放出更加醇厚、典雅的风味。面向广大消费者,湘窖酒业推出了"湘窖""开口笑""邵阳"三大系列的生态酒品。其中,湘窖酱香系列以湘窖·龙匠、湘窖·福酱等为代表,展现了酱酒的醇厚与雅致;浓香型系列则以开口笑年份系列为核心,传递出浓郁的香气与时间的韵味;而兼香型系列的红钻·湘窖,更是浓香与酱香之美妙融合,令人回味无穷。

图1-13 湘窖生态文化酿酒城

(三)国宝李渡酒庄生态工业园

江西李渡酒业有限公司是中国第一家港股上市的白酒企业,位于驰名江南的历史闻名古镇——李渡镇,地处抚河中下游,水洌泉甘,用来酿酒醇厚馥郁;赣抚粮仓,大米细腻圆润、晶莹剔透,是酿酒的上等佳品。因此,李渡酒文化源远流长、底蕴深厚,自古以来就有"酒乡"之美称。李渡元代烧酒作坊遗址被誉为"华夏祖窖",千年李渡也因此被誉为"中国白酒之源"。公司多次荣获国家级、省级荣誉,始终秉承让世界文化遗产飘香世界的企业使命,致力于中高端白酒市场发展。未来5~10年,江西李渡酒业有限公司将以"国宝李渡酒庄"作为公司发展的核心,助推李渡酒业向新的、更美好的未来迈进。

李渡酒业依托进贤山水特色和企业的文化底蕴,在原来的基础上做大规模,建成了国宝李渡酒庄千亩生态工业园(图1-14)。"国宝李渡酒庄年产1.3万t基酒技改项目"总投资额50亿元,项目总占地面积1550亩(1亩=666.7m^2,下同),其中建设用地面积637.91亩。国宝李渡酒庄主要建设年酿酒产能13000t优质基酒的酿酒智能和自动化标准酿酒厂房、84000t储量的优质基酒库(其中含20000t麻坛酒库、20000t封坛酒库、44000t自动化勾调酒库)、年产200万箱的自动化包装中心、储量40万箱的成品酒库,以及配套装物仓库、大米库、制曲车间、谷壳清蒸车间、锅炉房、配电房、年处理1.5万t的污水处理站(排放标准达到城镇污水处理厂污染物排放标准1级A标准)、科研及人才楼、文旅酒店及唐宋元明清酒文化旅游体验中心等。目前已建成投产的有:标准化酿酒车间、制曲车间、包装车间、陶坛酒库、成品库、半成品库及其他配套设施等,公司与全球领先的信息与通信技术(ICT)解决方案供应商华为集团携手合作,建立了智慧物联网平台。在制曲过程中,通过物联网传感器实时监测曲房内的温度和湿度变化,利用大数据技术对历史数据进行分析,优化制曲工艺参数;在酿酒环节,通过物联网技术监测发酵过程中的各项参数,利用AI算法对酿酒数据进行深度挖掘和分析,及时调整工艺条件。这一系列举措极大地提升了白酒酿造过程的数字化、智能化水平,有力推动了企业的高质量发展。

2024年,国宝李渡酒庄意外发现了洪州窑遗址。随着洪州窑遗址神秘面纱的逐步揭开,在后期公司将聚焦于文旅和科研配套上。依托国宝李渡元代烧酒作坊遗址、洪州窑遗址,结合江西发现的距今约1万年的"栽培稻植硅石标本"和距今约2000年的汉代"蒸馏器"的独特优势,公司将打造一个集生产、学术研究、教育和旅游于一体的大型综合性项目。

图1-14 国宝李渡酒庄生态工业园效果图

第六节　生态酿酒和生态经营思想传播

在酿酒与饮酒过程中注入生态含义，将酿酒转变为生态生产，将饮酒转变为生态消费，具有悠久文化历史的中国酒文化将成为物质文明、精神文明和生态文明的有机统一。酿酒生态化经营真正体现了可持续性发展战略，生态化是白酒产业发展的方向，是通向白酒产业新型工业化和实现生态文明的重要途径。白酒行业人士一定要以推动白酒的生态化为己任，主动宣传、普及生态酿酒与生态经营的知识，促进酿酒这一民族工业得到健康、可持续发展。

一、会议交流

1999年11月，在国际企业创新论坛会上，沱牌集团做了《中国第一个生态酿酒工业园区诞生》主题报告。

2001年3月，在沱牌集团召开了中国生态酿酒工业园建设研讨会。

2001年12月，中国食品工业协会在宜宾举行国家评委颁证会，沱牌集团在会上专题介绍了公司走向生态化经营的情况。

2002年10月，在中国白酒香型暨沱牌技术研讨高峰会上，沱牌集团对生态酒做了全面的质量安全评价，肯定了生态酿酒对酒质的提升。

2016年12月，在日本鹿儿岛大学举办的第9届日中酿造技术及食品研讨会和第13届鹿儿岛大学蒸馏酒学研讨会联合大会上（图1-15），主编余有贵撰写的《生态酿酒体现的主要思想探讨》（简易版）论文在会上展出，获得与会专家的一致好评。

图1-15　鹿儿岛大学烧酒教学研究中心原主任鲛岛吉广教授在会展论文前与主编余有贵交流合影

2017年10月，沱牌集团成立"中国生态酿酒产业技术研究院"，以期进一步拓展生态酿酒研究的深度和广度。2019年7月19日，中国生态酿酒产业技术研究院项目中期进展汇报会在舍得酒业生态酿酒工业园艺术中心顺利举行。

2021年7月，贵州省酿酒工业协会在贵阳举办贵州省首届"生态酿酒企业"授牌仪式，大会向10家入围企业授牌。

2024年8月，在黑龙江哈尔滨举办的"2024第11届国际酒文化·科学技术学术研讨会"上，主编余有贵与日本鹿儿岛大学烧酒教学研究中心原主任鲛岛吉广教授互相赠书并合影留念（图1-16），笔者赠予鲛岛吉广教授的是主编余有贵撰写的《生态酿酒新技术》（中国轻工业出版社，2016）。

二、著作编撰

2001年2月，罗必良、李家顺、李家民合著《走向生态化经营——沱牌集团的创新及其思考》，由香港中国数字化出版社出版。

2005年5月，沱牌生态经营模式被中国21世纪议程管理中心录入《中国可持续商业发展案例》一书，由化学工业出版社出版。

2009年1月，生态酿酒被写入了《生态食品工程学》《中国酒概述》大学教材中，分别由四川大学出版社、化学工业出版社出版。

2010年1月，生态酿酒被写入国家"十一五"规划教材《食品发酵设备与工艺》一书中，由化学工业出版社出版。

2013年9月，"生态酿酒全P标准体系"成果被收录入江南大学主编的《2013年国际酒文化学术研讨会论文集》。

2015年10月，《酿志生态中国——"生态酿酒"重要问题考据》论文被收录入江南大学主编的《2015年国际酒文化学术研讨会论文集》。

2016年12月，主编余有贵编写的《生态酿酒新技术》由中国轻工业出版社出版（图1-17）。

2025年8月，余有贵编写的《生态酿酒新技术及应用》由中国轻工业出版社出版（图1-18）。

图1-16 日本著名酿酒专家鲛岛吉广教授在会上与主编余有贵交换专著的合影　　图1-17 主编余有贵编写的《生态酿酒新技术》由中国轻工业出版社出版　　图1-18 余有贵编写的《生态酿酒新技术及应用》由中国轻工业出版社出版

三、标准制定

2008年5月，由沱牌集团主持制定的生态酿酒产品标准上升为国家标准GB/T 21820—2008《地理标志产品　舍得白酒》和GB/T 21822—2008《地理标志产品　沱牌白酒》。

2008年10月，由沱牌集团提出的"生态酿酒"这一术语被写入国家标准GB/T 15109—2008《白酒工业术语》中。

2021年5月，由沱牌集团提出的"生态酿酒"这一术语被写入GB/T 15109—2021《白酒工业术语》中。

第二章　生态化酒曲生产技术

酒曲作为中国传统白酒酿造工艺中的瑰宝，扮演着糖化、发酵与生香的多种角色，对白酒的风味品质具有决定性的影响。传统的制曲工艺，深深植根于人工踩曲成型与人工调控温湿度之中，这种高度依赖个人经验与自然环境的方式，虽赋予了酒曲独特的韵味与灵魂，却也不可避免地导致了曲块质量的不稳定性。随着微生物科学技术的蓬勃发展，酒曲生产迎来了革命性的转变，从以往依赖微生物自然富集的传统模式，逐步转向采用单一或多菌种强化的现代化大曲生产策略，这一转变不仅提升了酒曲中微生物的多样性与活性水平，更为实现酒曲品质的稳定与可控提供了科学依据。与此同时，为了进一步优化作业环境、提升生产效率，制曲工艺正经历从人工操作向机械化、自动化乃至智能化工艺的深刻转型。在这一背景下，生态制曲理念应运而生，并迅速在行业内引起广泛共鸣。沱牌舍得酒业作为先驱，率先建成了规模宏大的制曲生态园，成功引入全自动生态制曲系统，彻底颠覆了传统的人工踩曲方式。随着人工智能技术的持续演进，酿酒行业正积极拥抱新一代信息技术与白酒酿造的深度融合。茅台、五粮液、洋河股份、郎酒、国台等一批领军企业率先垂范，采用大曲智能化生产技术，不仅大幅提升了生产效率与产品质量，更为整个行业的科技进步树立了鲜明的标杆。这一系列的创新实践，不仅标志着中国白酒产业在技术创新上的重大飞跃，更为其可持续发展注入了新的活力与动能，引领着中国白酒迈向更加高效、环保、高品质的未来。

第一节　白酒酒曲与微生物

中国白酒是尊天敬时和不断创新的产物，也是人与自然和谐共生的创造。在酿酒界，素来流传着"曲为酒之骨，看酒先看曲"的至理名言，凸显了酒曲在酿造高品质白酒中的核心地位。优越的自然环境，为酿酒微生物提供了丰富的生存空间与多样性来源。在酒曲的制作过程中，通过精心调控温度、湿度、氧气等关键参数，可以创造出有利于酿酒微生物生长繁殖的理想条件，从而促使微生物群落结构在酒曲中稳定形成，为提升酒曲质量奠定坚实基础。随着生物技术与检测技术的飞速进步及其在酿酒领域的广泛应用，学者们得以更加深入地探究大曲中的微生物群落结构，揭示微生物菌群变化的奥秘，并进一步探讨优势菌群与大曲质量之间的内在联系。这一研究不仅对于提升大曲的品质至关重要，更是优化酿酒工艺、提高酒体风味与品质的关键所在。

一、酒曲的类型

白酒酒曲可分为大曲、小曲和麸曲三大种类。

(1) 大曲　又称砖曲，制作大曲的原料主要是小麦、大麦、高粱和豌豆。可分为三类：一是按培曲的品温分为中温曲、偏高温曲和高温曲；二是按所作用原料生产的产品来分有酱香型大曲、浓香型大曲、清香型大曲、兼香型大曲等；按工艺区分为传统大曲、强化大曲和纯种大曲。

(2) 小曲　制作小曲的主要原料是稻米，有的添加了少量中草药或辣蓼粉为辅料，有的加少量白土为填料。可分为四类：按制曲原料分可为粮曲和糠曲；按添加中草药与否分为药小曲和无药小曲；按形状可分为酒曲丸、酒曲饼和散曲；按用途可分为甜酒曲和白酒曲。

(3) 麸曲　制作麸曲的原料为麸皮，接入纯种经人工培养的散曲。

二、酒曲的作用

酒曲在酿酒中主要作为糖化发酵剂，比如，大曲在酿酒中的功能是提供菌源酶源、糖化发酵、投粮作用、生香作用等。

三、酒曲微生物来源

制曲的本质是扩大培养酿酒微生物的过程。传统制曲是一个敞口作业的过程，采用开放式的生产操作，网罗自然环境中的微生物，通过控制温度、湿度、空气和养分等因素，让有益于白酒生产的产酒生香微生物在曲坯上生长繁殖的生物转化过程。

(1) 传统大曲、小曲中微生物的来源，可归纳为空气、水、原料、曲母、器具和曲房环境等方面。一般来说，空气以细菌为主，原料中以霉菌为主，场地以酵母菌为主。

(2) 强化大曲的制作则除了从网罗自然环境中的微生物外，还需要接种少量的经纯种培养的微生物菌种，通过共生、竞争，让接入的纯菌种占优势（强化大曲中加入的微生物见表2-1）。

(3) 麸曲是一个纯种培养的过程，微生物完全来源于人工接入的种子。

表 2-1　　　　　　　　浓香型白酒强化大曲微生物的研究

研究机构	时间/年	方法	结果
河南宋河酒厂	1991	各种菌的比例为霉菌：酵母菌：细菌约为1:1:0.2，在制作大曲时加入，适当提高曲温，增加翻曲次数	强化大曲曲香浓郁，糖化力较普通大曲高，微生物数量大大提高，游离氨基酸比普通大曲高54%，降低用曲量5%~8%可提高出酒率2%~5%，提高优质品率5%左右
宋河酒厂研究所	1992	单独培养红曲霉、黄曲霉、根霉、酵母菌，制成帘子曲，然后添加到浓香型大曲中，制得强化大曲	用曲量减少，优质酒率和出酒率均有显著提高

续表

研究机构	时间/年	方法	结果
襄樊市酿酒厂	1992	鲜干酒糟5%和耐高温活性干酵母菌2‰~3‰	酒质稳定，总酯、总酸有增加
江苏省泗洪县双洋酒厂科研所	1992	用纯种分别培养红曲霉、酵母菌，接入传统的大曲中	糖化率、发酵力、液化力、酯化力提高，提高曲酒质量和产量，可以调整己酸乙酯和乳酸乙酯的比例
贵州习酒股份有限公司	1995	同时应用糖化酶、强化大曲、耐高温酒用活性酵母菌（TH-AADY）、酯化霉（强化大曲添加TH-AADY、红曲功能菌）	用曲量降为14%，发酵周期缩短15d，出酒率提高5%以上，名优酒率上升15%以上
河套酒业集团股份有限公司	2000	将优良大曲和自培养的红曲霉混合，取其水溶液作为喷洒液培养强化大曲	强化大曲曲皮菌丝生长较密，色泽均匀纯白，曲香浓厚，发酵力、酯化力均提高
山东泰山生力源集团股份有限公司	2004	糖化菌与发酵菌1:1，糖化菌中，黄曲霉70%、根霉20%、红曲霉20%；发酵菌中，产酯酵母菌50%，产酒酵母菌50%	出酒率提高，总酯总酸均提高
武汉佳成生物制品有限公司	2004	在大曲中加0.5%的酯化红曲	大曲香味增强，酯化力提高16.8%
四川农科院水稻高粱研究所生物中心、四川郎酒集团	2005	酯化功能菌（红曲霉），糖化功能菌（根霉），发酵功能菌（酵母菌）混合接种制曲	糖化力、液化力、发酵力、酯化力提高
河北三井酒业股份有限公司	2012	往大曲上均匀喷洒拌和了红曲菌液的大曲水	强化大曲普遍菌丝密，断面整齐，色泽好，曲香正且浓，强化大曲发酵力略低于普通大曲，酸度、糖化力、液化力、酯化力略高于普通大曲，蛋白分解力几乎为普通大曲27倍，效果显著

四、酒曲微生物种类

（一）大曲

传统大曲中微生物主要有四类：霉菌、酵母菌、细菌和放线菌。

（1）霉菌　主要功能是糖化动力，包括有曲霉属、根霉属、毛霉属、青霉属、红曲霉属、犁头霉属等菌类。

（2）酵母菌　主要功能是发酵动力，包括有酒精酵母菌、产酯酵母菌、假丝酵母菌等菌类。

（3）细菌　主要功能是生香动力，包括乳酸菌属、醋杆菌属、枯草芽孢杆菌等菌类。

（4）放线菌　产生的次级代谢产物种类与生物活性物质具有其独特的性质。目前检测到浓香型、芝麻香型、酱香型大曲中有高温放线菌属的放线菌，具有多种酯酶、碱性磷酸酶、脂肪酸酶，在高温大曲中有重要作用，需要结合酶学进行进一步的研究证实。

强化大曲中微生物种类有霉菌、酵母菌、细菌，见表2-1。

（二）小曲

小曲中微生物主要有霉菌和酵母菌。霉菌一般包括根霉、毛霉、黄曲霉、黑曲霉等；酵母菌有酵母菌属、汉逊酵母菌属、假丝酵母菌属、拟内孢霉属、丝孢酵母菌等。

（三）麸曲

用于白酒的麸曲中菌种有几十株，可分为曲霉、根霉、纤维素分解霉、其他霉菌四大类。

五、大曲中微生物类群数量

（一）不同地域偏高温大曲微生物比较

以泸州大曲和邵阳大曲培养过程（前40d）中主要微生物类群的变化作为比较对象，采用SAS6.12进行方差分析，探讨两者曲皮和曲心微生物变化的异同。方差分析结果表明：①两者曲皮和曲心的主要微生物总数、酵母菌数均分别无显著性差异（$p>0.05$），两者曲皮的细菌和霉菌数分别只在第2天存在显著性差异（$p<0.05$），曲心的细菌数无显著性差异（$p>0.05$）而霉菌数只在第2天、第5天存在显著性差异（$p<0.05$）；②两者在同一时间内主要微生物变化为曲皮的细菌、霉菌和酵母菌只在第2天和第5天有所不同而在第10~40天类似，但曲心细菌、霉菌和酵母菌只在第5~15天类似而其他时间均有所不同（表2-2和表2-3）。

表2-2　　　　两种大曲曲皮的主要菌群变化方差分析结果

培养时间/d	泸州大曲菌数			邵阳大曲菌数		
	细菌	霉菌	酵母菌	细菌	霉菌	酵母菌
2	7.00^a	5.70^b	6.88^a	7.78^a	7.23^b	7.11^b
5	5.90	6.48	5.90	5.88^b	6.65^a	5.70^b
10	5.48^a	6.30^a	5.04^b	5.85^a	6.56^a	5.30^b
15	4.78^b	6.20^a	3.60^c	5.00^b	6.42^a	3.84^c
20	4.70^b	6.18^a	4.00^b	5.01^b	6.40^a	4.58^b
25	4.54^b	6.30^a	4.90^b	4.99^b	6.41^a	5.36^b
30	4.60^b	6.18^a	5.00^b	4.98^b	6.36^a	4.98^b
35	4.95^b	6.15^a	4.90^b	5.23^b	6.34^a	4.83^b
40	5.60^a	6.00^a	4.85^b	5.58^a	6.30^a	4.70^b

注：同一种曲的同行中上标有不同小写字母者差异显著（$p<0.05$），标有相同字母或未标字母者差异不显著（$p>0.05$）。

表 2-3　　两种大曲曲心的主要菌群变化方差分析结果

培养时间/d	泸州大曲菌数			邵阳大曲菌数		
	细菌	霉菌	酵母菌	细菌	霉菌	酵母菌
2	6.48^a	4.00^b	5.90^a	7.00^a	5.85^b	5.91^b
5	3.95^b	4.85^a	3.91^b	4.54^b	5.74^a	3.94^b
10	3.85^b	5.30^a	3.48^b	3.93^b	5.26^a	3.57^b
15	4.54^a	5.00^a	3.30^b	4.70^a	5.04^a	3.32^b
20	4.31^b	5.31^a	3.71^c	4.79^a	5.26^a	3.73^b
25	4.30^b	5.40^a	3.90^c	4.71^{ab}	5.30^a	3.94^b
30	4.48^b	5.48^a	3.95^b	4.85^a	5.32^a	3.97^b
35	4.78^b	5.52^a	3.95^c	4.99^a	5.48^a	3.98^b
40	4.90^a	5.61^a	3.97^b	5.00^a	5.59^a	4.00^b

注：见表 2-2。

因为泸曲和邵曲同属偏高温曲，因而曲中微生物消长有一定的相似性，但两种大曲在地域、曲坯制作和培养过程中存在着差异（表 2-4），所以曲中微生物消长也有其特殊性。

表 2-4　　两种大曲的曲模规格和比表面积的比较

名称	曲模规格/cm^3	总体积/cm^3	表面积/cm^2	比表面积/（cm^2/cm^3）
邵阳大曲-1	28×19×6	3192	1628	0.51
邵阳大曲-2	28×19×5	2660	1534	0.58
泸州大曲	33×20×5	3300	1850	0.56

（二）有机大曲与普通大曲微生物比较

选用有机小麦和普通小麦作为制曲的原料，分别生产中高温大曲，对生产过程中大曲微生物变化情况等进行跟踪监测，采用稀释平板涂布分离法计数比较研究两种大曲微生物类群存在的差异。

1. 制曲工艺流程

原粮→润粮→粉碎→拌料→制坯→接运曲坯→安曲→培菌管理→成品曲

2. 不同时期曲块微生物数量比较

有机大曲与普通大曲的微生物数量存在着差别（表 2-5），从对比中可以看出：有机大曲富集微生物的能力较普通大曲强，成品曲中有机大曲的微生物数量也较普通大曲多。因而有机大曲中的酶系和香味成分也更为丰富，这能够为酿酒过程提供更多的酶系和香味物质，从而提高酒的产量和质量。

表 2-5　　　　　　　　　不同大曲贮存期微生物变化情况　　　　　单位：×10⁶CFU/g

时间	细菌		芽孢杆菌		霉菌		酵母菌	
	有机大曲	普通大曲	有机大曲	普通大曲	有机大曲	普通大曲	有机大曲	普通大曲
翻曲时	17.43	12.8	6.38	3.13	7.05	6.24	0.85	0.55
30d	16.35	11.63	7.85	3.83	6.13	5.88	0.64	0.42
60d	16.00	10.46	7.29	3.14	6.65	6.45	0.57	0.34
90d	15.60	8.85	7.07	2.68	6.27	5.95	0.48	0.29

结果表明：有机大曲原料为微生物提供更加丰富的营养物质，在培菌期利于微生物的富集与繁殖，微生物数量更多，活动更旺盛。因此，使用有机原粮制作有机大曲较普通原料生产的普通大曲的曲质更高，更有利于酿酒过程中提高产量与质量。

第二节　强化大曲生产技术

强化大曲的生产技术研究序幕早在 20 世纪 90 年代初便已悄然拉开，并于 90 年代中后期逐渐加速发展。而其技术的广泛应用与普及，则是在迈入 21 世纪之后，特别是在被誉为"白酒发展的黄金十年"期间，迎来了前所未有的兴盛。强化大曲的生产工艺，从宏观上可归结为两大主流策略：一是将分离纯化的菌种加入大曲中进行培曲；另外一种是将培养的菌种制备成菌悬液，在大曲培养过程中喷洒在大曲表层，以优化微生物群落。依据所使用菌种的性质，强化大曲又可进一步细分为单一菌种强化与多菌种复合强化两大类型。值得一提的是，中国食品发酵工业研究院研究人员将扣囊复膜孢酵母菌 CICC 33077 菌株应用于大曲生产，验证了它不仅是高温大曲发酵前期的优势菌，而且通过它的强化，改变了大曲微生物群落的结构，从而提升了高温大曲的品质。郎酒从糖化堆糟醅中筛选出地衣芽孢杆菌 L8 和枯草芽孢杆菌 L17 两株高产吡嗪类的细菌，通过不同的添加方式和添加量，模拟高温大曲的生产应用，有效提升了曲坯吡嗪类（三甲基吡嗪、四甲基吡嗪等）香味物质的含量，获得了曲坯酱香突出、曲香浓郁的高温优质大曲效果。强化大曲为中国白酒产业中大曲品质的提升开辟了新的路径，也为传统酿酒技艺与现代科技的融合提供了生动的例证。

一、单一菌种的强化大曲生产技术

现以贵州大学胡峰与习酒公司合作制作培养的红曲霉强化大曲生产为例，介绍单一菌种的强化大曲生产技术的具体情况。

（一）技术特点

大曲强化技术就是在大曲配料时加入一定量的纯种培养微生物、酶制剂或两者同时加入，以弥补大曲中某种微生物数量或酶系种类的不足，提高曲中酿酒有益菌的浓度，完善不同种类酶系之间的组成。采用的纯种微生物有根霉、曲霉、酿酒酵母菌、产酯酵母菌、芽孢菌等，采用的酶系有糖化酶、酸性蛋白酶、纤维素酶、酯化酶等。由于强化大曲的特殊功效，部分酿酒企业陆续对强化大曲进行了探索与实践，与传统制曲相比，该技术能提升曲药糖化、发酵、生香的能力，不仅减少用曲，而且可增加酒中关键风味物质的含量，使酒体丰满醇厚、绵甜柔和，从而能提高白酒生产的出酒率、优质酒率。

（二）技术原理

在制曲时，将糖化型和发酵型两大菌类分别经过三角瓶扩大培养，然后按一定比例混合制成强化种曲。糖化型种曲中一般含有黄曲霉、根霉、红曲霉，发酵型种曲中一般含有酿酒酵母菌、生香酵母菌及芽孢杆菌等，在制曲原料中加入0.5%~1.0%的强化种曲，按常规工艺制曲而成为强化大曲。利用糖化菌种的糖化力强的特点，提高原料中淀粉转化为可发酵性糖的量；利用发酵菌种发酵力强的特点，增加可发酵性糖生成酒精的量。因此，强化大曲利用自然接种和人工接种相结合，可适当缩短生产周期，提高曲药的质量稳定性，从而在酿酒过程中减少用曲量，增加出酒率。此外，红曲霉具有一定的发酵力和较强的酯化力（某些红曲霉能合成酯化酶并排至胞外），添加红曲霉或加入红曲霉和酵母菌制成强化大曲，在增己降乳、提高出酒率方面优于传统大曲。

酯化酶在酶学上称为解脂酶，是脂肪酶、酯合成酶、酯分解酶及磷酸酯酶的统称，应用白酒生产的酯化酶多为乙酸乙酯合成酶和己酸乙酯合成酶。强化大曲中酯化酶的催化作用在于能促进脂肪酸酯的生成，高活性的脂肪水解酶可将酒醅中的脂肪水解为甘油及脂肪酸，脂肪酸与乙醇酯化生成己酸乙酯与油酸乙酯、亚油酸乙酯、棕榈酸乙酯等高级脂肪酸酯，从而加速促进白酒风味物质的形成。

（三）工艺流程

偏高温红曲霉强化大曲生产工艺流程如图2-1所示。

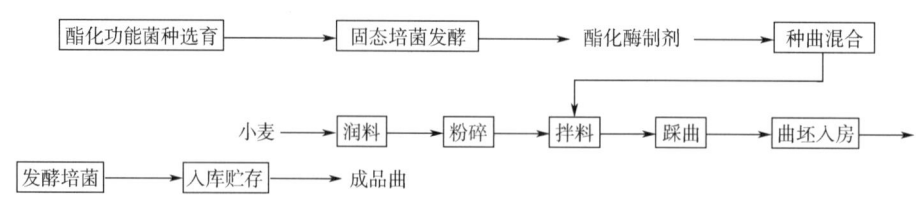

图2-1　偏高温红曲霉强化大曲生产工艺流程

（四）技术要点

与传统大曲生产相比，强化大曲的工艺参数和管理控制要点在于：

（1）菌种来源　红曲霉功能菌从传统优质大曲中分离而获得，具有代谢糖化酶、液化酶、蛋白水解酶、酯化酶活性力较高，而产乳酸较少的特性，应用于习酒公司强化大曲的生产。

（2）种曲混合　先将筛选出的红曲霉功能菌经固态培菌发酵制成酯化酶制剂，酯化酶制剂和传统优质大曲按1:1比例混合而成为种曲,种曲在小麦粉原料中的添加量为0.3%~0.5%(质量分数),经拌匀后踩曲制成曲坯。种曲的接种量一般随季节而变化,夏季用量偏小,冬季制曲用量偏大为宜。

(3)培菌管理 曲坯入房安曲后,培养过程要注意保温保湿,观察曲块的品温变化和上霉情况,强化大曲比传统大曲升温快(图2-2),一般入房48~72h后,品温即可上升到35~40℃前,做到适时翻曲。

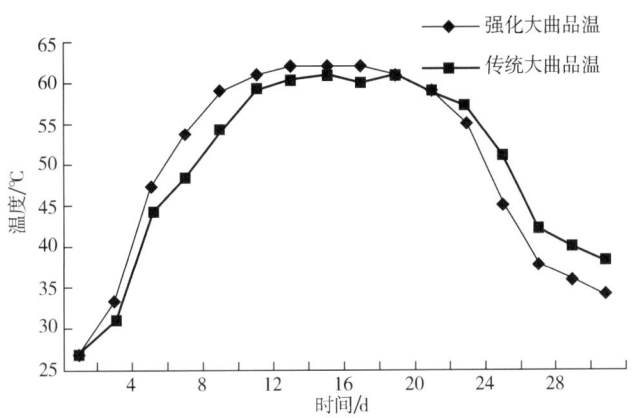

图2-2 强化大曲与传统大曲发酵过程升温情况比较

(五)制曲效果

成品曲的感官鉴定、微生物数量和理化指标检测的结果分别见表2-6、表2-7、表2-8。结果表明：强化大曲比传统大曲的感官质量得到明显改善,香气浓、断面颜色好、菌丝多,有红、黄菌斑；强化大曲比传统大曲的霉菌、酵母菌和细菌类群的数量多,而且三者在数量上趋于协调；强化大曲与传统大曲相比,不仅具有较高的糖化力、液化力、发酵力和蛋白水解力,而且具有酯化力强的突出特点(表2-9)。

表2-6　　　　　　　　强化大曲与传统大曲感官指标比较

项目	强化大曲	传统大曲
外观	灰白色或灰黄色,穿衣好	灰白色或灰黄色,穿衣较好
断面	整齐、灰白色,菌丝生长良好,局部有红、黄菌斑,泡气,无裂口,皮张薄	较整齐、灰白色,菌丝生长较好,泡气
香气	具有浓而醇的特殊曲香,并伴有酱香味	具有较浓郁的曲香味

表2-7　　　　　　　　强化大曲与传统大曲微生物指标比较

菌类	强化大曲	传统大曲	菌类	强化大曲	传统大曲
酵母菌/(CFU/g 干曲)	$1.3×10^6$	$9.2×10^5$	细菌/(CFU/g 干曲)	$8.0×10^6$	$6.3×10^6$
霉菌/(CFU/g 干曲)	$3.4×10^6$	$1.6×10^6$			

表 2-8　强化大曲与传统大曲理化指标比较

指标	强化大曲	传统大曲	指标	强化大曲	传统大曲
水分/%	13.0	13.2	发酵力/[g/(50mL·72h)]	3.20	2.77
酸度	1.2	1.5	蛋白水解力/[g/(100g·h)]	1.50	0.65
糖化力/[mg/(g·h)]	630.3	573.5	酯化力/[mg/(g·100h)]	57.2	23.8
液化力/[g/(g·h)]	1.23	0.88			

表 2-9　强化大曲与对照大曲的酶活性力

曲别	酶蛋白/(mg/g)	蛋白酶活性/[mg/(g·min)] 1	蛋白酶活性/[mg/(g·min)] 2	糖化型淀粉酶活性/[mg/(g·min)]	脂肪酶活性/[mg/(g·h)]	碱性磷酸酯酶活性/[mg/(g·h)]	醇脱氢酶活性/(U/g)
强化大曲	45.0	102.0	96.0	330.8	105.98	0.42	1.554
普通大曲	36.0	28.0	142.0	118.8	74.68	0.37	0.193

（六）酿酒效果

纯种培养的红曲霉和酵母菌制成的强化大曲应用于酿酒生产的结果见表 2-10。与传统大曲相比，该强化大曲具有增己降乳、提高出酒率方面的优势。

表 2-10　强化大曲与传统大曲发酵 45d 的效果对比

类别	投料/kg	强化大曲用量/kg	传统大曲用量/kg	入池温度/℃	入池水分/%	入池酸度/%	原料出酒率/%	己酯含量/(g/L)	乳酯含量/(g/L)
试验	700	22	—	19	56	1.4	42.5	1.86	1.68
对比	700	—	25	20	55.5	1.35	39.4	1.52	1.53
试验	700	22	—	21	55	1.2	41.3	2.16	1.82
对比	700	—	25	18	56	1.3	40.5	1.67	1.83
试验	700	22	—	20	57	1.3	39.7	2.21	1.94
对比	700	—	25	19	56	1.4	40.2	1.70	1.68
试验	700	22	—	19	56	1.3	42.6	1.98	1.6
对比	700	—	25	21	57	1.5	40.3	1.48	1.64
试验	700	22	—	18	57	1.4	42.3	2.03	1.81
对比	700	—	25	18	56	1.3	39.7	1.89	1.82

二、多菌种复合的强化大曲生产技术

传统的清香型大曲酒采用低温大曲发酵，针对传统清香型白酒固态发酵夏季出酒率低、乙/乳比低的问题，山西杏花村汾酒厂股份有限公司和山西农业大学开展校企合作，贾丽艳、张鑫、王晓勇等人的授权发明专利《一种多菌种强化大曲发酵酿造清香型白酒的生产方法》（专利号：201710827683.1，获得授权日期：2020-04-10）提供一种多菌种强化大曲发酵酿造清香型白酒的生产方法，下面介绍该技术的具体情况。

(一) 技术特点

利用汾酒新鲜酒醅筛选高产酯酿酒酵母菌、产淀粉酶的米根霉、耐酸耐酒精的烟色红曲霉和耐高温且具蛋白酶、淀粉酶活性的枯草芽孢杆菌，制成酿酒酵母菌生产用酒母、米根霉生产用麸曲、烟色红曲霉生产用米曲、枯草芽孢杆菌生产用菌液，然后以一定比例与生产用大曲加到糁料中，入缸发酵获得清香型白酒。其主要特点：

(1) 强化菌种源自传统清香型白酒酿造的生产环境　利用从杏花村汾酒生产环境分离出来的土著酿酒酵母菌 (*Saccharomyces cerevisiae*) Yfen.2、土著米根霉 (*Rhizopus oryzae strain*) Mfen.2、土著烟色红曲霉 (*Monascus fuliginosus*) Mfen.jia、土著枯草芽孢杆菌 (*Bacillus subtilis*) Bfen.jia 强化发酵生产清香型白酒，既不会破坏传统清香型白酒发酵环境中经长期驯化而建立起来的微生物菌群结构，又不会带来改变清香型白酒风格的风险。

(2) 多菌种复合强化发酵有效提高酒质和出酒率　清香型白酒的主体香味成分是乙酸乙酯和乳酸乙酯，占总酯的95%以上，其中乙酸乙酯占总酯的55%以上，它的含量高低直接影响清香型白酒的质量和风格。传统发酵清香型白酒中酯香成分的含量因季节变化而波动较大，特别是夏季发酵生产时，易出现酒体香味失去平衡和"掉排"现象。多菌种复合强化发酵技术有效解决了传统清香型白酒固态发酵过程中夏季出酒率低、乙/乳比低的问题，避免了白酒生产"掉排"现象的发生。

(二) 技术原理

大曲白酒酿造是以大曲为糖化发酵剂，利用大曲中微生物类群协同作用，通过边糖化边发酵的"双边发酵"，将淀粉质原料转化为酒精和呈香呈味物质（醇、醛、酸、酯）的过程，其中，霉菌是糖化的主要动力，酵母菌是发酵的主要动力，细菌是产香的主要动力。本发明技术采用四种菌株，包括产淀粉酶且具有环境耐受性的土著米根霉 Mfen.2、高产酯高耐受性土著酿酒酵母菌 Yfen.2、耐酸耐酒精土著烟色红曲霉 Mfen.jia、耐高温并产蛋白酶和淀粉酶土著枯草芽孢杆菌 Bfen.jia，分别扩大培养后得到纯培养种子，将它们按一定比例加入清香型酒糟中进行密闭发酵一定时间。通过它们的协同作用，不仅能产酒，而且能提高挥发性乙酸含量和降低非挥发性乳酸含量，从而达到了提高出酒率和乙/乳比的目的。

(三) 工艺流程

多菌种强化大曲酿造清香型白酒的工艺流程如图2-3所示。

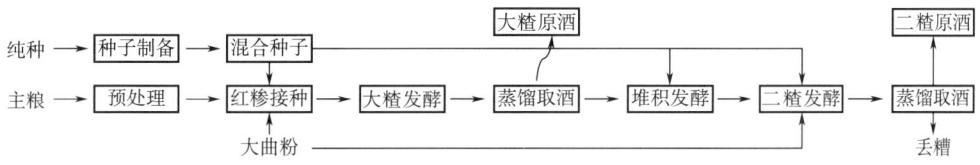

图2-3　多菌种强化大曲酿造清香型白酒的工艺流程

（四）技术要点

1. 菌种特性

（1）高产酯高耐受性土著酿酒酵母菌 Yfen.2 最高耐受糖度为22%，最高耐受pH为2，最高耐受温度39℃，最高耐受酒精度14%，发酵液中乙酸乙酯/乳酸乙酯比约为293，此为高乙酸乙酯/乳酸乙酯比。在酵母菌膏培养基上：菌落为乳白色，表面光滑，中间厚，边缘薄，呈奶酪状，边缘与中央颜色一致，边缘整齐（图2-4）。菌体为椭圆形，单向产生子细胞，不产生假菌丝。液体培养时，有浓郁的乙酸乙酯香气，产酒精。该菌种于2017年8月保藏于中国普通微生物菌种保藏管理中心，保藏号为CGMCC NO.14563。

（2）产淀粉酶且具有环境耐受性土著米根霉 Mfen.2 40℃时糖化力达到最大值820U/g，50℃时液化力达到最大值1.2U/g；pH在3~4.5时糖化力和液化力均随着pH的升高而升高，当pH为4.5时，糖化力和液化力可达到最大，分别为800U/g、1.2U/g。在PDA培养基上：菌落圆形，边缘整齐，致密绒毛状；菌丝发达，生长快，初疏松、白色，匍匐菌丝透明发达，后稠密，颜色变为灰色（图2-5）；菌丝无隔，菌体产黑色孢子囊，孢子较小，呈椭圆形或圆形，颜色为黑色。孢囊梗由生假根处的匍匐菌丝长出，多数成丛生、少数单生，囊轴呈圆形，无囊基、囊领，菌丝体无横隔。该菌种于2017年8月保藏于中国普通微生物菌种保藏管理中心，保藏号为CGMCC NO.14149。

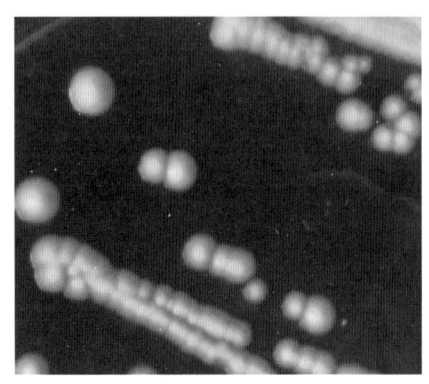

图2-4 酿酒酵母菌Yfen.2的菌落特征

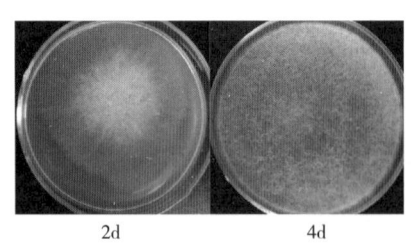

图2-5 米根霉Mfen.2培养2d和4d时的菌落特征

（3）耐酸 耐酒精土著烟色红曲霉 Mfen.jia 在麦芽汁琼脂培养基上：菌落呈圆形，生长初期表面为白色菌丝，后期形成同心轮及气生菌丝，整个菌落致密为绒毡，生长后期菌落表面呈烟灰色，生长后期菌落正面呈烟色，背面呈黑红褐色，用手摸菌落有油腻感。在PDA培养基上：呈疮疤状，有浓郁的复合酯香香气。菌丝发达，具横隔多核，有初生次生小梗，分生孢子呈杆状，具有大量子囊果。该菌在麦芽汁琼脂培养基和PDA培养基上正面和反面的菌落特征见图2-6。该菌种于2017年8月保藏于中国普通微生物菌种保藏管理中心，保藏号为CGMCC NO.14154。

（4）耐高温并产蛋白酶和淀粉酶土著枯草芽孢杆菌 Bfen.jia 在牛肉膏培养基上：菌落中央无色透明，周边呈白色，黏稠，菌体呈杆状，革兰氏阳性，有芽孢，芽孢不鼓起（图2-7）。该菌种于2017年8月保藏于中国普通微生物菌种保藏管理中心，保藏号为CGMCC NO.14584。

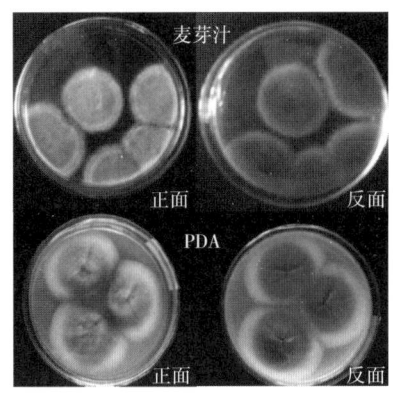

图 2-6　烟色红曲霉 Mfen.jia 在麦芽汁琼脂培养基和 PDA 培养基上正面和反面的菌落特征

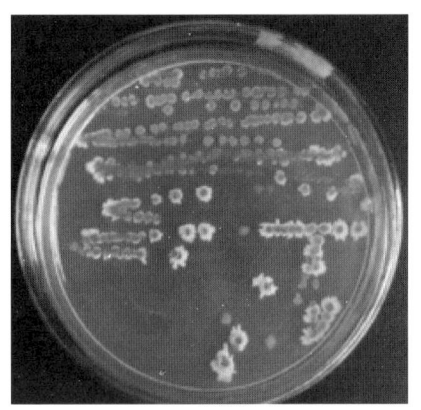

图 2-7　枯草芽孢杆菌 Bfen.jia 的菌落特征

2. 种子制备

（1）高产酯高耐受性土著酿酒酵母菌 Yfen.2 生产用酒母的制备　将斜面培养的酿酒酵母菌 Yfen.2 接种于酵母菌膏液体培养基，28℃培养 24~48h；将上述培养好的种子按 3%的接种量加入发酵糖液中，28℃恒温培养 7~30d。其中，酵母菌膏液体培养基配方为：葡萄糖 2 份、胰蛋白胨 2 份、酵母菌提取物 1 份、蒸馏水 100 份、pH5.0~5.5，0.1MPa、121℃灭菌 20min；发酵糖液配比为：用蒸馏水将 67.88%的糖浆稀释至糖度为 22°Bx，于 0.1MPa、121℃蒸馏 20min。

（2）产淀粉酶且具有环境耐受性土著米根霉 Mfen.2 生产用麸曲的制备　取淀粉含量≥11%的麸皮 50 份，水分添加量为 50 份，含孢子数为 10^7~10^8 个/mL 米根霉 Mfen.2 溶液 10 份，40℃培养 84h，糖化力达到 700~818U/g，液化力为 0.7~1.1U/g 即可。

（3）耐酸耐酒精土著烟色红曲霉 Mfen.jia 生产用米曲的制备　用 0.5%（V/V）乳酸水对原料大米进行浸泡 8~10h，控干，用白纱布包起，用灭菌锅于 0.1MPa 下处理 20min，打散米，再用小喷壶加水 10~20mL，0.1MPa、121℃处理 20min，达到湿而不黏。将 10 份 0.5%（V/V）的无菌乳酸水倒入红曲霉斜面试管中，用接种环或接种钩处理，制备成含有孢子数为 10^7~10^8 个/mL 的菌悬液接种于 100 份的大米培养基中，35~42℃培养 5~7d，待培养基发红，培养完毕。

(4) 耐高温并产蛋白酶和淀粉酶土著枯草芽孢杆菌 Bfen. jia 生产用菌液的制备 将斜面培养的酿酒酵母菌 Yfen. 2 接种于牛肉膏培养液，37~45℃ 培养 24~48h；以 3% 的量分别接种于牛肉膏培养液中，37~45℃ 恒温培养 48h。

3. 酿造清香型白酒

(1) 主粮处理 高粱作为发酵用主粮，将其进行常规润糁、蒸糁，蒸熟并冷却的红糁含水量为 58%~65%。

(2) 接种曲种 以红糁重量为计算基准，添加 1%~2% 的高产酯高耐受性土著酿酒酵母菌 Yfen. 2 生产用酒母、5%~7% 的产淀粉酶且具有环境耐受性土著米根霉 Mfen. 2 生产用麸曲、3%~5% 的生产用大曲，混匀。

(3) 大楂发酵 起始温度为 22~25℃，培养 1d，然后每天升温 1℃，至 30℃ 后，恒温发酵 5~7d，然后逐天降温 1~27℃，恒温发酵至 28d，用甑桶蒸馏酒醅，蒸馏温度 95~105℃、蒸汽压力 0.1~0.2MPa、流酒温度 28~32℃，获得白酒，作普通基酒用。

(4) 堆积发酵 蒸馏后的酒糟降温至室温，以红糁重量为计算基准，再添加 0.5%~1% 的耐酸耐酒精土著烟色红曲霉 Mfen. jia 生产用米曲和 1%~2% 耐高温并产蛋白酶和淀粉酶土著枯草芽孢杆菌 Bfen. jia 菌液，混匀堆积发酵 24h，温度保持在 35~42℃。

(5) 二楂发酵 以红糁重量为计算基准，向堆积发酵好的醅中，再添加 1%~2% 的高产酯高耐受性土著酿酒酵母菌 Yfen. 2 生产用酒母、5%~7% 的产淀粉酶且具有环境耐受性土著米根霉 Mfen. 2 生产用麸曲、3%~5% 的生产用大曲，混匀发酵，发酵起始温度为 22~25℃，培养 1d，然后每天升温 1℃，至 30℃ 后，恒温发酵 5~7d，然后逐天降温 1~27℃，恒温发酵至 40~55d，用甑桶蒸馏酒醅，蒸馏温度 95~105℃、蒸汽压力 0.1~0.2MPa、流酒温度 28~32℃，获得高乙酸乙酯、低乳酸乙酯的原酒。

(6) 陶坛陈酿 所获得的原酒陶坛贮存 1 年以上即可使用。

（五）应用效果

1. 所产基酒"两高一低"

(1) 乙酸乙酯含量高 采用多菌种强化大曲发酵生产的清香型二楂白酒乙酸乙酯含量高，经检测，酒精度为 61%vol 的高酯白酒乙酸乙酯含量为 10.88g/L、总酯含量为 11.22g/L，乙酸乙酯含量占到了总酯类含量的 96.97%，乙酸乙酯比传统清香型白酒中含量提高了约 252%，总酯含量提高了 105%，乙酸乙酯/乳酸乙酯提高至 14.70，乙酸乙酯香味浓郁。该白酒可作为高酯白酒用于乙酸乙酯偏低、乳酸乙酯偏高、乙酸乙酯/乳酸乙酯比例不协调、总酸含量低的基酒的勾调，尤其适合于用来勾调夏季乙酸乙酯偏低或乳酸乙酯偏高的基酒。该酒对香气淡、酸低、冲、辣的白酒能起到缓冲的作用。

(2) 总酸含量高 利用该工艺生产的白酒总酸含量高，比传统清香型大曲白酒中总酸高了约 2 倍，可用于总酸低的基酒勾调。该工艺生产的白酒中主要的酸性物质是乙酸，可以给白酒带来酸爽感。

(3) 乳酸乙酯含量低 利用该工艺生产的二楂白酒乳酸乙酯含量低，酒精度为 61%vol 的高酯白酒乳酸乙酯含量约 0.74g/L，比同期发酵的传统清香型大曲白酒中乳酸乙酯含量低了约 2.5g/L，可用于乳酸乙酯含量高的基酒的勾调。

2. 提高了出酒率

利用该工艺生产的白酒原料出酒率为 48%，比传统清香型大曲白酒出酒率提高了约 4%；采用多菌种加大曲生产清香型白酒，比传统的清香型大曲白酒出酒率高，大曲用量降低 5%。降低了由大曲接种带入的乳酸菌的数量，预防了由于夏季温度高，乳酸菌大量繁殖导致的出酒率低、生产提前"掉排"现象的发生。

3. 酒质风格典型

菌种强化发酵白酒感官品评结果：强化发酵白酒大楂酒清香、醇厚；二楂酒（高酯白酒）具有清香、糟香、酯香明显，带酱感，落口酸爽、醇厚、绵柔的特点。因此，利用该发酵工艺，保持了白酒清香风格。

第三节　自动化大曲坯制作技术

传统的人工踩曲，存在环境中粉尘多、劳动强度大、劳动效率低等问题，解决不了酿酒规模扩大、劳动力成本高等实际问题。机械化通过引入机器设备替代人力，实现了生产效率的初步提升和劳动力解放。自动化则在机械化基础上，融合现代电子与计算机技术，使设备能自动执行复杂任务，进一步提高了生产效率、产品质量和稳定性，降低了成本。

一、YQ-400 液压制曲生产线大曲坯压制技术

以四川宜宾岷江机械制造有限责任公司生产的 YQ-400 液压制曲生产线在湖南湘窖酒业有限公司的应用为例，介绍自动化大曲坯制作技术的具体情况。

（一）技术特点

1. 液压压曲机的特征

在机座上设置有压紧油缸，压紧油缸带动压模安装板和压模上下移动；在压紧油缸的下方设置有顶料油缸，顶料油缸带动顶杆上下移动；设置的送料油缸带动送料体运动，可将粉料送至模盒中与将曲坯推出；各油缸通过各自的管道、控制阀和油路集成系统由同一油泵提供动力。

2. 液压压曲机的优点

液压压曲机替代链条式多次压曲成型机、螺旋挤压成型机等，克服自身结构复杂、运行不稳定、压出的曲块达不到要求、使用维修成本高的不足，具有结构紧凑，动作准确可靠、工作效率高、能耗小、操作维修方便，产品质量稳定可靠等特点。

3. 自动化大曲坯制作技术特点

全自动电脑集中控制制曲系统采取集中控制方式，系统以 PLC 为控制中心，计算机为人机操作界面，料斗秤、流量计、温度传感器、料位计等为现场信号采集点，气动球阀、气动调节阀为执行机构，配水采用 PID 闭环控制，具有操作简单、设定参数方便、完全能满足自动控制系统的要求。部分设备采用单机控制，部分设备采用联锁控制。所有控制变量均可在一定范围内更改，以满足制曲工艺要求；有关润麦、润粉的各项参数均能量化显示与控制。具体的特点：①原料麦粉拌水均匀；②拌好的曲坯料经延时输送

淀粉颗粒吸水充分；③压制的曲坯松紧一致；④曲坯压制时间和压力可根据效果随机调节；⑤成品曲质量稳定；⑥降低劳动强度；⑦改善工作环境。

（二）技术原理

1. 液压压曲机的结构

液压压曲机的结构如图2-8所示。

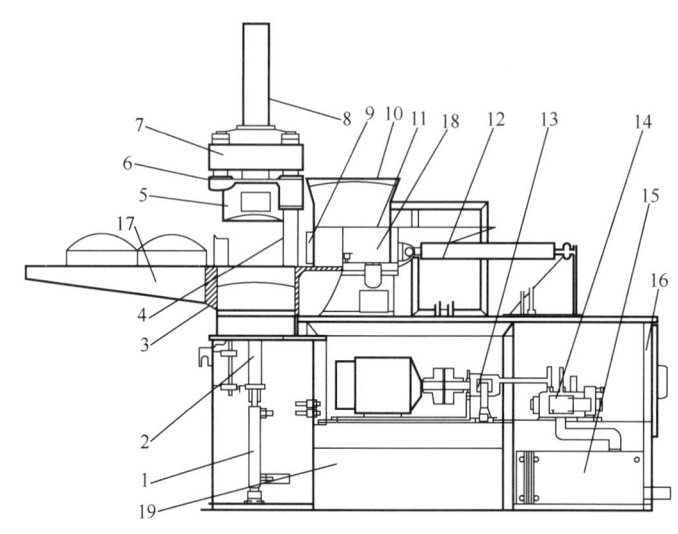

图 2-8　液压压曲机结构示意图

1—顶料油缸　2—顶杆　3—模腔　4—导向杆　5—压模　6—压模安装板　7—顶座
8—压紧油缸　9—喷水装置　10—料斗　11—送料体　12—送料油缸　13—油泵
14—液压站　15—冷却装置　16—机座　17—接曲板　18—定量模腔　19—贮油箱

2. 液压压曲机工作原理

安装于顶座7上的压紧油缸8，带动压模安装板6及压模5沿导向杆4上下运动，在压模下方有模腔3，通过上下运动压模5实现对曲坯的压紧；垂直安装于模腔下面的顶料油缸1带动顶杆2上下运动，以实现将曲坯顶出模腔3；水平安装的送料油缸12带动送料体11往复运动，将料斗10中的粉料送至模腔3内，并由后端的托板接住料斗10中的粉料，同时将顶料油缸1顶出的曲坯送到接曲板17上，送料体前行中，通过前端的喷水装置9对压模5下表面进行喷水；由电机带动油泵13并经液压站14对各个油缸提供动力；通过冷却装置15对液压油进行冷却。

（三）工艺流程

1. 压曲机工艺流程

开机后根据程序设置，各液压缸均处于缩回状态，料斗10中的粉料落入送料体11中，进入自动运行模式后，顶料油缸1伸出→送料油缸12伸出，带动送料体11将粉料送到模腔3处→顶料油缸1缩回→粉料落入模腔3内→送料油缸12缩回至原始位置→压紧油缸8伸出，带动压模5向下运动使曲坯成型→压紧油缸8缩回→顶料油缸1伸出将曲坯顶出→送料油缸12伸出,进行送料的同时将曲坯推出→进入下一循环。

2. 全自动电脑集中控制制曲工艺流程

全自动电脑集中控制制曲工艺流程如图2-9所示。

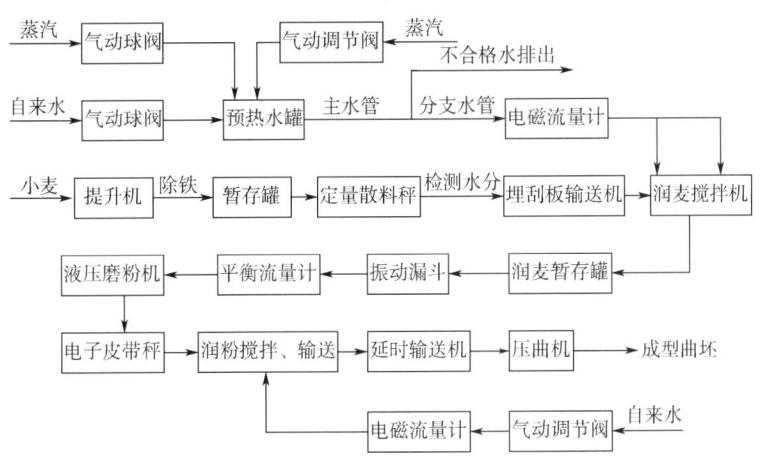

图2-9 全自动电脑集中控制制曲工艺流程

（四）应用实例

1. 工艺流程

（1）小麦机压制曲工艺流程　小麦机压制曲工艺流程如图2-10所示。

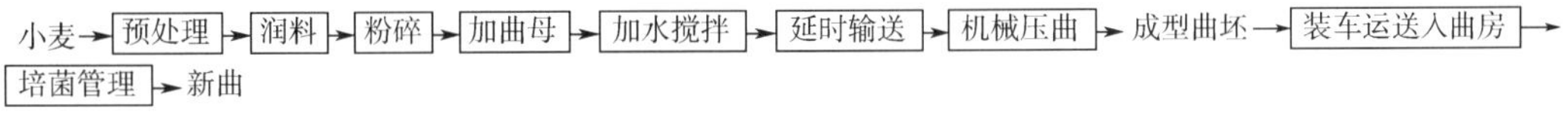

小麦→预处理→润料→粉碎→加曲母→加水搅拌→延时输送→机械压曲→成型曲坯→装车运送入曲房→培菌管理→新曲

图2-10 小麦机压制曲工艺流程

（2）小麦机压制曲设备流程　小麦机压制曲设备流程如图2-11所示。

2. 技术要点

（1）原料处理　按国家二级标准进厂的纯小麦,淀粉含量≥62%,水分含量≤12.5%,硬度≤52HI。使用前通过组合粮食清理机进行除尘除杂处理。

（2）润料　加水量:3%~6%,小麦润后水分保持在15%~18%;水温:根据不同季节及不同原料性状进行调整;润料:根据天气、小麦性状等具体情况确定加水量和润料堆积时间,目的是使小麦皮润心干。

（3）粉碎　小麦粉碎过20目筛细粉率:为45%~58%。根据工艺要求在此范围变动。要求小麦粉碎成"心烂皮不烂",即小麦心为粉状,皮为片状,麦皮不粘麦粉,每粒麦皮1~3片,细粉成粉状而非颗粒状。

（4）加母曲　根据天气和近段曲块生衣、升温状况,在小麦粉碎过程中添加适量的优质母曲粉。

（5）加水搅拌　加水经搅拌延时输送后使压好的鲜曲含水量为36%~42%,水搅拌后要求面筋丰富,手握成团。

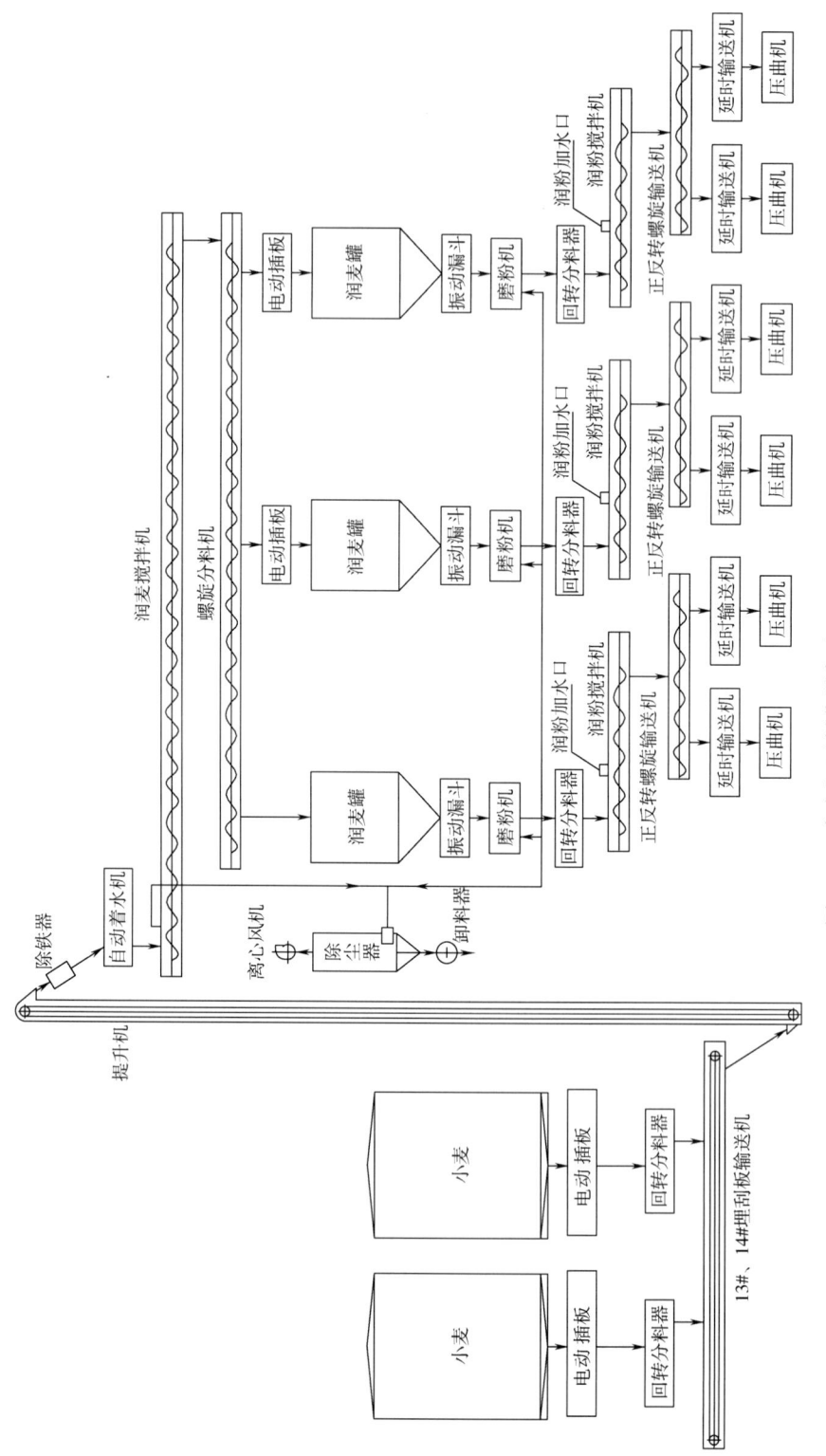

图2-11 小麦机压制曲设备流程

(6) 压曲成型

①曲块参数

a. 曲块规格（mm）：300×200×50。

b. 液压系统压力：10MPa。

c. 曲块公称压紧力：78500N。

d. 机械压曲停留时间 11~13s。

e. 产量 400~600 块/（h·台）。

②曲坯要求：包包曲松紧适宜，棱角分明、饱满；包包面圆润、丰满。

(7) 装车运送　曲坯装车侧放一层，上面平放一层，并及时用单层湿麻袋盖好以防水分过多散失。装好后，送曲房安曲培菌。

3. 培菌管理

入室安曲呈人字形，曲室面积 40m²/间，安曲量 800 块/间，盖一层湿草袋，关闭门窗培菌管理。入房 3~4d 后平均品温 50℃ 左右，入房后第 6~8d，品温上升为 55~60℃，即第 1 次翻曲，品温 55~60℃ 维持 4~7d。当平均品温开始下降时进行第 2 次翻曲，放 6~7 层。当平均品温下降为 50℃ 左右时进行第 3 次翻曲，收拢 7 层（或 8 层）。培曲历时 28d。

4. 制曲效果

其他条件不变的情况下，采用单因素试验，在小麦原料中添加不同的水分，控制曲坯含水量分别为 37%、38%、39% 和 40%，培菌管理期间分别在第 1 天、第 5 天、第 10 天、第 15 天、第 20 天、第 28 天时取样，检测曲块酸度、糖化力、发酵力和主要微生物类群、感官品质等指标，探讨其变化的规律，从而确定适宜的水分添加量，为优化机械压曲工艺奠定基础。

(1) 曲坯含水量对培曲过程酸度的影响　在其他条件相同的情况下，不同含水量的曲坯在培曲过程中酸度的变化结果（表 2-11）可知，在大曲培养的过程中，不同含水量曲坯的酸度出现了不同程度的增减，至第 28 天，酸度依次递增顺序是 39%、38%、37%、40%。

表 2-11　　　　不同含水量曲坯在培曲过程中酸度的变化　　　单位：mL/g 绝干曲

培曲时间/d	曲坯含水量/%				培曲时间/d	曲坯含水量/%			
	37	38	39	40		37	38	39	40
1	1.2	1.2	1.2	1.2	15	1.4	1.4	1.1	1.3
5	1.3	1.4	1.4	1.3	20	1.3	1.2	1.2	1.4
10	1.6	1.7	1.5	1.4	28	1.2	1.1	1.0	1.3

(2) 曲坯含水量对培曲过程糖化力的影响　在其他条件相同的情况下，不同含水量的曲坯在培曲过程中糖化力的变化结果（表 2-12）可知，在大曲培养的过程中，不同含水量曲坯的糖化力变化幅度有所差异，至第 28 天，糖化力依次递增顺序是 37%、38%、40%、39%。

表 2-12　　　　　　　　不同含水量曲坯在培曲过程中糖化力的变化

单位：mg/（g 绝干曲·h）

培曲时间/d	曲坯含水量/%				培曲时间/d	曲坯含水量/%			
	37	38	39	40		37	38	39	40
1	1284.58	1347.13	1314.75	1338.12	15	969.97	1004.57	890.91	1063.63
5	930.75	688.89	1156.06	734.32	20	754.51	800.00	905.02	806.67
10	1095.23	903.53	905.11	1159.28	28	680.24	720.56	785.35	742.56

（3）曲坯含水量对培曲过程发酵力的影响　在其他条件相同的情况下，不同含水量的曲坯在培曲过程中发酵力的变化结果（表 2-13）可知，在大曲培养的过程中，不同含水量曲坯的发酵力变化幅度有所差异，至第 28 天，发酵力依次递增顺序是 37%、38%、40%、39%。

表 2-13　　　　　　　　不同含水量曲坯在培曲过程中发酵力的变化

单位：g/（g 绝干曲·h）

培曲时间/d	曲坯含水量/%				培曲时间/d	曲坯含水量/%			
	37	38	39	40		37	38	39	40
1	5.09	5.24	5.54	4.68	15	2.42	2.51	2.35	2.16
5	3.88	5.97	5.64	3.43	20	2.14	2.38	2.47	2.33
10	2.98	2.47	2.55	2.51	28	1.85	2.41	2.56	2.47

（4）曲坯含水量对培曲过程微生物类群的影响　在其他条件相同的情况下，不同含水量的曲坯在培曲过程中酵母菌、霉菌和芽孢菌的变化结果（表 2-14）可知，在大曲培养的过程中，不同含水量曲坯的酵母菌、霉菌和芽孢菌的变化幅度有所差异；至第 28d，霉菌和酵母菌依次递增顺序是 37%、38%、40%、39%，而芽孢菌依次递增顺序 39%、38%、37% 和 40%。从曲块中霉菌、酵母菌和芽孢菌数量变化的结果看，与曲块的糖化力、发酵力和酸度变化相对应。

表 2-14　　　　　　　　不同含水量曲坯在培曲过程中主要微生物类群的变化

曲坯含水量/%	菌类	培曲时间/d					
		1	5	10	15	20	28
37	酵母菌	4.76×10^3	3.37×10^5	2.21×10^5	1.17×10^5	7.65×10^4	1.14×10^3
	霉菌	2.54×10^4	1.66×10^5	1.95×10^5	1.10×10^5	1.19×10^5	1.60×10^5
	芽孢杆菌	3.14×10^3	1.52×10^6	1.19×10^6	2.65×10^6	4.05×10^5	1.60×10^6
38	酵母菌	3.18×10^3	3.37×10^4	2.31×10^5	1.32×10^5	8.76×10^4	6.82×10^3
	霉菌	1.45×10^4	1.97×10^5	2.18×10^5	1.23×10^5	1.41×10^5	1.98×10^5
	芽孢杆菌	3.16×10^4	1.66×10^6	7.05×10^5	6.08×10^5	8.38×10^5	9.89×10^5

续表

曲坯含水量/%	菌类	培曲时间/d					
		1	5	10	15	20	28
39	酵母菌	8.19×10^3	1.04×10^5	3.01×10^5	1.77×10^5	1.16×10^5	8.51×10^4
	霉菌	6.55×10^3	2.51×10^5	2.61×10^5	1.43×10^5	1.98×10^5	2.69×10^6
	芽孢杆菌	7.12×10^4	2.23×10^6	6.08×10^5	4.77×10^6	4.35×10^6	3.26×10^5
40	酵母菌	3.18×10^3	1.01×10^5	2.52×10^5	1.46×10^5	1.05×10^5	2.27×10^4
	霉菌	1.67×10^3	2.51×10^5	1.34×10^5	1.11×10^5	1.52×10^5	1.83×10^6
	芽孢杆菌	1.82×10^5	1.78×10^6	8.35×10^5	4.31×10^6	3.56×10^6	1.76×10^6

（5）曲坯含水量对新曲感官品质的影响　在其他条件相同的情况下，不同含水量的曲坯培养而成的新曲感官评定结果（表2-15）可知，不同含水量曲坯的感官品质有所差异，以含水量为39%的大曲坯相对较优，穿衣均匀、无裂口、曲香正、香气浓郁，断面整齐、无杂色和明显火圈，曲心水分排出良好。

表2-15　　不同含水量曲坯培养而成新曲的感官品质

感官评价指标	曲坯含水量/%			
	37	38	39	40
外观	穿衣较差、有裂口	穿衣较好、少量裂口	穿衣均匀、无裂口	穿衣均匀、无裂口
曲香	曲香正，香气较淡	曲香正，香气较浓	曲香正，香气浓郁	曲香正，香气浓郁
断面	整齐、菌丝较丰满，曲心干燥，稍有火圈	整齐、菌丝健壮丰满，曲心较干燥，稍有火圈	整齐、菌丝健壮丰满，曲心较干燥，火圈不明显	整齐、菌丝健壮丰满，曲心较湿，火圈明显
皮张	<2mm	<2mm	<2mm	<2mm

结论：①曲坯含水量对机械压制的曲块培养过程中酸度、糖化力、发酵力、霉菌数、酵母菌数、芽孢杆菌数等均有不同程度的影响，对新曲的感官品质也有一定的影响，控制曲坯适宜的含水量有利于提高机压大曲的品质；②以曲坯含水量39%所培养的大曲品质相对较优，其糖化力、发酵力较高而酸度较低，感官品质好，有利于有益微生物的生长，为发酵增香奠定了基础。

二、模拟人工踩曲效果的大曲压坯技术

针对目前机械制曲中曲坯松紧度一致、曲块质量不高的难题，江西李渡酒业有限公司与邵阳学院深入开展校企合作，吴立平、朱栋才、李杰和笔者团队的发明专利"一种压曲设备"（专利号：ZL 2022 1 1416260.8，获得授权日期：2024-11-29），提供了一种模拟人工踩曲"外紧内松"效果的大曲压坯新技术，在压曲机改造升级上达到了良好效果。下面介绍该技术的具体情况。

（一）技术特点

机械压曲代替人工踩曲，不仅可以降低劳动强度，而且能提高生产效率和降低成本。

然而，现有压曲设备普遍存在着重曲坯外形而轻内部结构，达不到人工踩曲所要求的"上端中部凸起，表面光滑，四角紧实，外紧内松"的结构特点，这样不利于培曲过程中的保温保湿、疏松透气，从而不利于酿酒有益微生物的生长繁殖，导致曲块品质降低。针对这一实际问题，本技术以生产高质量曲块为目标，系统性提出了设计思路：设备改进与多次成型→改善曲坯结构→有益酿酒微生物生长繁殖→获得高质量酒曲。该技术的主要特点：

(1) 压制模具的外形设计独特　压曲机的曲模结构分为初压模、成型模、定型模三个部分，初压模下端向下凸起，成型模和定型模下端向内凹陷，为改善曲坯的结构提供了前提条件。

(2) 多次进料成型的工艺控制　通过多次上料，再配合初压模、成型模、定型模的形状进行多次压制而成包包曲，压制出来的曲坯为上端中部凸起、表面光滑、四角紧实，整体呈现外紧内松的状态。

(3) 确保压曲环境的干净卫生　通过旋转壳的转动与曲模移动，能回收从曲模中掉落的物料重新进入加料管，避免物料堆积在机器内壳中，从而提高了原料的利用率，确保压曲的环境干净卫生。

（二）技术原理

初压模和成型模、定型模下端面弧形的方向相反，物料经加料管进入曲模压制部的型腔。在初压模工作时，其所压制的曲块为中部低、四周高的形状，即经初压模压制得到的曲块，中部较紧，四周相对松散。进入成型模压制后，才能使四周紧实，这样最终形成的曲块四周和下端面紧，中部稍松。曲块压制效果如图2-12所示。

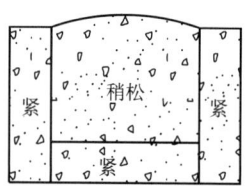

图2-12　曲块压制效果示意图

（三）工艺流程

搅拌好的原料进输送管送至加料管内，然后从加料管的出口端下落，随着曲模的移动，使得原料均匀掉入型腔内，加完料的曲模进入到压制部内进行压制。曲块压制过程的工艺流程如图2-13所示。

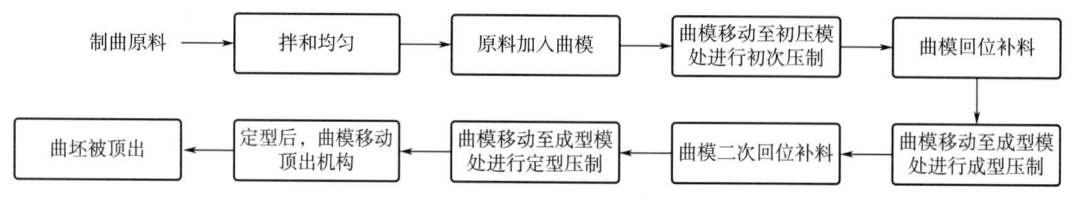

图2-13　曲块压制过程的工艺流程

(1) 压制部进行压曲时，初压驱动机构开启后驱动初压模，初压单元进行物料压制，以压实曲块的底部。然后向型腔内补料，通过成型驱动机构驱动成型模，再利用成型模压制物料而成上面中部凸起、表面光滑、四角紧实、整体外紧内松的曲坯。

(2)压制成型的曲坯移动到顶出驱动装置上方,推动顶出板,带动顶针上升,从而将型腔内的曲坯顶出,再通过推出板将压制好的曲坯自动收集,完成曲坯的压制过程。

(四)技术要点

操作过程可根据企业应用的具体情况选择,下面例举其中一种实施方式(图 2-14 至图 2-20)。

(1)进料　型腔初始状态下位于加料管 101 的下方,搅拌好的原料经输送管 3 进入加料管 101,并从加料管 101 的出口向下掉落至曲模的型腔 401 内,曲模 4 沿上料部 1 轴向滑动并通过,使原料均匀地填充满型腔。

(2)初压　曲模移动至初压模下方,此时型腔位于初压模的正下方,初压模 502 的外径与型腔的内径相适配,初压模 502 在初压驱动机构 501 的带动下伸入型腔内,以对原料进行压制,此时压制完成的曲料为上下端面平齐的块状结构。

(3)补料　继续对型腔内进行补料,补料的方式有多种,比如:曲模 4 后退移动回上料部 1 内;又或者在初压单元和成型单元之间再设置一个上料部,曲模初压完成后,继续向前移动,以进行补料;又或者直接在曲模移动路径上加一根输送管于曲模上方,进行补料。

(4)再压　补料完成后,曲模 4 移动至成型模 602 的正下方,成型模 602 下降以进行成型压制,此时由于成型模中部设置的成型弧 603,使得压制完成的酒曲中部凸起,且酒曲四周比中间更紧实。

(5)出坯　压制完成后,从曲模 4 内将酒曲取出即可。

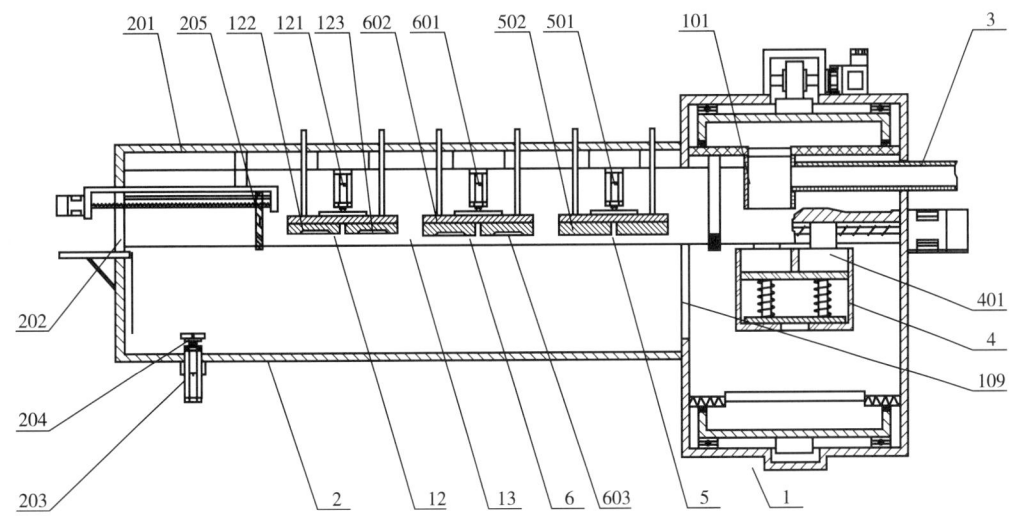

图 2-14　压曲机结构侧视示意图

1—上料部　101—加料管　109—连通孔　121—定型驱动机构　122—定型模　123—定型槽　2—压制部
201—壳体　202—出料孔　203—顶出驱动装置　204—推顶部　205—推出板　3—输送管　4—曲模
401—型腔　5—初压单元　501—初压驱动机构　502—初压模　6—成型单元　601—成型驱动机构
602—成型模　603—成型弧　12—定型单元　13—支架

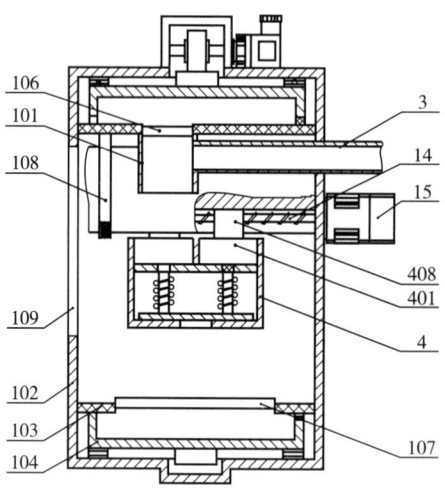

图 2-15　上料部结构侧视示意图

102—外壳　103—内壳　104—旋转壳　106—加料孔　107—排料孔　108—扫料板　408—滑动部
14—丝杆　15—驱动电机（其余见图 2-14）

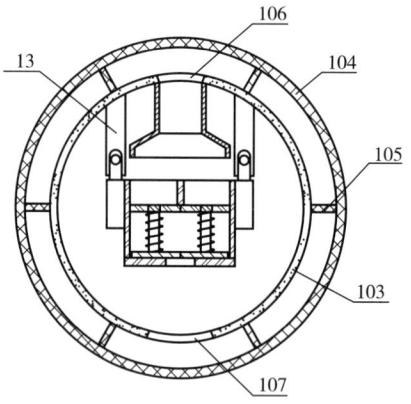

图 2-16　上料部径向截面下的旋转壳和内壳装配结构示意图

105—挡板（其余见图 2-14、图 2-15）

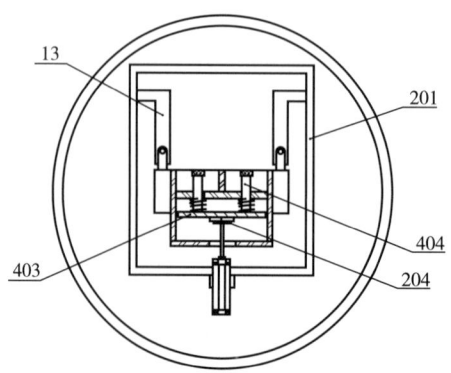

图 2-17　压制部径向截面下的顶出板顶起结构示意图

403—顶出版　404—顶针（其余见图 2-14）

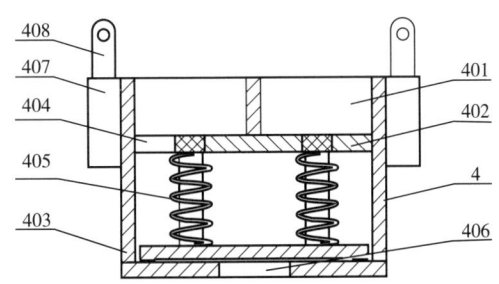

图 2-18　曲模结构示意图

402—隔板　405—弹簧　406—顶出孔　407—支座（其余见图 2-14、图 2-15、图 2-17）

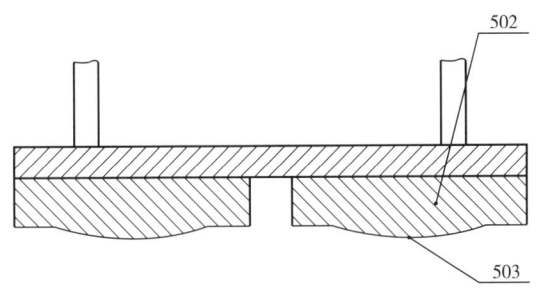

图 2-19　初压单元结构示意图

503—凸起部（其余见图 2-14）

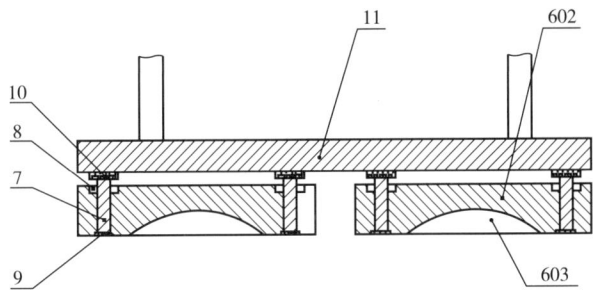

图 2-20　成型单元结构示意图

7—压杆　8—上沉孔　9—压板　10—连接部　11—安装板（其余见图 2-14）

（五）应用效果

搅拌好的原料进输送管送至加料管内，然后从加料管的出口端下落，随着曲模的移动，使得原料均匀掉入型腔内；加完料的曲模前移至压制部，压曲机通过模具对曲料施加压力，使其形成具有一定形状和密度的大曲坯，以降低作业人员的劳动强度，并提高生产效率。拟在公司内部对压曲设备进行改造升级，实现提高曲质和增效的目的。

第四节　自动化培曲管理生产技术

在传统的大曲生产过程中，包括配料、制坯和培菌三大步骤。该方法存在的缺陷：大曲培养采用地面堆积式自然发酵方式，曲房利用率低；控温控湿采用多次人工翻曲，劳动强度大，环境恶劣；培菌生产周期长，需要 30~40d；受制曲工人的经验和气候条件影响，大曲质量不稳定。为了解决传统大曲生产上的上述缺陷，大曲发酵培菌的自动化控制技术应运而生。下面以两个发明专利为例，介绍自动化培曲管理的生产技术。

一、微机控制架式培曲管理技术

针对传统大曲培养过程中环境温度高、湿度大、劳动强度大、质量不稳定等主要问题，四川大学的冷崇丰、王忠彦、付友登等人的发明专利《微机控制架式大曲发酵制曲方法》（专利号：89105919.9，获得授权日期：1994-06-15）提出了微机控制曲房内湿度、温度差以及无需翻曲的培曲新技术，下面介绍该技术的具体情况。

（一）技术特点

在曲块入房时，操作人员将大曲坯安放在曲房内设置的多层多架上，然后关闭门窗培菌发酵。培菌发酵过程的条件采用微机控制，完成架式发酵。微机控制以模拟控制大曲发酵最佳温度工艺曲线为主，对温度采用闭环控制；以控制曲房内湿度、温度差以及空气交换为辅，对湿度、温度差及空气交换采用开环程序控制，从而实现大曲在曲房内的架子上同步进行立体发酵过程而获得新曲。该技术无需人工翻曲，曲房利用率高，所制大曲优质品率达95%以上，生产周期（10~15d）比传统方法（30~40d）短，曲块微生物区系稳定，不受外界条件影响。因此，该技术具有提高大曲品质、提高劳动生产效率、降低劳动强度、改善工作环境的优点。

（二）技术原理

曲房内曲架设计为多层多架立体结构，每层上面有放置曲块的支撑笆，下面有加热镍铬电热丝。将曲块有间隔地安放在大曲发酵架上，借助温、湿度传感器检测曲房内温度和湿度，用计算机进行比较、判断、处理等，当偏离标准工艺曲线一定量时，发出温、湿度调节信号，经执行电器调节曲房的温度和湿度，并根据发酵过程给出对流搅拌及空气交换信号，经执行电器调节控制曲房内各点温度差及新鲜空气量。通过大曲发酵主要微生物生态环境的人工模拟自动化控制，使大曲发酵避免受到工人经验和气候条件的影响，从而保证大曲质量的稳定。

（三）工艺流程

1. 生产流程

人工智能架子曲生产工艺流程如图 2-21 所示。

小麦→润粮→制曲坯→入室上架→微机发酵控制→出室贮存→检测分析

图 2-21 人工智能架子曲生产工艺流程

2. 微机发酵控制流程

大曲微机发酵控制流程示意图如图 2-22 所示。

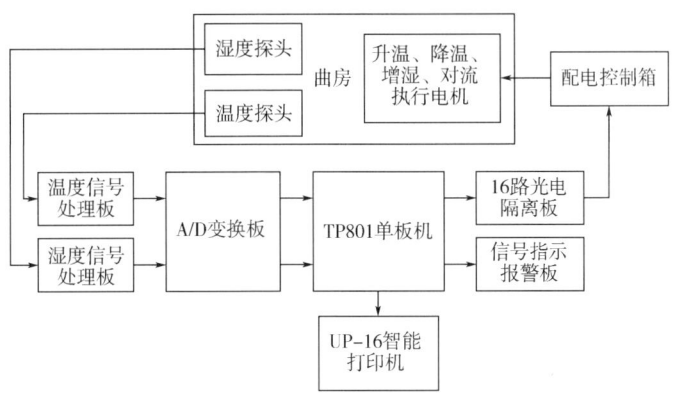

图 2-22 大曲微机发酵控制流程示意图

（四）技术要点

1. 温度控制

由温度探头产生的温度信号送温度信号处理板处理后送到 A/D 变换板，将模拟信号变成数字信号（将温度转换成电压信号）送入 TP801 单板机（架式大曲发酵微机控制的中央处理机），单板机的 CPU 在相应的软件的支持下对收到的信号进行变换、存贮、比较后发出相应的升温（或降温）信号经 PIO 送到 16 路光电隔离板、经两极继电器触点控制配电控制箱中相对应的升温（或降温）交流接触器，交流接触器再接通升温（或降温）电器，以调节曲房的温度，形成温度的闭环控制。

2. 湿度控制

湿度信号的走向与温度信号类同。

3. 数据显示

单板机将处理结果进行实时显示，并定时送给 UP-16 智能打印机实现数据的硬拷贝。

（五）制曲效果

人工智能架子曲生产的大曲发酵过程中理化与生化指标的变化结果见表 2-16，微机大曲与传统大曲的理化与生化指标相近。人工智能架子曲生产的大曲发酵过程中感官鉴定结果见表 2-17，微机大曲优于传统大曲的感官质量。因此，人工智能架子曲生产大曲技术可行。

表 2-16　　　　　　　　　微机大曲与传统大曲同期理化数据的比较

曲名	项目	时间				
		5d	9d	14d	入库	出库
微机大曲	水分/%	29.93	24.33	16.97	15.66	12.10
	淀粉/%	47.27	52.28	54.75	56.75	57.30
	糖化力/[mg/(g·h)]	715	618	758	990	870
	液化力/[g/(g·h)]	0.41	0.90	1.08	0.95	0.94
传统大曲	水分/%	27.27	21.53	18.21	16.17	12.90
	淀粉/%	50.36	55.70	57.63	58.34	58.76
	糖化力/[mg/(g·h)]	510	600	580	620	580
	液化力/[g/(g·h)]	6h 呈蓝色	0.43	0.74	0.72	0.69

表 2-17　　　　　　　　　微机大曲与传统大曲同期感官鉴定的比较

	感官评价指标	时间				
		5d	9d	14d	入库	出库
微机大曲	曲面	全部穿衣，无裂缝	一片灰白色	一片灰白色	一片灰白色	一片灰白色，长满菌
	断面	整齐，有75%糖心	菌丝生长健壮	整齐，菌丝生长健壮	整齐，灰白色带微黄点	整齐，灰白色带微黄点
	香味	有"甜酸"味且具芳香	初具大曲特殊香	具有大曲特殊香	独具大曲特殊香	独具大曲特殊香
	皮张	无明显曲皮	0.05cm	0.1cm	0.1cm	0.1cm
	等级	—	—	—	全优	全优
传统大曲	曲面	70%穿衣，有些微裂缝	80%灰白色	大部分灰白色	大部分灰白色	大部分灰白色
	断面	较整齐，有70%糖心	菌丝生长一般（上）	整齐，菌丝生长一般（上）	较整齐，菌丝一般	较整齐，大部分为灰白色
	香味	有"甜酸"味，有些微芳香	初具大曲香味（下）	具大曲香味（下）	有大曲特殊香	有大曲特殊香，无异味
	皮张	0.1cm	0.15cm	0.2cm	0.2cm	0.2cm
	等级	—	—	—	优等 65%合格 35%	优等 60%合格 40%

二、自动化翻转仓储的培曲管理技术

传统制曲通常采用人工完成，为了把工人从恶劣的作业环境和繁重的劳动强度中解脱出来，武汉奋进智能机器有限公司的徐击水、张子蓬和李毅等人的发明专利《一种酒曲自动化翻转仓储系统》（专利号：201810814683.2，获得授权日期：2024-05-28）提供了一种自动化技术完成培曲管理过程的方法，下面介绍该技术的具体情况。

(一) 技术特点

目前培曲工作主要是由人工完成，工人在高温、高湿恶劣的环境中作业，并且从事着每人每天要翻 7.5t 曲量的高强度劳动，这些因素影响着酒曲的生产效率和质量。该技术提供了一种酒曲自动化翻转仓储系统（图 2-23），通过曲房的合理化布局，曲块在各个功能区之间自动化转运排布和高密度存放。有利于改善工作环境和降低劳动强度，提高生产效率和酒曲质量。

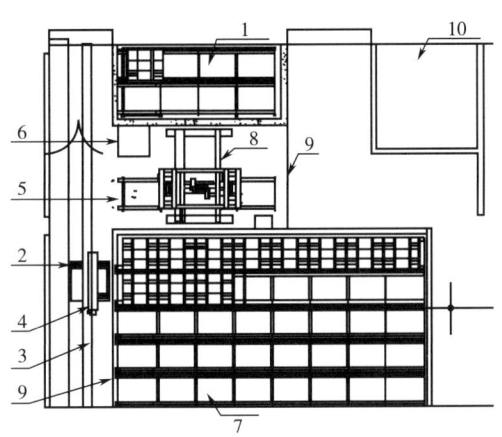

图 2-23 酒曲自动化翻转仓储系统的结构示意图
1—堆烧区 2—货仓 3—提升机轨道 4—提升机 5—穿梭车 6—穿梭车充电区
7—发酵区 8—翻转机 9—卷帘式隔离门 10—电梯

(二) 技术原理

从压曲机出来的曲坯，在曲房内通过控制系统对温度、湿度、氧气浓度、二氧化碳浓度进行实时监测，配合自动控制的前后独立通风窗，实现曲房内的环境控制和调节。通过提升机（图 2-24）、穿梭车和翻转机（图 2-25）的协调配合，对曲房间的物料自动化转运排布、曲房内部物料储存翻转及出料后曲块高密度存放，从而改善了制曲工人的工作环境，降低了其劳动强度，达到提高制曲生产效率和质量的目的。

(三) 技术方案

酒曲自动化翻转仓储系统，将制曲车间进行合理分区，设有发酵区、堆烧区、转运区、翻转区四个区域，物料在各区域之间的转运主要依靠用于移动货仓的穿梭车。在发酵区和堆烧区均设置有货架轨道以及放置在货架轨道上的用于储存货仓的货架，转运区设置有轨道以及在轨道上运行的提升机，翻转区安装有用于翻转货仓的翻转机和设置穿梭车充电位置。分别用于监测酒曲的温度和湿度参数的传感器均与控制器连接，再与网络模块连接，然后与远程终端连接。在发酵区、堆烧区和翻转区均设置有氧气浓度传感器、二氧化碳浓度传感器、温度传感器、湿度传感器、通风窗、卷帘式隔离门和控制系统，

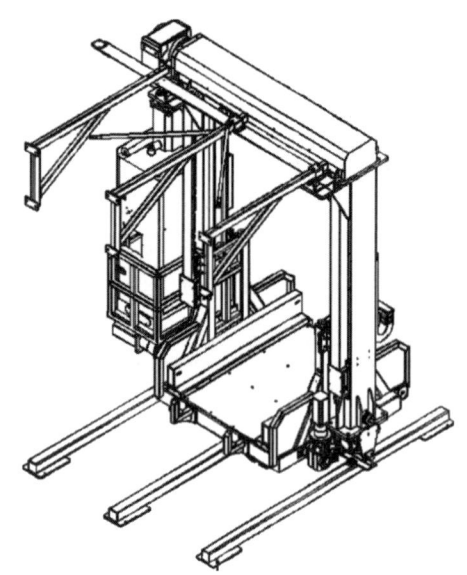
图 2-24 提升机的立体图

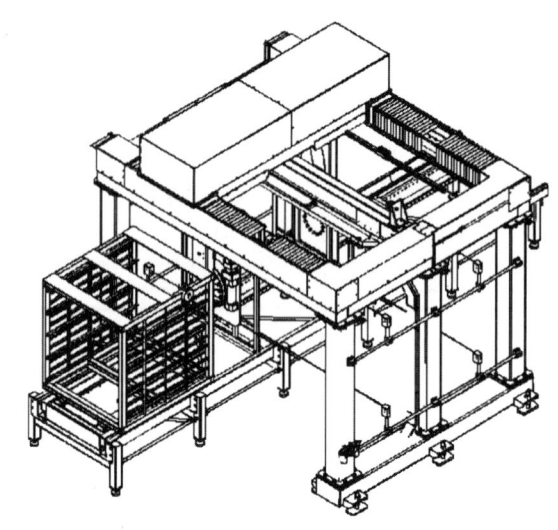
图 2-25 翻转机的立体图

氧气浓度传感器、二氧化碳浓度传感器、温度传感器、湿度传感器以及通风窗均与控制系统连接。穿梭车设置有可上下移动的顶升板，通过顶升板把货仓放置在货架上以及把货仓从货架上取下。翻转机包括转盘、电动推杆以及用于固定货仓的货叉，货叉安装在转盘上，电动推杆用于改变货仓的高度。

（四）技术要点

1. 安曲与进入发酵区

如图 2-23 所示，预制好的曲块放置于转运区中的货仓 2 上，再由提升机 4 通过提升机轨道 3 移动至货仓 2 所在位置，提升机 4 将货仓放置在穿梭车 5 上，之后穿梭车沿着发酵区 7 中的货架轨道将货仓运输至发酵区 7 中的指定位置并且放置在货架上。

2. 翻曲与出入发酵区

曲块需要翻转时，穿梭车移动至指定货仓所在位置，沿着货架轨道移动至货仓底部将货仓抬起，运送至提升机所在位置，再由提升机运输至翻转区；当该货仓到达翻转区后，翻转机的货叉与货仓的方管对齐插入，货叉能够同时夹紧该货仓，翻转机的电动推杆顶起货仓，翻转机的转盘同时上升一定距离，翻转机的转盘回转带动货仓翻转 180°；曲块翻转完成时翻转机的电动推杆下降，翻转机的货叉上下张开，货仓被放回至穿梭车上，穿梭车将货仓运输至提升机所在位置，提升机沿着提升机轨道移动至发酵区所在位置，再由穿梭车沿着货架轨道将货仓运输至发酵区指定位置。

3. 转曲与进入堆烧房

发酵完毕的曲块沿发酵区的进出料口转运至堆烧房的货架，同时发酵区的卷帘式隔离门自动关闭，进行下一道工序。

（五）应用效果

通过该自动化翻转仓储系统，把工人从恶劣的作业环境和繁重的劳动强度中解脱出来，降低了工人劳动强度，并且提高了酒曲的生产效率和质量。

第五节　机压丢糟包包曲生产技术

国内外已有少量关于丢糟替代部分原料制曲的报道，以笔者等人在湖南湘窖酒业有限公司的研究《机压丢糟包包曲的生产技术》为例，介绍该技术的情况。

一、技术特点

机压丢糟包包曲生产技术特点：

（1）利用丢糟代替部分小麦生产包包曲　在纯小麦制曲原料中适当添加丢糟，可降低原料小麦的用量，开拓丢糟循环利用的途径，有效改善包包曲的品质。

（2）采用机械化制曲坯　与传统的人工踩曲相比，可显著提高工作效率、降低劳动强度和改善工作环境；

二、技术原理

丢糟中含有18%~20%的粗纤维，约8%的粗蛋白，6%~7%的残余淀粉，多种氨基酸及少量乙醇和有机酸。曲酒丢糟的干物质中粗蛋白可以为微生物提供丰富的氮源，天门冬氨酸和谷氨酸等是形成大曲酒香味物质的重要来源，残余淀粉及以磷为主的多种矿物质元素则是构成微生物细胞的物质基础。同时，酒糟还带有一定酸度，可起到"以酸制酸"的目的，有利于抑制有害菌繁殖；丢糟在制曲中还可起到疏松作用，使大曲发酵透彻，促进有益于酿酒微生物生长繁殖。

三、工艺流程

机压丢糟包包曲生产工艺流程如图2-26所示。

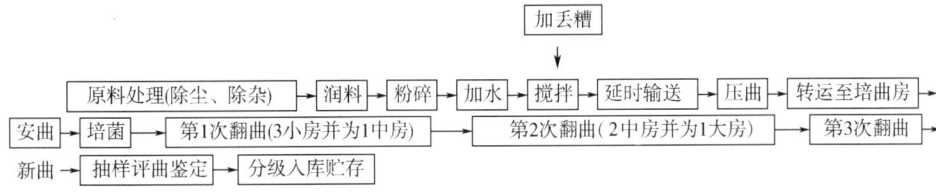

图2-26　机压丢糟包包曲生产工艺流程

四、技术要点

（1）制曲场所情况　湖南湘窖酒业有限公司位于湖南省邵阳市区，属中亚热带季风湿润气候，春末夏初多雨。曲房为四合院式红砖平顶的二层楼房，每间曲室为 4m×10m×4m，一楼曲室地面为红砖贴面，二楼曲室地面为水泥面。在原纯小麦原料中添加部分新鲜丢糟生产偏高温大曲，环境温度变化为 12~31℃，平均气温 21℃。

（2）丢糟曲坯制作　粉碎后的小麦加入一定量的丢糟，拌和均匀后通过压曲机制成曲坯，曲模规格为 20cm×30cm×10cm，压曲时间 13s，该机械制曲的生产能力为 400 块/h，曲坯含水量 38%~40%，曲坯鲜质量 4.5kg 左右。

（3）曲坯培菌管理　入室安曲，曲室面积 40m²，800 块/间，关闭门窗培曲。入房 3~4d 后平均品温 50℃ 左右，入房后第 6~8d，平均品温上升到 55~59℃，即第一次翻曲，品温 55~59℃ 保持 4~7d。当平均品温开始下降时翻第 2 次曲，放 6（或 7）层。当平均品温下降至 50℃ 左右时，翻第 3 次曲，收拢、放 7（或 8）层。

五、制曲效果

（一）丢糟添加量对机压包包曲品质的动态影响

1. 不同丢糟添加量对大曲培养过程中水分的影响

在其他条件相同的情况下，对不同丢糟添加量的曲坯进行机械压曲、入室培养，在培曲过程中水分的变化结果如图 2-27 所示。在大曲培养过程中，随着培曲时间的延长，不同丢糟添加量的曲坯水分均呈下降趋势，下降幅度有所差异，但至 26d，曲块中水分接近。其中，在培曲的前 12 天水分下降速率较快，而第 12 天后水分减少的幅度较小。比较丢糟不同添加量的水分下降速率，添加量为 9% 时水分下降幅度相对较佳，因为它有助于曲块在后期品温的缓慢下降，从而有利于曲心水分的排出。

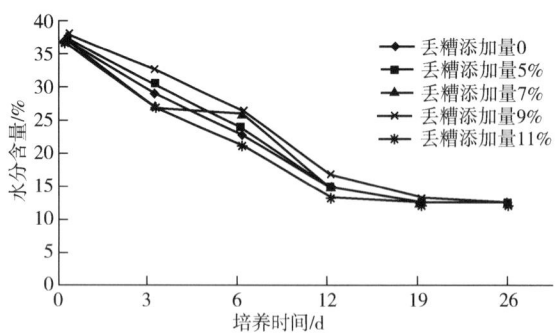

图 2-27　不同丢糟添加量曲坯在大曲培养过程中水分的变化

2. 不同丢糟添加量对大曲培养过程中酸度的影响

不同丢糟添加量曲坯在大曲培养过程中酸度的变化如图 2-28 所示，在大曲培养过程中，不同丢糟添加量的曲坯酸度出现了不同程度的增减，至 26d 曲块酸度依次按丢糟添加量 9%、7%、0、5%、11% 递增，其中丢糟添加量为 9% 的最终酸度降至 1.0mL/g，比对照组大曲低 0.3mL/g，优于其他丢糟添加量。丢糟带有一定酸度（主要是乳酸），用在制曲上可起到"以酸制酸"的目的，抑制有害菌（主要是乳酸菌和醋酸菌）的繁殖，从而降低成品曲酸度。

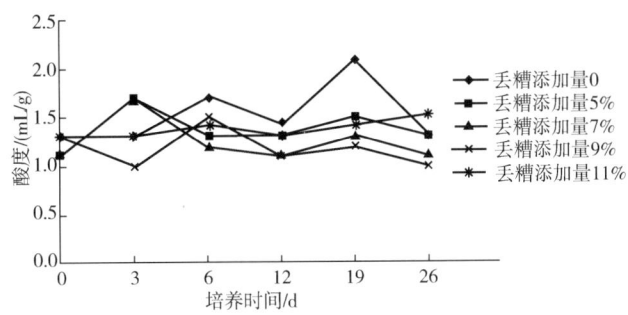

图 2-28　不同丢糟添加量曲坯在大曲培养过程中酸度的变化

3. 不同丢糟添加量对大曲培养过程中糖化力的影响

不同丢糟添加量曲坯在大曲培养过程中糖化力的变化如图 2-29 所示，在培曲过程中，曲块的糖化力随着培养时间的延长而变化。培曲终了，丢糟的添加量为 9%~11% 时糖化力较高，其余依次为 7%、5%。由于小麦本身含有糖化酶，曲坯入房时测得的糖化力较高。霉菌是糖化的动力，随着曲坯温度升高，小麦本身的糖化酶受到抑制，霉菌的繁殖减慢，曲块糖化力迅速下降；后期，霉菌大量繁殖，代谢产生的酶活性力大幅度提高，曲块糖化力有所回升，并趋于稳定。此外，丢糟中的谷壳含 35%~45% 粗纤维，21%~26% 木质素，并且表面有大量的硅酸盐类物质，吸水性能很差，在一般的发酵条件下难以改变其粗糙和坚实的特性，所以丢糟在制曲中可起到疏松骨架作用，适宜的丢糟添加量能使曲块疏松透气，发酵透彻，创造了良好的好氧代谢环境，有利于霉菌等好气性微生物的生长繁殖而糖化力较高。

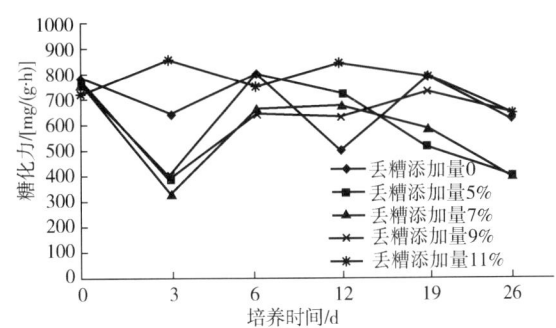

图 2-29　不同丢糟添加量曲坯在大曲培养过程中糖化力的变化

4. 不同丢糟添加量对大曲培养过程中发酵力的影响

不同丢糟添加量曲坯在大曲培养过程中发酵力的变化如图 2-30 所示，在大曲培养过程中，不同丢糟添加量的曲坯发酵力变化幅度有所差异，随着培养时间的延长，各试验组的发酵力增大，但超过 3d 后继续培养，各组的发酵力减少，超 12d 后继续培养，发酵力有所增大。培曲终了，与对照组相比，丢糟的添加量为 9% 时发酵力大，其余依次为 5%、11%、7%。酵母菌是发酵的动力，培曲前期由于酵母菌的繁殖，适宜丢糟添加量使曲块的发酵力有所增加；随着曲坯温度升高，酵母菌的繁殖减慢，曲块发酵力迅速下降；后期，酵母菌大量繁殖，代谢产生的酶活性力大幅度提高，曲块发酵力有所回升，并趋于稳定。适宜丢糟添加量的曲块疏松透气,创造了良好的好氧代谢环境,有利于酵母菌生长而发酵力较高。

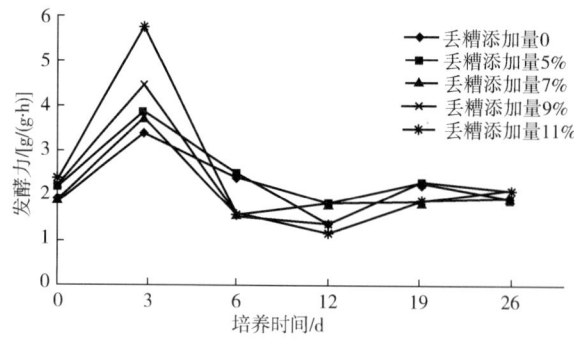

图 2-30 不同丢糟添加量曲坯在大曲培养过程中发酵力的变化

5. 不同丢糟添加量对大曲培养过程中主要微生物类群的影响

不同丢糟添加量曲坯在大曲培养过程中主要微生物类群的变化见表 2-18,在大曲培养过程中,不同丢糟添加量曲坯的酵母菌、霉菌、芽孢菌、乳酸菌和醋酸菌的变化幅度有所差异,培曲终了,与对照组相比,添加了丢糟的各试验组的酵母菌数均有增加,其中增幅最大的是 9%,其余依次为 5%、7%、11%;丢糟添加量为 9%、11%时霉菌数目增加,5%、7%有所下降;添加了丢糟的各试验组的乳酸菌数均有减少,其中减幅最大的是7%,其余依次为 5%、9%、11%;添加了丢糟的各试验组的醋酸菌数均有减少,其中减幅最大的是 9%,其余依次为 5%、7%、11%;添加了丢糟的各试验组的芽孢菌数均有增加,其中增幅最大的是 9%,其余依次为 7%、5%、11%,而大曲中的芽孢菌有丁酸菌、己酸菌等,它们是酒香味的主要来源。因此,丢糟的添加,提高了大曲的品质。

表 2-18　不同丢糟添加量曲坯在大曲培养过程中主要微生物类群的变化　　单位:CFU/g

丢糟添加量/%	菌类	培养时间/d					
		0	3	6	12	19	26
0	酵母菌	1.703×10⁵	1.932×10⁶	4.509×10⁴	8.063×10⁴	1.163×10³	1.135×10³
	霉菌	3.140×10³	1.524×10⁶	2.180×10⁶	1.901×10⁶	1.535×10⁵	1.600×10⁶
	芽孢菌	1.703×10⁵	2.830×10⁵	1.750×10⁴	2.864×10⁵	4.630×10⁵	3.405×10⁴
	乳酸菌	1.962×10⁷	5.442×10⁵	1.346×10⁶	8.424×10⁵	1.116×10⁷	6.981×10⁶
	醋酸菌	8.634×10⁶	6.803×10⁶	1.346×10⁵	1.444×10⁶	1.279×10⁶	5.051×10⁶
5	酵母菌	9.779×10⁴	1.463×10⁶	7.124×10⁴	8.382×10⁴	2.273×10³	6.818×10³
	霉菌	3.155×10⁴	1.664×10⁶	4.078×10⁶	2.361×10⁵	3.250×10⁵	9.886×10⁵
	芽孢菌	9.779×10⁴	1.463×10⁴	2.065×10⁴	6.848×10⁴	9.091×10⁴	1.023×10⁵
	乳酸菌	1.735×10⁶	7.174×10⁶	1.307×10⁶	3.424×10⁶	1.705×10⁶	1.705×10⁶
	醋酸菌	2.681×10⁶	5.739×10⁶	2.157×10⁶	7.084×10⁵	1.875×10⁶	3.409×10⁵

续表

丢糟添加量/%	菌类	培养时间/d					
		0	3	6	12	19	26
7	酵母菌	$1.361×10^5$	$9.155×10^5$	$1.297×10^5$	$3.543×10^4$	$8.523×10^3$	$6.857×10^3$
	霉菌	$7.120×10^4$	$2.234×10^6$	$3.268×10^5$	$2.971×10^5$	$7.386×10^4$	$3.257×10^5$
	芽孢菌	$1.361×10^5$	$1.944×10^4$	$3.658×10^4$	$4.023×10^5$	$1.455×10^5$	$1.554×10^5$
	乳酸菌	$2.057×10^6$	$1.268×10^7$	$2.594×10^5$	$3.200×10^6$	$2.273×10^5$	$5.114×10^5$
	醋酸菌	$4.430×10^6$	$3.944×10^6$	$4.864×10^6$	$1.600×10^6$	$2.273×10^5$	$6.364×10^6$
9	酵母菌	$3.617×10^5$	$1.783×10^6$	$3.406×10^4$	$2.118×10^4$	$3.448×10^3$	$8.513×10^3$
	霉菌	$1.817×10^5$	$1.783×10^6$	$2.248×10^5$	$1.376×10^6$	$5.994×10^5$	$1.759×10^6$
	芽孢菌	$3.617×10^5$	$1.575×10^4$	$3.760×10^5$	$2.320×10^4$	$6.961×10^5$	$1.680×10^5$
	乳酸菌	$6.109×10^6$	$3.626×10^7$	$1.499×10^6$	$2.667×10^6$	$7.792×10^5$	$2.355×10^6$
	醋酸菌	$1.125×10^5$	$8.915×10^5$	$3.678×10^6$	$5.000×10^6$	$6.494×10^5$	$1.703×10^5$
11	酵母菌	$3.902×10^4$	$1.319×10^6$	$1.266×10^4$	$6.920×10^5$	$2.288×10^3$	$2.286×10^3$
	霉菌	$3.210×10^4$	$2.060×10^6$	$1.139×10^5$	$2.422×10^5$	$9.680×10^5$	$1.829×10^6$
	芽孢菌	$6.902×10^4$	$3.626×10^4$	$2.203×10^5$	$4.821×10^5$	$2.586×10^5$	$1.143×10^5$
	乳酸菌	$7.143×10^6$	$3.901×10^7$	$2.532×10^6$	$2.307×10^6$	$3.204×10^6$	$4.571×10^6$
	醋酸菌	$1.605×10^6$	$2.610×10^7$	$5.316×10^6$	$5.767×10^5$	$1.602×10^6$	$2.000×10^6$

大曲培养过程中，随着曲块温度、水分和透气状态等因素的变化，不同微生物类群对生长条件适应程度不同而交替繁衍，至培曲终了，曲块中微生物数量变化是各种因素综合作用的结果。

6. 丢糟添加量对新曲感官品质的影响

不同丢糟添加量对新曲感官品质的影响结果见表2-19，不同丢糟添加量的曲坯的感官品质有所差异，按照湘窖酒业有限公司大曲的感官质量评定标准，丢糟添加量为5%、7%、9%的大曲的感官质量与对照组一致，均可被评为A级大曲。而添加量为11%的大曲的感官质量与对照组相比略差，因为丢糟量过多使曲块较疏松，后期曲块温度下降较迅速，导致曲心水分含量较高，从而使曲块感官质量较对照组和其他试验曲稍差。

对不同丢糟添加量的曲坯在培养过程中理化、主要微生物类群和感官指标进行综合评定后，可以得出：

（1）曲坯丢糟添加量对机械压制的曲块培养过程中水分、酸度、糖化力、发酵力、酵母菌数、霉菌数、芽孢菌数、乳酸菌数和醋酸菌数等均有不同程度的影响，对新曲的感官品质也有一定的影响，控制曲坯适宜的丢糟添加量有利于提高机压大曲的品质。

（2）以加入9%的丢糟机械曲所培养的大曲品质最优，与对照组相比，发酵力和糖化力升高，水分和酸度有所下降，感官品质好，细菌总数、乳酸菌数和醋酸菌数均减少，而芽孢菌数、酵母菌数和霉菌数增加。因此，丢糟替代部分原料制曲有利于改善大曲品质，有利于有益微生物的生长，为发酵增香奠定了基础，为工业生产提供了理论依据。

表 2-19　　　　　　　　　不同丢糟添加量曲坯培养而成新曲的感官品质

评定内容	丢糟添加量/%				
	0	5	7	9	11
外观	穿衣良好	穿衣良好	穿衣良好	穿衣良好	穿衣较好
曲香	曲香正，香气浓郁	曲香正，香气浓郁	曲香正，香气浓郁	曲香正，香气浓郁	曲香较好，稍有异味
断面	整齐、菌丝健壮丰满，稍有火圈	整齐、菌丝健壮丰满，稍有火圈	整齐、菌丝健壮丰满，稍有火圈	整齐、菌丝健壮丰满，稍有火圈	较整齐、菌丝健壮，稍有杂色和火圈
皮张	<2mm	<2mm	<2mm	<2mm	<3mm

（二）粉碎度对机压丢糟包包曲品质的动态影响

为了确定机压丢糟包包曲适宜的小麦粉碎度，在含丢糟质量分数9%的机压包包曲中，控制曲坯含水量为39%的情况下，采用单因素试验设计方法，研究小麦粉碎度分别为48%、51%、54%、57%、60%对偏高温大曲培养过程中品质的影响。在培曲时间分别为第0天、第5天、第10天、第15天、第20天、第28天取样，检测曲块水分、糖化力、发酵力、主要微生物类群、感官品质等主要指标，探讨它们变化的规律。每批次制曲时间为28d，试验重复三批次。

1. 小麦粉碎度对培曲过程曲坯水分的影响

小麦粉碎度对培曲过程中水分变化见表2-20，在不同的粉碎度下，曲坯在培养过程中水分相继减少，在10d以后，水分的减少幅度逐渐变得缓慢；随着小麦粉碎度的增加，曲坯水分下降速度逐渐变慢。综上结果得出，小麦粉碎度为57%的曲坯相对较佳，水分下降较平缓；而小麦粉碎度60%的曲坯中水分排出过慢，到培曲时间结束，曲坯水分仍超过要求的13%以内，小麦粉碎度54%、51%和48%曲坯中，水分排出过快，曲坯表面和曲心菌丝生长不良。

表 2-20　　　　　　　　不同小麦粉碎度曲坯培养过程水分的变化　　　　　　　　单位:%

培养时间/d	小麦粉碎/%				
	48	51	54	57	60
0	37.5	37.9	38.1	38.4	38.5
5	29.2	30.3	30.9	31.5	32.1
10	17.8	18.4	19.4	22.7	23.2
15	14.7	14.9	15.3	16.6	17.9
20	13.1	13.4	13.8	14.7	15.1
28	10.8	11.1	11.4	12.2	13.3

2. 小麦粉碎度对培曲过程曲坯糖化力的影响

小麦粉碎度对培曲过程中糖化力变化见表2-21，在培曲过程中，曲坯的糖化力随着时间的变化而变化；培曲终了，曲块的糖化力按小麦粉碎度48%、51%、60%、54%、57%依次增加，其中以小麦粉碎度57%的糖化力最高。

表 2-21　　　　　　不同小麦粉碎度曲坯培养过程糖化力的变化

单位：mg/（g 绝干曲·h）

培养时间/d	小麦粉碎/%				
	48	51	54	57	60
0	1209	1303	1248	1182	1192
5	504.1	880.0	866.7	839.4	777.1
10	915.5	967.8	1034.4	1036.7	994.2
15	905.3	927.4	982.6	939.2	856.4
20	576.7	598.3	748.6	787.8	640.4
28	414.4	466.5	622.1	669.6	556.2

3. 小麦粉碎度对培曲过程发酵力的影响

小麦粉碎度对培曲过程中发酵力变化见表2-22，在培曲过程中，曲坯发酵力出现波动状态，呈现先升后降再升的现象；培曲终了，曲块的糖化力按小麦粉碎度48%、51%、60%、54%、57%依次增加，其中以小麦粉碎度57%的发酵力最高。

表 2-22　　　　　不同小麦粉碎度曲坯培养过程发酵力的变化　　　单位：g/（g 绝干曲·h）

培养时间/d	小麦粉碎/%				
	48	51	54	57	60
0	2.36	2.43	2.48	2.52	2.39
5	3.64	3.86	4.06	4.39	4.14
10	1.79	1.85	2.11	2.48	2.32
15	1.25	1.37	1.61	1.63	1.49
20	1.28	1.34	1.94	2.23	1.72
28	1.54	1.77	2.43	2.69	2.25

4. 小麦粉碎度对培曲过程微生物类群的影响

小麦粉碎度对培曲过程中微生物类群变化见表2-23，在培曲过程中，曲坯的酵母菌、霉菌呈现先增后减再略增的趋势，而曲坯的芽孢杆菌呈现先升后缓降的趋势；培曲终了，不同粉碎度的曲块的酵母菌、霉菌和芽孢杆菌数量依次按57%、54%、60%、51%和48%递减，其中以小麦粉碎度57%曲坯所含酵母菌、霉菌和芽孢杆菌数量最多。

表 2-23　　　　不同小麦粉碎度曲坯培养过程主要微生物类群的变化　　　单位：CFU/g

小麦粉碎度/%	菌类	培曲时间/d					
		0	5	10	15	20	28
48	酵母菌	1.120×10^5	1.781×10^5	3.756×10^4	9.234×10^3	1.753×10^3	2.926×10^3
	霉菌	1.259×10^4	3.602×10^6	3.638×10^6	1.847×10^5	3.461×10^4	9.089×10^4
	芽孢杆菌	1.319×10^4	3.392×10^5	1.186×10^6	4.408×10^5	1.306×10^5	1.123×10^5

续表

小麦粉碎度/%	菌类	培曲时间/d					
		0	5	10	15	20	28
51	酵母菌	1.166×10⁵	1.942×10⁵	3.995×10⁴	1.123×10⁴	2.954×10³	3.824×10³
	霉菌	1.235×10⁴	3.914×10⁶	4.287×10⁶	2.808×10⁶	7.531×10⁴	1.261×10⁵
	芽孢杆菌	1.383×10⁴	4.148×10⁵	1.305×10⁶	6.668×10⁵	1.704×10⁵	1.523×10⁵
54	酵母菌	9.987×10⁴	2.017×10⁵	4.434×10⁴	2.057×10⁴	3.223×10³	6.042×10³
	霉菌	1.308×10⁴	5.565×10⁶	6.063×10⁶	3.371×10⁶	2.247×10⁵	1.297×10⁶
	芽孢杆菌	1.357×10⁴	5.167×10⁵	1.597×10⁶	1.743×10⁶	1.047×10⁶	9.674×10⁵
57	酵母菌	1.172×10⁵	2.408×10⁵	4.679×10⁴	2.350×10⁴	3.334×10³	9.148×10³
	霉菌	1.298×10⁴	7.126×10⁶	7.568×10⁶	4.175×10⁶	3.522×10⁵	1.862×10⁶
	芽孢杆菌	1.387×10⁴	7.225×10⁵	2.126×10⁶	2.362×10⁶	2.121×10⁶	1.911×10⁶
60	酵母菌	1.136×10⁵	2.242×10⁵	4.479×10⁴	2.225×10⁴	3.287×10³	5.256×10³
	霉菌	1.289×10⁴	4.285×10⁶	5.229×10⁶	3.285×10⁶	1.972×10⁵	1.154×10⁶
	芽孢杆菌	1.362×10⁴	8.571×10⁵	1.658×10⁶	1.974×10⁶	1.496×10⁶	1.149×10⁶

5. 粉碎度对新曲感官品质的影响

小麦粉碎度对新曲感官品质的影响结果见表2-24，不同粉碎度下曲坯制作的新曲感官品质有差异，其中以小麦粉碎度57%的曲块相对较佳，表面多带白色斑点和菌丝，无裂口；断面茬口整齐，菌丝生长良好均匀，无杂色；曲香味浓郁；曲皮薄。

表2-24 不同小麦粉碎度制成新曲的感官品质

感官评价指标	小麦粉碎度/%				
	48	51	54	57	60
外观	穿衣较差、有裂口	穿衣差、有裂口	灰白、穿衣较差	灰白、穿衣均匀	灰白带黑、穿衣均匀
曲香	曲香正、香气淡	曲香正、香气略淡	曲香正、香气略淡味	曲香正、香气浓郁	略带杂味
断面	不整齐、菌丝不丰满、曲心干燥、无火圈	不整齐、菌丝不健壮、无火圈	整齐、菌丝较健壮、曲心干燥、稍有火圈	整齐、菌丝健壮、心干燥、火圈不明显	整齐、菌丝健壮、曲心较湿、火圈明显
皮张	≥0.2cm	≥0.2cm	≥0.2cm	<0.2cm	<0.2cm

结论：①小麦粉碎度影响机压丢糟包包曲的感官品质、糖化力、发酵力，也影响霉菌数、酵母菌数、芽孢杆菌数；②在5个小麦粉碎度的单因素试验中，以小麦粉碎度57%所培养的大曲品质相对较优，其糖化力与发酵力较高，有利于微生物的生长，感官品质好。

6. 机压丢糟包包曲酿酒效果

为了探究机压丢糟包包曲的酿酒效果，选择窖龄相同、母糟主要成分基本接近的试验窖池，分别加入投粮质量20%的含丢糟质量分数5%、7%、9%和11%的机压包包曲进行酿酒试验，以加入相同量的常规纯小麦机压包包曲酿酒为对照，发酵周期为60d，每个处理取 4 个平行发酵的窖池。

（1）丢糟包包曲酿酒对酒醅主要成分的影响　丢糟包包曲酿酒对酒醅主要成分的影响结果见表 2-25，各试验曲酒醅的出窖酸度均低于对照组；对照组的升酸幅度在 1.6°，各试验曲酒醅的升酸幅度按 5%、7%、9% 和 11% 丢糟曲依次为 1.4°、1.4°、1.3°、1.5°。升酸范围均在 1.3°~1.8° 的正常范围内，说明两者没有明显差异。

表 2-25　　　　　　　　　不同处理酒醅的主要成分变化（$n=4$）

	酒曲名	入窖酸度/°	入窖淀粉含量/%	出窖酸度/°	出窖淀粉含量/%
对照组		1.7	17.4	3.3	9.5
试验组	5%丢糟曲	1.8	17.3	3.2	9.2
	7%丢糟曲	1.7	17.6	3.1	9.1
	9%丢糟曲	1.6	17.5	2.9	8.5
	11%丢糟曲	1.6	17.8	3.1	8.9

（2）丢糟包包曲酿酒对原料出酒率的影响　丢糟包包曲酿酒对原料出酒率的影响结果见表 2-26，各试验曲酒醅的原料出酒率与对照组相比均有所提高，这些与试验曲的淀粉转化率提高的趋势是一致的。试验组酒醅的原料出酒率与对照组相比，5%、7%、9% 和 11% 丢糟曲依次提高 0.31%、2.47%、4.52%、3.37%，原料出酒率提高呈"n"型变化趋势，其中以 9% 丢糟曲的原料出酒率达到最高值 41.71%。出酒率是考核大曲质量优劣的重要指标之一，因此，从出酒率来看，以 9% 丢糟曲酿酒的效果相对较佳。

表 2-26　　　　　　　　　　不同处理的原料出酒率

酿酒用曲	池号	投粮量/kg	出酒量/kg	出酒率/%	平均出酒率/%
对照曲	1#	1700	637.8	37.52	37.19
	2#	1700	611.5	35.97	
	3#	1650	609.4	36.93	
	4#	1650	630.6	38.32	
5%丢糟曲	5#	1700	642.3	37.78	37.50
	6#	1700	645.2	37.95	
	7#	1650	629.3	38.14	
	8#	1650	596.1	36.13	
7%丢糟曲	9#	1700	705.1	41.48	39.66
	10#	1700	694.6	40.86	
	11#	1650	647.3	39.23	
	12#	1650	611.3	37.05	

续表

酿酒用曲	池号	投粮量/kg	出酒量/kg	出酒率/%	平均出酒率/%
9%丢糟曲	13#	1700	735.3	43.25	41.71
	14#	1700	724.0	42.59	
	15#	1650	657.9	39.87	
	16#	1650	678.7	41.13	
11%丢糟曲	17#	1700	694.8	40.87	40.56
	18#	1700	713.3	41.96	
	19#	1650	639.9	38.78	
	20#	1650	670.1	40.61	

（3）丢糟包包曲酿酒对产酒香气成分的影响　丢糟包包曲酿酒对产酒香气成分的影响结果见表2-27，不同馏分酒样被测定的醛、醇、酯3类13种香气成分中，乙酸乙酯、乳酸乙酯、己酸乙酯和乙醛含量最高，为主要香气成分；其次，丁酸乙酯、异戊醇和乙缩醛含量较高；甲醇、正丙醇、异丁醇含量次之；戊酸乙酯、正丁醇和仲丁醇含量最低。

表2-27　　不同处理各馏分香气成分含量的测定结果（$n=4$）　　单位：mg/100mL

微量成分	一馏分		二馏分		三馏分		四馏分	
	试验样	对照样	试验样	对照样	试验样	对照样	试验样	对照样
乙醛	90.8	123	73.2	82.7	32.9	29.6	31.6	25.6
乙缩醛	28.2	34.7	25.1	27.7	15.7	16.5	15.1	15.8
甲醇	18.4	19.9	18.7	19.4	18.2	18.7	19.5	19.6
正丙醇	14.7	12.2	15.8	12.5	12.7	11.3	11.5	9.10
仲丁醇	0	9.80	0	7.11	0	4.81	0	3.40
异丁醇	16.1	15.2	15.7	13.8	10.4	10.2	9.30	7.41
正丁醇	6.60	7.31	5.70	6.51	3.60	6.30	4.82	6.01
异戊醇	40.7	47.0	38.5	45.8	34.2	39.5	29.8	29.9
乙酸乙酯	327	277	210	201	96.2	84.3	82.2	47.7
乳酸乙酯	153	142	156	147	263	251	504	418
丁酸乙酯	37.7	30.7	23.3	22.3	10.8	14.2	10.7	6.01
戊酸乙酯	8.70	6.21	6.20	6.11	3.01	4.40	1.20	1.61
己酸乙酯	189	161	149	148	110	88.5	98.1	86.9

在醛类中，乙醛和乙缩醛在蒸馏过程中随着酒精体积分数降低而降低；每个馏分中，含丢糟9%的包包曲酿酒试验样的乙醛和乙缩醛含量均低于不加丢糟包包曲酿酒对照样，但两者的乙缩醛含量相差极小。

在醇类中，甲醇含量在蒸馏过程中呈"n"型变化趋势，但变化幅度极小；每个馏分中，含丢糟9%的包包曲酿酒试验样的甲醇含量均低于不加丢糟的包包曲酿酒对照样。正丙醇在蒸馏过程中呈"n"型变化趋势，但变化幅度较小；每个馏分中，含丢糟9%的包包曲酿酒试验样的正丙醇含量均高于不加丢糟的包包曲酿酒对照样。仲丁醇在含丢糟9%的包包曲酿酒试验样中没有检出，而对照样的仲丁醇含量在蒸馏过程中随着酒度降低而降低。异丁醇、正丁醇和异戊醇在蒸馏过程中随着酒度降低而降低；每个馏分中，含丢糟9%的包包曲酿酒试验样的异丁醇、正丁醇和异戊醇含量均低于不加丢糟的包包曲酿酒对照样。

在酯类中，乙酸乙酯、酒精体积分数的丁酸乙酯、己酸乙酯和戊酸乙酯在蒸馏过程中随着酒精体积分数的降低而降低，只有乳酸乙酯在蒸馏过程中随着酒精度降低而上升，它们的变化幅度较大。每个馏分中，含丢糟9%的包包曲酿酒试验样的乙酸乙酯、丁酸乙酯、己酸乙酯、乳酸乙酯和戊酸乙酯含量均高于不加丢糟包包曲酿酒对照样。己酸乙酯是浓香型白酒风格中的主体香，它的含量多少对浓香型白酒香和味起着举足轻重的作用，试验样与对照样相比，各馏分己酸乙酯含量依次提高28.2%、1.6%、21.9%和11.2%，说明丢糟包包曲可提高酒中的主体香含量。大曲酒生产中常常通过"增己酸乙酯降乳酸乙酯"来提高酒品质，尽管试验样的乳酸乙酯高于对照组，但是，试验样的己乳比在馏分1和馏分3中试验样高于对照样（分别为1.23和1.13、0.42和0.35），而己酸乙酯与乳酸乙酯比在馏分1和馏分3中试验样与对照样相差甚小（分别为0.96和1.00、0.20和0.21），说明试验曲有利于酒品质提高。在名优白酒中，己酯∶乳酯∶乙酯∶丁酯∶戊酯为1∶（0.6~0.7）∶（0.5~0.6）∶0.1∶（0.03~0.04），尽管试验曲酿酒的酒样中，乳酸乙酯、乙酸乙酯、丁酸乙酯和戊酸乙酯含量均高于不加丢糟包包曲酿酒对照样，但是，试验样的己酯、乳酯、乙酯、丁酯、戊酯之间的量比关系比对照样更协调（表2-28），更接近名优酒程度。

表2-28　不同处理酒液的主要酯量比关系

馏分	试验组	对照组
	己酯∶乳酯∶乙酯∶丁酯∶戊酯	己酯∶乳酯∶乙酯∶丁酯∶戊酯
1	1∶0.82∶1.73∶0.20∶0.05	1∶0.88∶1.73∶0.19∶0.04
2	1∶1.05∶1.41∶0.16∶0.04	1∶1.00∶1.36∶0.15∶0.04
3	1∶2.38∶0.87∶0.10∶0.03	1∶2.83∶0.95∶0.16∶0.05
4	1∶5.14∶0.84∶0.11∶0.01	1∶4.81∶0.55∶0.07∶0.02

结论：机压丢糟包包曲有利于提高糖化、发酵的程度，能提高浓香型大曲酒的出酒率；含丢糟9%的机压包包曲酿酒效果相对较优，不仅能显著提高产酒量，而且能在一定程度上提高酒的品质。

第六节　智能化大曲生产技术

在工业生产的广阔舞台上，机械化、自动化与智能化构成了技术演进的三大里程碑，其中智能化作为这一进程的巅峰，凭借人工智能、机器学习等尖端科技，赋予生产设备以高度的自我管理与智能决策本领。它不仅能够依据生产需求灵活应变，实现产品的个性化定制与生产效率的飞跃提升，还擅长运用预测性维护技术和故障诊断策略，确保生产线的持续稳定运行。与自动化相比，智能化的核心跃升在于深度融合了更多智慧要素，推动生产流程迈向自主优化与智能调控的新纪元，展现出无可比拟的优势与广阔的发展蓝海。展望未来，智能化无疑将是驱动工业生产迈向新高度的核心驱动力。在此背景下，江苏洋河酒厂股份有限公司引领行业创新潮流，主导并成功实施了《绵柔型风味曲高效酿造关键技术与智能化生产的研究与应用》项目，该项目因在技术创新与实践应用上的卓越成就，于2020年荣获中国食品工业协会科学技术奖一等奖。这一重要成果，不仅是对传统制曲工艺的一次革命性升级，更为传统行业向新型生产力形态转型提供了宝贵的实践范例与启示。下面介绍其具体情况。

一、技术特点

该技术首次拆分大曲主体功能，通过制造执行系统（manufacturing execution system，简称 MES 系统）建立了 200 余项关键工艺参数及制曲模型，全程可视、可控、可分析，实现制曲全智能化生产。与目前国内外同类研究、同类技术综合比较，该技术的主要技术特点如下。

（一）数字化调控工艺

以洋河绵柔型白酒的发酵与风味为导向，理性应用洋河绵柔型微生物群落中的关键少数，利用现代微生物发酵与圆盘培养系统，建立以 MES 系统为核心的制曲数字化调控系统，从原料蒸煮处理、制曲过程控制到成品曲分析，各工段 200 余项关键工艺参数实时采集与分析，反馈指导现场工艺执行，对接种量、培养温度、培养湿度、氧气含量、通风量、pH 等关键工艺参数精准调控，形成数字化"采集—分析—指导生产"闭环系统。

（二）智能化制曲生产

针对白酒酿造离散生产方式、工艺控制精准度不高、过程管理不标准、酿酒效率低、质量品质参差不齐、劳动强度大、生产环境较差等问题，在保持传统发酵核心体系不变的前提下，建立了现代首套功能曲智慧制曲生产线。

二、技术原理

基于传统的微生物培养手段，开展小规模的试验研究确定微生物的培养特性。通过已经建立的液态三级发酵罐菌液扩培系统、卧式固态浅盘扩培系统、中试机械化圆盘培养系统，探索开发不同类型的功能微生物培养工艺，建立功能微生物培养的工艺模型。围绕工艺模型采用微生态仿真模拟技术，引进自动化控制装备和先进传感器，实现自动化精准调控温度、湿度、通风量等关键工艺参数，构建自动化、产业化、智能化生产体系；同时引进 MES 系统实现生产的线上智能化管理（图 2-31），实现了功能微生物的纯种培养、混合发酵、多级增殖等现代化方式。

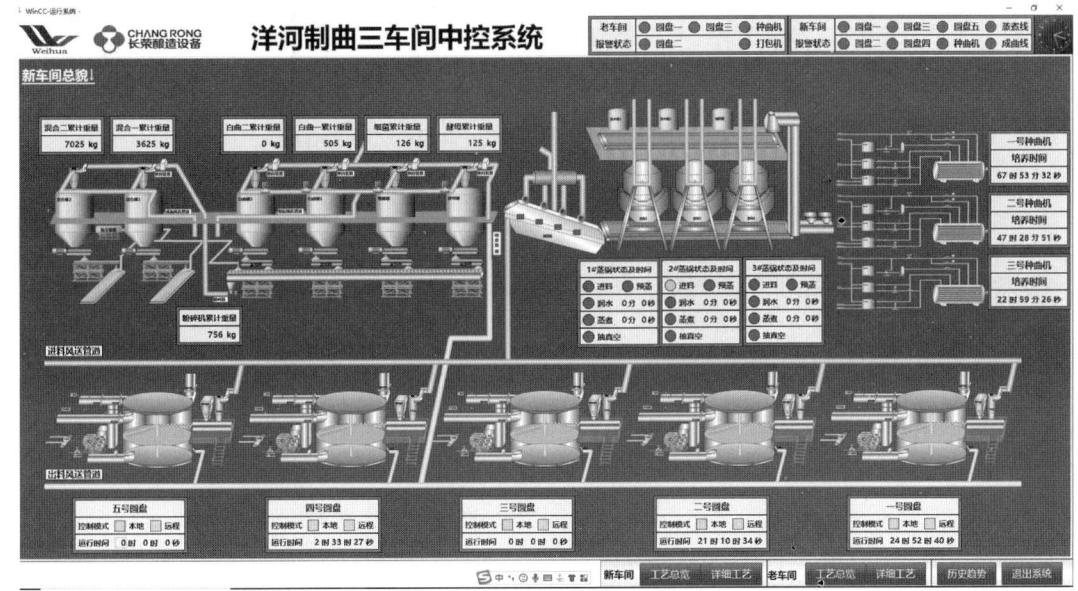

图 2-31 制曲生产管理系统

1. 基于发酵动力与风味导向技术

采用高通量测序技术、代谢组学与关联分析技术,剖析影响原酒品质的核心菌群及其关键微生物,通过可培养技术拆分大曲主体功能,以来源多样、种属协同、代谢互补的原则构建靶向微生物组合,利用代谢流调控的手段,并建立多阶段温控通风自动化生产方法,MES 系统智能调控制曲微生态,构建了智能化功能曲生产体系。

2. 采用 MES 制曲生产管理系统

将生产工艺规程、设备操作规程、关键工艺控制程序、产品质量控制流程等融入系统,并通过对生产设备的信息化改造,实现对制曲流程全方面管理(人、机、料、法、环、测),建立标准化、精细化的制曲生产控制及管理流程;通过生产过程"作业流"和质量"控制流"的信息化联动,强化生产关键工艺控制点的质量管控,全面辅助提升曲质,保障食品安全,并为生产持续优化收集详实的信息。依托于数字化获取的全方位信息,采用大数据分析技术,对数字化制曲各个环节的关键数据进行信息的验证、清洗、转化、去重、分析、展示,对获取的结果进行评估调整,用来指导制曲数字化生产,优化过程控制参数组合,不断提升产品品质。

三、工艺流程

智能化制曲生产工艺流程如图 2-32 所示。

四、技术要点

(一)斜面接种

基于风味导向对传统大曲进行功能拆分,筛选传统大曲可培养菌株,建立 212 株细菌、130 株酵母菌、84 株霉菌菌种库,优选大曲核心功能菌群、种属协同、代谢互补

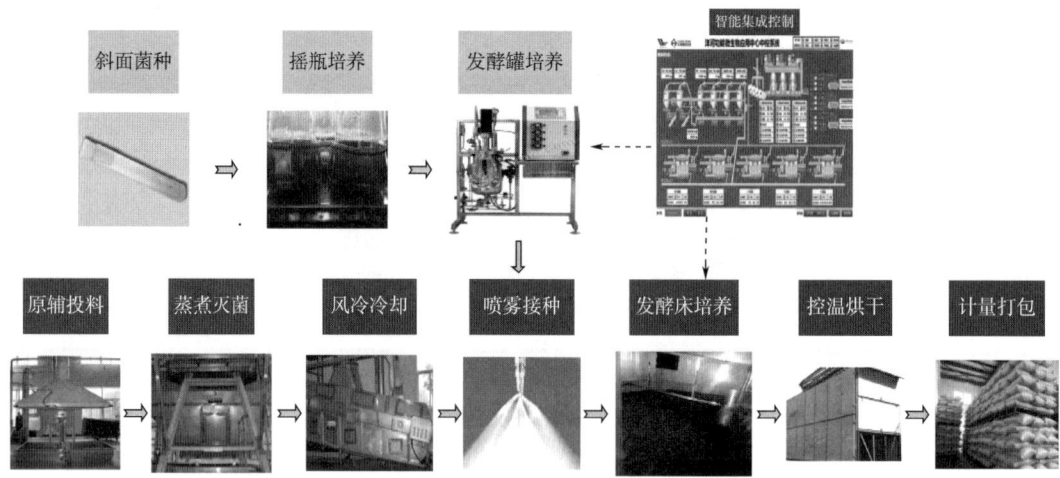

图 2-32 智能化制曲生产工艺流程

的 5 株芽孢杆菌 YHB0304、YHB0305、YHB0302、YHB0008、YHB0013 作为风味曲生产菌种。无菌条件下，选取菌种生长旺盛且无染菌斜面，接种至细菌液态培养基质中（牛肉膏 5g/L、蛋白胨 10g/L、NaCl 5g/L）。

（二）摇床培养

37℃条件下 120r/min 培养 24h。

（三）发酵罐培养

（1）培养基　以牛肉膏、蛋白胨为原料，添加氯化钠，加水 400L，然后开启搅拌器搅拌均匀。

（2）预热　物料搅拌均匀后开启蒸汽夹套加热至 70℃，开启直接进蒸汽加热至 100℃。

（3）灭菌　121℃、0.20~0.22MPa 灭菌 20~40min，缓慢泄压至 0.02MPa，开启压缩空气进气阀。

（4）冷却　通入压缩空气后，开启冷循环水进行冷却，至 38℃时关闭冷循环。

（5）接种　接种量为 10%，接种温度为 37~38℃，小罐压力为 0.03~0.05MPa，大罐压力为 0.01~0.02MPa，采用压差压入接种。

（6）培养　恒温 37℃培养，培养时间为 20h 左右。

（四）智能化培养

（1）原料配比　原料主要为小麦，其他辅料为稻壳，稻壳比例为 8%~10%，水料比为 0.5~0.7，水分在 45%~54%，自然 pH。

（2）过程控制参数　培菌过程的控制参数如表 2-29 所示。

表 2-29　培菌过程的控制参数

培养阶段	时间设定/h	料温/℃	风机频率/Hz	喷雾组数/套
阶段 1	0~2	36	25	1

续表

培养阶段	时间设定/h	料温/℃	风机频率/Hz	喷雾组数/套
阶段2	2~12	36	25	2
阶段3	12~24	37	30	3
阶段4	24~36	37	30	4
阶段5	36~84	37	30	5
阶段6	84~96	58	25	0
阶段7	96~120	58	25	0

(3) 生产智能化

①数字化：通过信息化制曲生产管理系统，将生产工艺规程、设备操作规程、关键工艺控制程序、产品质量控制流程等融入系统，并通过对生产设备的信息化改造，实现对制曲流程的全方面控制与管理。

②智能化：依托于数字化获取的全方位信息，采用大数据分析技术（图2-33），MES系统采集处理数字化制曲各个环节的关键数据（图2-34），建立生产管理与优化模式，实现参数优化与产品信息追溯（图2-35），以提升批次稳定性以及产品质量。

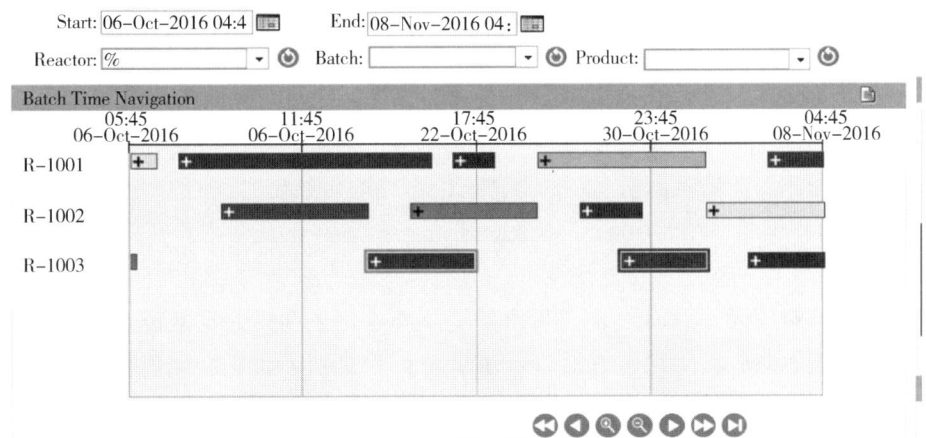

图2-33　MES生产大数据分析系统

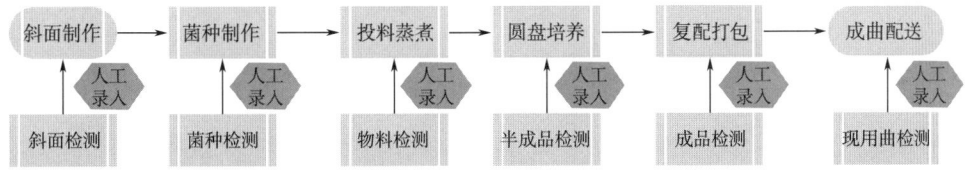

图2-34　生产工艺数据采集流程

图 2-35 MES 生产工单智能管理系统

五、应用效果

（一）创建了洋河核心功能菌库（包含 212 株细菌、130 株酵母菌、84 株霉菌）

基于风味导向技术将洋河绵柔型白酒产区微生物进行功能拆分，利用高通量测序、培养组学与代谢网络分析技术，定向筛选与选育绵柔型白酒核心功能菌群，深度解析微生物代谢特性，建立了洋河功能微生物代谢网络图谱。

（二）构建了风味菌组合发酵技术

项目应用微生物拆分大曲主体功能，应用多菌种协同组合与代谢流调控的策略，构建了风味微生物组合发酵技术，实现了风味与健康功能成分的靶向富集，赋予了绵柔型白酒多维度的风味、健康属性，吡嗪类物质含量由 1.73mg/L 提高到 11.7mg/L，香气更加幽雅，酒体饱满、味感丰富，入口更加醇厚突出，饮后舒适度与愉悦度提升。复合风味曲已推广应用于公司绵柔型白酒生产，提升了公司原酒品质。

（三）实现了功能曲智能化生产

基于功能导向进行微生物培养工艺的开发及产业化生产，根据酿酒需求开发不同类型的绵柔风味功能曲生产工艺，并通过微生态仿真模拟技术，创新研制自动化、数字化智能生产控制技术，引进先进的智能化生产装备实现绵柔型微生物的智能化产业化生产，同时建立 MES 系统进一步提高线上智慧化管理水平。该项目建成的制曲智能化生产车间，作为公司智能化转型的一部分，被江苏省工业和信息化厅评为江苏省示范智能车间，为传统白酒产业转型升级、实现由传统产业向智能化发展发挥了示范作用。

第三章 窖池窖泥微生态技术

窖池作为中国白酒酿造技艺中生物转化的关键场所，其开口形态历经演变，从元代的圆润之形，经明代转变为猪腰状，至清代以来则定格为方形，见证了白酒酿造技艺跨越千年的辉煌历程。窖泥是盖于窖池底部与四壁的特殊介质，犹如微生物的温床，为它们的繁衍与生命活动提供了得天独厚的环境，是中国白酒酿造中不可或缺的自然瑰宝。中国白酒的酿造，深受自然生态与酿酒微生态的双重影响。其中，酒曲、酒糟与窖泥三者共同构筑了窖池的微生态系统，不仅是白酒酿造的核心要素，更是承载着千年酿酒智慧与文化精髓的宝贵遗产，为白酒赋予了坚实的品质基础与独特的风味魅力。国内外学术界对窖池微生态的研究投入了大量精力，其中，由泸州老窖股份有限公司携手四川大学、四川省农业科学院等多家单位，于2007年共同完成的"国窖1573"微生态研究无疑是标志性成果之一。研究内容涵盖了"1573大曲"微生态、"1573国宝窖池"窖泥微生态、"1573国宝窖池"母糟微生态、"国窖1573"酒对动物免疫功能及重要组织器官影响的实验性研究，以及浓香型白酒微生态信息平台建设等方面内容。该成果不仅初步建立了浓香型白酒微生物资源库，还成功搭建了浓香型白酒微生态信息平台，深刻揭示了"国窖1573"代表性窖池的独特物质属性，对推动国内浓香型白酒行业的整体发展具有深远的理论指导意义与实践价值。随着科技发展的日新月异，江南大学、北京工商大学、四川轻化工大学、邵阳学院等高校的教授团队与酿酒企业紧密合作，广泛而深入地开展窖池窖泥微生态的研究与应用，为白酒企业的扩建提供了坚实的理论基础与技术引领，有力推动了酒质的持续提升与行业的技术革新。展望未来，我们应坚守美酒品质的自然生态与酿酒微生态双重导向，不断深化对窖泥微生态的研究与保护工作，推动白酒产业持续健康发展。

第一节 中国白酒窖池微生态系统与研究

中国白酒窖池微生态系统是白酒酿造技艺的核心，其独特的微生物群落与物质代谢过程决定了白酒的风味与品质。近年来，国内外学术界对窖池微生态的研究取得了显著进展，建立了白酒微生物资源库，并搭建了微生态信息平台，揭示了窖池的独特物质属性，进一步推动了窖泥微生态的应用与技术创新。未来，深化窖泥微生态研究与保护，将成为推动白酒产业可持续发展的重要方向。

一、窖池微生态及微生态系统的基本概念

（一）微生态学

微生态学作为生命科学的一个分支，首先是由民主德国 Haenal 与 Lohmann 两位学者于 1964 年提出。而微生态学（Microecology）这一术语，是 1977 年由德国人 Volker Rush 博士正式定名，并在 1985 年将微生态学定义为"细胞水平或分子水平的生态学"。1988 年，我国康白教授将微生态学定义为"研究正常微生物群落与其宿主相互关系的生命科学分支"。微生态学被认为是微生态系统结构和功能的科学，主要研究微环境中微生物之间、微生物与宿主之间以及与外界环境之间的生态平衡的关系，也可理解为微环境中正常微生物菌群的存在状态。由大曲微生物区系、窖泥微生物区系和糟醅微生物区系构成了浓香型大曲白酒窖池微生态，通过微生物共同的代谢活动生产发酵产物，体现窖池主要功能菌的存在状态。

（二）微生物生态系统

微生物生态系统是在一定的时间和空间环境中，微生物群落内部及其生存环境之间通过不断地进行物质循环，能量流动和信息传递而形成的相互作用、相互依存的统一整体。在中国传统浓香型大曲酒生产中，大曲、窖泥、酒醅均可作为独立的微生物生态系统。

（三）窖池微生态系统

中国浓香型白酒的生产以泥窖窖池为基础，窖池微生态的形成与曲药制备、窖池发酵、窖泥养护等过程息息相关，窖池中物料的进出、微生物区系的演变、固液气三相物质和能量的交换，构成了窖池微生态系统的基本内容。在浓香型白酒固态发酵窖池独立的微生态系统中，窖池中所有微生物和其所处的特定窖池环境构成了彼此相互作用、相互联系的统一体。来源于窖泥、曲药以及生产现场的各种微生物，经过窖泥和糟醅之间不断的菌群迁徙演变和物质能量交换，最后在糟醅中达到一个平衡，形成特有的糟醅微生物区系，而且伴随着这一平衡的形成，完成固态白酒发酵生产的基本过程。对窖池微生态系统的研究，旨在充分了解和掌握该生态系统的结构和功能，有助于加强对白酒风味物质形成机理的认识和理解，进而科学地调控其协调性和机能性，以提高发酵过程中出酒率和优质酒率。

二、窖池微生态系统与酿酒生态环境的关系

（一）窖池微生态系统离不开酿酒生态环境

中国传统固态发酵酿酒窖池是酿酒生产的基本单元，浓缩了自然环境的气候状况、土壤条件、水质优劣等各种地域特征，成为酿酒生产的基本单元。窖池微生态系统，作为酿酒生产园区更大系统的有机组成部分，通过酿酒生产园区从属于所处的周边自然地理环境，依托周边大生态圈而存在。因此，没有一个好的酿酒生态环境，就不可能形成

一个好的窖池微生态系统。窖池微生态系统不仅具有自我调节、自我修复功能，如固态白酒发酵形成"千年老窖万年糟"的微生态系统；而且可人为干预优化该系统，如人工老窖的建立。

（二）不同生态环境条件形成特定的微生物区系

20世纪80年代至90年代，中科院成都生物研究所名酒研究课题组先后完成了3项国家自然科学基金项目：泸型酒传统工艺中微生物学研究；泸型酒北移微生物生态学研究；生物合成己酸乙酯酯化菌选育及酶学性质研究。在微生物生态学方面的研究发现，中国南、北方酿酒微生物区系组成上有一定差异。就酒曲而言，北方曲的霉菌中根霉菌占优势，四川曲的霉菌中则以曲霉菌占优势，在四川名酒厂酒曲中未发现放线菌的生长，而在新疆伊犁酒厂的酒曲中则有放线菌存在。这与南、北地区生态环境上的差异有关，北方气候干热、雨量少的环境条件适合根霉生长（米根霉最适宜生长温度为37℃），而四川气候温和、雨量充沛、空气湿润适合各类微生物生长（曲霉生长最适温度为30℃）。因此，生态环境条件影响微生物区系，进而影响酒的品质。

（三）酿酒生态环境的大、中、小三个生态圈

好的生态环境可以产好酒。国家名酒沱牌产品得益于从外到内依次递进的三个生态圈和沱牌酿酒工业生态园的交互作用，处于最外层的是第一个大生态圈，指位于中国腹心地域的四川盆地，该生态圈属亚热带季风气候区，降水量大，平均气温较低；处于中间的是第二个中生态圈，指位于四川盆地中部的射洪县，该县地处巴蜀腹心地带，连续多年被评为国家绿化先进县，依山傍水，气候温和，处于核心的是第三个小生态圈，即位于射洪县南部的柳树沱，该地域处在岷山与秦岭之间的涪江从北至南流经射洪形成的一块冲积平原上，山清水秀，气温与湿度皆宜。在核心的小生态圈之内是微生态圈，即模拟生态系统功能建立的沱牌酿酒工业生态园区。因此，从外到内良好的生态系统和沱牌酿酒工业生态园为沱牌优质曲酒的酿造提供了优良的环境保证，奠定了沱牌产品长盛不衰的微生物资源条件。又如，景芝酒业所处的大生态圈为山东半岛内陆，中生态圈为潍河流域冲积平原，小生态圈即景芝酒业及其附近河湖滋润的沃野，生态圈为酿酒微生物提供了良好的生存条件。

（四）酒企扩建中把控"三观"酿酒生态环境

李家顺和李家民等人研究的"生态与酒质"课题，于2002年通过了专家组鉴定，其鉴定意见为："从微观角度研究酿酒生产，根据生态学原理分析并掌握了微生物及环境与酿酒生产的关系。摸清了生态园的空气、土壤、水体、糟醅、窖泥中微生物区系的分布及类群特性，为生态酒的生产提供科学依据。"通过长期的生产实践，酿酒企业将"生态环境与区系微生物关系"和"生态与酒质关系"的研究成果应用到新园区扩建中，把握宏观（选址）、中观（生态工业园建设）和微观（人工窖泥与人工老窖建设）以提高酒质安全性和优质率。如沱牌舍得酒业的"三观"实践，即宏观（北纬30.9°、涪江流域、丘陵地区）、中观（沱牌舍得生态酿酒工业园）、微观（曲、窖、糟），构建了良好的酿酒生态环境。

三、窖池微生态系统与生态酿酒产业的关系

（一）工业生态学的产生

几乎与微生态学的发展同步，20 世纪 60 年代工业生态学的概念就已经产生。到 20 世纪 80 年代末，在美国人 Robert Frosch 和 Nicolas Gallopoulos 等人的推动下，工业生态学（Industrial ecology）逐渐形成并发展为一门边缘学科。在卡伦堡工业共生体系的影响下，生态工业园区（Eco-industrial park）在 1993 年正式诞生，园区内的企业或部门相互依存，通过系统内生产者、消费者、还原者的工业生态链，谋求低消耗、低污染，工业生产与生态环境协调发展。现代工业生态学的意义是将废料变为另一些产品的原料，在工业生态系统内更好再现自然生态系统内发生的事情，使工业社会成为生物圈的组成部分，把经济发展和环境保护有效地结合起来。沱牌集团实施白酒工业生态园建设不仅重视酿酒质量的提高、副产物的资源化利用，而且高度重视净化环境、保护生态、发挥工业生态功能和防范有害物质进入生产。

（二）酿酒生态产业的主要内容

根据工业生态学的基本原理，生态园的建设要满足闭路循环、减少污染物的发散、非物质化、非碳化等基本要求，具体到酿酒生态产业，应包括以下主要内容：现代科技与传统酿酒工艺的紧密结合，减少粮食等原辅料的耗用；生产工艺的优化和生产过程的人性化，降低工人劳动强度及生产过程中能量的消耗；有效利用酿酒生产副产物，实现全部物质的无废化和资源化；营造园区布局合理的自然生态环境，促进园区内有益于健康和酿酒的微生物区系的富集和繁殖；酿酒原料的基地化和生态化生产。

（三）生态酿酒产业制约窖池微生态系统

中国白酒的传统生产方式是以泥窖窖池为基本单位，窖池又是微生物生态系统中的一个特殊生态系统，以酿酒生态园区为基础的酿酒生态产业的形成，通过生态系统内部的物质循环、能量流动、信息传递的三流运转，对窖池微生态系统的形成和有序性起着重要的制约作用，对窖池微生态（糟醅微生物区系的构成及主要功能菌的存在状态）中生物转化效率的高低、白酒产品质量和风格的形成起决定作用。因此，生态酿酒产业的可持续性是保证窖池微生态系统协调性和功能性的基础。

四、曲药微生物生态研究

我国先人对曲药中微生物存在的认识一直停留在感性认识的外在描述上，外国人对中国酿酒曲药的研究始于 1892 年，法国人 A. Calmette 从中国的小曲中分离出糖化力极强的鲁氏毛霉（*Mucor roxianus*），建立起了利用淀粉发酵生产酒精的阿米露法（Amylo process）。20 世纪初以来，日本学者齐藤、山崎、小泉、柳田、花井、横山等先后对中国酿酒微生物进行了研究，其中花井、横山对中国大曲微生物区系的形成与酶活性力的关系进行了详尽的调研，对各种酒曲中微生物区系、酶活性力、化学成分等有了清楚的认识，横山等还提出了中国大曲霉菌的主要类别是 *Absidia* 而非 *Rhizopus* 的看法。新中国成

立以来，我国科研工作者一直没有停止过对大曲微生物区系的研究，特别是20世纪80年代后期以来，对大曲微生态的研究也逐渐进入高潮。下面以笔者等人对中、后期在楼上培养邵阳大曲的研究为例，介绍偏高温大曲曲外层和曲心主要微生物类群中细菌、霉菌、酵母菌的数量动态变化情况。

（一）曲块主要微生物总数的动态变化

培曲过程中，曲外层和曲心的细菌、酵母菌和霉菌总数变化动态如图3-1所示，曲块的主要微生物总数在前期出现高峰，中期显著降低，后期曲外层稍有下降，而曲心呈现回升；无论哪个时期，曲外层的总菌数都明显高于曲心。

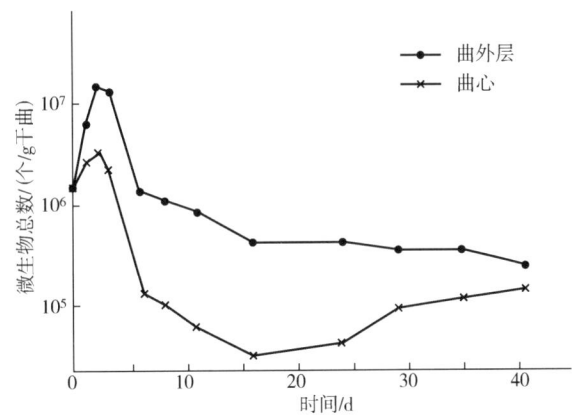

图3-1 培曲过程中曲外层和曲心微生物总数的动态变化

（二）酵母菌的动态变化

在培曲过程中酵母菌的动态变化如图3-2所示，①酵母菌在前期数量多，占优势，尤其曲外层菌数迅速增至最高峰。这是因为前期培曲温度低，曲块疏松、氧气分子多，适合于好氧与喜低温的酵母菌生长；尤其在曲表层，随着适宜于生料生长的霉菌及一些好气菌先在曲表层上生长，便产生了低分子的糖分和代谢产酸使pH下降，在达到适宜酵母菌生长的条件时，酵母菌数量猛增；②中期菌数迅速降低，在培曲至第16天呈现低谷。这主要是因为逐渐升高的培曲温度，淘汰了不耐高温的酵母菌；③后期酵母菌数有所增多。这是因为培曲后期温度的回落为喜低温的酵母菌提供了良好的契机，但表层水分低于13%抑制了酵母菌生长，呈先升后缓降之势；曲心则水分较多而氧气相对较少，使好氧的酵母菌增殖呈缓慢上升状态；④整个培菌过程，曲外层菌数均高于曲心，这主要是外层的通气状况远好于曲心。

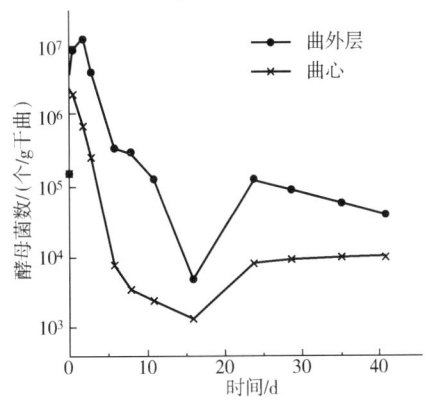

图3-2 培曲过程中酵母菌的动态变化

(三)霉菌的动态变化

培曲过程中霉菌的动态变化如图 3-3 所示,①霉菌数在前 3 天呈上升趋势,尤其是曲外层较曲心多。这是因为中温曲前期培菌的主要目的是曲块表面挂衣,使喜欢在湿度大、温度低的环境下生长的霉菌大量繁殖,尤其是让在生料上繁殖最快的根霉充分生长;②中期霉菌数逐渐减少,但下降幅度不大。这主要是因为温度的升高,尤其是曲心氧气相对不足、酸度升高等抑制了大多数霉菌的生长,但在这种恶劣环境条件下,耐高温的霉菌孢子仍能生存,霉菌在培曲中期仍然是优势类群;③后期曲外层霉菌数稍有下降、曲心霉菌数略有上升。这是因为后期温度回落,曲外层因水分低,且后期在楼上培曲湿度小,从而抑制了喜潮湿的好气性霉菌在曲表的生长;而曲心因外层水分散失而透气性有所增加,此时霉菌呈现"夕阳无限好"的生长局面;④整个制曲过程中,曲外层霉菌数明显多于曲心,主要是曲外层的透气性优于曲心所致。

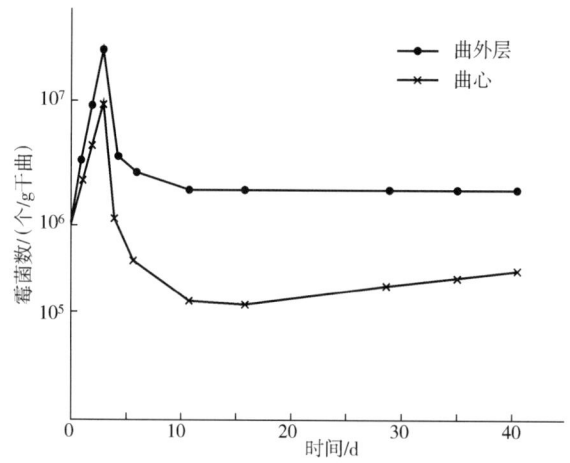

图 3-3 培曲过程中霉菌的动态变化

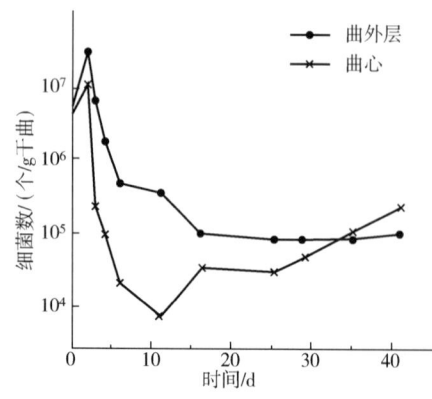

图 3-4 培曲过程中细菌的动态变化

(四)细菌的动态变化

培曲过程中细菌的动态变化如图 3-4 所示,①前期细菌数多,在前 3 天上升至高峰。这是因为无论是温度还是营养供给,对好气性细菌与厌气性细菌来说,前期是一个繁殖的极盛时期;②中期细菌数迅速下降,在第 11 天左右出现低谷,这是因为中期温度升高,淘汰了低温细菌的繁殖,只有耐高温的芽孢细菌能生存;加之曲心已繁殖的厌氧细菌在采取好气培养的分离过程中受到抑制而数量偏少。因此,中期的细菌数迅速下降。同样的道理,曲外层细菌数多于曲心;③后期曲外层细菌数继续缓降,曲心则呈上升趋势,最后两者接近。

这是因为一方面曲外层的低水分制约了细菌的繁殖，另一方面，干燥条件又淘汰了部分细菌，所以曲外层细菌数下降；相反，楼上后期培曲的温度回落快，且邵阳大曲比表面积小而水分散失慢，所以曲心水分相对较多，给细菌繁殖提供了良好的条件，以致曲心细菌数呈增加并接近曲外层的细菌数量；从而出现了邵阳大曲细菌数多于其他企业生产的中温曲所含有的细菌数。

（五）研究结论

大曲培养过程中，主要微生物总数在初期出现高峰，中期步入低谷，后期在曲心稍有回升；前期以细菌和酵母菌为优势类群，中期以霉菌占优势，后期以霉菌和细菌居多；无论哪个时期，曲外层的霉菌数和酵母菌数明显高于曲心，而细菌数偏高的原因是中后期在二楼培菌，曲块表面保温保湿不够，而曲心水分难以排出，这有利于细菌的过度增殖。这种微生物消长的规律，与微生物的生理和曲坯的水分、温度、酸度、营养、通气状况等环境因素的动态变化有关。

五、窖泥微生物生态研究

窖泥微生态系统是由厌氧异养菌、甲烷菌、己酸菌、乳酸菌、硫酸盐还原菌和硝酸盐还原菌等多种微生物组成的共生菌系统，浓香型白酒的固态发酵过程就是一个典型的微生态群落的演替过程和各菌种间的共生、共酵、代谢调控过程。我国科研工作者在研究固态发酵窖池上具有得天独厚的地缘优势，在窖泥的微生物生态、主要功能菌的分离、人工窖泥培养等方面取得了不少可喜的成绩，白酒微生物从功能菌转向微生物群落研究，白酒发酵生香机理的认识从酵母菌生香转向细菌生香。浓香型大曲酒采用泥窖固态发酵，在长期的续糟工艺操作影响下，窖泥理化因子与功能菌互动构成了特殊的微生态特征。我国地域辽阔，浓香型白酒生产企业分布广泛，发酵窖池所处的生态环境以及窖泥的微生态环境存在一定差异。因此，对不同地域窖泥特性的研究，既有利于揭示这种"特殊土壤"的共性，又有利于发现其个性，能够进一步正确认识和了解浓香型白酒窖池微生态的全貌。

以主编余有贵等人对地处湘中南的湖南湘窖酒业有限公司所辖不同窖龄（分别为0年、2年、16年、33年）的窖泥的研究，介绍不同窖龄窖池中窖壁泥和窖底泥的感官指标、理化指标和微生物类群数目的变化情况，从而揭示窖泥微生态的变化规律。

（一）不同窖龄窖泥的感官品质比较

根据典型的泸型大曲酒窖池中窖泥的演变规律，对湘窖不同窖龄窖泥感官品质的评价结果见表3-1，由鲜窖泥到33年的窖泥，随着窖龄的增长，窖泥颜色由黄变黑、由乌黑变成乌黑带灰并夹带有稍许褐色，气味由带有比较重的H_2S气味到有少量酒香、再到浓郁酒香，手感由黏稠偏硬到柔熟细腻、再到硬脆。湘窖窖泥的变化情况符合典型的泸型大曲酒窖池中窖泥的演变规律，由于酿酒发酵过程中产生的有机酸类、醇类等物质浸润渗入窖泥中，逐渐富集与产香有关的一些厌氧功能菌，随着发酵时间的增加，在窖泥中越来越多地聚积起这些厌氧功能菌，功能菌的繁衍与代谢产物的积累，逐渐形成了窖泥自然老熟所具备的典型特征。

表 3-1　　　　　　　　　　湘窖不同窖龄窖泥的感官品质评价

窖龄/年	色泽	气味	手感
0	浅黄	有刺鼻气味	黏稠,刺手
2	浅黄	稍带酒香,有少许刺鼻气味	黏稠,细腻
16	乌黑	有酯香味	绵软,柔熟细腻
33	乌黑带灰、夹有褐色	浓郁酯香味	湿润,细腻,硬脆

（二）不同窖龄窖泥理化因子的变化情况

1. 窖泥水分含量的比较

不同窖龄不同位置窖泥水分测定结果如图 3-5 所示,由鲜窖泥到 33 年的窖泥,随着窖龄的增长,窖泥水分含量呈缓慢下降趋势;从不同位置看,窖壁泥含水量略高于窖底泥。新培养好的窖泥由于人为地加入了水分而比较稀薄,所以水分含量比连续酿酒发酵的窖泥高。在同一窖池中,由于窖壁泥老熟程度较窖底泥缓慢,窖壁泥中的团聚体数量、有机质含量比窖底泥略高,所以窖壁泥的持水性比窖底泥稍强些,导致了窖壁泥含水量要略高于窖底泥。

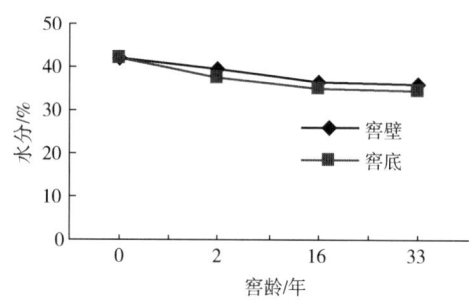

图 3-5　不同窖龄不同位置窖泥水分的比较

2. 窖泥 pH 的比较

不同窖龄不同位置窖泥 pH 测定结果见表 3-2,窖底泥的 pH 偏碱性,且随着窖龄的增长而稍有上升,而不同窖龄的窖壁泥 pH 变化无明显的规律性;从不同位置看,窖底泥的 pH 均高于窖壁泥。窖底泥的 pH 高于窖壁泥的原因主要有两方面：一方面源自微生物代谢。丁酸菌、己酸菌在代谢过程中产生丁酸、己酸和氢,氢则被甲烷菌及硝酸盐还原菌利用,甲烷菌、硝酸盐还原菌与产酸、产氢菌相互偶联,实现"种间氢转移"关系,甲烷有刺激产酸的效应。窖泥中丁酸、己酸等醇溶性有机酸向母糟渗透,母糟体系中乙醇浓度的提高,促进己酸乙酯的生成,增强对母糟体系中丁酸、己酸等有机酸的消耗,从而降低了窖底泥微环境中丁酸、己酸等醇溶性有机酸的浓度。另一方面源自工艺操作,浓香型大曲酒生产中采用固态发酵方式,在每一轮发酵结束取醅过程中,强调"滴窖"操作,黄浆水中主要成分乳酸被脱硫弧菌最后氧化为乙酸,从而减少了乳酸在窖底泥中的渗透与滞留。

表 3-2　　　　　　　　　不同窖龄不同位置窖泥 pH 的比较

窖龄/年		0	2	16	33
pH	窖壁	6.84	6.52	5.23	5.46
	窖底		7.06	7.33	7.54

3. 窖泥有机质含量的比较

不同窖龄不同位置窖泥有机质测定结果如图 3-6 所示，随着窖龄的增长，窖壁泥和窖底泥的有机质含量呈上升趋势；从不同位置看，窖底泥有机质含量略高于窖壁泥。窖泥中有机质主要来源于两方面：一是酒醅中的淀粉、蛋白质、脂肪、无机盐、木质素、纤维素和半纤维素等物质；二是窖泥中的微生物及其代谢产物。在窖池的生态环境中，由于窖底泥较窖壁泥厌氧程度高且通过黄浆水载体提供的酒醅营养物质多，所以窖底泥厌氧功能菌更多、代谢更旺盛，导致窖底泥积累的有机质较窖壁泥多。浓香型大曲酒采用固态续糟发酵，栖息于窖泥中的功能菌源源不断地获得母糟中的养料，不断地生长繁殖和代谢呈香呈味物质，所以窖泥中的有机质随着窖龄的增长而增加。

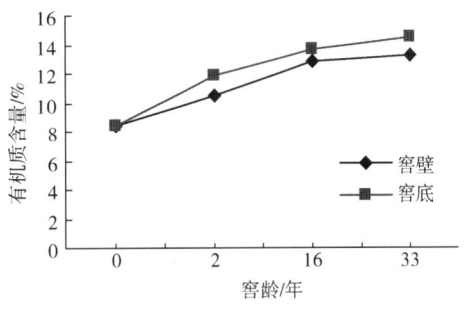

图 3-6　不同窖龄不同位置有机质含量的比较

4. 窖泥全氮含量的比较

不同窖龄不同位置窖泥全氮测定结果如图 3-7 所示，随着窖龄的增长，窖壁泥和窖底泥的全氮含量呈上升趋势；从不同位置看，窖底泥全氮含量略高于窖壁泥。窖泥中全氮主要来源于酒醅和窖泥功能菌所含的蛋白质、氨基氮与腐殖质，由于窖底泥承载酒醅中的含氮物多，窖泥功能菌的代谢积累及繁衍死亡沉积的全氮物也多；浓香型大曲酒常采用双轮底发酵工艺，为窖底总氮的积累提供了便利；固态续糟发酵生产方式促进了窖泥中全氮物的与日俱增。

当 pH<7.2 时，$[H_2PO_4^-] > [HPO_4^{2-}]$。因此，在土壤 pH 为 5.5~7.0，磷元素有效性最高。

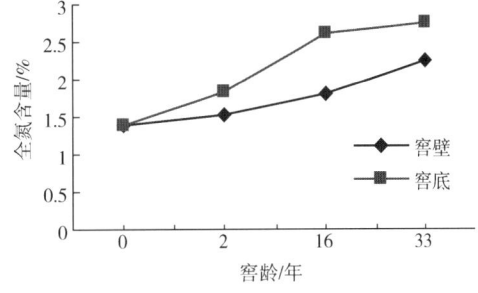

图 3-7　不同窖龄不同位置窖泥全氮的比较

5. 窖泥有效磷、速效钾含量的比较

不同窖龄不同位置窖泥有效磷和速效钾测定结果如图 3-8 所示，随着窖龄的增长，窖壁泥和窖底泥的有效磷和速效钾含量呈上升趋势；从不同位置来看，窖壁泥有效磷含量高于窖底泥，而窖底泥速效钾含量高于窖壁泥。P 是构成生命的重要元素，黄浆水载体将发酵母菌糟中的无机磷和有机磷运抵窖泥，通过化学沉淀反应、专性吸附和窖泥微生物固持等途径将无机磷固定，通过有机酸溶解、解吸、有机磷的矿化等途径实现磷的释放而成为有效磷。磷的转化有累积效应，所以连续发酵使用的窖池中窖泥有效磷会与日俱增。磷的释放是土壤 pH 变化、氧化还原条件、有机物质分解等多个因子综合作用的结果。土壤溶液中的有效磷主要是 $H_2PO_4^-$ 和 HPO_4^{2-} 离子，$H_2PO_4^-$ 离子比 HPO_4^{2-} 离子容易吸收。当 pH 为 7.2 时，$[H_2PO_4^-] = [HPO_4^{2-}]$；当 pH>7.2 时，$[H_2PO_4^-] < [HPO_4^{2-}]$；窖壁泥，所以窖壁泥有效磷含量高于窖底泥。本研究结果与鲁如坤研究土壤磷元素的结果具有一致性。

速效钾包括土壤溶液钾和交换性钾，土壤溶液钾含量很低，而交换性钾是土壤速效钾的主要部分。在浓香型大曲酒发酵过程中，窖底泥与窖壁泥相比，窖底泥处于黄浆水的浸泡状态、腐殖质含量高。根据徐国华等报道的淹水土壤的固钾能力低于恒湿土壤、Poonia 等报道的腐殖质因引起黏土矿物层间膨胀而降低土壤对外源钾的固钾强度，可知淹水土壤和高腐殖质土壤能促进钾的交换，因而窖底泥的交换性钾含量高于窖壁泥，也就使窖底泥的速效钾含量高于窖壁泥。

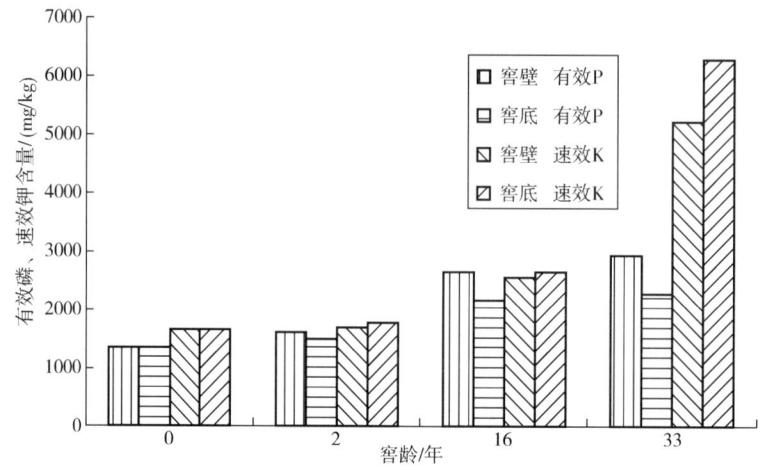

图 3-8 不同窖龄不同位置有效磷、速效钾的比较

（三）不同窖龄窖泥中微生物类群数量的比较

不同窖龄不同位置的窖泥微生物类群数量检测结果见表 3-3，随着窖龄的增长，微生物各类群的总数也随之增加，且细菌>真菌>放线菌；从不同位置看，窖壁泥和窖底泥的各类群微生物数无明显的变化规律，这主要是因为样品倒入平板后均采用常规的方式培养，对厌氧菌的生长不利所致。

表 3-3　不同窖龄不同位置窖泥中微生物类群数量的比较

窖龄/年		细菌/（CFU/g 干土）	放线菌/（CFU/g 干土）	真菌/（CFU/g 干土）
0	—	3.0×10^6	1.0×10^4	2.5×10^6
2	窖壁	1.8×10^7	4.8×10^6	1.4×10^6
	窖底	1.4×10^7	1.0×10^4	2.5×10^6
16	窖壁	1.4×10^7	1.4×10^4	1.5×10^5
	窖底	1.8×10^7	9.0×10^4	2.7×10^6
33	窖壁	2.5×10^7	2.5×10^5	1.5×10^7
	窖底	1.5×10^7	3.5×10^5	1.5×10^7

浓香型白酒的生产以泥窖窖池为基础，发酵过程是栖息于窖池糟醅、窖泥中的庞大微生物区系在糟醅固、液、气三相界面复杂的物质能量代谢过程。在长期的酿酒生产环境中，窖泥富集了有机质、N、P、K、Zn、Mn、Fe、Cu 等微生物生命活动的重要营养

素,形成了一类具有特殊风格的土壤,对功能菌的富集和纯化起到了积极的促进作用。发酵过程中产生的黄水充当着窖泥与糟醅物质交换的载体,封盖发酵形成的窖内压力变化使酒糟中的养分和来自曲药、环境的微生物及其代谢产物不断通过黄水进入泥中,而窖泥中的特种微生物种群及其代谢产物又不断地进入糟醅中,物质能量交换不断改善着窖泥微生态环境,促进了窖泥老熟和酒质的提高。

（四）结论

对湘窖不同窖龄、不同位置窖泥的特性进行对比研究发现窖泥呈现以下变化规律:①随着窖龄的增长,窖泥的变化符合泸型大曲酒窖池中窖泥的演变规律,窖泥逐渐具备典型的自然老熟特征。②随着窖龄的增长,窖泥水分含量呈缓慢下降趋势,窖泥的有机质、全氮、有效P、速效K含量以及窖底泥的pH呈上升趋势;从不同位置分析,窖壁泥水分、有效P含量略高于窖底泥,而窖底泥的pH、有机质、全氮、速效K含量均高于窖壁泥。③随着窖龄的增长,微生物各类群的总数也随着增加,且细菌>真菌>放线菌。因此,在窖泥的微生态体系中,环境因子与功能菌相互作用,促进了湖南湘窖酒业有限公司的窖泥的品质随着窖龄增长而逐渐变好,为提升大曲酒中主体香成分奠定了基础。

六、发酵糟醅微生物生态研究

由于中国传统固态发酵白酒生产的工艺特殊性,以及相关研究技术及手段受生产地域、发酵周期、产品风格等多方面因素的限制,加之糟醅微生物区系研究的鉴定工作量相当浩大,因而中外科研工作者在糟醅微生物生态方面所做的动态性探讨相对较少。以笔者等人对湖南湘窖酒业有限公司正常发酵窖池的粮糟在一个发酵周期（60d）内的变化研究为例,揭示主要代谢产物的含量与主要微生物类群数量的变化情况。

（一）粮糟发酵过程中代谢产物的变化

1. 粮糟发酵过程中酒精含量的变化

如图3-9所示,下层糟醅发酵过程中酒精含量呈现前期缓慢上升、中期快速升至高峰基本稳定、后期缓慢下降的趋势。由于入窖温度低,前期糖化速度较慢,相应地酵母菌发酵也慢,生成的酒精少;随着发酵温度的升高,酒醅进入旺盛的酒精发酵阶段,酒度逐渐增加,至15~20d达到最高值;后期的发酵温度逐渐降低,酵母菌逐渐趋向衰老死亡,酒精的生成量趋于稳定,但随着细菌和其他微生物数量增加,酒精等醇类和各

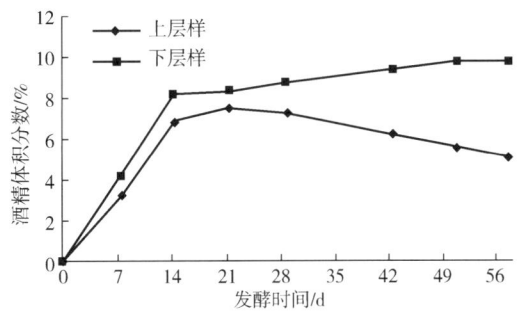

图3-9 粮糟发酵过程中酒精含量的变化

种酸类进行缓慢而复杂的酯化作用,酒精含量会稍有下降。

下层糟醅较上层糟醅的酒精含量高。一方面是因为处于窖池下部醅的厌氧程度高于上部醅,酵母菌发酵产酒精早而多;另一方面,随着发酵的进行,由于重力的作用,黄

水将上部醅产生的酒精下沉扩散到窖池下部醅中,尽管下层酒精虽因酯化作用等消耗,但上层的沉积所产生的效果更加明显,所以下层醅后期一直呈缓慢上升趋势。

2. 粮糟发酵过程中总酸含量的变化

如图3-10所示,下层糟醅总酸含量前期缓慢上升、中后期快速升高、后期有所下降。前期由于产酸微生物的代谢作用,产生一定量的酸类物质,且微生物的生酸量要大于酯化减少的量,总酸含量增加;旺盛的酒精发酵阶段之后,随着细菌和其他微生物数量增加,厌氧代谢加快生酸,总酸含量会渐渐升高;到了后期微生物产酸作用减弱,酯化作用加强,酸的消耗量大于生成量,总酸含量下降。

上层粮糟醅与下层粮糟醅的总酸含量整体变化趋势相同,但下层糟醅总酸含量略高于上层糟醅的总酸含量,主要是发酵产生的黄水将上部醅产生的酸下沉扩散到窖池下部醅中积累所致。

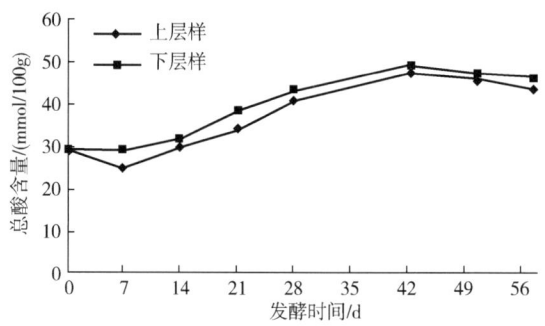

图 3-10　粮糟发酵过程中总酸含量的变化

3. 粮糟发酵过程中乙酸、丁酸与己酸含量的变化

如图3-11所示,3种酸的变化与总酸度的变化趋势基本相同;3种酸的含量大小依次为:乙酸>己酸>丁酸;但同一酸成分在上层糟醅和下层糟醅中相差不大。

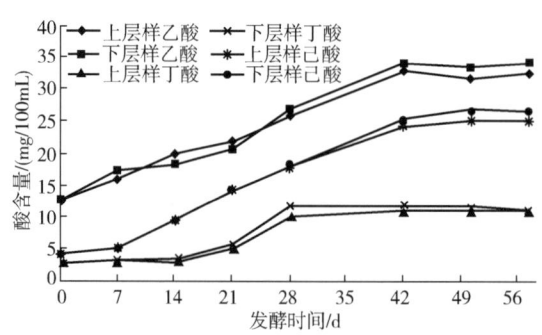

图 3-11　粮糟发酵过程中3种酸含量的变化

4. 粮糟发酵过程中总酯含量的变化

如图3-12所示,糟醅中总酯的含量一直在增加,前期变化较缓慢,而中期和后期增长较快。由于前期以酒精发酵为主,酯化作用较弱,前期产酯少;随着发酵进行,细菌的生酸作用使酸度上升,酯化作用的底物(醇类和酸类)浓度增加,所以酯化反应的正

向反应大于逆向反应，所以发酵中期和后期的酯含量逐渐上升。

下层糟醅较上层糟醅的总酯含量高。一方面是因为在窖池的生态环境中，除下层糟醅中微生物酯化作用积累酯类物质外，由于窖底泥厌氧功能菌多、代谢更旺盛，导致窖底泥产生的酯类等代谢产物不断地进入糟醅中，使窖池下部糟醅酯含量高；另一方面，发酵产生的黄水将上部醅产生的酯类物质下沉扩散到窖池下部醅中积累所致。

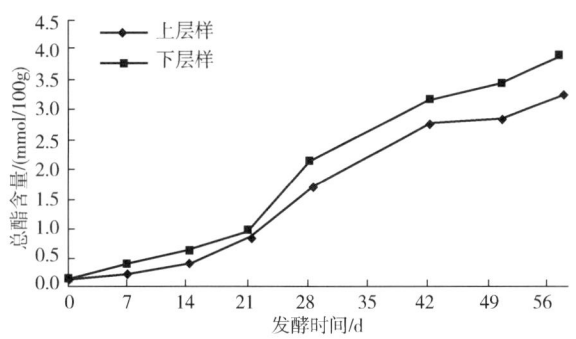

图 3-12　粮糟发酵过程中总酯含量的变化

5. 粮糟发酵过程中 3 种酯类含量的变化

如图 3-13 所示，糟醅中 3 种酯含量呈现前期缓慢上升、中后期快速上升、后期缓慢上升的趋势。3 种酯的含量大小依次为：乳酸乙酯>己酸乙酯>乙酸乙酯，其中乳酸乙酯的变化趋势与总酯的变化趋势具有相似性。在粮糟发酵的一个周期内，由于固态配醅发酵带入了上一轮次糟中的酸，在微生物生长和主要进行酒精发酵的前期和中期，进行着缓慢的酯化反应。随着发酵进入中后期，以产香为主的细菌占优势，酯化反应加快而呈上升趋势。尤其是乳酸菌发酵产生乳酸增多，乳酸乙酯的合成加快，它的含量几乎在总酯中占有支配地位，使得其变化趋势与总酯的变化趋势具有较好的相似性。

同一酯成分含量为下层糟醅略高于上层糟醅，主要是黄水的沉降作用和栖息于窖泥中的功能菌产生的代谢产物不断地进入底部糟醅中所致，从而促进了酒质的提高。

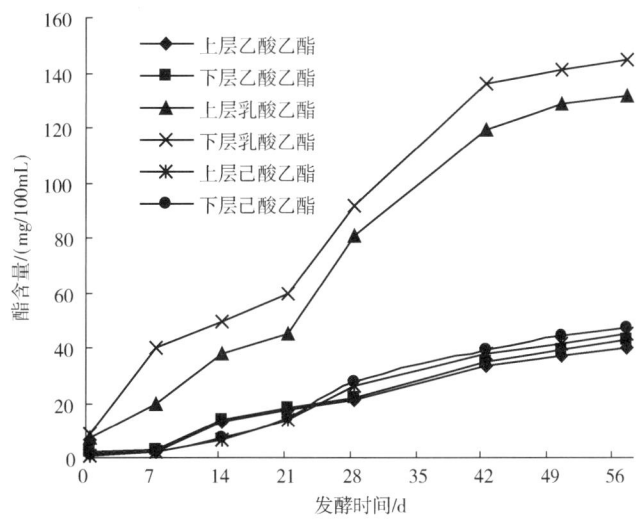

图 3-13　粮糟发酵过程中 3 种酯含量的变化

（二）粮糟发酵过程中微生物类群的变化（表3-4）

表3-4　　　　　　　　　粮糟发酵过程中微生物类群的变化　　　　　　单位：lg（CFU/g）

发酵时间/d	上层酒醅微生物数			下层酒醅微生物数		
	霉菌	酵母菌	细菌	霉菌	酵母菌	细菌
0	4.6232	5.6812	4.0473	4.6385	5.6385	4.0374
7	4.5119	6.3820	5.1945	4.3222	6.2541	5.1430
14	3.6435	5.9566	5.5653	3.4314	5.9190	5.4417
21	4.0512	5.5911	5.2776	3.9800	5.4624	5.2901
28	4.0170	5.4548	5.6385	3.9934	5.3757	5.6230
42	4.1761	3.2672	5.1335	4.1367	3.1324	5.0394
57	4.1123	3.2553	5.3818	4.0719	3.1061	5.1180

注：上层糟醅和下层糟醅的取样位置分别为上层距窖顶0.6m、下层距窖顶1.6m。

从表3-4可知，霉菌在粮糟入窖发酵第1周略有减少，第2周进入低谷，第3周回升到10^4CFU/g左右，在以后的发酵过程中变化幅度较小；霉菌数量变化总体相对较小，其中上层糟醅的霉菌数略高于下层糟醅的霉菌数。酵母菌在粮糟入窖发酵第1周略有增加，第2~4周略有回落，第6周迅速下降进入低谷10^3CFU/g左右，在以后的发酵过程中变化极小；酵母菌数量变化总体相对较大，其中上层糟醅的酵母菌数略高于下层糟醅的酵母菌数。细菌在粮糟入窖发酵第1周迅速增加，第2周略有增加，在以后的发酵过程中变化较小；细菌数量变化总体相对适中，其中上层糟醅的细菌数略高于下层糟醅的细菌数。

（三）结论

1. 研究结果表明

糟醅中乙醇、总酸、总酯含量与微量香味成分随着发酵时间的延长呈现一定的规律性；下层糟醅中的产物相应高于上层糟醅中的产物；微生物类群数量的相对变化幅度为：酵母菌>细菌>霉菌；上层糟醅的霉菌、酵母菌与细菌的数量分别略高于其下层糟醅的霉菌、酵母菌与细菌数量。

2. 变化结果讨论

浓香型大曲酒的发酵过程在泥窖内密封条件下进行，大曲粉、窖泥、生产环境和工用器具等提供了糟醅中的微生物类群。在入窖前期，好氧和兼性好氧微生物（包括霉菌、酵母菌、好氧细菌）利用糟醅颗粒间形成的缝隙所含的稀薄空气进行繁殖，从而使相应类群的数量增加。其中霉菌是糖化的动力，能将可溶性淀粉转化成葡萄糖；当好氧微生物将窖内氧气消耗殆尽以后，酵母菌在无氧环境中将葡萄糖发酵生成酒精。因此，在粮糟入窖的前3周，霉菌和酵母菌协同作用下边糖化边发酵，进入生成以酒精为主要代谢产物的主发酵期。

有机酸是浓香型白酒的重要呈味物质，在糟醅的发酵过程中，酸的种类与酸的生成途径是多种多样的，其中细菌的代谢活动是窖内发酵产酸的主要途径，如乙酸菌将霉菌代谢产生的葡萄糖发酵生成乙酸，乙酸菌还可将回酒入窖的酒精和发酵过程产生的酒精氧化生成乙酸，乳酸菌同样可将葡萄糖发酵生成乳酸，窖泥或酯化液中己酸菌利用淀粉、葡萄糖、乙酸或丁酸等进行发酵合成己酸。因此，发酵的中后期糟醅中的有机酸会大量积累。但是，酸类物质是酯类物质生成的前体物质，酯类的生成会消耗一部分醇和酸而降低糟醅中醇和酸的含量。

酯类物质是浓香型白酒的主要呈香呈味物质，其中己酸乙酯、丁酸乙酯、乳酸乙酯、乙酸乙酯的含量与配比决定着浓香型白酒的质量及风格。随着发酵窖池中微生物代谢的进行，积累了大量的有机酸和乙醇，在微生物所含酯酶的作用下通过一系列的生化反应生成了乙酯类成分。因此，发酵的中后期既是生酸期又是酯化期，尽管醇、酸酯化作用缓慢，但通过适当延长发酵周期可提高糟醅中酯类物质含量。

第二节 人工窖泥培养技术

1963年原轻工业部茅台试点组运用纸色谱方法对茅台酒窖底型和泸州特曲酒的香气成分剖析，定性确认了己酸乙酯为其主体香气。随后又在老窖泥中分离得到能代谢产生己酸的梭状芽孢杆菌，摸索出人工培养窖泥的经验，在生产实践中应用成功。20世纪70年代后期，随着对人工窖泥的认识不断深化，白酒企业根据自己的生产实践总结了老化窖泥和成熟窖泥的形成机理，加快了窖泥"老熟"时间。随着现代技术的发展，科研人员不断创新，通过分离窖泥微生物进行人工窖泥培养的技术不断完善，生产实践中取得了良好的效果，如四川沱牌曲酒股份有限公司，通过一种人工窖泥培养方法（专利号：ZL99117364.3，获得授权时间：2005-03-16）培养的人工窖泥，可在投产后二轮、三轮就能产出优质曲酒；山东秦池酒厂，应用干制的活性窖泥功能菌，生产优质窖泥，白酒优级品率达到40%左右，酒质的主体香突出，尾净且爽，余香好；山东名人酒业马加军以琼脂为固定化材料，将己酸菌孢子包埋固定，制定固定化己酸菌块及己酸菌发酵液用于人工窖泥培养，窖泥用于曲酒生产第三轮次的酒，就具有窖香浓郁的特点，总酯、总酸、己酸乙酯接近2~3年老窖酒水平。

一、三代人工老窖微生物技术

人工老窖第一代技术——富集培养老窖泥中梭状芽孢杆菌培泥与应用。以20世纪60年代研究的"新窖老熟"项目为基础，吴衍庸在泸州酒厂蹲点研究，提出以老窖泥为种源富集培养梭状芽孢杆菌，作为第一代微生物技术用于培泥建新窖，其出酒质量已达到泸酒二曲与头曲水平，首创"人工老窖"微生物技术，它为泸型酒在全国推广打下了基础。

人工老窖第二代技术——己酸菌的纯培养培泥与应用。中科院成都微生物研究所应用微生物纯培养方法，分离选育出高产己酸菌，其产酸量最高可达$2g/100mL$左右。该菌种曾应用在河南杜康酒厂培养人工窖泥上，在新建厂房新窖池上首排出酒中，己酸乙酯即达$300mg/100mL$以上水平，一次培泥建窖成功，并通过成果鉴定。

人工老窖第三代技术——甲烷菌、己酸菌二元发酵培泥与应用。第三代"人工老窖"微生物技术以甲烷菌、己酸菌共酵的生理生态关系，根据其"种间氢转移"原理，己酸菌发酵产生氢用于甲烷发酵产生甲烷上，使己酸菌消除了氢的抑制而促进产酸，最终提高己酸乙酯含量。这项技术率先在河南社旗酒厂应用试验，全窖计算优质品率达50%以上，四大酯谐调平衡、口感好；后来陆续应用于新疆、河南、河北、湖南、四川等地的众多酒厂，使酒中己酸乙酯含量及优质品率均有所突破。

二、人工窖泥的固态培养技术

浓香型白酒新窖建设常采用固态培养技术获取人工窖泥，以提升酒质。下面以舍得酒业李家民的发明专利《一种提高浓香型白酒陈香味的人工窖泥制备方法》（专利号：200910058616.3，获得授权时间：2012-05-23）为例，介绍人工窖泥的固态培养技术的具体情况。

（一）技术特点

利用老窖中优质窖泥和优质曲药等来源的有益微生物为菌种，通过合理配制培养基和培养条件，经扩大培养，实现"老窖窖泥功能菌群"及其赖以生存的物质环境的整体复制，从而加快人工窖泥老熟，促进浓香型白酒在发酵过程产生陈香味的风味物质。使用该人工培养窖泥建窖，具有以下优点：

1. 新酒具有陈香味

在保持传统酿酒工艺不变的条件下，可使酿出的新酒不经过贮存即具有舒适的陈香味，相当于在陶坛中贮存三年以上的白酒。

2. 人工窖池老熟快

该人工培养窖泥建窖易于"老熟"，"老熟"程度可相当于自然老熟10年以上的自然老熟窖窖泥。

3. 具备老窖窖泥功能体系

采用对老窖窖泥生存的物质、能量和生命群体进行整体复制，使人工窖泥具有老窖窖泥的物系（物质）、菌系（微生物）和酶（生物酶）系结构，从而达到老窖窖泥功能水平的整体复制。

4. 窖泥中有陈香味功能微生物

通过对窖泥培养原料的选择和配方调节，形成陈香味微生物及其酶系的选择性培养基，从而富集更多更丰富的陈香味功能微生物。

5. 安全、操作简单

本发明的使用方法同传统窖泥的使用，操作易行，不会对传统白酒酿造工艺造成影响。

（二）技术原理

窖泥是酿酒有益微生物的载体，能够提供丰富的生酸产酯的微生物，如丙酸菌、己酸菌、丁酸菌等，作为浓香型白酒发酵产酒、生香生酸的主要场所。因此，窖泥质量在很大程度上影响着酒体的质量与风格。窖泥老熟的传统方法是自然老熟，依靠窖泥在长时间的母糟接触环境下，自然地缓慢地生成丰富的有益功能微生物，一般需要几十年到上百年的时间才能达到"老熟"。陈香味是鉴定白酒质量的重要评价指标，陈香味越大，酒越好。在现有技术条件下，陈香味目前只能靠贮存在陶坛中的白酒经过长时间的理化作用来产生，一般来说贮存三年以上的酒才开始有陈香味，贮存年代越久，陈香味越大。

以优质老窖泥和优质曲药中富含的益菌群为菌种源，通过对窖泥培养原料的选择和配方调节，形成陈香味微生物及其酶系的选择性培养基。再经过培养条件优化，将老窖窖泥生存的物质、能量和生命群体进行整体复制，使人工窖泥具有老窖窖泥的物系（物质）、菌系（微生物）和酶（生物酶）系结构，达到老窖窖泥功能水平的整体复制，从而加快人工窖泥老熟，促进浓香型白酒在发酵过程中产生陈香味的风味物质。

（三）工艺流程

提高浓香型白酒陈香味的窖泥制备方法工艺流程如图3-14所示。

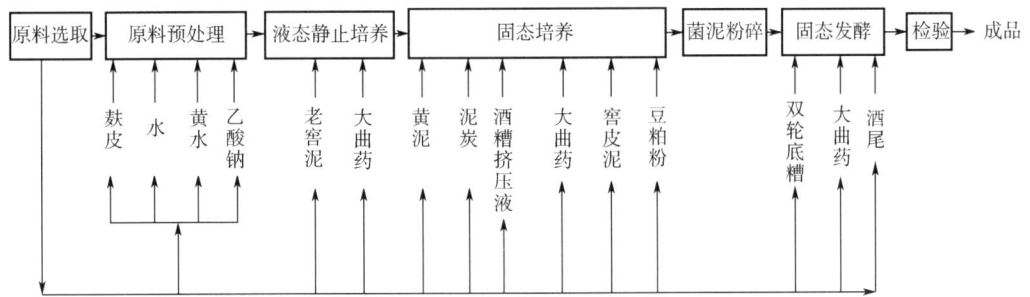

图3-14 提高浓香型白酒陈香味的窖泥制备方法工艺流程

（四）技术要点

1. 原料选取

选用合格的老窖窖泥、泥炭、黄泥、水、乙酸钠、黄水、酒糟挤压液、麸皮、酒尾、大曲药、双轮底糟、窖皮泥和豆粕粉各原料。其中，选用合格的水，为符合《生活饮用水卫生标准》GB 5749—2006的水；选用合格的乙酸钠，为食品级乙酸钠；选用合格的窖皮泥，为使用5轮以上多次封窖用的老窖皮泥，要求无霉味；其他合格材料要求见表3-5、表3-6、表3-7。

表3-5		原料选取要求	
评价指标	合格的老窖窖泥	合格的大曲药	合格的双轮底糟
感官指标	乌黑带灰，在阳光下显七彩；窖泥香味浓郁、纯正、有陈香；有柔熟细腻、有黏性、断面泡气、整齐、掰开有丝连的手感	表面整齐、谷黄色、菌丛均匀丰满；断面整齐泡气、呈灰白色、菌丝丰满、有少许黄斑；有浓郁的曲香味、甜香突出、无其他杂味	黄褐色、浅褐色，呈油亮光泽；窖香、糟香、酒香等香气，略带酸甜味；发酵完全、水分适中、柔熟不腻、疏松不糙

续表

评价指标	合格的老窖窖泥	合格的大曲药	合格的双轮底糟
理化指标	水分含量 36%~39%，腐殖质含量 11.7%~14.3%，速效磷含量 300~330mg/100g 干土，氨态氮含量 260~300mg/100g 干土	成曲重 3.5~3.6kg，水分 12%~13%，淀粉 52%~54%，糖化力≥500~650mg/(g·h)，液化力 1.0~2.5g/(g·h)，发酵力 12~15CO_2/(g·h)，酯化力 27~45mg/(g·100h)，含酸酸度为 1.01~3g/100mL	水分 60%~64%，酸度 3.2~4.5，残淀 10%~13%，残糖≤1.0%
微生物指标	己酸菌≥7.6×10^7CFU/g 干土，丁酸菌≥7.7×10^4CFU/g 干土，甲烷菌≥3.9×10^4CFU/g 干土，乳酸菌≥4.7×10^5CFU/g 干土	总数：20.74~35.6×10^4CFU/g 干曲，细菌：10.21~17.53×10^4CFU/g，酵母菌：1.27~2.19×10^4CFU/g，霉菌：5.71~9.86×10^4CFU/g	细菌：2.0~2.4×10^6CFU/g，酵母菌：0.8~1.1×10^3CFU/g，霉菌：0.8~1.1×10^3CFU/g

表 3-6　原料选取要求（续一）

评价指标	合格的泥炭	合格的黄泥	合格的酒尾	合格的黄水
感官指标	黑褐色或黄褐色，无明显根茎；质地疏松柔软、透气性好、不黏不重、富有弹性的手感	鲜艳的橘黄色、土块状；土质细腻绵软、无沙，质软而轻，湿时具较强黏性和可塑性	无色或略带乳白色；酒尾特有的香气、醇香；微甜、轻微涩口；酒体透明或半透明	浅褐色、琥珀色、棕褐色；有红糖香气、酒香味、有醋酸香、较柔和；酸味、酒味、甜味稍涩口；不透明液体
理化指标	通气孔隙度>27%；有机质>75%；优质粗纤维>15%；灰分<15%；pH5.0~6.0；腐殖酸 35~50%；氮>2.8%；磷>0.51%；钾>0.31%	硬度：1~2；相对密度：2.4~2.65kg/m^3；pH5.0~6.5	乙醇 10%~35%（vol），总酸 0.48~2.50g/100mL，总酯 9.00~15.00g/L，乙酸乙酯 0.019~0.050g/L，乳酸乙酯 9.560~14.766g/L，醛类 0.2~0.8g/L，醇类 0.1~0.2g/L	可溶性无盐固形物 5.6~15.3g/100mL，还原糖 3.50~6.77g/100mL，醋酸乙酯 0.012~0.026g/L，乳酸乙酯 0.084~1.135g/L，氨基态氮 0.18~0.31g/100mL，总氮 0.4~1.71g/100mL

表 3-7　原料选取要求（续二）

评价指标	酒糟挤压液	合格的麸皮	合格的豆粕粉
感官指标	色：黄褐色或棕褐色；香：有一定的糟香、酸香、酯香味；味：味酸；体：浑浊液体	色：淡白色至淡褐色；香：有香甜的生面粉味；味：无发霉、发酸味道；体：无虫蛀、发热、结块现象	色：浅黄色到淡褐，色泽一致；香：无酸败、霉变、焦化及异味；味：豆粕固有豆香味；体：粉状

续表

评价指标	酒糟挤压液	合格的麸皮	合格的豆粕粉
理化指标	总酸 0.63~1.20g/100mL，无盐固形物 5.4~15.0g/100mL，还原糖 0.56~2.30g/100mL，残余淀粉 0.20~1.5g/100mL，醋酸乙酯 0.005~0.010mg/100mL，氨基态氮 0.08~0.18g/100mL，全氮 0.18~0.34g/100mL	碳水化合物 61.4%~85%，纤维素>2.35%，灰分<4.3%，蛋白质 11.4%~17.8%，水分 10.0%~14.5%，戊聚糖含量>19.42%，维生素 A>20mg/100g，磷>682mg/100g	碳水化合物 34.9%~38.8%，灰分<6%，蛋白质 45%~55%，维生素 E>5.81mg/100g，磷>682mg/100g

2. 原料预处理

将验收合格的麸皮、水、黄水、乙酸钠，按麸皮：水：黄水：乙酸钠=5：100：10：2 的质量比混匀，然后注入到压力为 0.15MPa、温度为 125~126℃的不锈钢发酵罐中灭菌 30min。

3. 液态静置培养

待不锈钢发酵罐中的混合料温度下降到 36℃时，往混合料中加入其质量 12%~16%的老窖窖泥和质量 5%的大曲药，混匀，并调节 pH 至 5.0~6.0，再将该料液的表面用油脂盖住隔氧，然后在 32~35℃下静置厌氧培养 72h。

4. 固态培养

经过 72h 在 32~35℃下静置厌氧的培养后，去除其液面上的油脂，取出菌液，然后往菌液中加入黄泥、泥炭、酒糟挤压液、大曲药、窖皮泥、豆粕粉，菌液与所加各原料的质量比为菌液：黄泥：泥炭：酒糟挤压液：大曲药：窖皮泥：豆粕粉=（75~85）：200：（20~30）：（5~10）：5：10：（3~5）。将料搅拌混匀，然后在室温下扩大培养，春秋季培养 7~10d；夏季培养 7d，而冬季培养 10d。

5. 粉碎

将经过固态培养工艺的菌泥，用粉碎机粉碎。

6. 固态发酵

往粉碎后的菌泥中加入双轮底糟、大曲药和酒尾，以菌泥质量为 100 计，加入其内的双轮底糟、大曲药、酒尾的质量比为（10~15）：（3~6）：（5~8）。混匀后，将物料堆成 500cm×300cm×100cm 的长方体，将料堆压实后再抹平表面，使其在常温下自然发酵，并在发酵熟化过程中随时用黄水抹平堆表面，防止表面出现裂痕和长霉菌。这样经过固态发酵 30~40d，可获得具有提高浓香型白酒陈香味的人工窖泥。

（五）培养与应用效果

1. 人工窖泥质量

感官指标：色：泥色黄黑带灰；香：窖香明显、纯正、略带陈香；手感：柔熟、有黏性、断面泡气。

理化指标：水分含量 36%~39%，腐殖质含量 9.4%~11.0%，速效磷含量 290~360mg/100g 干土，氨态氮含量 287~350mg/100g 干土。

微生物指标：己酸菌≥7.6×10⁷CFU/g 干土，丁酸菌≥8.7×10⁵CFU/g 干土，甲烷菌≥2.1×10⁵CFU/g 干土，乳酸菌≥6.5×10⁵CFU/g 干土。

2. 应用效果（表 3-8）

表 3-8　　不同人工窖泥的原酒口味和风格的比较

项目	传统人工培养窖泥	自然老熟10年老窖窖泥	本发明人工窖泥
新酒	具有明显的浓香，有窖香，冲，后味较短，新酒味明显	复合浓香，稍冲，窖香较浓，味陈，味甜尾净，后味较短，新酒味明显	复合浓香，幽雅舒适，窖香郁，味甜尾净，具有明显老酒风味
贮存三年后	窖香浓郁、醇厚、后味较爽净，酒体丰满、老酒风味	复合浓香、幽雅舒适，窖香较浓郁，味陈、绵甜醇厚，后味爽净，酒体丰满，老酒风味明显	复合浓香，窖香浓郁，谐调丰满，醇厚绵甜，后味爽净，酒体丰满，陈香舒适，具有幽雅和妙不可言的老酒味

三、人工窖泥的液态培养技术

以胡峰在贵州习酒公司的研究与实践《微生物技术在浓香型白酒生产中的应用研究》为例，介绍人工窖泥的液态培养技术的具体情况。

（一）技术特点

混合发酵制取液体窖泥的生产工艺有以下特点：①在种子培养阶段能分别满足其生长繁殖的最佳条件而产生大量的功能菌体；②在扩大培养阶段采取混合发酵的方式，能使繁殖的窖泥功能菌群相互协调，并适应窖内发酵环境而在体系中进一步繁殖和代谢，从而形成以己酸菌为主体功能菌的窖泥微生物群体区系。

（二）技术原理

长期的生产实践表明，单纯采用化学合成培养基生产的纯种己酸菌发酵液并不太适应窖内复杂的发酵环境，只有将纯种己酸菌与老窖泥复合微生物有目的地融合，并培养出适应窖内发酵环境的复合功能菌群进入发酵体系，才能实现强化发酵体系中窖泥功能菌含量的目的。

采用己酸菌液和老窖泥浸出液混合作为菌群种源，通过培养条件的调控生产液体窖泥，使人工窖泥具有老窖窖泥的物系（物质）、菌系（微生物）和酶（生物酶）系结构，从而增加功能菌群在窖泥中优势，促进发酵生香。

（三）工艺流程

液态窖泥的培养工艺流程如图 3-15 所示。

（四）技术要点

(1) 功能菌的来源　纯种己酸菌和老窖泥。

(2) 功能菌的纯培养　己酸菌试管种经纯种扩大培养得到己酸菌种子液；老窖泥经

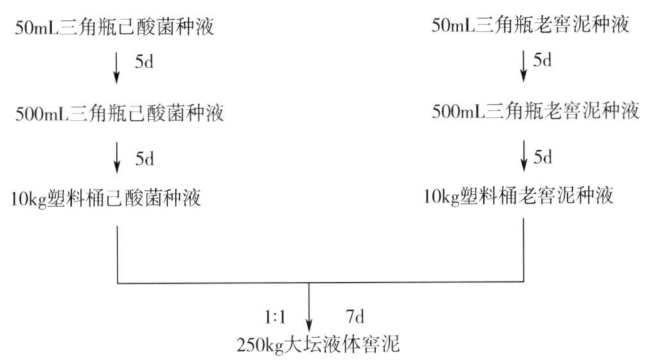

图 3-15 液态窖泥的培养工艺流程

纯种扩大培养得老窖泥种液。

（3）混合大坛培养　纯种己酸菌和老窖泥分别单独扩大培养后，再以 1∶1 的比例接种，混合发酵制得液体窖泥。

（五）培养与酿酒效果

1. 培养效果

液体窖泥与原己酸菌发酵液的生化性能检测结果见表 3-9，液体窖泥培养过程中己酸菌等功能微生物的数量和代谢己酸的含量均明显高于原己酸菌发酵液，从而强化了窖泥功能菌群的生香功能。

表 3-9　　　　　　　　液体窖泥的生化性能指标比较

培养液类别	己酸菌数/(CFU/mL)	己酸含量/(mg/mL)	培养液类别	己酸菌数/(CFU/mL)	己酸含量/(mg/mL)
液体窖泥	3.5×10^8	1437	原己酸菌液	3.5×10^7	590

2. 酿酒效果

采用液体窖泥和强化大曲联合使用，酿酒的效果分别见表 3-10、表 3-11，结果表明：在相同的发酵周期的条件下，与对照窖相比，试验窖 4 轮生产的平均出酒率高 0.77%、平均优质品率（特甲级酒和乙级酒）高 7.93%、己酸乙酯含量增加 33mg/100mL，试验窖双轮底综合酒样己酸乙酯含量平均增加 58mg/100mL，各轮试验窖综合酒样乳酸乙酯含量略有降低，乙酸乙酯、丁酸乙酯含量略有升高，四大酯比例更趋于协调，在一定程度上克服了己乳比例（己酸乙酯∶乳酸乙酯）偏低的缺点。

表 3-10　　　　　　　　试验窖与对照窖产酒情况比较

窖别	总投粮/kg	总产酒/kg	出酒率/kg	验收质量等级/%		
				特甲级酒	乙级酒	丙级酒
试验窖	33480	14731	44.00	9.20	37.25	53.55
对照窖	403380	174376	43.23	11.72	42.66	45.62

表 3-11　　　　　　试验窖与对照窖综合酒样酒质分析结果比较　　　　　单位：mg/100mL

综合酒样	总酸	总酯	己酸乙酯	乳酸乙酯	乙酸乙酯	丁酸乙酯
对照窖粮糟酒	1.06	4.18	1.62	2.41	1.18	0.14
试验窖粮糟酒	1.11	4.53	1.95	2.12	1.30	0.17
对照窖双轮底酒	1.37	6.58	4.17	3.06	2.00	0.43
试验窖双轮底酒	1.40	6.83	4.75	2.76	2.23	0.48

第三节　人工老窖技术

人工老窖是指模拟天然老窖微生物区系，用微生物纯菌种培养或以老窖泥微生物富集培养的方法人工培养老窖泥，并以此老窖泥建成的大曲酒发酵池。它是从工业微生物生态学观点出发，以老窖微生物生态特征及窖泥化学物质含量水平相联系为依据，应用功能菌间相互关系及作用模拟老窖建造而成。

一、人工老窖出好酒的机理

人工老窖提高酒质的机理主要是利用窖泥中的己酸菌、丁酸菌、甲烷菌和放线菌等多种优势微生物功能菌，它们以香醅为营养来源，以窖泥和香醅为活动场所，促进其生化作用，产生出以己酸乙酯为主体的香味成分，形成泸型酒的窖香味，加速窖泥老熟，实现新窖产好酒。

二、老化窖池的特性

窖泥是泸型酒生产的基础，"千年老窖产好酒"是科学工作者长期生产实践的总结。但在生产中经常遇见使用的窖池老化现象，老化窖池与常规窖池在窖泥特性、发酵酒醅理化特征、发酵新酒质量和原料出酒率等方面存在哪些差异？以笔者等人对湖南湘窖酒业有限公司的窖池研究为例，揭示老化窖池与常规窖池两者之间的差异及其原因。

（一）老化窖池与常规窖池的差异分析

1. 老化窖池与常规窖池的窖泥特性比较

由表 3-12 可知，老化窖池与常规窖池在感官上有差异，老化窖池的窖壁泥板结、退化；理化指标中分别在水分和 pH 两个指标上存在显著差异（$p<0.05$），其中老化窖池的水分和 pH 均显著低于常规窖池。

窖池老化是一个不断积累的过程，引起窖池老化的原因主要有水分过低、酒醅酸度过大、窖泥配料不合理、管理养窖不当、生产工艺调节失控、窖泥发酵不平衡等，这些因素导致生成的乳酸亚铁、乳酸钙、乳酸镁和乳酸铜在窖壁上沉积，当窖内有机酸对该结晶物的淋溶速度低于其生成速度时便会引起窖泥板结，而板结后的窖泥呈砂粒状或粉末状白色晶体，其保水能力明显低于正常窖泥，故老化窖池的水分明显低于常规窖池。

浓香型白酒的发酵容器是泥窖，在长期的酿酒生产环境中，窖泥富集了有机质、N、P、K、Zn、Mn、Fe、Cu等微生物生命活动的重要营养素，为窖泥功能菌的生长繁殖提供了物质基础，酿酒过程中发酵产生的黄水将窖泥与糟醅之间的代谢产物及时地转运、迁移，不断改善窖泥的微生态环境，有利于窖泥功能菌的富集和纯化，从而促进了窖泥老熟，也有利于酒质的提高。

表 3-12　　　　　　　　　　老化窖池与常规窖池窖泥特性的比较

窖池类别	感官评价	水分/%	pH
老化窖池	窖壁泥板结发硬，有白色颗粒状或针状结晶体，刺手感强，缺少窖泥香	36±1.2	5.1±0.3
常规窖池	窖壁泥乌黑、湿润，手感细软，浓郁窖泥香	42*±1.5	6.7*±0.5

注：** $p<0.01$ 水平极显著，* $p<0.05$ 水平显著。

2. 老化窖池与常规窖池的发酵酒醅理化特征的比较

由表 3-13 可知，老化窖池与常规窖池发酵酒醅分别在酒精度和残余淀粉两个指标之间有显著性差异（$p<0.05$），其中老化窖池与常规窖池的发酵酒醅相比，酒精度降低了 14.9%、残余淀粉增加了 14.5%；另外，两者分别在水分和酸度两个指标之间无显著性差异（$p>0.05$），但老化窖池与常规窖池的发酵酒醅相比，水分稍有偏低而酸度略高。

大曲是大曲酒生产的糖化发酵剂，在大曲的微生物类群中，霉菌是糖化的动力，酵母菌是发酵的动力，细菌是产香的动力。浓香型白酒的生产以泥窖窖池为基础，发酵过程有大曲微生物和窖泥微生物共同参与，实现糟醅在固、液、气三相界面复杂的物质能量代谢过程，即处于发酵窖池中的糟醅，在庞大微生物区系共同作用下，将淀粉质原料中的淀粉、蛋白质等大分子物质转化成酒精、水和醇、醛、酸、酯等微量风味物质。发酵糟醅中淀粉的动态变化不仅间接反映窖池中乙醇的生成情况和发酵状况，而且可以特征反映窖池中微生物的生命活动状况。与常规窖池相比，老化窖池窖壁与窖池中糟醅的交流受阻，糟醅在微生物代谢过程中，来自大曲的乳酸菌和醋酸菌代谢相对活跃，产生的酸多而黄水少，代谢产物不能有效地转运与迁移，形成的局部微生态环境使淀粉转化成酒精的速率变慢，由于发酵周期是一定的，这样导致发酵能力下降，从而引起老化窖池残余淀粉偏高而产酒能力偏低。

表 3-13　　　　　　　　　老化窖池与常规窖池发酵酒醅理化特征的比较

窖池类别	酒精/%vol	水分/%	酸度/（g/L）	残余淀粉/%
老化窖池	2.36±0.22	63.12±1.11	3.78±0.24	11.46*±0.39
常规窖池	2.64*±0.12	63.73±1.18	3.65±0.21	10.16±0.15

注：见表 3-12。

3. 老化窖池与常规窖池发酵产新酒的主要成分比较

由表 3-14 可知，①老化窖池与常规窖池所产新酒分别在总酸和总酯两个指标之间有显著性差异（$p<0.05$），其中老化窖池与常规窖池的所产新酒相比，总酸降低了 25.92%、总酯降低了 12.43%；②两者分别在己酸和 β-苯乙醇两个指标之间有极显著性差异（$p<$

0.01），其中老化窖池与常规窖池的所产新酒相比，己酸降低了 20.69%、β-苯乙醇降低了 44.90%；③两者分别在浓香型主体香成分四大酯之间有极显著性差异（$p<0.01$），其中老化窖池与常规窖池的所产新酒相比，己酸乙酯和丁酸乙酯分别降低了 13.47% 和 25.61%，而乙酸乙酯和乳酸乙酯分别增加了 23.88% 和 14.66%。

  酸类是形成白酒香味的主要物质，酸类赋予白酒丰满和酸刺激感，适量的酸在酒中起到缓冲作用，可消除饮酒后上头和口味不协调，促进酒的甜味感，大曲白酒的总酸在 0.6g/L 以上，经常在 0.1% 左右。若酒中含酸量少，则酒味寡淡、不柔和、香味短；若酒中含酸量大，则酒粗糙、邪杂味重。白酒中的有机酸种类多，如甲酸、乙酸、丁酸、己酸、乳酸、戊酸、琥珀酸等，大多数有机酸是由细菌经生物化学反应生成的，低级的酸可逐步合成较高级的酸，醇和醛可氧化为相应的有机酸，其中浓香型大曲酒的己酸是由己酸菌发酵作用生成的，己酸菌则主要来源于窖池中的窖泥。

  酯类是白酒的主要呈香物质，一般名优白酒的酯含量较高，其中己酸乙酯、丁酸乙酯、乙酸乙酯和乳酸乙酯是白酒中的四大酯类。己酸乙酯具有窖香气，浓香型白酒是以己酸乙酯为主体香的一种复合香气；乙酸乙酯具有水果香气；乳酸乙酯适量时能烘托主体香和使酒体完美，过多会造成酒的生涩味和抑制主体香，名优浓香型白酒的乳酸乙酯和己酸乙酯的比值都在 1 以下，否则会影响风格；丁酸乙酯较浓时呈臭味，稀薄时呈水果味，在浓香型白酒中含量不能过多，否则会使酒带上臭味，影响酒的质量，一般浓香型白酒要求己酸乙酯为丁酸乙酯含量的 8~15 倍。白酒中酯的生成有两种途径：一是由微生物体内酯酶的生化反应生成酯，这是主要途径，其中丁酸乙酯和己酸乙酯合成相关联，丁酸是合成丁酸乙酯的前驱物质，丁酸乙酯又是合成己酸乙酯的前驱物质；二是通过有机化学反应生成酯，这种反应一般进行得极缓慢。

  β-苯乙醇具有柔和、愉快而持久的玫瑰香气，促进白酒增香。

  决定白酒风味的六大因素为自然生态环境、原辅料、糖化发酵剂、工艺、设备、饮食文化，在本研究中新酒风味物质差异主要取决于发酵窖池。浓香型白酒发酵用的泥窖有两大作用：一是作为发酵容器，为酒糟提供发酵产酒的场所；二是为酿酒微生物的生长繁殖提供良好的环境，窖泥中的微生物以厌氧菌为主，包括己酸菌、丁酸菌、甲烷菌、甲烷氧化菌、丙酸菌和嗜热芽孢杆菌等微生物等，这些窖泥中栖息的微生物参与了酿酒发酵。与常规窖池相比，老化窖池因土壤板结，阻碍了糟醅与窖泥之间正常的物质能量交换，一方面使窖泥微生态不断恶化，不利于窖泥功能菌的生长繁殖；另一方面，窖泥功能菌产生的风味代谢产物不能通过黄水为载体有效地进入糟醅中，糟醅中的主要风味成分积累逐渐减少。因此，常规窖池较老化窖池的产酒质量高。

表 3-14   老化窖池与常规窖池所产新酒的主要成分比较

微量成分	老化窖池	常规窖池
总酸/（g/L）	0.646±0.07	0.872*±0.11
总酯/（g/L）	4.976±0.24	5.682*±0.32
己酸/（mg/100mL）	23.65±0.82	29.82**±1.07
β-苯乙醇/（mg/100mL）	0.20±0.00	0.36**±0.00

续表

微量成分	老化窖池	常规窖池
己酸乙酯/（mg/100mL）	189.7±1.69	228.0**±1.31
乙酸乙酯/（mg/100mL）	179.8**±1.77	163.09±2.72
乳酸乙酯/（mg/100mL）	142.9**±2.35	124.60±2.57
丁酸乙酯/（mg/100mL）	41.30±0.98	55.52**±1.31

4. 老化窖池与常规窖池的原料出酒率比较

老化窖池与常规窖池原料出酒率的比较见表3-15。

表3-15　　　　　　老化窖池与常规窖池原料出酒率的比较

窖池类别	实测酒度/[%（vol）]	单甑产量/kg	折65%酒精度质量/kg	原料出酒率/%
老化窖池	68.2±2.1	41.2±1.5	43.2±1.8	20.6%±1.7
常规窖池	67.5±3.3	43.4±2.1	44.9±2.3	21.4%±1.4

由表3-15可知，老化窖池与常规窖池原料出酒率之间无显著性差异（$p>0.05$），但老化窖池与常规窖池的发酵酒醅相比，原料出酒率下降了4.05%。

浓香型大曲白酒酿酒原理是利用大曲中的米曲霉、黑曲霉、根霉等霉菌作为糖化剂，将高粱、小麦等原料中淀粉分解成糖类，同时由酵母菌再将葡萄糖发酵产生酒精，粮糟通过边糖化边发酵生产含一定浓度酒精的过程，存在于固态酒醅中的酒精和香味成分经甑桶固态蒸馏得到新酒。原料出酒率是计算淀粉出酒率的参考指标，表示100kg原料产酒精体积分数为65%的合格原酒的质量。一般来说，影响出酒率的主要因素包括酿酒原料质量、酒曲质量、入窖条件（淀粉浓度、酸度、温度、水分、用曲量）、蒸馏操作等，所以老化窖池与常规窖池之间的原料出酒率无显著差异。然而，本研究出酒率差异主要来源于发酵环境，主要是窖池窖泥和代谢产生的黄水，由于老化窖池发酵酒醅含水量较常规窖池偏低，代谢产物不能较好地被黄水稀释和运输，造成老化窖池局部环境不利于糖化的霉菌和发酵的酵母菌充分发挥双边发酵作用，因而酒醅中含酒精浓度偏低，最终老化窖池原料出酒率稍低于常规窖池。当然，浓香型大曲酒采用续糟配料、混蒸混烧的特殊工艺，白酒生产企业一般以月、季、年为周期计算原料出酒率，而本研究取窖池中某一甑进行原料出酒率计算，两类窖池出酒率均低于常规统计的数据。

（二）老化窖池与常规窖池的研究结论

（1）老化窖池与常规窖池在感官上有差异，老化窖池的窖壁泥板结、退化，老化窖池的水分和pH均显著低于常规窖池（$p<0.05$）。

（2）老化窖池与常规窖池的发酵酒醅相比，酒度显著降低（$p<0.05$）、残余淀粉显著增加（$p<0.05$），水分稍有偏低（$p>0.05$）而酸度略高（$p>0.05$）。

（3）老化窖池与常规窖池的所产新酒相比，总酸和总酯均显著降低（$p<0.05$），己酸、β-苯乙醇、己酸乙酯和丁酸乙酯均极显著降低（$p<0.01$），而乙酸乙酯和乳酸乙酯均极显著增加（$p<0.01$）。

(4) 老化窖池与常规窖池粮糟发酵出酒率之间无显著性差异（$p>0.05$），但老化窖池出酒率低于常规窖池。

因此，保持窖泥中充足的水分、均衡的营养、适宜的 pH 等环境因子，在窖泥中逐渐富集起有利于产酯生香的功能菌群，构建和维护良好的微生态区系，是养护窖池遵循的基本原则。

三、生态化建窖技术

窖池是承载窖泥的发酵容器，其内部糟醅与窖泥形成的微生物生态系统，在固、液、气三相界面上持续进行着复杂的物质代谢与能量转换过程。因此，窖池建筑好坏直接关系到浓香型白酒的品质。窖池的制作一直沿用传统的方法，存在着窖池不规则、窖壁窖泥厚度不一、窖泥易脱落等弊端。现代建窖技术需要克服传统窖池缺陷，以满足生态酿酒要求。以朱弟雄、吴鸣、涂向勇等人的专利《浓香型白酒生产中防止窖泥脱落的方法》（专利号：201110085873.3，获得授权时间：2012-07-18）和在湖北黄山头酒业有限公司的实践为例，介绍生态化建窖技术的具体情况。

（一）技术特点

利用生态酿酒的原理，建造一种浓香型白酒生产中防止窖泥脱落的窖池，具有以下特点：

(1) 结构简单巧妙且没有死角的长方形窖池。

(2) 窖壁坡度 9°的窖池结构，窖泥吸附能力强，窖泥不易脱落和下垂。

(3) 最大化增加了窖池的比表面积，增加了糟醅与窖泥的接触面积，有利于提高酒质。

(4) 窖池的窖壁坡度合理，用喷雾器喷洒窖泥营养液，能使营养液在窖泥表面浸润，吸收而不流失，便于对窖池的窖泥养护。

(5) 简便易行，可实现标准化、规范化、规模化生产，有利于广泛推广应用。

（二）技术原理

采用"窖池壁固定坡度、窖池壁的窖泥厚度一致"关键技术，达到良好效果。第一，在窖壁坡度 9.3°范围内，窖池的含水量在 40%左右，窖泥不易脱落下垂；第二，增加酒醅与窖泥的接触面积，使窖泥与糟醅中微生物所需营养物质进行相互迁徙，以及微生物菌群在糟醅中的演化交替，实现窖池微生态环境中菌系、菌系和酶系的动态平衡与生化转化过程，不断产生和积累香味物质，达到"以窖养窖、以糟养窖"的目的；第三，能使窖泥营养液和水分在窖泥表面浸润、吸收而不流失，便于窖池的窖泥养护。

（三）窖池构造

生态化建窖的窖池结构如图 3-16 所示。

（四）技术要点

(1) 窖池尺寸 长方形窖池，长宽比例在 2.15：1，上口长度为 3977mm、宽度

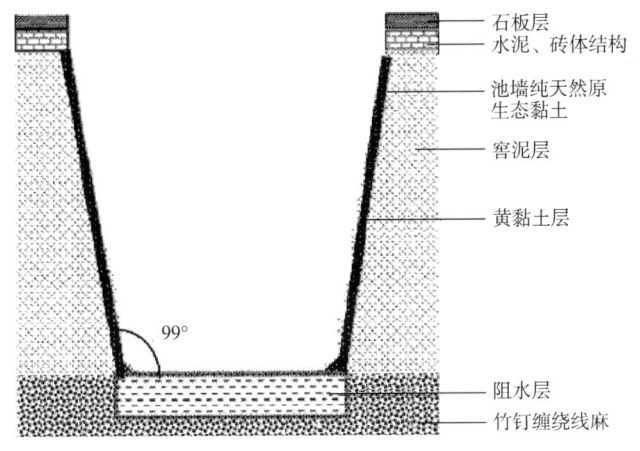 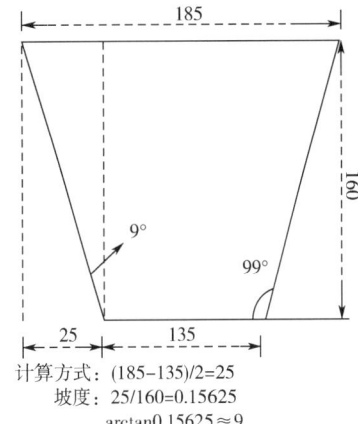

图 3-16 生态化建窖的窖池结构

1850mm，深度 1600mm，下口长度 2902mm、宽度 1350mm，窖壁坡度 9°，窖墙与池底角度 99°。其中，池壁坡度固定值计算公式：PDG＝（SK－XK）/2GD；PDG 为池壁坡度固定值＝0.15625，SK 为池壁上口尺寸，XK 为池壁下口尺寸，GD 为池壁高度尺寸。

（2）窖池骨架　先将待建窖车间的原来泥土取走，取无污染、符合生态酿酒窖池建筑的黄黏土筑窖，按窖池设计尺寸建成窖池骨架。原生态黄黏土由黏性胶体所构成，黏性胶体由硅酸盐结构叠合而成的微粒子，微粒子表面和边缘有电荷可以相互组成凝聚体。窖泥的凝聚体除支撑作用外，粒子表面及侧面起吸附菌体、浓缩营养增强缓冲作用，其空隙又是微生物的安乐窝，用以贮存水分、营养成分和代谢产物（醇、醛、酮、酸、酯等有效成分）。

（3）筑窖要求　用新型防水材料将窖池底部铺严，并将四周铺至窖池所需的高度，使所有窖池处于一个完全与外界地下水位、地表水等隔绝，同时也避免窖内水分及酒分的损失，使所建窖池达到不浸、不漏、不渗的要求。

（4）涂抹人工窖泥　窖池的池底窖泥厚度为 200～300mm；窖池的池壁窖泥的厚度为 100～150mm。

（五）建窖效果

生态化窖池的建设，采用"窖池壁固定坡度、窖池壁的窖泥厚度一致"关键技术，有效防止了窖池在使用中窖泥脱落带来的操作不便、窖泥退化和影响酒质的问题，能提高出酒率 2% 和优级酒率 5%～8%，酒体窖香浓郁、绵甜爽净、后味悠长。

四、老化窖池的维护与保养技术

20 世纪 60 年代以来，吴衍庸研究员发明的己酸菌和甲烷菌二元发酵、酯化酶生香、生香功能曲三项微生物技术，系在总结泸型酒传统工艺基础上的创新成果，经过理论与实践长时期的检验证明是可靠有效的技术。其中，己酸菌和甲烷菌二元发酵培养人工窖泥，酯化功能菌用于制作强化大曲，人工优质窖泥和强化大曲对新建窖池和窖池养护是不可少的，它是浓香型白酒获得优质、高产的基础。

（一）人工老窖的保养与维护技术

浓香型白酒企业采用人工老窖技术对提高优质酒品率起到了重要作用，但是随着连年不断地转排，窖泥退化、窖泥结晶等一系列窖池老化的问题逐渐显现出来，导致了浓香型酒优质率降低，如何破解这个难题？以侯建光所在的仰韶集团研究成果为例，介绍人工老窖的保养与维护技术的具体情况。

1. 技术特点

老化窖泥从外观上看表现为板结严重含水量小，泥质呈灰白色，窖池壁上夹杂大量的团状白色粉末和针状结晶。经土质分析，找到结晶的原因是窖泥用土钙、铁离子含量偏高，形成乳酸钙、乳酸亚铁结晶。该技术在新窖老熟技术的基础上不断加大创新力度，通过改善窖泥微生态环境，解决了窖泥退化、窖泥结晶等一系列造成浓香型酒优质率降低的难题，在人工老窖的保养与维护方面提供了可借鉴的经验。

2. 技术原理

窖池老化结晶是造成浓香型白酒优质品率降低的主要问题，己酸菌代谢环境中的氨态氮、有效磷、有机质含量低，使得功能菌活性差，无法进行生长代谢，杂菌大量繁殖。针对土壤、气候等实际情况，通过检测分析科学合理地调整己酸菌代谢环境中的氨态氮、有效磷、有机质含量，通过养护措施维持窖泥的营养平衡，促使退化窖池的老熟，实现产酒质量的提高。

3. 工艺流程

人工老窖的保养与维护的工艺流程如图3-17所示。

老化窖池窖泥分析 → 综合处理老化窖池 → 窖池维护与保养 → 酿酒效果检测 → 推广应用

图3-17 人工老窖的保养与维护的工艺流程

4. 技术要点

（1）窖泥强化补充措施 ①改进窖泥车间土壤来源，为了解决土质问题，专门采用池塘底泥作窖泥用土，减少了金属离子，增加了有机质；②理化微生物检测中化验室增加土质、窖泥、己酸菌液的理化和微生物检测；③严格执行酿造操作规程，科学合理配醅，严格入池温度、酸度、水分的控制（表3-16），控制升温过猛、顶火温度过高现象；④采取池底窖泥发酵工艺，按人工窖泥配方在池底进行窖泥发酵培养，这样培养的窖泥既可促使扩大酒醅接触窖泥，又可一年四季利用窖底泥填补池壁，达到以窖养窖的目的；⑤采取己酸菌灌窖措施，每班在窖池壁上打孔，喷灌己酸菌液。待己酸菌液渗入窖泥后，再在窖池壁上撒3kg左右的曲粉；⑥黄水养窖，及时收集黄水用于窖泥的培养；⑦改变封池方式，先用窖泥封10cm厚，然后再用新鲜泥封窖，封池泥均有专门的搅拌机拌和，供各班组每天使用，封池后不盖塑料薄膜，而用麻袋盖，每天有专职养护人员对窖池进行喷雾器喷水，再抹平养护；⑧防止氧化和杂菌。每天在出窖后用塑料薄膜将窖池口盖严实，防止氧化和杂菌；⑨使用反渗透纯水，酿造除冷却水外，润粮、打量水、培养窖泥均用勾兑用的已除去金属离子和杂质的电导率接近零的反渗透纯水。

表 3-16　　　　　　　　　　　　　　　入池条件

季节	温度/℃	酸度/%	水分/%
春秋季	13~19	1.2~1.8	53~57
冬季	13~19	0.8~1.6	53~56
夏季	低于室温3	1.6~2.2	53~58

（2）复合菌的应用　①运用己酸菌、甲烷菌二元复合菌共栖发酵技术，有利于己酸的生成，己酸菌将发酵产生的 H_2 提供给甲烷菌，甲烷菌 H_2 利用为电子供体，将发酵中产生 CO_2 还原为甲烷，这样使己酸菌消除了 H_2 的抑制，有利于促使己酸菌合成己酸；②丙酸菌抑制乳酸，丙酸菌有抑制乳酸合成的作用，通过丙酸菌的扩大培养，进行窖池喷灌，抑制了乳酸菌的作用，达到增己降乳的目的，另外使得丙酸高于丁酸也是仰韶酒的风格之一。

（3）窖泥质量要求　老化窖泥、人工窖泥和窖池养护后窖泥的质量检测见表3-17。

表 3-17　　　　　　　　　　　　　土壤、窖泥检测报告

项目	Ca^{2+}/%	Fe^{2+}/%	pH	氨态氮/(mg/100g)	有效磷/(mg/100g)	有机质/%	己酸菌数
土壤	4.00	1.60	4.5	20	8.0	1.50	—
池塘泥	0.02	0.01	5.5	60	15	2.50	—
老化窖泥	3.50	0.80	3.5	50	30	2.50	$3.0×10^4$
新培养窖泥	0.20	<0.001	6.6	300	70	5.00	$8.5×10^7$
养护后窖泥	0.38	0.01	6.2	200	60	4.50	$5.6×10^7$

5. 酿酒效果

通过科学合理的窖池保养和维护，酿造车间窖池的出酒优质率已上升至60%以上，优质酒中己酸乙酯≥1.8g/L，总酸≥0.8g/L，乳酸乙酯偏高的现象也得到了有效抑制；窖池窖泥的水分、pH、有机质都能够满足微生物生存的需要，保持湿润的封窖措施，使得酒醅能够保持水分不挥发，也使生态环境更能适应微生物生长。

（二）老化窖池窖泥的更换技术

泥窖是传统固态发酵浓香型白酒的窖池特色，窖池中窖泥含有发酵产香的功能菌群，窖泥质量对浓香型白酒主体香味成分的生成具有关键作用。原邵阳市酒厂大多数窖池因多年未维护和保养，窖泥脱落与老化现象十分严重，致使窖泥失去应有的香味，酒质也随之明显降低。因此，该厂决定通过培养人工窖泥，更换窖池中已退化的窖泥，达到提高产酒质量的目的。以笔者等人的研究成果为例，介绍老化窖池窖泥更换技术的具体情况。

1. 技术特点

老化窖池的症状表现为：窖泥表面出现乳酸亚铁和乳酸钙的混合物形成白色颗粒和白色针状结晶，窖泥因含水量和透水能力降低而板结，己酸菌数量明显减少，代谢和产

己酸能力明显下降，造成原酒己酸乙酯含量降低。人工窖泥不仅可置换窖池中老化的窖泥，防止窖池窖泥脱落现象，而且可以修复和改造窖池，防止窖池渗漏现象，可大大提高浓香型大曲酒生产的优质酒率。

2. 技术原理

利用优质老窖泥中发酵生香功能菌如己酸菌，通过富集培养获得优良种子，然后通过扩大培养得到人工窖泥，这样的窖泥不仅产香的己酸菌为优势菌群，而且建立了适合功能菌生长繁殖和代谢的生态环境。用人工窖泥将已退化窖池的窖泥更换，有利于促进了浓香型酒主体香成分四大酯的生成和比例协调，从而达到提高酒质的效果。

3. 工艺流程

老化窖池窖泥更换的工艺流程如图 3-18 所示。

图 3-18 老化窖池窖泥更换的工艺流程

4. 技术要点

（1）培养基配方

①一级种子培养基：葡萄糖 3%、蛋白胨 2%、牛肉膏 1.5%、碳酸钙 2%，pH6.8 左右。

②陶坛内培养基：黄泥 5%~6%、新鲜酒糟 10%、尿素 0.05%、尾酒 2%、KH_2PO_4 0.1%、大曲粉 5%，pH6.8 左右。

③培养池内培养基：黄泥 500kg、塘泥 125kg、新鲜酒糟 25kg、大曲粉 10kg、尿素 1.25kg、20%vol 尾酒 50kg、KH_2PO_4 2.5kg、黄水和窖皮泥适量，pH6.8 左右。

（2）窖泥质量要求　培养完的池内窖泥，在使用之前取样进行质量评定，其结果如下：

①感官质量：质灰黑色；香气正，有酯香酒香和老窖泥气味，且较持久，无其他异杂味；较柔熟细腻，刺手感微弱，断面较泡气，均匀无杂质，有一定的黏稠感。

②理化与微生物指标见表 3-18。

表 3-18　窖泥理化与微生物指标检测结果

项目	水分/%	氨态氮/%	腐殖质/%	有效磷/%	细菌/(10^4CFU/g 干土)	芽孢杆菌/(10^4CFU/g 干土)
数值	38.5	0.13	11.6	176.2	300	61.3

（3）窖泥更换的方法　对窖泥已严重脱落、老化或渗漏现象的窖池进行了窖泥更换，其做法是：

①窖壁处理：铲除窖壁四周的老窖泥；将楠竹窖钉钉入窖墙，竹钉长 15~16cm，外露 5~6cm，上下竹钉成品字形，竹钉间距约 20cm；将人工窖泥搭在窖壁上，泥厚 7~

8cm，要求光滑平整。

②窖底处理：铲除窖底老窖泥，挖一个装量为100kg的黄水坑；将窖底泥夯紧；用人工窖泥筑窖底，泥厚19~20cm。要求应有一定的斜度，低矮的一方为黄水坑，涂抹时间尽量缩短，以免受污染。涂抹平整后，撒一些大曲粉，立即投料生产。

5. 酿酒效果

更新窖池投入生产后，生产出来的第一排新酒，与同期未改造的老窖池所产酒进行比较，通过气相色谱检测的主要数据见表3-19。

表3-19　　　　　　　　　　窖池更新前后酒质的比较　　　　　　　　　单位：mg/100mL

项目	总酸	总酯	己酸乙酯	乳酸乙酯	乙酸乙酯	丁酸乙酯
更新前	150.64	717.36	171.594	274.993	175.356	65.280
更新后	218.52	974.41	287.291	297.224	242.759	109.658

从表3-19可知，①与更新前窖池相比，更新窖池生产的新酒中四大酯的含量增长率分别为己酸乙酯67.42%、乳酸乙酯8.08%、乙酸乙酯38.44%、丁酸乙酯67.98%，也就是说，构成浓香型酒主体香成分的四大酯均有不同程度的增加，尤以己酸乙酯量为甚；②四大酯的比例更趋协调，更新前的新酒中己酸乙酯∶乳酸乙酯∶乙酸乙酯∶丁酸乙酯=1∶1.60∶1.63∶0.38，更新后的新酒中己酸乙酯∶乳酸乙酯∶乙酸乙酯∶丁酸乙酯=1∶1.03∶0.84∶0.38，前者不遵循依次变小的规律，乳酸乙酯露头，酒质差；后者基本符合依次变小的要求，己酸乙酯与乳酸乙酯的比值接近1∶1，较前者下降了许多，因此酒质较好；③更新窖池经两轮生产统计，优质酒比例增加了25%；④更新窖池所产酒仍存在乳酸乙酯含量偏高的不足，"增己降乳"仍将是酒厂要着手解决的关键问题，可以进一步培养和应用纯种的窖泥功能菌和产酯菌，使优质酒的比例再上一个台阶；⑤更新窖池应注意加强管理与养护，采取有效措施防止泥窖的老化衰退，使酒质保持稳定。

第四节　窖泥功能菌发掘与应用技术

窖泥是浓香型白酒发酵过程中不可或缺的重要组成部分，其中蕴含着大量的微生物。这些微生物在发酵过程中相互协调、共同作用，才酿制出各种口感独特的白酒。目前，窖泥关键功能菌的发掘与应用技术的研究呈现出蓬勃发展的态势，主要集中在窖泥功能菌的筛选与鉴定、窖泥微生物群落结构与功能的研究、窖泥复合功能菌液的培养与应用、窖泥功能菌的产业化应用方面，这些研究成果对于提升白酒品质、优化酿造工艺具有重要意义。未来将有更多的研究成果和技术突破，为白酒产业生态化发展提供更多支持。下面介绍四川省宜宾五粮液集团有限公司的窖泥关键功能菌的发掘与应用技术。

一、技术特点

对窖泥微生物的研究从传统的单体功能微生物提升到对群体功能微生物酿造机理的系统研究方面，对白酒风味及其品质提升具有重要作用，同时，其对以风味为导向设计酒体、定向控制发酵过程中的微生物、提高生产效率以及推动中国白酒新一轮的技术跨越和产业发展也具有重大意义。该技术的特点具体体现在：将现代微生物组学（扩增子、宏基因组）与难培养微生物可培养化技术相结合，由菌群到菌株逐渐深入，从窖泥微生物群落中发现关键功能菌并进行分离培养。对功能菌的生理代谢及基因组特征进行深入解析，在实验室条件下获得窖泥功能菌的最优培养条件，最终将关键功能菌应用于实际生产当中，实现"源于自然，优于自然"的品质需求目标。

二、技术原理

窖泥中主要的微生物类群是原核微生物，原核微生物的 16S rDNA 能体现不同菌属之间的差异，扩增子测序技术通过使用通用引物对窖泥微生物群落进行测序，高效揭示窖泥微生物的组成及丰度信息。宏基因组技术能够反映微生物群落的功能信息，帮助挖掘群落中的关键功能菌。通过设计不同的特异性富集与分离培养基，以碳源、温度、pH 等因素作为筛选条件，富集窖泥中特定的功能微生物，最终实现难培养微生物的分离纯化。

三、技术流程

窖泥功能菌发掘与应用技术的工艺流程如图 3-19 所示。

图 3-19　窖泥功能菌发掘与应用技术的工艺流程

四、技术要点

（1）寻找潜在的窖泥功能菌　采集优质窖泥样品，解析其中微生物组成与丰度特征，发现潜在的功能菌。

（2）获取功能菌的纯菌株　采用不同的培养基与培养条件对功能菌进行筛选，获得纯菌株（图 3-20）。

（3）探究功能菌的鉴定与特性　一方面对分离的功能菌进行物种鉴定与系统发育学分析，以及更深入的生理代谢、基因组等特征分析；另一方面，结合其生理代谢特征摸索最适宜的培养条件。

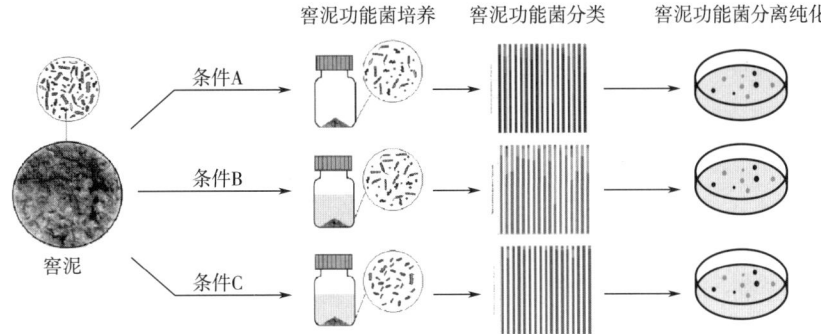

图 3-20 从窖泥中分离筛选获得功能菌株的操作过程

（4）工业级扩大培养　经过逐级扩大培养，将功能菌的培养体系从实验室小试规模放大到能满足实际生产使用的工业级发酵规模。

（5）优良功能菌的应用　将来源于窖泥的优良菌种应用于实际生产中，如人工窖泥制作以及促进窖泥老熟。

五、应用效果

（一）早期应用促进集团跨越式发展

五粮液集团在很早的时候就已经开始开发利用酿酒微生物，比如 20 世纪 90 年代初全国名优酒的规模普遍较小，注重产质量而对酿酒微生物没有深刻研究与应用的时候，五粮液依靠自身力量，开展的"浓香型酒类'T'法工艺研究及应用"项目利用细胞固定化技术提升质量，多产一级酒 10% 以上；还有"'窖泥液'的研制及应用"项目系统性地研究和应用五粮液优质老窖泥中的功能菌，两个项目都得到长期应用，创造了显著的经济效益，解决了当时五粮液跨越式发展的技术难题。

（二）发现解乳酸己小杆菌"增己降乳"

近年来五粮液集团与江南大学合作，从五粮液 700 多年的元明古窖池中筛选出优势功能菌——解乳酸己小杆菌、501 丙酸菌和依靠自身筛选出的产香梭状芽孢杆菌等。特别是解乳酸己小杆菌以葡萄糖或乳酸为碳源均可生成己酸，同时该菌利用乳酸进行代谢生长，能够逐步改善优化窖泥的微生态环境，形成良好的酿酒生态系统。解乳酸己小杆菌的拉丁文命名为 *Caproicibacterium lactatifermentans*，编号为"JNU-WLY1368"，实现了对我国白酒酿造主体功能菌科学命名"0"的突破。该菌物种名称及其全基因组序列已被各大国际原核微生物分类学数据库收录，具有重要的象征意义。

（三）实现规模化应用

解乳酸己小杆菌在实际生产中难于培养，具有较高的培养条件，五粮液通过数十次扩培工艺实践，创新设计了大型厌氧培养发酵设备及配套操作工艺，成功使该功能菌的培养体系从实验室的 500mL 扩大至工业化生产的 3000L，实现了 6000 倍的放大，目前已实现 1000t/年规模的工业化扩培生产，解决了窖泥优势功能菌群绿色规模化扩培的难题。

扩培的窖泥功能菌应用于人工窖泥的制作，初步获得具有自然成熟老窖泥风味和酿酒微生态菌群的人工老熟窖泥，对浓香型白酒行业人工老熟窖泥的培养具有显著的示范效应。

第五节　微生态解析与应用技术

一、复合微生物菌剂与调控窖泥 pH 的技术

针对浓香型白酒窖池使用过程中出现的窖泥老化问题，江苏洋河酒厂股份有限公司谢旭、苗秀珍、刘乐乐等人的发明专利《一种复合微生物菌剂及其在调控窖泥 pH 中的应用》（专利号：2020 1 0836692.9，获得授权日期：2022-05-20），提出了一种通过复合微生物菌液和黄水的复合微生物菌剂调控窖泥 pH 的窖泥养护新方法，下面介绍该技术的具体情况。

（一）技术特点

"千年老窖万年糟，酒好全凭窖池老"，优质窖泥能显著提高浓香型白酒基酒质量。窖泥微生态系统虽然有自我修复功能，但也常常发生窖泥老化现象。本发明提供了一种使用复合微生物菌液和黄水的复合微生物菌剂解决窖泥老化问题的新方法，将传统的单体功能微生物研究提升到对群体功能微生物酿造机理的系统研究上，对白酒风味及其品质提升具有重要作用。此技术突破通过构建"菌-酶-代谢物"多维度调控网络，实现了对窖泥微生态演替规律的精准解析，进而开发出靶向修复老化窖泥的微生物制剂，不仅延长了窖池使用寿命，更通过功能菌群的定向富集提升了基酒中己酸乙酯等特征风味物质的含量，为传统酿造工艺的现代化转型提供了关键技术支撑。

（1）可持续性　目前，在人工窖泥制作中，使用通过化学添加 $Ca(OH)_2$、氨水等来调节人工窖泥 pH，只能从表面上解决窖泥的酸化问题。本发明将复合微生物菌剂注入老化窖泥中，通过微生物代谢活动改善窖泥微生态，使窖泥 pH 维持在 6.0~6.8 的最佳状态，稳定窖泥中的微生态结构，从根本上解决窖泥老化问题，从而可持续地预防窖泥退化。

（2）可调节性　本发明提供的复合微生物菌剂含有多种功能的复合微生物，当分析窖泥老化的具体情况后，可根据实际需要调整的微生物类群的种类、各种类微生物的比例等灵活使用，以将老化窖池中窖泥 pH 升至理想的范围，并维持稳定的窖泥微生态。

（二）技术原理

在自然老熟的过程中，有少数窖池会出现退化现象，退化窖泥最直观的表现是水分、pH 明显降低，板结变硬，窖泥表面夹杂大量乳酸钙、乳酸铁结晶，老化窖泥中己酸菌、丁酸菌、酵母菌等有益菌代谢受阻，功能菌数量减少。本发明的复合菌剂调节窖泥 pH 的方法遵循窖池微生态原理，选取乙酸利用菌、还原菌、放线菌、乳酸利用菌等多种微生物组合使用，构建良性窖池微生态。利用复合菌的代谢作用，消耗原窖泥中的有机酸如乳酸和乙酸等，减少了 Ca^{2+}、Fe^{3+} 等金属离子形成乳酸钙、乳酸铁等沉淀的量，降低乳酸

铁这一钙化物质含量,并产生有益于酒体的主要香味物质,形成多元的效应,使窖泥 pH 维持为 6.0~6.8 的最佳状态,从而缓解窖泥的老化,稳定窖泥中的微生态结构,提高浓香型基酒质量。

加入的复合菌,分别发挥着各自的作用。乳酸利用菌,可以消耗掉酒醅、窖泥中的大量乳酸,防止钙化物质形成(乳酸钙、乳酸亚铁);乙酸利用菌,可以有效减少乙酸乙酯的前体物质乙酸的积累,降低白酒中乙酸乙酯含量,有效降低原酒中风味物质乙酸乙酯与己酸乙酯含量的比值,平衡浓香型白酒骨架酯结构;硝酸盐还原菌,可以降低窖泥的氧化还原电位,升高了窖泥的 pH,减少了 Ca^{2+}、Fe^{3+} 等金属离子形成乳酸钙、乳酸铁等沉淀的量,防止由于窖泥酸化带来的微生物菌群失调现象;硫酸盐还原菌,可以还原窖泥中的 Fe^{3} 为 FeS,降低 Fe^{3+} 含量,从而降低了乳酸铁这一钙化物质含量,对预防窖泥钙化具有积极作用;放线菌,能有效利用发酵体系中糖类和蛋白质,生成有机酸和氨基酸等物质,丰富酒体味感。另外还加入酿造副产物黄水,黄水中丰富的营养物质为复合微生物的生长提供必要营养,使其尽快适应窖内环境。

(三)工艺流程

复合微生物菌剂养护窖泥的工艺流程如图 3-21 所示。

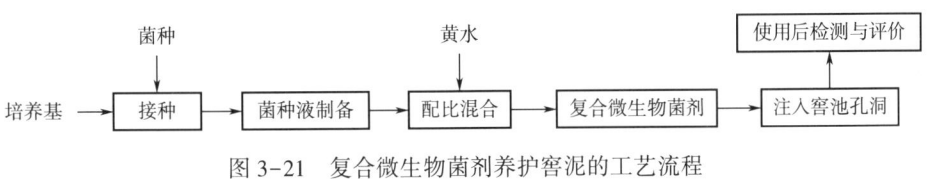

图 3-21 复合微生物菌剂养护窖泥的工艺流程

(四)技术要点

1. 菌种与黄水的来源

(1)蜡样芽孢杆菌(*Bacillus cereus*)CCTCC AB 205244 和土壤短芽孢杆菌(*Brevibacillus agri*)CCTCC KB 20081573 来自中国典型培养物保藏中心。

(2)赖氨酸芽孢杆菌属(*Lysinibacillus* sp.)菌株 CICC 20021、枯草芽孢杆菌枯草亚种(*Bacillus subtilis* subsp. subtilis)菌株 CICC 20855、芽孢八叠球菌属菌株(*Sporosarcina* sp.)菌株 CICC 24685、丁酸梭菌(*Clostridium butylicum*)CICC 23847、白色链霉菌(*Streptomyces albus*)CICC 24705、普通高温放线菌(*Thermoactinomyces vulgaris*)CICC 24226 和水原拉梅尔芽孢杆菌(*Rummeliibacillus suwonensis*)CICC 20864 来自中国工业微生物菌种保藏管理中心。

(3)米氏解硫胺素芽孢杆菌(*Aneurinibacillus migulanus*)CGMCC 1.3475、普通脱硫弧菌(*Desulfovibrio vulgaris*)CGMCC 1.5190 来自中国普通微生物菌种保藏管理中心。

(4)黄水 取自江苏洋河酒厂股份有限公司的窖池。

2. 培养基

(1)乳酸钠液体培养基(g/L) 乳酸钠 20,酵母菌膏 5,磷酸氢二钠 1.0,葡萄糖 10,硫酸镁 0.4,甘油 1.0,pH 6.8~7.0,121℃下灭菌 20min。

(2) 乙酸钠液体培养基（g/L） 磷酸氢二钾 0.4，磷酸铵 0.5，酵母菌膏 1.0，乙酸钠 5.0，硫酸镁 0.2，95%的酒精 20，pH 7.0，121℃下灭菌 20min。

(3) 牛肉膏蛋白胨培养基（g/L） 牛肉膏 5.0，蛋白胨 10，氯化钠 5.0，pH 7.2~7.4，121℃下灭菌 20min。

(4) postgate 液体培养基（g/L） 磷酸氢二钾 0.5，氯化铵 1.0，硫酸钠 1.0，氯化钙 0.05，氯化镁 2.0，酵母菌提取物 1.0，维生素 C 0.1，巯基乙酸钠 0.1，七水合硫酸铁 0.5，pH 7.0，D-乳酸钠 1.1，121℃下灭菌 20min。

(5) 高氏一号液体培养基（g/L） 硝酸钾 1.0，磷酸二氢钾 0.5，硫酸镁 0.5，硫酸亚铁 0.01，氯化钠 0.5，可溶性淀粉 20.0，pH 7.2~7.4，121℃下灭菌 20min。

3. pH 的检测

称取窖泥样品 5g 溶于 25mL 蒸馏水中，用玻璃棒搅拌 1~2min，待土粒大部分沉降后，将 pH 复合电极放入待测样液（即土壤悬浮液上层）中平衡 1~2min，即可记录 pH。

4. 种子液的制备方法

(1) 乳酸利用菌种子液的制备方法 分别将蜡样芽孢杆菌 CCTCC AB 205244、枯草芽孢杆菌枯草亚种 CICC 20855 的单菌落接种至乳酸钠液体培养基中，37℃高位液体静置培养 5~7d，分别得到蜡样芽孢杆菌 CCTCC AB 205244 种子液、枯草芽孢杆菌枯草亚种 CICC 20855 种子液。

(2) 乙酸利用菌种子液的制备方法 分别将蜡样芽孢杆菌 CCTCC AB 205244、米氏解硫胺素芽孢杆菌 CGMCC 1.3475、赖氨酸芽孢杆菌属菌株 CICC 20021、土壤短芽孢杆菌 CCTCC KB 20081573 的单菌落接种至乙酸钠液体培养基中，37℃高位液体静置培养 5d，分别得到蜡样芽孢杆菌 CCTCC AB 205244 种子液、米氏解硫胺素芽孢杆菌 CGMCC 1.3475 种子液、赖氨酸芽孢杆菌属菌株 CICC 20021 种子液、土壤短芽孢杆菌 CCTCC KB 20081573 种子液。

(3) 硫酸盐还原菌种子液的制备方法 分别将普通脱硫弧菌 CGMCC 1.5190、水原拉梅尔芽孢杆菌 CICC 20864 的单菌落接种至 postgate 液体培养基中，37℃高位液体静置培养 5d，分别得到普通脱硫弧菌 CGMCC 1.5190 种子液、水原拉梅尔芽孢杆菌 CICC 20864 种子液。

(4) 硝酸盐还原菌种子液的制备方法 将芽孢八叠球菌属菌株 CICC 24685、丁酸梭菌 CICC 23847 的单菌落接种至牛肉膏蛋白胨培养基中，37℃高位液体静置培养 5d，分别得到芽孢八叠球菌属菌株 CICC 24685 种子液、丁酸梭菌 CICC 23847 种子液。

(5) 放线菌种子液的制备方法 将白色链霉菌 CICC 24705、普通高温放线菌 CICC 24226 的单菌落接种到高氏一号液体培养基中，加适量玻璃珠，28℃、100r/min 摇床培养 3~5d，分别得到白色链霉菌 CICC 24705 种子液、普通高温放线菌 CICC 24226 种子液。

5. 复合微生物菌剂的制备

(1) 复合菌液的制备

①复合乳酸利用菌菌液的制备：将蜡样芽孢杆菌 CCTCC AB 205244、枯草芽孢杆菌枯草亚种 CICC 20855 按照菌体数量比为 1:1 的接种量同时接种至乳酸钠液体培养基中，37℃高位液体静置培养 5~7d 至镜检菌体数量为 2.0×10^{10} CFU/mL，得到复合乳酸利用菌菌液；其中，蜡样芽孢杆菌 CCTCC AB 205244、枯草芽孢杆菌枯草亚种 CICC 20855 以种子液的形式接种至乳酸钠液体培养基中，两者在培养基中的总接种量为 10%

（体积分数）。

②复合乙酸利用菌菌液的制备：将蜡样芽孢杆菌 CCTCC AB 205244、米氏解硫胺素芽孢杆菌 CGMCC 1.3475、赖氨酸芽孢杆菌属菌株 CICC 20021、土壤短芽孢杆菌 CCTCC KB 20081573 按照菌体数量比为 1∶1∶1∶1 的接种量同时接种至乙酸钠液体培养基中，37℃高位液体静置培养 5d 至镜检菌体数量为 $1.9×0^9$ CFU/mL，得到复合乙酸利用菌菌液；其中，蜡样芽孢杆菌 CCTCC AB 205244、米氏解硫胺素芽孢杆菌 CGMCC 1.3475、赖氨酸芽孢杆菌属菌株 CICC 20021、土壤短芽孢杆菌 CCTCC KB 20081573 以种子液的形式接种至乙酸钠液体培养基中，四者在培养基中的总接种量为 10%（体积分数）。

③复合硫酸盐还原菌菌液的制备：将普通脱硫弧菌 CGMCC 1.5190、水原拉梅尔芽孢杆菌 CICC 20864 按照菌体数量比为 1∶1 的接种量同时接种至 postgate 液体培养基中，37℃高位液体静置培养 5d 至镜检菌体数量为 $1.9×10^9$ CFU/mL，得到复合硫酸盐还原菌菌液；其中，普通脱硫弧菌 CGMCC 1.5190、水原拉梅尔芽孢杆菌 CICC 20864 以种子液的形式接种至 postgate 液体培养基中，两者在培养基中的总接种量为 10%（体积分数）。

④复合硝酸盐还原菌菌液的制备：将芽孢八叠球菌属菌株 CICC 24685、丁酸梭菌 CICC 23847 按照菌浓比为 1∶1 的接种量同时接种至牛肉膏蛋白胨培养基（添加 0.1% 的 KNO_3）中，37℃高位液体静置培养 5d 至镜检菌体数量为 $1.9×10^9$ CFU/mL，得到复合硝酸盐还原菌菌液；其中，芽孢八叠球菌属菌株 CICC 24685、丁酸梭菌 CICC 23847 以种子液的形式接种至牛肉膏蛋白胨培养基中，两者在培养基中的总接种量为 10%（体积分数）。

⑤复合放线菌菌液的制备：将白色链霉菌 CICC 24705、普通高温放线菌 CICC 24226 按照菌浓比为 1∶1 的接种量同时接种到高氏一号液体培养基中，加适量玻璃珠，28℃、100r/min 摇床培养 3~5d，用紫外可见分光光度计在波长 600nm 处比色，至菌液 OD_{600} 达到 0.6，得到复合硝酸盐还原菌菌液；白色链霉菌 CICC 24705、普通高温放线菌 CICC 24226 以种子液的形式接种至高氏一号液体培养基中，两者在培养基中的总接种量为 10%（体积分数）。

(2) 黄水制备　取窖池发酵过程中产生的副产物黄水，要求新鲜、无霉变、无异味、有黏性，调节黄水的 pH 至 7.0~7.2 后，将黄水经 115℃灭菌 30min，得到灭菌黄水。

(3) 复合微生物菌剂的制备　分别将上述步骤中得到的复合乙酸利用菌菌液、复合乳酸利用菌菌液、复合硝酸盐还原菌菌液、复合放线菌菌液和复合硫酸盐还原菌菌液在无菌条件下，按照表 3-20 中各复合菌液在复合微生物菌剂中的体积占比，加入上述的灭菌黄水中，复合微生物菌剂中复合微生物菌液体积占比为 32% 和黄水体积占比为 68%，得到复合微生物菌剂。

表 3-20　　复合微生物菌剂中微生物组合比例

菌种名称	菌种数量/ ($×10^9$CFU/mL)	同类菌种组合比例 (菌体数量比，其中复合放线菌为菌浓比)	各复合菌液在复合微 生物菌剂中体积占比/%
复合乙酸利用菌	4	1∶1∶1∶1	24
复合硫酸盐还原菌	2	1∶1	2
复合硝酸盐还原菌	2	1∶1	2

续表

菌种名称	菌种数量/ ($\times 10^9$ CFU/mL)	同类菌种组合比例（菌体数量比，其中复合放线菌为菌浓比）	各复合菌液在复合微生物菌剂中体积占比/%
复合放线菌	2	1:1	2
复合乳酸利用菌	2	1:1	2

6. 窖泥 pH 调节的方法

（1）养护季节　限定于夏季压窖前进行养护，气温设置在 20~25℃。

（2）窖池打孔　用打孔叉对窖底、窖壁进行打孔，斜叉出半径为 1.5cm、深度 8cm 的小孔，以每平方米 50 个小孔为宜；在靠近窖池上部 50~60cm 处，扎眼密度变大，每平方米 70 个小孔。

（3）灌入复合微生物菌剂　孔打好后，从窖池上部往下，向孔眼中灌入复合微生物菌剂，最后抹平孔眼。每池用复合微生物菌剂 30kg，窖池长 3.4m、宽 2.1m、深 1.65m，窖池总表面积 25m²。

（五）应用效果

江苏洋河酒厂股份有限公司在 2019 年 3 月至 2019 年 11 月分别对试验车间的 2 个小组进行了复合微生物菌剂养护窖池试验共计 3 个排次，结果如表 3-21 所示。经养护后的窖泥较养护前的窖泥在手感上变得湿润、松软，经养护后的窖泥的水分增加了 3.16%，腐殖质增加了 2.26%，pH 比养护前平均升高 1.42，窖泥中己酸菌数量增加了 19.6 倍，窖泥质量与原酒品质得到显著提升。

表 3-21　　　　　　　　2 个试验组养护前后窖泥质量比较

窖泥检测指标	养护前	养护后
色泽	浅灰色，有白色结晶物	表层黑褐色，里层灰褐色
手感	较干燥，刺手	湿润，松软
香气	窖香味较淡	窖香味略显浓郁，稍带己酸气味
水分/%	34.40	37.56
pH	5.47	6.89
腐殖质/%	4.76	7.06
速效氮/（mg/kg）	1711.92	2064.17
速效钾/（mg/kg）	540.22	1433.42
速效磷/（mg/kg）	931.00	314.66
己酸菌总数/（CFU/g）	2.21×10^5	4.33×10^6

二、宿迁白酒产区微生态解析与应用技术

宿迁被誉为中国白酒之都，洋河名酒闻名遐迩。其独特自然与酿造微生态孕育复杂

微生物群落，是酒体风味与品质的关键。但传统酿造中，菌群结构不明影响了品质的稳定。该研究运用基因组学技术解析微生物群落，定向调控酿造微生态，优化工艺，提升品质，推动技术创新与产业升级，进一步彰显宿迁白酒产区的地域微生态酿造优势。

（一）技术特点

中国白酒之都——宿迁位于北纬33°黄金酿酒带，具有得天独厚的自然生态与酿造微生态，独特的气候环境促进生物多样性，并孕育了复杂的酿造微生物群落，是中国绵柔型白酒的最具天然酿造环境的最佳生态。宿迁白酒产区自然生态及酿造微生态解析与应用技术具有以下特点：

（1）系统性　首次完成宿迁白酒产区"三河两湖一湿地"气候、空气、土壤、水体自然生态与微生态特性的解析，以及这些因素对白酒酿造微生态的影响。

（2）科学性　采用高通量测序、微生物组学等现代生物技术手段，深度剖析了宿迁产区酿造核心区周边环境与酿造主体曲、醅、泥核心微生物分布规律。

（3）创新性　分离选育出厌氧、兼性厌氧窖泥功能菌及地衣芽孢杆菌、贝莱斯芽孢杆菌、枯草芽孢杆菌等系列产酸、富微增味菌株，探索复合微生物应用方法，研究复合微生物在养窖、大茬醅微生态调控中应用效果。

（二）技术原理

该技术基于生态学、微生物学和白酒酿造原理的交叉融合，通过深入研究酿造过程中微生物与酿造环境之间的相互作用关系，揭示了微生物对白酒品质形成和风格塑造的关键作用，筛选关键核心微生物，用于构建良性窖池微生态。具体而言，该技术通过高通量测序等现代生物技术手段，对酿造环境中的微生物进行高通量、高精度的检测和鉴定，明确微生物的种类、数量、分布。同时，结合生物信息学分析手段，对微生物群落结构进行深入解析，根据解析结果，筛选窖泥功能微生物，构建白酒窖池和谐的微生态系统，丰富原酒复合有机酸含量，提升绵柔白酒品质。

（三）技术流程

1. 收集气候数据

通过对比分析方法，以酿酒气候条件为研究对象，选择宿迁、贵州、四川、吕梁四大白酒产区，按照优选与产地相近站点的原则，各酿酒产区选用地经纬度信息如表3-22所示，以与白酒生产密切相关温度、湿度、降水量气候因素，统计分析1980—2022年的年均降水量、气温、湿度（数据来源于农业气象大数据系统V1.5.6）。2021—2022年水质数据来源于生态环境部地表水融合数据。

表3-22　　　　　　　　　宿迁与不同类型白酒典型产区气候站点信息

类型	地理位置	经度（lon）	纬度（lat）
清香型	吕梁市汾阳市	111.9	37.3
绵柔浓香型	宿迁市宿城区	118.4	33.8

续表

类型	地理位置	经度（lon）	纬度（lat）
酱香型	遵义市仁怀市	106.3	27.8
浓香型	宜宾市翠屏区	104.6	28.8

2. 微生物采集

结合宿迁市重点水功能区域监测点，进行河流与湖泊的取样布点，同步采集空气与周边土壤样品。采集宿迁洋河、双沟、泗阳不同产区生产区域内、生产区域围墙外<5m、生产区域围墙外50~100m、生产区域围墙外>500m 的空气与土壤样品，并采集各典型白酒产区的酿酒与制曲车间周边空气与土壤及窖泥、大曲和原料等微生态环境的样品，用干冰保存样品。

3. 微生态解析

使用液氮研磨与试剂盒抽提相结合的方法提取DNA，当DNA浓度及纯度达到测序要求后，进行高通量测序，并对测序数据进行处理与分析，研究宿迁"三河两湖一湿地"大环境及洋河、双沟、泗阳酿酒核心区小环境与酿造主体醅、泥、曲的微生物群落结构，明确产区生态环境与酿造微生态的交互影响。

4. 功能菌株的选育及应用技术

从高温曲、酒醅、窖泥中选育厌氧、兼性厌氧等产酸增香菌株，开展发酵特征分析、产物测定、菌种鉴定、培养条件优化等研究，探索复合微生物应用方法，研究复合微生物在窖泥养护、酒醅发酵调控中应用效果，探索窖内微生态调控方法。

（四）技术要点

1. 宿迁白酒产区的气候与洋河水质分析

基于1980—2022年气象数据，宿迁、吕梁、四川、贵州四个酿酒产区中，宿迁气候温和湿润，年均气温约15℃（略低于四川的15.2℃），年均降水量1018mm，平均相对湿度76.9%（略高于四川），如图3-22所示。宿迁作为世界三大湿地名酒产区，水域占总面积的四分之一，被誉为"中国水城"。宿迁多层土壤结构有利于水质过滤，地下水富含铁、钾、钠、钙等多种矿物质元素（图3-23），还富含偏硅酸（是贵州的13.82倍）、锶（是西藏的5.02倍），决定了宿迁酒品的卓越品质。

2. "三河两湖一湿地"及酿酒核心区环境微生物分析

"三河两湖一湿地"环境微生物分析结果如图3-24所示。研究发现"三河两湖一湿地"水体中细菌结构具有优质性，优势细菌 hgcI_clade、林杆菌（*Limnobacter*）是青藏高原河流雅鲁藏布江、长江、澜沧江优势类群，甲基孢囊菌属（*Methylocystis*）是全球湿地中主要最广泛的甲烷氧化菌类群。空气真菌主要有链格孢属（*Alternaria*）、热子囊菌属（*Thermoascus*）、曲霉菌属（*Aspergillus*）、嗜热真菌属（*Thermomyces*），均为酿造大曲、酒醅中常见优质优势真菌。"水城"水体中细菌、空气中真菌与酿酒体系所需微生物具有一致性，是影响酿造主体微生物的关键。

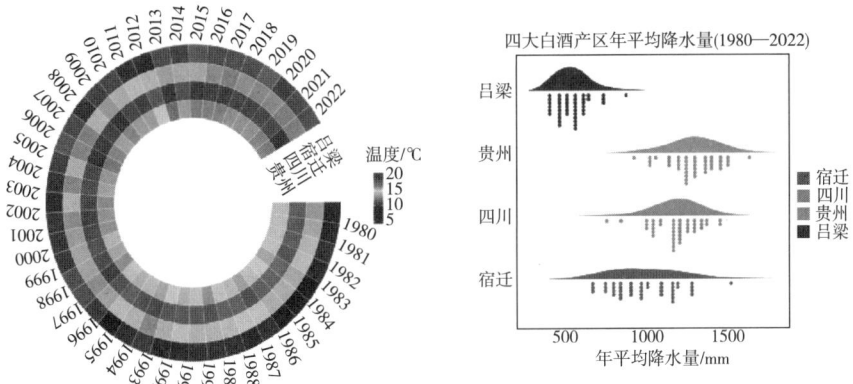

图 3-22 主要酿酒产区年平均气温、平均降水量的比较（见书后彩图 3-22）

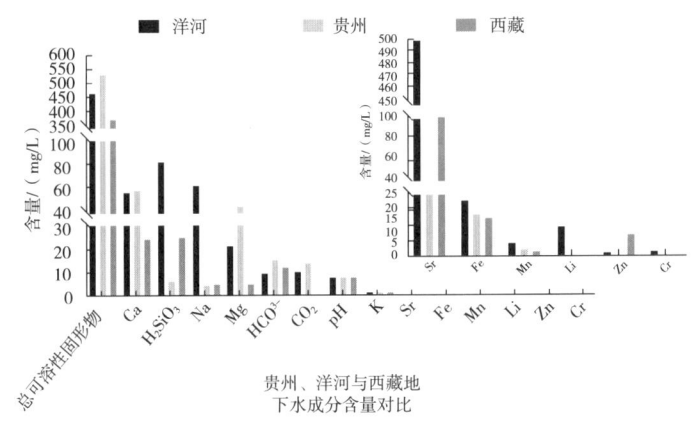

图 3-23 三个酿酒产区地下水中矿物质元素含量的比较

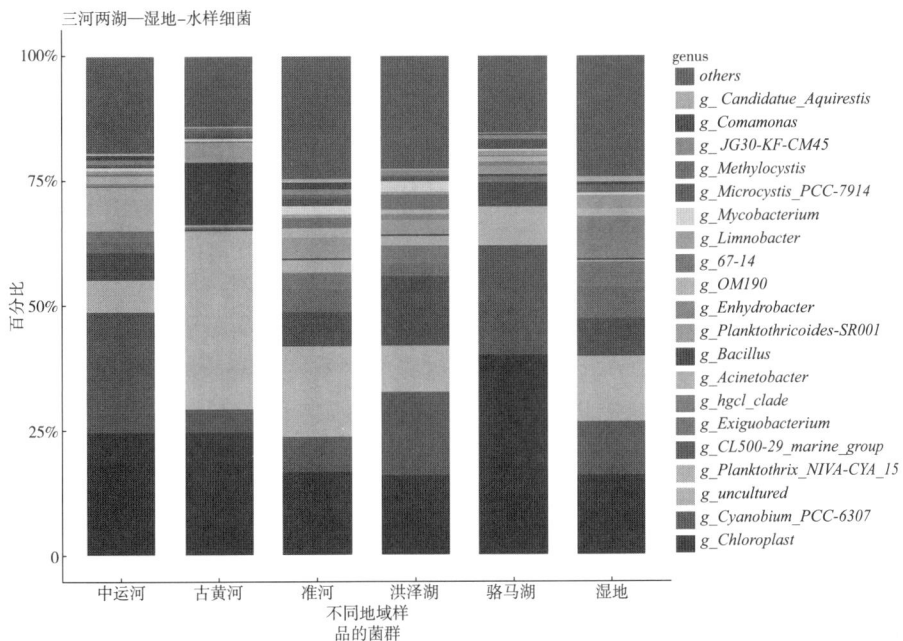

图 3-24

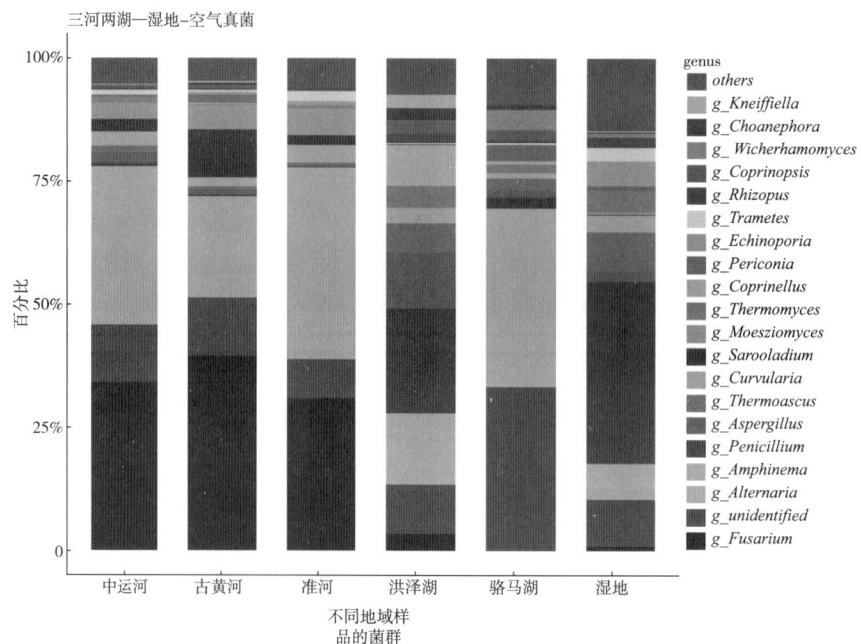

图 3-24　宿迁白酒产区水体中细菌（上）与空气中真菌（下）菌群结构（见书后彩图 3-24）

宿迁酿酒核心区环境微生物分析结果如图 3-25 所示。酿酒区域小生态也呈现出独特的微生物群体结构，区域内优势微生物有芽孢杆菌属、克罗彭斯泰特菌、泛菌属、乳杆菌属、己酸菌属，曲霉属、耐热囊菌属、链格孢属、复膜孢酵母菌属、德巴利酵母菌属。

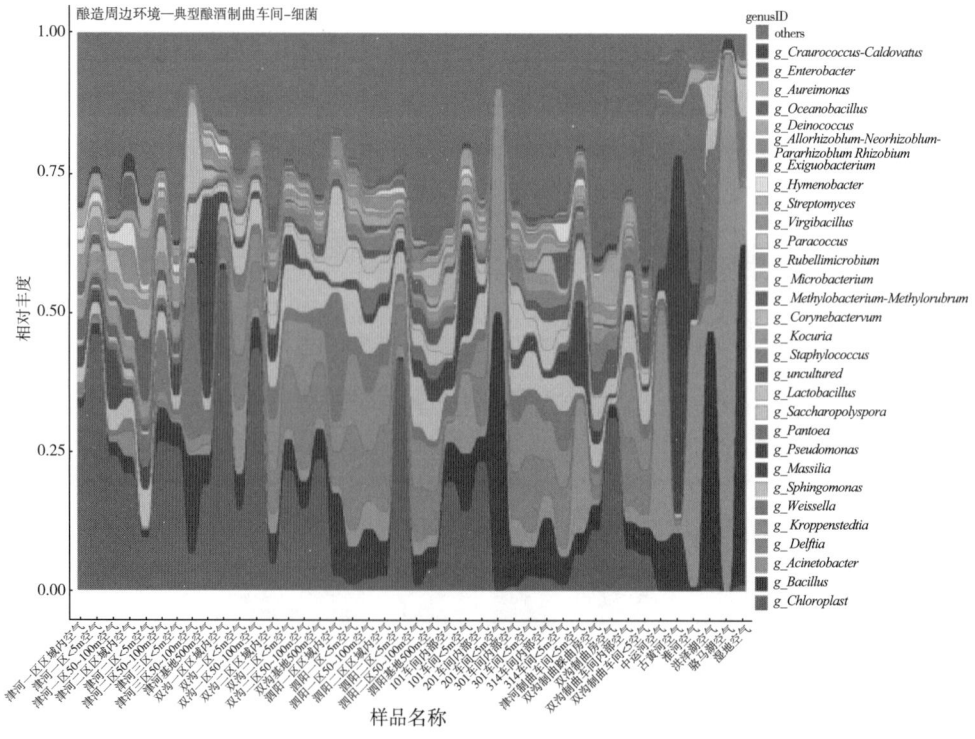

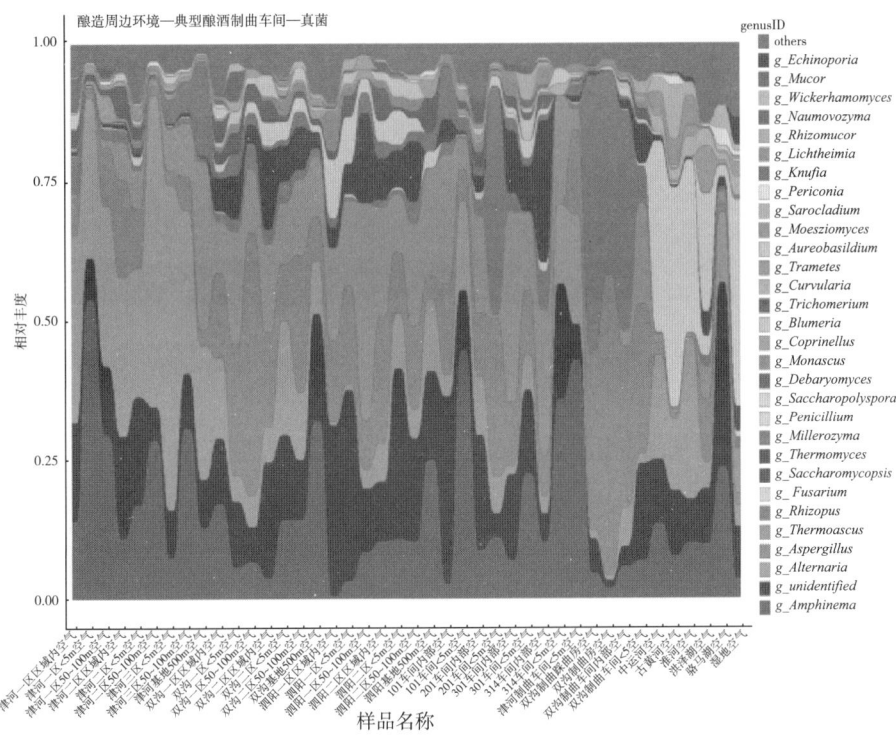

图 3-25 宿迁酿酒产区周边环境与典型车间空气中细菌（上）与真菌（下）菌群结构（见书后彩图 3-25）

其中，芽孢杆菌、克罗彭斯泰特菌、耐热囊菌属等可稳定耐高温的微生物群体，对高温风味物质的代谢具有积极的促进作用。

3. 酿造主体泥、醅、曲中优势微生物分布特征

酿造主体泥、醅、曲中优势微生物分布情况如图 3-26 所示。酿造主体窖泥、酒醅、大曲中优势微生物是影响酒体风格的关键，研究发现绵柔型白酒窖泥中的优势细菌己酸菌属（11.98%~25.77%）、己小杆菌平均丰度 13.8%；大曲中优势细菌魏斯氏菌占比

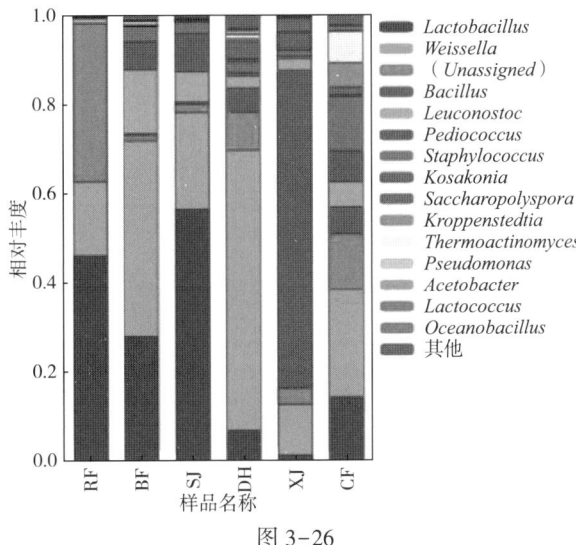

图 3-26

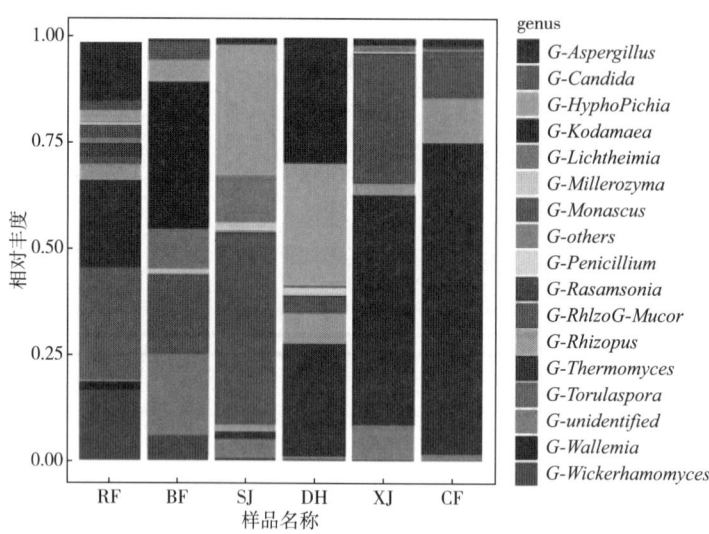

图 3-26　大曲培养各阶段细菌（上）与真菌（下）在属水平上的分布变化（见书后彩图 3-26）
RF—入房　BF—并房　SJ—上架　DH—大火　XJ—下火　CF—出房

20.92%~30.35%、乳酸菌属占比 13.34%~17.82%、芽孢杆菌属占比 8.42%~16.48%；酒醅中优势细菌为乳酸菌属（13.33%~61.08%）、魏斯氏菌（4.09%~23.81%），优势真菌有耐热囊菌属、嗜热真菌属、根霉菌属等。

4. 产区生态环境与酿酒制曲的交互作用

利用相关系数分析产区周边环境对酿造过程的影响，从微生物结构层次研究产区环境对酿造的影响，结果如表 3-23 所示。通过分析不同季节洋河不同区域、与厂区不同距离空气微生物群落结构，可以发现随着距离的增加，与厂区空气微生物群落结构相似程度基本呈现递减趋势。相比于空气细菌，相同距离空气真菌相似系数更高，空气真菌结构更稳定。

表 3-23　　　　　　　不同季节空气细菌（左）与真菌（右）相似系数矩阵

产区		厂区外>5m	厂区外>50m	厂区外>500m	产区		厂区外>5m	厂区外>50m	厂区外>500m
春季	一区内部	0.58	0.53	0.42	春季	一区内部	0.56	0.70	0.51
	二区内部	0.28	0.55	0.42		二区内部	0.78	0.52	0.55
夏季	三区内部	0.27	0.37	0.19	夏季	二区内部	0.21	0.11	0.14
						三区内部	0.13	0.10	0.15
秋季	一区内部	0.26	0.31	0.24	秋季	一区内部	0.88	0.91	0.95
	二区内部	0.24	0.26	0.24		二区内部	0.85	0.83	0.86
	三区内部	0.31	0.18	0.22		三区内部	0.84	0.88	0.89
冬季	一区内部	0.70	0.51	0.02	冬季	一区内部	0.60	0.49	0.40
	二区内部	0.83	0.89	0.03		二区内部	0.46	0.73	0.53
	三区内部	0.14	0.34	0.03		三区内部	0.55	0.66	0.36

骆马湖空气中含有大量不动杆菌，中运河和淮河空气中含有大量的不动杆菌和泛菌，

古黄河空气中含有大量假单胞菌，洪泽湖和洪泽湖湿地含有大量的芽孢杆菌和魏斯氏菌，三河两湖一湿地空气细菌结构中含有较多与酿酒制曲相关的芽孢杆菌、魏斯氏菌、乳杆菌，尤其是洪泽湖和洪泽湖湿地空气中三者占比之和超过70%。

中运河、古黄河和淮河空气中真菌以镰刀霉菌、链格孢菌、*Amphinema* 为主，骆马湖空气中真菌以链格孢菌和 *Amphinema* 为主，洪泽湖和洪泽湖湿地空气中真菌以青霉菌、曲霉菌、嗜热子囊菌属、嗜热真菌属为主。"三河两湖一湿地"空气真菌中含有较多与酿酒相关的链格孢菌、曲霉菌、嗜热子囊菌、嗜热真菌和威克汉姆酵母菌。尤其是洪泽湖和洪泽湖湿地空气中与酿酒制曲相关的微生物占比较高，说明其环境非常适合酿酒。

5. "富微增味"功能菌株的选育及应用技术研究

从高温曲、酒醅、窖泥中选育厌氧、兼性厌氧好氧菌等产酸增香菌株，开展发酵特征分析、产物测定、菌种鉴定、培养条件优化等研究，研究复合微生物在养窖、新制窖泥、大茬醅及双轮底醅微生态调控中应用效果，探索窖内微生态调控方法。

（1）"富微增味"功能菌株选育

①窖池养护方向：设计厌氧微生物筛选策略，引入国外进口厌氧培养设备，并利用已有筛菌设备，经多批次筛选，最终分离出瘤胃球菌科细菌 CPB6 作己酸菌使用；放线菌为白色链霉菌 FX5；硫酸盐还原菌为水原拉梅尔芽孢杆菌 SRB4-2；硝酸盐还原菌包括芽孢八叠球菌 NRB-9 和丁酸梭菌 NRB-10，作辅助菌使用；乳酸利用菌为蜡样芽孢杆菌 YD8。

②大茬醅及双轮底醅发酵调控方向：根据目标菌营养及代谢特点，设计功能菌富集及筛选策略，经多批次选育，分离到地衣芽孢杆菌、贝莱斯芽孢杆菌、枯草芽孢杆菌等系列产酸、富微菌株。

（2）利用生物技术调控窖内微生态，增加"富微增味"微生物种群，提高酒体绵厚度。

①窖池养护应用：将筛得到的己酸菌、辅助菌、乳酸利用菌等功能菌经多方案组合，打孔喷洒应用于窖池养护进行验证，结果如图 3-27 所示。得出最佳窖泥微生态调控策略为：己酸菌液 10kg+老区老窖泥富集培养液 5kg+复合乳酸利用菌液 4kg+复合辅助菌液 2kg，试验组瘤胃球菌科细菌 CPB6 相对丰度大于对照，说明采用复合窖泥功能菌养护窖池，强化了窖泥主体微生物己酸菌优势。窖泥较对照己酸含量大幅提高，使优级酒己酸含量有较大提高。

②大茬及双轮底醅发酵调控应用：筛选菌用于车间茬醅发酵，大茬醅发酵调控经 11 种组合方案优选，最终方案为每甑入池酒醅喷洒复合菌液（贝莱斯芽孢杆菌、枯草芽孢杆菌等）10kg；双轮底醅发酵调控经 10 种组合方案优选，最终方案为每池双轮底醅喷洒复合菌液（地衣芽孢杆菌、枯草芽孢杆菌等）10kg，发酵结束，原酒有机酸等组分含量均明显提升。

（五）应用效果

（1）从气候、水质、空气、土壤四个维度分析产区自然生态特征，构建产区微生物图谱。

（2）项目的实施推动了中国白酒科研与成果应用水平的提升，在公司 38 个小组推广应用，年产量近 4000t，应用于公司高端酒的设计，三年累计新增产品销售利润 1.9 亿元以上。

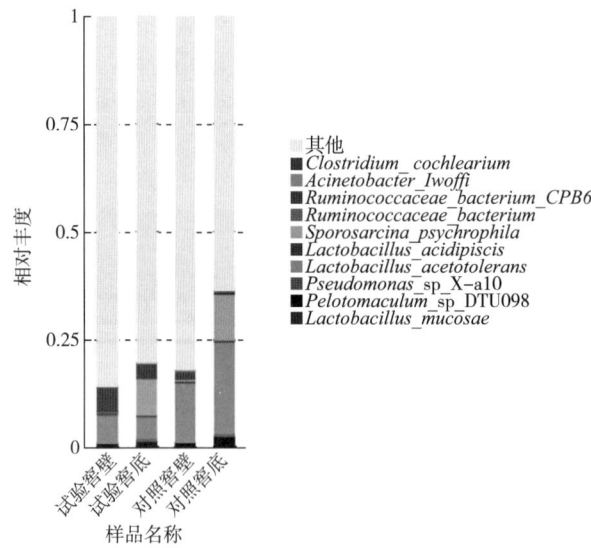

图 3-27 养护窖池试验对窖泥菌群结构作用（见书后彩图 3-27）

（3）由于绵柔型白酒生产发酵调控极其复杂，本项目是窖内定向调控的有益尝试，推动了中国白酒窖内精准靶向调控的进步，对酿酒企业创新技术应用具有较大参考价值。

第六节 古窖功能菌复活与应用技术

江西李渡酒业有限公司的元代烧酒作坊遗址被誉为"中国白酒祖庭"，在 2002 年获得"全国十大考古发现"称号，在 2006 年获得"中国重点文物保护单位"荣誉，2018 年第二批"国家工业遗产"榜上有名。该公司汤向阳、吴立平、朱栋才、杨涛、李杰等团队成员的"明代古代窖泥微生物的研究"科研成果获 2021 年中国食品工业协会科学技术奖二等奖，下面以该成果为例介绍复活古窖池功能菌并"移植"到新窖应用的技术具体情况。

一、技术特点

围绕古窖酿酒微生物及生态环境的活体保护问题，采用微生物组学的研究方法，开展了明窖窖池中微生物类群、环境特性、菌种分离与鉴定、优势功能菌扩培与"移植"等方面的研究工作，解决了传统文物重保护轻开发的问题，为古窖池的保护和开发提供了理论基础，在全国范围内起到了一定的带头示范作用。其主要技术特点：

①系统地研究了古窖泥中微生物及生长因子，掌握了明代窖池与新窖池两者微生物、生态因子之间的差异。

②古窖功能菌的扩培、新窖应用取得新突破。将古窖池中微生物及其生态环境复制到新窖中，所产基酒经白酒评委组评价，认为达到了预期结果。李渡酒业开启了文物活体保护的先河，以开发性保护让白酒酿造文物活起来。

二、技术原理

窖泥微生物的分离、纯化技术采用传统的富集培养、梯度稀释和平板分离等方法，对微生物进行鉴定。采用 PCR 为基础的技术、DNA 测序技术，对微生物的种类和数量进行定性和定量分析；采用宏基因组、宏蛋白组和宏代谢组等组学技术，分别研究微生物的转录、蛋白表达和代谢过程，对微生物的功能和相互作用进行深入研究。在此基础上，对特定功能菌进行组合，经扩大培养后，应用于新窖的发酵产酒，从而实现古窖酿酒微生物及生态环境的活体移植，促进新窖出好酒。

三、技术路线

复活古窖功能菌的新窖"移植"技术路线如图 3-28 所示。

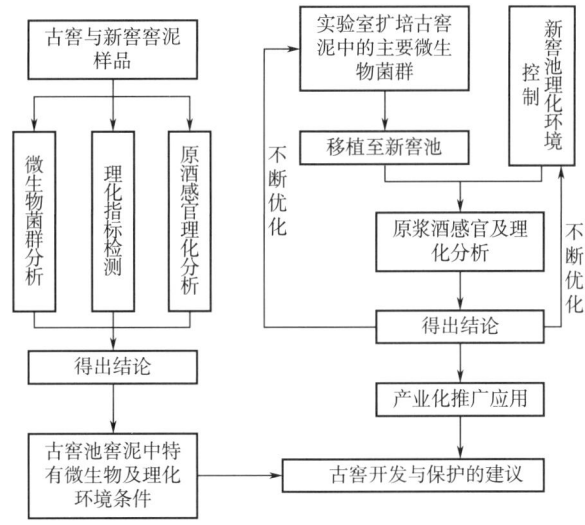

图 3-28　复活古窖功能菌的新窖"移植"技术路线

四、技术要点

（1）古窖与常规新窖中微生物的比较研究　通过检测发现，古代窖池微生物总数（5.57×10^7 cfu/g）高于常规新窖池（5.88×10^6 cfu/g）；窖池中细菌、霉菌、酵母菌、放线菌数量进行比较的结果见表 3-24。

表 3-24　两类窖池中主要微生物类群数量的比较　　　　　单位：CFU/g

微生物种类	古窖池	常规新窖池
细菌	5.22×10^7	2.21×10^6
霉菌	1.64×10^4	1.49×10^4
酵母菌	3.48×10^6	3.52×10^6
放线菌	1.43×10^5	1.55×10^5

（2）古窖池中微生物分离、纯化与鉴定　对古窖池中细菌、酵母菌及霉菌进行分离、纯化与鉴定，旨在获得典型风味产物形成的优势功能菌库，为在新窖中"移植"应用奠定基础。

（3）古窖池优势功能菌扩培与"移植"　对古窖池优势功能菌进行活化与扩大培养，采用单因子试验与多因子试验探究复活功能菌在新窖中"移植"应用的最佳条件。然后，将古代窖池中优势功能菌在新窖中"移植"应用。

五、应用效果

1. 技术在公司异地新窖池中应用

2021—2023 年，李渡酒业扩建国宝李渡酒庄，逐步完成了国宝李渡一号试验车间投产、国宝李渡酒庄正式投粮酿酒等工作，李渡酒业成功实现了古窖池微生物菌群的推广应用（图 3-29）。

图 3-29　国宝李渡酒庄酿酒车间"移植"窖池

2. "移植"新窖产基酒质量高

采用古代窖池复活功能菌在新窖中"移植"应用，经过对复活新窖生产基酒的理化指标检测结果（表 3-25）可知，总酸、总酯含量均有明显改善。专家组对国宝李渡酒庄一号试验车间酿酒质量鉴评意见为：清亮透明，闻香幽雅舒适；入口醇厚，细腻甘柔，四香协调；回味悠长，古窖香风格独特。因此，公司在主流产品特香型白酒的勾调中，让复活新窖产优质基酒的占比有了很大提高，产品具有"一口四香"（端杯闻浓香，沾唇是米香，细品有清香，后味陈酱香）的突出特点。

表 3-25　复活新窖与常规新窖产基酒理化指标的比较

理化指标	复活新窖产基酒	常规新窖产基酒
酒精度/%vol	61.7	60.8
总酸/（g/L）	0.661	0.539
总酯/（g/L）	3.61	3.51
固形物/（g/L）	0.30	0.42

第四章 生态化原料种植与预处理技术

中国酒业协会发布的《中国酒业"十四五"发展指导意见》明确指出,长久以来,酿酒原料的供应主要依赖于农户的零散种植模式,加之在原料品种研发领域的投资匮乏,导致了原料品质在稳定性和一致性上的显著挑战。随着酒类消费市场的结构转型与消费者对酒类品质及酿酒原料品质的日益苛求,中国酒业协会在"十四五"规划期间,积极倡导建立白酒专用粮基地,旨在从根本上解决原料供应的稳定性与品牌支撑力问题,为产业的持续高质量发展奠定坚实的原料基础。自古以来,五谷精华孕育美酒,优质酒品的诞生,不仅在于精湛的酿造技艺与细腻的勾调手法,更在于原料的精挑细选与科学种植。生态原粮作为生态酿造的首要环节,其重要性不言而喻。因此,茅台、五粮液、洋河、汾酒、泸州老窖、舍得酒业等众多行业巨头纷纷涉足种业领域,携手科研机构,共同推进酿酒专用粮的研发与创新(图4-1),贵州茅台酒厂(集团)红缨子农业科技发展有限公司的正式成立便是这一趋势的鲜明例证。这些领军企业纷纷将原粮基地视为"第一车间",加大投入,精心布局,如汾酒已在山西、吉林、内蒙古、甘肃、河北等地建立了总面积约7.3万 hm^2(110万亩)的优质原料基地,涵盖高粱、大麦、豌豆等多种作物,为酿造高品质白酒提供了坚实的原料保障。此外,"水是酒之灵魂",佳酿的诞生离不开优质水源的滋养。在固态白酒的传统生产中,稻壳作为重要的疏松辅料,其质量同样不容忽视。因此,生态酒的生产不仅要从源头上严格把控原料与辅料的品质与来源,还需高度重视其预处理工艺,通过精细管理,进一步提升酒品的整体质量。

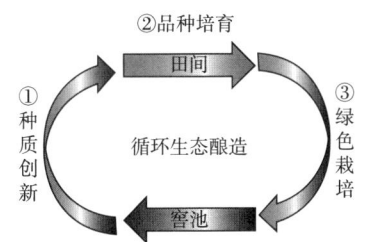

图4-1 生态原粮研究与开发的三个环节

第一节 "红缨子"高粱选育技术

贵州茅台酒厂(集团)红缨子农业科技发展有限公司致力于培育茅台集团自主高粱

小麦品种，提高种质资源，保障茅台酒用有机原料种子安全。"红缨子"品牌高粱种子系列（包括已审定的红缨子 A3、台糯 2 号等）是专为生产优质酱香型白酒选育的糯高粱品种。该系列品种以贵州仁怀地方品种小红缨子高粱为母本，引入特矮秆地方品种的优良单株为父本，通过杂交后连续 6 年 8 代穗选育成，属贵州省地方审定糯高粱常规品种，具有支链淀粉含量高、单宁适中、耐蒸煮等特性，符合酱香型白酒酿造工艺要求。

一、技术特点

"红缨子"品牌高粱种子采用常规杂交育种（Conventional cross breeding），也称为重组育种、组合育种，按育种目标选配亲本，通过人工杂交的方法将分散于不同亲本的优良性状组合于杂交后代，再通过杂交后代自交分离，选择出符合目标要求的、基因型纯合的优良新品种。常规杂交育种的主要技术特点：

（1）基因重组产生新组合　杂交可以使双亲的基因重新组合，形成各种不同的类型。这种基因重组可以将双亲控制的不同性状的优良基因结合于一体，或将双亲控制的同一性状的不同微效基因积累起来，产生在该性状上超过亲本的类型。这种重组不仅限于同一物种内的不同品种间，还包括不同物种间的杂交，尽管后者在技术上更为复杂和具有挑战性。

（2）选择丰富的遗传材料　杂交育种提供了丰富的遗传材料，通过结合双亲的不同优良性状，育种者可以在初期阶段以结合双亲不同优良性状为目的，进行"组合育种"。当育种工作取得一定进展，育成品种在产量及重要数量性状上已达到较高水平时，育种者往往寄希望于超亲类型的出现，即进行"超亲育种"。

二、技术原理

常规杂交育种的原理是基因杂交，增加遗传多样性即不同基因组合的数量，从而产生新的优良性状。能根据人的预见把位于两个生物体上的优良性状集于一身，创造出具有更好适应性、更高产量或其他有益特征的新品种。杂交改变生物的遗传组成，不产生新的基因。

三、制种流程

常规杂交育种方法，通过合理选择亲本、杂交交配、自交双子和选择测试等步骤，能够培育出具备理想特征和性状的新品种。具体制种程序如图 4-2 所示。

四、技术要点

（一）品种选育

1. 选育目标

酿酒用红缨子高粱选育目标：淀粉≥65%，支链淀粉≥90%，蛋白质 8.5%~10.0%，单宁 1%~2%，脂肪≤7%。

2. 亲本选择

（1）杂交亲本应符合以下条件　具有目标优良性状；具有酿酒相关的优良品质；优

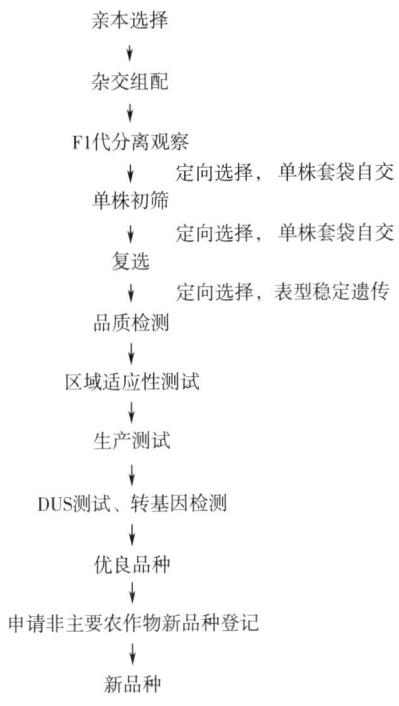

图 4-2 常规杂交选育程序

注：DUS 测试是植物新品种保护中的专业术语，其英文全称为 Distinctness（特异性）、Uniformity（一致性）和 Stability（稳定性）。

良性状具有较高的遗传力；双亲杂交优势强。

（2）酿酒用红缨子高粱育种　选择"牛尾砣"和"小红缨子"品种作为亲本材料。

3. 人工去雄

（1）一般在穗尖开花后第二天去雄，去雄时间选择在下午更为合适。去雄前应先剪去穗尖和基部发育差的枝梗和小穗，只留中部发育较好且即将开花的少量枝梗和小穗，并对保留的枝梗和小穗酌量疏剪，每穗保留高粱籽粒 80~100 粒。

（2）去雄时，拇指和食指捏住准备去雄的无柄小穗的护颖下部，同时右手使用镊子，从右侧将镊尖伸入高粱籽粒，使内外颖分开，镊尖伸入内颖下方，轻轻地将三个雄蕊挑出。每个小穗去雄后，要将其旁边的有柄小穗全部去掉。整穗高粱全部去雄后，要套袋隔离，挂上标识牌，注明母本名称、去雄日期等。

4. 人工授粉

去雄后 2~3d，母本全部开花后进行人工授粉。授粉时间一般在上午 7:00-10:00，其间便于采集花粉。花粉和柱头的生活力最强，受精结实率高。授粉时，先将母本套袋取下，迅速将父本的花粉均匀地授在母本的穗子上，授完粉即刻将母本用纸袋套好。

5. 交后代的选择

根据育种目标选杂交后代，进行单株套袋自交。

（1）区域试验

①试验设置采用随机区组设计，3 次重复，6 行区，小区面积 15m²，长 5m、宽 3m，

重复间走道70cm。实收中间4行（面积10m²）测产，同时记录实收株数（缺株在10%以内的要进行缺区处理），四周设保护行。缺株10%以内，按缺株补救方法计算。

②试验测试田间调查不同生态区品种的适应性、抗病性、抗逆性、丰产性，分析评价品种品质，对符合育种目标，较对照增产8%以上的品种做出进入生产试验的建议。

(2) 生产试验

①试验设置区域试验结束后入选品种在不同生态区域开展生产试验，试验点一般设置5~7个。田间采用大区种植，每个品种种植面积要求不低于400m²。一般不设置重复，以当地主栽品种为对照，管理参照当地大田生产。

②试验测试田间调查不同生态区品种的适应性、抗病性、抗逆性、丰产性，分析评价品种品质。对符合育种目标、较对照增产8%以上的品种，参照 GB/T19557.15—2018《植物品种特异性、一致性和稳定性测试指南 高粱》进行特异性、一致性、稳定性的测试。

(3) 非主要农作物新品种登记 对符合育种目标品种按照农业农村部非主要农作物新品种登记办法，开展对应流程的工作，完成新选育高粱的品种登记。

（二）种植技术

1. 品种选择

红缨子、红珍珠等地方品种。

2. 生长环境要求

(1) 温度 "红缨子"品牌高粱种子系列属喜温作物，有耐高温的特性，但在整个生育期中，并不是都要求有很高的温度。高粱发芽的最适宜温度为20~30℃，适宜播种的温度为5cm地温稳定在13℃以上，低于8℃不能正常出苗。苗期至拔节期适宜温度在20~25℃；拔节到抽穗期适宜温度在25~30℃，超过30℃，会提早抽穗，穗子小，影响产量，超过38℃，发育受阻，温度低于25℃，抽穗期延长。开花期适宜温度为26~31℃，低于21℃或高于36℃会影响扬花，导致结实率低。灌浆期要求温度相对较低一些，但低于20℃会影响正常灌浆，延迟成熟。

(2) 水分 "红缨子"品牌高粱种子系列根系发达，耐旱能力较强。但在播种到三叶期要求土壤湿润，此时高粱根系不发达，如出现干旱，易造成死芽或化苗。在高粱拔节到开花、灌浆期需200~300mm的降雨量才能满足生长的需要，开花期如雨水过多又会造成花粉破裂而影响授粉。大田应排灌方便，生产基地建有农用水库，水质纯净，无污染。

(3) 日照 "红缨子"品牌高粱种子系列为南方短日照作物，日照长短对高粱的生长发育有较大影响。但该品种系列又是喜光作物，在整个生育期中充足的光照有利于植株的生长和籽粒的形成。

(4) 土壤 "红缨子"品牌高粱种子系列对土壤要求不严格，耐瘠薄能力较强，但过分瘠薄的土壤会使植物抗旱能力差，容易出现缺素现象，种植风险较大。土壤应无污染史、土质疏松、肥力较高。

3. 育苗

(1) 育苗时间与育苗方式 3月下旬至4月下旬播种，晒种2~3d，用约55℃的温水或浓度为1%的石灰水浸种1~2h，播种量25~45g/m²，可采用撒播育苗、营养球（块）育苗、漂盘育苗。

（2）苗床制备　播种前15~20d，土壤耙细耙平，去除杂草和石块。撒播育苗应按3~5kg/m² 将充分腐熟的农家肥施于苗床地内，再切细整平；营养块（球）育苗应将床土过筛，按充分腐熟的农家肥和细土以体积比1∶1混匀，堆腐发酵成营养土。

（3）育苗方法

①撒播育苗：将培肥的苗床做厢，将种子均匀播撒于厢面，浇适量清粪水，盖厚约0.5cm的细土。

②营养块育苗：于苗床底铺层细沙等隔离物，将营养土加足水平铺于苗床上，厚5~6cm，刮平压实，切成边长5~6cm的营养块，每个营养块播种2~3粒，盖约0.5cm厚的细土，种子不应外露。

③营养球育苗：耙平苗床后浇透水，用清粪水拌匀营养土，湿度达到手捏成团、落地能散即可。然后制成直径5~6cm的营养球，整齐放置于苗床内，每个营养球播种2~3粒，盖约0.5cm厚的细土，种子不应外露。

④漂盘育苗：培肥的苗床包沟做厢，在开厢内铺聚乙烯厚塑料膜后，加入水，再按0.03kg/L加入沼液。将充分腐熟过筛的农家肥与细土按体积比5∶1混匀制成的基质或通过认证机构评估的有机基质置于聚乙烯苯塑料泡沫漂盘盘穴中，每穴播种2~3粒，盖约0.5cm厚的基质后，放入厢内水池中。

（4）苗床管理　撒播及营养块（球）育苗，播种后应平铺覆盖农业用聚乙烯薄膜至出苗前，出苗后，在厢面上搭建遮阳棚。漂盘育苗应于播种前在厢面上搭建遮阳棚。撒播育苗在苗长至4叶后，宜揭膜炼苗；营养块（球）育苗在苗长至3叶后，宜揭膜炼苗。温度宜在15~30℃，当棚内温度高于30℃时，可揭开大棚两端围裙。每日进行通风换气，通风口晴天早开迟闭，阴天迟开早闭。撒播和营养块（球）育苗，土壤缺水时，应于早晚浇灌，保持土壤湿润。撒播和营养块（球）育苗，应在移栽前对出现缺肥情况的苗床浇施一次清粪水。采用物理和生物方法防治病虫害。

4. 大田管理

（1）移栽时间　撒播育苗应在苗长至6~8叶时起苗；营养块（球）和漂盘育苗应在苗长至4叶时起苗。

（2）移栽密度

①净作：行距50~67cm，窝距27~33cm，每窝2~3株，移栽高粱苗6000~9000株/亩。

②分带轮作：上年秋种时按167cm做厢，沟宽33cm，厢高17cm，其中厢内67cm，宜种植小麦、大蒜和马铃薯等，厢内余下100cm宜种植蔬菜、绿肥等。收获后按行距40~50cm，窝距20~26.6cm，每窝2株，移栽2行高粱苗，6000~8000株/亩。

③宽带轮作：上年秋种时按267cm做厢，沟宽33cm，厢高17cm，厢内150cm，宜种植小麦、待收割后扦插番薯；厢内余下117cm宜种植绿肥，待绿肥翻压后按行距33cm、窝距25~33cm，每窝2~3株，移栽3行高粱苗，4500~6000株/亩。

（3）移栽方式　打窝移栽苗或覆膜移栽，深度要求"深不埋心、浅不露根"，用土隔肥，苗直后掩土，并浇足定根水。活棵后及时查苗和补苗。

（4）施肥

①基肥：施用1500~2000kg/亩腐熟的固态农家肥或100~150kg/亩生物有机肥。

②追肥：小苗移栽15~20d内成活后，进行查苗补缺时，施用750~1000kg/亩以上液态农家肥或50~100kg/亩生物有机肥；在拔节孕穗、中耕除草时，施用1000~1500kg/亩以上液态农家肥或50~100kg/亩生物有机肥，施用后应覆土。调节拔节孕穗肥（氮）占总氮营养的30%~40%，调节碳氮比例，增加支链淀粉含量。

（5）病虫草害防治　按照预防为主，综合防治的方针，采用农业、生物防治的方法防治病虫害，主要病害有黑穗病、大小斑病、紫斑病、靶斑病、炭疽病和红条病等。主要虫害有地老虎、高粱条螟、玉米螟、黏虫、蚜虫、穗螟和虻蝇等。移栽后20d应人工除草一次，40~60d应人工除草或用生物除草剂除草一次。

（6）采收、加工和储藏　蜡熟期80%以上的植株籽粒转为红褐色即可收获，分两次采收。机械脱粒后及时晾晒或用烘干设备使高粱含水量≤13%。籽粒装袋并单独储存。

5. 收购

须是来源属于规定区域范围，并按照仁怀糯高粱生产技术规程所生产的糯高粱。收购要求：水分不超过13.5%，杂质不超过1%，品种纯度保证在98%以上。

6. 进出库

（1）仓库设施　仓库应通风、透气、防雨、防潮、无污染源，设置挡鼠板、防虫纱窗，库区灭鼠、灭雀、灭虫、防火、防盗、防霉条件良好，设备齐全。

（2）分类存放　按不同品种、不同等级、不同水分分类入库保管，严格防止不同类型、不同种植基地农户组的产品混杂。

（3）保管方法　成品采用定量包装，码垛整齐，批次清楚，保证先进先出，码垛与地面的距离不小于10cm，与墙面、顶面之间留有30~50cm的距离。原料库设有台账和出入库记录，每月定期盘点，保持账、物、卡一致。仓库保管员定期检查，并做好库存检查记录，发现异常通知质检部门确认、处理。出库后，仓库必须进行一次全面彻底的清理，保持良好卫生环境。运输中应注意安全，防止日晒、雨淋、渗漏、污染。运输所用车和其他装具不能对高粱造成污染。

五、应用效果

（一）特征特性

（1）主要特征　"红缨子"品牌高粱属糯性中杆中熟常规品种，株高约2.45m左右，穗长37cm左右，穗粒数2800粒左右，叶宽7.3cm左右，总叶数13叶，地上部伸长节8~9节，叶色浓绿，散穗型，颖壳红色，籽粒红褐色（图4-3），易脱粒，千粒重20g左右。

（2）生育期　生育期春播125~130d，夏播120~125d。

（3）产量　在遵义地区平均产量300kg/亩左右，最高可达500kg/亩以上。

（4）抗性　抗旱、抗病能力较强。

（5）品质　单宁含量1.6%左右，总淀粉含量62%~68%，支链淀粉含量占总淀粉含量的95%左右（因土质、气候不同而异），糯性好、种皮厚、出酒率高、耐蒸煮，适宜酿造优质白酒。

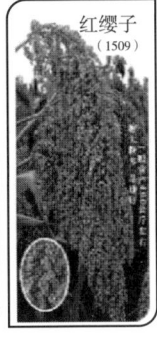

图 4-3 "红缨子"品牌高粱种子系列品种生长特性

（二）产业化应用成果评价

2021 年 7 月 17 日，四川省农村科技发展中心聘请 7 位专家对贵州茅台酒厂（集团）红缨子农业科技发展有限公司、茅台学院、贵州省农作物技术推广总站、仁怀市有机农业发展中心共同完成的"酱香型白酒专用高粱新品种产业化应用"成果进行了评价，评价的主要结论：

（1）选育并示范推广了"红缨子""红珍珠""台糯 9 号""牛尾糯""红糯 5 号"高产、优质、多抗酱香型白酒专用高粱新品种 5 个，这些品种具有粒小皮厚、单宁含量适中、支链淀粉含量高、耐蒸煮等特点，高度适应了贵州酱香型白酒酿造工艺要求，为贵州酱香型白酒产业提供了优质的高粱品种。

（2）发明了种子纯度分子鉴定技术，完善了种子生产规程；研发了有机高粱种子生产技术，并针对贵州高粱主产区不同生态条件开展了新品种配套栽培技术研究，集成了优质高效种植、绿色防控、仓储加工等技术体系，为贵州高粱高产提供了有力的技术支撑。

（3）采用了"酒企订单+种业公司+原料生产企业+农业专业合作社+农户"的贵州独特的组织方式，构建了育、繁、推、销一体化推广模式，实现了贵州酿酒高粱的专用化、标准化、规模化生产。

（4）良种良法在贵州累计推广面积 559.82 万亩，平均亩产 290.47kg，新增总产 16.08 万 t，总经济效益 15.61 亿元，带动 137.81 万农户增收致富，户均增收 1643.19 元，经济社会生态效益显著。

（5）该成果整体达到国内领先水平，适应酱香型白酒产业高质量的发展需求，技术先进，推广效果显著。

第二节 "迁酿 1 号"高粱选育技术

为进一步提高酿酒品质，突出洋河酒的绵柔特性，江苏洋河酒厂股份有限公司联合江苏省宿迁市农科所深度定制选育了一款洋河专用酿酒高粱品种：迁酿 1 号（又称洋绵 9 号）（图 4-4），达到了预期效果。

图 4-4 "迁酿 1 号"高粱

一、技术特点

选择育种在农业生产中发挥着重要作用。作物在种植过程中会产生很多性状变异，人为地对这些自然变异或人工授粉变异进行选择和繁殖，培育出高产、抗逆性强、品质优良的新品种，从而可提高农作物的产量和质量。选择育种的特点有以下几个方面：

（1）遗传性强　选择育种是基于遗传学理论的育种方法，它充分利用了物种内部的遗传变异，通过人工选择和配对来增加有益基因的频率，从而培育出具有优良性状的后代。

（2）高效性　与自然进化相比，选择育种可以更加快速地培育出符合人类需求的作物。通过精确的选择和配对，可以在较短时间内获得满足特定需求的品种。

（3）多样性　选择育种可以根据不同的育种目标，培育出不同的品种，满足人类社会多样化的需求。比如，可以培育出既具有高产量又具有抗病性的作物品种，满足不同地区和不同气候条件下的种植需求。

（4）可控性强　选择育种是一种可以人为控制的育种方法，通过科学的手段和技术，可以精确地选择理想个体进行培育，从而更好地满足人类的需要。

二、技术原理

迁酿 1 号采用群体选择育种技术，技术原理的关键为基因突变。群体选择的本质是通过改变被选群体的基因型频率，从而选择出优良基因频率高的优良群体。通过选择自然变异中的优良高粱单株，连续进行多年的套袋自交、脱粒、播种、田间观察等，可以筛选出具有优良特征的个体，使育种的目标性状能够稳定遗传，最终选择和纯化所选择的优良变异单株即获得了高粱常规新品种。

三、制种流程

迁酿 1 号采用群体选择育种技术，程序如图 4-5 所示。

四、技术要点

（一）确定育种目标

育种目标可以是产量提高、品质改良、增加抗性等。根据不同的育种目标，可采用不同的选择育种方法。选择育种的方法包括实际观察、遗传学分析、基因工程技术等，通过这些方法可以筛选出具有优良特征的个体，然后再通过人工选择、人工授粉等手段，来配对培育出具有所需性状的后代。

（二）酿酒原粮"本土化和本地化"

宿迁市农科所在全省率先组建酿酒原粮团队，从2013年开始开展酿酒原粮研究。

1. 酿酒高粱新品种（组合）培育

（1）育种目标 "矮秆化、散穗化、优质化、杂交化"的四化同步。

（2）具体要求 选育亩均产量400kg以上、粗淀粉>70%、蛋白质7%~11%、单宁1%左右、脂肪含量低于4%的酿酒专用高粱新品种。

2. 酿酒高粱绿色生产技术研究

（1）研究目标 绿色、有机原粮，即减少化学品投入，降低生产成本，提高原粮质量。

（2）具体要求 肥料农药双减措施下，产量不降低，高粱全生育期投入品成本降低5%以上。

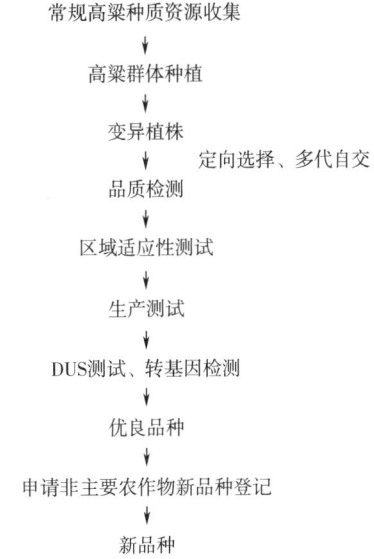

图 4-5 迁酿 1 号的群体选择育种程序

（三）制定栽培技术规程

栽培技术规程详见宿迁市地方标准 DB 3213/T 1036—2021《酿酒高粱轻简栽培技术规程》。

1. 种植的技术条件

（1）产地条件

①土壤环境：土层深厚，远离污染源，排水良好，土壤有机质含量0.8%以上，pH 6.5~8.5。土壤环境质量应符合 GB 15618—2018《土壤环境质量 农用地土壤污染风险管控标准（试行）》二级标准要求。

②环境空气质量要求：酿酒高粱生产地空气中的各项污染物限值应符合 GB 3095—2012《环境空气质量标准》二级标准要求。

（2）选地、整地与施肥

①选地：选择耕层深厚、肥力均匀、保水保肥、排灌良好且远离污染源的土地。

②轮作：高粱忌连作，最好采用高粱/小麦轮作或高粱/油菜轮作模式，有条件的地方采用水旱轮作最佳。

③整地：在前茬作物收获后 7d 内进行耕地，整地时以深松为基础，松、翻、耙相互结合，耕深 25cm 以上。免耕地种植无需整地，但要做好灭茬除草工作。

④施肥：每亩撒施商品有机肥 2000~3000kg 加缓控释肥 50kg，结合耕整地时一次性施入，施入后用深耕灭茬机将其打碎，使其充分混入土壤。免耕地无需施用有机肥，可

在播种时同步施用缓控释肥 50kg/亩。

2. 播前准备

（1）品种选择　因地制宜选择经国家、省鉴（认）定或登记的酿酒高粱专用品种。在肥力条件好的地块，选用耐水肥、抗倒伏、产量高、抗病能力强的高产品种，如"迁酿 1 号"高粱品种。

（2）种子质量　纯度≥95%，净度≥98%，发芽率≥90%，含水量≤14%，种子质量符合 GB 4404.1—2024《粮食作物种子　第一部分：谷类》的规定。

（3）种子处理　播种前用药剂拌种，可有效防治地下害虫或种传病害。

（4）播种

①适期播期：早熟品种应在 6 月 10~20 日播种，中晚熟品种应在 5 月 25 日至 6 月 15 日播种。

②适宜播量：一般播量 0.5kg/亩，发芽率较低的种子或土壤墒情不好可以适当增加 20%~50%播量。

③播种方式：一般采用条播或点播，种植模式为等行距（50~60cm）或宽窄行（宽行距 60~70cm，窄行距 30~40cm），株距为 12~16cm。

④播种深度：播种深度应控制在 3~5cm，切勿播深，影响出苗率和整齐度。

⑤及时开沟：及时开沟，做好畦沟、腰沟和田面沟三沟配套，保证三沟充分连接，排水通畅；开沟深度和宽度根据田间排水情况确定，一般沟宽需≥40cm、沟深需≥30cm。

⑥留苗密度：矮秆、叶窄、耐密的品种，每亩留苗 9000~11000 株；高秆、叶宽、稀植的品种，每亩留苗 6000~8000 株。

3. 田间管理

（1）前期管理

①免耕除草：对于耕翻田块，应在上茬收获后及时灭茬，采用机械除草、覆盖抑草和生物防治等有机方式控制杂草。

②苗前除草：播种后当日或次日采用物理阻隔、火焰除草和人工除草的非化学方式除草。

③苗后除草：在群体苗龄 3~5 叶期，草龄 2~4 叶期时，采取机械中耕、生物制剂、间作套种等措施抑制杂草生长。

④定苗补苗：出苗后苗龄 5~6 叶期及时间苗定苗，采用优先移栽补种备用苗等措施在缺苗处及时补上。

（2）中后期管理

①追肥：可于 7 月上中旬高粱 9~11 叶龄时，每亩追施尿素 10~15kg。肥料使用应符合 NY/T 496《肥料合理使用准则　通则》。

②浇拔节孕穗水、一般不需浇水，若出苗后 30d 没有下雨，可于高粱 11~13 叶龄时漫灌一次拔节水。

4. 病虫害防治

（1）防治原则　坚持"预防为主、综合防治"的植保方针，优先采用农业、物理和生物防治的措施，合理使用化学农药。农药使用符合 GB/T 8321.10—2018《农药合理使用准则（十）》要求。

（2）防治方法　病虫害防治措施见表4-1。

表4-1　　　　　　　　酿酒高粱常见病虫害防治措施

常见病虫害	农业防治	物理防治	生物防治
顶腐病	选用抗病品种，合理轮作，减少菌源	采用"三防两控"综合方案防治，即前防：播种前用纳米磁化水浸种12h，激活种子防御酶系；中防：抽穗期部署声波驱虫装置，配合激光微孔膜覆盖；后防：收获后实施秸秆原位碳化还田；两控：结合高光谱监测与变量施药机器人精准防控	施用5406放线菌菌肥；0.2%增产菌喷雾或哈氏木菌及绿色木菌穴施；链霉菌制剂对串珠镰刀菌等高粱顶腐病的病原菌具有显著的抑制效果
丝黑穗病	选用抗病品种，合理轮作；播种时保持土壤墒情；病株抽穗前及时拔除销毁	部署18~22kHz变频声波发射器	施用浓度为1×10^8CFU/mL的芽孢杆菌属悬浮剂；施用浓度为1×10^6CFU/g的木霉菌剂
蝼蛄	前茬收获后及时深翻土地，清除田间杂草，减少害虫活动场所	安装365nm黑光灯+水盆或布置5~8W暖黄色LED地灯+水盆的方式诱捕	使用白僵菌、芽孢乳状菌等病原菌来防治蝼蛄等地下害虫
金针虫	前茬收获后及时深翻土地，田间发现枯死或萎蔫苗，人工挖土捕杀幼虫	采用高光谱成像监测技术预警和定位，采用纳米磁化水灌溉技术和激光微孔膜覆盖栽培技术减少虫害	将微生物制剂喷洒到高粱田中，或将其与种子混合后进行播种；将植物源农药（如苦参碱、印楝素等）喷洒到高粱田中，或将其与种子混合后进行播种
蚜虫	种植抗蚜品种，采用高粱-大豆间作模式以改善田间气候，增加湿度，控制蚜虫繁殖	采用黄色诱虫板诱杀	在蚜虫发生初期，适时释放瓢虫、食蚜蝇等天敌昆虫到高粱田中捕食蚜虫；采用异色瓢虫携带虫生真菌防治蚜虫的技术
螟虫	选用抗螟品种，通过还田、沤肥等方法处理越冬寄主秸秆，压低虫源基数	针对玉米螟、桃蛀螟等常见螟虫，在成虫羽化初始，可选用多频振式杀虫灯每亩安装1盏进行成虫诱杀；在螟虫产卵期，可每亩释放赤眼蜂1万~3万头，以控制螟虫卵量	每亩选用苏云金杆菌可湿性粉剂（100亿活芽孢/g）250~300g，兑水50kg均匀喷雾，重点喷施作物心叶和叶片背面。或使用白僵菌或绿僵菌粉剂（100亿孢子/g）200~300g，兑水30~50kg喷雾，或与细土按1:10比例混合制成毒土撒施

5. 收获

当95%以上籽粒蜡熟末期即穗下部籽粒变硬时用收割机收获。收获后晒干或烘干至水分达14%以下即可入库。

五、应用效果

(一)酿酒高粱"迁酿1号"的特性

(1) 品质特性　"迁酿1号"属早熟糯高粱品种,籽粒品质优良,适酿性好。经国家谷物品质检测中心检测:单宁含量1.63%,总淀粉含量74.2%,支链淀粉占比97.5%,蛋白质含量9.7%,脂肪1.8%,赖氨酸0.27%。

(2) 抗性表现　经过多年多点试验鉴定,表现为中抗丝黑穗病、中抗纹枯病、中感炭疽病,抗桃蛀螟、中抗玉米螟。

(二)酿酒高粱"迁酿1号"的比较优势

"迁酿1号"与红缨子、红糯16的特性比较见表4-2。

表4-2　"迁酿1号"与红缨子、红糯16的特性比较

品种	生育期/d	株高/cm	穗型	穗长/cm	千粒重/g	单宁/%	总淀粉/%	亩产量/kg
红缨子	129	270	散穗	33.6	22.1	1.43	73.6	304.6
红糯16	124	145	紧穗	33.8	27.7	1.01	74.0	405.2
迁酿1号	113	170	散穗	45.2	24.1	1.63	74.2	408.4

"迁酿1号"与红缨子及红糯16相比,具有以下优势:①生育期短,播种期更灵活。②株高适中,抗倒伏能力强。③穗型散,耐高温高湿,抗虫能力强(与红缨子相比,迁酿1号纹枯病、炭疽病明显较轻;与红糯16相比,螟虫危害明显较少,抗虫性更好)。④单宁含量适中,酿造品质好。⑤总淀粉含量高,出酒率更高。⑥综合产量更稳定,种植风险更小。

(三)酿酒高粱"迁酿1号"论证意见

2021年12月11日,宿迁市农业农村局组织有关专家对宿迁农科所选育的酿酒高粱"迁酿1号"特征特性和栽培技术进行论证。专家组听取了工作汇报,查阅了相关资料,经质询讨论,形成如下意见:①该品系具有株高适宜、株型紧凑、抗性强、穗大粒多等特点,是基于当地生态气候条件定向育成的酿酒专用高粱新品系。②该品系经多点试验示范,表现为高产、稳产、适播期长、品质优。经检测,籽粒总淀粉和支链淀粉含量高,脂肪含量低,单宁和蛋白质含量适中,完全符合白酒酿造要求。③建议进一步完善配套栽培技术,加快该品系在宿迁地区的示范种植。

第三节　白酒用水的预处理技术

白酒酿造中,用水的预处理是确保酒质的关键步骤。近年来,预处理技术不断进步,主要包括沉淀、过滤、混凝、吸附及膜分离等方法。沉淀法去除悬浮物,过滤法进一步

净化水质，混凝法则通过添加混凝剂使杂质凝聚沉淀。吸附法利用活性炭等材料吸附有害物质，而膜分离技术则能高效去除水中的微小颗粒和溶解性有机物。这些预处理技术不仅提高了酿造用水的纯净度，还为白酒的口感和品质提供了有力保障。随着科技的进步，白酒酿造用水的预处理技术将持续优化，助力白酒行业的高质量发展。

一、白酒生产中水的重要性

白酒的酿造本质上是一个微生物繁衍生息与酶促反应交织的生化奇迹，它将原料中的高分子物质转化为醇香四溢的酒精与风味成分。在此过程中，水不仅是微生物活动和酶促转化的媒介，更是白酒构成中不可或缺的部分，其体积占比可达30%~60%。因此，在生态酿酒的精密体系中，水作为生态"五要素"（水、土壤、气候、温度、生物群落）的关键一环，直接奠定了酿酒企业的生产基石。"水乃酒之血"，"佳酿必源于清泉"，水源的纯净度、汲取方法以及处理工艺，无一不在酿酒的精细流程中深刻地塑造着酒体的卓越与否。

酿酒业中的用水，大致分为"酿造用水"与"加浆用水"两大类别。酿造用水因直接参与发酵并历经高温蒸馏的洗礼，只要水质上乘，通常无须繁复净化，如优质深井水简单过滤后即可投入使用。然而，对于加浆用水而言，其质量直接关系到能否酿制出顶级的白酒，一旦不达标，便难以成就佳酿。因此，在酿酒业界，各大企业对加浆用水的质量把控尤为严苛，视之为酿造精品不可或缺的一环。

二、不同水处理方法的水质差异

酿酒企业的水处理技术设备各有千秋，不同设备处理效果有异。如混凝法、过滤法、吸附法，仅能除去沉淀杂质，吸附水中的气体、臭味、氯离子、有机物、铁与锰等，但不能彻底解决固形物超标的问题；树脂交换法、加热法、蒸馏法虽能降低水的硬度，使水软化，但加热蒸馏耗热量大，且工业锅炉蒸汽冷凝的水含铁多，直接影响酒的口感和色泽；电渗析法、反渗透法、超滤法，虽能除去水中溶解的固形物，滤除水中 $0.05\mu m$ 以上的悬浮物、胶体、微粒、细菌和病毒等大分子物质，基本达到纯水标准，但酿造和勾兑加浆用水并非越纯越好，在清除了大量细菌和污染物的同时，也清除了大量人体所必需的微量元素和矿物质。

不同的净化处理方式生产的加浆水的效果有别（表4-3），除固形物含量有微量差别外，各微量组分并无太明显的差别，但是在风格口感方面却有显著的不同。实践证明，白酒行业的传统认识加浆用水的水质越纯净越好并非完全正确；应根据不同的酒度，选择一种或几种净化处理结合方式生产加浆用水，才能使成品酒达到酒体无色、清澈、透明、爽净、酒味谐调、统一、丰满、适口。

表4-3 不同水处理方法的水质效果

检测指标	石灰软法	钠离子交换法	电渗析法	超滤法	反渗析法
含盐量	不变	变化不大	去除80%~90%	不变	去除96%以上
硬度	去除暂硬度	符合要求	符合要求	部分有效	符合要求

续表

检测指标	石灰软法	钠离子交换法	电渗析法	超滤法	反渗析法
Fe	稍有下降	不变	符合要求	<0.1mg/L	<0.03mg/L
余氯	不变	不变	符合要求	<0.2mg/L	<0.2mg/L
有机物	稍有降低	稍有降低	稍有降低	<0.5mg/L	<0.5mg/L
胶体	符合要求	稍有降低	变化不大	符合要求	符合要求
氯氮和亚硝酸盐	不变	不变	稍有下降	不检出	不检出
细菌总数	变化很小	增加	不变	符合要求	符合要求
大肠杆菌	不变	不变	不变	符合要求	符合要求
SO_4^{2-}	符合要求	不变	符合要求	符合要求	符合要求
重金属	变化很小	符合要求	不变	符合要求	符合要求

三、小分子团活性水处理技术

以天然生态屏障孕育的优质水源为根基，融合沱泉深层地下水的活性精华，辅以多级精密过滤与活性矿化技术构成的"水密码"，是支撑舍得生态酿酒品质标杆的核心要素。沱牌舍得酿酒所用的水源于流经射洪境内的涪江，涪江发源于雪山，自西而东从高山地带注入四川盆地，经渗透形成丰富的地下水资源，其水质清洌甘醇，天然绿色，极适合酿造高品质白酒。沱牌舍得酒业投资2000余万元引进了世界领先的美国60t/h水处理设备（图4-6），从地下100m深处汲取深层雪山矿物质泉水，经管道过滤、机械过滤、锰砂过滤、活性炭处理、反渗透处理、电渗析处理，采用紫外线杀菌，有效除去了水中的有害成分，保留水中生物活性成分，利用物理能量将其改变为小分子团活性水，从而成为酿造高品质白酒的小分子团活性水。小分子团活性水具有四大特点：溶解力强、扩散力大、代谢力强、渗透力快，能很好地促进人体新陈代谢，有活化细胞等养生健体作用。这种水用于白酒勾调，既可提高产品质量，又对消费者健康有益。

图4-6 沱牌舍得酒业小分子团活性水处理设备

第四节 酒用稻壳预处理技术

稻壳（rice hull）常作为酿造白酒过程中的辅料，在多粮型浓香型白酒生产中用量可达26%~28%，对糟醅起疏松作用和可调节酒糟淀粉、酸度、水分等。稻壳是在加工大米时脱下的外壳，含有粗纤维 35.5%~45.0%、灰分 11.4%~22.0%、木质素 21%~26%、多缩戊糖（或半纤维素）16%~21%、粗蛋白质 2.5%~5.0%、脂肪 0.7%~1.3%。生稻壳含有少量粉尘杂质，在白酒生产中，其中的一些挥发性成分、有机物可转化生成有害成分而被带入酒体产生异味，如土臭素（Geosmin，GSM）的土腥味，源自半纤维素的糠醛的焦煳臭，2-糠酸乙酯、1,2-二甲氧基苯、4-乙烯基苯酚、4-乙烯基愈创木酚等呈现的糠味，它们不仅影响酒质而且可能危害人体健康，如过量糠醛对人体中枢神经系统、肾脏、肝脏等器官产生不良影响。白酒酿造中稻壳预处理的常规方式是将稻壳入甑清蒸 50~60min 后晾干备用，叶夏华等研究表明，经过清蒸处理的熟糠壳中只检出了 51 种气味成分且没有发现土臭素，而原糠壳的气味成分有 175 种，因而将稻壳蒸一下降低了原稻壳对白酒的质量和风味的不良影响程度。然而，原稻壳的常规清蒸预处理技术并没有很好地解决稻壳带给白酒的异味与安全问题。近年来，在中国"双碳"战略指引下，白酒生产正在向绿色循环、高品质发展全面转型，进一步提高白酒产品的安全性和纯净度是一个重要的研究方向，对酿酒专用粮及其原辅料的预处理技术研究便是很重要的方面。

一、清蒸与筛选结合的稻壳预处理技术

针对传统清蒸稻壳的续糟拌糟中带给基础酒糠醛含量超标和感染糠腥味等主要问题，李家民的发明专利《一种酿造浓香型白酒的"一清到底"工艺》（专利号：200510020564.2，获得授权日期：2007-10-17）提出了稻壳清蒸后还要进行筛选去细粒、灰质物与杂质的二次清理，从而减少稻壳用量，还能提高酒质。下面介绍该技术的具体情况。

（一）技术特点

专利《一种酿造浓香型白酒的"一清到底"工艺》中，在稻壳的传统清蒸预处理工艺之后增加了稻壳清选方式，即对辅料稻壳预处理采用先清蒸后筛选的二次清理过程，将筛选后的谷壳按粗、细粒分类，酿酒只使用清选后的粗稻壳作疏松剂。其优点在于：

1. 降低常规工艺中辅料稻壳的用量

清选后的稻壳其疏松性能更好，在对糟醅相同的疏松程度要求下，清选后的稻壳用量会减少。

2. 促进酒质的提高

通过清蒸和清选处理稻壳后，可有效降低稻壳带入新酒中的糠腥味，糠醛含量也会减少，从而提高酒质。

（二）技术原理

与传统工艺中清蒸辅料工序不同，本发明中的清选辅料工序，除要对辅料——稻壳清蒸还要进行筛选，既可除掉谷壳内的多缩戊糖和生糠味，又能保证与续糟拌和的疏松度，大大减少了谷壳用量，使新酒的糠醛含量和感染糠腥味的概率大大降低，从而提高了新酒的口味质量和卫生质量。

（三）工艺流程

清蒸与筛选结合的稻壳预处理工艺流程如图 4-7 所示。

原稻壳 → 筛选 → 清蒸 → 清选 → 粗稻壳 → 收集 → 预处理后稻壳

图 4-7　清蒸与筛选结合的稻壳预处理工艺流程

（四）技术要点

1. 稻壳的清蒸

按传统工艺对酿酒原料先进行筛选外，对酿酒辅料-稻壳清蒸，即稻壳单独入甑，敞开蒸煮，待圆汽后清蒸 60min，去除掉稻壳内的多缩戊糖和生糠味。

2. 清蒸后稻壳的清选

清选稻壳的设备是一个长 150cm，宽 80cm 的长方形筛子。筛子的底部是一张长 160cm，宽 90cm，筛孔直径为 1mm 的筛网，四壁为木块，壁高 12cm；筛子的四角处个有一长 15cm 的手柄，以方便操作时使用。清选稻壳时，将清蒸后的稻壳倒在筛子内，铺平，然后由两人面对面手持手柄，前后振荡筛子，颗粒较细的稻壳会从筛子中落下，而粒径大于 1mm 的粗稻壳仍留在筛子内，收集好粒径大于 1mm 的稻壳，称量、备用。

（五）应用效果

该技术有效去除了酒中杂味和糠腥味。舍得酒酿造采用"一清到底"工艺中清蒸与筛选结合预处理稻壳技术，有利于酒体纯净、增加饮用的舒适度，饮用舒适度有两层含义：一是饮用过程舒适，即饮用时对酒体色、香、味的综合感受，舒适度好的酒幽雅细腻，适口性强；二是饮后舒适，即饮后的生理反应，不上头、不口干、醒酒快，对消费者健康有益。

舍得酒在世界公认的酿酒中心地带上生产，在千年传承的古窖中进行自然固态发酵，经古窖酿酒微生物形成的庞大而不可完全探知的酿酒微生物群落及其生态体系的精心酿造，在独特的"六粮酿造""复合酿酒工艺""桃花曲、月桂曲、陈香曲复合酝酿"的共同作用下，配上"严上又严，细上又细，慎之又慎，实而又实"的卓越规范标准雕琢每一个细节，充分体现舍得酒"舍得而德"的文化内涵和"幽雅、舒适、健康"的酒体风格。

二、黄水酸化稻壳预处理技术

针对传统清蒸稻壳去除糠醛、糠腥味效果不佳的问题，主编余有贵团队成员的发明专利《减少酿酒用稻壳碱金属与糠醛含量的预处理方法》（专利号：201510715379.9，获得授权日期：2017-09-29）从副产物资源化循环利用的角度提出了黄水酸化预处理稻壳的新技术。下面介绍该技术的具体情况。

（一）技术特点

专利《减少酿酒用稻壳金属元素与糠醛含量的预处理方法》中，在稻壳的传统清蒸预处理工艺之前增加了稻壳的黄水酸化和之后的清洗方式，即对辅料稻壳预处理采用一定量新鲜黄水与稻壳混合浸泡、离心脱水、入甑清蒸、出甑清洗、脱水干燥，然后作酿酒用辅料。其优点在于：不仅降低常规工艺中辅料稻壳的用量，而且提前将稻壳可能产生的糠醛、糠腥味杂质排除掉，促进酒质的提高。

（二）技术原理

黄水浸泡稻壳一定时间，提供了一种模拟稻壳处于窖池发酵的真实环境，结合清蒸排除稻壳中糠醛、糠腥味杂质，降低稻壳在发酵窖池中糠醛生成量；在清蒸后再反复清洗，减少稻壳的无机盐和糠粉等杂质，还有利于降低酿酒辅料的用量。这样，提高基础酒的品质。

（三）工艺流程

黄水酸化稻壳预处理工艺流程如图 4-8 所示。

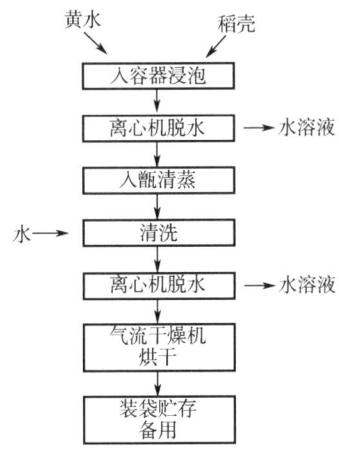

图 4-8　黄水酸化稻壳预处理工艺流程

（四）技术要点

1. 黄水与稻壳混合浸泡

从发酵结束的窖池中取出发酵正常的新鲜黄水，黄水 pH 为 3.0~3.5；稻壳入黄水容器浸泡，稻壳与黄水的料液质量比为 1：（13~17），在温度 50~60℃下浸泡稻壳 5~7d，浸泡期间适当搅拌以加快反应速度。

2. 脱水清蒸

将浸泡后的稻壳用离心机脱水，除去水溶液后的稻壳入甑清蒸，在蒸汽压力 0.02~0.03MPa 下敞口圆汽蒸馏时间 50~60min，离心机滤出的水溶液再用于辅料稻壳的浸泡。

3. 出甑清洗

清水反复清洗出甑稻壳,直至清洗过稻壳的水溶液 pH 为 6.9~7.0,旨在除去稻壳中碱金属、糠粉杂质和残留黄水溶液。

4. 脱水干燥

清洗后的稻壳再用离心机脱水,在转速 850~950r/min 下离心时间为 5~6min,控制稻壳水分为 30%~35%;将经过离心脱水后的稻壳送入单层带式气流干燥机中干燥,控制稻壳含水量 13% 以下;干燥热源采用温度 40~70℃ 的气体,干燥时间 2~4h。

5. 收集装袋

将处理干净的稻壳装袋,干燥环境中贮存,酿酒用辅料。

(五)应用效果

1. 能显著提高酒质

稻壳中碱金属含量可减少 50%~60%,糠粉杂质含量减少 2%~4%,乙醛、糠醛、甲醇和杂醇油含量分别比对照组降低了 38.30%、49.02%、45.87% 和 6.31%,而正己酸、己酸乙酯和四大酯含量分别比对照组提高了 25.22%、69.95% 和 24.45%;且黄水稻壳、常规稻壳的"己酸乙酯、正己酸+己酸乙酯"两项指标分别达到国标的优级和一级,与感官评价结果吻合。因此,黄水预处理酿酒用稻壳方法达到了技术安全性、辅料功能性和基酒优质性三方面的良好效果,为白酒酿造中辅料的清洁加工提供了新的方法。

2. 黄水的高值化利用

黄水是白酒酿造过程产生的副产物,黄水预处理酿酒用稻壳不会输入外来的污染物,本身是安全的;模拟窖池中发酵过程的真实微生态环境,只是提前将原稻壳中影响白酒品质的杂质和生糠味等挥发性成分尽可能多的去除。但黄水预处理酿酒用稻壳产生的次生黄水仍需要进行深度处理,兼顾经济效益、社会效益和生态效益,达标排放以彻底解决黄水的循环利用问题。

第五节 酒用原粮高压糊化处理技术

高压糊化处理技术是酒用原粮加工领域的一项重要创新。该技术通过超高压处理,改变粮食原料的结构和性质,促进淀粉糊化,提高发酵效率及出酒率,同时保留原料的营养成分。相较于传统蒸煮工艺,高压糊化具有高效、环保、节能等优势。近年来,随着研究的深入,高压糊化技术在白酒、黄酒等酒类生产中的应用日益广泛,为酒类行业的可持续发展注入了新的活力。

一、酒用原粮汽爆式糊化处理技术

针对白酒生产中原料的传统蒸煮方法存在"糊化效果差、耗能高、原料利用率低"等问题,舍得酒业李家民的发明专利《白酒原粮汽爆糊化处理方法》(专利号:201010028078.6,获得授权日期:2013-01-09)和《一种汽爆机》(专利号:201310046686.3,获得授权日期:2015-01-21)提出了白酒原粮汽爆糊化处理技术。蒸汽汽爆处理简称汽爆,始于 20 世纪 20 年代，兴起于 20 世纪 80 年代，近几年在白酒生产中开始应用。下面介绍该技术的具体情况。

（一）技术特点

将粮食用热水清洗浸泡，将水排尽自然晾干，使粮粒吸水充足，开口率达到 93%~95%，含水量达 40%~45%；再将粮食置入 80~90℃汽爆罐中，通入干蒸汽至汽爆罐内压力达到 1.5~3.0MPa 时，调节蒸汽流量，保持该压力 5~10min，打开汽爆罐排料阀，将粮食汽爆喷放到常压接料罐中，待粮食物料全部排出、气爆罐压力降至零后，开启接料仓仓门，收集粮食物料。该技术显著优点如下：

(1) 提高出酒率　通过汽爆法的物理撕裂作用，能使原粮中"角质层"等在常规条件不易溶出的物质溶出，糊化率高，且糊化均匀，增加原料利用效率，可明显提高出酒率。

(2) 减少糠壳用量　原粮经汽爆法处理后，孔隙增加，比表面积增大，易于微生物与营养物质接触，同时利于氧气溶入，更利于窖内发酵，并且由于粮食原料结构疏松、空隙大，可增加糟醅的疏松度，从而有效减少糠壳用量。

(3) 提高白酒安全性　经汽爆法处理后，原粮中易产生甲醇的"果胶质"被破坏，可降低甚至消除白酒中甲醇含量，提高了白酒安全性。

(4) 节能环保　原粮经汽爆高温瞬时处理后，不仅不会损害有效成分，而且可减少在白酒酿造工艺中粉碎和蒸煮工序，从而避免原料损失和环境污染，显著减少了人力、能耗，降低了白酒酿造成本。

(5) 便于推广应用　汽爆法处理原粮工艺所控制的参数只需温度、压力及汽爆时间等，操作简单，应用前景好。

（二）技术原理

1. 汽爆技术原理

汽爆技术原理为使用一定压力的水蒸气作介质，利用其穿透性强的特点，快速渗入生物质组织内部的纤维素与木质素等之间，高能蒸汽分子于短时间内发生突发性释放，以炸散的形式爆于大气空间，使蒸汽内能转化为机械能，将原粮中大分子物质短时间分解、破裂。用较少的能量将原料糊化，使原料颗粒结构疏松、"烂心不烂皮"，为后期酶水解等生化作用创造前提条件。

2. 汽爆机的工作原理

汽爆技术的核心是汽爆机［图 4-9（1）］，其工作原理：如图 4-9（2）所示，爆仓内置的滑动密封盘处于全密封位置状态，当启动气缸 A，滑动密封盘向上滑动至上端面。如图 4-9（3）所示，爆仓上部的密封开启，爆仓处于进料状态，此时物料经投料斗进入接料斗，再进入爆仓；当物料加满后，启动气缸 A，滑动密封盘向下滑动，使整个爆仓又处于全密封位置状态；打开蒸汽阀，蒸汽经蒸汽分布器进入爆仓；当达到预定压力及渗透平衡时间，关闭蒸汽阀停止进汽，同时启动气缸 B，驱动滑动密封盘向下快速直线滑动，彻底打开爆仓截面密封。如图 4-9（4）所示，使缸体整个截面完全暴露于大气中，物料瞬间爆射，完全进入出料斗；启动气缸 B，滑动密封盘向上滑动使爆仓完全处于全密封位置状态，完成从加料到爆出的整个汽爆过程。

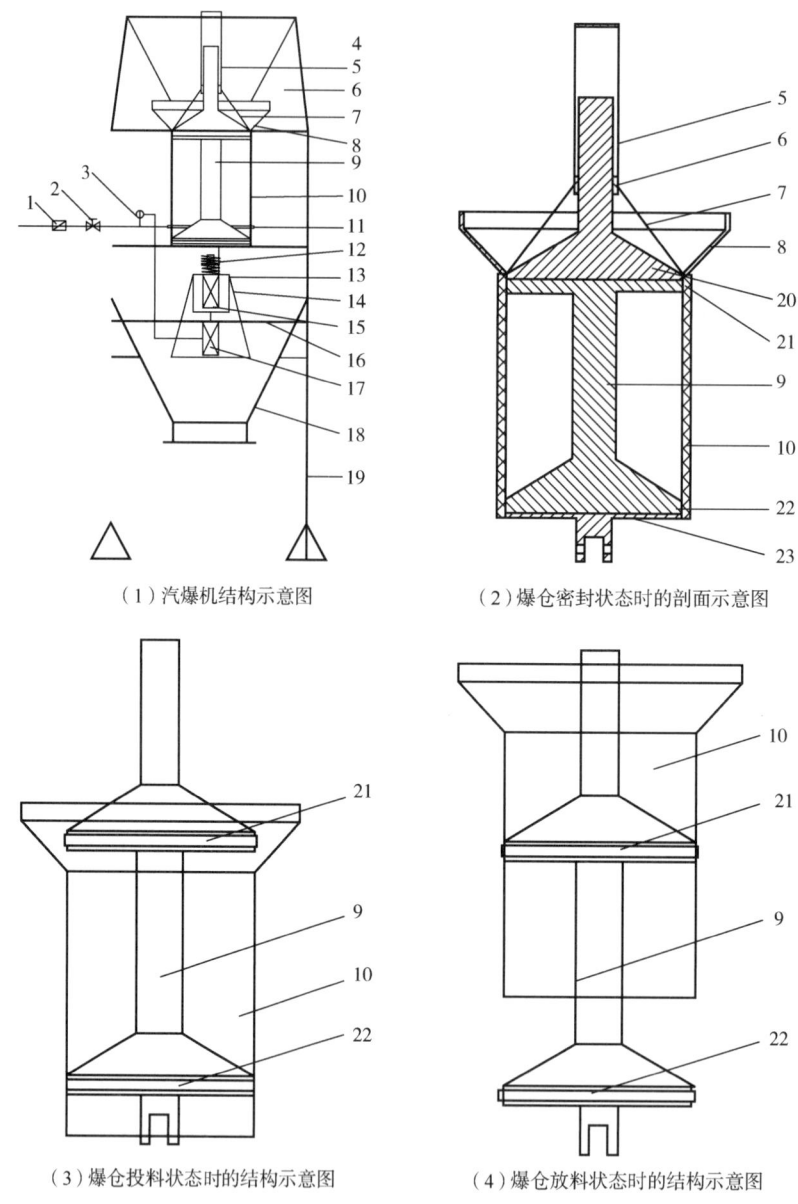

图 4-9 汽爆机示意图

1—蒸汽流量计 2—蒸汽阀 3—压力传感器 4—进料斗 5—限位轴外套 6—限位结构 7—限位装置支架 8—接料斗 9—滑动密封盘 10—爆仓 11—蒸汽分布器 12—减震弹簧 13—气缸 A 固定平台 14—气缸保护套 15—气缸 A 16—气缸 B 固定平台 17—气缸 B 18—出料斗 19—机架 20—上限位轴 21—上密封圈 22—下密封圈 23—下密封盘

（三）工艺流程

酿酒原粮汽爆处理工艺流程如图 4-10 所示。

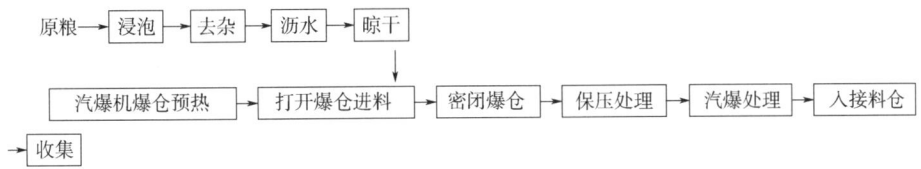

图4-10 酿酒原粮汽爆处理工艺流程

(四) 技术要点

1. 高粱汽爆糊化处理的步骤

(1) 原料预处理　将高粱用95℃热水清洗浸泡3h，除掉谷壳，将水排尽，在常温下搁置自然晾干2h，使粮粒吸水充足、均匀，手捏无硬心，开口率达到95%，含水量达45%。

(2) 汽爆罐预热　开启蒸汽阀通入干蒸汽预热汽爆罐，待汽爆罐温度达90℃，关闭气阀。

(3) 保压处理　将经过预处理后的高粱置入预热后的汽爆罐中，通入干蒸汽至汽爆罐内压力为2.0MPa，调节干蒸汽流量，保持该压力处理6min。

(4) 汽爆与接料　高粱经保压处理后，立即打开汽爆罐的排料阀，将高粱汽爆喷放到常压接料罐中，待高粱物料全部排出，气爆罐压力降至零，开启接料仓仓门，收集高粱物料。

2. 白酒原粮玉米汽爆糊化处理的步骤

(1) 原料预处理　将玉米用93℃热水清洗浸泡6h后，将水排尽，在常温下搁置自然晾干2h，粮粒吸水充足、均匀，手捏无硬心，开口率达到93%，含水量达42%。

(2) 汽爆罐预热　开启蒸汽阀通入蒸汽预热汽爆罐，待汽爆罐温度达85℃，关闭气阀。

(3) 保压处理　将经过预处理后的玉米置入预热后的汽爆罐中，通入干蒸汽至汽爆罐内压力为2.5MPa，调节干蒸汽流量，保持该压力处理8min。

(4) 汽爆与接料　玉米经过保压处理后，立即打开汽爆罐的排料阀，将玉米汽爆喷放到常压接料罐中，待玉米物料全部排出，气爆罐压力降至零，开启接料仓仓门，收集玉米物料。

(五) 应用效果

1. 高粱汽爆的应用效果

汽爆后高粱物料与传统常温常压蒸煮工艺对比结果见表4-4。结果表明，汽爆技术优于传统常温常压蒸煮工艺。

表4-4　　　　两种方法处理高粱原料的效果比较

项目	传统常温常压蒸煮方法	汽爆方法
水分/%	52	41

续表

项目	传统常温常压蒸煮方法	汽爆方法
出酒率/%	40	45
耗蒸汽/（t/t粮）	0.7	0.3

2. 玉米汽爆的应用效果

汽爆后玉米物料与传统常温常压蒸煮工艺对比结果见表4-5。结果表明，汽爆技术优于传统常温常压蒸煮工艺。

表4-5　　　　　　　　两种方法处理玉米原料的效果比较

项目	传统常温常压蒸煮方法	汽爆方法
水分/%	50	42
出酒率/%	42	45
耗蒸汽/（t/t粮）	0.6	0.2

二、酒用原粮翻转高压式糊化处理技术

针对现有技术蒸粮锅内粮食蒸不熟、蒸不透与间歇式操作等技术问题，泸州智通自动化设备有限公司的黄先全、孙云权、林薛刚等人的发明专利《翻转式蒸粮锅及其蒸粮方法》（专利号：201911422005.2，获得授权日期：2023-09-22），提供了一种翻转式蒸粮锅及其高压连续蒸粮方法。下面介绍该技术的具体内容。

（一）技术特点

目前有常压蒸粮和密封式高压蒸粮的设备与方法，翻转式蒸粮锅蒸粮属于后者。翻转式蒸粮锅主要包括锅体和旋转机构（图4-11至图4-13），蒸粮方法包括初蒸、焖粮和复蒸。该技术的主要特点：

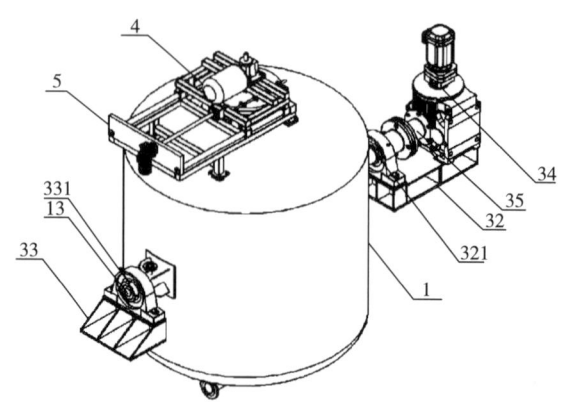

图4-11　翻转式蒸粮锅的立体图

1—锅体　4—升降机构　5—水平伸缩机构　13—介质入口　32—第一支座　33—第二支座
34—电机减速机　35—联轴器　321—第一轴承　331—第二轴承

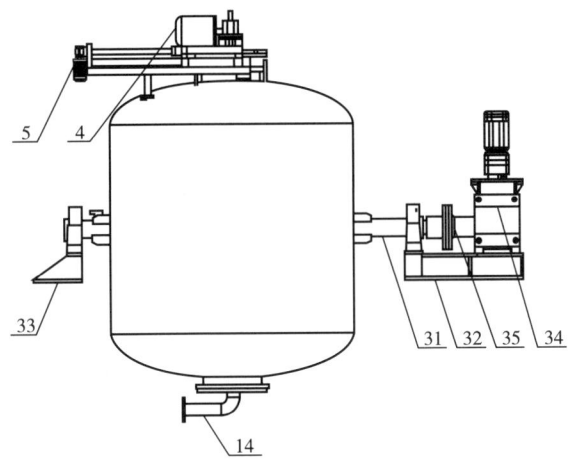

(1) 主视图

14—介质出口　31—主轴

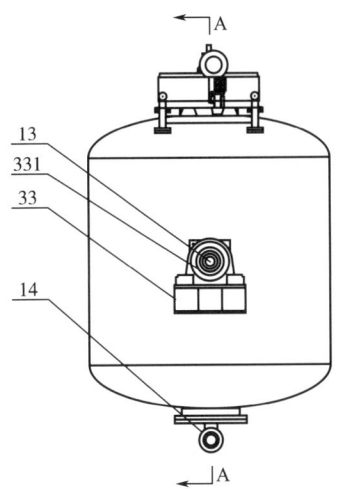

(2) 左视图

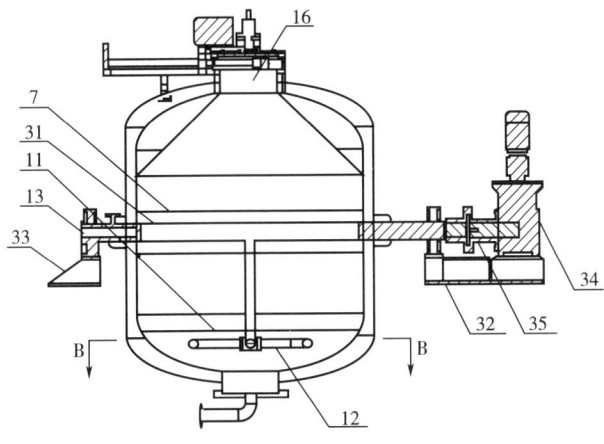

(3) A—A 剖视图

7—打散机构　11—滤板　12—蒸汽管　16—进料口

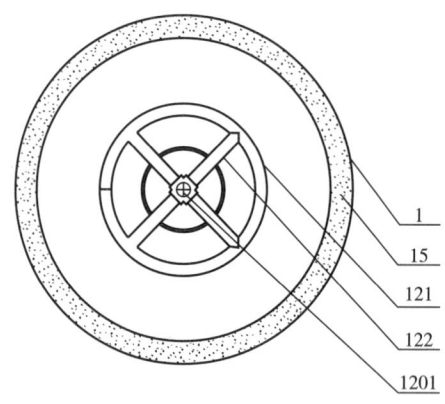

(4) B—B 剖视图

15—保温层　121—圆管　122—连接管　1201—蒸汽口

图 4-12　翻转式蒸粮锅结构示意图

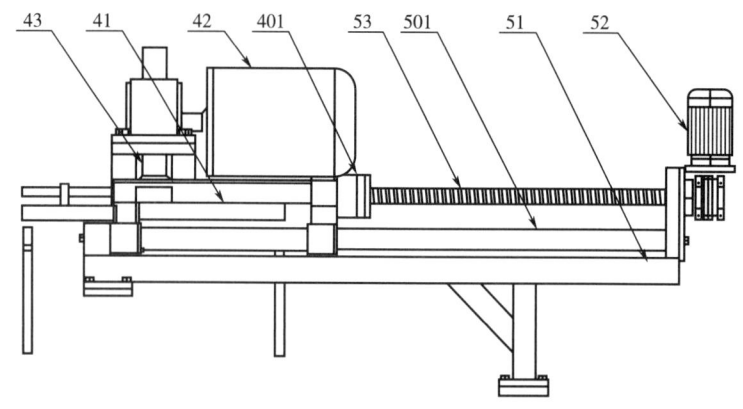

(1) 主视图

41—升降支架　42—第一电机　43—第一丝杆　401—螺纹套　51—水平支架
52—第二电机　53—第二丝杆　501—导向轴

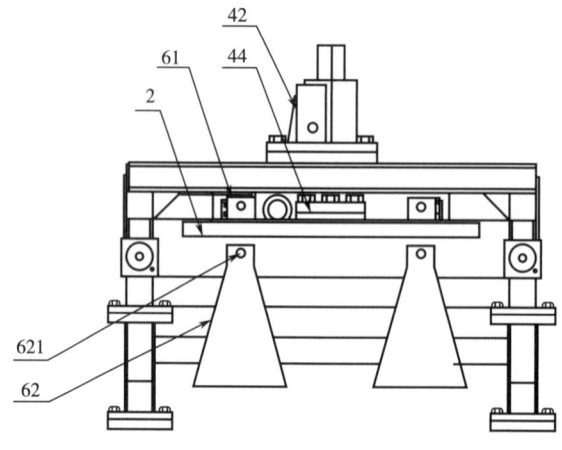

(2) 左视图

2—锅盖　44—连接板　61—抱夹气缸　62—限位板　621—限位孔

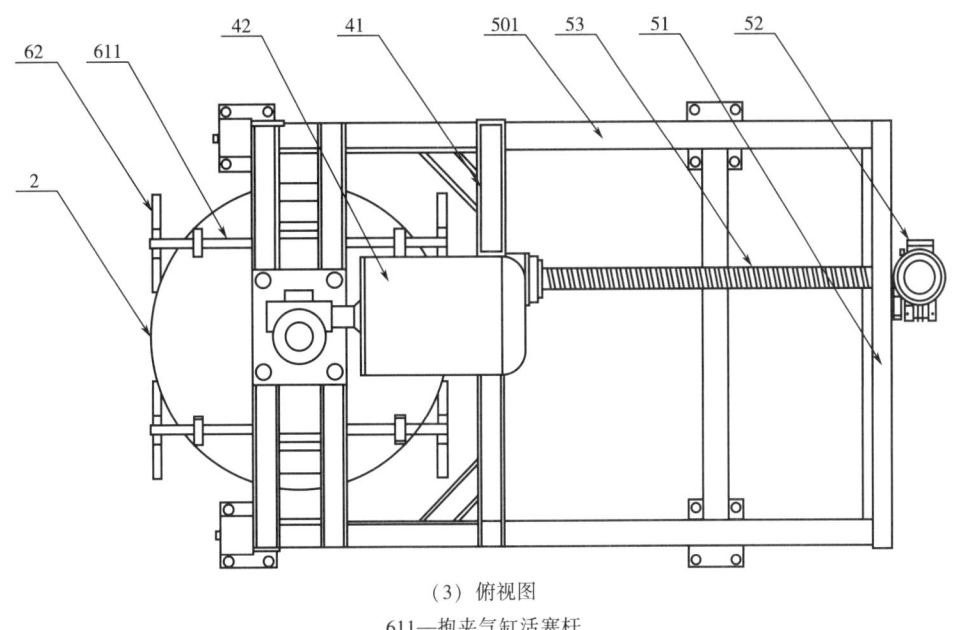

(3) 俯视图

611—抱夹气缸活塞杆

图 4-13 自动开盖机构示意图

1. 提高粮食糊化的均匀度

蒸粮的目的是使粮食受热膨胀、破裂，便于粮食内淀粉的糊化。通过旋转机构驱动蒸粮锅旋转，进而使蒸粮锅内的粮食在蒸粮锅内翻滚、混合，从而使粮食与高压蒸汽混合更加均匀，使粮食均匀受热，便于粮食受热膨胀，淀粉糊化。

2. 提高蒸粮的效率与效益

敞开式常压蒸粮需通入大量蒸汽才能使蒸锅内粮食受热均匀，蒸粮时间较长；采用人工出料，出粮需要大量人力物力，劳动强度大，因而效益与效率均低。翻转式蒸粮锅及其蒸粮方法相比于传统的常压间歇式蒸粮而言，大大缩短了蒸粮时间，提高了生产效率。

（二）技术原理

蒸粮时，粮食从进料口 16 进入锅体 1 内并堆积在滤板 11 上，粮食装完后，将锅盖 2 与锅体 1 进行密封。高压蒸汽通过介质入口 13 进入蒸汽管 12，再从蒸汽管 12 上的气孔进入锅体 1 内，并通过滤孔为滤板 11 上的粮食提供温度。蒸汽通入锅体内后保压，并通过旋转机构驱动蒸粮锅在竖直方向上转动，进而使蒸粮锅内的粮食在蒸粮锅内翻滚、混合，从而使粮食与高压蒸汽混合更加均匀，使粮食均匀受热，便于粮食受热膨胀、淀粉糊化。

（三）技术方案

1. 翻转式蒸粮锅的结构设计

（1）锅体　锅体顶部设置有进料口和开闭进料口的锅盖，还包括：①打散机构：为中空的菱形柱，且布置在锅体内主轴外侧与锅体固定连接；②滤板：横向布置在锅体下部，滤板上均匀布置有滤孔，滤孔直径小于粮食的粒径；③蒸汽管：布置在滤板下方的锅体内，蒸汽管上均匀设置有气孔；④介质入口：布置在锅体上且与蒸汽管连通，用于向锅体内通入高压蒸汽和水；⑤介质出口：布置在锅体底部，用于排放锅体内的高压蒸汽和水。

（2）旋转机构　布置在锅体上，用于驱动锅体在竖直方向上转动，其还包括：①主轴：布置在锅体的中心，与锅体固定连接，且主轴两端延伸至锅体外部，主轴为蒸汽通道和水流通道；②第一支座：布置在主轴一端的锅体上，第一支座上布置有第一轴承，主轴穿过第一轴承；③第二支座：布置在主轴另一端的锅体上，第二支座上布置有第二轴承，主轴穿过第二轴承；④动力机构：布置在第一支座上，用于驱动锅体随主轴同步转动，动力机构包括电机减速机和联轴器，电机减速机通过联轴器与主轴相连。

（3）自动开盖机构　布置在锅盖上方，用于自动开闭锅盖，其随锅体同步转动，还包括：①升降机构：用于驱动锅盖在竖直方向上升降，水平布置在锅盖上方的升降支架上设置有第一丝杆电机，第一丝杆电机包括第一电机和竖直布置的第一丝杆，第一丝杆通过连接板与锅盖螺栓连接，第一丝杆电机可驱动锅盖随第一丝杆在竖直方向上同步往复升降转动开闭进料口；②水平伸缩机构：用于驱动锅盖随升降机构在水平方向伸缩，包括水平支架及水平支架上设置的导向轴和第二丝杆电机，第二丝杆电机可驱动锅盖随升降机构做水平往复运动。

（4）锁紧机构　布置在锅盖上，用于锁紧锅盖。

2. 粮食的高效均匀糊化过程

（1）蒸汽供给　粮食从进料口进入锅体内并堆积在滤板上，高压蒸汽通过介质入口进入蒸汽管，再从蒸汽管上的气孔进入锅体内，并通过滤孔为滤板上的粮食提供温度。

（2）翻滚混合　通过布置在锅体上的旋转机构，驱动蒸粮锅在竖直方向上转动，进而使蒸粮锅内的粮食在蒸粮锅内翻滚、混合，从而使粮食与高压蒸汽混合更加均匀，使粮食均匀受热，便于粮食受热膨胀、淀粉糊化。

（3）粮团打散　受水分影响，蒸粮锅内的粮食可能会出现成团打结的情况，因此，通过布置打散机构，在蒸粮锅翻转的时候，蒸粮锅内的粮食与打散机构碰撞，从而使成团打结的粮食被打散，方便粮食均匀受热。

（四）技术要点

如图4-12、图4-13所示：

（1）进粮　将粮食通过进料口16倒入蒸粮锅内，打开介质入口13并关闭介质出口14，进粮完毕后通过自动开盖机构关闭进料口16，再通过锁紧机构对锅盖2进行锁紧。每锅进粮1.8~2t。

（2）初蒸　通过介质入口13往蒸粮锅内通入高压蒸汽并保压，同时通过旋转机构驱动蒸粮锅转动。蒸粮锅内高压蒸汽的压强为0.1~0.12MPa，保压时间为30~40min，高压蒸汽温度为：120~140℃，蒸粮锅的转速为2r/min。

（3）焖粮　通过介质出口14排放蒸粮锅内的高压蒸汽，将水通过介质入口13通入蒸粮锅内，并关闭介质入口13和介质出口14，同时通过旋转机构驱动蒸粮锅转动。通入水的温度为50~60℃，水与粮食的体积比为1∶1.6，焖粮时间为10~15min。

（4）复蒸　通过介质出口 14 排出蒸粮锅内的多余水，重复上述步骤（2）。

（5）出粮　旋转机构将蒸粮锅的出料口 16 旋转至朝向下方，打开锁紧机构，再通过自动开盖机构打开锅盖 2，粮食自然从进料口 16 内倒出。

（6）循环上述步骤（1）～（5）进行连续蒸粮。

（五）应用效果

（1）相比于现有技术的蒸粮装置而言，本发明通过布置锅体上的旋转机构，驱动蒸粮锅在竖直方向上转动，进而使粮食在蒸粮锅内翻滚、混合，从而使粮食与高压蒸汽混合更加均匀，使粮食均匀受热，便于粮食受热膨胀、淀粉糊化。

（2）本发明以中空的主轴为蒸汽通道和水流通道，从而无须在蒸粮锅上设置额外的蒸汽入口和水分入口，使蒸粮锅结构更加简单、制作更加方便，降低了生产成本。

（3）本发明通过在锅体内布置打散机构，蒸粮锅翻转的时候，蒸粮锅内的粮食与打散机构碰撞，从而使成团打结的粮食被打散，从而方便粮食均匀受热。

（4）本发明的自动开盖机构可自动开闭锅盖，提高了自动化程度，降低了工人劳动强度，从而提高了生产效率。

第六节　多粮同甑糊化处理技术

四川金六福酒业有限公司根据消费者对绵柔舒爽型白酒产品的需求，采用"多粮小曲糖化结合大曲发酵"的酿酒新工艺，独创"多粮同时糊化柔熟的蒸粮技术"。下面以金六福酒业王建成、姚鹏、贺燕波等团队成员的发明专利《一种多种粮食同时柔熟的蒸粮方法》（专利号：201710843825.3，获得授权时间：2021-01-08）为例，介绍该技术的具体情况。

一、技术特点

针对多粮小曲堆积糖化工艺要求原粮同时彻底糊化的痛点，采用"各种原料先单独预处理后混合入甑清蒸"的方法，解决了多粮糊化中原粮的吸水率、硬度、大小、淀粉类型等差异巨大而不能同时柔熟的难题；同时，因无需添加稻壳作为疏松剂，达到了提高酒体纯净度的良好效果。该技术的主要特点：

（1）多粮采用"单独预处理+混合+入甑糊化"工艺　基于多粮同时柔熟的要求，对多粮先单独预处理，其中：高粱采用"整粒热水浸泡+沥干静置+入甑初蒸+热水焖泡+沥干静置"工艺，玉米采用"破碎粒+热水浸泡+沥干静置"工艺，大米、糯米和小麦均采用"整粒热水浸泡+沥干静置"工艺。经预处理后的粮食，按各种酿酒原粮的比例进行混合，入甑蒸煮，达到同时柔熟的一致效果，为后续发酵奠定基础。

（2）多粮先混合后同时入甑蒸煮工艺　多粮采用"单独预处理+混合+入甑糊化"工艺，改变了传统单独蒸煮后混合工艺。该工艺的主要优点：①预防先蒸熟的粮食冷却时间长而感染杂菌；②预防先蒸熟的粮食冷却时间长而出现淀粉老化返生；③预防蒸熟了的多粮难以混合均匀，尤其是糯米蒸煮后黏度增大且易破碎，会增加混合难度。

(3) 无须添加稻壳作为疏松剂　高粱整粒蒸煮,提高了混合体系的孔隙度,这样无需另外添加稻壳作为疏松剂,能减少酒体中糠味,从而有利于提高酒体纯净度。

二、技术原理

根据各种酿酒粮食的吸水率、硬度、大小、淀粉类型等差异性,先进行物理的粉碎、热水浸泡等方式预处理,改变原粮颗粒大小,提高淀粉吸水率,保证在多粮混合后的特性达到同一状态,入甑蒸煮时能同时达到糊化率相同且柔熟不腻的效果。

在多粮中,采用高粱整粒蒸煮,提高混合体系的孔隙度,这样多粮混合入甑蒸煮时无需添加稻壳作为疏松剂,减少了酒体中糠味;同时,多粮先经洗涤、热水浸泡、沥干水分等预处理措施,除尘排杂,从而提高了酒体纯净度。

三、工艺流程

多种粮食同时柔熟的蒸粮工艺流程如图4-14所示。

四、技术要点

(1) 高粱预处理　高粱用常温水清洗,除去悬浮物与泥渣沙粒。置于装有30~80℃水的缸中泡粮2~26h,先加水后加高粱,水面盖过高粱2~20cm为宜;泡粮结束放水沥干静置1~24h,入甑常压蒸煮10~80min,再于50~100℃水缸中焖水0.5~10h,水面盖过高粱2~20cm为宜,至高粱颗粒开口率达30%~95%,其间不定期搅拌;再次放干水,静置1~24h,备用。

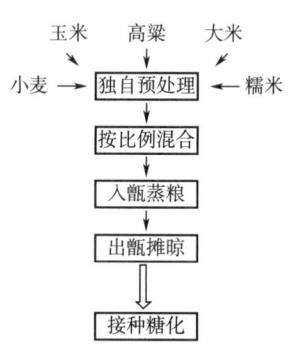

图4-14　多粮同时柔熟的蒸粮工艺流程

(2) 玉米预处理　将去胚的玉米破碎为0.5~3mm大小的颗粒,置于装有20~80℃水的缸中泡粮2~26h,沥干备用。

(3) 大米、糯米预处理　常温水洗粮后,置于装有20~90℃水的缸中浸泡0.5~24h,沥干备用。

(4) 小麦预处理　置于装有30~80℃水的缸中泡粮1~18h,沥干备用。

(5) 混合预处理粮食　各粮预处理时间节点合理安排,确保同时达到预处理要求。将上述预处理后的粮食按比例混合均匀,其组成比例为高粱15%~50%、大米10%~35%、糯米5%~30%、小麦0~30%、玉米3%~15%,各粮食质量百分比之和为100%。

(6) 入甑蒸粮　将混合后的粮食入甑清蒸,在常压下蒸煮10~100min,达到100%糊化率和柔熟不腻的要求。

(7) 出甑摊晾　清蒸达到要求的粮食出甑,打散摊晾,即可进入后续的接种糖化工序。

五、应用效果

对多粮采用不同工艺蒸粮糊化,柔熟与酿酒的效果如表4-6所示。从表4-6可知:采用本技术的蒸煮糊化新工艺与传统蒸煮糊化工艺相比,蒸煮后多粮的糊化率和柔熟均匀度都处于最佳状态，且出酒率提高和酒质等级提升，具有绵柔舒爽的特点。

表 4-6　　新工艺与传统工艺蒸粮的效果比较

蒸粮方法	糊化度/%	蒸粮质量	出酒率/% （以酒精度 56%vol 计）	成品酒质量
传统（Ⅰ）	100	粮粒不均匀，糯米、大米整粒部分结构受损	53.7	中等，协调性差
传统（Ⅱ）	87	大米整粒结构破坏，发黏	51.4	中等，酸度高
新工艺（Ⅰ）	100	粮粒形态维持且均匀，柔熟一致	59.2	优级，诸味协调，香气幽雅
新工艺（Ⅱ）	100	粮粒形态维持且均匀	59.5	优级，诸味协调，香气幽雅

注：传统（Ⅰ）是各粮食单独蒸煮后再混合；传统（Ⅱ）是多粮先直接混匀后一起蒸煮。

第五章 生态化发酵与蒸馏技术

固态法白酒作为中华文化的重要组成部分,以其独特的酿造工艺和风味,在国内外市场上享有盛誉。白酒行业的生态化发酵与蒸馏技术,是白酒生产过程中的两个核心环节,它们共同决定了白酒的品质与风味。在探索生态化发酵的道路上,科研人员不懈追求更为环保且高效的发酵新技术。他们通过精心优化发酵条件,巧妙引入微生态发酵技术与智能监控系统,泸州老窖建成国内顶尖自动化酿酒车间、桂林三花股份有限公司推出米香型白酒智能酿造工程等。"数智化"升级成就中国白酒产业全链条低碳高效的"制造之绿",实现了对发酵过程的精细调控,从而确保了酒质的稳步提升。这一系列创新举措不仅极大地丰富了白酒的风味层次,还有效降低了废弃物的生成,减轻了环境污染,为白酒产业的绿色发展奠定了坚实基础。而在蒸馏技术领域,固态减压蒸馏与原酒二次蒸馏等前沿技术正逐步展现其独特魅力。可以降低蒸馏温度,减少风味物质的损失,提高原酒的品质。原酒二次蒸馏技术,则通过对初次蒸馏所得原酒进行深度提纯,使白酒的酒质更纯净安全、口感更加醇厚、香味更加浓郁。同时,这些高效的蒸馏技术与设备的应用,也显著降低了能源消耗与废弃物排放,提升了资源利用效率,为白酒产业的可持续发展注入了强劲动力。展望未来,随着消费者健康与环保意识的日益增强,智能化技术等新质生产力正以前所未有的速度涌入白酒行业,为产业的转型升级提供了无限可能。

第一节 复合香型白酒发酵技术

随着白酒产能偏高,消费者对产品的品质的追求逐渐朝着个性化方向发展,复合型白酒受到市场的追捧,酿酒企业应对市场需求变化而不断开发出复合香型白酒。多粮发酵和不同香型酒勾调等复合香型白酒生产工艺不断创新,复合香成分分析及其形成机理的研究也在不断深入,复合香型白酒产品质量日趋完善,赢得了消费者的青睐。

一、复合香型白酒概述

(一)白酒香型

1. 白酒香型的分类

白酒分类方法多种多样,其中比较典型的有按香型分类。香型的出现可分为三个阶段:第一个阶段为白酒五种香型。20 世纪 70 年代末,通过全国名优酒协作会和 1979 年第三届全国评酒会，正式提出和确立了浓香、酱香、清香和米香四大香型白酒，并将不属于浓香、酱香、清香和米香四种香型范围的白酒列为其他香型，即最初认定的白酒五大香型为浓香型、酱香型、清香型、米香型和其他香型。第二个阶段为白酒十大香型。20世纪80年代的第四届和第五届全国评酒会上，将酿制工艺、香气组分、风格特征独特的兼香型、药香型、凤香型、特香型、芝麻香型和豉香型六种白酒从其他香型中分离独立，陆续制定出了各自的产品标准，在四大香型白酒基础上形成了十大香型白酒。第三个阶段为白酒十二大香型。进入21世纪前后，随着白酒产品销售地域性范围的扩大与满足个性化消费需求，老白干香型和馥郁香型白酒再次被认定，成为目前白酒常说的12种香型，即浓香型、酱香型、清香型、米香型、兼香型、药香型、凤香型、特香型、芝麻香型、豉香型、老白干香型和馥郁香型。

2. 白酒香型之间的关系

白酒以四种基本香型为基础，目前十二种白酒香型之间的关系如图5-1所示。

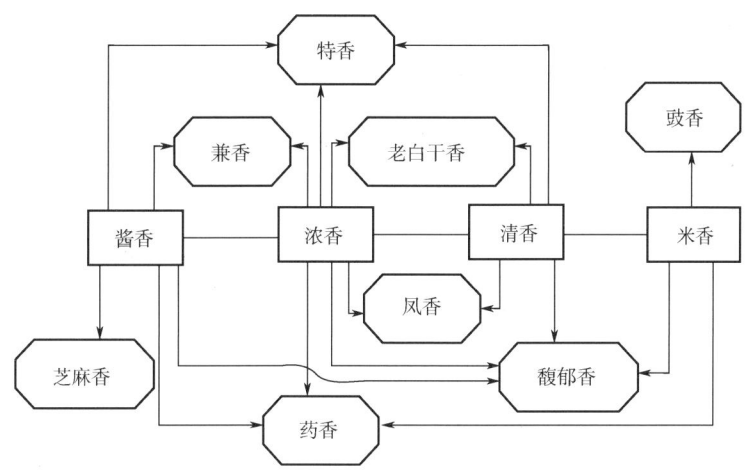

图5-1　十二种白酒香型之间的关系

（二）复合香型白酒

复合香型白酒源于20世纪70年代的其他香型白酒，并不断发展与完善。复合香型白酒是指以清、浓、酱、米四种香型为基本香型，由其中两种或两种以上的基本香型复合所派生出的白酒，具有生产工艺多样性、香气多类型、风味多层次的特征。如清香和浓香两种基本香型复合而成的陕西西凤酒股份有限公司西凤酒、湖南湘窖酒业有限公司开口笑龙凤酒，香气清而不淡、浓而不酽，酒体风格兼具清香、浓香的特征；清香、浓香与酱香三种基本香型复合而成的江西四特酒有限责任公司四特酒、山东景芝酒业股份有限公司景芝白干，香气清、浓、酱兼备，酒体谐调、和谐纯净；清、浓、酱、米四种基本香型复合而成的湖南酒鬼酒股份有限公司酒鬼酒、江西李渡酒业有限公司李渡高粱酒，香气融清、浓、酱、米的多种香味成分于一体，风格独特。

(三)复合香型白酒特点

1. 复合香型白酒生产工艺

复合香型白酒典型风格的形成取决于独特的生产工艺,是两种或两种以上香型香味的有机融合。复合香型白酒的生产工艺可分为两种:

(1)一步法的发酵生产工艺 把两种或两种以上香型白酒的发酵技术的精华集于一身,主要体现在制曲工艺、酿造工艺和发酵设备的设计等方面博采众长,科学地融为一体,从而生产出独立香型的白酒。采用此法生产的白酒有西凤酒、白云边酒、四特酒、酒鬼酒、景芝白干酒、李渡高粱酒等。

(2)两步法(或多步法)的多香型勾调工艺 先生产出单一香型酒醅或酒,然后在蒸馏工序、勾调工序统一,采用多香型勾兑、调味技术,在产品主体香之外科学添加其他香型白酒的精华,改善产品的香气和口味,形成风格独特的白酒。采用此法生产的白酒有董酒、开口笑龙凤酒、玉泉酒、双雄醉酒等。

2. 酿造工艺特点

复合香型白酒酿造工艺特点见表5-1。

表5-1　　　　　　　　复合香型白酒酿造工艺特点

白酒香型	代表产品	工艺要点	工艺特点
凤型	西凤酒	高粱 偏高温大曲 酒海	混蒸混糟,老六甑工艺(窖池内有3甑大楂、1甑小楂、1甑回糟共5甑,再加1甑丢糟)
兼香型	白云边	高粱 高温大曲 陶坛	"酱中带浓"采用高温闷料、高比例用曲、高温堆积、3次下料、9轮次发酵(每轮30d)、香泥封窖等工艺。"浓中带酱"是混蒸续糟发酵60d,采用酱香、浓香分型发酵产酒,分型贮存再勾调;也有酱浓香醅串蒸
药香型	董酒	高粱 小曲、大曲 陶坛	川法小曲酒工艺制小曲,糟醅蒸馏取酒或取糟醅直接与香醅串蒸;香醅是小曲酒糟、大曲酒糟和大曲未蒸酒的香醅混合加大曲再发酵制成
豉香型	玉冰烧酒	大米 酒饼 埕或瓷砖贴面 水泥池或金属罐	采用浓醪发酵(料水比为1:1.3~1.4);釜式蒸馏得斋酒[31%vol左右],斋酒沉淀20d左右,泵入浸肉池,肥肉酝浸30d左右,再过滤勾调
特型	四特酒	大米或高粱大米 中温大曲 陶坛	大米与酒醅混蒸,采用续糟混蒸四甑操作法,第1甑头糟不加粮,第2甑、第3甑为大糟,二糟加入新料,第4甑蒸酒后作丢糟
芝麻香型	景芝白干	高粱为主,麸皮玉米; 中温大曲、高温大曲、强化菌曲、陶坛	大米与酒醅混蒸,采用续糟混蒸四甑操作法,第1甑头糟不加粮,第2甑、第3甑为大糟,二糟加入新料,第4甑蒸酒后作丢糟

续表

白酒香型	代表产品	工艺要点	工艺特点
老白干型	衡水老白干	高粱 中温大曲 陶坛	采用续糟混烧老五甑工艺，发酵期短，出酒率达50%以上，贮存期为3~6个月，入库酒度高［≥67%vol］
馥郁型	酒鬼酒	高粱或多粮 根霉曲 偏高温曲 陶坛	浓、酱、清香型工艺融合，清香小曲与浓香大曲巧妙结合。原料除玉米要适当粉碎外，其余为整粒，经浸泡、清蒸后，加小曲糖化，大曲发酵，清蒸清烧

3. 微量成分含量

复合香型白酒微量成分含量见表5-2。

表5-2　　　　　　　　　　复合香型白酒微量成分含量　　　　　　　　单位：mg/1000mL

成分名称	董酒	白云边酒	西凤酒	景芝白干	四特酒	玉冰烧	衡水老白干	酒鬼酒
乙酸乙酯	150.0	127.8	122.0	95.0	109.4	27.42	147.8	122.4
丁酸乙酯	24.9	25.9	3.9	17.9	3.2	—	0.70	20.6
戊酸乙酯	3.9	—	—	—	—	—	—	6.3
己酸乙酯	34.5	71.6	23.0	32.4	25.0	少量	0.9	107.3
乳酸乙酯	96.1	126.3	42.5	57.2	204.4	13.10	197.9	61.5
乙醛	27.5	58.6	19.6	20.3	4.3	3.39	23.0	30.8
乙缩醛	37.4	57.6	80.0	16.3	23.2	—	41.1	37.3
糠醛	10.0	15.0	0.4	50	7.2	—	—	2.9
甲酸	3.2	2.5	1.6	1.1	9.5	1.36	0.8	—
乙酸	132	59.3	36.1	46.6	73.0	30.96	37.7	91.9
丙酸	20.6	5.6	3.6	2.1	16.1	少量	0.7	4.0
丁酸	46.2	11.4	7.2	6.9	22.9	少量	0.9	14.7
戊酸	9.7	1.3	1.9	—	4.0	少量	1.5	3.9
己酸	31.1	13.4	7.2	7.8	7.2	0.85	1.8	56.2
乳酸	48.7	44.2	1.8	5.2	158.5	7.08	7.4	38.0
正丙醇	12.2	77.4	18.3	170.7	189.6	17.67	37.8	30.0
仲丁醇	41.0	11.5	2.2	8.8	14.1	—	2.9	7.4
异丁醇	49.2	22.5	22.5	19.4	20.8	23.3	18.4	17.9
正丁醇	13.3	11.7	9.5	15.5	3.9	1.72	0.7	13.7
异戊醇	104.8	65.2	61.1	63.2	45.2	77.6	47.2	38.0

（四）香型融合白酒发酵工艺

1. 多粮复合兼香型白酒生产工艺

（1）工艺流程　多粮复合兼香型白酒生产工艺流程如图5-2所示。

（2）工艺特点　采用以大米为主要原料，高粱、小麦、麸皮等为辅料，以中温大曲、高温大曲和芝麻香曲为糖化发酵剂，采取堆积润料、多微共酵、香醅循环发酵等工艺，把高粱的香醇、大米的甜净、微生物发酵产生的香味物质有机融合，生产的原酒具有窖香、焦香和类似芝麻香等复合香气，并具有多粮风味。经过分级贮存、勾兑和调味，使产品具有窖香幽雅，入口醇甜柔绵、落口爽净，酒体谐调的典型风格。

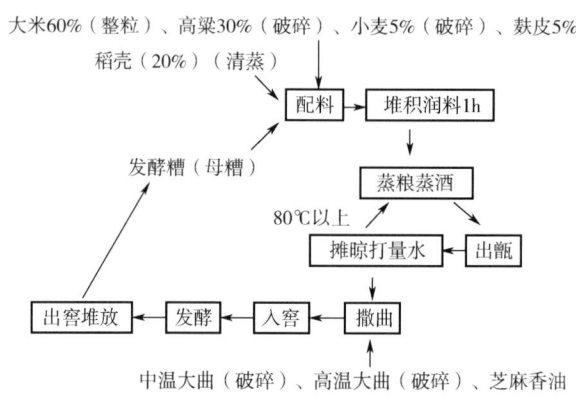

图5-2　多粮复合兼香型白酒生产工艺流程

2. 清兼浓、米复合香型白酒生产工艺

（1）工艺流程　清兼浓、米复合香型白酒生产工艺流程如图5-3所示。

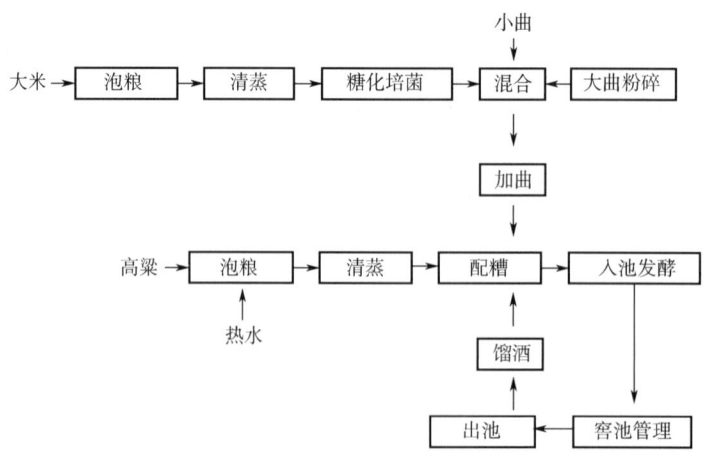

图5-3　清兼浓、米复合香型白酒生产工艺流程

（2）工艺特点　采用"中高温制曲、多粮发酵、勾调成型"的生产方法，通过小麦中高温制曲、大米糖化培菌、高粱清蒸、配糟加曲、多粮发酵、窖底加浓香型窖泥、延长发酵期及麻坛贮存等新工艺，形成一套清兼浓、米复合香型生产工艺，按此工艺酿造

出的清兼浓、米复合香型白酒感官特征有别于传统清香、浓香和米香型白酒，具有乙酸乙酯、己酸乙酯和β-苯乙醇为主的复合香气，酒体浓香淡雅、绵甜纯净、入口柔和、后味爽净，风格独特。

二、湘产浓酱兼香型白酒酿造关键技术

邵阳学院生态酿酒新技术与应用重点实验室坚持面向酿酒企业，深入开展产学研合作，联合湖南湘窖酒业有限公司、长沙市食品药品检验所等单位，围绕浓酱兼香型白酒酿造关键技术进行攻关，主编余有贵主持的合作成果"湘产浓酱兼香型白酒酿造关键技术研发与产业化应用"荣获 2022—2023 年度湖南省科学技术进步奖三等奖。下面以该技术成果为例，介绍湘产浓酱兼香型白酒酿造关键技术的具体情况。

（一）技术特点

该技术成果以产品为导向，以工艺创新为突破口，解决了浓酱兼香型白酒开发中影响酒质的关键问题，开发出了具有市场影响力的湘窖系列酒产品。其突出的技术特点体现在：①提前分离窖池黄水，提升浓香基酒和产品的饮后舒适度；②黄水"浸泡—清蒸—干燥"预处理稻壳，提高基酒纯净度；③基于风味导向的靶向调控技术，使浓酱兼香型系列产品风格独特。

（二）技术原理

1. 窖池黄水提前分离技术

传统浓香型白酒采用固态续糟发酵法生产，黄水是发酵期间逐渐渗于发酵窖池底部的棕黄色酸性液体，酸度高、杂味物质多。窖池黄水提前分离技术，旨在动态控制发酵过程中黄水量，降低窖池酒醅微生态环境的酸度，减少酒醅中影响浓香型白酒风味的物质，实现优质高产，提升浓香基酒和产品的饮后舒适度，利于下排配料。

2. 黄水"浸泡—清蒸—干燥"预处理稻壳技术

稻壳作为白酒生产的辅料，在酿酒中主要起疏松透气的作用，但也会给白酒带来邪杂味。采用黄水"浸泡—清蒸—干燥"预处理稻壳技术，旨在改善稻壳特性，降低发酵过程中糠醛生成量，减少稻壳的碱金属及糠粉杂质，不仅实现副产物黄水的高值化循环利用，而且提高了基酒纯净度。

3. 基于风味导向的靶向调控技术

（1）陶坛储存过程微量金属元素诱导白酒陈酿风味形成机制　在陈化过程中，酸类物质递增，增加了酯类物质的含量，白酒中游离态的金属离子对酯类的水解具有一定的催化作用，从陶坛迁移出来的金属离子在白酒风味形成过程中也体现了重要的调控作用。

（2）优化酒体设计与制定浓酱兼香型白酒质量标准　为适应消费需求，立足企业酿酒实际情况进行的酒体设计，精选浓香型基酒为主、酱香基酒为辅进行勾调，采用复合调味酒调味，优化配方与制定产品标准，从而推动产品结构调整和质量升级。

（三）技术方案

湘产浓酱兼香型白酒酿造技术方案路线图如图 5-4 所示。

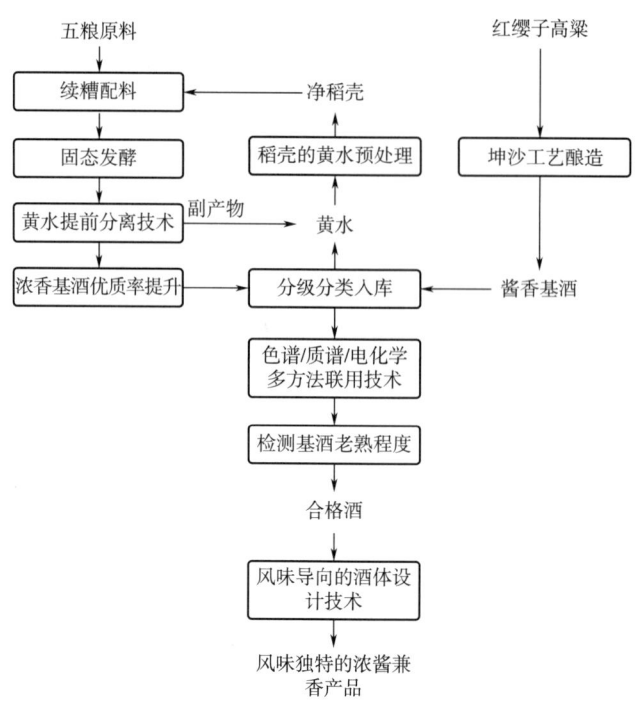

图 5-4 湘产浓酱兼香型白酒酿造技术方案路线图

（四）技术要点

1. 窖池黄水提前分离技术

在常规窖底一角挖一个坑，低于窖底预埋一个 0.7cm×0.4cm×0.4cm 的不锈钢贮水器，酒糟入窖时将直径 8mm 的不锈钢管同步预埋在窖内，不锈钢管的窖内端连接贮水器，窖外端口采用硅胶软管和钢夹密封。从发酵的第 40 天开始，采用自制专用手压泵在预埋管的窖外端口处将窖内黄水直接抽入专用黄水箱，从而实现在酒糟入窖发酵周期内提前动态分离黄水。该技术使窖内上、中、下酒醅均处于固态发酵状态，控酸保氧，防止酿酒有益菌早衰自溶，降低酒醅中有害风味成分的过度积累，增己降乳实现浓香型基酒风味主体酯类物质比例协调，从而提高基酒酒体纯净度，增加优质酒率。通过研究黄水不同发酵时间点的微生物、理化指标和挥发性代谢物成分的变化以及相关性，旨在揭示黄水发酵过程中风味物质的来源以及形成机制，进而提升白酒酒质。结果表明乳酸菌属为黄水整个发酵时期的优势菌属，真菌属为热曲霉菌属、曲霉菌属和念珠菌属；脂肪酸、有效磷和氨氮等理化指标是影响黄水微生物群落演替的主要因素。非靶向代谢组学分析得到 300 个挥发性代谢物，筛选出 VIP（变量重要性投影值，Variable importance in the projection）>1.0 或 P（概率值，Probability value）<0.05 的 29 个代谢物质，包括还原糖、氨基酸、脂肪酸、醇类、酯类和胺类，这些特征主要与乳酸杆菌、热霉菌、*Wickerhamomyces* 和 *Kazachstania* 的氨基酸和糖代谢相关。较优的黄水提前移除时间为酒糟入窖发酵的第 40 天，提前移除黄水，降低了新酒中高级醇、乙醛、糠醛含量，达到提高新酒酒体纯净度和防止窖泥退化的良好效果，优质酒率从 17.09% 提升至 22.54%。

2. 黄水"浸泡—清蒸—干燥"预处理稻壳技术

黄水预处理稻壳技术提升浓香基酒酒质的工艺流程如图 5-5 所示。在缸中用黄水"浸泡"稻壳,稻壳处于窖池发酵过程与黄水接触的环境,一方面,利用黄水中微生物作用,降低稻壳硬度,提高其骨架结构弹性;另一方面,稻壳充分吸收黄水中有机酸,加速细胞壁中多缩戊糖水解、脱水生成糠醛。随后,稻壳经离心脱水后,入甑"清蒸",底锅清水产生蒸汽穿过甑桶中稻壳层,雾沫夹带作用将稻壳中农残成分、重金属、杂味成分、粉尘以及生成的糠醛等物质进一步分离排出,不影响稻壳疏松剂用途的前提下,提高纯粮固态发酵白酒的安全性和酒质。在料液比为 1∶15、料液 pH 为 3.2、浸泡温度为 60℃、浸泡时间为 6d 条件下,使得糠粉杂质含量减少 2%~4%,潜在的糠醛生成量减少 70%~80%。

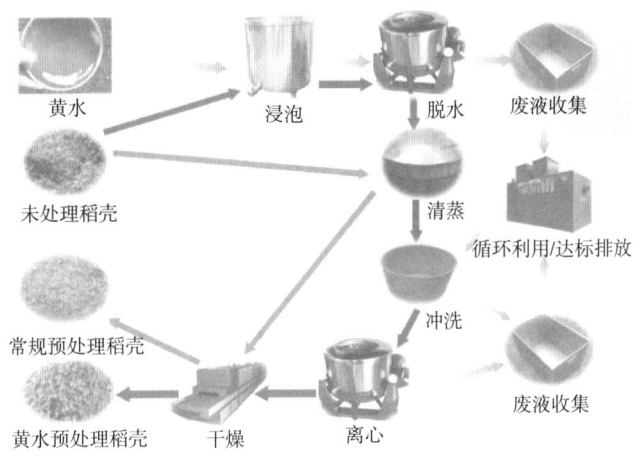

图 5-5　黄水预处理稻壳技术提升浓香基酒酒质的工艺流程

3. 基于风味导向的靶向调控技术

以浓酱兼香型中高档红钻湘窖白酒产品为例,采用单因素与多因素相结合的试验设计方法,利用不同年份浓香型、酱香型基酒(5年、6年、8年、10年)与复合调味酒进行酒体勾调与工艺研究,进而优化勾调配方与制定产品标准。在单因素试验研究的基础上,采用正交试验设计对浓酱兼香型白酒配方进行优化,得到该产品的最优配方为:浓酱基酒比例 7∶3,不同年份浓香型基酒(3年∶5年∶8年)比例 8∶1∶1,不同年份酱香型基酒(3年∶5年∶8年)比例 7∶2∶1,复合调味酒用量 0.6%,产品具有无色或微黄、清亮透明、浓酱谐调、幽雅馥郁、细腻丰满、回味爽净、浓酱兼香风格典型的感官特征。在混调与风味控制技术的基础上,制定了浓酱兼香型白酒产品标准。

(五)应用效果

1. 成果在湖南省省内外企业推广应用

成果在湖南湘窖酒业有限公司、四川金六福酒业有限公司等企业推广应用,产生了良好的经济效益、社会效益和生态效益。其中在湖南湘窖酒业有限公司的推广应用中,开发了浓酱兼香型系列产品 4 个:要情酒、红钻湘窖酒、开口笑 16、尊享版封坛酒,其中红钻湘窖酒荣获2018年比利时布鲁塞尔国际烈性酒大奖赛大金奖（图5-6）。湖南湘窖酒业有限公司在2019—2021年的三年中新增销售总额54029万元,新增利润总额为5174万元,并带动当地粮食种植、玻璃制品、印刷包装、物流等相关产业的发展与增收。

图5-6 湘窖酒业浓酱兼香型白酒两款代表性产品

2. 技术成果达到国内领先水平

2022年11月30日,湖南智丰众创企业管理咨询有限公司组织专家对"湘产浓酱兼香型白酒酿造关键技术研发与产业化应用"科技成果进行线上会议评价,以罗惠波、黄明泉、林亲录、蒋立文、李高阳五位教授（研究员）组成的评价专家组审阅了资料,听取了项目完成单位汇报,经质询和讨论,形成了主要评价意见：项目在酿酒工艺改进、基酒提质、副产物循环利用等方面进行技术创新,开发了系列特色浓酱兼香白酒新产品,其主要技术创新点如下：①采用糟醅入窖发酵第40天的黄水提前分离工艺,能显著提高优质酒率,降低基酒中高级醇含量、乙醛含量,达到了增强入口协调性及饮后舒适度的效果。②创建了黄水浸泡、清蒸、干燥的稻壳预处理新工艺,显著减少了基酒中的糠醛含量,有效提高了基酒酒体的纯净度,开拓了黄水利用的新途径。③创建了浓酱兼香型白酒风味导向的靶向调控技术,开发了清亮透明、浓酱谐调、回味爽净、风格典型的系列新产品,深受消费者青睐。该项技术成果创新性显著,居国内研究的领先水平。

第二节 浓香型白酒发酵新技术

浓香型白酒发酵技术不断创新,提高酒质和出酒率是主要方向。采用混糟入窖技术充分利用糟醅中的残余淀粉和香味物质,应用复式发酵技术调整酒中微量成分比例,以及减少发酵过程杂味的产生,实施"双轮底"发酵工艺增加香味物质浓度等,这些技术共同作用于浓香型白酒的生产过程,可有效提升酒质并增加出酒率。

一、"一清到底"发酵技术

针对传统浓香型白酒酿造中存在的质量和出酒率难以控制的问题，李家民的发明专利《一种酿造浓香型白酒的"一清到底"工艺》（专利号：ZL200510020564.2，获得授权日期：2007-10-17）提供了一种新技术，其目的在于为浓香型白酒生产厂家提供一种出糟前能清尽窖内黄水的发酵窖，以及在这种发酵窖中使用既能提高基础酒质量和产量，又可降低生产成本的酿造浓香型白酒的"一清到底"新工艺。下面介绍"一清到底"发酵技术的具体情况。

（一）技术特点

1. 黄水抽取省时省力

与酿制浓香型白酒传统工艺中抽取窖内黄水的方法不同，该发明中在窖池底设置专用黄水坑及配套的抽取坑内黄水设备，在不开窖情况下，可预先抽尽窖内黄水，将出窖糟醅的酸度、水分降至合适范围内，为蒸馏环节提高蒸馏效率和下一发酵周期的优质发酵奠定了良好的基础，同时也大大降低了工人的劳动强度，这是传统工艺去除黄水不可比拟的。

2. 谷壳清选清蒸提高酒质

与传统工艺中清蒸辅料工序不同，该发明中的清选辅料工序，除要对辅料-谷壳清蒸还要进行筛选，既可除掉谷壳内的多缩戊糖和生糠味，又能保证与续糟拌和的疏松度，大大减少了谷壳用量，使基础酒的糠醛含量和感染糠腥味的概率大大降低，提高了基础酒的口味质量和卫生质量。

3. 清水蒸馏取酒减少杂味

与传统工艺中的蒸馏取酒工序不同，该发明中的蒸馏取酒是"清水蒸馏取酒"，特点是在浓香型白酒蒸馏过程中，底锅中使用的是洁净的清水，由蒸汽加热清水至沸腾而产生的二次清水蒸气进行蒸馏分段取酒，在蒸馏中不用往底锅内加入尾酒和黄水进行回蒸，从而保证了基础酒中微量成分比例协调，避免了基础酒感染异杂味，减少了酒精的挥发损失，大大提高了酒质。

4. 续糟清楚分层节约资源

该发明工艺中，从剥窖皮泥取酒醅出窖至酒糟拌曲入窖发酵的全部工序的操作过程，都执行"清楚分层"的工艺原则，即是：将完成一个发酵周期的酒醅，按一甑量为单位，由上至下分甑出糟，分甑堆放，将需要作为下一发酵周期的"续糟"的酒醅，依照上一发酵周期的这些酒醅在窖池中所处的醅层位置，按自下而上的顺序分甑润粮、分甑蒸馏、分甑降温拌曲药后，再依此顺序分甑入窖，使糟醅在下一发酵周期在窖池内的糟层位置，都回到了在上一个发酵周期在窖池内所处糟层的位置，即上一发酵周期最底层的糟醅，在下一发酵周期仍回到最底层糟的位置，上一发酵周期的倒数第二甑糟醅，在下一发酵周期仍回到倒数第二甑糟醅的位置，依此类推，最终，每一发酵周期挤出作为"丢糟"的都是些质量普通的糟醅，而保留下来用作发酵的都是优质的糟醅。

(二)技术原理

浓香型白酒的"一清到底"工艺是在传统工艺基础上,通过对辅料清蒸、酒糟入窖、黄水抽取、蒸馏取酒等生产环节进行改革与创新而形成的。该工艺的核心为润粮时"清选谷壳"、出入窖时"清楚分层"、取醅前"清尽黄水"、馏酒时"清水蒸馏"。开窖取醅、润粮拌和、蒸馏取酒、酒糟入窖,均以一甑量为单位按先后顺序进行。优点是可降低工人劳动强度、节省原料、提高酒质。

(三)工艺流程

浓香型白酒的"一清到底"生产工艺流程如图5-7所示。

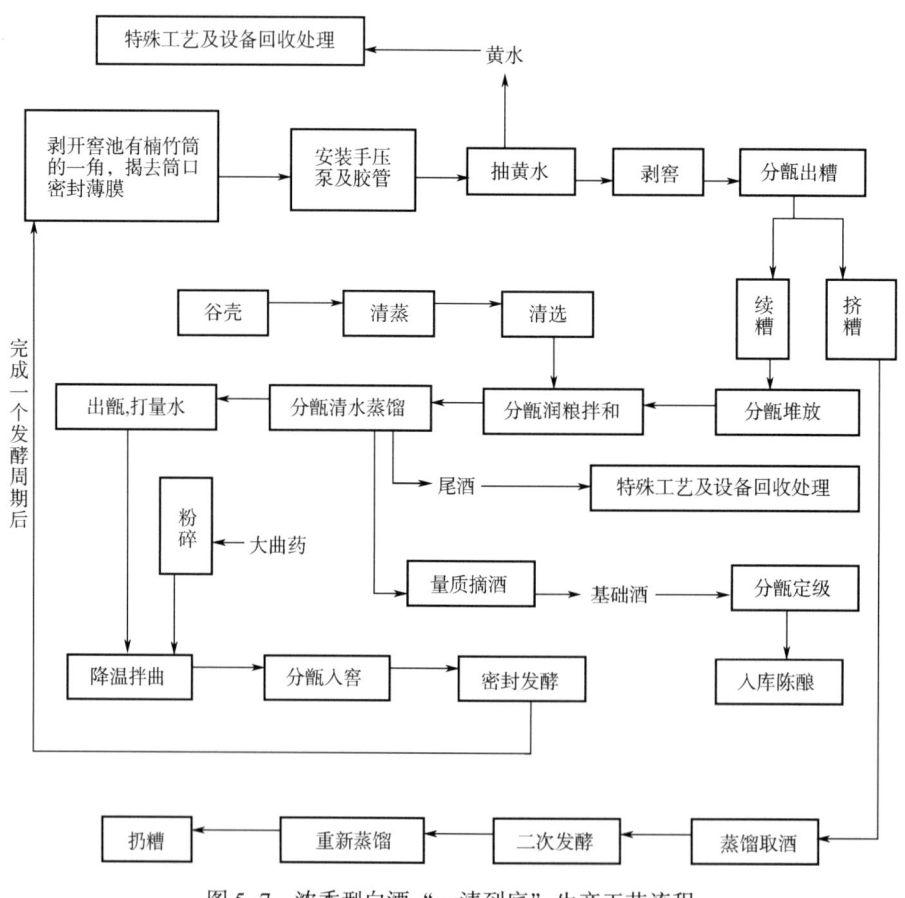

图5-7 浓香型白酒"一清到底"生产工艺流程

(四)技术要点

1. 窖池黄水坑的挖建

在发酵窖池底部靠墙处挖黄水坑,其长度为45~55cm、宽度为32~38cm、深度为25~35cm;黄水坑内壁镶砖。

2. 黄水抽取装置的预设

黄水坑的坑口盖板为带渗漏缝隙中心开孔的篾笆；从盖板孔中插入一根耐腐蚀空心管道，其长度等于窖池深度，下端置于坑底、上端露出窖顶，下端斜切口为底端与地面倾斜度≥60°。酒糟入窖时，将竹筒管道上端封口。

3. 清尽窖内黄水的方法

完成一个发酵周期的发酵窖，将其置有管道一角的封窖黄泥剥开，露出管道上端，取掉封口，然后往管道内插入一根至管底的吸管，通过与该吸管另一端连接的泵来抽取黄水，在剥窖皮泥工序前可达到清尽窖内酒醅所含黄水的目的。

4. 辅料谷壳的预处理

在续糟润粮拌和工序中，酒醅与新粮按比例混合后，所需要拌入的谷壳为经过清蒸和清选后粒径大于1mm的粗粒谷壳。

5. "清水蒸馏"取酒

在分甑清水蒸馏工序中，底锅中所用洁净清水的量，以淹没蒸汽出口管5cm为准。

（五）实施效果

（1）投入成本低、效益明显　实施本工艺初，需新投入的费用大致包括黄水坑制作人工费用、耐火砖、楠竹筒、胶管、手压泵的材料费和辅料清选设备的制作及材料费，每一窖池均摊费用在30元左右。

（2）操作简单、容易实施和推广　由于所涉及的材料、设备都极其普通，容易制作，且操作过程简便易学，容易为一般的专业技术人员所掌握，极易在同行业中推广普及。

二、酶菌曲混用的回糟发酵技术

针对浓香型白酒生产中回糟酸度大、酒质差、出酒率低的问题，主编余有贵团队采取了排酸预处理与添加糖化酶、活性干酵母菌和大曲进行发酵的新技术，取得了良好的效果。下面以主编余有贵团队在湖南湘窖有限公司的回糟发酵新技术的科学研究与生产实践为例，介绍该技术的具体情况。

（一）技术特点

采用"热水喷淋洗糟降酸，结合减曲、加糖化酶、用AADY"新技术对回糟进行发酵，用"热水喷淋洗糟降酸"新工艺替代传统的"蒸汽加热排酸"工艺。事先准备60~70℃的热水，接酒完毕后，关闭汽源，打开甑底阀，开始打热水降酸，打水速度不宜过快，尽量喷洒均匀，热水喷淋洗糟后入窖糟的酸度控制在1.6~2.0度，打完水后滤水即可出甑。该方法能提高出酒率，降低生产成本，而酒质较传统工艺没有显著变化。

（二）技术原理

常规的回糟入池酸度达到2.4~2.8度，因为回糟含有甲酸、乙酸、乳酸、丁酸等有机酸，沸点均在100℃以上，在较短的时间内靠传统的"蒸汽加热排酸"工艺难以达到要求的酸度。利用回糟中有机酸溶于水的特性，采用"热水喷淋洗糟"新工艺能将回糟中的有机酸冲洗掉，因而可使回糟入窖酸度降到2.0度内。因此，就降酸效果而言，"热水洗糟降酸"新技术优于传统的"蒸汽加热排酸"工艺，能将回糟的入窖酸度控制在正常要求的范围内。这样，回糟适宜的酸度优化了酶制剂作用的条件，创造了有利于大曲中有益微生物生长和发酵的环境。利用酶的高效专一性和纯种酵母菌发酵力强的特性，在回糟中添加糖化酶和ADDY，对回糟进行强化发酵，因而能有效地降低丢糟中的残淀粉含量（降至6.3%左右），能大大地提高回糟的产酒量。采用"热水洗糟，减曲、加糖化酶、用ADDY"的新工艺对回糟进行酿酒，与传统回糟酿酒工艺"蒸汽加热排酸，加大曲粉发酵"相比，回糟产酒量提高了30kg/甑以上。同时，新技术发酵回糟与传统工艺相比，在适当减少大曲用量的基础上，将糖化酶和活性干酵母菌应用到回糟发酵中来，既能实现糖化酶将淀粉水解成可发酵性糖，再进一步由活性干酵母菌经糖酵解途径转变成酒精的主要目的，又能达到利用大曲中微生物种类丰富的特点发酵形成多种风味物质的目的，也就是说，将添加经纯种培养的优势菌种或酶制剂与大曲"野生多微"有机地结合起来，在优化了发酵酸度的条件下，充分发挥有益微生物和酶制剂的作用，结果不仅提高了回糟的产酒量，而且没有改变所产酒的质量。

（三）工艺流程

热水喷淋洗糟降酸的回糟发酵生产工艺流程如图5-8所示。

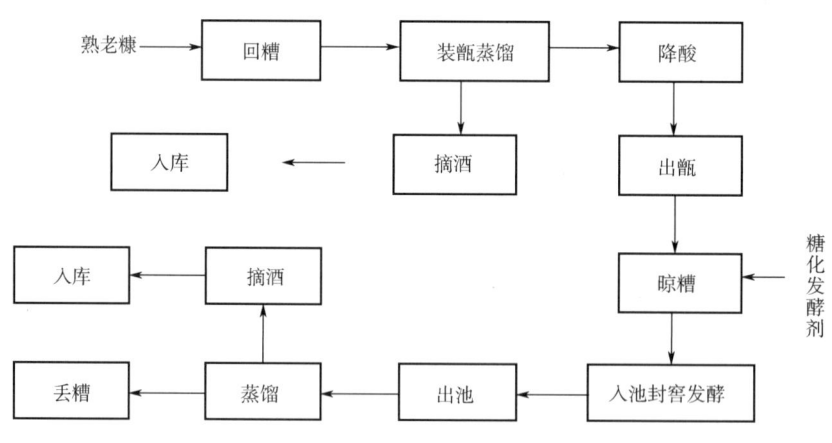

图5-8 热水喷淋洗糟降酸的回糟发酵生产工艺流程

（四）技术要点

1. 原辅材料处理

老糠使用前必须进行清蒸，时间要求是圆汽后清蒸45min，出甑后摊晾至室温待用，48h内未用完的剩糠需返甑重蒸后再用。

2. 揭窖、出池、拌料

（1）用铁铲将窖皮泥划为若干方块，剥开并抹去泥块上的糟醅，扫尽窖周围的颗粒泥块，并全部运到和泥场。

（2）起窖时速度要尽量快，由上至下一层一层地起糟至糟盆或运糟车里，且必须拍紧拍好，以防途中撒落。

(3) 根据糟醅含水量情况，加入适量糠壳进行拌料（约25kg/甑），要求拌和均匀。

3. 装甑

(1) 装甑前需整理好笼布，搞好锅底卫生，放足干净的底锅水，使其盖住蒸汽管，使用二次蒸汽，在甑底撒熟糠壳一层。

(2) 装甑时，气压为0.03~0.04MPa，轻撒匀铺，探气上甑，装平装匀，控制装甑时间在30~40min。

4. 馏酒

(1) 在蒸馏酒过程中，气压控制在0.04MPa以下，遵循"缓火蒸馏"的原则，流酒速度：3.0~4.0kg/min，流酒温度不大于30℃。

(2) 看花接酒，入库酒酒精度不低于60%vol。

5. 降酸

(1) 降酸 事先准备足够60~70℃热水，接酒完毕后，关闭汽源，打开甑底阀，开始打热水降酸，打水速度不宜过快，尽量打均匀；用水量根据母糟酸度的高低适当调整，冬季300~400kg/甑，夏季500~600kg/甑，其他400~500kg/甑；对入池糟进行化验，使糟的酸度为1.6~2.0；打完水后滤水20min即可出甑。

(2) 将糟醅均匀撒在晾糟板上，开风前必须将糟醅拉平，不得闷堆，摊晾。

(3) 待糟温降到35℃时，将糖化发酵剂（大曲粉用量为10kg/甑；糖化酶用量1.5kg/甑，使用前加30℃左右的温水10kg，拌和均匀后浸泡1h，溶液质量计入量水中；活性干酵母菌用量0.5kg/甑，使用前加30~35℃的2%蔗糖溶液10kg，活化1.5h，溶液质量计入量水中）加到糟醅中，翻拌均匀，当温度降至26~30℃时即可入池。

6. 入池、封窖

(1) 酒糟入窖 每甑入窖的糟入窖后要立即拉平，四周踩紧，中间适度踩紧、整理好、撒上一层熟谷壳后，准备封窖。

(2) 封窖 用铲子将拌好的窖皮泥一铲接一铲地堆放在已入糟完毕的窖池顶部，窖皮泥封窖厚度不低于15cm 整理好窖帽的形状并拍紧，保证窖帽厚度均匀、密封良好。

（五）应用效果

1. 新技术对降低回糟酸度的影响

对不同班组生产的回糟采用"热水洗糟降酸"新工艺与传统的"蒸汽加热排酸"工艺处理，它们的降酸效果见表5-3。

表5-3　　　　　　　　新技术与传统技术在回糟降酸上的效果比较

班别	出窖母糟酸度	拌糠母糟酸度	蒸汽加热排酸工艺		热水洗糟降酸工艺	
			糟出甑酸度	统计结果	糟出甑酸度	统计结果
7	3.3	3.1	2.6	2.5[a]	1.9	1.9[b]
5	3.5	3.2	2.7	—	2.0	—
3	3.0	2.9	2.3	—	1.8	—
1	3.2	2.9	2.5	—	1.9	—

注：两列统计结果中上标有不同小写字母，表示两者差异显著（$p<0.05$）。

(1) 热水洗糟降酸工艺与传统降酸工艺的降酸效果相比，回糟的酸度之间差异显著（$p<0.05$）。

(2) 采用蒸汽加热（30min）排酸工艺处理回糟，回糟的平均降酸率为19%；而热水洗糟降酸工艺处理回糟，回糟的平均降酸率达到了43%，能将回糟的入窖酸度控制在正常要求的范围内。

2. 新技术对发酵产酒的影响

(1) 新技术对回糟发酵主要指标的影响　回糟经新技术和传统工艺处理、发酵一个周期后，酒醅在发酵前后的主要理化指标的变化和产酒量的结果见表5-4。

①回糟在发酵前后的水分、酸度、淀粉浓度和酒度均有显著影响（$p<0.05$）。

②回糟发酵后的丢糟酒产量之间差异显著（$p<0.05$）。

③新技术的淀粉出酒率达到59%，而传统工艺的淀粉出酒率约为30%。

表 5-4　新技术与传统工艺影响回糟发酵主要指标的结果比较

测定指标	传统工艺发酵回糟			新技术发酵回糟		
	入池	出池	变化值的统计结果	入池	出池	变化值的统计结果
水分	60.5	58	2.5 ± 0.1^b	62.6	59	3.60 ± 0.2^a
酸度	2.6	3.2	0.6 ± 0.1^b	1.9	3.0	1.1 ± 0.2^a
淀粉浓度	10.5	8.3	2.2 ± 0.2^b	10.6	6.3	4.3 ± 0.3^a
酒度	0	1.0	1.0 ± 0.2^b	0	2.3	2.3 ± 0.2^a
产酒量	—	—	30.7 ± 0.5^b	—	—	61.9 ± 0.6^a

注：以上数据均为9个窖池的平均值，两列统计结果的同行中上标的不同小写字母表示差异显著（$p<0.05$）。

(2) 新技术对丢糟酒感官品质的影响　新、老工艺发酵的回糟酒醅经蒸馏取酒后，各自丢糟酒的感官品质评价见表5-5，新技术与传统工艺所产丢糟酒的感官质量等级之间无显著差异，均为优二级。

表 5-5　新技术与传统工艺影响丢糟酒感官品质的结果比较

发酵方式	色	香	味	风格	酒质等级
新技术	清亮透明	主体香较突出，无明显杂香	入口微甜，后味较净	风格较典型	优二
传统工艺	清亮透明	主体香较突出，无明显杂香	入口柔顺，余味欠净	风格较典型	优二

(3) 新技术对丢糟酒四大酯的影响　新、老工艺发酵的回糟酒醅经蒸馏取酒后，各自丢糟酒的"四大酯"检测结果见表5-6，①新技术和传统工艺生产的丢糟酒分别在己酸乙酯、乳酸乙酯、乙酸乙酯和丁酸乙酯的"四大酯"含量上均无显著性差异（$p<0.05$）；②新技术和传统工艺生产的丢糟酒主体香成分中乳酸乙酯/己酸乙酯也无显著性差异（$p<0.05$）。因此，新技术与传统工艺发酵回糟所产酒的质量相当，两者无显著性差异。

表 5-6　　　　　　　　新技术与传统工艺影响丢糟酒四大酯的结果比较

发酵方式	己酸乙酯	乳酸乙酯	乙酸乙酯	丁酸乙酯	乳酸/己酯
新技术	139.5±0.7	161.2±0.5	75.9±0.2	17.2±0.40	1.16
传统工艺	149.6±0.4	176.3±0.8	67.2±0.2	15.3±0.7	1.18

三、夹泥多甑双轮底发酵技术

针对浓香型白酒生产中优质基酒产量低的问题，主编余有贵团队采取了增加"活动的人工窖泥窖底"的多甑双轮底发酵新技术，取得了良好的效果。下面以主编余有贵团队在湖南湘窖有限公司进行的科学研究与生产应用为例，介绍夹泥多甑双轮底发酵技术的具体情况。

（一）技术特点

盛载了人工窖泥的楠竹零距离接触摆放，形成人工窖底，在这种人工窖底上面加入上一轮发酵好并拌入了酒曲的酒醅材料，这样可在一个窖池同时做到3甑或以上的带有窖底的酒醅，经封窖再发酵一个周期，可获得夹泥多甑双轮底酒醅。取出这些双轮底酒醅后，经蒸馏可得到多甑双轮底酒，从而达到增加特级酒的产量和提高酒质的双重效果。在每一轮生产中，与传统的双轮底发酵操作相比，同一窖池采用夹泥多甑双轮发酵技术的特级酒产量由原来15~20kg提高到40~60kg，总酸高7.5%、总酯高16.8%，己酸乙酯增加66.3%，己乳比、己乙比更协调，浓香型风格典型。采用楠竹盛载人工窖泥进行夹泥多甑双轮底发酵技术，提高双轮底调味酒产量的效果明显，操作简便，规模可按需调节。

（二）技术原理

在浓香型大曲酒的常规生产中，一个窖池可连续或隔排生产一甑双轮底醅，经蒸馏得到双轮底酒。由于酒醅位于窖底，与窖泥充分接触，窖泥中的产香微生物如己酸菌促进醇酸酯化反应，形成较多的主体香成分己酸乙酯。浓香型白酒的生产以泥窖窖池为基础，发酵过程是栖息在窖池糟醅、窖泥中的庞大微生物区系在糟醅固、液、气三相界面复杂的物质能量代谢过程。窖泥中丁酸菌、己酸菌在代谢过程中产生丁酸、己酸和氢，氢则被甲烷菌及硝酸盐还原菌利用，甲烷菌、硝酸盐还原菌与产酸、产氢菌相互偶联，实现"种间氢转移"关系，甲烷有刺激产酸的效应。窖泥中丁酸、己酸等醇溶性有机酸向母糟渗透，母糟体系中乙醇浓度的提高，促进己酸乙酯、丁酸乙酯的生成。发酵过程中产生的黄水充当着窖泥与糟醅物质交换的载体，封盖发酵形成的窖内压力变化使酒糟中的养分和来自曲药、环境的微生物及其代谢产物不断通过黄水进入泥中，物质能量交换不断改善着窖泥微生态环境，促进了窖泥有益产香菌的富集和酒质的提高。因为双轮底发酵时，酒醅与窖泥接触面积大，窖泥中有益产香菌通过代谢和渗透作用，能增加酒醅中己酸乙酯、丁酸乙酯的含量，所以能提高双轮底酒的主体香味成分含量，并促进香味成分之间的比例协调。以盛载了人工窖泥的楠竹形成人工窖底，通过一层人工窖底一甑酒醅的交替入窖措施，经夹泥多甑双轮底发酵，可大大提高酒醅与窖泥的接触面积，从而实现一个窖池可同时产多甑双轮底酒的目标。

（三）工艺流程

夹泥多甑双轮底发酵生产工艺流程如图 5-9 所示。

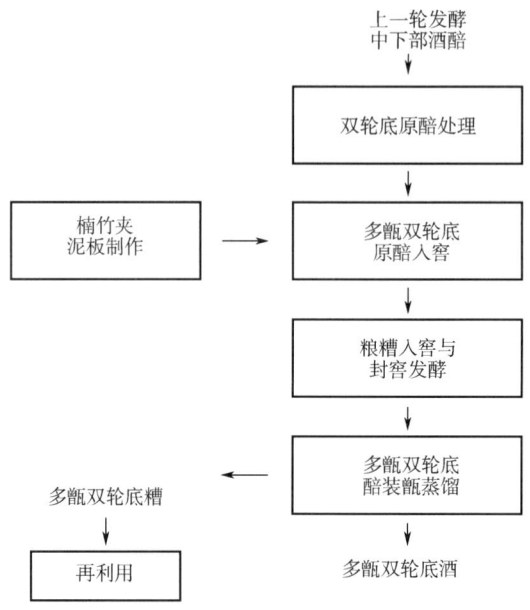

图 5-9　夹泥多甑双轮底发酵生产工艺流程

（四）技术要点

1. 楠竹夹泥板的制作

取直径 25~30cm 的楠竹若干，楠竹长度锯成窖池长度的 90%，每根楠竹一切两开，在竹节之间钻 2~3 个孔，槽中盛载人工老熟的窖泥。

2. 双轮底原醅的处理

选择上一轮正常发酵的窖池，开窖后，将中下部已发酵好的酒醅滴窖操作后取出。其中 3 甑或 3 甑以上酒醅留作双轮底发酵的材料，每甑加陈曲 12kg（中高温：高温曲 = 4∶1），用耙翻 2 遍、撒入酒尾 20~22kg，翻 1 遍，加入清蒸稻壳 3~4kg，翻拌均匀，即得双轮底原醅。

3. 多甑双轮底原醅入窖

在窖池底部和四壁喷洒己酸菌液 20kg、大曲粉 3kg，将 1 甑双轮底原醅入池，耙平、适度踩紧。在其顶部摆放一层盛载了人工窖泥的楠竹，楠竹之间零距离接触，形成人工窖底，在人工窖底上加入第二甑双轮底原醅，耙平、适度踩紧。在其顶部摆放一层盛载了人工窖泥的楠竹，楠竹之间零距离接触，形成人工窖底，在人工窖底上加入第三甑双轮底原醅，耙平、适度踩紧。可重复以上操作至 4~5 甑醅入完，再撒薄薄的一层稻壳做记号，至此夹泥多甑双轮底醅已入窖完毕。

4. 粮糟入窖与封窖发酵

继续在双轮底醅上面添加粮糟，每一甑粮糟入窖后耙平、适度踩紧。再入面糟，耙平、适度踩紧。然后用15cm厚的窖皮泥封窖，并经常护窖，发酵50~60d。

5. 多甑双轮底醅装甑取酒

首先取出已发酵好的多甑双轮底酒醅单独堆放，通过配糟控制糟醅的含水量在51%左右，装甑汽压控制在0.02~0.03MPa，装甑时间控制在45min以上，馏酒时间约20min，流酒温度控制在25~28℃，摘酒酒精度保证在65%vol以上，得到多甑双轮底酒。

(五) 应用效果

1. 提高了窖池每批特级酒的产量

在湖南湘窖酒业有限公司生产实践中，试验窖池的特级酒产量见表5-7，同一窖池按传统的双轮底发酵操作每批产特级酒只在23~38kg，而采用多甑双轮发酵每批产特级酒则在48~60kg，后者比前者特级酒的产量提高了45%~109%，平均增幅达68.8%，这主要是多甑双轮发酵较传统的双轮底发酵操作每批双轮底醅增加了两甑的缘故。

表5-7　　试验窖池每批特级酒（60%vol）产量的对比

窖池编号	203	208	302	305	309
A 多甑双轮发酵/kg	48	54	45	60	55
B 传统双轮发酵/kg	23	33	29	35	38
A 比 B 增加幅度/%	109	63.6	55.2	71.4	44.7

2. 增加了企业特级酒的总产

在湖南湘窖酒业有限公司生产实践中，试验一年后特级酒的产量从上一年度的3.07t提高到6.40t（表5-8），特级酒增加了108.5%。2000年在企业推广应用多甑双轮发酵后，全厂特级酒由1999年的21.6t增加到2000年的33.2t，增幅在53.7%，其中增加主要是多甑双轮发酵所产特级酒，而传统的双轮底发酵操作所产特级酒较以前基本持平。

表5-8　　试验班特级酒总产对比 [酒度60%vol]　　单位：kg

月份	3	4	5	6	9	10	11	12	总量
1999年产量	339	1070	692	847	56	1360	826	1210	6400
1998年产量	85	49	760	942	0	0	1003	230	3069

3. 提高了产酒的质量

采用夹泥多甑双轮发酵的三甑双轮底酒的三大酯含量见表5-9。中下部两甑产酒的己酸乙酯含量均远远超过270mg/100mL，达到特级酒产量；上部一甑产酒的己酸乙酯含量虽低于特级酒270mg/100mL的标准，但高于厂方优质酒200mg/100mL的标准；乳酸乙酯的含量由下至上逐渐增多，但己乳比较协调。

表 5-9　　　　　　　　　　多甑双轮发酵酒的三大酯含量　　　　　　　　单位：mg/100mL

产酒部位	最底部	中部	上部
己酸乙酯	450.9	357.6	243.4
乙酸乙酯	314.4	271.9	188.8
乳酸乙酯	339.1	287.3	243.5

所产特级酒的理化分析与感官品评结果见表 5-10，多甑双轮发酵较传统双轮发酵所产特级酒的总酸高 7.5%、总酯高 16.8%，己酸乙酯增加 66.3%，己乳比、己乙比降低，从而使酒的香气突出，口味更加谐调，浓香型风格典型。这主要是增加了发酵糟与窖泥的接触面积，提高了己酸菌发酵产香的概率；其次，受益于回酒发酵、己酸菌液养窖等措施。

表 5-10　　　　　　　试验班特级酒理化指标与感官品评的对比

项目	1999 年特级酒（试验样）	1998 年特级酒（对照样）
总酸，以乙酸计/（g/L）	1.431	1.331
总酯，以乙酯计/（g/L）	6.729	5.762
乙酸乙酯/（mg/100mL）	238.6	352.2
乳酸乙酯/（mg/100mL）	319.1	239.1
丁酸乙酯/（mg/100mL）	48.2	58.6
己酸乙酯/（mg/100mL）	450.9	271.1
己酸∶乳酸	1∶0.71	1∶0.88
己酯∶乙酯	1∶0.53	1∶1.30
感官品评	主体香欠突出，入口浓，较甜，味较长较净，浓香型风格较典型	窖香浓郁，入口浓甜，味长后味干净，浓香型风格典型

第三节　酱香型白酒堆积发酵技术

堆积发酵是酱香型白酒生产的工艺特点之一，其主要目的是二次制曲。针对传统堆积发酵方式自动化程度不高和发酵时间较长的问题，主编余有贵团队的发明专利《一种酱酒堆积发酵系统及其使用方法》（专利号：ZL202011488130.6，获得授权日期：2023-04-07）提出了新的堆积发酵技术。下面介绍该技术的具体情况。

一、技术特点

本发明构建了一种酱酒堆积发酵系统，在发酵室内的发酵装置设计有移动部与承载部，由柔性材料制成的吊袋可以适应糟醅堆的形状，并在发酵前提前对糟醅堆的内外层进行分隔。当控温、控湿、供氧等措施协调配合时，促进酒醅堆子的上下、内外都较均

匀地升温发酵。酒醅堆的堆积发酵达到预定目标要求后,通过桁吊吊走移动部,即可完成糟醅堆的分离。该技术具有以下特点:

(1) 提高了堆积发酵酒醅的质量　通过人为调节糟醅堆的含氧量、温湿度,促进整个堆的均匀发酵,达到二次制曲的目的,从而克服了传统堆积过程中内外、上下糟醅发酵程度差异大的弊端,有效地提高了堆积酒醅的质量。

(2) 缩短了堆积发酵时间　通过向糟醅堆供氧、供热、供湿,加速了堆中间、底部糟醅中霉菌、酵母菌好氧菌的生长繁殖,避免了传统堆积发酵操作时环境温度、湿度对堆积发酵的不利影响,整个堆发酵的时间较传统的时间短。

(3) 增加了堆积发酵糟醅的数量　采用移动部的多个可灵活分离装置,可适当增加每次糟醅的堆积高度而增加了堆积发酵糟醅的数量,从而提高了堆积发酵的效率。

(4) 实现了机械化的操作过程　通过发酵装置和吊取部的有效衔接,利用桁吊快速完成对糟醅的堆积和发酵成熟酒醅的转移入窖,从而有利于降低劳动强度、改善场地卫生、节省劳动力。

二、堆积发酵系统装置

一种酱酒堆积发酵系统,包括:

(1) 发酵装置　位于发酵室内的发酵装置包括用于承载糟醅堆的承载部,承载部上放置有可承载糟醅堆的移动部,移动部包括开有若干通孔的侧边以及底部;底部包括由透气性的柔性材料制成的吊袋,底部将堆积的糟醅分隔成两层;吊袋包括中空设置的夹层,夹层连通有可向夹层中输入热风的供氧部。

(2) 吊取部　吊取部为桁吊,移动部上设置有待夹持部,桁吊通过钢丝绳与锁扣拉动待夹持部的吊环,从而使移动部与承载部分离。

酱酒堆积发酵系统的结构如图5-10至图5-14所示。

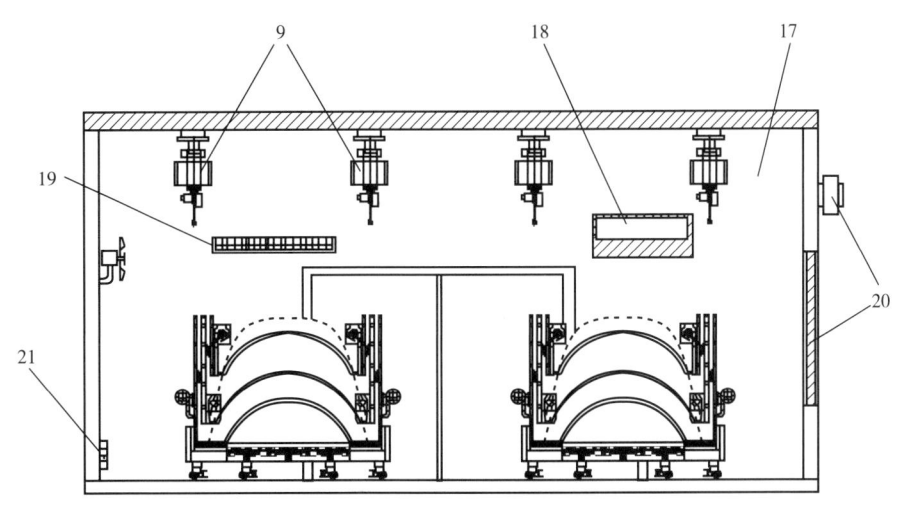

图5-10　酱酒堆积发酵系统示意图

9—吊取部　17—发酵室　18—温度调节机构　19—湿度调节机构　20—空气交换机构　21—氧气调节机构

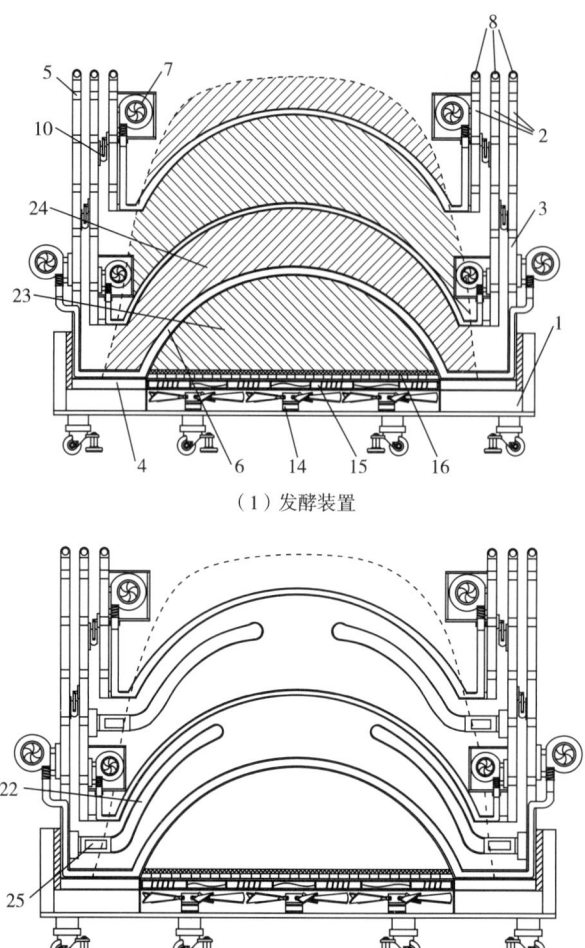

（1）发酵装置

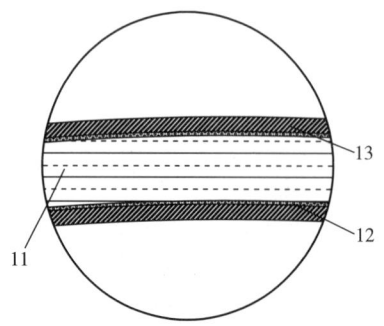

（2）安装有吹风管的发酵装置

图 5-11　酱酒堆积发酵装置示意图

1—承载部　2—移动部　3—侧边　4—底部　5—通孔　6—吊袋　7—供氧部　8—待夹持部　10—插销机构
14—吹风部　15—加热部　16—导热板　22—吹风管　23—第一堆　24—第二堆　25—微型风扇

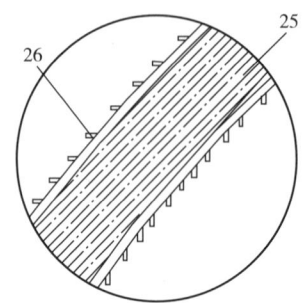

图 5-12　夹层结构的放大图　　　图 5-13　吹风管表面的局部放大图
11—硅胶内层　12—气孔　13—布料　　　25—微型风扇　26—伸出管

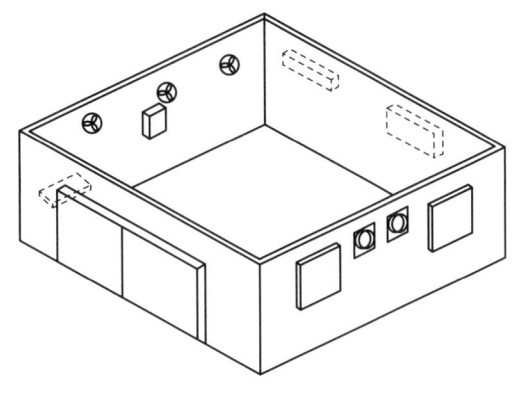

图 5-14 发酵室的示意图

三、技术原理

将物料（高粱或酒糟）与高温大曲粉按一定的比例拌和均匀后，糟醅从下向上依次分层堆积在发酵装置上，通过供氧部、加热部、吹风部之间的配合，对堆积糟醅内部进行通风供氧、调温、调湿等控制措施，促进糟醅中微生物特别是好氧性微生物霉菌、酵母菌的生长繁殖，尽量减少堆积糟醅内外与上下各处微生物生长繁殖速度的差异，从而实现整个堆积糟醅快速、均匀地达到二次制曲的目的，然后通过桁吊分批将发酵好的堆积酒醅从上至下移入窖池内继续密闭发酵。

四、技术要点

如图 5-11 所示：

（1）物料装入吊袋　将物料（高粱或酒糟）与高温大曲粉按一定的比例拌和均匀后，盛入由柔性材料制成的吊袋 6 中。

（2）承载部的固定　将承载部 1 移入发酵室内适当位置并固定，为承载糟醅堆的移动部 2 的安放做好准备。

（3）糟醅分层安放　首先，将部分糟醅堆积在承载部 1 上形成第一堆 23，桁吊将移动部 2 吊放在承载部 1 上，使吊袋 6 位置对着第一堆 23。然后，在已经吊下的移动部 2 上堆积糟醅形成第二堆 24；同样，吊取另外一个移动部 2，使此移动部 2 的吊袋位置对着第二堆 24 并吊下移动部 2。重复多次以上操作，完成堆积，进入发酵阶段。

（4）发酵过程控制　堆积发酵期间，根据气候温湿度的变化，通过供氧部 7、加热部 15、吹风部 14 之间参数的合理设置，对吊袋 6 中糟醅进行适度的供氧、供热和供湿，以加快微生物的生长繁殖与代谢活动，实现二次制曲的目的。

（5）成熟酒醅的转移　堆积发酵一段时间后，通过感官判断发酵是否成熟。通过桁吊依次吊走成熟的堆积酒醅，转入窖池内继续密闭发酵。由于最上方的糟醅堆接触空气量最多，最快完成发酵，此时利用桁吊吊走最上方的移动部 2 并将上方的酒醅堆一同移走；再稍等一定时间后，吊走下一个移动部 2；以此类推，直至所有移动部 2 被吊走。最后，承载部 1 上的糟醅堆发酵完毕后，吊走堆积酒醅。所有成熟酒醅转入窖池内继续密闭发酵。

五、应用效果

该专利于 2024 年 4 月已转让给湖南湘窖酒业有限公司，公司拟将该技术应用于酱香型白酒的堆积发酵，以提高堆积发酵酒醅的品质和实现机械化堆集的操作。

第四节　雅致型白酒酿造技术

近年来，白酒市场迎来了前所未有的多元化变革，这一变革的核心在于对消费者需求的深刻理解和积极回应，白酒行业积极探索并推出了诸如绵柔型、雅致型、淡雅型、醇和型、清爽型等一系列新兴白酒品类。这种以口味特点为基准的分类方式，不仅极大地丰富了白酒的产品矩阵，更为整个行业的创新发展注入了强劲动力，使得中国白酒市场呈现出百花齐放、各美其美、美美与共的繁荣景象。四川金六福酒业有限公司出品的一坛好酒是雅致型白酒的代表，以"雅、净、醇、和"为主要特点，注重酒体的平衡和优雅感，香气清新，口感纯净，回味悠长，适合追求优雅口感的消费者。下面以金六福酒业王建成、姚鹏、贺燕波等人的发明专利"一种雅致风格白酒的酿造方法"（专利号：ZL2017108437693，获得授权日期：2020-10-30）为例，介绍该技术的具体情况。

一、技术特点

针对传统浓香型白酒酿造的基酒勾调雅致风格酒体时，成品酒特色不典型和部分基酒无法选用而库存积压的突出问题，采用新酿造工艺，直接生产用于雅致型酒体勾调的专用基酒，有效地克服了以上的技术难题。该技术的主要特点：

（1）用新工艺酿造雅致型酒体的专用基酒　采用"多粮单独预处理+混合+入甑糊化"和"多粮小曲糖化结合大曲发酵"的酿造方法，直接生产用于雅致型酒体勾调的专用基酒。

（2）雅致型酒体专用基酒的"三雅"特点　雅致型酒体的专用基酒具有"三雅"的突出特点：①"香气雅"，香气幽雅细腻，令人心旷神怡；②"口感雅"，入口绵甜，入喉爽净，不辛辣苦涩；③"饮后雅"，感觉舒适，不上头，易醒酒。

二、技术原理

采用新的生产工艺酿造雅致型酒体的专用基酒，体现在：

（1）多粮清蒸柔熟　采用"多粮单独预处理+混合+入甑糊化"工艺，实现入甑蒸煮时能同时达到糊化率相同且柔熟不腻的效果，排除原料的邪杂味。

（2）大小曲联用　小曲糖化提高出酒率和增加蜜香，大曲发酵产酒生香。

（3）缩短发酵时间　减少基酒中杂醇油和醛类的总含量，适当减少基酒中己酸乙酯的含量，有利于降低基酒的刺激性和增加饮后舒适度。

三、工艺流程

雅致型酒体专用基酒酿造工艺流程如图 5-15 所示。

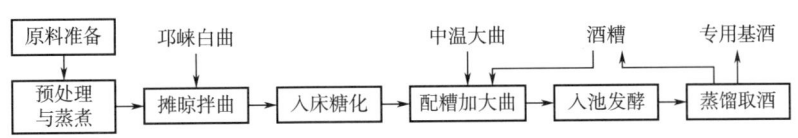

图 5-15 雅致型酒体专用基酒酿造的工艺流程

四、技术要点

(1) 原料准备 采用高粱、大米、糯米、玉米为酿酒原料,其组成为高粱 15%~45%、大米 10%~30%、糯米 5%~30%、玉米 3%~15%,各物料质量百分比之和为 100%。

(2) 原料预处理与蒸煮 将玉米破碎(过 20 目筛的比例为 5%~20%),于 20~80℃ 水中泡 2~26h,备用;高粱不破碎,直接于 30~80℃ 水中泡 2~26h,常压蒸煮 10~80min,再于 50~100℃ 水中焖 0.5~10h 至高粱颗粒开口率达 30%~95%,备用;大米、糯米于 20~90℃ 条件下浸泡 0.5~24h,备用。将经以上预处理的粮食混合均匀,常压蒸煮 10~100min 至粮食柔熟。

(3) 摊晾拌小曲 将经技术要点 (2) 处理的粮食摊晾、打散(使粮食均匀疏松),粮食厚度为 2~20cm,凉至 20~55℃ 时,按相当于 (1) 中粮食原料质量 0.1%~2% 的比例加入邛崃白曲,混合均匀后,保持粮食温度为 20~40℃,得拌好曲的粮食。

(4) 入床糖化 在糖化床底撒上一层 0.5~2cm 厚的清蒸处理 30~100min 后的稻壳,将拌好曲的粮食移入糖化床,粮层厚度为 5~25cm,粮层上盖一层 1~10cm 厚的白酒糟保温保湿,糖化 10~40h。

(5) 配糟加大曲 按相当于技术要点 (1) 中粮食原料质量的 30%~200% 称取白酒糟、相当于 (1) 中粮食原料质量的 5%~30% 称取大曲(酒曲),与经 (4) 糖化处理后的粮食混合均匀。

(6) 入池发酵 将 (5) 处理好的粮食入窖池发酵,入池温度控制在 20~35℃,发酵周期为 50~70d。

(7) 蒸馏取酒 待粮醅发酵成熟后,分层起糟,蒸馏取酒,分段摘酒,即成。丢糟可用于 (5) 工艺中的配糟(即"白酒糟")。

五、应用效果

(一)基酒达到雅致型酒体风格的目标

经理化检测,基酒中主要影响干净度、刺激度和舒适度的成分见表 5-11,与多粮浓香型工艺生产的基酒中乙醛(5~15mg/100mL)、高级醇(50~140mg/100mL)相比,新工艺酿造的基酒中两者明显降低,经感官评价达到了"绵甜爽净、优雅舒适"的雅致型酒体的要求。

表 5-11 雅致型酒体专用基酒的主要理化指标(酒精度 70.8%vol)

组分名称	含量/(mg/100mL)	组分名称	含量/(mg/100mL)
甲醇	12.05	乙酸乙酯	306.37

续表

组分名称	含量/(mg/100mL)	组分名称	含量/(mg/100mL)
正丙醇	46.75	丁酸乙酯	11.62
仲丁醇	4.2	乳酸乙酯	159.50
异丁醇	27.10	己酸乙酯	86.97
正丁醇	32.43	戊酸乙酯	4.91
仲戊醇	0.36	乙醛	3.98
异戊醇	54.04	乙缩醛	14.74
正戊醇	1.37	总酯	491
正己醇	7.45	总酸	104

（二）建成雅致型酒体专用基酒的生产车间

2019年金六福酒业建成雅致型酒体专用基酒的生产车间1个（图5-16），年生产能力达到2300t，为雅致型酒体成品酒开发提供了成果转化和产能配套的强力支撑。图5-17所示为金六福酒业的"土楼贮酒库"。

图5-16 金六福酒业的雅致型酒体专用基酒生产车间

图5-17 金六福酒业的"土楼贮酒库"

（三）雅致型酒体白酒新产品受追捧

经开发的雅致型酒体白酒新产品有"金六福·一见如故"系列（图5-18），产品具有"干净度和纯甜感好、刺激度低、一口三香（花香、蜜香、果香）"的典型特点，深受消费者喜爱。

图5-18　雅致型酒体白酒新产品

第五节　馥郁香型白酒智能化酿造技术

发酵是决定酒体风味与品质的核心环节，传统发酵依赖人工经验，存在可控性差、效率低等问题。智能化发酵技术的引入为这一古老工艺注入了新活力。通过物联网、传感器、大数据和人工智能等技术，白酒发酵实现了从经验主导到数据驱动的跨越。智能化发酵系统利用传感器实时监测发酵过程中的温度、湿度、酸度、酒精度等关键参数，结合大数据分析，精准调控发酵环境，确保微生物活性处于最佳状态。人工智能算法可预测发酵趋势，及时调整工艺参数，提升出酒率和风味稳定性。酒鬼酒采用高粱、糯米、大米、小麦和玉米五粮为原料和大小曲为糖化发酵剂酿造而成的馥郁香型白酒，产品因具有前浓、中清、后酱"一口三香"的特点而蜚声海内外，2008年获评为"中国国家地理标志产品"。酒鬼酒股份有限公司是中国馥郁香型白酒核心产区示范园，依靠科技进步赋能产品品质和生产效率的提升。下面介绍该公司的馥郁香型白酒智能化酿造技术的具体情况。

一、技术特点

酒鬼酒股份有限公司智能酿酒厂区已建成原粮入库、糖化、酿酒三大功能系统：①粮食储清系统：包括粮食（高粱、糯米、大米、玉米）及稻壳接收、清理储存及发放等；②粮食糖化系统：包括粮食的浸泡、清蒸、糖化、发放及稻壳的清蒸、发放等；③智能酿造系统：包括酒糟摊晾拌曲、入池封窖发酵、出池拌稻壳、上甑馏酒、分级交酒等。该技术具有以下特点：

（1）原辅料的集中处理与配送　原辅料的集中处理与配送由原来生产的分散、低效向规模化、高效化、信息化转变，提高了劳动效率，消除了班组之间操作的差异化，确保给酿酒车间统一提供优质的酿酒原辅料。

（2）节能降耗明显　带压蒸锅蒸料时间只要2h，相比传统蒸料甑5h蒸料时间，极大地提高了效率，蒸汽能耗节约80%；减少了操作人员，降低了成本。

（3）智能化的高效运转　在自动化生产线及设备的基础上，规划补充了MES系统，从而推进了酿造的智能化建设，实现了各个系统间互联互通，为酿酒生产线高效运转和产能提升提供了保障。

（4）有效提升酿酒的品质　在传统酿酒的工艺基础上，通过数据的自动化采集，快速呈现生产过程中的关键工艺参数和指标，结合传统老师傅的控制工艺经验对工艺进行优化，为窖池的出酒和优质酒产品提供保障。

二、技术原理

酒鬼酒股份有限公司设计的MES系统如图5-19所示，其智能控制过程原理简要表述为：MES系统最主要将与SAP和PLC自动控制系统对接，其中与SAP对接生产工单、调拨单、来料检验结果、投料报工信息及出入库信息等；与PLC核心对接工艺标准、工艺数据采集及投入产出等数据，并通过任务工单形式下发生产任务，读取PLC自动控制系统，获取生产工序段执行情况，从而进行任务生产、执行等。MES系统将助力原粮到酿酒过程的信息化和数字化，从而为生产线如期稳定运转及提升出酒率和基酒品质等提供了有力保障。

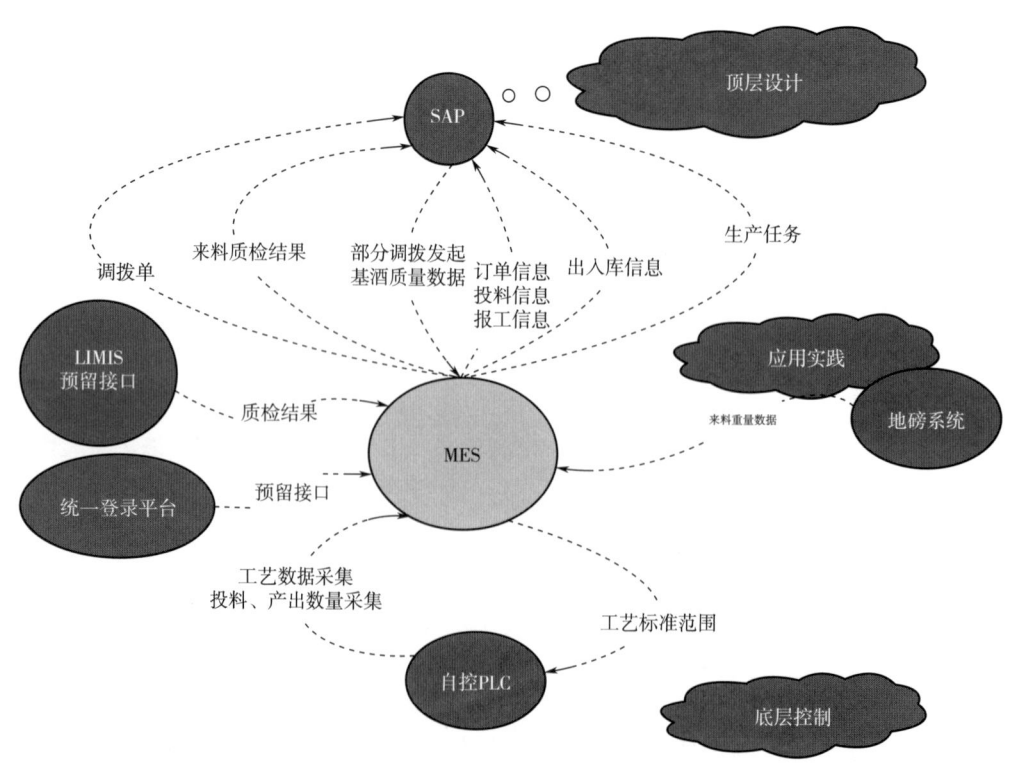

图5-19　酒鬼酒生产MES系统集成示意图

三、工艺流程

馥郁香型白酒智能化酿造的工艺流程分为三个系统，如图5-20（1）、（2）、（3）所示。

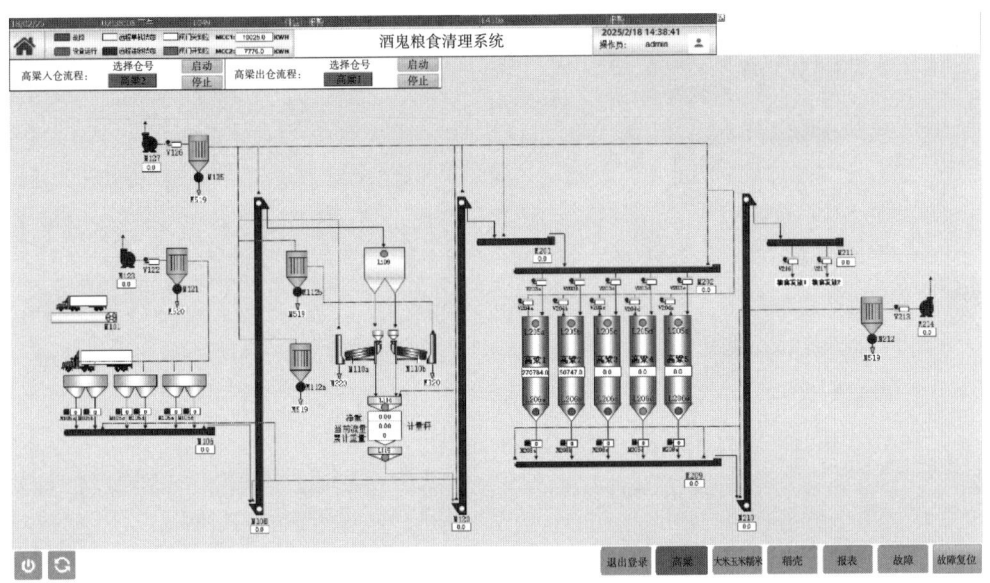

（1）粮食储清系统工艺流程

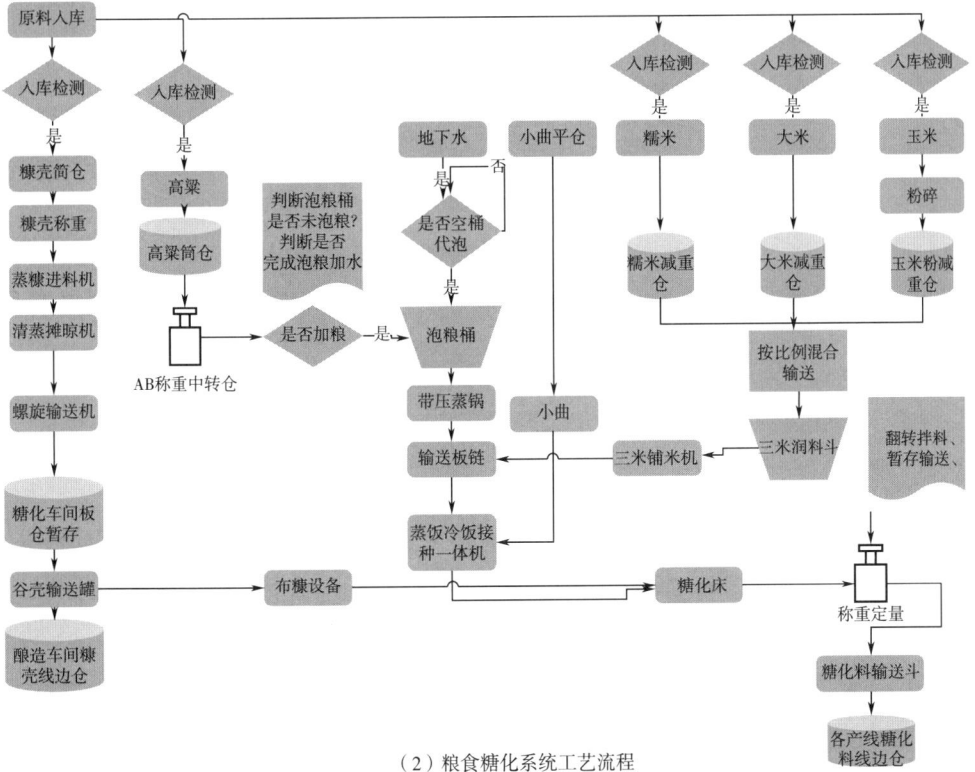

（2）粮食糖化系统工艺流程

图5-20

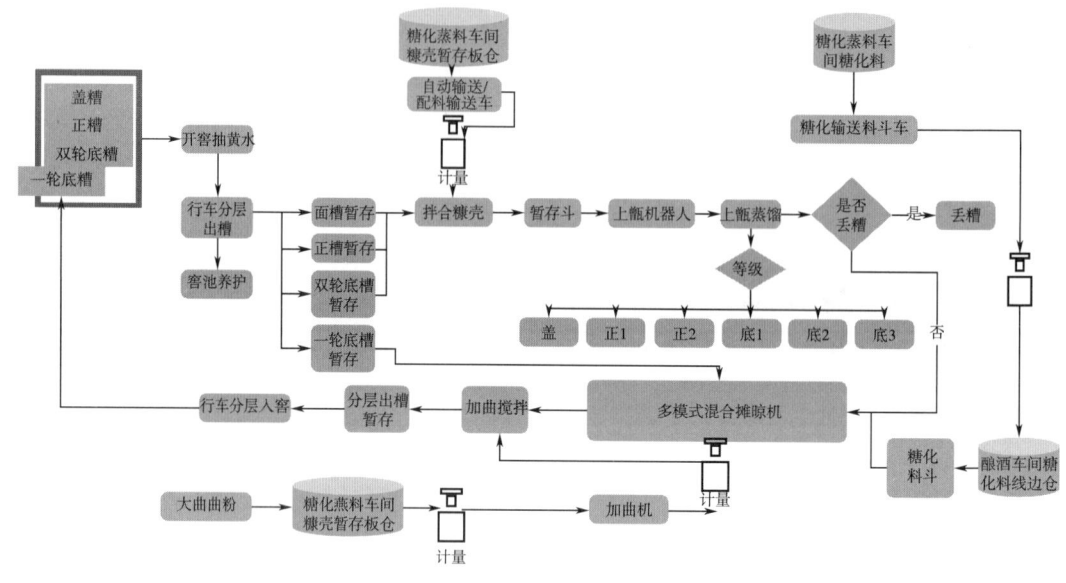

(3) 智能酿造系统工艺流程

图 5-20　馥郁香型白酒智能化酿造的工艺流程

四、技术要点

（一）粮食储清系统技术要点

（1）进料贮存　采取自清斗式提升机、刮板机进料，并在进料端设置除尘、除杂设施，采用立式筒仓进行存储。进仓配备流量秤，实时记录原料入仓数据。

（2）按量出料　采取刮板机和自清斗式提升机出料，配置减重秤，实时记录原料出仓数据。

（3）编制计划　根据生产计划，自动编制每月/每周的原辅料需求计划，保证原辅料的先进先出、安全库存，各仓有实时余量展示。

（4）质量追溯　绑定追溯每批次原料出仓发放—原料浸泡—原料清蒸—原料糖化—酿酒车间班组窖池，并能根据后续蒸粮糖化及酿酒产质量数据，自动形成不同原料批次种类的质量报告，方便质量追溯；原料类别实时显示或反馈，异常情况发送警报并有防错设置，整套原辅料进仓、清理存储、出料、计量系统采用一键式启停，中控室可视化管理，现场生产实现无人化。

（二）粮食糖化系统技术要点

自动启动工艺设备，整套设备参数设置好后，自动化进行原辅料输送、浸泡（润）、清蒸、摊晾及物料输出转运过程，中间无需人员操作。关键工艺点在中控室控制，数据可以自动传送至中控室；现场控制只是在调试阶段使用，当工艺稳定之后，现场控制要限制，操作工人不能随意调整，MES 根据酿酒生产计划，自动对应糖化生产任务，人工在 MES 中下发任务，车间自动执行生产工序段任务，并根据 PLC 回传的工序执行队列自动在 MES 中做任务匹配，MES 根据工序开始及结束信号，在 MES 系统中呈现任务的流转及任务执行情况，实现车间生产自动化。

1. 原粮自动配料及加工

（1）高粱浸泡　高粱在浸泡罐中完成浸泡过程，浸泡罐布局如图 5-21 所示。浸泡流程为：

泡粮桶就绪→高粱筒仓出料→AB 高粱计量仓暂存→对应进粮泡粮桶自检，关闭排水、排粮阀门→泡粮桶进水阀门开启、定量进常温水→AB 仓定量出料→刮板输送机输送到指定泡粮桶→水面没过粮食面一定高度（cm），浸泡一定时间（h）。

图 5-21　高粱浸泡罐布局图

（2）三米浸润　糯米、大米、玉米在三米浸润罐中完成浸润过程，浸润罐布局如图 5-22 所示。浸润流程为：

三米运料斗就位→三米筒仓出料→三米计量仓暂存→三米定量出料→三米运料斗接料→定量进常温水→运料斗翻转拌料［设置翻拌时间（min）］→浸润一定时间→链板输送机、轨道平板车［按节拍移动，确保达到设置的润粮时间（h）］→运料斗再次翻转拌料［设置翻拌时间（min）］→浸润一定时间→螺旋出料→三米铺料机暂存（等待与蒸锅清蒸好的高粱混合）。

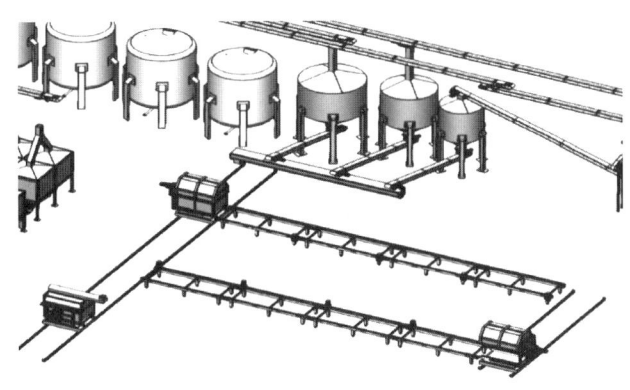

图 5-22　"三米"浸润罐布局图

（3）自动化控制　采用一键式启停，原粮自动配料及加工管理模式如图 5-23 所示。

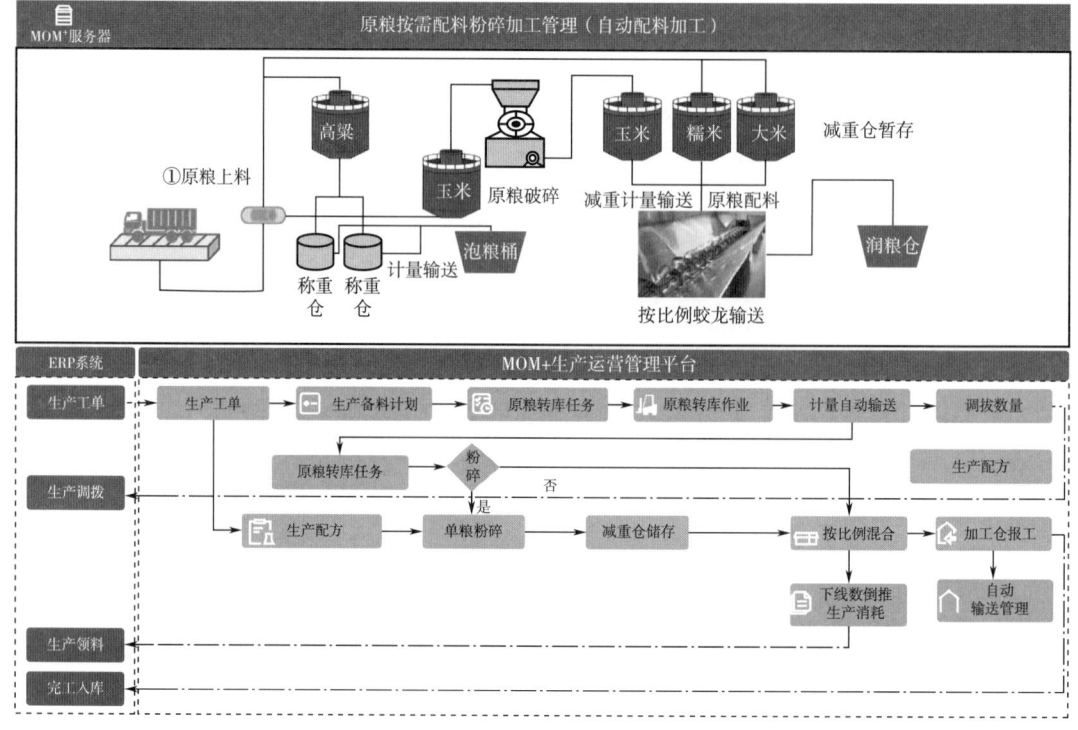

图 5-23 原粮自动配料及加工管理模式

2. 高粱清蒸

(1) 蒸粮过程 初蒸阶段［设置初蒸时长（min）、蒸汽压力（MPa），可调整］→蒸汽阀门关闭、泄压、开盖、取样→焖粮进水阀门开启、定量进水→蒸锅关盖后旋转→开始焖粮［焖粮时长（min），可调整］→蒸锅排水阀门开启，排尽焖粮水→蒸汽阀门开启，复蒸开始［设置复蒸时长（min）、蒸汽压力（MPa），可调整］→关闭蒸汽阀门（泄压、开盖）→蒸锅旋转出料→接料输送机暂存（等待输送至与浸润好的三米混合）。

(2) 自动化控制 蒸粮泡粮控制系统如图 5-24 所示。蒸锅能自动进行开盖、自动旋转、进水、进汽、排水、排汽、压力检测及调节压力、进料、翻转出料等过程，且这些工艺参数可调节，并将数据实时传输给 PLC，可以现场控制也可以中控室远程控制，当中控室远程控制时，只要设定好清蒸参数，可一键完成清蒸、出锅全过程，系统能够检测蒸锅清蒸全过程参数并在中控室上显示蒸锅运行状态。

3. 混合清蒸摊晾

(1) 清蒸摊晾过程 混合清蒸摊晾过程如图 5-25 所示。

接料输送机接料完成后→将料迅速移动至熟料输送机→输送到三米（大米、糯米、玉米）暂存定量铺料机下方→检测到来料，启动三米暂存定量铺料机→三米定量铺在熟高粱表面（确保高粱与三米按一定比例混合均匀）→米粮混合搅拌机，搅拌均匀→蒸饭摊晾接种一体机［设置清蒸时间（min）］→出料检测装置→粮食常温摊晾机延时启动，控制变频风机控温摊晾［设置摊晾温度（℃）和入床温度（℃）］→摊晾机末端物料检测到来料后，螺旋输送机启动→加曲机延时启动，变频控制出料（按投料设置加曲量，可调整）→糖化料输送机输送→糖化工序

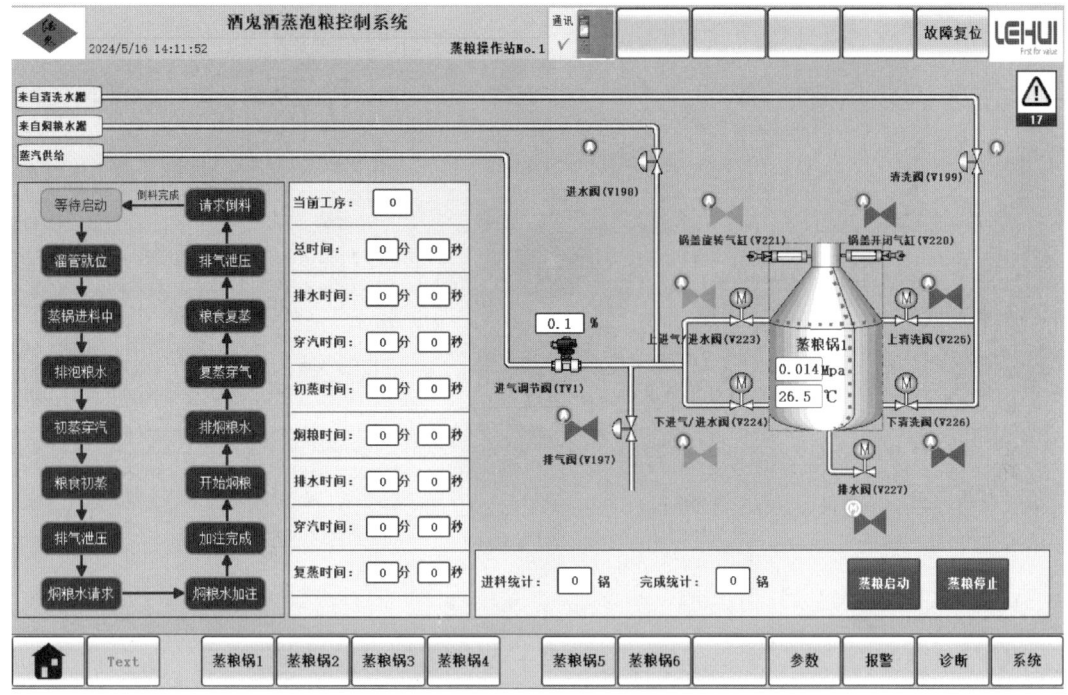

图 5-24 蒸粮泡粮控制系统

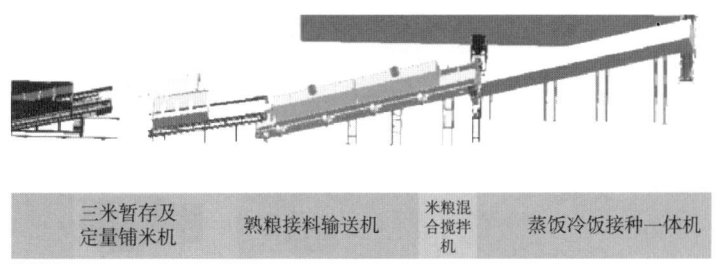

图 5-25 混合清蒸摊晾过程示意图

（2）自动化控制　混合清蒸摊晾控制系统如图 5-26 所示。浸润好的三米需和带压蒸后的高粱再次混合蒸粮，混合蒸粮区主要由高粱熟料接料输送机、三米暂存定量铺米机、米粮混合搅拌机、蒸饭冷饭接种一体机组成，车间共计 2 条线；高粱熟料接料输送机和三米暂存定量铺米机联动，确保进出料一直保持混合的均匀性；系统支持按节拍要求对单条线进行参数下发和采集数据，采集记录蒸粮出料料位、三米配比、连续蒸粮蒸汽流量、蒸粮时间、摊晾加曲温度、入箱温度及下曲投料量记录。MES 可采集称重传感器数据分析加曲趋势和加粮趋势，进行混合粮食和加曲均匀性或堵塞预警。

4. 控温糖化

（1）糖化过程　糖化工序布局如图 5-27 所示。糖化流程：

糖化床就绪→检测到糖化料来料后→启动对应的糖化床布料输送机→糖化床进料[控制进料板链输送速度和料层厚度设置厚度（CM）、入床温度（℃）、室温（℃）]→撒谷壳机在糖化料表面撒满谷壳保温保湿→糖化床培菌糖化[设置室温（℃）、培菌时

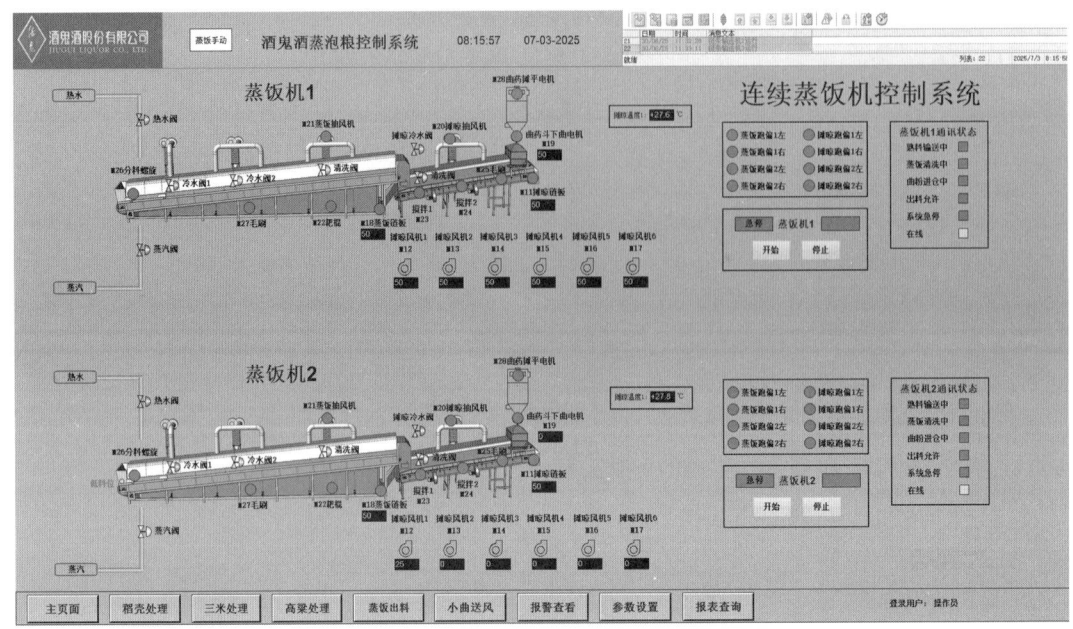

图 5-26 混合清蒸摊晾控制系统

间（h）]→糖化料出床→糖化料输送定量暂存斗→定量暂存斗出料→装运至酿酒车间配糟。

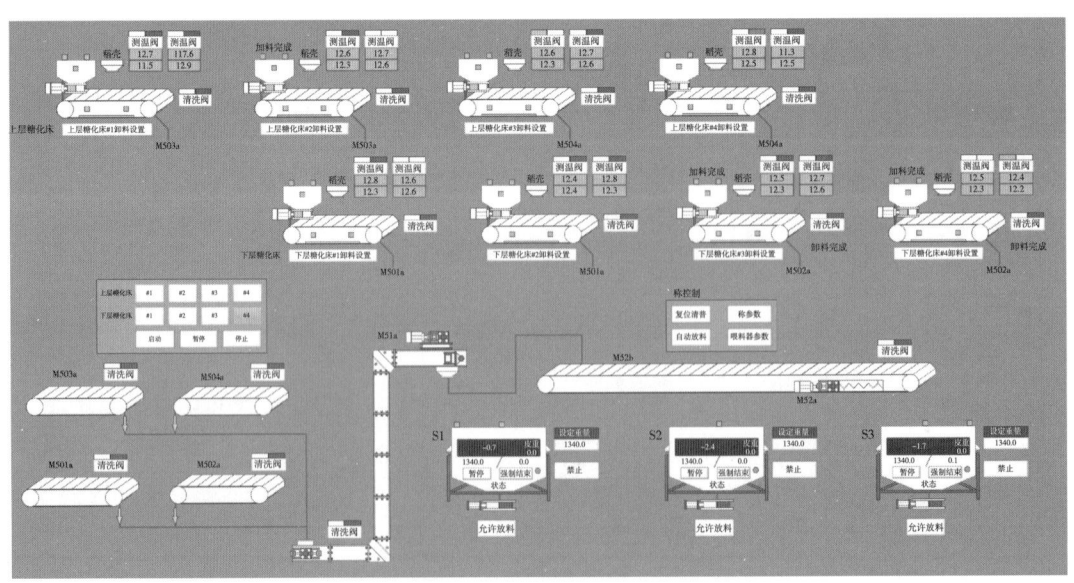

图 5-27 糖化工序布局

（2）自动化控制 糖化床保温控温布局如图 5-28 所示。加曲摊晾后的熟料通过移动式板链输送机进入糖化床，通过自动翻耙机将进料耙平保证箱床的布料均匀，在后端进行谷壳的自动添加。糖化过程中，可通过控制糖化间温度的方式实现控温糖化，实现了培菌温度的精准、稳定控制,为酿酒微生物提供适宜的生长环境,确保了全年的稳定生产。支持按照蒸粮节拍,预测每次蒸泡粮在糖化区域内的分布情况,MES 需要采集每个床次进/出料量,记录每个生产批次的温湿度曲线,实现糖化工序自动化,保持工艺质量的恒定。

图 5-28　糖化床保温控温布局

5. 谷壳加工

谷壳的使用,包括:在糖化床糖化使用,对糖化料表面实现保温保湿作用;酿造车间出窖后混合酒醅时使用,提高酒醅疏松度。

(1)糠壳清蒸　采取连续式清蒸方式进行,每日根据酿酒生产所需,筒仓暂存的谷壳通过输送机分别输送进入至 2 台连续清蒸摊晾谷壳机中,保证了酿酒生产用糠的新鲜,清蒸好的糠壳自动输送至冷却设备上,然后输送至暂存仓。

(2)糠壳出库　采取集中输送的方式出库,根据酿酒生产现场糠壳需求,定量出谷壳至输送车,车运糠壳至现场暂存斗中,操作过程实现了自动化、无人化。糠壳传输过程中设备自动运行,装满后自动断料,缺料时自动输送。

(3)自动化控制　稻壳清蒸自动控制系统如图 5-29 所示。设置谷壳清蒸摊晾参数,谷壳经刮板输送机输送至连续蒸糠机时,开启清蒸摊晾联动程序,自动清蒸,并通过 MSE 系统实现糠壳配料任务,进行自动配料、消耗记录、清蒸设备监控、下线记录、暂存仓管理等全过程管理。

(三)智能酿造系统技术要点

1. 物料输送

(1)物料输送过程

①大曲:大曲运输至酿酒车间外,运输车与大曲仓对接→启动设备→曲粉输送进仓→当大曲料位感应达到高限位时→关闭设备→完成曲粉进入外部曲粉仓→班组设置需求量→启动大曲管链机→大曲进入班组加曲机→开始称重→达到输入数值→自动停止→完成大曲输送。

②谷壳:谷壳运输至酿酒车间外,运输车出料绞龙与刮板提升机对接→先启动斗提机按钮→再启动谷壳车输送按钮→开始进料→当缺料灯灭时,代表谷壳仓已满→按下停止按钮→完成外部谷壳进仓操作→设定室内谷壳仓数值→启动谷壳进酿酒车间定量暂存

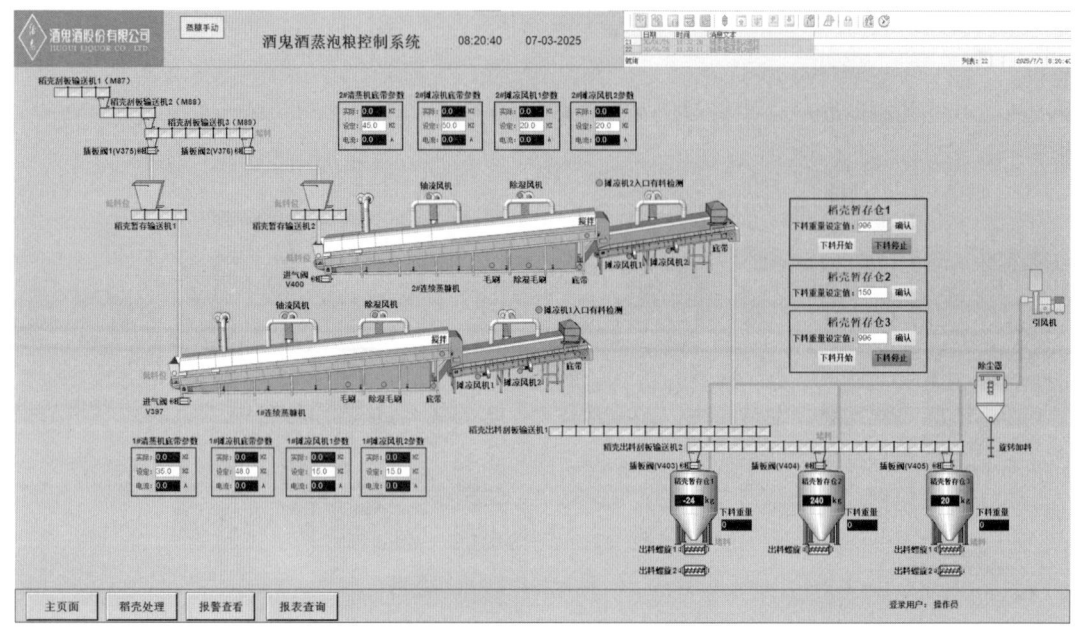

图 5-29 稻壳清蒸自动控制系统

仓程序（先启动罗茨风机，再启动下料绞龙）→称重达到设定数值后→自动停止进谷壳（先关闭下料绞龙，后关闭罗茨风机）→完成谷壳输送。

③糖化料：平板车转运至酿酒车间→用叉车转运至各个班组指定位置→操作悬臂吊设备→将料斗吊至翻转架→操作屏启动翻转设备→完成糖化料翻转→料斗复位→悬臂吊吊运至指定位置→叉车转运至平板车→完成糖化料运输。

（2）智能化控制　外部谷壳仓、曲粉仓设置料位感应器，实现对料仓的料位检测，刮板提升机装有速度检测、防跑偏开关等装置，确保设备运行的稳定性；班组加曲机和加谷壳机设置称重模块，实现对大曲、谷壳出料量的精准控制，同时可实现输送过程的自动联动控制，保证系统整体的自动控制运行。

2. 糟醅出入窖池

（1）操作过程　操作员输入指令→行车自动运行抓取工位上的吊桶→再次输入窖池工位→自动运行至窖池区→转入手动进行出池作业→输入加醅机工位→自动运行并进行翻转倒料→反复进行上述操作→直至出入池结束。

（2）智能化控制　行车自动运行与人工操作有效结合，用抓斗代替人工抓取酒糟，吊桶与翻转装置配套使用，翻转卸料，很大程度减小了人工强度，提高了工作效率；自动定位功能开启，实现了自动化操作，提高了安全性。

3. 酒醅输送与暂存

（1）操作过程

①稻壳拌和：酒醅翻转至定量加醅机后，启动板链设备，当拌谷壳板链上的感应器自动感应到板链来糟时，自行启动加谷壳机，按照工艺要求进行配比，并根据称重模块反馈自动调整变频电机的频率来控制添加谷壳速度，谷壳平铺在酒醅上面。

②物料暂存：拌和好的酒醅经拌谷壳输送板链提升至双向移动板链，根据酒醅类别，

经双向移动板链输送到指定的上甑暂存机内。

（2）智能化控制　通过设置好的工艺配方定量加谷壳，实现谷壳、酒醅的自动配比控制，谷壳提升板链机通过变频控制速度，定量加壳机通过称重模块自动计量谷壳量；提升了配比控制的精准度。

4. 上甑工艺

（1）操作过程

①酒甑复位：启动酒甑复位按钮，将倒完糟醅的酒甑复位摆正。

②加尾酒：启动输尾酒泵，将尾酒输至甑底。

③上甑操作：上甑机器人自动在接料点定位后，供糟提升板链机连续输入物料进入上甑机器人，机器人自动控制酒甑、甑盖、蒸汽大小及输送设备的启停，进行自动上甑。酒甑上甑完成后，上甑机器人复位或转向另一酒甑继续上甑。

（2）智能化控制　自动上甑装置如图 5-30 所示。遵循传统工艺操作，上甑机器人完全模仿人工作业，利用热源识别系统实现上甑速度、料层厚度、料面温度、蒸汽压力动态联动调控；可实现连续上甑，做到轻、松、匀、薄、平、准，符合工艺要求。

图 5-30　自动上甑装置

5. 蒸馏取酒

（1）操作过程　原酒从冷凝器馏出后，按类别质量，通过拨盘转向自流入不同的接酒桶。

接酒桶内有液位计，酒面到达预定的液位后，自动启动酒泵，将原酒泵入暂存罐。

（2）智能化控制　上甑完成之后进入馏酒接酒环节，通过调节阀自动调整蒸汽压力，通过出酒口酒温和冷却水出水口水温来自动调整冷却器进水阀开度，保证馏酒温度和流量稳定，经量质摘酒，将不同类别的原酒分别接入不同的接酒箱内，再经过管道把各类别酒泵送到基酒暂存罐。量质摘酒的基酒取酒布局见图 5-31。

6. 出甑摊晾

（1）操作过程

①出甑：蒸馏结束后，揭开甑盖，发出酒甑翻转指令，待酒糟全部倒入甑底板链上后，再发出酒甑翻转指令，将酒甑复位。

图 5-31 量质摘酒的基酒取酒布局

②摊晾：根据工艺要求调整好下料和下曲及网带参数，保证糟、料、曲拌和均匀。参数调整以后，启动甑底输送板链，糟醅通过提升板链及双向输送链板输送至摊晾机内进行摊晾。

③加粮：当糟醅经摊晾机运输至加粮机下方时，加粮机自动感应来糟情况，自行启动加粮机落料装置，将糖化料定量下放至摊晾机板链上，落在糟醅上。

④加曲：定量加曲机感应来糟情况，自动运转加曲机，大曲均匀覆盖在粮醅上，均匀加入大曲后的粮醅经搅拌均匀后，通过双向链板输送至运糟斗内。

(2) 智能化控制 摊晾机具备摊晾、测温、加曲、加粮、搅拌等功能，摊晾机前端设计有引风系统，收集蒸汽，自动将热汽冷凝成水后排放，达到节能减排的效果。

7. 窖池温度实时监控

(1) 操作过程 窖池采用不锈钢设备，并留有温度检测口，使用长杆温度计对封窖窖池进行升温检测，实时了解发酵情况。

(2) 智能化控制 通过 MES 系统实现对窖池温度的实时采集、显示和监控，接入中控系统形成温度发酵曲线，可以实时查看升温幅度与时间、升温速度等数据，实现了酿酒生产从人工到智能的转变，系统使酿酒工的生产操作更加规范化和可视化。

五、应用效果

(一) 新建了智能化酿造车间

酒鬼酒新建三区项目已建成智能糖化粮车间、酿酒四车间两个自动化车间（图 5-32），年产 3000t 馥郁香基酒。糖化粮车间是白酒行业首套集原辅料接收、清选、储存及原辅料浸泡、清蒸糖化一体化集中化的生产线，设计年糖化粮量能满足 1 万 t 酿酒车间基酒生产。采用带压蒸锅清蒸原料技术和控温双床糖化技术，提质、增效、降耗效果良好。酿酒四车间共设置 6 套自动化生产线（包括起窖系统、谷壳风送系统、曲粉输送系统、糖化料转运系统、半自动化行车系统、拌糟输送系统、自动上甑系统、量质摘酒系统、蒸汽回收处理系统、摊晾加糖化料系统、丢糟输送系统等一系列自动化及半自动化设备），配备 12 个生产班组，共有 648 个窖池，每个窖池可投 3t 原料，基酒生产能力可达到

3000t/年。构建首个酿酒 MES 系统并稳定运行，生产工艺管理执行与 MES 系统深度融合，实现生产过程、工艺参数、理化指标和品质控制全数据自动采集、工艺参数可追溯、建立工艺模型、数据分析与指导生产，提高了工艺控制的精准性、及时性。

（1）自动上甑　　　　　（2）自动配糟

（3）自动出池　　　　　（4）自动蒸饭冷饭接种

图 5-32　自动化酿造车间布局

（二）制定了馥郁香型白酒等级评价团体标准

湖南省食品行业联合会于 2024 年 7 月 12 日发布了团体标准《馥郁香型白酒特征等级评价》，标准编号为 T/HNSSPHYLHH 001—2024，2024 年 11 月 1 日实施。该团体标准从酿造工艺、产品品质和文化价值三个维度表征馥郁香型白酒的等级特征，并评价其差异性。根据酿造工艺、产品品质和文化价值的特征值，从三个维度分别将馥郁香型白酒产品划分为五个等级：入门级、尝鲜级、鉴赏级、收藏级和大师级（表 5-12、表 5-13、表 5-14）。

表 5-12　　　　　　　　　酿造工艺维度特征值等级划分

特征维度	入门级	尝鲜级	鉴赏级	收藏级	大师级
酿造工艺	0~1	1~2	2~3	3~4	4~5

表 5-13　　　　　　　　　产品品质维度特征值等级划分

特征维度	入门级	尝鲜级	鉴赏级	收藏级	大师级
产品品质	0~1	1~2	2~3	3~4	4~5

表 5-14　　　　　　　　　　文化价值维度特征值等级划分

特征维度	入门级	尝鲜级	鉴赏级	收藏级	大师级
文化价值	0~1	1~2	2~3	3~4	4~5

第六节　机器人仿人簸箕装甑技术

固态甑桶蒸馏是中国白酒酿造的特点之一，上甑蒸馏工序直接影响着白酒的产量和质量。白酒行业面临"招工难、用工贵"以及如何提升生产效率和产品质量的问题，中科恒信智能科技（泰安）有限公司开发的机器人仿人簸箕上甑技术，为白酒行业的自动化生产线升级改造提供了一个创新且高效的解决方案，以下是对该技术及其应用的详细介绍。

一、技术特点

白酒酿造传统工艺对操作手法要求高，要求上甑过程要轻撒匀铺，轻轻地将酒醅撒入甑桶，并均匀地铺开，保证酒醅在甑内疏松均匀，增加蒸汽和酒醅的接触面积，使蒸馏时酒醅内的酒精蒸气能均匀上升，从而保障出酒的质量和产量。探汽上甑要求操作人员凭经验提前探知蒸汽的位置，根据蒸汽的状态把酒醅准确地撒在合适位置，保障蒸酒顺利进行。温度和时间控制至关重要，预热需适中，过高易糊化，过低水分蒸发不足，均影响出酒率和质量；上甑时间需根据香型、工艺调整，过短或过长均不利。上甑技术直接影响出酒率和优质酒产量，操作不当会导致酒醅蒸馏不充分，影响基酒的口感和风味。机器人上甑替代人工上甑的优势与特点：

（1）提高基酒质量　机器人能够精准把控装甑全程，严格按照"轻、松、匀、准、薄、平"的工艺要求和"见汽压醅"的要诀进行操作，使各批次物料分布、透气性一致，保障酒品质量稳定。而人工操作时，不同工人的手法和水准存在差异，难以保证每一批次的酒质都相同。同时，机器人在封闭的环境中进行操作，能够最大程度地避免物料污染，确保白酒的品质纯净无瑕。相比之下，人工上甑易因操作或环境因素混入杂质而对酒质带来不利影响。

（2）提升生产效率　机器人可以持续稳定地工作，不受疲劳和休息的限制，其工作速度通常比人工快。例如，一台上甑机器人可以替代 2~4 人，且上甑时间比人工快 5~8min，有效提高了整体生产效率。机器人能够与前后工序紧密连接，实现联动控制，更好地配合整个生产流程，减少等待时间和工序间的延误。

（3）降低劳动强度与成本　装甑工作环境恶劣，通常高温、高湿且空气质量差，工人劳动强度极大。机器人替代人工上甑后，可将工人从繁重、恶劣的工作环境中解放出来，降低对工人身心健康的影响。随着劳动力成本的不断上升，使用机器人上甑可以减少人工雇佣数量，降低企业的人力成本支出。同时，也能缓解企业面临的"招工难、用工贵"问题。

（4）实现智能化生产　机器人上甑系统可以配备各种传感器，实时采集上甑过程中的数据，如蒸汽温度、压力、物料分布等。这些数据有助于企业进行生产过程的监控和分析，实现智能化管理和优化。随着科技的不断进步，白酒行业也在向智能化、数字化方向发展。采用机器人上甑是企业提升自身竞争力、适应行业发展趋势的重要举措。

（5）有效解决行业上甑痛点　基于"源于传统、优于传统"的理念，提出仿人簸箕机器人上甑的设计思路，解决了现有上甑自动化设备存在的清洁困难、设备运行不稳定、系统不智能、料面不平整、探汽不精准等行业痛点。

二、技术原理

传统人工上甑过程是工人利用簸箕将酒醅均匀抛撒到甑锅内，仿人工簸箕机器人上甑系统主要是机器人仿人工将酒醅均匀铺撒到甑锅内。人工抛撒酒醅主要是利用惯性将簸箕中的酒醅均匀抛撒，并在手眼的配合下，控制酒醅的抛撒方向、抛撒厚度等；同时，要做到见汽压醅、用手感受蒸汽在料层下的深度，做到既不冒汽，也不压汽太深。仿人簸箕上甑是利用仿人簸箕上钉齿滚筒将酒醅均匀拨撒出去，配合机器人圆周运动轨迹，将酒醅从甑锅锅边到甑锅中心按照圆环形区域层层铺撒，同时，利用甑锅上方的传感器系统实时监测甑锅内料层厚度以及冒汽区域的位置面积，并将相关信息反馈到控制系统，规划见汽压醅动作。

三、技术方案

仿人簸箕机器人上甑系统主要包括甑锅、蒸汽系统、机器人系统，还有传感器系统（图5-33），实现仿人工上甑铺料。机器人末端采用仿人工簸箕的机器人料斗（图5-34），在料斗的底部增加了皮带输料机构，料斗的末端加装了打撒装置。底板输送带保证料斗内的落料稳定到达出料口末端，这样无论机器人料斗处于何种位置状态下，物料均能依靠动力被均匀、准确地撒出去。末端的打撒装置，一个作用是避免甩料造成抛射压实锅内甑料，第二个作用是打散料斗内物料实现均匀落料。

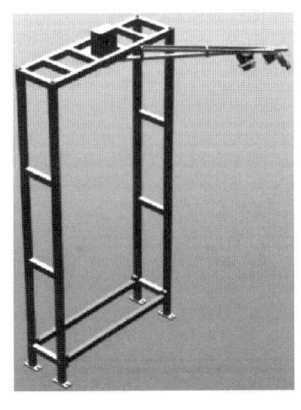
图5-33　传感器系统

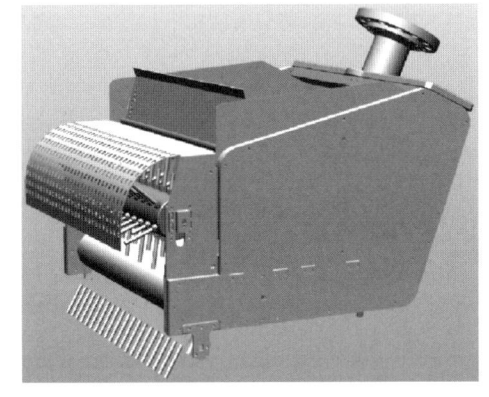
图5-34　仿人工簸箕的机器人料斗

根据任务目标需求，采用热红外相机、三维相机以及线结构光视觉测量系统构成上甑机器人视觉环境感知系统。其中，热红外相机用于探测甑锅内蒸汽情况，做到"探汽上甑"。三维相机能够提供甑锅内完整料面的三维坐标，为料面平整度检测、蒸汽高度预测提供重要数据支持；在一些雾气大、能见度低的情况下，三维相机的数据会有大范围缺失。线结构光视觉测量系统的主要作用是在这种情况下辅助三维相机提供必要的三维信息。遵循传统上甑"轻、松、匀、薄、准、平"工艺要求，分析人工"轻撒匀铺"工艺手法，提出人工上甑典型轨迹的提取与泛化编码方法，开发专用的上甑机器人离线仿真系统，生成机器人仿人工上甑工艺库，研制高刚度高防护多自由度上甑机器人系统，提出"轻撒匀铺"的仿人工精准铺料控制算法，编写机器人自动接料与铺料程序，实现连续作业中松散酒醅的定厚、定面控制。机器人仿人工上甑操作动作轨迹如图5-35所示。

图 5-35　机器人仿人工上甑操作动作轨迹

四、技术要点

（一）仿人工簸箕上甑机器人系统集成

技术方案为机器人、仿簸箕料斗、传感器、中央控制器，进行系统集成，实现仿人工上甑。之所以采用仿人工簸箕上甑，研究者认为人工簸箕上甑是上甑工序的最优解，既然是做智能化上甑设备，仿人工上甑才有可能达到人工上甑的效果，甚至某些方面要超过人工上甑。簸箕间歇式上甑出料面积大、出料效率高，能铺得更匀更薄，蒸馏效果好；而酒醅属于固液混合的非刚体黏料，很难精确控制；人可以很轻松利用惯性将酒醅均匀铺撒，但是机器人受限于自身部件的性能，很难利用惯性将酒醅均匀铺撒。于是，公司研制了仿人簸箕动力料斗装置，可以实现酒醅的均匀铺撒，且厚度和位置可以精确调控，是保障上甑工艺要求的关键部件。

（二）仿人上甑机器人系统复现传统上甑手法

采用的技术方案为提取人工上甑动作轨迹，建立仿人动作工艺库，实现上甑过程中的铺料面积和厚度协同控制（图5-36）；通过相机采集传统人工上甑过程中的簸箕运动轨迹和空间姿态数据，提取人工上甑动作轨迹，并进行泛化，结合机器人运动指令和仿簸箕动力料斗，构建仿人动作工艺库。通过控制机器人末端姿态、运行速度、仿簸箕料斗电机速度，来控制酒醅的铺料厚度和面积，实现上甑进程自主调控。

（三）基于料面表层信息的蒸汽高度实时检测

采用非接触式探汽技术方案，即料厚和三维形貌检测，内层蒸汽高度建模，蒸汽高

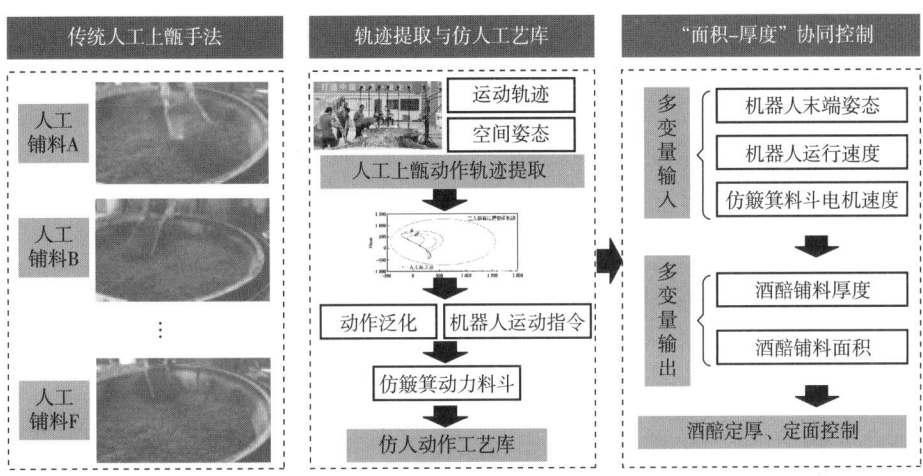

图 5-36　仿人工上甑机器人上甑协同控制方式

度实时检测（图 5-37）。首先，对三维相机点云数据进行处理，获得甑锅内各区域铺料厚度和料面平整度信息。利用红外相机数据获得料面区域温度信息，根据蒸汽的流量、持续时间，利用非线性建模获得料层蒸汽速度估计，通过层层累积获得蒸汽高度估计，结合料面厚度和料层内蒸汽高度，进而实现蒸汽高度实时检测。

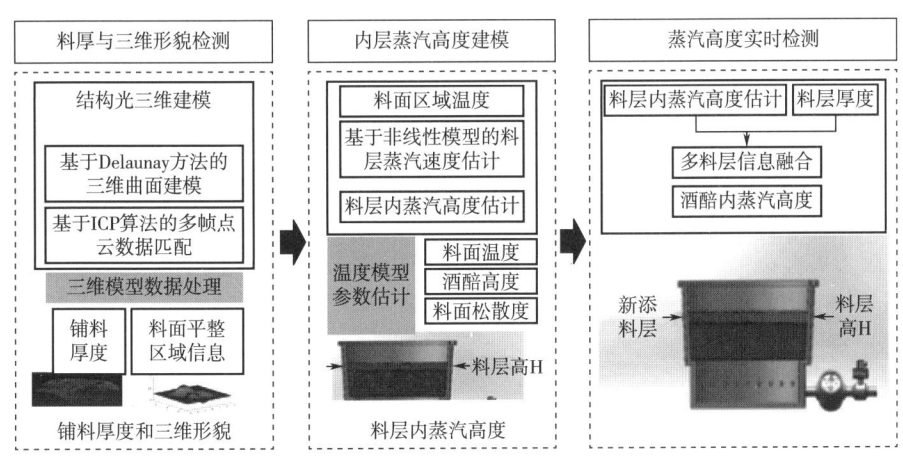

图 5-37　基于料面表层信息的蒸汽高度实时检测方式

（四）探汽与蒸汽协同上甑任务自主规划

采用的技术方案为蒸汽高度和三维形貌驱动的上甑机器人任务自主规划，上甑速度与蒸汽联动控制（图 5-38）。如果酒醅每一层都铺得很薄，则蒸汽控制得要小一点；反之，蒸汽要大一些。同样，如果探测已经有蒸汽冒出，则需要对冒汽点进行补料，同时，要加快铺料速度，防止冒汽；如果探测到料面不平整，坑洼地方即将有蒸汽冒出，则也需要进行补料，防止有蒸汽冒出；如果某些区域压汽较深，则需要进行等汽，放置压汽。因此，探汽、蒸汽控制与上甑任务是一个协同过程，结合蒸汽高度、料层厚度、料面平整度信息，以路径最短、时间最短、调节最少等约束原则，利用强化学习框架优化求解，获得自主任务规划信息，实现逐层铺料、见汽压醅、不平整区域补料以及等汽。根据料层厚度变化规律对上甑速度进行调节，根据料层下蒸汽高度变化规律，对蒸汽流量进行控制，二者结合进行自适应调控，达到上甑速度与蒸汽流量控制自适应匹配，满足料平汽平的传统工艺要求。

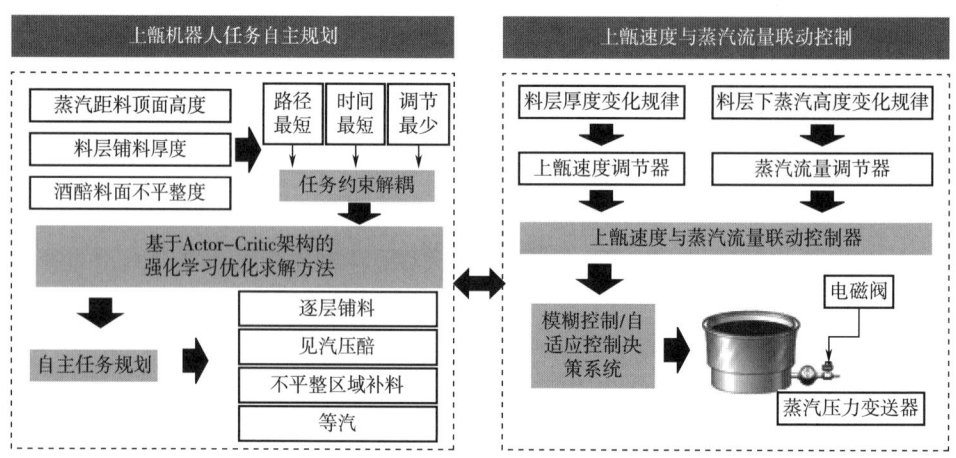

图 5-38　探汽与蒸汽协同上甑任务自主规划方式

（五）基于 FPGA 的多源数据实时加速处理

由于上甑任务规划是在线自主进行，因此，需要对数据进行实时处理和建模；由于所处理的数据主要来源于三维相机和红外相机的三维点云数据、可见光数据以及红外数据，为了加速计算，我们研制了基于现场可编程门阵列（Field programmable gate array, FPGA）的多源数据实时加速处理模块（图 5-39），实现传感器数据实时处理和建模，为在线自主任务规划奠定基础。

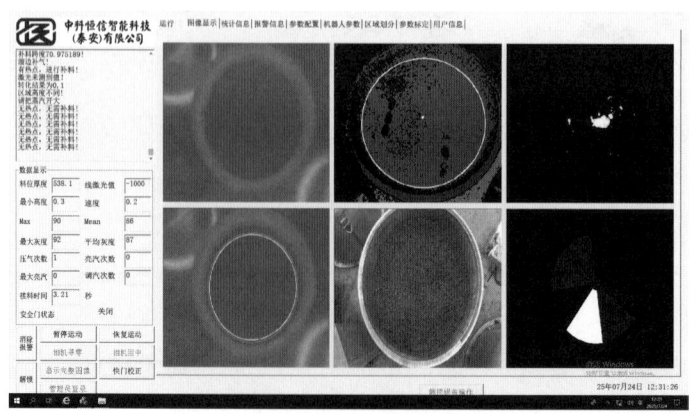

图 5-39　基于 FPGA 的多源数据实时加速处理方式

五、应用效果

（一）技术已推广应用

中科恒信智能科技（泰安）有限公司自 2022 年 1 月 6 日成立至 2024 年 8 月 31 日已完成设计、制作与安装 172 套仿人工簸箕上甑机器人系统，服务于国内的古井贡酒、口子窖、衡水老白干和国台等 14 家酿酒企业，技术的部分应用场景如图 5-40 所示。

图 5-40　仿人工簸箕上甑机器人系统在企业应用的现场实景

（二）应用效果良好

实践证明，仿人簸箕上甑机器人系统的上甑效果可媲美工匠级的上甑效果，做到"轻撒匀铺"和"探汽上甑"，蒸馏过程质量可控，一致性有保障，满足酒厂"上甑好、产量多、酒质优、费用省"的综合效益最大化需求。该技术在提升生产效率、保证产品质量、降低人力成本、改善工作环境等方面有实效。经过在老白干酒业股份有限公司进行人机对比实验，上甑效率较人工提升 42%，摘酒一级品率提升 2%，极大地提升了上甑效率，同时也提高了酒的品质。

第六章 生态化贮存与勾调技术

贮存与勾调是传统白酒生产的下游加工工程部分，勾调技术对形成产品风格、稳定酒质、提高优质酒比率起着至关重要的作用。新酒在经历一定时间的贮存过程中，通过物理变化、化学作用和物理化学作用促进了酒的老熟。生态酿酒追求产品的安全、优质，随着科学技术的进步，学者对白酒贮存老熟机理、勾调原理进行了深入探究，掌握了其一些变化规律，于是生态化的贮存与勾调新技术层出不穷，满足消费者个性需求的新产品不断涌现，极大地推动了酿酒行业的供给侧结构性改革和产业升级。

第一节　自然贮存新技术

刚蒸馏出的新酒，带着一股直接而强烈的辛辣新酒气息，往往需要历经一年乃至数年的悠长时光，在贮存中逐渐褪去新酒的生涩，增添陈酒的醇厚韵味。贮存，作为提升酒液品质与醇厚度的基础步骤，同时也是确保白酒安全性的关键环节。这一过程，即烈酒由辛辣转为醇厚的变化，被形象地称为老熟或陈化。学术界长期致力于探索白酒贮存的最佳方法与成效，传统观念一度认为，唯有用陶坛装酒在相对稳定的温度条件下贮存，方能最有效促进酒的老熟。然而，最新的研究成果揭示了更为复杂的化学变化：在贮存期间，酒体由均匀的分子溶液逐步转变为非均匀的胶体溶液。尽管如此，关于自然贮存条件下白酒品质变化与环境微生态之间的具体联系，目前仍缺乏翔实的数据支持，这无疑是未来研究与探索的一个重要方向。在尊重自然老熟原理的基础上，白酒的贮存技术不断推陈出新，从恒温到变温，从传统的窖藏、洞藏，扩展到地面酒库乃至露天贮存等多种方式并行。以下将概述几种结合了露天与地下环境的生态化自然贮酒新技术，这些创新方法旨在更好地利用自然环境，促进白酒的自然成熟与风味提升。

一、"露天地藏"贮酒技术

（一）技术特点

湖南湘窖酒业有限公司的"露天地藏"技术集陶坛贮酒、地窖贮藏和露天贮藏三者特性于一体，聚日月之精华，集天地之灵气，创造在天然的物理条件下进行贮酒的新工艺。其特点有三：

1. 恒温-变温交替，促进新酒的自然老熟

每一个酒窖的绝大部分新酒处于地下恒温恒湿的状态，而少量开口露天部分的新

酒随四季、日夜温差变化，这样酒液在酒窖内形成对流状态，促进酒液中物质分子之间的物理变化和化学反应，达到排杂增香的目的，加速新酒的老熟。适合于长期贮藏，为酒质的稳定提供了可靠的保证。

2. 类似麻坛的大缸贮酒，促老熟降成本

采用陶瓷板贴面的水泥池贮酒大容器酒窖（图6-1），每个酒窖内壁均贴有3cm厚的上等陶片，酒窖中的酒通过管道进行输送。这样，既完全达到麻坛贮酒的效果，又可避免因陶坛渗漏和破损导致的酒损，还可减少麻坛勾兑在酒质跟踪评价、操作上的烦琐，降低了贮酒成本。

3. 生态环保的贮酒环境，酒旅融合的亮点

湘窖"露天地藏"贮酒技术改变了传统贮酒的神秘，在一片开放的绿地之下贮酒（图6-2），既是公司接待来宾一道靓丽的风景，也是公司对外宣传酒质、品牌和酒文化的窗口。

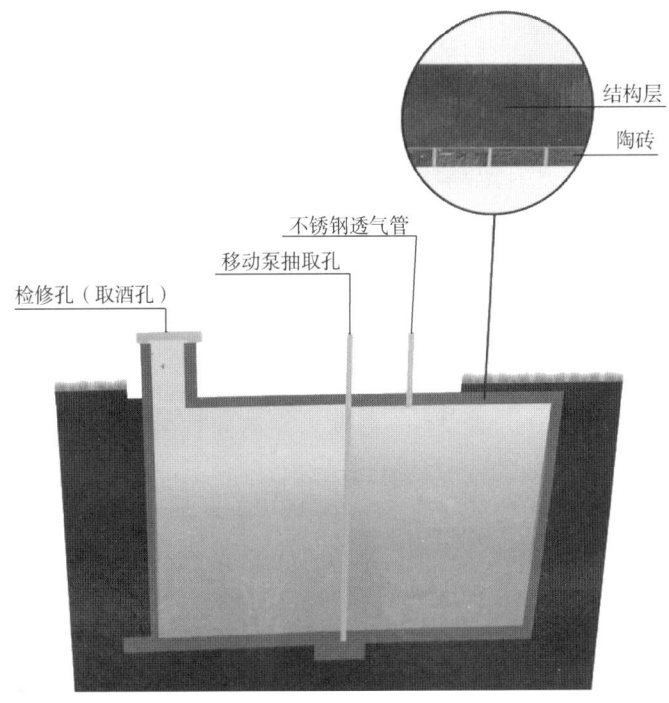

图6-1　湖南湘窖酒业"露天地藏"贮酒的地下酒窖剖面结构

图6-2　湖南湘窖酒业"露天地藏"贮酒现场一角

（二）应用效果

（1）改善酒质　温度对新酒老熟有直接影响，通过地下与地上贮酒的有机结合，加速了酒质随着自然条件下温度的适度变化而变好，这样贮存1年的酒相当于传统酒库贮存2~3年的效果。同时，利用贮存的合格酒开发出了绵柔型开口笑等产品，该产品具有"香气悠久、味醇厚、入口甘美、入喉净爽、各味谐调、恰到好处、酒味全面"的独特风格。

（2）减少投资　湘窖酒业的"露天地藏"酒窖群占地1.5万m^2，分3个区域，有地下酒窖98个，每个酒窖能贮酒150~300t，总容量达到2万t。这样的贮酒方式，不需要房屋建造的投资，也没有占用土地，从而减少了投资；同时，成为了生态环保的旅游风景。

二、活竹贮酒技术

竹酒是选用深山中健康生长的楠竹，将度数较高的原酒液，用高压灌注法灌注于楠竹节腔内，再用同材质的活竹签密封灌注口。经一定时间贮存，楠竹在生长过程中经历光合作用、新陈代谢以及自然条件下的温差等物理作用，使得楠竹节腔内的原酒液参与整株楠竹的生理循环，促进楠竹与酒液之间的物质交流，取出后过滤而成风味独特的产品。这里以庞刚的发明专利《一种从处于生长的竹中制备野竹酒的方法》（专利号：00109427.0，获得授权时间：2004-05-19）为例，说明活竹贮酒技术的具体情况。

（一）技术特点

该方法通过在处于生长的竹上设置一灌液、取液装置，可以分时段、分量采集竹中的野竹酒，同时可反复多次灌、取液，从而提高了竹的利用率，更好地控制制备得到的野竹酒的酒精度。可对竹节内的含酒精饮用品进行随时监测取样，保证获得的野竹酒的统一性，用于制备该野竹酒的竹可以反复利用。

在生长的竹的竹节上设置灌液、取液装置，可以根据需要分时段、分批次、分量采集野竹酒，从而可方便地获得各种度数的野竹酒；灌液、取液装置的液面观察器可方便地观察竹节中液体的生态和动态及量的增减变化等，各管、孔、盖之间的密封连接保证了制备过程的纯净和卫生，通过取液装置可随时取出竹节中的液体进行检测分析而不影响竹节内的其他液体；制备野竹酒可不受竹生长状况的影响，选择生长期适中的竹制备野竹酒，在保证含酒精饮用品在竹节中通过竹的生长、新陈代谢等生理活动浸提和交换竹中的有益成分的同时，生长中的竹也可反复使用，而且竹经一段时间制备野竹酒的使用后，仍可作为竹材使用。采集野竹酒的时间可根据竹节中酒的酒度和所需营养物质的含量以及所需的酒度而确定，可分批分期分量采集，大大节约了生产成本，适于大规模组织生产；本发明方法也有利于自然资源的多次利用，经实践证明，竹在本发明方法反复制备野竹酒后，生长和发育无不良影响，在春、冬两季竹笋仍可不断长出，这对于保持竹林的动态平衡和环境的生态平衡都有积极的意义。

（二）技术原理

在竹的生长过程中，通过将含酒精饮用品在生长的竹中进行动态缔合贮存，使酒体中的成分趋于协调一致，竹材可过滤酒中所含的有害成分，同时含酒精饮用品能从竹中浸提和溶解出竹中所含的有益成分；竹中所含天然水分的渗入，增加了含酒精饮用品的量，降低了含酒精饮用品的酒精度，获得的低度酒并不是由高度白酒加水勾兑而成，而是通过在天然植物中贮存，充分吸取自然精华的水分逐渐降低酒精度而获得，在未添加任何化学成分的前提下，获得了全新的口感；经检测证明，使用本发明方法反复制备的野竹酒中所含营养成分在各批次之间无显著差异，其原因在于在含酒精饮用品浸提竹中成分的同时，竹也在生长过程中不断地吸收土壤中的各种营养，并通过其自身的新陈代谢作用制造新的营养成分。

（三）技术要点

选择节长适中、生长状况良好的 2~3 年竹龄的毛竹，在各竹节的上、下分别钻孔，如图 6-3（1）所示。上方孔为排气管孔 1，下方孔为注液管孔 8，孔的大小应分别与欲插入的排气管和注液管口相适配并紧密结合，然后将排气管 2 和注液管 7 分别用力压入排气管孔 1 和注液管孔 8，排气管的另一管口 9 外设置一排气管盖 3，用于封闭排气管 2；注液管为 T 形管，注液管的另一端管口 12 外设置一注液管塞 6，用于封闭注液管 7；注液管 7 的 T 形管口连接一液面观察管 5，液面观察管 5 的管口 10 外设置一液面观察管盖 4，用于封闭液面观察管 5，为保证竹节内液体的纯净，防止外界的空气和蚊、蝇等昆虫进入，各管、孔、盖之间的连接均为密封连接。如图 6-3（2）所示，在注入含酒精饮用品时，拔开排气管盖 3、液面观察管盖 4 以及注液管塞 6，通过注液器 11 将 50%vol 白酒注入竹节中，通过液面观察管 5 观察竹节内的液体量，至所需量时分别用排气管盖 3、注液管塞 6 和液面观察管盖 4 封闭各管口，让竹继续生长 30d 后，如图 6-3（3）所示，拔开排气管盖 3、液面观察管盖 4 以及注液管塞 6，通过注液管 7 采集竹中的野竹酒；采集后可依以上程序循环使用该竹。另外，本发明的制备方法还可通过向竹节中注入水来调节含酒精饮品的酒精度。

（四）应用效果

1. 改善酒质

按照技术要点介绍的方法，将 500mL 54%vol 白酒注入处于生长的竹中，在竹中生长贮存 30d 后，取出竹节中的野竹酒（样品 1），测定体积和酒精度；再将另外 500mL 54%vol 白酒注入上述同一竹的同一竹节中，生长贮存 30d，取出竹节中的野竹酒（样品 2），测定体积和酒精度；又将另外 500mL 54%vol 白酒再注入上述同一竹的同一竹节中，生长 30d 后，取出竹节中的野竹酒（样品 3），测定体积和酒精度；检测样品 1、样品 2、样品 3 和对照组［原酒 54%vol 白酒为对照］中的氨基酸、微量元素和有害物质含量，结果见表 6-1。由表 6-1 可见，制备的野竹酒与对照组原酒比较，氨基酸、矿物质和各种有益成分显著增加，而甲醇和杂醇油等有害成分显著降低。在处于生长竹中反复制备得到的各批次野竹酒，所含各种营养成分的量无显著差异，说明活竹贮酒方法的稳定性和重复性较好。

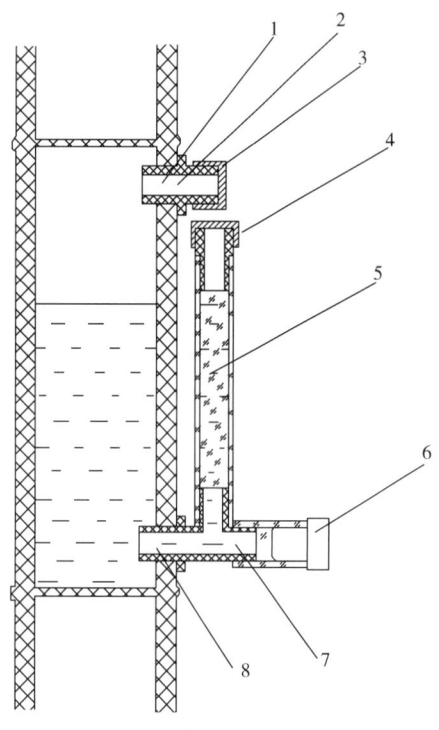

（1）灌液、取液装置结构　　　　　　　　　　（2）灌液、取液装置在注入液体时的状态

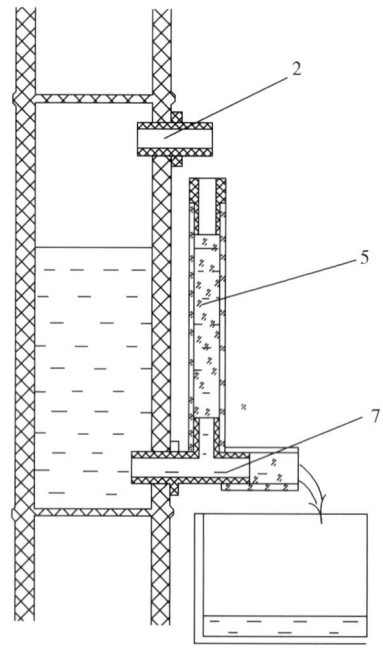

（3）灌液、取液装置在取液时的状态

图 6-3　灌液、取液装置

1—排气管孔　2—排气管　3—排气管盖　4—液面观察管盖　5—液面观察管
6—注液管塞　7—注液管　8—注液管孔　9—排气管的另一管口　10—液面观
察管的管口　11—注液器　12—注液管的另一端管口

表 6-1　　　　　　　　各批次野竹酒之间的营养成分和有害物质含量比较

	物质成分	对照组	样品1	样品2	样品3
氨基酸/(mg/100mL)	天冬氨酸	0.05	15.88	43.05	16.48
	苏氨酸	未检出	0.83	83.62	0.08
	丝氨酸	未检出	2.92	8.48	2.57
	谷氨酸	未检出	2.53	4.30	4.29
	甘氨酸	未检出	0.32	0.74	0.36
	丙氨酸	未检出	1.70	4.04	1.48
	胱氨酸	0.29	0.27	0.35	0.28
	缬氨酸	未检出	0.41	0.33	0.33
	甲硫氨酸	0.15	未检出	0.22	0.06
	异亮氨酸	未检出	0.52	0.07	0.11
	亮氨酸	未检出	0.55	0.10	0.12
	酪氨酸	0.05	0.19	0.44	0.11
	苯丙氨酸	0.02	0.16	0.14	0.20
	赖氨酸	0.04	0.28	0.61	0.26
	组氨酸	未检出	3.07	1.72	0.33
	精氨酸	未检出	0.07	1.42	0.13
	脯氨酸	未检出	0.81	1.74	0.70
元素及矿物质	全氨/(mg/L)	1.95	93.87	348.5	101.7
	全磷/(mg/L)	0.008	3.96	2.14	3.59
	全钾/(mg/L)	0.88	145	105	210
	钠/(mg/L)	14.4	11.2	10.6	9.4
	钙/(mg/L)	2.56	30.9	9.96	24.5
	碘/(mg/L)	0.021	0.040	0.046	0.041
	铜/(mg/L)	<0.02	0.023	0.104	0.020
	铁/(mg/L)	0.149	0.14	0.128	0.172
	锌/(mg/L)	0.148	0.305	0.486	0.354
	锰/(mg/L)	<0.02	2.19	1.98	0.021
	硅/(mg/L)	10.9	16.8	22.4	24.3
	硒/(μg/L)	0.71	3.32	2.84	2.31

续表

	物质成分	对照组	样品1	样品2	样品3
	维生素B_2/（mg/L）	未检出	0.028	0.028	2.13
	还原糖/（g/L）	未检出	1.05	1.93	0.094
	类胡萝卜素/（mg/L）	0.016	0.096	0.048	0.096
有害物质	甲醇/（g/100mL）	0.01	0.0011	0.0057	0.008
	杂醇油/（g/100mL）	0.0374	未检出	0.014	未检出

2. 活竹可反复利用

该技术通过在处于生长的竹上设置一灌液、取液装置，可以分时段、分量采集竹中的野竹酒，同时可反复多次灌、取液，从而提高了竹的利用率，更好地控制制备得到的野竹酒的酒度，同时，又能对竹节内的含酒精饮用品进行随时监测取样，保证获得的野竹酒的统一性，用于制备该野竹酒的竹可以反复利用。

三、容器时空动态组合贮酒技术

四川郎酒集团有限责任公司的郎酒庄园占地$10km^2$，坐落于赤水河左岸的酱酒黄金产区。酿造环境得天独厚，酿造历史绵延千年。郎酒庄园布局六大核心生态酿酒区，年产能已达7万t，老酒储存目标突破30万t。下面通过对郎酒集团官网资料的整理，介绍郎酒庄园独特的"容器时空动态组合贮酒技术"的具体情况。

（一）技术特点

四川郎酒集团有限公司规划建设的$10km^2$的郎酒庄园，科学串联起"生长养藏"（生在赤水河，长在天宝峰，养在陶坛库，藏在天宝洞），收纳"天地仁和"（天宝洞、地宝洞、仁和洞），星罗"四步存贮"（露天坛贮、山谷罐贮、室内坛贮、天然洞藏），引领中国白酒突破作坊方式、车间化传统模式，成功步入庄园化发展新阶段。其贮酒的技术特点具体体现在，追求新酒的自然老熟，不同贮存阶段的三个"动态变化"为：

（1）贮酒容器在变　从麻坛到不锈钢罐再到麻坛；

（2）贮酒场所在变　从露天到室内酒库再到天然溶洞；

（3）贮酒时间在变　根据产品品质选择不同的贮存时间，从天宝峰长3~4年到室内酒库养3~10年，顶级原酒继续在天、地、仁和溶洞中藏10~15年以上。

（二）技术原理

利用变温-恒温的交替，促进新酒的自然老熟。前期的露天坛贮和山谷罐贮中，容器内新酒接受自然环境的日夜温差变化，酒液循环起到了搅拌作用，白天的"太阳浴"给酒液提供了热能，从而加速了物理、化学变化，促进挥发作用和香味成分的转化，使新酒酒体老熟更快。中期后期的室内坛贮与天然洞藏中，环境温度相对稳定，环境、容器和时间的有机融合，促进酒体中分子之间氢键缔合、微量成分的细微变化，使其在漫长的岁月中慢慢老熟而形成独特的风味。

（三）工艺流程

郎酒庄园采用容器时空动态组合贮存基酒的工艺流程如图6-4所示，郎酒庄园贮酒区如图6-5所示。

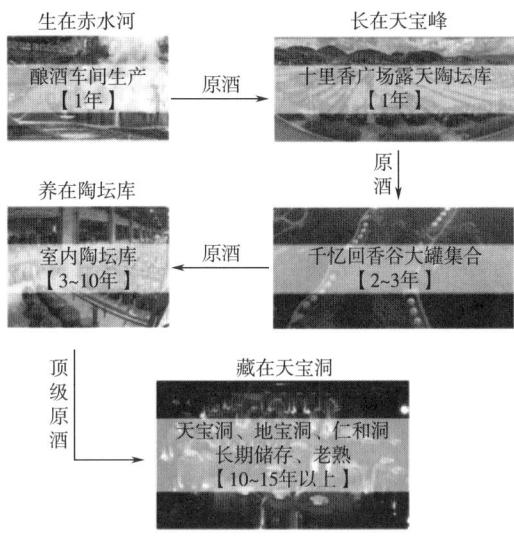

图6-4　郎酒庄园贮酒的工艺流程

图6-5　郎酒庄园不同贮酒区

（四）应用效果

1. 老酒储存量大

四种不同形态的储酒区星罗于庄园中，串联起郎酒独特而科学的贮存流程，涵养郎酒的神奇风味。郎酒庄园老酒储存已达 22 万 t，未来将突破 30 万 t。

2. 品牌影响力大

优质基酒为郎酒产品（红运郎、青花郎、红花郎、郎牌·黑马特、郎牌特曲·T8、小郎酒、顺品郎七大战略产品）提供了卓越的品质保障，"郎"牌是"中国驰名商标"，2024 年郎酒品牌价值为 1518.76 亿元，连续 16 年稳居白酒行业前三位。

第二节　人工催陈技术

白酒的老熟可分为自然老熟和人工老熟，自然老熟必然会积压大量资金、增加设备投资，加之每年近 2% 的酒损，给企业造成巨大的经济损失，成为各酒厂亟待解决的重大技术难题。为此，白酒界科技工作者一直在努力探索各种人工老熟方法来缩短陈酿周期，提高企业经济效益。

一、人工催陈技术对白酒的影响

在白酒自然老熟机理"挥发说""缔合说""氧化说""酯化说""溶出说"等的指导下，白酒界科研人员建立了多种人工催陈方法，主要包括物理法、化学法、生物法和复合法，下面分别介绍它们对白酒品质的影响。

1. 物理法

依据对白酒施加能量的方式不同，物理法又可分为如下几类：

（1）高温催陈　温度对酒老熟有直接影响，温度高时，低沸点成分挥发和化学反应进行的较快，容易老熟。赵国敢等研究了温度对洋河大曲新酒贮存的影响，采用新酒在 55℃ 条件下贮存 1~2 个月，以室温条件贮存为对照。结果发现：①在较短时间内高温贮酒优于常温贮酒的效果；②高温贮存的酒中酸酯转换的速度远快于常温贮存，与贮存 2 年左右的酒质十分相似；③高温贮存的酒在室温条件下放置 7 个月后，理化指标没有出现可逆现象，其口感优于或接近于自然贮存约 2 年的原酒。许福林等发明了一种白酒高温贮存老熟工艺，将新酒采用瓦坛在保温（30~60℃）、保湿（65%~85%）的条件下贮存 3~6 个月，其酒质可达到常温贮存 2 年的效果。

（2）超高压催陈　超高压可破坏酒中水和乙醇之间的氢键，并且其提供的能量会被各组分分子吸收并转化为分子参加各种老熟反应所需的活化能，从而加速物理变化和化学反应。因此，超高压有显著的催陈效果。段旭昌等采用超高压技术处理太白酒，在 20℃ 下分别采用 100、200、300、400、500、600 和 700MPa 压力处理酒样，结果表明：超高压处理可使新酿白酒的电导率、氧化还原电位、总酸含量、表面张力趋向于陈酒；200MPa 处理新酒 2h 的风味最好。

（3）光催陈

①红外线催陈：利用特定的红外线（波长 0.75~1500μm）辐射装置处理新酒，使酒中各主要成分获得能量，加速了酒中乙醇与水的氢键缔合速率，促进了酯化反应和低沸点物质挥发，从而达到除杂、醇和、增香的老熟效果。雷鸣书等最早将红外辐射用于长沙酒厂白沙液新酒的人工催陈，经过红外催陈的新酒品质，口感相当于自然老熟 6~12 个月的酒质，总酸、总酯增加明显。

②激光催陈：通过借助激光辐射场光子的高能量，对酒中物质分子中的某些化学键产生有力的撞击，使得这些化学键断裂或部分断裂，某些大分子被"撕成"小分子，或被激化为活性中间体，加速各种反应而达到老熟的效果。采用激光陈化白酒最早于 1981 年开始，利用激光方法催陈白酒时常用的激光器有 He-Ne 激光器、CO_2 激光器、CO 激光器、N_2 激光器、准分子激光器等，激光催陈的优点是陈化速度快。潘忠汉等采用激光陈化法对汾酒、安徽优质大曲酒进行处理，发现激光照过的白酒总酸、总酯、高级醇含量增加，甲醇、乙酸等有害成分含量降低。

③紫外光：在紫外线（波长小于 0.4μm）的作用下可产生少量的初生态氧，促进酒中一些成分的氧化过程而达到老熟的效果。茅台酒厂的紫外线催陈新酒的试验结果表明：在新酒温度 16℃ 下，用紫外线（253.7nm）直接照射 5min 时酸、酯变化适度、效果较好，而处理 20min 后出现过分氧化的异味。

④强光：强光的高光照功率密度和剂量与强磁场处理酒液，促进酒中成分的氧化、缩合、酯化等化学反应而达到老熟的效果。孙孟嘉等采用脉冲氙灯或碘钨灯构成光处理器，固态发酵新酒先经光源的强光场处理，其光照剂量为 5×10^{-4}~1×10^{-1}J/cm^3，波长 1.06μm，光束功率密度大于 10^7W/cm^2，然后再经磁场强度为 1×10^6~2×10^6 高斯的强磁场处理，催陈时间 0.5~40s，就可以达到长期贮存自然老熟的白酒的陈化水平和质量水平，催陈后的白酒原酒或勾兑酒色、香、味、格俱佳，乙醛、乙缩醛与乙酸乙酯的含量明显增加。

（4）电催陈　电催陈是将电引入新酒中产生电解反应生成电解氧，利用新生氧的活性加速酒体中氧化、酯化等反应的进行，加速酒的老熟。袭政等将电解水产生的氧气直接加入新酒中，使酒体中氧气的浓度为 2×10^{-6}~2×10^{-4}mol/L，经处理后的白酒品质相当于自然陈酿 6 个月效果。

（5）波催陈

①微波催陈：用微波（波长为 1mm~1m，或频率 300MHz~300GHz）催陈白酒时，因为微波使酒中的分子以极快的速度摆动，高频振荡使分子获得能量，快速地将部分乙醇和水分子群切成游离分子，微波功率去掉后，它们再结合成新的缔合分子群；同时，促进酒的化学反应，加速了白酒老熟的过程。林向阳等采用频率为 915MHz、功率为 5kW 的微波对德山大曲酒和长沙大曲酒进行催陈，处理过的新酒相当于自然老熟 3~4 个月的水平，可缩短这类大曲酒一半的贮存期。

②超声波催陈：利用超声波（频率高于 20000Hz）的"空化"作用加速了酒中低沸点物质的挥发，高频振荡增加了酒中各种反应发生的概率，促进了醇和水分子之间的缔合，提高了酯化、氧化反应的速率，还可能改变酒体中分子的结构。望开庆采用多个超声波振子产生的不同频率超声波对白酒催陈，对一般质量的酒，用超声波处理 10min 后，酒质相当于自然陈化 1 年的效果。

(6) 场催陈

①磁场催陈：磁场能使白酒中的极性分子有序排列，且酒在高梯度磁场作用下高速流动，分子间互相碰撞会使水、醇、酸各自的缔合体解体，形成更多的游离分子，加速酒体中氧化、酯化反应的发生。但是，单独使用磁场进行催陈效果常常不明显，而将磁催陈法与氧化法、催化剂催陈法、光催陈法等联合使用，催陈效果较佳。谢文蕙等采用可调式磁处理器（磁场强度为90~300mT、处理0~15次可调）处理新酒，新酒以0.3~10T/h的流量通过磁场强度为120~220mT的磁处理器2~9次，随后于该酒中加入1×10^{-6}~1×10^{-4}mol至少含有一种过氧化物的助剂（过氧碳酸钠、过氧乙酸或过氧化氢），如此处理后的酒，色、香、味相当于自然陈化6个月至两年或更长时间的陈酒。

②电场催陈：高压电场作用于新酒后，可加快物理变化和化学反应。一方面可使一些有害的低沸点物质挥发，促使酒液中极性分子趋于沿电场方向定向排列，致使酒液分子间的部分氢键断裂，使乙醇分子和水分子相互渗透，缔合成大分子群，减少自由乙醇分子的数量，降低酒的刺激性；另一方面，电能的输入增加了白酒中各类分子的活化能，加快了酒体中各种化学反应的进程。殷涌光等采用在酒液内部直接通入高电压脉冲电，处理后的酒样总酸、总酯和总醛含量有所增加，总醇含量有所下降，指标与自然陈酿6年以后的酒样成分变化趋势相同；酒体透明，陈香明显，辛辣味减少、柔和绵软、有余香。

(7) 射线催陈

①X射线催陈法：X射线具有较高的能量，照射白酒时会使酒体中的物质分子吸收能量而电离或激发，形成许多活性中间体加速各种反应发生的速率，促进白酒老熟。廖仲力等发明了用X射线处理酒的装置，先让新酒通过分子筛除去酒中的挥发性酸类和硫化物，然后将过滤后的酒注入磁处理机使其乙醇的活性降低，随后让磁化后的酒进入X射线处理机，用X射线（1×10^{5}~2×10^{6}R）进行辐照处理1~20s。处理后的酒中甲醇、异丁醇、异戊醇、甲酸乙酯和乙酸乙酯以及醛类、硫化物等物质含量明显降低，有的降低30%左右，而酒中己酸乙酯含量却大大增加；处理后的酒浓厚醇香、绵软优雅、谐调可口的味道。

②γ射线催陈：γ射线照射白酒，会使酒体中水分子和有机化合物分子产生电离和激发，因而产生大量自由基，加速了酒体中氧化、酯化反应，从而达到快速催陈的效果。付立新等用^{60}Co-γ射线催陈散装白酒［60%vol］，处理剂量为0.8、2.0、4.0kGy，剂量率为3.33Gy/min，第一批以新鲜白酒贮存7d后辐照，第二批以贮存90d辐照，两批样品均在处理后7d进行分析。处理后的酒样中总酸、总酯等有益成分增加，味道醇和、苦涩味减少。尤其以辐照剂量2.0kGy的处理组最佳，且辐照后贮存一定时间的效果更好。

(8) 其他催陈方法　超滤膜对极性分子也具有选择性吸附作用，使乙醇、羧酸、醛类等极性分子因吸附在膜中保持较高的相对浓度，能增进陈酿效果。超高压射流技术将新酒通过超高压及瞬态卸压过程，能加速白酒的催陈反应。樊迪采用超高压射流技术对不同香型白酒催陈效果的研究发现，浓香型白酒在200~300MPa处理后，香气优雅，酒体醇和、绵柔爽净；酱香型白酒在50~200MPa压力下处理后，酱香纯正，酒体醇和，尤其空杯留香纯爽、持久。清香型白酒经150~200MPa处理后，口感和风味较佳。

2. 化学法

化学法催陈白酒主要着眼于加快白酒中各种成分间的化学变化，化学法主要分为氧化法和催化法。

(1) 氧化法　氧化法主要是向酒体中注入氧气、臭氧或加入过氧化物、高锰酸钾等氧化剂，利用氧化剂的氧化作用加快酒体中醇、醛的氧化，从而促进酒体老熟。

①臭氧催陈：臭氧催陈是利用其较强的氧化能力和较大的能量，加速酒液中氧化反应、酯化反应、缔合作用和挥发作用，从而缩短陈酿期。李宏涛等利用臭氧来处理清香型白酒新酒，发现经过一定剂量的臭氧氧化处理后，新酒味减轻，具有一定的催陈或陈化作用；同时发现臭氧处理后酒中总酯下降，尤其是三种高级脂肪酸乙酯（棕榈酸乙酯、油酸乙酯、亚油酸乙酯）的含量明显减少，具有一定的除浊作用。

②氧气催陈：强制氧化采用从酒液底部均匀搅拌加氧的方法，使氧气穿过液体时能与酒液充分接触，加速酒液中氧化反应，特别是不饱和多元醇氧化成酸，降低不饱和多元醇的刺激性，从而使酒体变得醇香，达到更好的氧化效果。张忠茂等采用强制氧化技术对浓香型大曲新酒处理 16~26min 后，酒质相当于自然陈酿 90~120d 的白酒，比常规老熟的白酒更加醇甜。

③高锰酸钾氧化法：高锰酸钾处理新酒是利用其在酒液中的分解与氧化作用，促进酒的氧化和酯化作用，而本身则还原为二氧化锰可过滤除去，从而起到去杂、催陈的目的。尚宜良采用高锰酸钾处理高粱新酒，高锰酸钾用量为 0.05%，先将高锰酸钾用 5~10 倍 70℃ 以上的热水化解、搅匀，在酒中边搅拌边加入高锰酸钾溶液，使高锰酸钾与酒液充分接触，静置 8~16h，过滤，所得酒液无新酒味，而有较为醇厚绵软的口感。

(2) 催化法　催化法是通过在酒体中加入催化剂，加快酒体中酯化反应和氧化反应的进程，达到催陈的效果。

①酸催化：酸催化是在新酒中加入酸后，不仅增加了酒体中的反应物，而且能加快羰基质子化进程，从而促进酯化反应，实现催陈的效果。采用酸对白酒进行催陈时，固体酸、过氧乙酸是最常用的催化剂。郭生金等用固体酸对白酒进行催陈，处理后酒体中总酯含量升高。赵怀杰等在"磁—红外—氧化—过滤"组合法催陈白酒时向新酒中加入适量的过氧乙酸，处理酒样中酯含量明显增加，感官品质相当于自然陈酿 1~2 年的酒。

②催陈剂（器）催化法：在新酒中加入金属离子（如 Cu^{2+}、Fe^{3+} 等），金属离子能降低酒液分子间反应的活化能，增加了活化分子数及单位时间内的有效碰撞次数，因而加快化学反应速率，达到催陈的效果。杜小威等采用混合陶缸碎片（宜兴黑 500：四川 500：红 500：无名缸片为 1:1:1:1）处理汾酒新酒，按 20% 加入试样中处理 60d，每天搅拌 2 次，每次敞口排杂 10min，陶片中的金属离子对酒进行了催化作用，处理后的酒质效果显著改善。

3. 生物法

生物催熟的显著特点就是具有特殊的选择性，但因生物催熟技术难度大，我国对生物催熟技术研究较少。陈功等采用从植物中提取的 α-醇酶和酵素经技术处理得到的生物催熟剂 YS-Ⅱ 对新酒进行催熟，新酒处理后的刺激性降低、柔和感增强、后味干净，无"返生现象"，处理 15~30d 相当于自然老熟 180d 以上。

4. 复合法

以上介绍了单一人工催陈方法，这些方法不同程度地对白酒有一定的催陈作用，但用于大规模工业化生产的白酒人工催陈方法仍为少见，尤其是使用单一的物理方法，普遍存在"回生"现象，酒的品质也难以维持原有风格；化学方法又普遍存在添加非发酵过程中产生的物质问题，而国家对纯粮酿造酒明令禁止采取上述化学方法；生物方法对高度白酒实现陈化较为困难。目前普遍研究的方法多为复合处理方法，复合法利用优势互补，能达到更好的催陈效果。陈立生采用"加热-催化-超滤"复合催陈方法，先对新酒进行50℃以下加热处理，辅以适当搅拌使低沸点的甲醇、酸类和硫化物等物质挥发；然后将含高羧酸量的陈酒按比例加入搅拌均匀，常温催化处理30d左右，每周搅拌一次，每次10min，促进缔合反应建立相对稳定的动态平衡；最后进行超滤处理，用压力将酒强制通过截止分子质量为1400~500u的超滤膜。该方法能使新酒在不到60d时间达到自然陈酿1年以上的效果，不会产生有害物质，可适用名优酒的前期催陈。

二、超重力旋转床高效传质催陈技术

超重力场技术是一种装置体积小、传质强度高、容易操作的新兴技术，超重力场具有强有力的微观混合、高效传质的优势，从而可加速酒体老熟。以张生万、乔华、王伟等人的发明专利《一种白酒催陈的方法及其装置》（专利号：200810054772.8，获得授权日期：2011-08-17）为例，介绍超重力旋转床高效传质催陈技术的具体情况。

（一）技术特点

超重力旋转床高效传质技术用于白酒催陈具有操作简单、成本低廉、处理效果好的特点，具体表现为：①利用超重力旋转床高效传质技术对白酒进行催陈，处理后的酒液不增加任何非发酵过程中产生的物质；②使酒液在超重力旋转床中与氧化性气体微观混合和高效传质，加快了陈化反应的发生；③通过调节冷凝系统、酒液、气体温度，在进一步促进陈化反应发生、维持原酒风味特征、尽量减少酒损的同时，使产生新酒味的低沸点物质也得到了彻底的去除；④模拟白酒自然陈酿过程及环境，选择了与自然陈酿贮存容器相同的材料，创造了贮存容器表面活性中心参与陈化反应及分子间弱相互作用的环境，促进了白酒陈化产物的形成；⑤适合各种类型白酒、不同规模的工业化催陈。

（二）技术原理

超重力旋转床高效传质技术催陈白酒时，白酒经液体温度调控装置、进液口进入旋转床，并从布液器喷出，再经转子离心雾化。同时，氧化性气体（臭氧、氧气或空气）经过气体温度调控装置、进气口进入旋转床，在旋转床的喷雾区形成轴流向上的均匀气流。这样，白酒被巨大的剪切力撕裂成微米至纳米级的液膜、液丝和液滴，使气-液、气-固、液-固两相在超重力环境下的多孔介质或孔道中流动接触，进行强有力的微观混合和高效传质，促进酒体中各种成分的转化过程（低沸点物质挥发、酯化水解、氧化还原、分子间的弱相互作用、贮存容器表面活性中心的参与等反应平衡），从而达到快速老熟的效果。

（三）催陈装置

超重力旋转床高效传质催陈装置如图6-6（1）所示，其核心设备为超重力旋转床[图6-6（2）]，转子的结构如图6-6（3）所示。转子的同心圆环填料层可以是具有1~4层的筛网状的圆桶，每一层圆桶可以是单层结构，也可以是充有陶瓷颗粒的夹层结构，所述的圆桶是由金属、合金或表面涂有陶瓷的材料制成；超重力旋转床的内壁、布液器的表面材料为陶瓷、金属或合金。

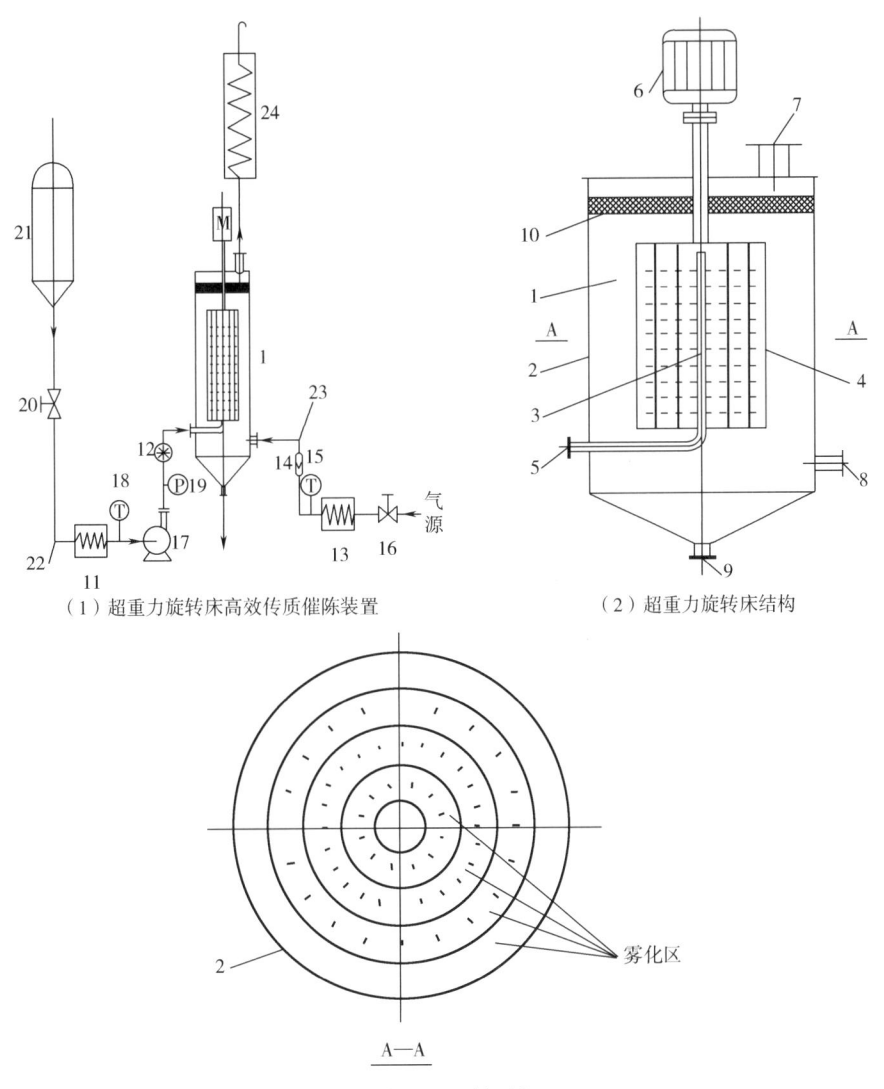

图 6-6 催陈装置示意图

1—超重力旋转床 2—壳体 3—布液器 4—转子 5—进液口 6—电机 7—排气口 8—进气口 9—排液口 10—捕集器 11—液体温度调控装置 12—液体流量计 13—气体温度调控装置 14—气体流量计 15—气体温度计 16—气体阀门 17—泵 18—液体温度计 19—压力表 20—液体阀门 21—液体贮罐 22—液体管道 23—气体管道 24—冷凝器

（四）技术要点

氧化性气体（臭氧、氧气或空气）经气体流量计和气体温度调控装置调控气体流量 [600~12000L/（m³·h）] 和温度（15~75℃）后，由超重力旋转床的进气口进入旋转床（转速为 500~3000r/min），在旋转床中形成轴流向上的均匀气流，进入雾化区和转子的填料层；而待处理的新酒则由白酒贮罐经液体流量计调整流量 [500~3000L/（m³·h）] 和液体温度调控装置调控温度（15~75℃）后，由超重力旋转床的进液口进入布液器，通过布液器喷出，进入雾化区，喷在第一级同心圆环填料层上，被电机带动转子高速旋转产生的强大离心力强制沿径向做雾化分散，经历第一级雾化后，液滴再撒在第二级同心圆环填料层上，再经历离心雾化。这样，液相被高速旋转的筛网状多次雾化分散成极微小的液滴。液滴在喷雾区和填料层与氧化性气体、填料经过充分接触和高效传质。然后，酒液经旋转床壳体内壁汇集到装置底部的排液口排出，气流则由捕集器消雾后，经排气口进入冷凝器冷却回收气流夹带的酒液后经冷凝器排气口排出。

（五）应用效果

氧化性气体为氧气，对新产汾酒进行处理。氧气通过气体温度调控装置，控制入口温度为45~50℃，流量控制在2000L/（$m^3 \cdot h$）；酒液经液体温度调控装置，控制入口温度为55~60℃，流量控制在1800~2000L/（$m^3 \cdot h$）；电机的转速为1800r/m；冷凝器用自来水冷却。处理后的酒液，酒损在0.4%vol，口感品评优于自然贮存2年以上的白酒，气相色谱分析的部分微量成分相对百分含量和口感品评结果见表6-2和表6-3。处理后的白酒色、香、味相当于自然陈酿6个月至两年或更长时间的白酒。

表6-2　　　　气相色谱分析的部分微量成分相对百分含量*　　　　单位：%

微量成分	对照样品				新酒用本发明处理后的样品		
	新酒	贮存半年	贮存2年	贮存5年	臭氧处理	空气处理	氧气处理
乙酸乙酯	60.7894	58.6788	47.9174	45.1762	48.8405	46.7913	47.6386
乳酸乙酯	8.2836	10.5951	14.9533	11.5619	12.6905	13.0692	12.273
正丙醇	3.8104	2.6988	2.6324	4.5979	4.3319	4.5563	4.7382
异丁醇	3.6268	3.7692	3.7546	5.4115	4.0531	4.2787	4.5214
异戊醇	10.7713	12.1913	14.6698	16.9677	13.2703	14.2846	14.3579
β-苯乙醇	0.1521	0.1619	0.2067	0.2399	0.2293	0.2152	0.2138
乙酸	4.679	5.3524	6.6419	6.2482	7.4007	7.5125	6.7523

注：*在相同的气相色谱条件下，对照样品和新酒经处理后分别直接进样，扣除乙醇外，其他所有微量成分归一化处理得到相对百分含量。

表6-3　　　　酒厂组织品酒师口感品评结果

样品	考查指标（分值分配）					总分
	色(10)	香(25)	味(50)	格(15)	评语	
空气处理	10	22	45	14	无色透明，清香纯正，入口较柔和，谐味较协调，后味较净	91
氧气处理	10	22	45	14	无色透明，清香纯正，入口绵软，谐味较协调，后味较净	91
臭氧处理	10	21	42	13	无色透明，清香纯正，口感涩	86
新酒	10	20	40	13	无色透明，新酒味较重，较辛辣微苦、涩	83
半年	10	21	41	13	无色透明，少有新酒味，辛辣微苦、涩	85
2年	10	22	44	14	无色透明，清香纯正，入口绵甜	90

续表

样品	考查指标（分值分配）					总分
	色(10)	香(25)	味(50)	格(15)	评语	
5年	10	23	45	14	无色透明，清香纯正，入口柔和，略带陈味，尾味长净，尾净	92

三、纯粮固态白酒重蒸馏技术

针对传统固态基酒贮存老熟时间长、成本高的问题，主编余有贵团队的发明专利《电磁感应加热的纯粮固态发酵白酒液态重蒸馏装置》（专利号：201410674381.1，获得授权时间：2016-01-06）提出了对新的基酒进行二次蒸馏去杂增香的新技术，下面介绍该技术的具体情况。

（一）技术特点

传统大曲酒的生产采用固态发酵产酒和固态蒸馏取酒，新酒通过贮存、勾兑和调味等环节生产出产品。固态蒸馏后的新酒2%的微量成分已检出180多种组分，其中有一些成分如乙醛、丙烯醛、高级醇等含量超标会导致产品辛辣、刺喉、有苦味、易上头，传统方法全靠一定的贮存期进行物理和化学变化来改善新酒的酒质或采取物理、化学和生物等人工催陈的方法。而本技术对固态蒸馏后的新酒进行液态重蒸馏，分离新酒中引起辛辣、刺喉、易上头的乙醛、丙烯醛、高级醇等多种不利成分，实现快速提高新酒品质的目的。因此，本技术具有处理时间短、可连续操作、除杂针对性强、效果好的特点。

（二）技术原理

根据新酒样中组分沸点不同的特性，通过蒸馏装置的控温、控压操作，实现酒液中成分的分离与纯化。由于在贮酒前先将新酒中引起辛辣、刺喉、易上头的乙醛、丙烯醛、高级醇等多种不利成分分离，从而提高白酒的安全性，缩短贮酒时间。

（三）蒸馏装置

电磁感应加热的纯粮固态发酵白酒液态重蒸馏装置，包括蒸馏釜体及加热系统、酒液馏分冷却系统、酒液和氮气供给系统，各系统之间由管道、控制阀、物料泵连接并组成回路（图6-7）。

蒸馏釜体及加热系统：蒸馏釜体8上部装有压力表14、安全阀29、蒸馏釜排空阀16、测温计Ⅱ13，蒸馏釜体8上部连接蒸馏釜进口阀7、通过管道和阀门连接冷凝器20；蒸馏釜体8下部装有测温计Ⅰ12；蒸馏釜体8（不锈钢材质圆柱体的螺纹式快开结构，径高比为1:4）外被保温层9，保温层9外带有电磁感应线圈10和电磁感应控制器19，电磁感应线圈10外被保温套11；蒸馏釜体8下部的出口端连接并联的残余酒液收集阀Ⅰ17和残余酒液收集阀Ⅱ18，它们再分别连接残余酒液收集器Ⅰ26和残余酒液收集器Ⅱ27，酒液收集器下部分别装有残余酒液排空阀Ⅰ33和残余酒液排空阀Ⅱ32。

酒液馏分冷却系统：蒸馏釜馏分出口阀15出口端连接冷凝器20酒管的入口端，冷凝器 20 酒管的出口端分别连接并联的馏出液收集阀 30 和回路控制阀 23，馏出液收集阀 30 连接馏出组分收集器 24，馏出组分收集器 24 的出口端连接馏出组分排空阀 31；冷凝器 20 的出水端连接散热器 22 的入水端，散热器 22 的出水端连接冷水池 28，冷水池 28 出水端连接冷水泵 21，冷水泵 21 连接冷凝器 20 构成回路。

酒液和氮气供给系统：酒液贮罐与酒液泵之间连接有进料控制阀，酒液泵的出口端连接单向阀的入口端；氮气瓶开口端依次连接调节阀、截止阀后与单向阀合并连接，再连接蒸馏釜进口阀最后连接蒸馏釜体；冷凝器 20 的酒管下部依次连接回路控制阀 23、酒液泵 25 后，再连接酒液贮罐 6 的入口端，构成新酒中馏出组分的回路。

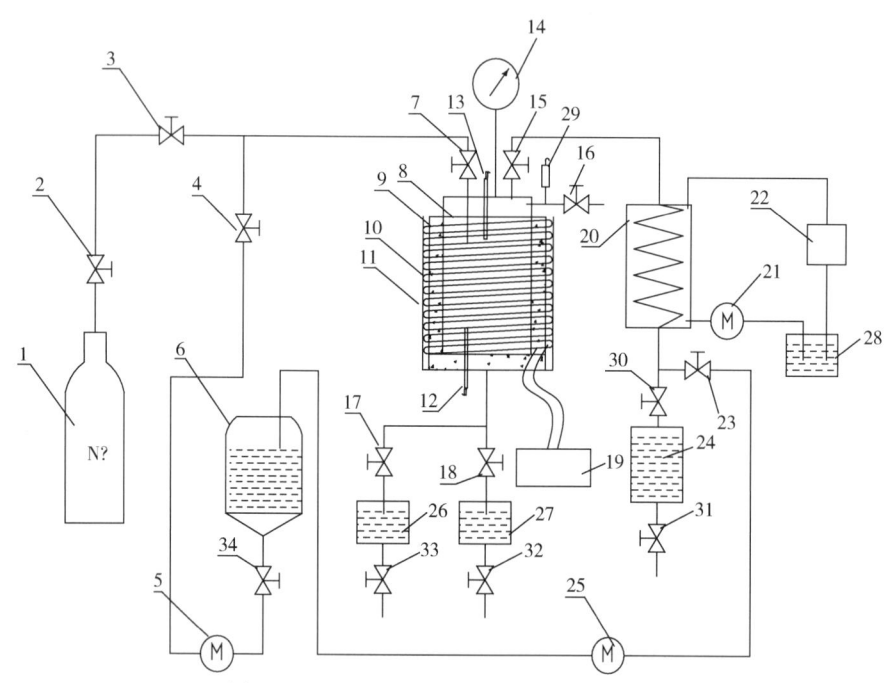

图 6-7 纯粮固态发酵白酒液态重蒸馏装置

1—氮气瓶　2—调压阀　3—截止阀　4—单向阀　5—酒液泵　6—酒液贮罐　7—蒸馏釜进口阀　8—蒸馏釜体　9—保温层　10—电磁感应线圈　11—保温套　12—测温计Ⅰ　13—测温计Ⅱ　14—压力表　15—蒸馏釜馏分出口阀　16—蒸馏釜排空阀　17—残余酒液收集阀Ⅰ　18—残余酒液收集阀Ⅱ　19—电磁感应控制器　20—冷凝器　21—冷水泵　22—散热器　23—回路控制阀　24—馏出组分收集器　25—酒液泵　26—残余酒液收集器Ⅰ　27—残余酒液收集器Ⅱ　28—冷水池　29—安全阀　30—馏出液收集阀　31—馏出组分排空阀　32—残余酒液排空阀Ⅱ　33—残余酒液排空阀Ⅰ　34—酒液排料控制阀

（四）技术要点

将新酒经泵从贮罐进入蒸馏釜体，控制蒸馏釜体内酒液压力和温度在合适值范围。当酒液升温至某一指定温度，沸点低于这一指定温度的新酒馏分经蒸馏釜馏分出口阀排出，通过冷却系统的冷凝器冷却得到酒液馏出组分，酒液馏出组分经回路酒液泵进入酒液贮罐；沸点高于这一指定温度的新酒成分残留于蒸馏釜体内；经氮气压出后进入残余酒液收集器。通过对酒液馏出组分 2~3 次液态循环蒸馏，对不同沸点成分进行多次分离与收集，除去收集器中含有的乙醛、丙烯醛、高级醇等微量成分的收集液，将其余收集器中收集液混合得到重蒸馏后的酒液。

（五）应用效果

新酒经重蒸馏处理后，对乙醛、丙烯醛、高级醇等微量成分后分离达到80%以上。但酒质口感欠醇和，需要采取自然老熟一定时间或与其他人工催陈方法结合进一步促进酒的老熟。

第三节　贮存老熟机理解析技术

为了揭示白酒中微量成分的组成和结构，为产品的品质稳定和调控提供参考数据，也为产品的健康属性提供物质基础，北京工商大学的黄明泉、吴继红、李贺贺等人围绕"国酒中关键微量成分解析及其互作规律与机制研究"课题开展研究工作并获得了显著成效，该成果获得2024年中国食品科学技术学会科学技术奖自然科学奖一等奖。下面介绍该成果的具体情况。

一、技术特点

中国白酒以高粱、大米等谷物为原料，大曲、小曲等为糖化发酵剂，采用固态发酵、固态蒸馏等独特的工艺酿造而成，形成了以12种香型为主，各具特色的白酒产品，其风味主要是由数量众多的挥发性风味成分和一些非挥发性成分复合呈现而成。我国的白酒由于酿造工艺复杂，其风味品质一直存在批次稳定性差的问题，为了弄清其中主要原因，该成果主要采用多项技术从三个方面对白酒中关键微量成分进行定性定量解析，筛定影响白酒风味的关键质量因子，揭示非挥发性成分与风味成分之间的互作规律与机制。

（1）采用高效液相色谱仪-四极杆飞行时间质谱技术（HPLC-Q/TOF）研究白酒中的微量功能因子——多肽，采用体外化学和细胞模型试验、分子对接等手段证明这些多肽的功效与调节机制。

（2）采用分子感官组学技术系统揭示芝麻香、清香型、荞香型等不同香型白酒及其原料的风味特征和关键风味成分。

（3）采用感官评价结合质谱分析、热力学分析、光谱分析、化学计量学和分子对接等手段，探究白酒中多肽、乳酸、苦荞提取物等非挥发性成分与风味成分的互作规律和机制。

二、技术原理

（1）采用高效液相色谱仪-四极杆飞行时间质谱技术（HPLC-Q/TOF）先后从各种白酒中发现16种多肽，包括Ala-Lys-Arg-Ala（AKRA）、Arg-Asn-His（RNH）、Cys-Trp-Cys（CWC）等，采用体外化学试验和细胞模型、分子对接等手段证明这些多肽具有抗氧化和降血压等功效，明晰了多肽的抗氧化调节机制和信号通路，弥补了白酒中非挥发性大分子成分多肽类物质的研究空白。

（2）采用分子感官组学技术系统揭示了芝麻香白酒（景芝、扳倒井、梅兰春、趵突泉和杨湖）、清香型白酒（牛栏山和草原王）、兼香型白酒（青岛琅琊台）、荞香型白酒及其原料的风味特征和关键风味成分；在芝麻香白酒中发现了二甲基三硫醚、3-甲硫基丙醛、苄硫醇等对芝麻香白酒风味具有关键作用的成分，证伪了3-甲硫基丙醇是芝麻香白酒的特征风味成分。

（3）采用风味互作研究、化学计量学和分子对接等手段明晰了多肽、乳酸、苦荞提取物等非挥发性成分与风味成分的互作规律和机制，氢键、范德华力等是其主要的相互作用力，共同作用影响风味。

三、技术方案

该技术方案由多肽研究、风味成分研究和风味互作研究三个子方案组成，具体如图6-8所示。

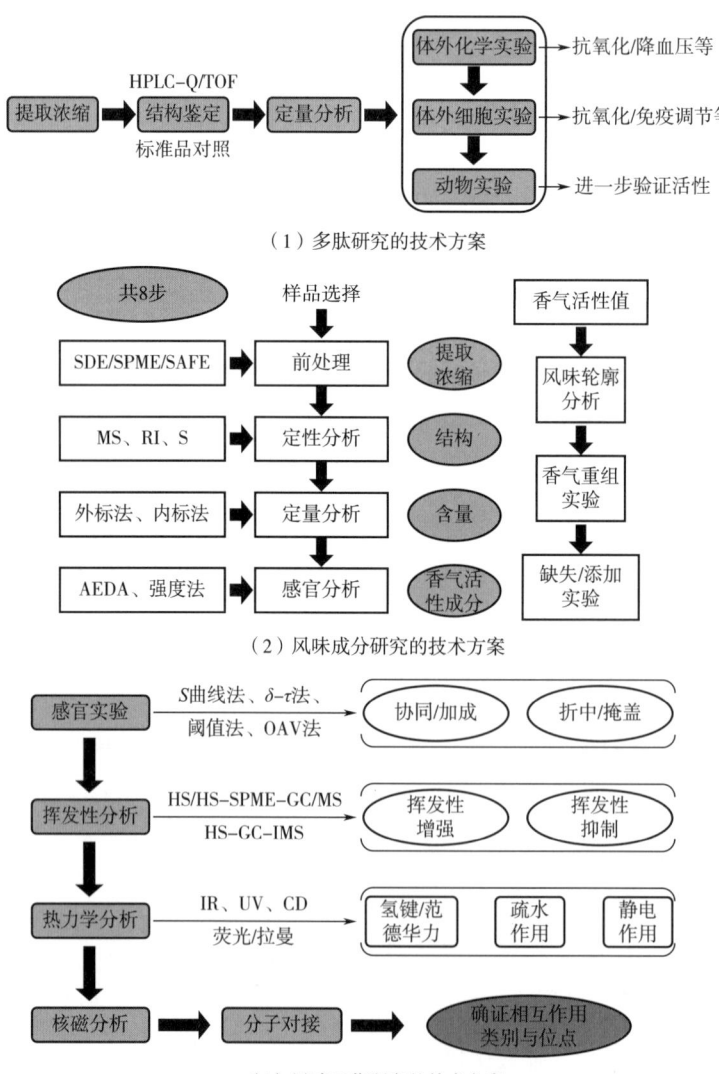

图6-8　白酒中关键微量成分解析技术方案

注：SDE, 同时蒸馏萃取；SPME, 固相微萃取；SAFE, 溶剂辅助风味蒸发；AEDA, 香气提取物稀释分析；HS, 顶空；GC, 气相色谱；MS, 质谱分析；IMS, 离子迁移谱分析；RI, 保留指数；IR, 红外线；UV, 紫外线；CD, 圆二色性。

四、技术要点

(一) 多肽研究的技术要点

(1) 酒样准备　白酒里面的多肽含量一般较低,在进行多肽研究时需要的酒样与风味成分分析相比多一些。

(2) 研究步骤　多肽结构的鉴定一般是先采用高分辨质谱的一级质谱确定分子质量,计算分子式,然后再采用二级质谱初步推断其一级结构,即氨基酸序列,最后采用人工合成的标准品进行对照。

(3) 多肽功能活性实验中通常涵盖以下三个关键环节:

①通过体外化学实验进行初步的功能活性评估,如抗氧化实验(总抗氧化能力检测、自由基清除能力、金属离子螯合能力检测等)、降血压实验[血管紧张素转换酶(ACE)和血管紧张素Ⅱ(Ang Ⅱ)]等。

②利用体外细胞实验进一步验证其活性并探究调节的信号通路。首先需要构建一个合适的细胞模型。细胞模型的刺激物选择范围非常广泛,如常见的氧化刺激物有过氧化氢(H_2O_2)、2′,2′-偶氮二异丁基脒二盐酸盐(AAPH)、紫外线、脂肪酸,以及血管紧张素、高盐环境(高浓度氯化钠溶液)、去氧皮质酮(DOCA)、细胞因子和生长因子(例如肿瘤坏死因子、白细胞介素及血小板源性生长因子等)等高血压相关刺激物。选择适当的刺激物和细胞系需综合考量现有文献与具体实验设计。随后,需检测刺激物对细胞存活率的影响,根据实验目的选择刺激物的浓度——研究修复或者凋亡等实验中应选择细胞存活率低于50%的刺激物浓度;其余实验选择细胞存活率大于80%的刺激物浓度。在该模型中检测1~3类关键指标,若刺激物能显著引发这些指标的上升或下降,且与预期实验结果一致,则标志着模型构建成功。细胞实验中,细胞的状态会对实验结果造成不同程度的影响,因此实验所用的细胞应尽量处于分裂旺盛期,以保证实验结果的可靠性。必要时可以单独使用细胞绘制一条生长曲线,以便为后期确定细胞培养周期和药物处理时间点提供参考。

③通过动物实验进一步验证其活性及信号调节机制。首先仍需要构建一个合适的动物实验模型。动物实验中常用的小鼠有C57、Balb/c和昆明小鼠,根据实验需求筛选小鼠的品种、性别和鼠龄。预实验中仅设置空白组和模型组,其中刺激物的选择和处理基于前期的文献调研和实验方案。饲喂结束后处死小鼠收集血清、小肠和肝脏等组织,检测1~3个典型指标。若刺激物能够显著诱导其上升/下降,且与理论预期一致即为模型构建成功。需要注意的是,动物实验必须遵循动物伦理原则,并且每组小鼠数量不得低于12只,以防小鼠因意外死亡致使样本不足。此外小鼠个体差异可能会对实验结果造成较大的影响,因此在购买小鼠时也需要保证其体重和状态尽量一致。

(二) 风味成分研究的技术要点

(1) 前处理　由于每个前处理技术都有一定的选择性,所以一般都是多种前处理技术组合利用,才能全面提取分析出样品中的风味成分。

(2) 定性分析　挥发性的风味成分常用的分析仪器是气相色谱仪(GC)、二维气相色谱仪（GC×GC）、气相色谱-质谱联用仪（GC-MS）、气相色谱-四极杆飞行时间质谱联用仪（GC-Q/TOF）、全二维气相色谱-质谱联用仪（GC×GC-MS）等，每个仪器的特点各不相同，分离效果最好的是 GC×GC 和 GC×GC-MS，但后者比前者定性能力强一些。然而，不管用何种分析仪器，最好采用多种定性手段结合才能确定风味成分的结构，如保留指数、质谱检索、标准品比对和香气特征等。

（3）定量分析　一般常用的是内标标准曲线法，也可以采用外标标准曲线法，推荐同位素内标标准曲线法，但同位素内标一般很难获得，或者需要手动合成。

（4）感官分析　这主要是用来从数量众多的挥发性成分中筛选出可能对样品风味有贡献的香气化合物，也称为香气活性化合物。常用的方法主要是提取物稀释分析法（AEDA）和香气强度法（Osme），因为这两种方法简单易学。

（5）香气活性值（OAV）　这个用来从香气活性化合物中筛选出重要的香气活性成分。为了保证准确性，定量方法需要可靠，所用阈值最好是以样品基质测得的阈值，否则可能造成差错。这个阈值有时是需要查阅文献报道，有时根据国标方法以样品的基质进行测定，主要是三杯法等。

（6）风味轮廓分析和香气重组/缺失实验　都是为了进一步确认关键香气活性成分，但是，包括前面的感官分析，在做实验前需要对感官人员进行系统的培训，否则由于人为的主观性太强，造成结果的不可靠。

（三）风味成分互作研究的技术要点

（1）感官实验　常用的方法有阈值法、OAV 法、S 曲线法和 δ-τ 法，后两者方法更直观一些，在之前进行感官培训后效果比较好。

（2）挥发性分析　常用的方法是采用顶空（HS）进样结合 GC-MS 或 GC-IMS，或顶空固相微萃取（HS-SPME）结合 GC-MS 进行分析，主要是确认是否因为风味成分挥发性的改变造成风味感官的变化。这个方法用于非挥发性成分与挥发性风味成分之间的互作研究。

（3）热力学分析　主要是先通过光谱法测得光谱数据，再结合 Lineweave-Burk 双倒数曲线求得分子之间的结合常数，然后在互作化合物的理化性质不发生变化的温度范围内，测得不同温度下的结合常数，通过范德霍夫等式求得互作分子之间相互作用的热力学参数，之后再通过热力学方程求得结合反应的自由能变化。蛋白质与小分子化合物之间的作用力主要包括氢键、疏水作用力、范德华力、静电作用力等，通过结合反应的热力学参数可以基本确定作用力的类型。当熵变 $\Delta S_0 > 0$ 时，可能是疏水作用力或静电作用力；当 $\Delta S_0 < 0$ 时，可能是氢键或范德华力；当焓变 $\Delta H_0 > 0$ 且 $\Delta S_0 > 0$ 时，是疏水作用力；当 $\Delta H_0 < 0$ 且 $\Delta S_0 < 0$ 时，是氢键或范德华力；$\Delta H_0 \approx 0$ 时，是氢键。但是，因为真实的反应体系非常复杂，蛋白质与小分子之间的作用力可能是上述几种作用力同时存在。上述光谱法中最常用的是紫外-可见吸收光谱法，因其是研究大分子物质与小分子化合物之间交互作用的最简单、最普遍的方法。

（4）核磁分析　核磁共振波谱技术能直接检测互作分子化合物之间的结合位点，这是通过紫外-可见光谱吸收法无法获得的，已广泛应用于研究食品中风味化合物之间的交互作用。

(5) 分子对接 分子对接起初是通过受体的特征以及受体和药物分子之间的相互作用方式来进行药物设计的方法，是主要研究分子间（如配体和受体）相互作用，并预测其结合模式和亲合力的一种理论模拟方法。近年来，分子对接成为研究小分子与小分子之间、小分子与大分子相互作用模式、生物大分子间识别、分子自组装、超分子结构等课题的常用方法之一。分子对接方法的两个重要方面分别是分子之间的空间匹配和能量识别。空间匹配是分子间发生相互作用的基础，能量识别是分子间保持稳定结合的基础。对于几何匹配的计算，通常采用格点计算、片段生长等方法，能量计算则使用模拟退火、遗传算法等方法。

五、应用前景

（1）推动白酒产业朝"风味与健康"双导向发展 该成果主要在白酒多肽，芝麻香、清香型、兼香型、荞香型白酒风味，乳酸对白酒风味的影响等三个方面取得了重要的原创性的科学发现，对国酒风味品质稳定和工艺改进提供了理论基础，对食品风味学科的发展也具有重要意义，进一步推动了"风味与健康"双导向的白酒产业的发展。

（2）促进芝麻香白酒国家标准的修订 在芝麻香白酒中发现了二甲基三硫醚、3-甲硫基丙醛、苄硫醇等对芝麻香白酒风味具有关键作用的成分，证伪了3-甲硫基丙醇是芝麻香白酒的特征风味成分，促进了芝麻香白酒国家标准的修订。

（3）指明白酒产品风味研究的方向 深度总结分析了中国白酒风味研究进展和存在的问题，还提出将香气活性值 OAV 与偏最小二乘回归分析 PLSR 相结合可有效减少目前分子感官组学技术的实验工作量。白酒风味研究中的重组实验基质应充分考虑乳酸的影响。今后应加强味觉特征和味觉阈值、风味成分互作和嗅觉机制等方面的研究。

第四节 酒体风味设计技术

固态白酒的酒体设计是当前白酒行业的研究热点。目前，酒体设计已逐渐从传统的感官品评转向数字化、智能化。通过色谱、光谱等现代分析技术，白酒中的风味物质得以精确量化，为酒体设计提供了科学依据。同时，酒体设计系统应运而生，涵盖辅助工具、设备系统及全局管理系统，极大提高了酒体设计的效率和精准度。未来，随着大数据、人工智能等技术的深入应用，固态白酒的酒体设计将更加智能化、个性化，能够根据消费者需求定制专属酒品，进一步提升白酒的品质和市场竞争力。

一、技术特征

1. 酒体结构

白酒的酒体中最主要的成分是乙醇和水，总计约占酒体的98%左右，但白酒的风味千差万别，其区别正是在于这剩余的2%。这2%的物质主要包括酯类、酸类、醇类、醛酮类以及一些含量极低的酚类、含硫化合物等物质。这些种类的物质均有各自独特的香味和香型，对白酒的气味与口感影响深远。这些成分在酒中的地位和作用为：酯类是白酒香的主体，中国白酒是以乙酯类为主；酸是味的主体，并起重要的协调作用；醇类是香与后味过渡桥梁，含量恰到好处，甜意绵绵，在酒中起调和作用；醛类主要是协调白酒香气的释放和香气的质量。

2. 酒体风味设计学

研究酒体风味特征形成规律、实现品牌质量目标的价值体系，设计出构成完美酒体和典型风格特征的整套技术方案和科学的管理准则；酒体风味设计学内容如图6-9所示。

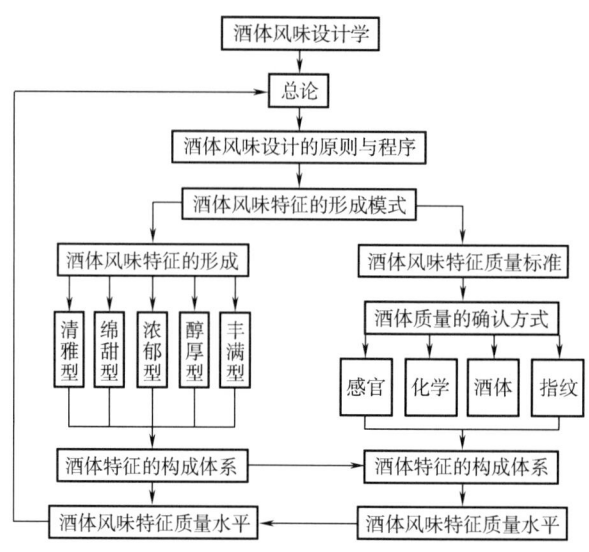

图6-9 酒体风味设计学与风味设计关系

酒体风味设计学的原则是"特色优先，质量第一，结构合理"。白酒行业正在进入消费者主导的个性化时代，白酒作为一种具有文化内涵的商品，需要适应不同的消费者群体或个人对酒订制的要求，这就要求白酒产品至少具备时尚、优质与大众三者中的一种特质。此三者都可以通过酒体设计，调整白酒的成分配比而达到相应的口感，同时配合包装与宣传上的创新，实现特色新产品的销售。

3. 酒体设计

形成酒体风味特征的技术要素和实现品牌质量目标，设计出有效控制产品风味质量的整套技术标准和管理准则。

因此，酒体设计是按市场消费者的需求目标去开发酒类产品，即按需求生产产品，其技术特征表现：①为消费者提供具有独特个性、酒体风味特征的产品；②提高中国白酒的适应性、产品质量；③提高名优酒比率、节约粮食。

二、酒体风味质量感官特征的类型

（1）幽雅型风味质量特征。
（2）浓郁型风味质量特征。
（3）纯正型风味质量特征。
（4）醇厚型风味质量特征。

(5) 醇和型风味质量特征。
(6) 醇净型风味质量特征。
(7) 丰满型风味质量特征。

三、基本程序

开发新酒品的酒体设计程序包括调查研究、方案确定、新样试制、市场反馈、新品鉴定、新品推介6个的基本步骤，各个环节相互关联、不可分割。

1. 调查研究

市场调查、技术调查或利用大数据分析，把握市场需求和基本的风味走向，形成设计构想方案，确保开发的产品具有鲜明个性特征和完美酒体风味质量特色。

2. 方案确定

将专业人员和市场部人员的多种预案进行对比筛选，确定品牌方案。品牌方案内容包括产品的风味特色、产品质量的香味物质组成和理化指标、产品的卫生和安全性指标、产品的结构形式、形成酒体风味质量的关键技术和生产工艺模式，品牌方案的决策包括酒体风味质量目标的价值评估、酒体风味质量要达到的价值目标、生产模式和各项技术要素的指标。

3. 新样试制

按照新开发品牌设计方案中酒体风味质量的理化和感官的技术指标进行定性，确定微量香味成分的含量和相互比例关系的参数，制定合格酒的验收标准和基础酒的质量标准，选用适宜的合格酒和调味酒进行酒质的勾调，初步确立新风味酒品的质量标准。

4. 市场反馈

将少量新风味酒品投放市场接受消费者品鉴，倾听消费者的反响，认真收集反馈意见，形成修改与完善的具体信息。

5. 新品鉴定

根据市场反映，再对新酒品进行风味或制作工艺的调整，最终形成新风味的酒定型样品和风味质量的各项指标，并做出鉴定结论。在样品酒制出后，必要须从技术上、经济上做出全面的评价，再确定是否进入下个阶段的批量生产。

6. 新品推介

制作相应的宣传与包装设计，向市场推出新开发的酒体设计产品。

四、酒体设计实例

1. 浓郁型酒体风味质量设计案例

（1）市场调研　在市场调查的基础上，确定新产品的风味质量。

（2）确定原料品种和工艺技术标准　浓郁型酒采用以多种粮谷为原料，黄泥老窖为发酵容器，使用传统的中温大曲作糖化发酵剂，经固态发酵，坚持"一长二高三适当"（"一长"指发酵周期长，"二高"指入窖酸度高和入窖淀粉高，"三适当"指水分、温度、谷壳用量适当）的技术原则生产的新酒经陶罐贮存，精心组合而成的蒸馏白酒。

（3）确定理化卫生安全指标　理化指标见表6-4，卫生安全指标按GB 2757—2012《食品安全国家标准　蒸馏酒及其配制酒》执行。

表 6-4　　浓郁型酒体理化指标要求

项目	优级	一级	二级
酒精度/%vol	—	40.0~60.0	—
总酸,以乙酸计/(g/L)	0.50~2.00	0.40~2.00	0.30~2.00
总酯,以乙酸乙酯计/(g/L)	≥2.50	≥2.00	≥1.50
乙酸乙酯/(g/L)	2.00~3.00	1.50~2.50	0.60~2.00
固形物/(g/L)	—	≤0.40	—

（4）确定风味物质　体现酒体风味物质量的微量香味物质种类及含量控制范围,如果酒中有100种成分,高、中度名酒中微量香味成分应控制在80%以上,即要有80种以上的微量香味成分。低度酒中微量香味成分应控制在70%以上,即应具备70种以上的微量香味成分,以保持固态纯粮发酵白酒的传统特色。为了达到香气优美、浓郁典雅、酒体丰满完整、风格典型独特,必须对多种微量香味成分的含量范围及其比例关系做出相应的规定。

（5）制定感官质量指标　色泽清亮透明,芳香浓郁典雅,味道绵柔甘洌,回味悠长爽净,酒体醇厚丰满,风格典雅独特。

（6）试调样品　在验收合格酒和调味酒的基础上,把这些酒经过贮藏并且待到酒的贮藏期达标后,进行基础酒勾调组合,然后进行样品酒调味等工艺环节,最后形成批量样品。

（7）市场反馈　获取消费者的反馈信息,根据信息确定改进意见。

（8）产品鉴定　最终产品的分析检测、鉴定。

（9）新品推介　全面符合品牌的质量标准方可批准包装,出厂销售。

2. 浓香型酒体设计实例

现有贮存一年以上多粮风味60%vol浓香型大宗酒及双轮底酒、95%vol食用酒精、纯净水及食用香料［几种酒精度的质量分数（%）：45%vol=37.8019,60%vol=52.0879,95%vol=92.4044］,大宗酒：总酸为1.10g/L,总酯为4.00g/L,己酸乙酯为2.40g/L;双轮底总酸为1.20g/L,总酯为5.00g/L,己酸乙酯为3.0g/L。请设计勾兑1000mL 45%vol普通白酒,食用酒精70%vol,固态法白酒30%vol,计算出各种物质使用量。

（1）酒的用量计算

我们设计此普通白酒大宗酒占20%vol,双轮底酒占10%vol,

①计算配制45%vol普通白酒需要60%vol的大宗酒用量：

$$1000 \times 20\% \times 37.8019/52.0879 = 145.15 \text{ (mL)}$$

式中　1000——所要设计的普通白酒体积（mL）;

20%——大宗酒占普通白酒的体积分数;

37.8019——45%vol酒精度的质量分数（%）;

52.0879——60%vol酒精度的质量分数（%）。

②计算配制45%vol普通白酒需要60%vol的双轮底酒用量：

$$1000 \times 10\% \times 37.8019/52.0879 = 72.57 \text{ (mL)}$$

式中　1000——所要设计的普通白酒体积（mL）;

10%——双轮底酒占普通白酒的体积分数;

37.8019——45%vol 酒精度的质量分数（%）；

52.0879——60%vol 酒精度的质量分数（%）。

③计算配制 45%vol 普通白酒需要 60%vol 的食用酒精用量：

[37.8019×1000×45%-52.0879×（145.15+72.57）×60%］／（92.4044×95%）= 116.27（mL）

则普通白酒中大宗酒的酸含量：

$$145.15×1.10/1000=0.16（g/L）$$

式中　1.10——大宗酒总酸含量（g/L）；

145.15——大宗酒体积（mL）；

1000——所要设计的普通白酒体积（mL）。

（2）冰乙酸的用量计算

①所用酒中酸的含量：普通白酒的酸含量：

$$0.16+0.087=0.247（g/L）$$

同理可以计算出双轮底酒中酸的含量：0.087g/L

②冰乙酸的用量：按总酸不小于 0.8g/L 计算，显然达不到要求。根据经验，每升普通白酒加 1/10000 冰乙酸酸度上升 0.1g，可以得到至少还需要加入 0.6mL 左右的冰乙酸，才能达到酸含量的标准要求。

（3）酯的用量　同理可以计算出需要加入乙酸乙酯 1.5mL，己酸乙酯 1.4mL，可以达到总酯和己酸乙酯的要求。

（4）各种物质使用量　按酒体设计要求，勾调 1000mL 45%vol 普通白酒的配方：

60%vol 的大宗酒用量 145.15mL

60%vol 的双轮底酒用量 72.57mL

95%vol 食用酒精用量 116.27mL

冰乙酸用量 0.6mL

乙酸乙酯用量 1.5mL

己酸乙酯用量 1.4mL

纯净水（约 663mL）定容至 1000mL

第五节　生产调味酒的超临界萃取技术

当前，调味酒生产技术围绕微生物精准调控与工艺革新加速突破。行业基于宏基因组学与代谢组学，已筛选出窖泥功能菌（如己酸菌、甲烷氧化菌）及产香酵母菌等 18 类核心菌群，通过固态发酵定向富集酯类、吡嗪类风味物质，酱香型调味酒的酯化合成效率提升 28%。CRISPR 基因编辑技术应用于功能微生物改造，如改造产酯酵母菌的 ATF1 基因，使乙酸乙酯产量提升 3.2 倍。运用 CO_2 超临界萃取技术，从双轮底酒醅中高效分离香味成分，相较于传统的固态甑桶蒸馏方法，显著提升了增香效果。智能控温发酵系统集成物联网传感与动态模型，实现陶坛窖藏温度±0.5℃的精准调控，使浓香型调味酒优级率提高至 76%。然而技术挑战显著：功能菌群在固态发酵中的定植稳定性不足 45%，多菌种代谢互作机制仅解析了 22%，风味活性物质靶向调控精度受限于检测灵敏度。未来将强化合成生物学与智能发酵装备融合，构建"菌种-工艺-风味"联动调控体系，推动调味酒生产向标准化、功能化进阶。下面以笔者团队的校企合作成果"CO_2 超临界提取双轮底酒醅中香味成分的工艺研究"为例，介绍生产调味酒的超临界萃取技术。

一、技术特点

采用超临界 CO_2 流体萃取双轮底酒醅中的香味成分是一种新的尝试，此技术具有萃取效率高和萃取物中无异杂味等特点。

二、技术原理

超临界 CO_2 流体萃取（SFE）是利用超临界流体的溶解能力与其密度的关系，即利用压力和温度对超临界流体溶解能力的影响而进行的。在超临界状态下，将超临界流体与待分离的物质接触，使其有选择性地把极性大小、沸点高低和分子质量大小的成分依次萃取出来。由于双轮底醅中含有酯类香味成分，如己酸乙酯、乳酸乙酯、丁酸乙酯、戊酸乙酯等微量香味物质，可用超临界 CO_2 流体萃取其中的有效成分。

三、工艺流程

原料→预处理→称样→萃取→浸提→过滤→酒样→色谱分析→报告结果

四、技术要点

1. 原料预处理

取自湖南湘窖酒业有限公司刚出窖的双轮底酒醅，适当晾干，瓷盘盛满后置恒温干燥箱中，50℃烘干。取出，稍去谷壳（收得率约 70%），经粉碎机粉碎后，过 20 目筛，检测样品的含水量为 9.78%。

2. CO_2 超临界萃取

每次称取 200g 粉碎的酒醅样，置 CO_2 超临界萃取设备中，在一定的温度、压力、夹带剂和时间下萃取酒醅中的香味成分。

3. 正交试验设计

在单因素试验的基础上，选取 4 因素 3 水平（表6-5）的正交试验设计 $L_9(3^4)$ 方法，应用 CO_2 超临界流体萃取技术提取双轮底醅中香味成分，研究萃取压力、温度、夹带剂（无水酒精）、时间 4 因素的各水平对主要香味成分萃取量的影响，从而确定超临界二氧化碳萃取双轮底醅中香味成分的最佳工艺条件。

表6-5　　　　　　　　4 因素 3 水平正交试验设计表

水平	A 压力/MPa	B 时间/min	C 温度/℃	D 夹带剂/%
1	30	30	40	20
2	25	20	37	15
3	35	40	43	25

4. 酒精浸提

各提取物采用60mL的60%酒精浸泡，常温静置24h，溶解其酒香成分。

5. 过滤

用滤纸自然过滤，收集各样品的滤液，用于气相色谱分析。

五、实施效果

1. CO_2 超临界萃取条件对主要酯类提取量的影响

采用 CO_2 超临界萃取技术提取双轮底醅中酯类成分，按正交表 $L_9(3^4)$ 进行试验后，主要酯类提取量的结果见表6-6，数据进行统计分析后的结果见表6-7。

表6-6　　CO_2 超临界萃取条件对主要香味成分提取量的影响

单位：mg/100g 绝干醅

试验号	乙酸乙酯	乳酸乙酯	己酯/乳酯	总酯	总酸
1	2.6669	11.3529	0.2349	357.2352	298.5853
2	2.8984	19.3466	0.1498	89.8840	301.8208
3	0.1758	1.5982	0.1100	18.0903	36.7239
4	0.3512	4.5543	0.0771	15.1546	45.6556
5	0.1590	1.3920	0.1143	7.3749	49.7771
6	0.1865	6.6002	0.0283	16.6579	29.1929
7	8.3877	48.8969	0.1715	149.6579	632.3463
8	2.1539	19.8593	0.1085	44.2967	223.2144
9	7.8501	35.0117	0.2242	122.9877	626.088

由表6-6可以看出：①影响己酸乙酯萃取量的主次因素依次为B（时间）>A（压力）>D（夹带剂）>C（温度），较优水平为 $A_1B_3C_3D_1$，即压力为30MPa，时间为40min，温度为43℃，夹带剂为20%。②影响乳酸乙酯萃取量的主次因素依次为B（时间）>A（压力）>D（夹带剂）>C（温度），较优水平为 $A_1B_3C_1D_1$，即压力为30MPa，时间为40min，温度为40℃，夹带剂为20%。③影响己酸乙酯/乳酸乙酯萃取量的主次因素依次为B（时间）>C（温度）>A（压力）>D（夹带剂），较优水平为 $A_1B_3C_3D_1$，即压力为30MPa，时间为40min，温度为43℃，夹带剂为20%。

表6-7　　CO_2 超临界萃取条件对主要酯类提取量影响的结果分析

数据处理	己酸乙酯/（mg/100g 绝干醅）				乙酸乙酯/（mg/100g 绝干醅）				乳酸乙酯/（mg/100g 绝干醅）			
	A	B	C	D	A	B	C	D	A	B	C	D
k_1	3.80	1.91	2.92	3.70	21.6	10.8	19.0	19.6	0.16	0.16	0.10	0.15
k_2	1.74	0.23	1.80	1.68	13.53	4.18	14.6	12.6	0.12	0.07	0.11	0.12

续表

数据处理	己酸乙酯/（mg/100g 绝干醅）				乙酸乙酯/（mg/100g 绝干醅）				乳酸乙酯/（mg/100g 绝干醅）			
	A	B	C	D	A	B	C	D	A	B	C	D
k_3	2.74	6.13	3.56	2.91	14.4	34.6	15.9	17.3	0.12	0.17	0.19	0.13
R	2.06	5.90	1.76	2.03	8.07	30.4	4.45	7.03	0.04	0.10	0.088	0.03

2. CO_2 超临界萃取条件对总酯和总酸提取量的影响

采用 CO_2 超临界萃取技术提取双轮底醅中总酯、总酸成分，按正交表 $L_9(3^4)$ 进行试验后，醅中总酯、总酸提取量的结果见表 6-7，数据进行统计分析后的结果见表 6-7。由表 6-6 可以看出，①影响总酯萃取量的主次因素依次为 B（时间）>A（压力）>C（温度）>D（夹带剂），较优水平为 $A_1B_1C_3D_2$，即压力为 30MPa，时间为 30min，温度为 37℃，夹带剂为 15%。②影响总酸萃取量的主次因素依次为 B（时间）>D（夹带剂）>C（温度）>A（压力），较优水平为 $A_1B_3C_3D_1$，即压力为 30MPa，时间为 40min，温度为 43℃，夹带剂为 20%。

第六节 勾兑调味技术

当前，固态白酒勾调技术正加速向智能化、精准化方向转型。行业依托气相色谱-质谱联用（GC-MS）、核磁共振（NMR）等先进检测手段，已建立超 200 种风味物质数据库，解析了己酸乙酯、乙酸乙酯等关键成分的协同效应。人工智能算法（如随机森林、神经网络）应用于勾调建模，泸州老窖等头部企业通过机器学习将勾调周期缩短 40%，配方预测准确率达 85% 以上。电子鼻/舌感官评价系统实现香气特征数字化，误差率较人工品评降低 60%。微流控芯片技术突破传统勾调工艺，可在分子层面精准调控酒体平衡度。基于热力学平衡规律的辅助勾调技术，正在探索工业化应用路径。但技术瓶颈仍存：风味物质相互作用机制仅解析了 30%，复杂基酒组合的 AI 模型泛化能力不足，中小企业数字化渗透率不足 15%。未来将聚焦风味组学深度解析与多模态数据融合，推动固态勾调从"经验驱动"向"数据+算法"双轮驱动跨越，助力传统工艺智能化升级。

一、计算机勾调技术

随着科学技术的迅猛发展，先进的分析设备与技术、计算机技术、数据库技术、人工智能技术、知识发现与数据挖掘技术在工农业生产中的广泛应用，白酒评价、勾兑调味这一沿袭了几千年的传统工艺，不断地在应用新技术。20 世纪 80 年代以来，随着精密仪器分析和电子计算机技术的发展，利用计算机实行自动勾调成为可能。

（一）技术特点

与传统的人工勾调相比较，计算机勾调技术具有如下特点：

1. 加快开发新产品的速度

根据新产品的理化指标进行新产品勾调指标设计，可以很快得到新产品酒的配方，再经过品尝调味过程的反复试验，最终得到较理想的产品，从而大大简化了新产品的开发过程。

2. 提高和稳定产品质量

同一企业的勾调员使用了相同的数据库，勾调出的产品酒达到了一个理化标准，具有基本相同的感官特征，避免了因人与人之间的差异造成感官特征上差异较大的现象。降低生产成本，减少浪费，提高经济效益。

3. 提高勾调劳动效率

采用人机对话的形式，通过内存庞大的数据库及数学模型的计算，可以查密度、折标准温度酒度、按数量兑酒、计算折算率、计算加浆数等，操作简单、使用方便，使勾调工作更加系统化、科学化，从而大幅度地提高勾调工序的劳动效率。

4. 降低减轻勾调劳动强度

将大量工作交给计算机去做，几分钟就可以得出一个勾调方案，科学的计算方法使勾调很快达到理想结果，勾调一个酒所花费的时间比人工勾调减少三分之二以上。这样，勾调师品尝酒样的次数明显减少，有益于勾调师的健康。

（二）技术原理

1. 勾调原理

运用气相色谱仪测量合格酒的微量成分，并通过品尝评价其质量，采用组合过程数学模型和最优化计算及遗传算法，在满足基础酒质量标准前提下，最大限度地使用质量差的合格酒，获得基础酒经济指标最佳的组合方案和合格酒的用量比例，从而降低生产成本，提高经济效益。

2. 调味原理

采用人工智能专家系统知识获得方法和知识表达方式，系统科学地总结勾调师的调味经验，形成调味专家系统的知识库，通过专家系统工具编制调味专家系统软件使计算机能够针对基础酒中出现的香气和口味上缺陷，模仿勾调师进行思维、推理、判断和决策等工作，得到合理的调味方案和调味酒组合。根据调味过程的数学模型，采用最优化方法对调味专家系统的调味方案和调味酒的用量进行优化计算，获得比人工调味更精确更经济的调味方案和调味酒用量比例。

（三）工艺流程

以杜帮云、张宜松、周超等人的发明专利《白酒勾兑自动控制系统》（专利号：200710142994.0，获得授权时间：2011-03-23）为例，勾调的工艺流程如图6-10和图6-11所示。

（四）技术要点

以四川沱牌舍得酒业股份有限公司的模糊勾调技术为例，利用公司研制的模糊勾调软件进行配方设计的具体步骤如下：

（1）在成品酒微量成分含量的标准数据库中选择参与配方的成品酒标准，并确定成品酒中各微量成分的上、下限。

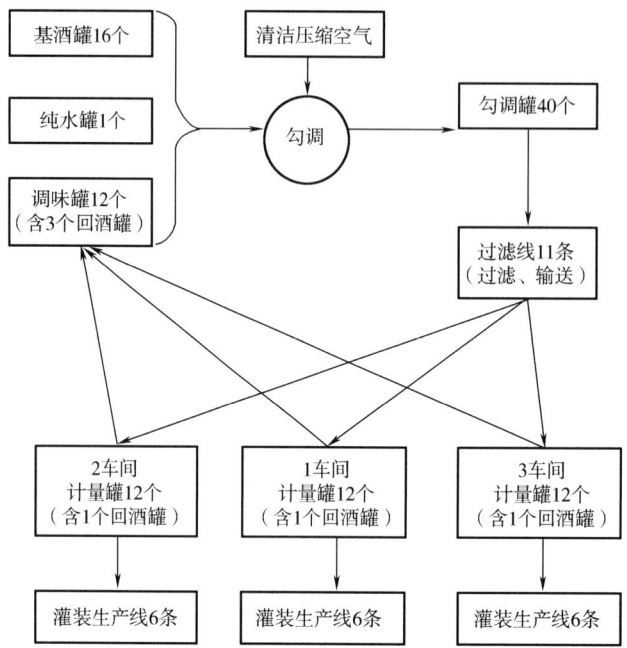

图 6-10　白酒勾兑、调味自动控制系统的生产工艺流程

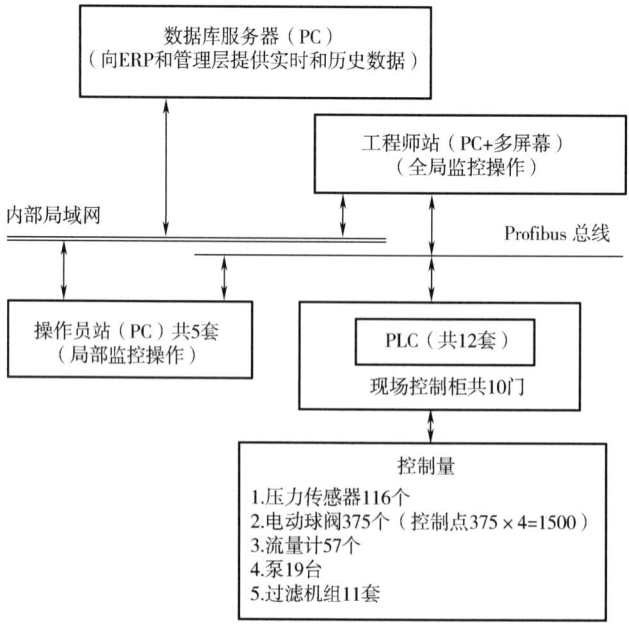

图 6-11　白酒勾调自动控制系统的控制流程

（2）在基础酒和调味酒数据库中选择参与勾调配方设计的基础酒和调味酒，并可根据实际需要确定基础酒和调味酒用量的上、下限。

（3）选择参与配方设计的微量成分组分。

(4) 选择优化配方设计方法。即采用线性规划法、目标规划法或模糊线性规划法。

(5) 将计算机计算出的配方结果与标样酒的微量成分进行对比，如不满足要求，再修改配方模型，重新计算，直到得到满意的配方结果为止。

(6) 由计算机计算出的配方必须先进行小样勾调和人工微调，结果令人满意后，才能进行大样勾调。

（五）应用效果

以彭奎等《江西章贡酒业微机勾兑网络管理系统的开发》为例，主要效果为：

1. 保持酒质的稳定

由于对同一产品酒始终按同一标准进行勾调，所以同一产品不同批次的理化指标是非常接近的，克服了人工勾调的人为影响因素。

2. 提高优质酒产量

如果采用相同数量的基酒和调味酒，微机勾调与人工勾调相比，优质酒产量可以提高 5%~10%。

二、基于热力学平衡规律的辅助勾调技术

白酒的风味物质在货架期内一直处于动态变化中，如何预判其变化的平衡点？主编余有贵团队郑青的发明专利《一种提高白酒酯香稳定性的辅助勾调方法》（专利号：115960691A，获得授权日期：2024-10-18）提出了基于热力学平衡规律的解决办法，下面介绍该技术的具体情况。

（一）技术特点

针对白酒风味、品质不稳定的行业痛点，该技术利用基于热力学平衡规律的辅助勾调方法，用于提高白酒酯香稳定性，从而达到稳定白酒风味的作用。该技术为提升白酒市场吸引力提供了新的方向，对于促进白酒行业可持续发展具有重要意义。

（二）技术原理

通过白酒主体酯香物质的热力学平衡计算出主要酯化反应的平衡常数，辅以勾调技术，使得白酒中的酯化反应在出厂之前就接近或达到平衡状态，这样酯类物质的含量基本不会随着陈化、存放时间的延长而变化，达到提高白酒酯香的稳定性效果。白酒仅需短期陈化即可达到风味稳定的目的，从而大幅缩短了陈化时间。

（三）技术方案

1. 白酒主体酯香物质的热力学平衡计算

利用商业化的热力学计算软件 HSCchemistry，计算实际条件下，白酒中主体酯类物质酯化过程的平衡常数与温度的关系（0~100℃），再求出常规储存温度时（20℃）的平衡常数 K，如图 6-12 所示。

2. 白酒辅助勾调

将事先收集到的调味酒（比如酒尾）进一步蒸馏浓缩，蒸馏温度为 80~150℃。蒸馏

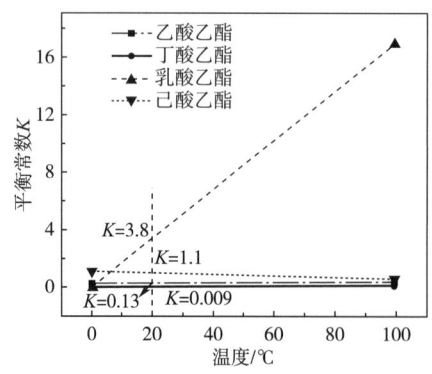

图6-12 主要酯化反应的平衡常数

后,得到酸浓度升高的酒尾。取酸浓度升高的酒尾与馏出液混合,得到最终酒液,此步骤对酒尾的要求如下:在保证酯类物质含量满足特定香型白酒要求的前提下,使得 A 除以 B 的商的大小为 K 的 $0.25~4$ 倍(根据实践经验得出,该范围既保证了酯类的稳定性,同时也保证了步骤的可行性)。A 为最终酒液中酯含量乘以水含量,B 为最终酒液中酸含量乘以酒精度。另外,因为己酸乙酯和乙酸乙酯对白酒的香气贡献较大,其含量的波动对香气特征影响较明显,所以对于己酸乙酯和乙酸乙酯,A 除以 B 的商的大小为 K 的 $0.5~2$ 倍,浓度要求比其他酯的波动范围更窄。勾调完成后,记录主体酯(己酸乙酯)的初始含量。

3. 最终酒液品质控制

将最终酒液在储存室存放6个月,利用气相色谱仪分别测试并记录存放1、2、3、4、5、6个月时的主体酯(己酸乙酯)的含量。以己酸乙酯为代表,如果上述记录的6次己酸乙酯含量的值出现小于初始含量的0.8倍的情况,则认定该批次最终酒液的品质为不可控,为次品,舍弃,按照酒厂标准流程进行后续处理。如果上述记录的6次己酸乙酯含量的值均不小于初始含量的0.8倍,则认定该批次最终酒液的品质为可控,且初步感官评价,酯香评价为"充足酯香",可按照酒厂后续流程进行品控直至出厂。

(四)技术要点

(1)求出白酒中主要酯类物质于常规储存温度时的平衡常数 K 利用热力学计算软件HSCchemistry,根据白酒中乙酸乙酯、己酸乙酯、乳酸乙酯和丁酸乙酯四大主体酯类物质酯化过程 $0~100$℃的平衡常数与温度的关系,再求出常规储存温度的平衡常数 K。

(2)勾调促使主要酯类达到平衡 将酒尾蒸馏浓缩,蒸馏后得到酸浓度升高的酒尾,取所述酒尾与馏出液混合进行勾调,在保证总酯类物质含量满足要求的前提下,使得所述主要酯类物质的 A(勾调后酒液中酯含量乘以水含量值)除以 B(勾调后酒液中酸含量乘以酒精度)的商的大小分别满足以下条件,得到勾调后酒液:

A(己酸乙酯)/B(己酸乙酯)的范围为 K(己酸乙酯)的 $0.9~1.2$ 倍,A(乙酸乙酯)/B(乙酸乙酯)的范围为 K(乙酸乙酯)的 $1.1~1.5$ 倍,A(乳酸乙酯)/B(乳酸乙酯)的范围为 K(乳酸乙酯)的 $0.8~3.2$ 倍,A(丁酸乙酯)/B(丁酸乙酯)的范围为 K(丁酸乙酯)的 $0.5~1$ 倍。

（五）应用效果

将最终酒液在储存室存放 6 个月，利用气相色谱仪分别测试并记录存放 1、2、3、4、5、6 个月时的主体酯（己酸乙酯）的含量。以己酸乙酯为例，含量分别为 78、75、74、73、71、70mg/100mL。记录的 6 次主体酯（己酸乙酯）的含量的值均不小于初始含量的 0.8 倍，该批次最终酒液的品质为可控。且对酒液的感官评价中，酯香评价为"充足酯香"，可按照酒厂后续流程进行品控直至出厂。

可见，该基础酒仅陈化 6 个月，便达到了主体风味稳定的效果。当然，陈化过程还涉及酸、酯之外的微量成分的变化，因此，将基于勾调的催陈技术与传统经验勾调相结合，可在保证白酒品质的前提下，大幅度缩短陈化时间。

第七章 生态化检测新技术

白酒行业检测技术体系全面覆盖原料至成品，是保障白酒品质与风味的核心。近年来，分析技术迅猛发展，使研究者能从分子层面揭秘白酒的化学构成，推动酿造工艺向科学化、精准化迈进。主要体现在：

（1）传统分析技术实现精细化突破　气相色谱-质谱联用技术（GC-MS）灵敏度大幅提升，检出限达 10^{-9} 数量级，已鉴定出超 2000 种风味物质。二维气相色谱与飞行时间质谱联用（GC×GC-TOFMS）全息解析酯类、酸类等关键呈香物质。液质联用技术（LC-MS）突破非挥发性成分检测瓶颈，揭示白酒中大分子物质分布。Zhang 等（2019）建立 NIRS 模型，精准预测白酒酒精度、总酸和总酯，误差小于 0.5%。X 射线衍射技术（XRD）在年份鉴别中展现优势，为年份判定提供物理指纹。

（2）智能感知技术的创新应用　电子鼻、电子舌技术广泛应用，Wang 等（2021）开发的电子鼻系统区分白酒香型准确率超 95%。仿生电子舌同时检测多种离子的动态变化。Liu 等（2022）的智能感官机器人模拟评酒师，基酒分级符合率达 92.7%。多模态数据融合技术开创分析新范式，云端数据库加速技术迭代。

（3）技术融合驱动产业变革　基于代谢组学的酿造过程监控系统，可在 48h 内完成酒醅中 287 种代谢物的动态追踪。蛋白质组学技术揭示了窖泥功能菌群的协同作用机制，指导开发出人工窖泥定向培养技术。转录组分析解码了酵母菌在堆积发酵中的应激响应网络，为工艺优化提供了分子靶点。

展望未来，白酒行业将聚焦酿造过程原位监测、风味成分跨模态解析、微生物群落精准调控。随着量子传感、数字孪生等前沿技术的引入，中国白酒品质控制将迎来实时化、智能化新纪元，推动行业持续创新发展。

第一节　白酒风味研究与风味导向技术

一、白酒风味研究概述

白酒风味研究旨在探究白酒风味成分及其特征，解析风味形成的科学机理，推动技术创新、产品开发与标准化建设，提升产品质量，传承传统文化，研究白酒健康与安全，提升品牌价值。因此，白酒风味研究不仅是技术课题，更是连接科学、文化与市场的纽带。通过多学科交叉（微生物学、分析化学、感官科学、心理学等），既能推动行业升级，也能在全球蒸馏酒竞争中凸显中国白酒的独特价值。2025 年 4 月，在四川宜宾举办的"TFF2025酒类风味分析与感官评价暨创新技术论坛"上，泸州老窖股份有限公司副总经理张宿义教授级高工为与会嘉宾带来了一场题为《白酒风味研究概述》的学术报告，下面摘选其部分精彩内容作一介绍。

（一）白酒风味研究历程

白酒风味研究始于20世纪50年代，随着检测技术的不断发展而进步，其主要研究历程如图7-1所示。

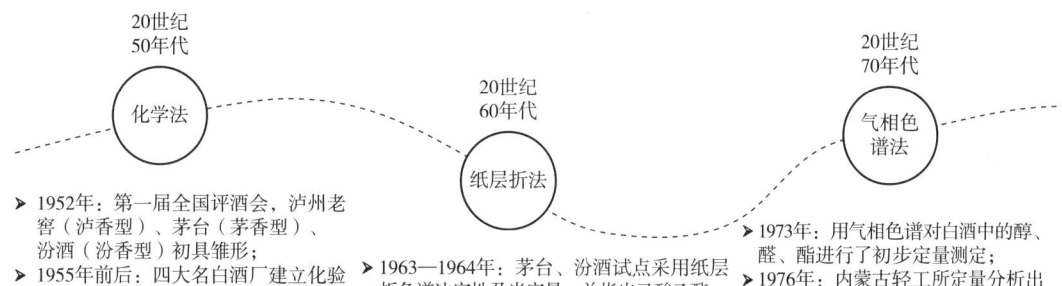

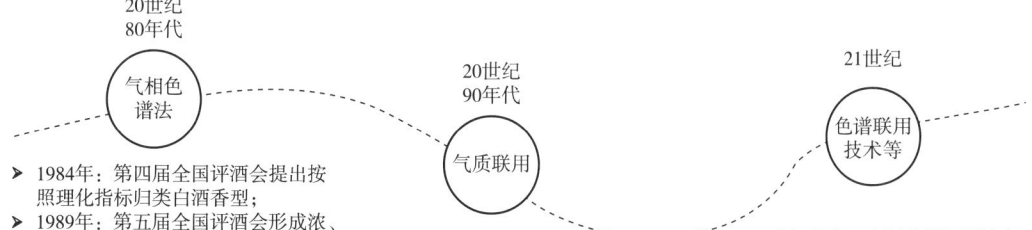

图7-1 白酒风味研究的主要历程

（二）白酒风味研究的现状

白酒风味研究聚焦于安全、健康和风味三个主要方向。

1. 安全

品质安全是白酒产品的重要基石，其重要性体现在保障消费者生命健康及切身利益，维护企业、行业声誉，促进经济发展、传承传统文化以及履行社会责任等方面。我国现行的白酒国家标准体系，从原料采购、生产工艺到成品检验等全产业链环节，对白酒产品的理化指标、卫生要求、质量等级及安全限量等关键要素作出了系统化、科学化的规范要求。下面主要从产品食品安全通用标准、生产规范标准、检测方法标准等维度进行简要介绍。

（1）产品食品安全通用标准

①GB 2757—2012《食品安全国家标准 蒸馏酒及其配制酒》：规定了蒸馏酒及其配制酒的感官要求、理化指标、污染物限量、食品添加剂使用等要求，旨在保障白酒产品的基本安全性，防止有害物质超标对人体健康造成危害。其中理化指标有两个关键项：一是甲醇，在粮谷类蒸馏酒产品中要求产品按100%酒精度折算的甲醇含量≤0.6g/L，而其他类蒸馏酒产品中要求产品按100%酒精度折算的甲醇含量≤2.0g/L。白酒中若存在甲醇超标问题，会严重威胁消费者生命安全。甲醇进入人体后，经代谢会产生甲醛和甲酸，这些物质会对神经系统（如视神经）产生强烈毒性，导致头痛、恶心、呕吐、视力模糊，甚至失明、死亡。二是氰化物，氰化物（以HCN计）含量≤8.0mg/L。氰化物会抑制细胞呼吸酶，使组织细胞无法利用氧，造成细胞内窒息，引发头痛、乏力、呼吸困难等症状，长期积累还可能诱发癌症。

②GB 2760—2024《食品安全国家标准 食品添加剂使用标准》：明确了调香白酒（配制酒）允许使用的食品添加剂种类、使用范围及最大使用量或残留量。这一标准对规范调香白酒生产过程中的添加剂使用行为，避免违规添加和滥用添加剂起到了关键作用，确保调香白酒的纯正风味和安全性。

（2）生产规范标准 GB 8951—2016《食品安全国家标准 蒸馏酒及其配制酒生产卫生规范》，对蒸馏酒及其配制酒生产企业的选址及厂区环境、厂房和车间、设施与设备、卫生管理、食品原料、食品添加剂和食品相关产品、生产过程的食品安全控制、检验、产品的贮存和运输、产品追溯和召回、培训、管理制度和人员、记录和文件管理等方面提出了卫生要求。这一标准是对GB 14881—2013《食品安全国家标准 食品生产通用卫生规范》的有效补充，其实施有助于规范白酒生产企业的生产行为，从源头上保障白酒产品的安全。

（3）检测方法标准 GB/T 10345—2022《白酒分析方法》，规定了白酒中酒精度、总酸、总酯、固形物、己酸乙酯、乙酸乙酯等项目的检测方法。该标准为白酒生产企业、质量监管部门和检测机构提供了统一、准确、可靠的检测手段，确保白酒质量检测结果的科学性和公正性，对于保障白酒品质安全具有重要意义。

2. 健康

"医"古写为"醫"，自古以来，酒类的药用价值就被我国中医所推崇。《汉书·食货志》提到"酒，百药之长"；《黄帝内经》中多处写到酒类可用于治病；《本草纲目》记载"烧酒，消冷积寒气，燥湿痰，开郁结，止水泻"。因此，"白酒不等于酒精"，挖掘中国白酒中的健康因子和健康功效，使人们科学、客观地认识白酒，成为许多学者广泛关注的研究热点。

对白酒健康方面的研究领域与主要成效主要表现在：①对饮酒量、饮酒频率、饮酒时间等健康饮酒方式进行了探究；②目前已报道的白酒中的健康因子共有202种；③在适量饮酒前提下，具有一定健康功效，如提高抗氧化、抗炎和抗抑郁能力，降低患心脑血管疾病和老年痴呆的风险，调节血脂代谢，提高认知能力等；④科学辩证看待饮酒，存在个体差异。

3. 风味

风味研究主要集中在风味成分及其感官特性方面：

（1）目前已检测到白酒中风味物质2000余种，分布在不同类别的有机物中（图7-2）；

（2）白酒风味物质检测及风味评价体系方法的确立（图7-3）；

（3）"地理环境、酿酒原料、酿造用水、酒曲、发酵容器、酿造工艺、贮藏工艺"等因素共同作用，造就了中国十二种香型白酒独有的风格特征；

（4）通过多学科方法探究风味物质与感官强度的量化关联，推动感官评价从经验描述向科学定量转型，并确定了白酒风味轮（图7-4）。

①感官评价技术：采用定量描述分析方法（Quantitative descriptive analysis，QDA）与仪器分析相结合，量化风味属性，建立白酒风味的客观评价体系。

②仪器分析与感官预测和分类：通过化学分析、电子传感技术、多变量统计，建立风味成分与感官评分的预测模型，应用于不同类型白酒分类。

③神经科学方法：通过脑电图、跨模态实验，研究大脑对风味刺激的反应区，验证外因素对风味感知的影响。

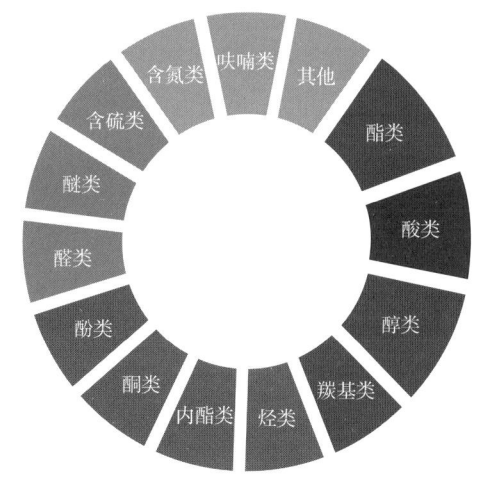

图7-2 白酒风味物质的主要类别

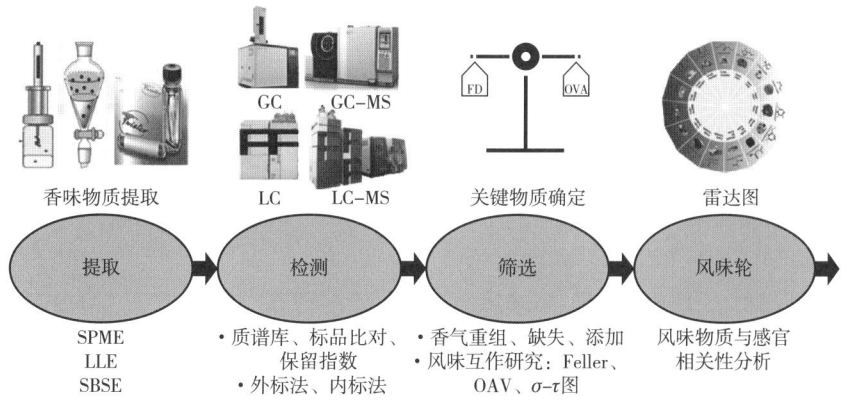

图7-3 白酒风味物质检测及风味评价体系方法

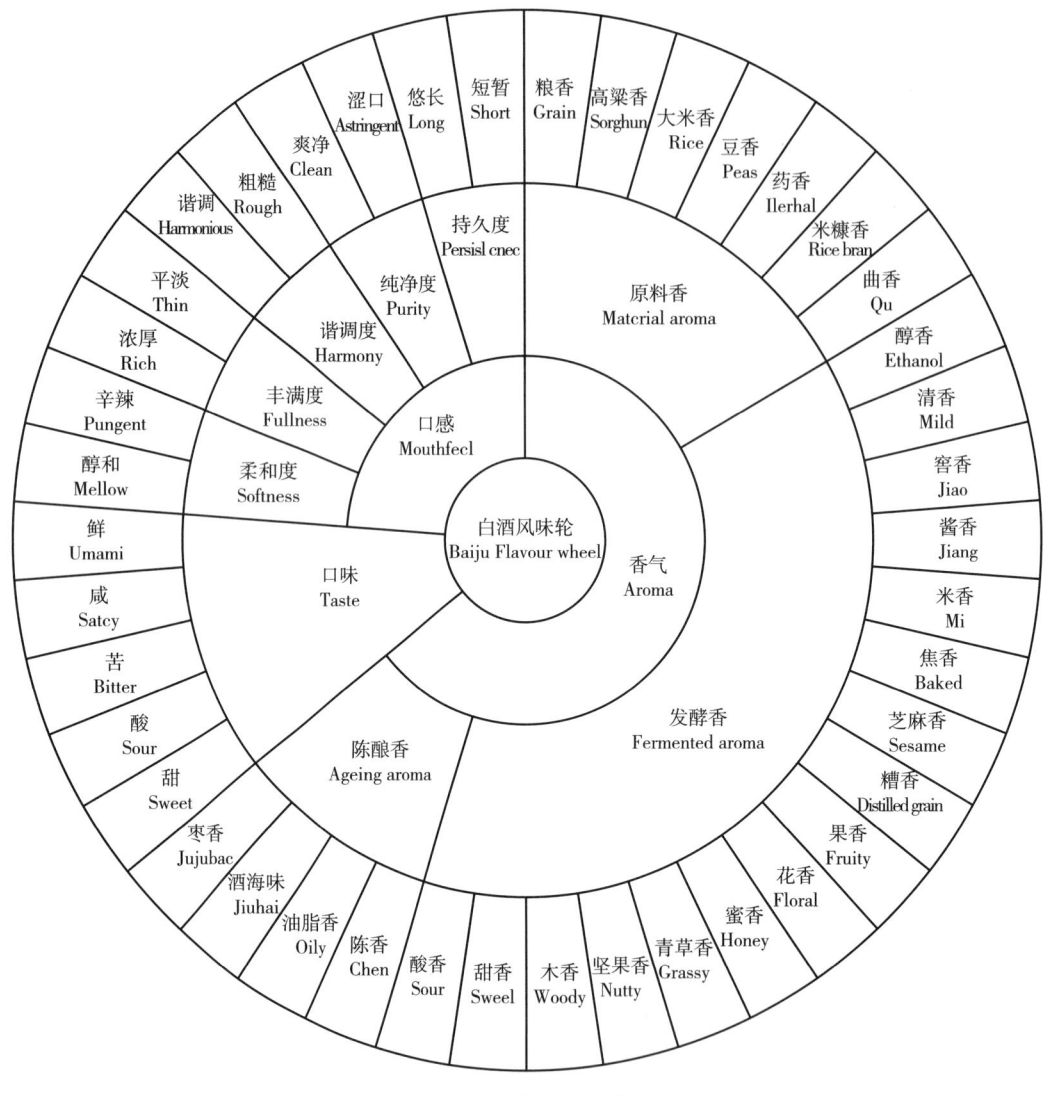

图 7-4　白酒风味轮

（三）白酒风味的调控技术

白酒风味的调控技术主要聚焦于原料与工艺优化、微生物调控、风味物质分析与调控、陈酿与勾调技术以及智能化与数字化技术应用等五大方面，泸州老窖股份有限公司目前白酒风味的调控技术主要有如下方面。

1. 强化大曲

通过筛选和培育具有优良发酵性能的微生物菌种用于强化大曲生产，实现以下目的：

（1）微生物群落优化　添加特定功能菌种（如根霉菌、米曲霉、芽孢杆菌等）显著改变大曲微生物的结构；

（2）增强酶活性力　提高强化大曲的糖化力、酯化力和蛋白酶活性等；

（3）风味物质富集　根据添加的特定菌种增强的特定酶活性，富集对应的白酒风味物质。

传统大曲和强化大曲在贮存过程中微生物的主要关系网络如图7-5所示。

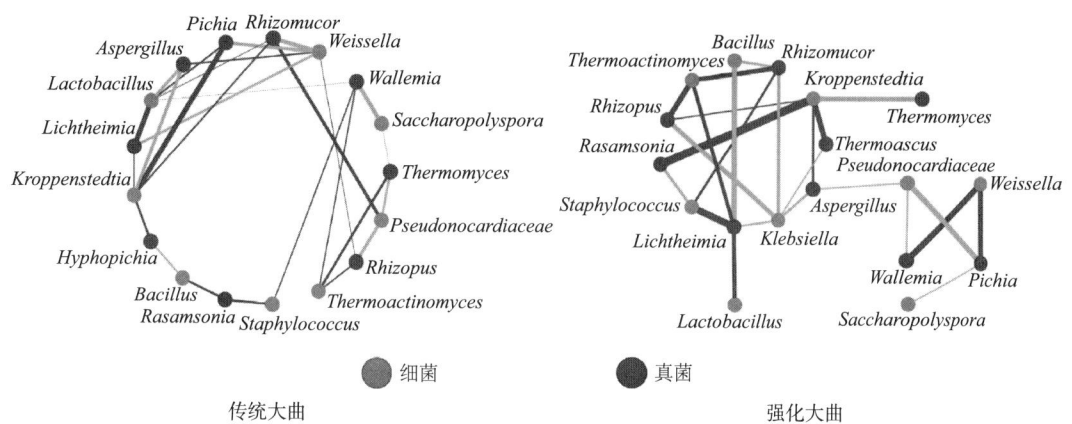

图7-5 传统大曲和强化大曲在贮存过程中微生物的主要关系网络图

2. 窖泥复刻技术

通过在新窖泥中添加特定的微生物菌剂，扩大培养，生产人工窖泥用于新窖池建设，促进有益微生物的生长和代谢，从而提高酒质。

不同窖泥感官品质比较如图7-6所示。

	对比指标	普通窖泥（3年）	复刻窖泥（3年）	优质窖泥（30年）
感官	色泽	黄色	乌黑带彩色	乌黑带彩色
	气味	新泥味浓	窖香气浓郁	窖香气浓郁
	粘性	有粘性	粘性强	粘性强
	外观			

图7-6 不同窖泥感官品质比较

3. 智能发酵系统

利用物联网、大数据、人工智能等技术构建智能发酵系统，实时监测和调控发酵过程中的关键参数，提高发酵效率和风味品质，其中泸州老窖智能酿造中科学精准配料如图7-7所示。

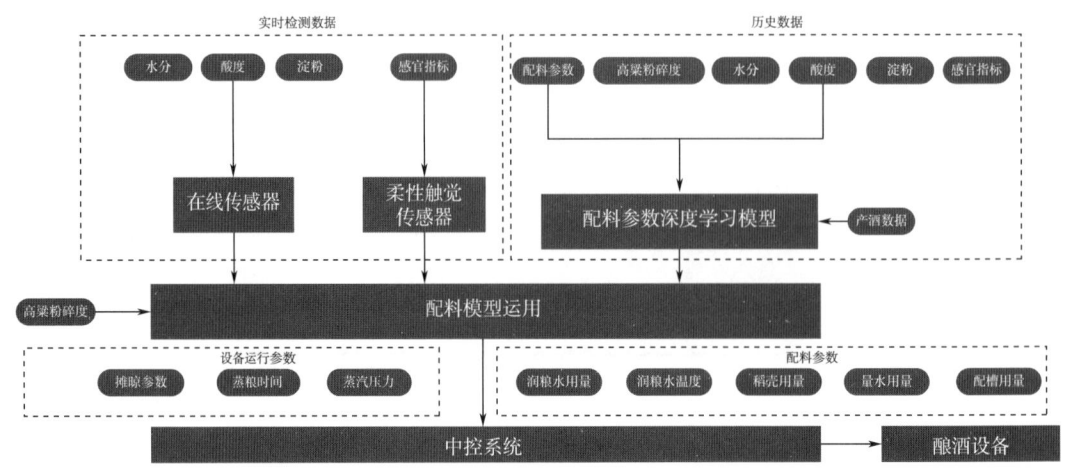

图 7-7 智能酿造中的科学精准配料运行图

（四）白酒风味研究的发展趋势

白酒风味研究的发展趋势主要聚焦于风味细分与融合、健康与风味双导向、国际化与本土化适配、数字化与个性化定制以及文化赋能等方面，而细分领域则为以下四个方面。

1. 生态环境与白酒风味形成研究

（1）微生态系统的深度解析　基于微生物群落的动态研究，核心产区的微生态（如数千种微生物的协同作用）是风味形成的核心，未来需通过宏基因组学、代谢组学解析微生物群落的演替规律及其对风味物质生成（如酯类、醛类）的影响。

（2）产区特色的科学化表达　基于地理标志与风味指纹研究，建立基于生态特征的风味数据库，通过红外光谱、气相色谱等技术量化产区独特性，为"离开产地无法复刻风味"提供科学依据。

2. 基于微生物定向调控风味研究

（1）功能菌株筛选与引入（酒曲）　通过代谢组学技术定向强化功能微生物，使己酸乙酯等浓香型白酒主体复合香味成分的产量提高。

（2）多菌种协同发酵（酒醅）　通过引入具有特殊代谢能力的菌株（如产酯酵母菌），优化菌群结构，提升酯类等风味物质生成效率，并控制杂醇油等不良副产物含量。

（3）智能发酵调控（工艺参数协同体系）　通过 AI 算法、在线检测技术动态监测关键风味物质的阈值、动态建模预测工艺参数、精准勾调保障风味一致性，推动传统酿造向数字化精准转型。

3. 人机协同推动感官评价革新

人机协同是"艺术与科学"的共生，未来目标是依靠机器人实现数据标准化、体验个性化、感官数字化的"三化"，推动传统的人工感官评价革新。

4. 人工智能技术的应用研究

（1）智能摘酒　研究利用机器学习（如神经网络、支持向量机等）、模式识别及大数据分析技术，构建智能摘酒模型，实现蒸馏过程中对基酒酒体风味与感官特征的精准把控。

（2）智能定级、勾调设计　通过机器学习、模式识别及大数据分析技术，构建智能定级及智能勾调模型，提高定级、勾调效率，用科学验证做支撑。

二、白酒风味导向技术

风味导向技术是采用现代风味化学和分析化学理论，从白酒中上千种微量成分中发现和确定对白酒具有风味贡献的物质——风味化合物，发现并确认关键风味和异嗅（味）物质的化学本质；研究关键风味和异嗅（味）物质的形成机制、机理和途径。通过风味化合物的指向形成功能微生物高通量筛选技术、风味化合物发酵、调控技术、风味优化重组技术。生产上指导白酒制曲、发酵酿造、蒸馏取酒、贮存老熟、基酒组合与专家调味等白酒全过程实现高效制造，以确保白酒风味谐调、个性突出、批次稳定、饮后舒适等特征。

（一）技术特点

2007年，在中国酿酒工业协会白酒技术委员会的支持下，江南大学作为技术依托，负责与茅台、五粮液、洋河、汾酒、剑南春、郎酒、今世缘、口子窖、老白干、牛栏山、二锅头、古贝春、西凤等10家不同香型行业骨干企业共同参与开展"中国白酒169计划"研究。与以往研究相比，"中国白酒169计划"在突出了研究的全面系统性和应用基础性的特点特征外，其自身特点表现：①实现了白酒研究的两个提升。将白酒微量组分的研究从分析化学技术全面提升到现代风味化学技术的层面；将中国白酒发酵机理研究从物理变化和化学反应层面提升到生物有机化学层面，从而大大丰富了我国白酒特有风味化学和微生物发酵理论。②风味导向技术的提出。该研究在继承中国白酒研究成功经验的基础上，采用当今国际风味化学、微生物生态学和现代生物技术发展的最新理论和技术，提出以风味导向技术为原则的学术思想，形成了风味定向为特点的方法学，开启中国白酒新一轮创新性的研究。因此，风味导向技术的特点为：①采用分析手段确定白酒微量成分中关键风味和异嗅（味）物质的本质，倒逼探究其具体的来龙去脉；②实现白酒关键风味和异嗅（味）物质生产过程的有效控制，提高酒类产品的安全性和优质比率。

（二）技术内容

集中对中国白酒的特征风味、中国白酒的风味功能微生物、中国白酒的风味化合物阈值、中国白酒的贮存老熟和中国白酒的健康成分进行全面研究，旨在对影响中国白酒产品质量和生产效率的酿造关键共性技术以及在酿造机理上的探索方面取得新的发现和突破，以推动白酒的技术创新来支撑中国白酒行业的技术升级和传统产业的改造。其主要内容如下。

1. 白酒风味化合物的研究

主要涉及白酒微量成分及风味成分的研究、异嗅化合物的确定、白酒风味化合物嗅觉阈值测定等方面，不同香型白酒的微量成分和风味化合物数量见表7-1。异嗅化合物的确定中，首次确认清香型、浓香型等白酒非辅料糠味化合物为TDMTDL及其微生物生成机制和关键控制机理，形成了快速检测与预测的有效调控手段和技术因素。窖泥臭的化合物是PC，在浓香型白酒中高达1200μg/L，主要是由于微生物代谢所产生，不会因为贮存而减少。2008—2009年，开展了我国历史上规模大、参加人数多、检测方法最规范和测定化合物全的白酒风味化合物嗅觉阈值测定，共对 79 种风味化合物的阈值进行了检测和专业术语的风味描述。

表 7-1　　我国主要香型白酒的微量成分和风味化合物数量

香型酒	微量成分	风味成分	重要风味成分	特征化合物
酱香型	>800 种	>300 种	65 种	四甲基吡嗪等
浓香型 1（江淮）	>800 种	>90 种	20 种	—
浓香型 2（川酒）	>800 种	>130 种	20 种	—
清香型 A	≥703 种	>100 种	8 种	DMST
清香型 B	>720 种	≥127 种	17 种	CARY
老白干香型	>750 种	≥106 种	12 种	TDMTDL
兼香型	>850 种	≥113 种	14 种	—
凤香型	约 820 种	>102 种	11 种	—

2. 重要微生物及其风味物质形成途径和机理的研究

有效地将传统酿造技术与现代生物技术紧密结合起来，将系统生物学、微生物分子生态学和固态发酵控制等技术综合运用于重要功能微生物的研究中，并形成了白酒功能微生物研究的方法学，包括风味导向微生物未培养技术、定性与定量群体微生物分析技术、风味导向功能微生物筛选技术、系统功能微生物学技术、微生物固态发酵技术、代谢调控技术等。如高产 2,3,5,6-四甲基吡嗪（TTMP）的微生物及其非化学的美拉德反应产生途径，高效产酱香风味微生物及其发酵代谢特征、产非辅料气味微生物及其产生途径等均已揭示。白酒群体微生物研究、白酒功能微生物库的建立和重要酿酒微生物的基因组测序研究等。

（三）技术成果

江南大学徐岩教授主持的"基于风味导向的固态发酵白酒生产新技术及应用"项目获 2013 年国家科学技术发明奖二等奖，以中国传统白酒的现代化改造为目标，针对白酒复杂生物发酵系统，提出了基于风味导向的固态发酵白酒新思路，发明了特征风味强化、不良风味消除、基酒组合控制等新技术，改进了白酒生产的制曲、酿造、勾兑三个关键工序，构建我国白酒优质、高效、稳定生产的新体系。该项目成果已经在贵州茅台酒股份有限公司、山西杏花村汾酒厂股份有限公司和江苏洋河酒厂股份有限公司得到了应用，同时在其他 9 家大型白酒企业技术推广应用。应用了该成果的酿酒企业认为，基于风味导向的固态发酵白酒生产新技术在企业的生产、技术、科研、质量保证等方面发挥了重大作用。

（四）技术应用

针对不同香型白酒生产的不同特征，通过大量研究开发与应用实践工作的开展，风味导向技术形成了众多生产应用技术，有些已在实际生产中证实了其有效性与实用性。

1. 在清香型白酒生产中的应用

（1）清香类型原酒等级鉴别技术　根据一定的判别聚类建模原则，通过计算机建模建立原酒等级数据库，应用 73 个成分可以将不同工艺、不同等级原酒区分开来，此分类方法可以用于原酒等级区分与鉴定。

（2）清香类型原酒原产地鉴别技术　对 153 个酒样进行 PCA 分析，共检测出 91 种微量成分，其中重要成分 21 个。使用此 21 个成分构建用于区分不同产地白酒的鉴别技术，该技术可将牛栏山二锅头酒、小曲清香型白酒、汾酒、衡水老白干酒等清香类型白酒完全区分开来。

（3）清香类型白酒功能微生物应用技术　通过对清香类型不同原酒特征风味成分产生功能微生物及其代谢机制的认识，丰富了清香类型白酒功能微生物的资源库，建立了清香型白酒功能微生物的应用技术，包括制曲方式的改良、大曲质量的安全评价技术、酿造过程检测及监控技术、发酵过程调控和风味成分预测技术等，为最终真正实现清香型白酒机械化与现代化的改造提供了重要理论和实践的指导。

2. 在绵柔型白酒中的应用

2011 年 8 月，由江南大学和江苏洋河酒厂股份有限公司共同完成的"风味导向技术及其在绵柔型白酒中的应用"项目通过鉴定，该项目研究过程应用气相色谱-闻香、气相色谱-质谱和极微量定量分析技术，系统研究分析了绵柔型白酒的重要香气成分，发现的微量成分多达 933 种，其中定性分析的有 672 种；首次在绵柔型白酒中发现多种萜烯类化合物；确定了己酸乙酯等多个风味物质为绵柔型白酒的关键香气成分，并探索了其量比关系，首次建立了绵柔型不同等级白酒区分的数学模型。该研究成果已经应用于绵柔型白酒的生产工艺、质量控制，取得了较好的成效，具备推广条件，经济效益和社会效益明显。

第二节　区分酒质的指纹图谱技术

指纹图谱鉴定始于 19 世纪末 20 世纪初的犯罪学和法医学，由于基因学的发展，近代将指纹分析的概念结合生物技术延伸到 DNA 指纹图谱分析，而且应用范围从犯罪学扩大到医学和生命科学的领域。自 20 世纪 70 年代以来，各研究院所采用 GC/MS 联用技术展开了对白酒类型与质量差异的研究，并取得了卓著的成绩，对我国白酒的发展也起到了巨大的推进作用。近年来，随着对白酒质量研究的深入，揭示了各类白酒的质量差异主要表现为微量香味组分含量间的差异，对白酒的研究从而也转入了以高效分离及准确定量香味组分为基础的研究。

指纹图谱是指样品经适当处理后，采用一定的分析手段如光谱或色谱，得到能够标示该样品特性的色谱或光谱的谱图或图像。这些图谱或图像就如人的指纹一样具有专一性和代表性，因此被形象地称为指纹图谱。白酒指纹图谱技术可以为厂家提供准确的香型风格信息；指纹图谱应用在白酒勾调中可避免人为误差，提高勾调合格率，节省人力、时间等；通过建立和保存原酒、产品酒标准图谱，利用指纹图谱分析方法和条件，对不同批次的原酒、产品酒进行质量鉴别和评价，指导企业合理控制生产工艺。

一、技术特点

白酒的指纹图谱基本反映了该白酒的化学成分及其含量分布情况，指纹图谱具有以下几个特点：①特征性和专属性，通过指纹图谱能有效鉴别样品的真伪；②可量化性，根据主要特征峰的面积或比例，能有效控制样品质量，确保样品质量的相对稳定；③稳定性、重现性和再现性，这是由图谱采集环境（分析测试手段）决定的，对于同种样品，只要图谱采集条件一致，那么所得的图谱也一致；有效性应与样品各组分相联系，并且在统计学上其数据有鉴别意义；④完整性，由于样品成分未被全部阐明，仅对某些成分进行定性、定量分析，不能有效控制样品质量，所以图谱中应该能够相对全面、系统地表现样品已知和未知物质成分；⑤模糊性，因为样品成分间的协同交互作用复杂，所以可采用模糊数学的分析手段来解决实际问题。

二、技术原理

指纹图谱是指样品经适当处理后，采用一定的分析手段，得到能够表示该样品特性的色谱或光谱的图谱，并使待测物的检出尽可能多地反映其全貌。指纹图谱不强调个体的绝对唯一性（个体特异性），而强调同一群体的相似性，即物种群体内的唯一性（共有特征性）。相似性是通过色谱的模糊性和整体性来体现，模糊性强调的是对照样品与待测样品指纹图谱的相似性，而不是完全相同；整体性强调的是比较色谱特征的"完整面貌"，而不是将其"肢解"，这样才能在不同环境的样品色谱中，搜索和提取与该样品指纹图谱"整体面貌"相关的特征，加以鉴别。因此，色谱特征的整体性及模糊性是色谱指纹图谱分析的最基本的属性，指纹图谱分析强调准确的辨认，而不是精密的计算，比较图谱强调的是相似，而不是相同。指纹图谱分析与传统分析的观点和要求根本不同所在，与传统质量控制模式的区别在于：指纹图谱是综合地看问题，也就是强调化学谱图的"完整面貌"即整体性，反映的质量信息是综合的。

三、技术要点

（一）方法选择

目前获得指纹图谱的主要手段有色谱法、光谱法、波谱法、联用技术以及其他方法，其中色谱方法为酒类指纹图谱的主流方法，色谱法的具体方法与特点为：

（1）薄层（TLC）指纹图谱　TLC在色谱方法中相对而言是易开展的方法，具有操作简便、快速、经济等特点。通过荧光显色或使用显色剂，TLC可以提供直观形象、易于比较的图像。在TLC基础上又发展了薄层扫描法，以及其他和计算机相结合的技术，在色谱指纹图谱中有着广泛的应用。

（2）高效液相色谱（HPLC）指纹图谱　HPLC在色谱方法中是使用相当广泛的一种方法，具有分离效率高、分离速度快、重现性好、应用范围广等特点。HPLC分离原理使其非常适合分析混合的复杂体系，并且通过与不同性能的检测器联用，可以有针对性的检测分析样品中不同的化学成分。

（3）气相色谱（GC）指纹图谱　GC具有分离效能高、分离速度快等优点，所得的色谱轮廓，其重现性好、分辨率高，检测设备可选性较大。在具体使用时，多与质谱检测器（MS）联用，特别适用于挥发性样品的指纹图谱的研究与应用。

（4）高效毛细管电泳（HPCE）指纹图谱　HPCE是一类比较新的液相分离分析技

术，综合了电泳和色谱的一些优点，具有分离效能高，分析速度快，消耗低、环保等特点。分析对象也十分广泛，小至无机离子，大至蛋白质和高分子聚合物等。

(5) 高速逆流色谱（HSCCC）指纹图谱　HSCCC是一类新的液液萃取分离技术，它利用相对移动的两种互不相溶的溶剂，在处于动态平衡的两相中将具有不同分配比的组分分离。HSCCC分离效能高、低成本、样品的前处理简单，可适用于任何极性范围样品的分离，特别适用于指纹图谱分析。

（二）建立标准指纹图谱

采用标准样品建立标准指纹图谱作为对照指纹图谱，标准指纹图谱是指在固定的分析方法（包括仪器配置、操作条件、色谱柱及分离条件等）下，能够稳定、真实、全面反映分析对象个性特征的唯一性图谱。标准指纹图谱有两种模式：一种是从试验样本中选择具有代表性的样品；另一种是使用试验样本图谱的平均值或中位数建立对照指纹图谱。对于进行试验的 n 批次的指纹图谱向量（X_1，X_2，$X_3 \cdots X_n$），

其平均值对照指纹图谱为：X 平均值 $= \text{mean}(X_1, X_2, X_3 \cdots X_n)$

其中位数对照指纹图谱为：X 中位数 $= \text{median}(X_1, X_2, X_3 \cdots X_n)$

从上述两式可知，平均值的计算实际上就是将这一批色谱指纹图谱的每一个元素的均值求出即得。中位数的计算可以通过找到这一批色谱指纹图谱的每一个元素的中位数得到。如果在这批样品中不存在离群样本时，一般应推荐使用平均值来建立对照指纹图谱，但如果在这批样品中存在有离群样本时，则应推荐使用具有稳健性质的中位数来建立对照指纹图谱。如果不存在离群样本时，两种方法所得结果应该基本一致。

(1) 检测试样获得样品指纹图谱　采用与建立对照指纹图谱相同的色谱条件，建立待评价样品的样品指纹图谱。

(2) 指纹图谱评价　计算软件是专用于对各种图谱进行综合峰面积比较的计算软件，利用色谱流出曲线中保留时间对色谱峰进行匹配，然后对匹配峰面积进行比值计算，求出其RSD值，综合计算出图谱之间的相似度，从而实现对样品差异程度的评价。当比较指纹图谱时，相合系数在[0，1]的区间内变化，当相合系数为1时，则表示两个图谱完全一致；当两个图谱矢量正交时，即一个指纹图谱中出现色谱峰的位置在另一个图谱中没有出现色谱峰，用化学的语言来说，就是这两个样本没有一个相同的化学组分，此时这两个对应的色谱指纹图谱的相合系数为0。

四、技术应用

（一）白酒勾调工艺及真伪识别

1. 提高白酒勾调的有效程度

白酒的勾兑调味工艺过去一直是由勾调师凭借敏锐的感官品尝和丰富的勾兑调味经验进行操作，存在很大的操作误差。通过白酒指纹图谱分析就可以使这个技术更加科学化、规范化。在白酒的勾调中，首先，建立基础酒、调味酒以及本厂优质酒的指纹图谱，其次，以优质酒的指纹图谱为目标，按照缺什么补什么的原则选取基础酒及调味酒进行多次组合，将组合后的酒样图谱与目标酒样指纹图谱进行比较，找出差异，再进行组合，

再比对，直到两张图谱的差异在研究者所接受的范围内，通过白酒指纹图谱使白酒勾调技术得到更好的推广和普及。

2. 提供可靠的白酒的真伪鉴别

白酒质量的差异性主要是由酒中微量物质表现出来的，对于纯粮酿造的白酒，其指纹图谱中有很多峰无法定性，人为无法添加，而低档酒、伪制酒的峰数量却少得多，尤其是高温部分峰存在很大区别，同时峰形也要小得多，所以，对于优质高档白酒，根据图谱基本上可以判别其真伪。王宏镭等发明了酿造白酒与酒精勾调白酒的指纹图谱鉴别方法，运用库仑阵列高效液相色谱分析并分别建立酿造白酒与酒精勾调白酒的指纹图谱，获取酿造白酒与酒精勾调白酒的指纹图谱数据；建立酿造白酒与酒精勾调白酒的指纹图谱统计模型；将待测白酒样品以上述相同方法分析、取得库仑阵列高效液相色谱数据，通过指纹图谱模型进行鉴别，检测灵敏度高，结果直观。

（二）白酒风格特征分析、特色鉴别

李长文利用宏观红外指纹三级鉴定法对金士力酱香型白酒进行了分级鉴定，直观展现白酒指纹特征。郑岩采用白酒的气相色谱分离方法建立了低度浓香青酒、五星习酒、高度浓香青酒、泸州老窖特曲酒、贵州茅台酒、金沙回沙酒、酱香青酒、董基酒、成品董酒、桂林三花酒的对照指纹图谱，并通过考察指纹图谱的技术参数及相似性分析后发现：泸州老窖和五星习酒的勾调质量最为稳定，贵州茅台酒次之；不同年份酿造的董基酒组分差异很大。周围等人利用气相色谱技术分析获得了茅台、五粮液、剑南春等几类名酒的质量指纹图谱。可分析出的指纹图谱具有 32 个特征峰，每个峰代表一种可挥发性的香味化学成分。经初步分析，鉴定出了包括酯类、醇类、酸类、醛类（包括羰基类物质）4 大类物质，它们的含量和比例的变化对白酒的香型和风格具有决定性的影响，不同品牌的白酒都有各自的质量指纹图谱。2008 年，李长文等对不同酒龄基酒进行鉴别研究，结果表明红外三级鉴别分析方法可以分层次地展现不同光谱在谱图上吸收峰细节的差异，一维红外光谱直接比对，二阶导数光谱强化谱图的分辨率，二维相关红外光谱凸显差异的显著性，三者互相验证，相互弥补，实现快速准确识别出不同酒龄的汾酒基酒。2010 年，姜安等对白酒的香型、等级和年份三个属性进行分析鉴定，面对采集的红外光谱图，首先进行基线校正、小波去噪、标准归一化等相关的预处理，将处理后的光谱数据送入支持向量机（SVM），并建立对应的三个分类模型，结果香型、等级和年份的分类准确率分别为 98%、92% 和 100%。

（三）白酒质量控制及未知酒的归类

在实际应用中，检测白酒质量是否合格、对未知酒的归类等问题上，会涉及指纹图谱的相似度计算，指纹图谱的相似度计算一般采用夹角余弦法或相关系数法。由于方法复杂，而且色谱分析数据量大，用 Excel 进行谱峰的匹配和计算也是一项繁杂的工作。指纹图谱相似度计算软件很好地解决了这个问题，能对酒质量是否合格、对未知酒的归类提供有效的判断依据。

第三节　白酒健康因子检测技术

中国白酒富含多种健康因子，如吡嗪类、酚类及多酚类化合物、小肽等，这些成分对心血管健康、抗氧化和抗癌等方面有积极影响。近年来，研究聚焦于四甲基吡嗪等关键功能性成分，探索其来源、形成机理及检测技术。同时，健康白酒概念兴起，通过优化工艺增加有益成分，减少有害成分。尽管取得一定进展，但对中国白酒健康因子的全面认识仍需深入，以科学指导健康饮酒。

一、羟基吡嗪类化合物检测技术

吡嗪类化合物具有特殊香气和独特健康功能，如吡嗪双甾体类化合物具有显著的抗肿瘤活性，在白酒中一般具有类似于坚果、可可、烤肉的香味。作为吡嗪类化合物的一种，研究发现羟基吡嗪可引起酱香型白酒呈糊香风味特征。羟基吡嗪在医药和有机合成领域有特定应用，如作为磺胺药物合成的中间体等。虽然羟基吡嗪本身的生物活性可能并不直接和显著，但它在生物体内的代谢和转化可能产生具有生物活性的代谢产物。期待未来有更多的研究能够深入探索羟基吡嗪类化合物在白酒中的具体功能作用。

下面以贵州茅台酒股份有限公司的胡光源、林琳、倪德让等人的发明专利《一种测定酱香型白酒中羟基吡嗪类化合物的方法》（专利号：201910196453.9，获得授权日期：2021-12-14）为例，介绍羟基吡嗪类化合物检测技术。

（一）技术特点

羟基吡嗪含有羟基，属于难挥发性物质，其定性定量检测技术尚未成熟，目前未见酱香型白酒及大曲中检测到羟基吡嗪类化合物。本发明技术先将酒样预处理，再采用液相色谱质谱联用方法对酱香型白酒中羟基吡嗪类化合物进行定性和定量分析。该检测技术特点在于：检测酱香型白酒中的羟基吡嗪没有经验借鉴，旋转蒸发在浓缩不挥发性物质的同时除去酒样中的大量乙醇和挥发性物质，避免挥发性物质对不挥发性物质仪器分析时的干扰，高分辨率液质联用能避免食品尤其是复杂基质中假阳性现象，具有定性定量精准的优点。

（二）技术原理

酱香型白酒中羟基吡嗪类化合物检测技术是将酒样旋转蒸发至干，除去乙醇和挥发性物质，用40%的甲醇水溶液洗脱，定容，得到浓缩后目标物质的溶液，再采用液相色谱-高分辨质谱联用仪分析，通过建立羟基吡嗪化合物的标准曲线，最终测定酱香型白酒中羟基吡嗪类化合物的含量。

（三）操作步骤

采用液质联用技术检测酱香型白酒中羟基吡嗪类化合物的操作步骤如图7-8所示。

酱香型酒样 → 浓缩 → 旋蒸样品洗脱 → 定容 → 液相色谱-质谱联用技术检测 → 羟基吡嗪类物质定性分析 → 羟基吡嗪类物质定量分析

图7-8 酱香型白酒中羟基吡嗪类化合物检测的操作步骤

（四）技术要点

1. 酒样浓缩

量取50mL七轮次基酒于250mL旋蒸瓶中，加入少许玻璃珠防爆沸，于45℃的水浴锅中旋蒸，浓缩至干。

2. 旋蒸样品洗脱

采用40%体积分数的甲醇水溶液分3次洗脱旋蒸瓶，将洗涤液转至3mL量瓶中。

3. 定容

将洗脱收集液定容至3mL，摇匀，经0.22μm的有机滤膜过滤后待用。

4. 使用液相色谱-质谱联用仪检测

液相为ThermoAccela1250pump，色谱柱：ThermoPFP，2.1mm×50mm，3.5μm；柱温30℃。流动相：A，水；B，甲醇；梯度洗脱：0~15min溶剂B从10%线性变到90%，15~15.1min溶剂B降到10%，15.1~18min溶剂B从10%线性变到90%，冲洗色谱柱。流速：200μL/min，进样体积：2μL。采用FullMS和Targeted-MS^2同时扫描模式，正离子模式监测，全扫范围75~750m/z。正离子为181.13315。电离电压：3500V，离子传输管温度：280℃，离子源温度150℃，雾化气压力：35arb，鞘气压力：30arb，辅助气压力：10arb，反吹气：5arb，Full MS扫描分辨率35000，Targeted-MS^2分辨率17500，质谱采集时间1.8~15min。

5. 羟基吡嗪类物质定性

根据保留时间、标准品、母离子和二级碎片离子对羟基吡嗪类物质进行定性。其中，2-羟丙基-3,5,6-三甲基吡嗪、2-羟甲基-3,6-二乙基-5-甲基吡嗪、2-羟基-3,5-二甲基-6-丁基吡嗪的母离子的相对分子质量分别为181.13370、181.13356、181.13412。

6. 羟基吡嗪类物质定量

（1）标准曲线的建立　2-羟甲基-3,6-二乙基-5-甲基吡嗪标准品为化学合成物（纯度为90%），合成厂家为上海韶远化学科技有限公司，甲醇（HPLC级）购自美国Tedia公司。采用40%体积分数的甲醇水溶液作为基质，将5125.19mg/L的2-羟甲基-3,6-二乙基-5-甲基吡嗪加入40%甲醇水溶液中，进行逐级稀释，依次稀释6级，浓度依次为10250.38、5125.19、2562.60、1281.30、640.65、320.32μg/L；以2-羟甲基-3,6-二乙基-5-甲基吡嗪的峰面积为横坐标、浓度为纵坐标建立标准曲线（图7-9）。

（2）样品测定　量取50mL酒样于250mL旋蒸瓶中，在45℃的水浴锅中旋蒸近干（或者至干），采用40%体积分数的甲醇水溶液分3次润洗旋蒸瓶，最后合并润洗液并用40%体积分数的甲醇水溶液定容，摇匀，定容至3mL，经0.22μm的有机滤膜过滤后，采用液相色谱-质谱联用仪进行分析，并通过标准曲线和浓缩倍数计算羟基吡嗪类物质的含量（图7-10至图7-13）。由于同分异构体化学性质相似，其余2种羟基吡嗪类物质2-羟基-3,5-二甲基-6-丁基吡嗪和2-羟丙基-3,5,6-三甲基吡嗪的含量测定采用2-羟甲基-3,6-二乙基-5-甲基吡嗪的标准曲线进行计算。

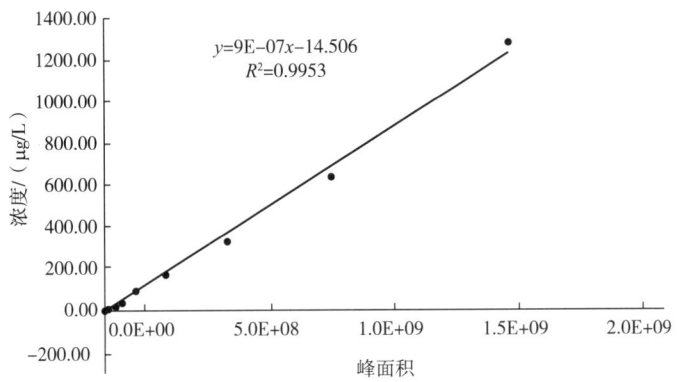

图 7-9 2-羟甲基-3,6-二乙基-5-甲基吡嗪的标准曲线

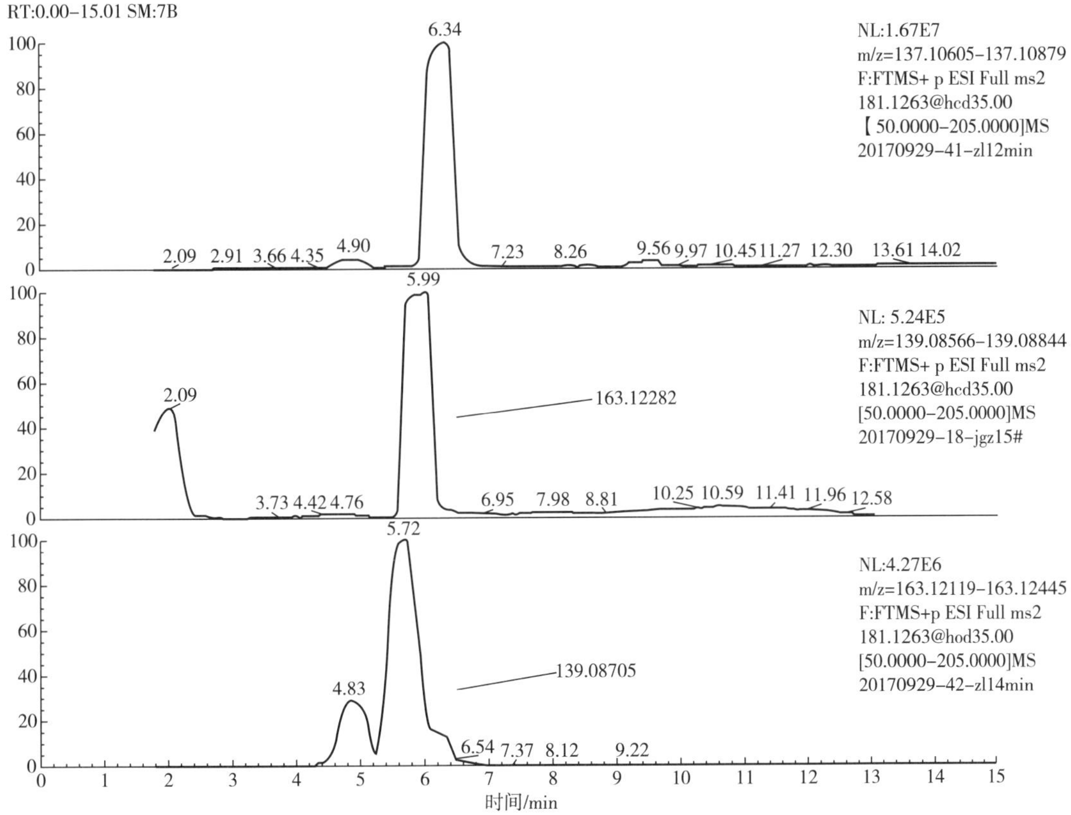

图 7-10 3 种羟基吡嗪类物质的二级提取离子图

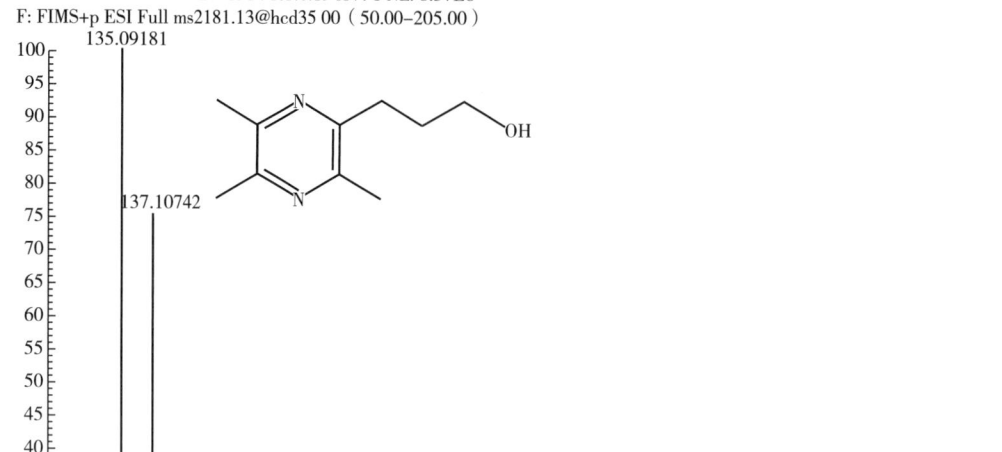

图 7-11 2-羟丙基-3,5,6-三甲基吡嗪的二级碎片图

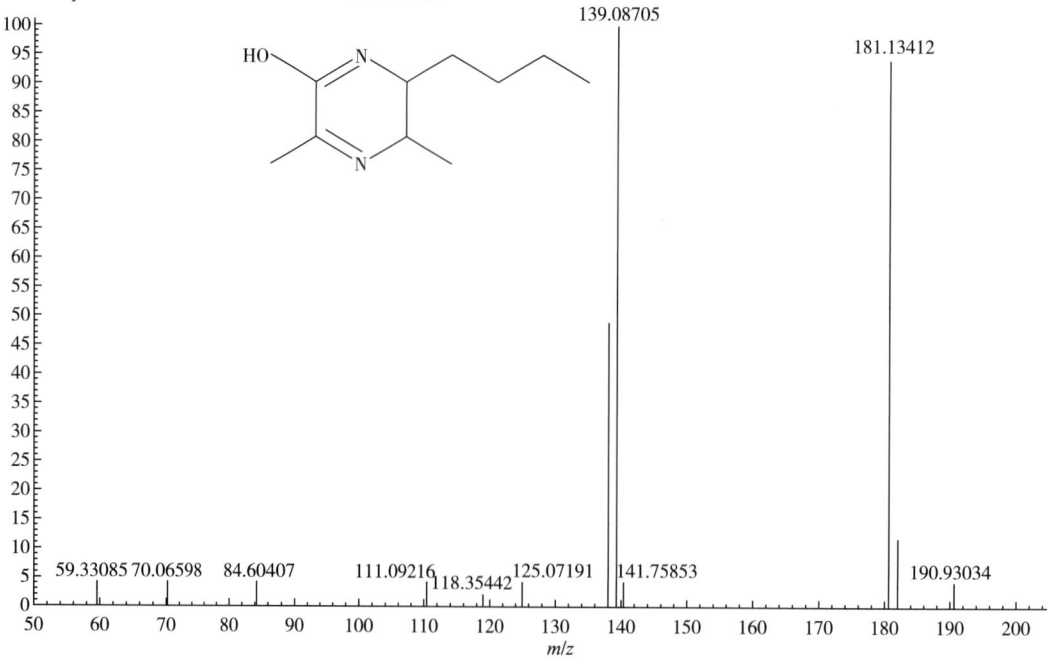

图 7-12 2-羟基-3,5-二甲基-6-丁基吡嗪的二级碎片图

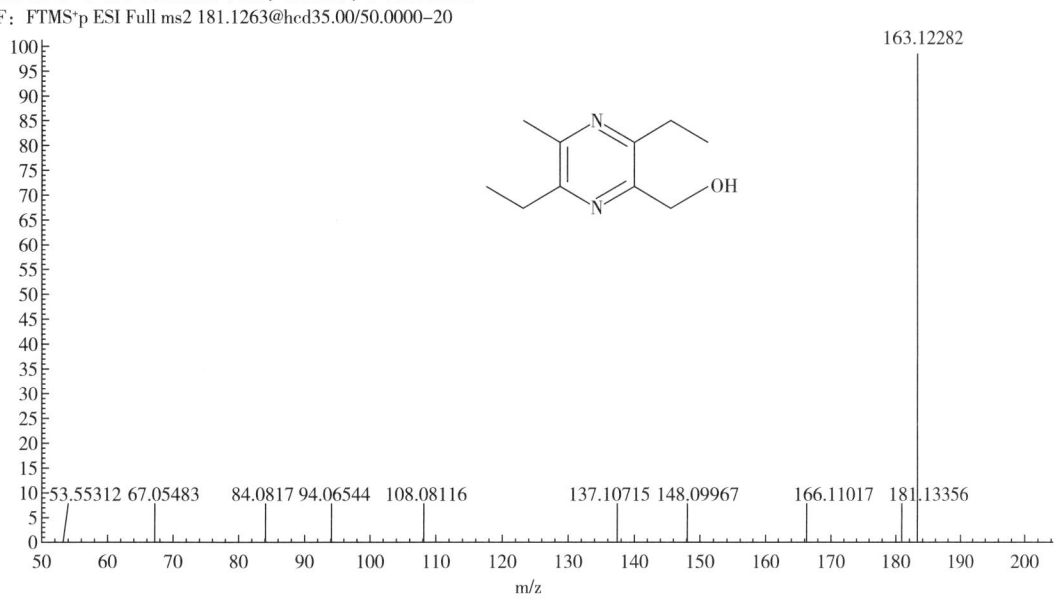

图7-13 2-羟甲基-3,6-二乙基-5-甲基吡嗪的二级碎片图

（五）应用效果

1. 实现了酱酒中羟基吡嗪类含量的监测

本技术从酱香型白酒中检测到羟基吡嗪类化合物，经过滋味分析，此类化合物呈较强的焦煳味，在46%vol 乙醇水溶液中呈味阈值为88.39μg/L，从而实现此类物质在酱香型白酒中含量水平的监测。

2. 快速监测羟基吡嗪类物质的含量助力酱酒的勾调

酱香型白酒基酒后期轮次（五至七轮次）具有一定的焦煳味风格，但前期轮次（一至四轮次）不允许具有焦煳味风格，本技术可以快速地监测各轮次基酒中羟基吡嗪煳味化合物的含量，结合口味阈值判断其在前期轮次酒中是否超过限量，为基酒勾调提供数据支持，可有效提高基酒勾调合格率。

二、白酒中寡肽检测技术

近年来，中国白酒中肽类化合物的研究取得了显著进展。江南大学等科研机构在董酒中首次检测到非挥发性脂肽化合物地衣素，并证实其具有抗癌、抗病毒等生物活性。此外，研究者还在不同香型白酒中发现环二肽、抗氧化肽等多种肽类化合物，这些肽类化合物不仅影响白酒风味，还具有潜在生理功能。随着研究的深入，白酒中的肽类化合物有望为白酒产业向健康化转型提供重要助力。以笔者团队开展白酒中寡肽研究的成果为主，介绍白酒中寡肽检测方法。

（一）技术特点

白酒内源性寡肽的研究相对较少，其原因是该成分在白酒中含量极低，提取分离效率不高,检测仪器检出限高。本节所述的酱香型白酒内源性寡肽检测技术特点在于:检测步骤简单易行,能同时实现该物质的定性定量分析,并能明确其对酒体感官风味的影响。

(二)技术原理

酱香型白酒寡肽检测技术是取酱香型白酒第一轮次发酵酒醅进行蒸馏,收集基酒,冷冻干燥得到粗肽粉末,加水复溶后使用超滤膜进行超滤分离,再用液相色谱进一步纯化,利用液相色谱质谱鉴定寡肽的氨基酸序列,最后通过电子鼻、电子舌进行感官分析,对明确白酒内源性寡肽对酒体风味的作用效果有重要意义。

(三)操作步骤

采用仪器联合分析技术检测白酒中寡肽的操作步骤如图 7-14 所示。

酒醅预处理→酒样浓缩→超滤→液相色谱分离→液相色谱质谱鉴定→电子鼻检测→电子舌检测

图 7-14 白酒中寡肽检测的操作步骤

(四)技术要点

1. 酒醅预处理

在酒厂酱香型白酒车间根据发酵工艺对第一轮次发酵酒醅进行蒸馏,收集基酒,取两组平行样,所取酒样放置在 4℃ 冰箱内备用。

2. 酒样浓缩

取酒样 10~15mL,过 0.45μm 滤膜,-80℃ 冷冻储存 24h;将其放入冷冻干燥机,进行充分冻干后,得到粗肽粉末,加少量水复溶,4℃ 储存。

3. 超滤

使用 10ku 的超滤膜对粗肽粉末复溶液进行超滤,收集滤出液。

4. 液相色谱分离

使用液相色谱对寡肽进一步纯化,液相色谱条件为:SPE Cartridges C18 柱(7mm I. D., 3mL, Sigma-Aldrich, St. Louis, MO, USA),在常压下用 40mL 10%乙腈预平衡;用 5mL 10%乙腈洗涤后,再用 5mL 70%乙腈洗脱。洗脱液在旋转蒸发仪中去除乙腈,并使用冷冻干燥机冻干,浓缩。

5. 液相色谱质谱鉴定

用 LC-MS/MS 进一步鉴定寡肽的氨基酸序列,动态扫描(300~1800m/z)中选择最丰富的前体离子用于高能碰撞解离(HCD)碎裂。目标值的确定基于预测自动增益控制。动态排除时间为 20s,m/z 为 200 时,测量扫描分辨率为 70000,HCD 光谱分辨率设置为 17500。归一化碰撞能量为 27eV,底填率为 0.1%。

6. 电子鼻检测

采用 Enose 电子鼻系统进行分析,该系统包括三个部分,即采样处理系统、检测系统(传感器阵列)和数据处理系统(软件 Inose11.0)。各传感器的响应特性:S1(焦味)、S2(卷心菜味)、S3(汽油味)、S4(麦芽香)、S5(肉味)、S6(甜香)、S7(花香)、S8(坚果香)、S9(香蕉味)、S10(大蒜味)。实验前 24h 对电子鼻系统进行预热,称取

20mL 样品放入 100mL 顶空瓶中，盖上聚四氟乙烯（PTFE）涂层硅胶隔垫，在 60℃ 平衡 20min。平衡后，插入 2.5mL 注射器吸附平衡后的顶空气体并快速注射到电子鼻系统。采用纯干空气作为载气，流速为 150mL/min，清洗传感器阵列。总采集时间为 90s，采集间隔为 0.5s，采集延迟时间为 210s。信号处理系统将模拟信号转换为数字信号，经过计算机分析得到输出结果。每个样品测定 3 次重复，取稳定值作为检测结果。最后，利用主成分分析（PCA）对响应记录进行模式识别。

7. 电子舌检测

采用 C-Tougue 电子舌系统进行分析，该套传感器包括 AHS-Sourcess、PKS、CTS-Saltiness、NMS-umami、CPS、Ans、SCS 共 7 根传感器，选择 Ag/AgCl 作为参比电极。利用强度值可对样品在酸、咸、鲜、甜和苦味维度上进行滋味强度排序。设定电子舌测定条件为：数据采集时间为 120s，采集周期为 1.0s，采集延迟 0s，搅拌速度 1r/s。每个样品测定 3 次重复，取稳定值作为检测结果。

（五）应用效果

1. 技术节能、寡肽安全

本技术节能环保，操作步骤简单，不需要复杂的设备投入，成本低；寡肽源自白酒，其作为添加剂加入酒类产品中在改善风味的同时，更为安全。

2. 寡肽定香、酒香持久

本技术所分离获得的寡肽与酱香型白酒中风味物质存在分子间相互作用，添加到原浆酒中能够减少陈化过程中风味物质的挥发，保持酒香浓郁。此外，添加到成品酒中能够减少刺激性气味的表现，协调酒体风味。其中，寡肽 SDAE 能够抑制吡嗪物质挥发，效果分别达到 10.44%；寡肽 TRLF 能够抑制酸类、酯类、吡嗪物质挥发，效果分别达到 21.45%、15%、65.66%；寡肽 FDHGFAEQ 能够抑制酯类、吡嗪物质挥发，效果分别达到 4.16%、1.35%；寡肽 WAK 能够抑制吡嗪物质挥发，效果分别达到 16.49%；寡肽 NVLH 能够抑制酸类、吡嗪物质挥发，效果分别达到 9.24%、35.35%；寡肽 TRLF 与挥发性风味物质相互作用最为明显，与酸、酯、吡嗪混合物均存在相互作用，且多表现为抑制其挥发性。

第四节　酱香型白酒后味的判别技术

酱香型白酒是中国蒸馏酒的重要香型之一，它采用"三高一长"的独特酿造工艺即高温制曲、高温发酵、高温馏酒和长期贮存。别树一帜的酿造工艺赋予了酒体丰富繁多的呈香呈味物质，优质的酱香型白酒具有"酱香突出、幽雅细腻、酒体醇厚、回味悠长、空杯留香持久"的独特风格。呈香呈味物质与感官术语之间的相关性研究，尤其是难挥发性有机酸与白酒后味的相关性还没有文献报道。针对这一问题，贵州茅台酒股份有限公司的胡光源、杨帆、王莉等人的发明专利《一种基于难挥发性有机酸判别酱香型白酒后味的方法》（专利号：202111127944.1，获得授权时间：2023-05-09），提出了对有机酸的组成进行量化来判别酱香型白酒后味的方法，对更加全面地了解酱香型白酒以及白酒质量的控制具有重要意义，下面介绍该专利的具体情况。

一、技术特点

通过分析不同长短后味的酒样中难挥发性有机酸含量，发现不同后味长短的酱香型白酒在难挥发性有机酸含量上存在一定差异性，从而建立一种基于难挥发性有机酸含量差异的酒体后味判别方法。该方法具有三个显著的特点：

（1）难挥发性有机酸的定量检测　该发明提供了测定酱香型白酒中难挥发性有机酸含量的气相色谱-质谱联用方法，具有快速、准确、灵敏度更高的优点。

（2）建立了白酒后味判别模型　通过检测白酒样品中难挥发有机酸含量，建立了基于难挥发性有机酸判别酱香型白酒后味长短的判别模型，准确率高。

（3）建模所需的有机酸种类少　建模最少只需要五种难挥发性有机酸，分别为十四烷酸、十五烷酸、十六烷酸、十七烷酸和油酸，简单、快捷、准确。

二、技术原理

高级脂肪酸及其酯类是典型的定香定味成分，使香味物质紧密结合在一个体系中，影响酒体入口后的后味特征。选择白酒中十四烷酸、十五烷酸、十六烷酸、十七烷酸和油酸等难挥发有机酸类，探究它们对白酒味觉和口感的影响，从而建立有机酸含量与白酒后味等级之间的函数关系的判别模型。函数关系为线性模型，为 $Y = K \times X + b$，K 为函数系数，b 为常数，X 为有机酸浓度，分值 Y 具有对应的白酒后味级别。通过获取白酒样品中有机酸的含量，将选择的难挥发性有机酸含量输入判别模型，得到白酒后味等级的判别结果，因而可根据有机酸的组成判别酱香型白酒的后味。

三、操作步骤

采用气相色谱-质谱联用技术判别酱香型白酒后味的操作步骤如图 7-15 所示。

酒样→ 有机酸含量检测 → 获取数据 → 输入判别模型 → 输出白酒后味判别结果

图 7-15　判别酱香型白酒后味的操作步骤

四、技术要点

（一）有机酸含量检测

（1）取样　从各轮次的酱香型基酒中，各取酒样 5mL。

（2）浓缩　在 35~50℃ 的条件下真空浓缩，如在 45℃ 下用真空浓缩旋转蒸发仪浓缩 2h 至一定量。

（3）定容与饱和　用超纯水定容，定容至原始所取样品溶液的体积与浓缩样品定容体积比为（2~4）：1，并加入氯化钠至饱和。若体积比为 2.5：1 时，用超纯水定容到 2mL，并加入 1.8g 氯化钠至饱和。

（4）液-液微萃取　加入 1.0mL 乙醚进行液-液微萃取。

（5）提取有机相　吸取上层有机相待测。

（6）检测　采用气相色谱-质谱联用方法。7890B/5977B GC-MS 联用仪、HP-5 毛细管色谱柱 DB-WAX UI（30m×0.25mm×0.25μm），美国 Agilent 公司。气相色谱质谱测试条件为采用毛细管气相色谱柱，其规格为 DB-WAX UI（30m×0.25mm×0.25μm）；电离方式设定为 EI，离子源温度为 230℃，传输线温度 250℃；氦气为载气，流速为 1.2mL/min；气相色谱升温程序为初始温度 40℃，以 6℃/min 的速度升至 230℃，保持 14min；质谱扫描采用离子扫描和全扫描模式，扫描范围为 35~350amu。

（二）数据获取

根据仪器测定结果，结合外标法与内标法计算得出酒样中相应有机酸的浓度。

（三）输入判别模型

根据选择的难挥发性有机酸种类及其浓度与感官评价获得的酱香型白酒后味的等级，确立有机酸含量与白酒后味等级之间的对应关系，从而获得白酒后味的判别模型。

(1) 当选取 5 种难挥发性有机酸化合物分别为十四烷酸、十五烷酸、十六烷酸、十七烷酸和油酸时，分别记作：$C1~C5$，函数关系包括：

$Y1 = -11.018×C1 + 121.191×C2 - 0.481×C3 - 1.215×C4 - 1.786×C5 - 12.907$

$Y2 = -25.680×C1 - 7.347×C2 + 0.159×C3 + 61.705×C4 + 1.837×C5 - 13.576$

(2) 当选取 14 种难挥发性有机酸化合物分别为十四烷酸、十五烷酸、十六烷酸、十七烷酸、十八烷酸、油酸、L-乳酸、苯甲酸、2-呋喃甲酸、苯乙酸、3-苯丙酸、棕榈油酸、亚油酸、亚麻酸时，分别记作：$C1~C14$，函数关系包括：

$Y1 = -29.099×C1 + 108.74×C2 - 0.554×C3 + 6.945×C4 + 1.248×C5 + 0.548×C6 + 4.114×C7 - 0.454×C8 - 1.769×C9 + 0.715×C10 - 2.569×C11 - 1.836×C12 - 1.13×C13 - 1.43×C14 - 14.672$

$Y2 = -13.499×C1 - 56.82×C2 - 0.151×C3 + 18.102×C4 + 0.991×C5 + 3.663×C6 + 7.12×C7 + 1.582×C8 - 2.398×C9 + 0.203×C10 + 0.911×C11 - 3.713×C12 + 0.665×C13 - 3.662×C14 - 0.7$

（四）输出判别结果

根据两种线性模型的计算结果，可显示对应的酱香型白酒的后味特征。

(1) 以 5 种难挥发性有机酸化合物作为计算的结果时，对应的酱香型白酒的后味：

当 $Y1 = 4.831~9.595$，$Y2 = 5.161~12.915$ 时，酒样类型为三轮次后味短的酒；

当 $Y1 = 5.208~12.668$，$Y2 = 3.670~7.955$ 时，酒样类型为三轮次后味长的酒；

当 $Y1 = -14.462~-8.972$，$Y2 = -0.095~4.963$ 时，酒样类型为四轮次后味短的酒；

当 $Y1 = -14.618~-12.725$，$Y2 = 0.621~2.742$ 时，酒样类型为四轮次后味长的酒；

当 $Y1 = 2.501~4.740$，$Y2 = -9.058~-6.941$ 时，酒样类型为五轮次后味短的酒；

当 $Y1 = 4.100~4.933$，$Y2 = -9.457~-7.717$ 时，酒样类型为五轮次后味长的酒。

(2) 以 14 种难挥发性有机酸化合物作为计算的结果时，对应的酱香型白酒的后味：

当 $Y1 = 13.007~18.384$，$Y2 = 1.487~6.067$ 时，酒样类型为三轮次后味短的酒；

当 $Y1 = 9.100~15.389$，$Y2 = -1.803~2.460$ 时，酒样类型为三轮次后味长的酒；

当 $Y1 = -12.195~-7.701$，$Y2 = 8.102~12.339$ 时，酒样类型为四轮次后味短的酒；

当 $Y1 = -10.755~-9.363$，$Y2 = 9.907~12.994$ 时，酒样类型为四轮次后味长的酒；

当 $Y1 = -7.211~-4.645$，$Y2 = -12.943~-9.108$ 时，酒样类型为五轮次后味短的酒；

当 $Y1 = -5.812 \sim -3.788$，$Y2 = -13.400 \sim -10.773$ 时，酒样类型为五轮次后味长的酒。

五、应用效果

（一）判别模型验证的正确率均在95%左右

将113个酒样的难挥发性有机酸含量数据进行判别分析，结果发现，三个轮次，不同类别共113个训练样的交叉验证正确率均在95%左右（表7-2）。综上，样品中的难挥发性有机酸类物质含量的分布差异，可以引起酱香型白酒呈现不同的后味长（A）和后味短（B）的特征。

表7-2　　　　　　　　　　训练样本交叉验证结果

原始类别/目标类别	3A	3B	4A	4B	5A	5B	总计	准确率/%
3A	20	1	0	0	0	0	21	95.24
3B	0	19	0	0	0	0	19	100.00
4A	0	0	13	2	0	0	15	86.67
4B	0	0	1	17	0	0	18	94.44
5A	0	0	0	0	18	2	20	90.00
5B	0	0	0	0	0	20	20	100.00
总计	20	20	14	19	18	22	113	94.69

（二）判别模型用于酱香型白酒中的后味强度的判别效果较好

用建立的白酒后味判别模型对36个外部征集待测的酱香型白酒样品进行预测，其中三轮次12个（A类6个，B类6个），四轮次12个（A类6个，B类6个），五轮次12个（A类6个，B类6个），该判别模型对后味短（A）样本的判定准确率为83.3%；对后味长（B）样品的准确率为100%；36个预测样本的综合判定准确率为91.7%。结果进一步表明所建立的模型对酱香型白酒的后味强度识别效果较好（表7-3）。

表7-3　　　判别模型对36个酱香型白酒样品判别的准确率分析

基酒轮次	类别	感官品评分类	判别模型分类		准确率
			A类	B类	
三轮次	A类	6	3	3	3/6 = 50%
	B类	6	0	6	6/6 = 100%
四轮次	A类	6	6	0	6/6 = 100%
	B类	6	0	6	6/6 = 100%
五轮次	A类	6	6	0	6/6 = 100%
	B类	6	0	6	6/6 = 100%
合计	—	36	15	21	33/36 = 91.7%

第五节 白酒中塑化剂的检测技术

食品安全关系到每个人的健康与生命安全，我国食品安全监管的未来发展，会聚焦智慧监管、事前监管，实现食品监管的关口前移，形成全链条集约化、智能化、可视化、快速精准化的监管模式。白酒塑化剂事件爆发后，我国以及韩国等国家和地区明确提出了对白酒中塑化剂的限量要求，欧盟、美国等也对食品中塑化剂限量及迁移限量做出了明确规定。国家卫生和计划生育委员会和国家食品药品监督管理总局共同发布了 GB 5009.271—2016《食品安全国家标准 食品中邻苯二甲酸酯的测定》（2016-12-23 发布，2017-06-23 实施），以该标准为例介绍白酒安全指标中塑化剂的检测方法，该标准的要点如下。

一、标准特点

GB 5009.271—2016《食品安全国家标准 食品中邻苯二甲酸酯的测定》代替了 GB/T 21911—2008《食品中邻苯二甲酸酯的测定》和 SN/T 3147—2012《出口食品中邻苯二甲酸酯的测定》。本标准与 GB/T 21911—2008 相比，主要变化如下：

(1) 标准名称修改为"食品安全国家标准 食品中邻苯二甲酸酯的测定"；
(2) 增加了邻苯二甲酸二烯丙酯和邻苯二甲酸二异壬酯两种目标化合物；
(3) 增加了同位素内标法定量作为第一法；
(4) 修改了前处理方法；
(5) 修改了方法的检出限。

二、标准适用范围

本标准第一法规定了食品中 16 种邻苯二甲酸酯类物质含量的气相色谱-质谱联用（GC-MS）的测定方法；第二法规定了食品中 18 种邻苯二甲酸酯类物质含量的气相色谱-质谱联用（GC-MS）的测定方法。

本标准第一法适用于食品中邻苯二甲酸二甲酯（DMP）、邻苯二甲酸二乙酯（DEP）、邻苯二甲酸二异丁酯（DIBP）、邻苯二甲酸二正丁酯（DBP）、邻苯二甲酸二（2-甲氧基）乙酯（DMEP）、邻苯二甲酸二（4-甲基-2-戊基）酯（BMPP）、邻苯二甲酸二（2-乙氧基）乙酯（DEEP）、邻苯二甲酸二戊酯（DPP）、邻苯二甲酸二己酯（DHXP）、邻苯二甲酸丁基苄基酯（BBP）、邻苯二甲酸二（2-丁氧基）乙酯（DBEP）、邻苯二甲酸二环己酯（DCHP）、邻苯二甲酸二（2-乙基）己酯（DEHP）、邻苯二甲酸二苯酯（DPhP）、邻苯二甲酸二正辛酯（DNOP）、邻苯二甲酸二壬酯（DNP）含量的内标法测定和确证。

第二法适用于食品中邻苯二甲酸二甲酯（DMP）、邻苯二甲酸二乙酯（DEP）、邻苯二甲酸二烯丙酯（DAP）、邻苯二甲酸二异丁酯（DIBP）、邻苯二甲酸二正丁酯（DBP）、邻苯二甲酸二（2-甲氧基）乙酯（DMEP）、邻苯二甲酸二（4-甲基-2-戊基）酯

(BMPP)、邻苯二甲酸二（2-乙氧基）乙酯（DEEP）、邻苯二甲酸二戊酯（DPP）、邻苯二甲酸二己酯（DHXP）、邻苯二甲酸丁基苄基酯（BBP）、邻苯二甲酸二（2-丁氧基）乙酯（DBEP）、邻苯二甲酸二环己酯（DCHP）、邻苯二甲酸二（2-乙基）己酯（DEHP）、邻苯二甲酸二苯酯（DPhP）、邻苯二甲酸二正辛酯（DNOP）、邻苯二甲酸二异壬酯（DINP）、邻苯二甲酸二壬酯（DNP）含量的外标法测定和确证。

三、技术原理

1. 第一法　气相色谱-质谱法　同位素内标法

在试样中加入氘代的邻苯二甲酸酯作为内标，各类食品经提取、净化后经气相色谱-质谱联用仪进行测定。采用特征选择离子监测扫描模式（SIM），以保留时间和定性离子碎片的丰度比定性，同位素内标法定量。

2. 第二法　气相色谱-质谱法　外标法

各类食品提取、净化后采用气相色谱-质谱法测定。采用特征选择离子监测扫描模式（SIM），以保留时间和定性离子碎片丰度比定性，外标法定量。

四、技术要点

（一）第一法　气相色谱-质谱法　同位素内标法

1. 试剂和材料

除非另有说明，本方法所用试剂均为色谱纯，水为 GB/T 6682 规定的二级水。

（1）试剂　正己烷（C_6H_{14}）；乙腈（C_2H_3N）；丙酮（CH_3COCH_3）；二氯甲烷（CH_2Cl_2）。

（2）标准品

①16 种邻苯二甲酸酯类标准品：邻苯二甲酸二甲酯（DMP）、邻苯二甲酸二乙酯（DEP）、邻苯二甲酸二异丁酯（DIBP）、邻苯二甲酸二正丁酯（DBP）、邻苯二甲酸二（2-甲氧基）乙酯（DMEP）、邻苯二甲酸二（4-甲基-2-戊基）酯（BMPP）、邻苯二甲酸二（2-乙氧基）乙酯（DEEP）、邻苯二甲酸二戊酯（DPP）、邻苯二甲酸二己酯（DHXP）、邻苯二甲酸丁基苄基酯（BBP）、邻苯二甲酸二（2-丁氧基）乙酯（DBEP）、邻苯二甲酸二环己酯（DCHP）、邻苯二甲酸二（2-乙基）己酯（DEHP）、邻苯二甲酸二正辛酯（DNOP）、邻苯二甲酸二壬酯（DNP）、邻苯二甲酸二苯酯（DPhP），混合液体标准品，浓度为 1000μg/mL，标准品信息、纯度见本标准附录 A。

②16 种氘代同位素的邻苯二甲酸酯内标：D4-邻苯二甲酸二甲酯（D4-DMP）、D4-邻苯二甲酸二乙酯（D4-DEP）、D4-邻苯二甲酸二异丁酯（D4-DIBP）、D4-邻苯二甲酸二正丁酯（D4-DBP）、D4-邻苯二甲酸二（2-甲氧基）乙酯（D4-DMEP）、D4-邻苯二甲酸二（4-甲基-2-戊基）酯（D4-BMPP）、D4-邻苯二甲酸二（2-乙氧基）乙酯（D4-DEEP）、D4-邻苯二甲酸二戊酯（D4-DPP）、D4-邻苯二甲酸二己酯（D4-DHXP）、D4-邻苯二甲酸丁基苄基酯（D4-BBP）、D4-邻苯二甲酸二（2-丁氧基）乙酯（D4-DBEP）、D4-邻苯二甲酸二环己酯（D4-DCHP）、D4-邻苯二甲酸二（2-乙基）己酯（D4-DEHP）、D4-邻苯二甲酸二苯酯（D4-DPhP）、D4-邻苯二甲酸二正辛酯（D4-DNOP）、

D4-邻苯二甲酸二壬酯（D4-DNP）：纯度>99%。

（3）标准溶液配制

①16 种邻苯二甲酸酯标准中间溶液（10μg/mL）：准确移取邻苯二甲酸酯标准品（1000μg/mL）1mL 至 100mL 容量瓶中，用正己烷准确定容至刻度。

②16 种氘代同位素的邻苯二甲酸酯内标溶液（100μg/mL）：准确称取 16 种氘代同位素的邻苯二甲酸酯内标各 0.01g（精确到 0.0001g）于 100mL 容量瓶中，用正己烷溶解并准确定容至刻度。

③16 种氘代同位素的邻苯二甲酸酯内标的标准使用液（10μg/mL）：准确移取 16 种氘代同位素的邻苯二甲酸酯内标（100μg/mL）10mL 于 100mL 容量瓶中，加入正己烷并准确定容至刻度。

④16 种邻苯二甲酸酯标准系列工作液：准确吸取 16 种邻苯二甲酸酯标准中间溶液（10μg/mL），用正己烷逐级稀释，配制成浓度为 0.00、0.02、0.05、0.10、0.20、0.50、1.00μg/mL 的标准系列溶液，同时加入内标使用液（10μg/mL），使内标浓度均为 0.125μg/mL，临用时配制。

2. 仪器和设备

（1）气相色谱-质谱联用仪（GC-MS）；

（2）分析天平　精度为 0.0001g；

（3）氮吹仪；

（4）涡旋振荡器；

（5）超声波发生器；

（6）离心机　转速≥4000r/min；

（7）粉碎机；

（8）固相萃取（SPE）装置；

（9）固相萃取柱　PSA/Silica 复合填料玻璃柱（1000mg，6mL）。

注：所用玻璃器皿洗净后，用重蒸水淋洗 3 次，丙酮浸泡 1h，在 200℃下烘烤 2h，冷却至室温备用。

3. 分析步骤

（1）试样制备　液态样品，取约 200mL 混匀后放置于磨口玻璃瓶内待用。

（2）试样处理　白酒试样，准确称取试样 1.0g（精确至 0.0001g）于 25mL 具塞磨口离心管中，加入 125μL 同位素内标使用液，加入 2~5mL 蒸馏水，涡旋混匀，再准确加入 10mL 正己烷，涡旋 1min，剧烈振摇 1min，超声提取 30min，1000r/min 离心 5min，取上清液，供 GC-MS 分析。

（3）SPE 净化　依次加入 5mL 二氯甲烷、5mL 乙腈活化，弃去流出液；将待净化液加入 SPE 小柱，收集流出液；再加入 5mL 乙腈，收集流出液，合并两次收集的流出液，加入 1mL 丙酮，40℃氮吹至近干，用正己烷准确定容至 2mL，涡旋混匀，供 GC-MS 分析。

（4）空白试验　除不加试样外，均按（2）（3）测定步骤进行。

注：整个操作过程中，应避免接触塑料制品。

（5）仪器参考条件

①气相色谱参考条件：a. 色谱柱：5%苯基-甲基聚硅氧烷石英毛细管色谱柱，柱长：

30m，内径：0.25mm，膜厚：0.25μm，或性能相当者。b. 进样口温度：260℃。c. 程序升温：初始柱温60℃，保持1min；以20℃/min升温至220℃，保持1min；再以5℃/min升温至250℃，保持1min；再以20℃/min升温至290℃，保持7.5min。d. 载气：高纯氦（纯度>99.999%），流速：1.0mL/min。e. 进样方式：不分流进样。f. 进样量：1μL。

②质谱参考条件：a. 电离方式：电子轰击电离源（EI）；b. 电离能量：70eV；c. 传输线温度：280℃；d. 离子源温度：230℃；e. 监测方式：选择离子扫描（SIM，监测离子见本标准附录B。f. 溶剂延迟：7min。

（6）标准曲线的制作　将标准系列工作液分别注入气相色谱-质谱联用仪中，以邻苯二甲酸酯各组分及其对应的氘代同位素内标的峰面积比值为纵坐标，以系列标准溶液中各组分含量（μg/mL）与对应氘代同位素内标含量（μg/mL）比值为横坐标，绘制标准曲线。

（7）试样溶液的测定　将试样溶液注入气相色谱-质谱联用仪中，由试样中邻苯二甲酸酯各组分及其内标峰面积比值进行定量计算，得出试样溶液中各组分含量（μg/mL）与对应氘代同位素内标含量（μg/mL）比值。再根据试样中加入的对应氘代同位素内标含量（μg/mL）计算试样溶液中邻苯二甲酸酯各组分含量（μg/mL）。

（8）定性确认　在（5）仪器条件下，试样待测液和邻苯二甲酸酯标准品的目标化合物在相同保留时间处（±0.5%）出现，并且对应质谱碎片离子的质荷比与标准品的质谱图一致，其丰度比与标准品相比应符合表7-4，可定性目标化合物。

表 7-4　　　　　　　气相色谱-质谱定性确证相对离子丰度最大容许误差

相对丰度（基峰）	>50%	20%~50%	10%~20%	≤10%
GC-MS 相对离子丰度最大允许误差	±10%	±15%	±20%	±50%

邻苯二甲酸酯的总离子流色谱图见本标准附录C。

4. 分析结果的表述

试样中邻苯二甲酸酯的含量按下式计算：

$$X = \rho \times \frac{V}{m} \times \frac{1000}{1000}$$

式中　X——试样中邻苯二甲酸酯的含量，mg/kg；

ρ——从标准工作曲线上查出的试样溶液中邻苯二甲酸酯的质量浓度，μg/mL；

V——试样定容体积，mL；

m——试样的质量，g；

1000——换算系数。

计算结果应扣除空白值。结果≥1.0mg/kg时，保留三位有效数字；结果<1.0mg/kg时，保留两位有效数字。

5. 精密度

在重复性条件下获得的两次独立测定结果的绝对差值不得超过算术平均值的10%。

6. 其他

本方法的定量限为：邻苯二甲酸二正丁酯（DBP）定量限为0.3mg/kg，除DBP外其他15种邻苯二甲酸酯定量限均为0.5mg/kg。

(二) 第二法　气相色谱-质谱法　外标法

1. 试剂和材料

除非另有说明，本方法所用试剂均为色谱纯，水为GB/T6682规定的二级水。

(1) 试剂　同第一法中1.(1)。

(2) 标准品

①16种邻苯二甲酸酯类标准品：同第一法中(2)的①。

②邻苯二甲酸二烯丙酯(DAP)：标准品信息、纯度参见本标准附录A。

③邻苯二甲酸二异壬酯(DINP)：标准品信息、纯度参见本标准附录A。

(3) 标准溶液配制

①邻苯二甲酸二烯丙酯标准储备液(1000μg/mL)：准确称取邻苯二甲酸二烯丙酯0.025g(精确到0.0001g)于25mL容量瓶中，用正己烷溶解并准确配制成质量浓度为1000μg/mL的标准储备液。

②邻苯二甲酸二异壬酯标准储备液(1000μg/mL)：准确称取邻苯二甲酸二异壬酯0.025g(精确到0.0001g)于25mL容量瓶中，用正己烷溶解并准确配制成质量浓度为1000μg/mL的标准储备液。

③17种邻苯二甲酸酯标准中间液(10μg/mL)：分别准确移取16种邻苯二甲酸酯标准品(1000μg/mL)和邻苯二甲酸二烯丙酯标准储备液(1000μg/mL)各1mL至100mL容量瓶中，加入正己烷并准确定容至刻度。

④17种邻苯二甲酸酯标准系列工作液：准确吸取17种邻苯二甲酸酯标准中间溶液(10μg/mL)，用正己烷逐级稀释，配制成浓度为0.0、0.02、0.05、0.10、0.20、0.50、1.00μg/mL的标准系列溶液，临用时配制。

⑤邻苯二甲酸二异壬酯标准系列工作液：准确吸取邻苯二甲酸二异壬酯标准储备液(1000μg/mL)，用正己烷逐级稀释，配制成浓度为0.0、0.5、1.0、2.5、5.0、10.0、20.0μg/mL的标准系列溶液，临用时配制。

2. 仪器和设备

同第一法中2。

3. 分析步骤

(1) 试样制备　同第一法中3.(1)。

(2) 试样处理　除不加同位素内标外，均按第一法中3.(2)测定步骤进行。

(3) SPE净化　同第一法中3.(3)。

(4) 空白试验　除不加试样外，均按第一法中3.(2)和3.(3)测定步骤进行。

(5) 仪器参考条件　除扫描方式外同第一法中3.(5)。扫描方式：选择离子扫描(SIM)，监测离子参见附录D。

(6) 标准曲线的制作　将标准系列工作液分别注入气相色谱-质谱联用仪中，测定相应的邻苯二甲酸酯的色谱峰面积，以标准工作液的质量浓度为横坐标，以相应的峰面积为纵坐标，绘制标准曲线。邻苯二甲酸二异壬酯的标准系列工作液单独进样测定。

(7) 试样溶液的测定　将试样溶液注入气相色谱-质谱联用仪中,得到相应的邻苯二甲酸酯的峰面积,根据标准曲线得到待测液中邻苯二甲酸酯的浓度。

(8) 定性确认　在3.(5)仪器条件下,试样待测液和邻苯二甲酸酯标准品的目标化合物在相同保留时间处(±0.5%)出现,并且对应质谱碎片离子的质荷比与标准品的质谱图一致,可定性目标化合物。邻苯二甲酸酯的总离子流色谱图见附录E。

4. 分析结果的表述

试样中邻苯二甲酸酯的含量按下式计算：

$$X = \rho \times \frac{V}{m} \times \frac{1000}{1000}$$

式中　X——试样中邻苯二甲酸酯的含量,mg/kg;

　　　ρ——从标准工作曲线上查出的试样溶液中邻苯二甲酸酯的质量浓度,μg/mL;

　　　V——试样定容体积,mL;

　　　m——试样的质量,g;

　　1000——换算系数。

计算结果应扣除空白值。结果≥1.0mg/kg时,保留三位有效数字；结果<1.0mg/kg时,保留两位有效数字。

5. 精密度

在重复性条件下获得的两次独立测定结果的绝对差值不得超过算术平均值的10%。

6. 其他

本方法的定量限为：邻苯二甲酸二异壬酯（DINP）的定量限为9.0mg/kg,邻苯二甲酸二正丁酯（DBP）定量限为0.3mg/kg,除DINP和DBP外其他16种目标化合物定量限均为0.5mg/kg。

第六节　窖泥菌群的绝对定量分析技术

独特的泥窖固态发酵、续糟配料、混蒸混烧的酿造工艺使浓香型白酒区别于其他香型白酒,窖池作为浓香型白酒发酵的容器,长期的生产实践经验表明"千年老窖万年糟,酒好全凭窖池老"。而老窖产好酒的原因在于：随着窖泥的老熟,窖泥内菌群结构趋于稳定,形成具有较高的生物与功能多样性的窖泥微生物生态系统。目前,窖泥的质量评价方法主要有三种：感官评定、理化分析和基于菌群结构分析的微生物指标评价。针对高通量测序技术获得的窖泥菌群相对丰度信息,仅可比较窖泥内的微生物组成的增减变化,推测微生物之间功能的相关性,而无法反映实际的微生物量比关系,导致观察结果出现偏差的局限性。江南大学的任聪、徐岩、项兴本等人的发明专利《一种可用于分析窖泥微生物群落结构的绝对定量方法》（专利号：202110095560.X,获得授权日期：2023-11-21）,提出了可跨窖泥样本比较同类型微生物的绝对含量的方法,不仅可以用于窖泥微生物酿造功能分析,而且可以用于窖泥质量判定,有助于深刻认识窖池内窖泥微生物菌群结构的实际变化。下面介绍其具体内容。

一、技术特点

目前的高通量测序技术只能反映窖泥中微生物的相对量，而无法直观、准确地探究微生物数量与窖泥之间的关系。由于窖泥微生物多为未培养微生物，基于 qPCR 的绝对定量方法需设计特异性引物，存在引物偏好性、物种局限性，并不适用于对所有的窖泥微生物同时进行精确的定量。因而，本发明提供了一种可用于分析窖泥微生物群落结构的绝对定量方法，通过添加外源菌丙酮丁醇梭菌（*Clostridium acetobutylicum*）作为内标菌，可同时对窖泥微生物总量与窖泥微生物菌群结构进行分析，可进一步加深对窖泥微生物菌群结构的解析，解决现有利用相对丰度对窖泥微生物菌群结构进行解析所产生的缺陷。该技术的显著特点有两点。

1. 适用于窖泥研究体系的绝对定量

本发明的方法是基于 16S rRNA 基因高通量扩增子测序，通过内标菌与窖泥原位微生物的数量关系，能够得到窖泥微生物的绝对丰度，为窖泥微生物菌群结构和功能分析提供了新技术。

2. 操作较为简便且相对准确

添加外源微生物作为内标的方式，可避免引物特异性与细胞计数难的问题，无需进行特异性引物或序列设计。基于微生物菌群结构对窖泥质量进行快速、便捷的评判，弥补了现有研究方式存在的不足。

二、技术原理

选取在窖泥中不存在的丙酮丁醇梭菌作为内标菌，在提取窖泥时另外添加丙酮丁醇梭菌的菌体细胞或其基因组 DNA，利用 16S rRNA 基因高通量扩增子测序，得到各种微生物的相对丰度，再通过丙酮丁醇梭菌与窖泥微生物的相对丰度关系，得到窖泥微生物总生物量，结合各物种的相对丰度，可计算得到各物种的绝对含量。

1. 原位窖泥微生物的总绝对丰度与内标菌的关系

原位窖泥微生物的总绝对丰度与内标菌存在如下关系：

$$A_1 = \frac{N \times (1-n)}{n \times m}$$

式中　A_1——原位窖泥微生物的总绝对丰度，个（细胞）/g 窖泥，即单位质量的窖泥内的总微生物数；

　　　N——内标菌添加量，个（细胞）；

　　　n——内标菌相对丰度，%；

　　　m——窖泥质量，g。

2. 原位窖泥内某属的微生物绝对丰度与内标菌的关系

原位窖泥内某属的微生物绝对丰度与内标菌存在如下关系：

$$A_2 = A_1 \times a = \frac{N \times (1-n)}{n \times m} \times a$$

式中　A_1——原位窖泥微生物的总绝对丰度，个（细胞）/g 窖泥，即单位质量的窖泥内的总微生物数；

A_2——原位窖泥内某属水平微生物绝对丰度,个(细胞)/g 窖泥;
a——原位窖泥内某属水平微生物的相对丰度,%;
N——内标菌添加量,个(细胞);
n——内标菌相对丰度,%;
m——窖泥质量,g。

三、操作步骤

采用窖泥菌群的绝对定量评价窖泥质量的操作步骤如图 7-16 所示。

选取内标菌 → 加入窖泥样中 → 提取窖泥 DNA → 高通量扩增子测序 → 获得物种相对丰度 → 计算出各物种的绝对含量 → 评价窖泥质量

图 7-16 采用窖泥菌群的绝对定量评价窖泥质量的操作步骤

四、技术要点

(一)窖泥微生物定量方法的建立

1. 选取内标菌

选择窖泥内不存在的微生物作为内标菌,由于窖泥微生物存在大量梭菌纲微生物,内标菌株选取时,考虑窖泥 DNA 提取效率的差异,以微生物属性与原位微生物相近的菌株的梭菌纲微生物作为待选内标菌株,且以破壁更为困难的革兰氏阳性菌为内标菌为优,以确保提取效率的稳定性。常见的易于获取和培养的梭菌纲微生物包括丙酮-丁醇梭菌、丁酸梭菌、酪丁酸梭菌、拜氏梭菌,通过与 NCBI 数据库中的已有的不同来源的窖泥测序数据进行 Blast 比对分析,发现丙酮-丁醇梭菌在窖泥中不存在,可以作为内标菌使用;而常见的丁酸梭菌、酪丁酸梭菌、拜氏梭菌等梭菌纲微生物在窖泥中以一定丰度存在,不适用于作为内标菌使用。

2. 内标菌悬液制备

内标菌液可一次性制备多量,于-80℃冻存备用。

(1) 配制葡萄糖培养基、生理盐水、10%甘油,115℃灭菌 30min。

(2) 按 100mL/L 的接种比例,利用葡萄糖培养基培养丙酮丁醇梭菌,7~12h 后,收集 OD_{600} 为 0.5~0.7 的菌体,于 12000r/min 离心 10min 后弃上清液,用生理盐水洗涤离心菌体,经 12000r/min 离心 10min 收集洗涤后的菌体。

(3) 部分菌体经 10%甘油溶液重悬,通过灭菌纱布过滤去除分散不均匀的菌体,获得均一菌悬液,另一部分菌体用于提取 DNA。

(4) 取 1mL 重悬的菌悬液,用生理盐水稀释 10~100 倍,进行血球计数板计数,记录细胞数,计算菌悬液细胞浓度,计算获得菌悬液内细胞数为 2.75×10^8 个(细胞)/mL。

(5) 计数步骤

①利用亚甲基蓝染色处理,重悬菌液与亚甲基蓝液按 1:4 比例添加。亚甲基蓝染液的配制:溶液 A,亚甲基蓝 0.3g,酒精(95%vol)30mL;溶液 B:KOH 0.01g,蒸馏水 100mL。分别配制溶液 A 及溶液 B,混合待用。

②染色孵育 5min。

③将染色后的菌悬液利用生理盐水进一步稀释，分别获得 100 倍和 50 倍稀释悬液。

④预先清洗检查的血球计数板，血球计数板冲洗后用无水酒精润洗，用吹风机快速吹干。

⑤利用 10μL 的枪吸取染色后的菌液，静置 5min 后，待视野内的细胞不再快速浮动后开始计数。

3. 添加内标菌

添加已知数量的内标菌于窖泥内作为内标，采用 QIAGEN DNeasy PowerSoil Kit 进行窖泥 DNA 提取。称量 0.25g 窖泥于破碎管中，添加内标菌后按试剂盒说明书进行窖泥 DNA 提取。内标设置 1∶5∶50 的添加梯度，分为添加丙酮丁醇梭菌 DNA 和丙酮丁醇梭菌营养体细胞的方式，评估并选择适宜于窖泥体系的一种方式，DNA 添加浓度由细胞添加量换算所得，换算公式为：

$$A = \frac{N \times M_C \times 650 \times 10^9}{6.022 \times 10^{23}} \tag{7-1}$$

式中　A——DNA 浓度，ng；

　　　N——添加的细菌细胞个数，个（细胞）；

　　　M_C——丙酮丁醇梭菌基因组大小，4.09Mb；

　　　650——对于双链 DNA，碱基对的分子质量为 650g/mol。

（1）称取 0.25g 窖泥样品于破碎小管，添加丙酮-丁醇梭菌作为内标后，采用 QIAGEN DNeasy PowerSoil Kit 试剂盒参照使用说明书进行窖泥 DNA 提取。

（2）16S rRNA 高通量测序技术分析菌群结构，窖泥 DNA 的 PCR 扩增引物为 515modF（5′-GTGYCAGCMGCCGCGGTAA-3′）与 806modR（5′-GGACTACNVGGGTWTCTAAT-3′），对细菌和古菌的 16SrRNA 基因 V4 可变区进行扩增，建库与测序平台为 Illumina Miseq PE300。

4. 菌体检测

通过 16S rRNA 基因高通量扩增子测序，获得窖泥内属水平下各类窖泥微生物相对丰度，计算得到窖泥内的微生物生物总量，同时基于原位相对丰度计算获得不同属微生物绝对丰度。经 16S rRNA 基因扩增子高通量测序测定不同窖龄窖泥内内标与微生物菌群相对丰度，同时进行原位窖泥微生物绝对丰度换算，换算公式为：

$$A_1 = \frac{N \times (1-n)}{n \times m} \tag{7-2}$$

式中　A_1——原位窖泥微生物的总绝对丰度，个（细胞）/g 窖泥；

　　　N——内标菌添加量，个（细胞）；

　　　n——内标菌相对丰度，%；

　　　m——窖泥质量（本实施例中为 0.25g）。

经计算获得窖泥原位生物总量后，对原位窖泥微生物菌群组成相对丰度百分化，计算属水平下窖泥内各类微生物的生物量，计算式如下：

$$A_2 = A_1 \times a = \frac{N \times (1-n)}{n \times m} \times a \tag{7-3}$$

式中　A_1——原位窖泥微生物总量，cells/g 窖泥；

　　　A_2——原位窖泥内某属水平微生物绝对丰度，cells/g 窖泥；

a——原位窖泥内某属水平微生物相对丰度，%。

（二）窖泥微生物总生物量估算

1. 样品采集

采用五点取样法，从某厂取得典型窖底泥 5 份，混合均匀，样本采集后立即放入厌氧袋中，于 -80℃ 冰箱冻存待用。

2. 菌体检测

按照（一）中 4 描述的方法，选择添加 $4.4×10^7$ 个（细胞）/g 窖泥的丙酮-丁醇梭菌营养体细胞作为内标，对窖泥 DNA 提取后进行 16S rRNA 基因高通量扩增子测序，根据公式（7-2）可计算窖泥样品内的生物量。

3. 结果分析

如图 7-17 所示，5 个窖泥样品内的生物总量不同，其中样品 2 的生物总量达 $1.32×10^8$ 个（细胞）/g 窖泥，样品 3 内的总生物量为 $2.58×10^5$ 个（细胞）/g 窖泥。添加丙酮丁醇梭菌作为内标的方式，可以在观察菌群结构的基础上，快速计算窖泥内的总生物量，相较于使用 PLFA 或氯仿熏蒸培养法更加快速便捷，且跟 qPCR 的定量技术相比具有更广的适用范围。

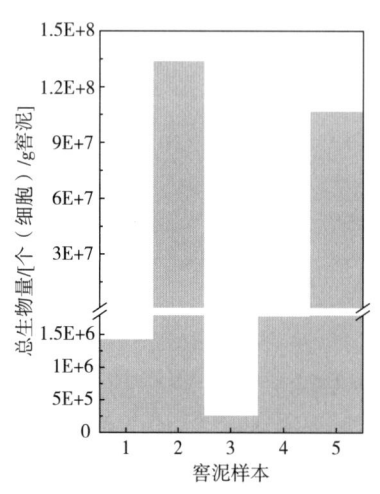

图 7-17 窖泥生物量的测定图

（三）不同窖龄窖泥乳酸菌绝对丰度的测定

1. 样品采集

取某酒厂各个不同窖龄层级窖池窖泥，每个窖龄层级取 5 个窖池，采用五点取样法，取窖底泥混合均匀。样品一经采集，即刻放入厌氧袋内，于 -80℃ 冻存样本待用。窖泥样品信息如表 7-5 所示。

表 7-5　　窖泥样品信息

窖泥窖龄层级	样本数	窖龄
新窖泥	5	1~2 年
正老熟窖泥	5	4~8 年
老熟窖泥	5	大于 10 年

2. 菌体检测

按照（一）中 4 描述的方法，选择添加 $4.4×10^7$ 个（细胞）/g 窖泥的丙酮丁醇梭菌营养体细胞作为内标后，进行窖泥 DNA 的提取，采用 16S rRNA 基因高通量扩增子测序测定窖泥内的乳酸杆菌属绝对丰度，根据式（7-3）可计算窖泥样品内的乳酸杆菌属的生物量。

3. 结果分析

乳酸杆菌属是新窖与退化窖泥内的特征微生物（图 7-18），相对丰度的分析结果表明：新窖泥与正老熟窖泥内具有较高丰度的乳酸杆菌属，新窖泥、正老熟窖泥、老窖泥中乳酸杆菌属平均相对丰度分别为 53.85%、29.7%、2.7%。浓香型白酒生产中认为大量的乳杆菌属不利于优质白酒的生产，但通过绝对定量分析表明：窖泥老熟过程中，乳酸杆菌生物量不断增加，老熟窖泥内的乳酸杆菌属绝对丰度并未降低，反而大幅度增加。老熟窖泥内的乳酸杆菌属平均绝对丰度可达 $2.71×10^7$ 个（细胞）/g 窖泥，是新窖泥的 20 倍，为正老熟窖泥的 1.5 倍，这与通过相对定量得出的结论截然相反。

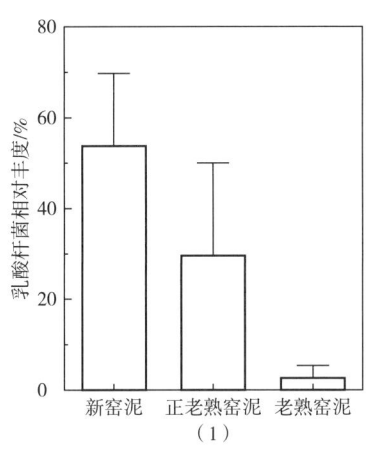 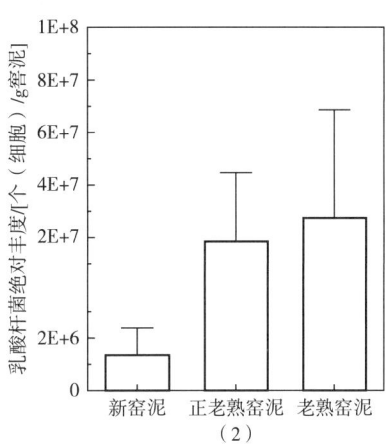

图 7-18 不同窖龄窖泥样品中乳酸菌含量图

4. 结论

相对丰度的分析结果和绝对定量分析结果的比较表明，通过相对丰度并不能反映窖泥内微生物量的真实组成，可能导致错误的结论，需要结合绝对定量方法进行生物量校正，可为窖泥菌群结构分析提供新的信息。

（四）绝对定量方法用于窖泥质量判定

1. 样品采集

采用五点取样法，从某厂取得典型窖底泥 5 份，混合均匀，样本采集后立即放入厌氧袋中，于 -80℃ 冰箱冻存，用于窖泥质量评价。

2. 菌体检测

按照（一）中 4 描述的方法，选择添加 $4.4×10^7$ 个（细胞）/g 窖泥的丙酮-丁醇梭菌营养体细胞作为内标的方式，提取窖泥 DNA，进行 16S rRNA 基因高通量扩增子测序，测定窖泥内的己酸菌属、互营单胞菌属、甲烷杆菌属、甲烷八叠球菌属和甲烷短杆菌的绝对丰度，根据式（7-3）可计算窖泥样品内的己酸菌属、互营单胞菌属、甲烷杆菌属、甲烷八叠球菌属和甲烷短杆菌的生物量。

3. 结果分析

结果如图 7-19 所示。己酸菌属是窖泥内主要产己酸菌，在老熟窖泥中的平均绝对丰度可达 $5.90×10^8$ 个（细胞）/g 窖泥，绝对丰度分别为新窖泥和正老熟窖泥的 12500 倍和 20 倍；正老熟窖泥样本中，己酸菌属平均丰度为 $2.54×10^7$ 个（细胞）/g 窖泥，高于新

窖泥内的 $2.35×10^4$ 个（细胞）/g 窖泥，是新窖泥内的 1000 倍 [图 7-19（1）]。己酸菌属的相对丰度和绝对丰度均随着窖泥的老熟逐步升高，其生物量呈现出数量级增长的变化，最终在老熟窖泥内占据绝对优势。不同老熟程度窖泥内的互营单胞菌属相对丰度无显著性差异，但对比绝对丰度，老熟窖泥内的绝对丰度可达 $1.30×10^7$ 个（细胞）/g 窖泥，分别是新窖泥内与正老熟窖泥的 125 倍和 8 倍 [图 7-19（2）]。以甲烷杆菌属、甲烷八叠球菌属、甲烷短杆菌属为代表的甲烷菌是窖泥内主要甲烷菌，它们的相对丰度和绝对丰度占比随着窖泥的老熟不断升高：甲烷杆菌属在老熟窖泥内的平均绝对丰度可达 $2.15×10^8$ 个（细胞）/g 窖泥，分别为新窖泥和老熟窖泥的 48829 倍和 1790 倍；甲烷八叠球菌属的平均绝对丰度为 $8.89×10^7$ 个（细胞）/g 窖泥，分别为新窖泥和正老熟窖泥的 7362 倍和 2403 倍；甲烷短杆菌属的平均绝对丰度为 $1.94×10^7$ 个（细胞）/g 窖泥，分别为新窖泥和正老熟窖泥的 1077 倍和 35 倍 [图 7-19（3）至图 7-19（5）]。

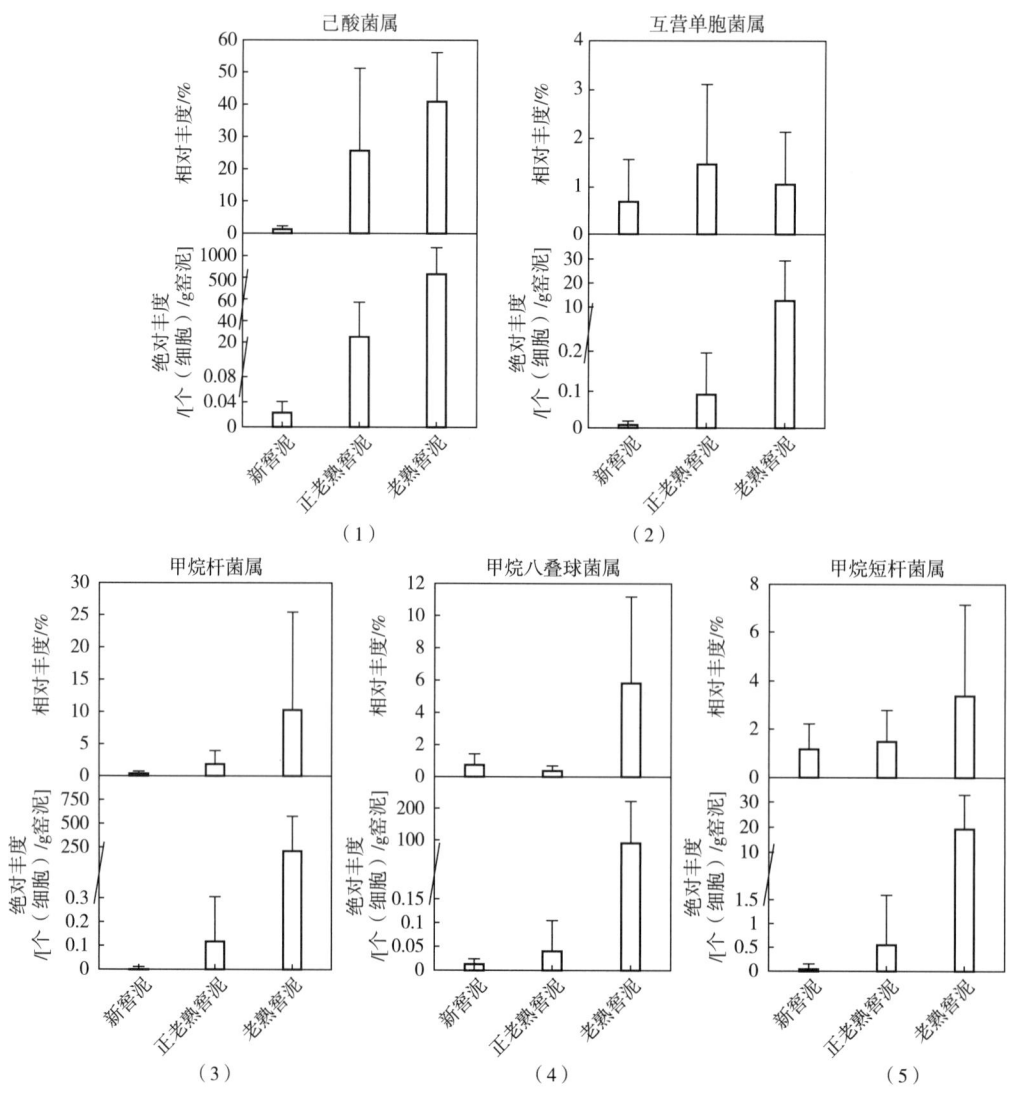

图 7-19 不同质量的窖泥内主要微生物的绝对丰度

4. 结论

从结果分析可以看出，虽然通过相对丰度呈现的物种结构，可以明确窖泥内的菌属差异，但相对丰度的变化趋势并不一定能真正反映实际的微生物绝对丰度变化趋势，如互营单胞菌属、甲烷八叠球菌属和甲烷短杆菌属，将其用于评价窖泥的质量会存在偏差。而绝对丰度与相对丰度联用的方法可通过窖泥菌群结构和功能分析对窖泥质量评价提供更为全面精准的信息。

五、应用效果

（一）添加细胞作为内标的绝对定量方法具有更高的可靠性

对内标的两种添加方式进行评估，即对添加丙酮丁醇梭菌基因组 DNA 和丙酮丁醇梭菌菌体细胞进行评估。添加细胞时，梯度 1 含细胞数为 1.42×10^6 个/样本（0.25g 窖泥），浓度为 5.78×10^6 个（细胞）/g 窖泥。根据换算公式（7-1），梯度 1 添加基因组 DNA 的量为 DNA6.27ng/样本，浓度为 25.08ng/g 窖泥，内标添加比例为梯度 1：梯度 2：梯度 3＝1：5：50。如图 7-20 所示，添加细胞时，梯度 1 含细胞数为 1.42×10^6 个/样本（0.25g 窖泥），浓度为 5.76×10^6 个（细胞）/g 窖泥。经 16S rRNA 基因扩增子测序结果表明，添加细胞作为内标时，从低到高实际内标相对丰度比值为 1：8.77：42.57。根据换算公式（7-1），梯度 1 添加基因组 DNA 的量为 6.27ng/样本，浓度为 25.08ng/g 窖泥。扩增子测序结果表明，从低到高内标相对丰度比值为 1：4.51：12.98。可见，添加细菌细胞作为内标的方式更接近于理论内标梯度设定值（1：5：50），表明添加细胞作为内标的绝对定量方法具有更高的可靠性，更适宜于窖泥微生物菌群结构分析。

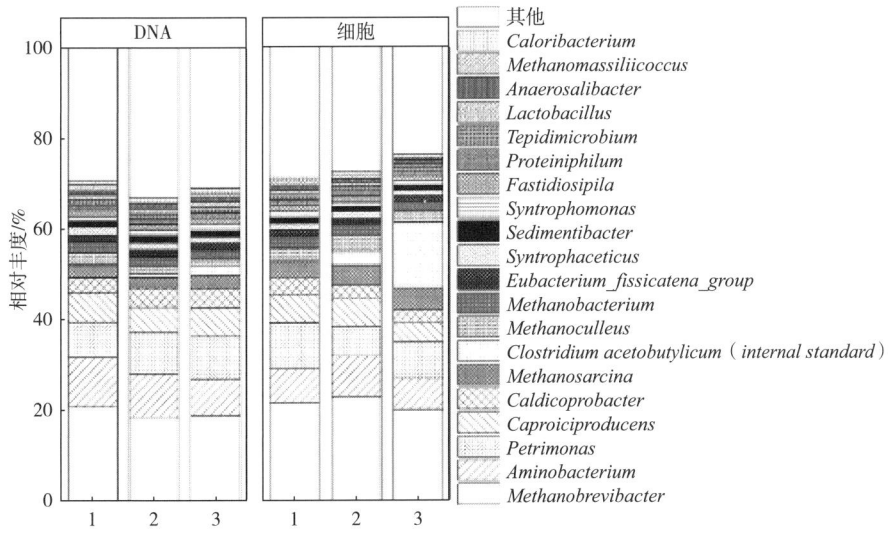

图 7-20 内标菌可靠性验证图

(二)绝对丰度与相对丰度联用的方法分析窖泥菌群结构更精准

对不同窖龄窖泥进行乳酸菌检测和对窖底泥样本进行窖泥质量评价发现,相对丰度的分析结果可能存在偏差或导致错误的结论;而采用绝对丰度与相对丰度联用的方法,可通过窖泥菌群结构和功能分析对窖泥质量评价提供更为全面精准的信息。

第八章 生态化副产物高值利用技术

白酒生产过程中，原料储存与预处理、制曲、制酒、辅助生产系统、治污工程等各环节均会有废水、废渣、废气等"废弃物"产生。其中，以废水为主，包括润粮过程产生的废水，堆积发酵及入窖发酵过程中冲洗工具、设施设备的废水，堆积发酵过程中产生的跑水以及入窖发酵过程中产生的窖底水，蒸馏过程中的残余热气冷凝水、锅底水、洗锅水及其带来的热污染，窖泥（池）废水；废气主要为原料破碎时产生的粉尘、油烟、治污工程产生的废气；废渣有残弃糟、弃用窖泥、弃用稻草谷壳以及废包装废料等。在传统观念中，这些"副产物"被视为环境的负担，但在生态酿酒的理念下，它们被重新定义为未被妥善安置的资源。当前，酿酒行业正积极推动循环经济的实践模式，旨在提升资源节约与综合利用的意识。鼓励酿酒企业采纳高效资源利用技术，将传统的线性经济模式——"资源消耗→产品生产→废弃物排放"转变为循环经济的闭环模式——"资源利用→产品生产→废弃物回收→再生资源利用"，力求以最小的成本投入实现最大的经济效益与环境效益双赢。中国首个生态酿酒工业园在射洪诞生，川酒龙头企业五粮液集团有限公司争创"零碳酒企"，宜宾喊响长江"零公里"最优酿酒生态圈，泸州则致力于建设中国白酒绿色发展示范区，通过一系列创新实践，四川酒业争做中国酿酒行业碳中和文化的先行者，为白酒产业的绿色转型和可持续发展树立了新的标杆。

第一节 酒糟的利用技术

酒糟是酿酒的副产物，据统计，我国白酒酿造行业每年产生约 2500 万 t 的丢糟。目前，有关酒糟综合开发和利用研究，涉及饲料、肥料、沼气、醋、酱油、丁二酸、木糖、膳食纤维、食用菌和氨基酸等。以酒糟开发饲料为例，酒糟营养丰富多样，1t 酒糟可替代 337kg 豆粕蛋白、557kg 玉米能量。另外，二次发酵后的酒糟，粗蛋白含量还提高了 6.04%，动物适口性更好。对于酒企来说，1t 酒糟的市场售价在 200 元左右，如果处理成干粉则能卖到 1000 元/t，若能进一步生产成发酵粉，每吨售价将达到 2000 元左右。酒糟处理加工，不仅能实现其"身价"翻倍，还能实实在在做到减污降碳。据悉，四川沱牌生物科技有限公司将以酒糟资源为原点，以酒糟养牛为基础，聚焦牛、羊等反刍动物领域，构建"生态酿酒—生态饲料—生态养殖—生态产品"的全生态产业体系；建成年产能达 7 万 t 的酒糟自动化烘干生产线，做到酒糟"本地化"处理和"精细化"加工，每年可减少碳排放 20 万 t，为沱牌舍得的增产扩能配套和赋能。

一、酒糟饲料的开发

（一）白酒糟的饲用价值

1. 白酒糟与饲料原料营养成分的比较

白酒鲜糟经烘干加工成干样，不同地区白酒糟干样与常见饲料原料的主要营养成分比较见表 8-1。①白酒糟含粗蛋白质 13%~27.5%、粗纤维 16%~28%、粗脂肪 3.5%~11%、灰分 3.5%~15.5%、磷 0.1%~0.45%、钙 0.1%~0.8%。②不同地区白酒糟同一营养成分有差异，主要由酿酒原料的品种、填充辅料的种类与质量、发酵工艺、生产季节等因素的变化所导致。③与饲料原料相比，白酒糟粗蛋白质和粗脂肪除低于大豆外，其粗蛋白质是常见饲料原料的 1~4 倍，粗纤维 3~14 倍，粗脂肪 2~5 倍，灰分 1~10 倍，钙高磷低。白酒糟富含氨基酸（表 8-2）、维生素、矿物质及菌体自溶产生的各种生物活性物质。

2. 白酒糟去壳前后饲用价值的比较

结果见表 8-3。经过水洗法和干法去壳，白酒糟粗蛋白质含量提高，粗纤维含量下降。水洗法与干法分离稻壳相比，稻壳分离彻底，漂洗干净，产品营养成分含量高，但养分损失大，干燥能耗高，成本高。因此，分离稻壳的干法比水洗法更具有推广应用价值。

表 8-1　　　　　白酒糟与饲料原料常规营养成分比较

饲料来源	营养成分						
	干物质/%	粗蛋白质/%	粗纤维/%	粗脂肪/%	粗灰分/%	磷/%	钙/%
饲料原料							
大麦		11.1	4.2	2.1		0.41	0.09
小麦		12.6	2.4	2.0		0.32	0.09
高粱		9.5	2.0	3.1		0.27	0.07
大豆	88	37	5.1	16.2	4.6	0.48	1.27
玉米	88.4	8.6	2.0	3.5	1.4	0.21	0.04
不同地区白酒干糟							
山东	91.7	23.5	25.6	10.5	10.1		
北京	92.3	18.7	24.4	10.2	10.5		
内蒙古	91.8	17.8	22.1	9.1	9.7		
河南	92.9	16.4	18.4	5.5	14.2		
江苏	89.5	21.8	20.9	7.0	3.9	0.28	0.62
青海		27.3	16.4	8.1		0.13	0.76
山西		15.5	20.6	7.0	9.2	0.32	0.42

续表

饲料来源	营养成分						
	干物质/%	粗蛋白质/%	粗纤维/%	粗脂肪/%	粗灰分/%	磷/%	钙/%
重庆		15.4	19.5	4.8	11.9	0.26	0.14
安徽		13	21	3.8		0.38	0.21
四川 1		15.4	24.1	5.1	15.4		
四川 2		17.8	27.6	7.4	13.3	0.41	0.26

表 8-2　　白酒糟的氨基酸含量

氨基酸	含壳干糟/%	含壳鲜糟/(mg/100g)	去壳干糟/%	氨基酸	含壳干糟/%	含壳鲜糟/(mg/100g)	去壳干糟/%
谷氨酸	2.21	981.10	2.70	甘氨酸	0.50		0.52
丙氨酸	0.95	163.1	0.81	亮氨酸	1.25	368.43	0.80
苏氨酸	0.44	425.13	0.38	酪氨酸	0.33	86.54	0.20
丝氨酸	0.52	114.6	0.46	苯丙氨酸	0.71	171.61	0.49
色氨酸	1.53	1.53		赖氨酸	0.40	54.95	0.28
胱氨酸	0.75		1.07	组氨酸	0.33	115.31	0.19
缬氨酸	0.64	2.31	0.08	精氨酸	0.49	209.15	0.44
甲硫氨酸	0.17	0.81	0.07	脯氨酸	0.96		
天冬氨酸	0.88	235.61	0.81				

表 8-3　　白酒糟（干样）去壳前后饲用价值的比较

评价指标	水洗法去壳			干法去壳-1			干法去壳-2			干法去壳-3		
	去壳前	去壳后	变化率	去壳前	去壳后	变化率	去壳前	去壳后	变化率	去壳前	去壳后	变化率
干物质/%	92.9	90.1	-3	88.0	88.0	0	88.0	88.0	0			
粗蛋白质/%	10.6	19.6	+84.9	14.4	16.8	+16.7	15.2	17.4	+14.5	17.3	23.5	+35.8
粗纤维/%	21.1	6.4	-69.7	19.9	12.1	-39.2	20.9	8.4	-59.8	25.0	15.6	-37.6
粗脂肪/%	5.2	7.2	+38.5	5.9	6.2	+5.1	3.9	4.2	+7.7	4.3	10.5	+144.2
灰分/%	18.1	8.2	-54.7	9.5	9.5	0	10.5	9.8	-6.7	12.4	10.9	-12.1
无氮浸出物/%	39.9	50.7	+27.1	38.3	43.3	+13.1	37.5	48.2	+28.5			
钙/%				0.43			0.82	1.22	+48.8			
磷/%				0.25			0.48	0.57	+18.8			
总能/(mJ/kg)				15.83	16.39	+3.5	16.60	16.48	-0.7			

续表

评价指标	水洗法去壳			干法去壳-1			干法去壳-2			干法去壳-3		
	去壳前	去壳后	变化率	去壳前	去壳后	变化率	去壳前	去壳后	变化率	去壳前	去壳后	变化率
消化能/(mJ/kg)							8.79	10.87	+23.7			
代谢能/(mJ/kg)				5.69	8.64	+51.8	7.61	9.28	+21.9			

（二）白酒糟加工蛋白质饲料的工艺研究

1. 去壳酒糟饲料的生产

分离大曲酒糟稻壳的工艺主要有4种：①挤压分离法；②漂洗分离法；③干燥搓揉分离法；④干燥振打分离法。各种工艺方法各有优缺点，但用于工业化生产的方法有振打分离工艺与搓揉分离工艺。

（1）典型工艺流程　去壳酒糟饲料生产的典型工艺流程如图8-1所示。

鲜酒糟
干燥
搓揉/振打
筛分
稻壳
酿酒填充剂
分离酒糟
粉碎
包装
成品

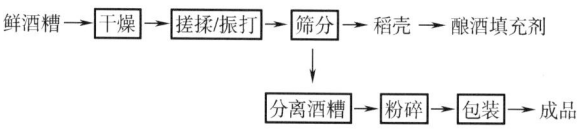

图8-1　去壳酒糟饲料生产的典型工艺流程

（2）生产效果　采用搓揉分离工艺分离酒糟谷壳，谷壳和酒糟粉的得率分别为41%和59%，脱壳酒糟粗蛋白质含量高于20%，粗纤维含量低于12%，白酒糟振打分离工艺，与搓揉分离工艺相比，稻壳的破碎率低；比直接筛分多得粮渣20.5%，产品粗蛋白质提高6.36%，粗纤维降低9.42%。夏先林和汤丽琳研究表明，风干后的酒糟通过振打分离工艺去谷壳，谷壳和酒糟粉的得率分别为27.8%和72.2%，其粗纤维含量降低58.8%，粗蛋白质含量提高14.7%。去壳后的酒糟饲料的营养价值明显提高，可以作为畜禽配合饲料的原料之一。

2. 酒糟菌体蛋白饲料的生产

利用白酒糟为基本原料，添加单一或多种微生物菌种发酵，可得到菌体蛋白饲料。酒糟菌体蛋白饲料生产有固态发酵工艺和液态发酵工艺两种，其中以固态发酵工艺为主。

（1）典型工艺流程　酒糟菌体蛋白饲料生产的典型工艺流程如图8-2所示。

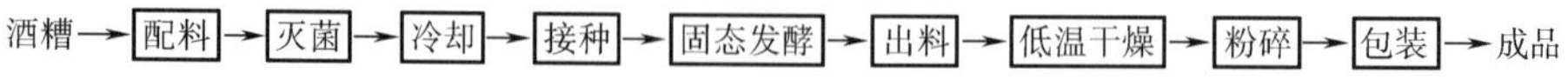

酒糟
配料
灭菌
冷却
接种
固态发酵
出料
低温干燥
粉碎
包装
成品

图8-2　酒糟菌体蛋白饲料生产的典型工艺流程

（2）生产效果　利用生物技术开发酒糟菌体蛋白饲料，是缓解蛋白质饲料严重短缺及使酒糟增值的重要途径。研究表明，与酒糟原料相比，白酒糟经微生物发酵后的菌体蛋白产品粗蛋白质含量提高43%～336%，粗纤维和粗脂肪含量分别下降15%～87%和

12%~63%，氨基酸总量提高 35%~54%，赖氨酸含量提高 28%~155%。由于发酵生产的酒糟原料与添加量、菌种及菌种数、发酵方式不同，导致酒糟菌体蛋白饲料产品相对于酒糟原料的某一营养成分之间存在差异，其中以多菌种混合、液态发酵更为明显，但固态发酵成本低、操作简便值得推广。

3. 酒糟饲料添加剂的生产

利用酒糟作为原料载体，采用单一或多菌种混合固态发酵技术，生产出富含微生物酶、维生素、生物活性物质及生长调节剂的新型高效饲料添加剂。目前主要采用固态、纯种发酵工艺生产酶类饲料添加剂。

（1）典型工艺流程　酒糟饲料添加剂生产的典型工艺流程如图 8-3 所示。

鲜酒糟 → 配料 → 灭菌 → 冷却 → 接种 → 固态发酵 → 低温干燥 → 配兑 → 包装 → 成品

图 8-3　酒糟饲料添加剂生产的典型工艺流程

（2）生产效果　富含酶和微生物活菌的酒糟饲料添加剂，不仅提高原料酒糟的附加值，而且解决了目前配合饲料中营养水平低、营养不平衡、吸收效率不高、添加商品饲用酶的成本过高等问题。侯国亮等报道，以 33%的白酒糟制备培养基，分别接种 AS 3.4309 和绿色木霉，发酵获得含糖化酶、纤维素酶的两个产品，产品分别含糖化酶≥2500U/g 和细胞总数 1.008 亿个/mg、纤维素酶≥680U/g 和细胞总数 1.029 亿个/mg。王建华等用酒糟（其中含白酒糟5%）为原料，接种 FL-02、E-45、CU-81、G-61 菌混合发酵生产，产品含赖氨酸 0.35%，粗蛋白质含量提高 12.5%。邓小晨和孟勇将黑曲霉、米曲霉、木霉和白地霉单独培养至中期再混合的方式，接入酒糟：辅料=9∶1（木霉为 4∶6）的培养基中进行通气培养，获得粗酶制剂产品的糖化酶、α-淀粉酶、蛋白酶、纤维素酶和果胶酶活性力分别为 341U/g、102U/g、714U/g、175U/g、292U/g。左雅慧等在 60%的酒糟原料接种链霉菌属 342 号菌发酵产品含糖化酶 432U/g、蛋白酶 339U/g、粗蛋白质19%、维生素 A 6.7mg/100g、维生素 B 120.93mg/100g。此外，在酒糟为主的固体培养基上接种山大 C-2 菌种，生产出高活性的非淀粉多糖酶产品。

4. 酒糟动物蛋白质饲料的生产

国内蝇蛆规模化、工厂化生产技术及蝇蛆生化系列产品的制备工艺已渐成熟，每吨含酒糟10%的粪料通过液态或固态培养，可产鲜蛆 100~300kg。蝇蛆干粉的蛋白质含量达 53.26%，赖氨酸 4.09%，甲硫氨酸 1.41%，其中甲硫氨酸和赖氨酸分别是鱼粉的 2.7 倍和 2.6 倍。研究表明，在饲料中添加适量鲜蛆，蛋鸡产蛋率提高 17%~25%；猪日增重提高 19.2%~42%，节约饲料 20%~40%。

（三）白酒糟产品的饲喂效果

白酒糟作为饲料，产品包括鲜糟、青贮糟、含壳干糟、去壳干糟、菌体蛋白等系列产品，用这些产品饲喂畜禽的饲喂效果见表 8-4。同一类饲料产品在饲喂效果上存在一定差异，其原因可能是产品质量、使用量、饲喂对象的品种、试验期等不同；酒糟系列产品的饲喂效果按鲜糟、含壳干糟、青贮糟、去壳干糟、菌体蛋白依次增强。

表 8-4　　白酒糟系列产品对畜禽的饲喂效果

相关参数	菌体蛋白				酒糟粉	鲜酒糟青贮	含壳酒糟粉	鲜酒糟
使用量/%	25	15	15	17	25	20	25	5
饲喂对象	生长猪	生长猪	母牛	母鸡	肉牛	肉牛	生长猪	母鸡
试验期/d	120	96	50	140	60	30	90	40
日增重/%	101	11		3.59	47.8	7.3	1.14	
产乳量/%			20					
产蛋量/%				6.65				0
饲料利用率/%	19.0	-7		60		28	0.5	0
经济效益/元	310.9	26.8	96.4		936	11.9	25.9	12.2

二、酒糟保健食品的开发

（一）李渡酒糟蛋的开发

源自李时珍《本草纲目》记载：以烧酒煮鸡蛋可用于治疗肺疾。民间偏方认为，酒糟鸡蛋可以清肺火，对吸烟和雾霾造成人体肺部不良影响有较好的预防功效。李渡酒糟鸡蛋是李渡酒业有限公司在用蒸汽蒸馏酒时，将本地土鸡蛋放置甑桶内的酒醅中一并蒸熟（图 8-4），节省了能源。同时蒸煮过程中，鸡蛋可吸收酒醅中风味和营养成分而风味独特，酒糟鸡蛋成为江西李渡酒业的生态酒庄代表产品之一。

（二）李渡酒糟冰棒的开发

李渡酿酒延续传统用大米酿酒，酒糟冰棒采用"酒糟分离物"添加枸杞等药材，按老冰棒的风格制作而成（图 8-5），李渡酒糟冰棒具有消燥祛暑、润肺生津、四季皆宜的特点，深受游客喜爱，成为江西李渡酒业的生态酒庄畅销产品之一。

图 8-4　李渡酒糟鸡蛋的制作方法

图 8-5　李渡酒糟产品——冰棒

三、超临界 CO_2 萃取酒糟微量成分用作调味酒的技术

以主编余有贵等人利用超临界 CO_2 萃取酒糟微量成分的研究为例，介绍该技术的具体情况。

（一）技术特点

超临界 CO_2 萃取法（SFE）是一种提取有效成分的新技术，具有以下特点：

（1）保持热敏性的有效成分　超临界萃取可以在接近室温（35~40℃）及 CO_2 气体笼罩下进行提取，有效地防止了热敏性物质的氧化和逸散。因此，在萃取物中能保持药用植物的有效成分，而且能把高沸点、低挥发性、易热解的物质在远低于其沸点温度下萃取出来。

（2）清洁而无污染　采用 SFE 是最干净的提取方法，全过程不用有机溶剂，萃取物中绝无残留的溶剂物质，进而防止了提取过程中产生对人体的有害物和对环境的污染物，保证了100%的纯天然性。

（3）有效降低提取成本　SFE 方法将萃取和分离合二为一，当饱和的溶解物的 CO_2 流体进入分离器时，由于压力的下降或温度的变化，使得 CO_2 与萃取物迅速成为两相（气液分离）而立即分开，不仅萃取的效率高而且能耗较少，提高了生产效率的同时降低了费用成本；CO_2 气体价格便宜，纯度高，容易制取，且在生产中可以重复循环使用，从而有效地降低了费用成本。

（4）良好的安全性能　SFE 方法以 CO_2 为萃取剂，CO_2 是一种不活泼的气体，萃取过程中不发生化学反应，且属于不燃性气体，无味、无臭、无毒、安全性非常好。

（5）简单而易于操作　压力和温度都可以成为调节萃取过程的参数，通过改变温度和压力达到萃取的目的。固定压力，通过改变温度，可以将物质分离开来；反之，固定温度，通过调节压力使萃取物分离。因此，SFE 方法工艺简单、容易掌握，而且萃取的速度快。

（二）技术原理

CO_2 在温度高于临界温度（T_c）30℃、压力高于临界压力（p_c）3MPa 的状态下性质发生改变，CO_2 密度近于液体、黏度近于气体、扩散系数为液体的100倍，因而具有惊人的选择性溶解能力，尤其对低分子、弱极性、脂溶性、低沸点的成分如挥发油、烃、酯、内酯、醚、环氧化合物表现出优异的溶解性。超临界 CO_2 流体萃取（SFE）分离过程的原理是利用超临界流体的溶解能力与其密度的关系，即利用压力和温度对超临界流体溶解能力的影响而进行的。在超临界状态下，将超临界流体与待分离的物质进行接触，使其有选择性地把极性大小、沸点高低和分子质量大小的成分依次萃取出来。当然，对应各压力范围所得到的萃取物不可能是单一的，但可以控制条件得到最佳比例的混合成分，然后借助减压、升温的方法使超临界流体变成普通气体，被萃取物质则完全或基本析出，从而达到分离提纯的目的，所以超临界 CO_2 流体萃取过程是由萃取和分离过程组合而成的。由于丢糟中含有酯类香味成分，如己酸乙酯、乳酸乙酯、丁酸乙酯、戊酸乙酯等微量香味物质，可采用超临界 CO_2 流体萃取丢糟中的有效成分。

（三）工艺流程

超临界 CO_2 流体萃取丢糟中有效成分的工艺流程如图 8-6 所示。

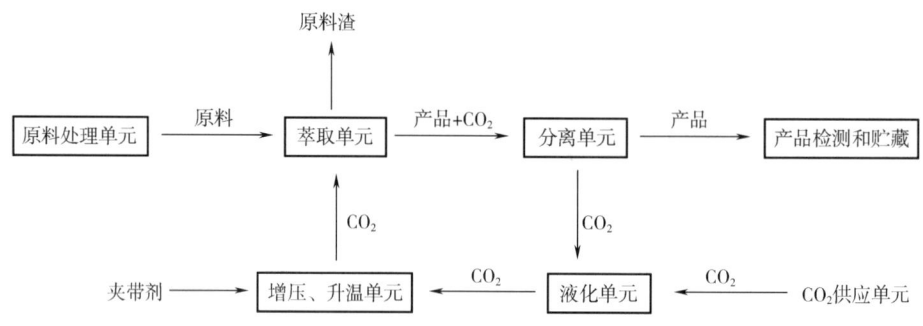

图 8-6　超临界 CO_2 流体萃取丢糟中有效成分的工艺流程

（四）技术要点

1. 方案设计

以湖南湘窖酒业有限公司的丢糟为原料，采用超临界 CO_2 萃取丢糟中的微量成分，与以酒精热浸提法提取丢糟中的微量成分进行对照比较提取效果。

2. 超临界 CO_2 萃取丢糟微量成分的操作方法

将瓷盘盛装新鲜丢糟，置恒温干燥箱中于 50℃烘干（水分含量至 13%），经粉碎机粉碎过 20 目筛。取 100g 粉碎的酒糟样，置于超临界 CO_2 萃取设备中，用无水酒精作夹带剂，在萃取温度 40℃、压力 35MPa 下浸提 2h，在分离温度 26℃、压力 6.0MPa 下收集萃取物。用 200mL 的 60%酒精溶解酒香成分，常温静置 24h，用滤纸自然过滤，共收集样液 175mL，用于气相色谱分析。试验重复 3 次。

3. 酒精热浸提丢糟微量成分的操作方法

取 500mL 磨口试剂瓶 1 个，盛装新鲜丢糟 150g，加 60%的酒精 300mL，盖好瓶塞，置于恒温水浴锅内，在 50℃保温 48h。用滤纸自然过滤，共收集浸提液 165mL，用于气相色谱分析。试验重复 3 次。

（五）应用效果

1. 超临界 CO_2 萃取丢糟微量成分的效果

用超临界 CO_2 萃取丢糟的微量成分，经 60%酒精浸提、过滤后的样液，通过气相色谱分析的色谱图如图 8-7 所示，主要酯类成分与含量的结果见表 8-5。从表 8-5 可知：①样品中未检出乙酸乙酯；②检出的 4 种酯的含量顺序是：乳酸乙酯>己酸乙酯>丁酸乙酯>戊酸乙酯；③检出的 4 种酯总含量为 8.34252mg/100mL，折算成酯总含量为 16.78090mg/100g 绝干丢糟。

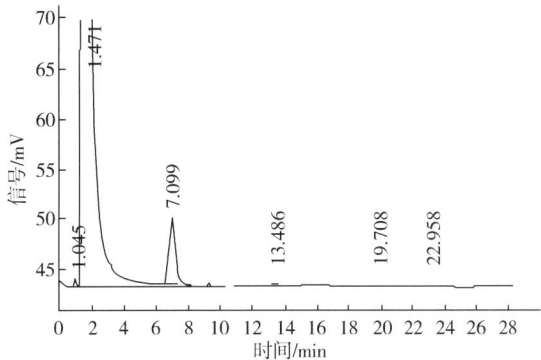

图 8-7 超临界 CO_2 萃取丢糟微量成分的色谱图

表 8-5　　　　　　超临界 CO_2 萃取法提取丢糟中主要酯类成分与含量

峰号	组分名	保留时间/min	含量/（mg/100mL）	折算含量/（mg/100g*）
5	丁酸乙酯	5.849	0.03755	0.15905
6	丁酸乙酯	6.266	0.04152	
9	戊酸乙酯	12.001	0.00647	0.05013
10	戊酸乙酯	12.216	0.01845	
11	乳酸乙酯	12.688	0.03964	11.89551
12	乳酸乙酯	12.854	0.13042	
13	乳酸乙酯	13.486	5.74372	
15	己酸乙酯	22.958	2.32475	4.67621
合计			8.34252	16.78090

注：* mg/100g 表示每 100g 绝干丢糟中含某酯的质量（mg）。

2. 酒精热浸提丢糟微量成分的效果

用 60%酒精在 50℃热浸提丢糟的微量成分，经过滤后的样液，通过气相色谱分析的色谱图如图 8-8 所示，主要酯类成分与含量的结果见表 8-6。从表 8-6 可知：①样品中未检出乙酸乙酯、丁酸乙酯和己酸乙酯；②检出的 2 种酯的含量顺序是：乳酸乙酯>戊酸乙酯；③检出的 2 种酯总含量为 66.93678mg/100mL，折算成酯总含量为 276.11422mg/100g 绝干丢糟。

3. 两种方法提取丢糟微量成分的效果比较

从两种方法的检测结果比较来看：①均未能浸提出乙酸乙酯；②酒精热浸提只浸提出了乳酸乙酯和戊酸乙酯，没有丁酸乙酯和己酸乙酯，且其乳酸乙酯的含量远远大于超临界 CO_2 萃取的量。大曲酒的蒸馏采用固态甑桶蒸馏，影响组分在蒸馏时分离效果的决定因素是组分间分子引力大小所造成的挥发性能的强弱。乙酸乙酯、丁酸乙酯和己酸乙酯难溶于水，易溶于乙醇，它们的馏出量与酒精浓度成正比。乳酸乙酯由于亲水羟基的作用，与水分子缔合力较大，它们的馏出量与酒精浓度成反比。至断花时，乙酸乙酯约馏出 95%，丁酸乙酯约馏出 90%，己酸乙酯约馏出 85%，乳酸乙酯馏出 20% 左右。由此可见，大曲丢糟中 4 大酯的残留量顺序是：乳酸乙酯>己酸乙酯>丁酸乙酯>乙酸乙酯。由于乙酸乙酯在大曲丢糟中含量甚微，所以两种提取方法均未浸出乙酸乙酯。因为乳酸乙酯在大曲丢糟中残留量偏多，它与水分子缔合力较大，60% 酒精热浸提法明显高于 CO_2 超临界萃取法。因此，从浓香型白酒的主体香成分分析，可以得出 CO_2 超临界萃取法优于酒精热浸提法。

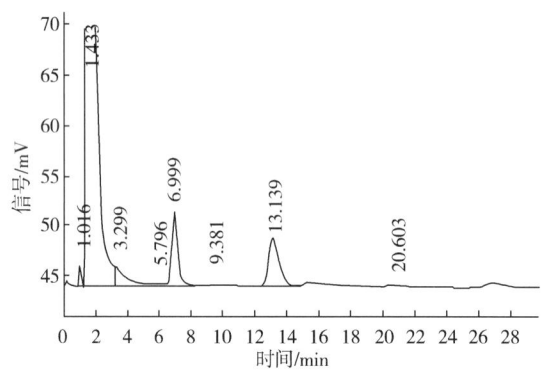

图 8-8　酒精热浸提丢糟的微量成分的色谱图

表 8-6　　　　　　　酒精热浸法提取丢糟中主要酯类成分与含量

峰号	组分名	保留时间/min	含量/（mg/100mL）	折算含量/（mg/100g*）
9	戊酸乙酯	11.720	0.04501	0.18567
10	乳酸乙酯	13.139	66.89177	275.92855
合计	—	—	66.93678	276.11422

注：* 同表 8-5。

四、酒糟栽培食用菌的技术

针对北虫草的栽培成本高的问题，易利福、林国龙、胡开辉等人的发明专利《酒糟的生态解酸处理方法》（专利号：201010286856.1，获得授权时间：2012-07-25）提出，白酒糟经发酵的生态解酸处理后可成为北虫草理想的养料，从而达到酒糟高值化利用与食用菌栽培降本增效的双重效果。下面介绍该技术的具体情况。

（一）技术特点

利用白酒糟栽培食用菌时，传统的方法以生石炭或者化学碱剂对白酒糟进行解酸，虽然可将其 pH 调至适宜范围，但不能够消除白酒糟中的有害物质，且白酒糟中的难溶性营养物质得不到有效利用；对北虫草的栽培而言，利用生石炭或化学碱剂解酸后的白酒糟无法对其栽培。采用生态解酸方法处理酒糟后,可替代大米等粮食栽培北虫草,既可节约大量粮食,又实现了废物地再利用,处理方法也符合绿色环保的要求。因此,此技术具有极高的经济效益、社会效益和生态效益。

(二)技术原理

本发明通过预发酵、发酵两个步骤对白酒糟进行生态解酸处理,给好气菌(目标菌)提供了良好的生长环境,而好气菌又能消除白酒糟中的霉菌毒素、杂醇、酸等有害物质,并将白酒糟中的难溶性粗蛋白、粗脂肪、粗纤维等转化为易于北虫草吸收利用的物质,从而不仅使处理后的白酒糟成为北虫草理想的养料,而且克服了现有技术存在的北虫草培育过程中浪费大量粮食的缺陷。

(三)工艺流程

白酒糟的生态解酸与北虫草栽培工艺流程如图 8-9 所示。

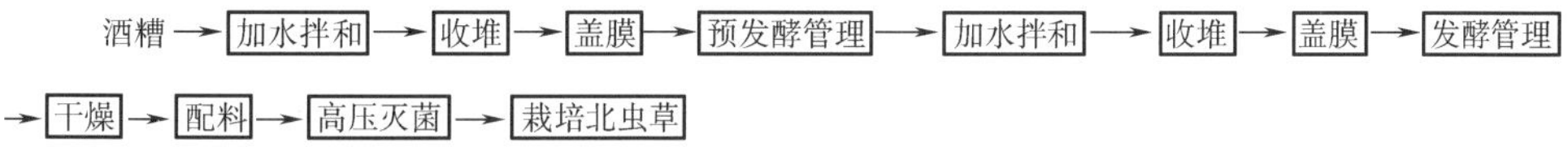

酒糟 → 加水拌和 → 收堆 → 盖膜 → 预发酵管理 → 加水拌和 → 收堆 → 盖膜 → 发酵管理 → 干燥 → 配料 → 高压灭菌 → 栽培北虫草

图 8-9　白酒糟的生态解酸与北虫草栽培工艺流程

(四)技术要点

白酒糟的生态解酸处理方法,包括以下步骤:

(1) 预发酵　首先向白酒糟中加水并拌和均匀,水与白酒糟的添加比例按质量计为 1:(0.88~1.04),其中较佳比例为 1:0.96。其次,将水和白酒糟进行拌料和建堆处理,料堆的高度应介于 0.6~1.5m,其中料堆的高度为 1m 时效果较为理想。然后将带有通气孔的塑料膜覆盖于料堆的表面,这样有利于白酒糟的通气。当白酒糟的下部出现氨臭味时,应及时掀开塑料膜进行翻堆,翻堆后再重新建堆并将塑料膜覆盖回白酒糟料堆的表面,如此重复多次,直至白酒糟下部没有氨臭味和白酒糟中的水不再下渗为止。通常气温高的时候,翻堆的间隔时间较短,一般 24h 翻堆一次;气温低的时候,翻堆的间隔时间较长,一般 48~72h 翻堆一次。上述塑料膜通气孔包括等间距布设在位于料堆中上部周围塑料膜上的多个通气孔和开设于料堆顶部的塑料膜上的一个圆形通气孔,通气孔的直径为 1.5~2cm,以利于通气。

(2) 发酵　取下预发酵后料堆上的塑料膜,并再次向预发酵后的白酒糟中加水并拌和均匀,水与白酒糟的添加比例按质量计为 1:(0.22~0.26),比例为 1:0.24 较佳。然后进行建堆处理,建堆完成后,将具有良好透气性的透气膜覆盖于白酒糟料堆的表面。接着每隔 24h 左右翻堆一次,直至水不再下渗。然后测量白酒糟的料温,当料温停止上升或料温上升速度减缓时,便对白酒糟进行翻堆一次,且每次翻堆后都要将翻堆前取下的透气膜盖回白酒糟料堆表面,直至料温升至 68~70℃时停止翻堆,再持续发酵,到 pH 升至 6.5~7 时发酵成熟而终止发酵。

(3) 贮存　将上述所得发酵物立刻进行烘干或晒干,保存于干燥处待用。

（五）应用效果

1. 生态解酸处理酒糟的效果

生态解酸处理酒糟的降酸效果见表 8-7。

表 8-7　　白酒糟经不同方法解酸与高压灭菌后的 pH 比较

解酸方法	原 pH	解酸后 pH	高压灭菌后 pH
化学碱解酸	3.6	6.5	3.8
生石炭解酸	3.6	6.5	6.0
生态解酸	3.6	6.5	6.0

2. 生态解酸处理过酒糟的北虫草栽培效果

生态解酸处理过酒糟作培养基栽培北虫草的效果见表 8-8。

表 8-8　　生态解酸处理过酒糟的北虫草栽培效果

培养基	北虫草菌丝生长情况	出基时间	子实体生长情况
化学处理白酒糟	菌丝不生长	—	—
生石炭处理白酒糟	菌丝生长细弱	18d	细小畸形色淡黄
微生物（好气菌）处理白酒糟	菌丝生长正常	9d	粗壮直立色橘黄
大米	菌丝生长快	9d	粗壮直立色橘黄

从表 8-8 结果可以看出，经过微生物生态解酸方法处理的白酒糟栽培北虫草，北虫草生长情况极为良好，它与大米为培养基栽培的北虫草的生长情况相当。因此，微生物生态解酸方法处理后的白酒糟可替代大米成为北虫草栽培的理想养料。

五、无害化高效化处理丢糟技术

早在 20 世纪 90 年代中期，五粮液集团有限公司处于质量效益规模化阶段，大规模跨越式扩张发展产生了越来越多的丢糟。五粮液集团率先提出了"三废是放错位置的资源"等先进理念，推动公司步入三废资源进行综合利用的良性循环阶段，公司超前的循环经济意识为高效治理酿酒副产物提供了崭新的发展思路。1996 年，为了解决生产规模日益扩大所造成的大量丢糟处理问题，公司成立了以集团公司总裁为技术项目负责人的无害化、效益化处理丢糟和"二次发酵"生产复糟酒的课题组，对丢糟进一步利用进行深入研究。1998 年，公司利用丢糟酿酒和燃烧供热及利用稻壳灰生产白炭黑的"无害化、效益化处理丢弃酒糟成套工艺技术与设备"研制成功，该成果曾荣获首届"中国食品工业协会科学技术奖"一等奖和 2002 年四川省人民政府科技进步奖一等奖。

（一）技术特点

该成果将丢糟"二次发酵"、复糟的特性燃烧、低（常）压液相沉淀法生产白炭黑三项技术进行串联，实现了对丢糟中淀粉、可燃成分、二氧化硅等资源的链式开发，形成一条安全的循环经济链。主要特点如下。

1. 技术产业化

国内首创利用丢糟酿酒和燃烧供热及利用稻壳灰生产白炭黑的"无害化、效益化处理丢弃酒糟成套工艺技术与设备"研究成功并运用,彻底改变了丢糟露天堆放、占用大量土地的情况。

2. 利用高值化

丢糟资源链式深度开发利用,基本实现了资源高值化利用、无害化处理、减量化排放,彻底解决了公司酿酒丢糟污染的问题,对行业有示范作用。

（二）技术原理

丢糟具有残余淀粉含量相对较高、燃烧发热量低、稻壳灰成分是以无定型二氧化硅为主的特点,根据其特点合理开发利用,再发酵产酒、燃烧产热和生产白炭黑,提高了其综合利用价值。在复糟酒生产中,首先,加入高效糖化发酵剂以及配套的复合菌种强化发酵,采取"二次发酵"技术和大规模应用机械化操作（图8-10）；其次,有针对性地将传统燃煤锅炉进行了专利设计（图8-11）,使其能满足丢糟燃烧特性的要求；最后,通过低（常）压液相沉淀法生产白炭黑。

图 8-10　国内最大的复糟酒生产窖池

图 8-11　环保燃烧锅炉

(三)技术流程

无害化、效益化处理丢糟的技术流程如图8-12所示。

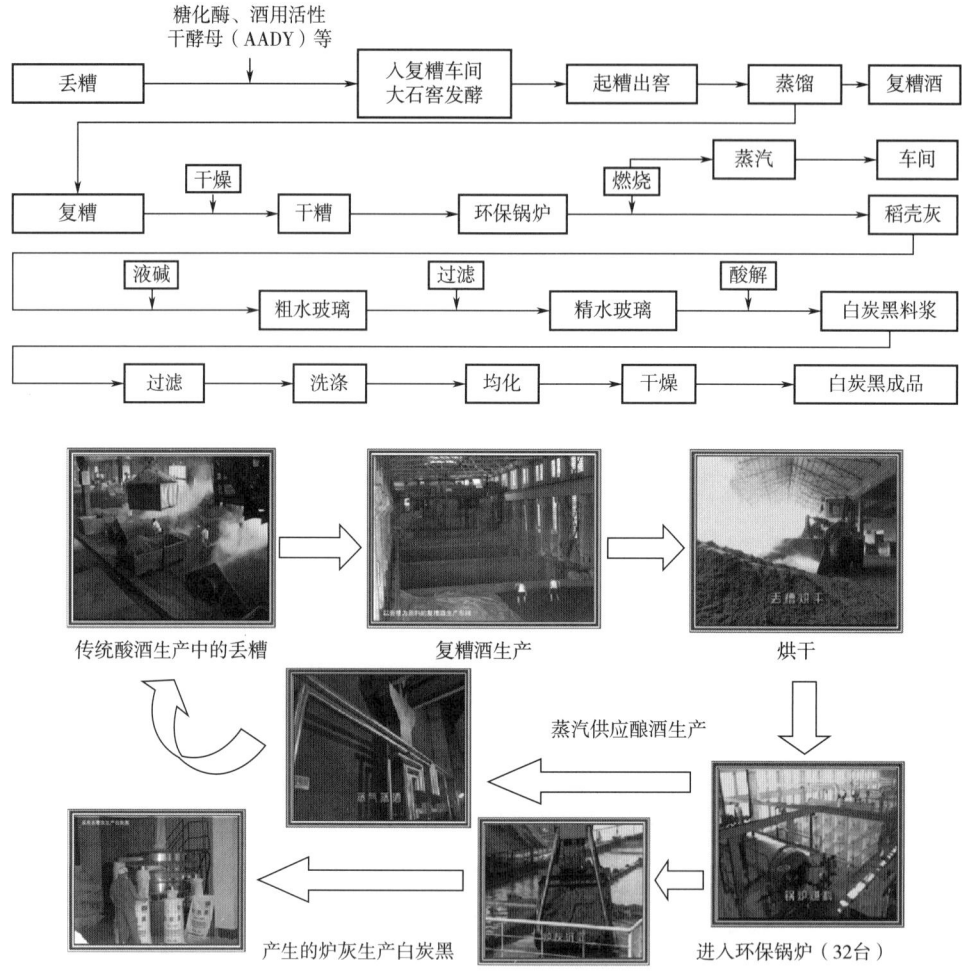

图8-12　无害化、效益化处理丢糟技术流程

(四)应用效果

1. 技术达到当时的国际领先水平

当年该技术成果经专家鉴定后认为:形成了一条安全的循环经济链,技术水平属国内外领先水平;2000m³复糟生产窖及二次发酵工艺属国内率先取得的成果,酿酒丢糟经过资源化、减量化、无害化处理,在国内率先实现了固态酿酒的清洁生产。

2. 产业化综合效益良好

1998—2002年,公司共投资2.167亿元建立了丢糟多级链式综合利用设施。用丢弃酒糟生产复糟酒,废弃丢糟送至锅炉房燃烧产蒸汽,丢糟灰生产白炭黑,形成了年处理丢糟50万t,每年增产原酒15000多t,丢糟燃烧年产90万t蒸汽,节约燃煤8万t,节约资金 1200 万元，稻壳灰生产白炭黑 5000t 的资源链式开发利用，这一产业链的形成，不仅使废弃物变废为宝，综合利用产值达 1 亿元，利润达 6000 多万元，而且实现了"利用资源化、处理无害化、排放减量化"的生态效益。

六、白酒丢糟全利用技术

以马彦超、黄明泉、赵谋明和郑杨等在 *Renewable & Sustainable Energy Reviews* 上发表的题为 "Integrated distilled spent grain with husk utilization: Current situation, trend, and design" 的论文为例，介绍白酒丢糟综合利用技术的具体情况。

（一）技术特点

白酒丢糟中含有大量的水分（60%以上），暴露在空气中会很快腐败变质，若要保存、运输和进一步处理，通常需要预先烘干，而烘干如此大量的固体废弃物通常是成本高昂的。此外，白酒丢糟的成分复杂，单一的回收利用方法无法充分利用白酒丢糟中的各种成分，难以取得良好的经济效益，不仅难以实现资源增值，而且还可能在处理过程中进一步产生难以处理的废弃物。面对以上问题，该技术方案的显著特点有：

（1）直接对鲜酒糟精深加工　通过湿处理工艺直接对酒糟进行回收处理，避免了成本高昂的烘干过程。

（2）采用多重技术集成全利用酒糟　将多种回收利用方法有效结合，相互补充，充分利用了白酒丢糟中的绝大部分成分，可获得的产品丰富，经济效益较好。

（二）技术原理

合理的综合利用方案设计是白酒丢糟资源增值的关键。此方案整合了现有的白酒丢糟回收处理技术，包括热化学转化、材料制备、厌氧消化产沼气、活性成分提取、饲料转化、制生物乙醇燃料和生物质基化学品转化。此方案使各种利用方法互补，通过分馏级联的形式衔接并最大化利用白酒丢糟中的各种成分，并有潜力生产多达 8 种产品。白酒丢糟中的淀粉和游离糖可在高温酸解中转化为可发酵糖（由于黄水中主要有机成分为淀粉、多糖和寡糖等，因此黄水也可在这一过程投入，一并酸解转化），经过脱毒工艺后，采用厌氧消化的形式转化为沼气；高温酸解后筛分出的谷物蛋白可用于提取生物活性肽，而提取残渣可进一步用于制备饲料蛋白添加剂；筛分出的稻壳可先用纤维素酶酶解，并采取同步糖化发酵制备生物燃料，发酵液中剩余的木糖可用于浓缩还原生产木糖醇；同步糖化发酵后的残余的稻壳固体部分主要为木质素和灰分，木质素中的碳元素比例很高，而稻壳中的灰分主要为二氧化硅，因此可先将其热解制备成生物炭，经过脱灰和酸碱处理，对生物炭进行活化后，可分别制备成活性炭和二氧化硅产品。这一方案设计的工艺链条可极大减少白酒丢糟废弃物排放，并产生最大化的经济效益，提升白酒丢糟转化产品的附加值。

（三）技术方案

该技术方案设计了一种水中过滤筛分工艺，如图 8-13 所示，可以将白酒丢糟和黄水一并利用。

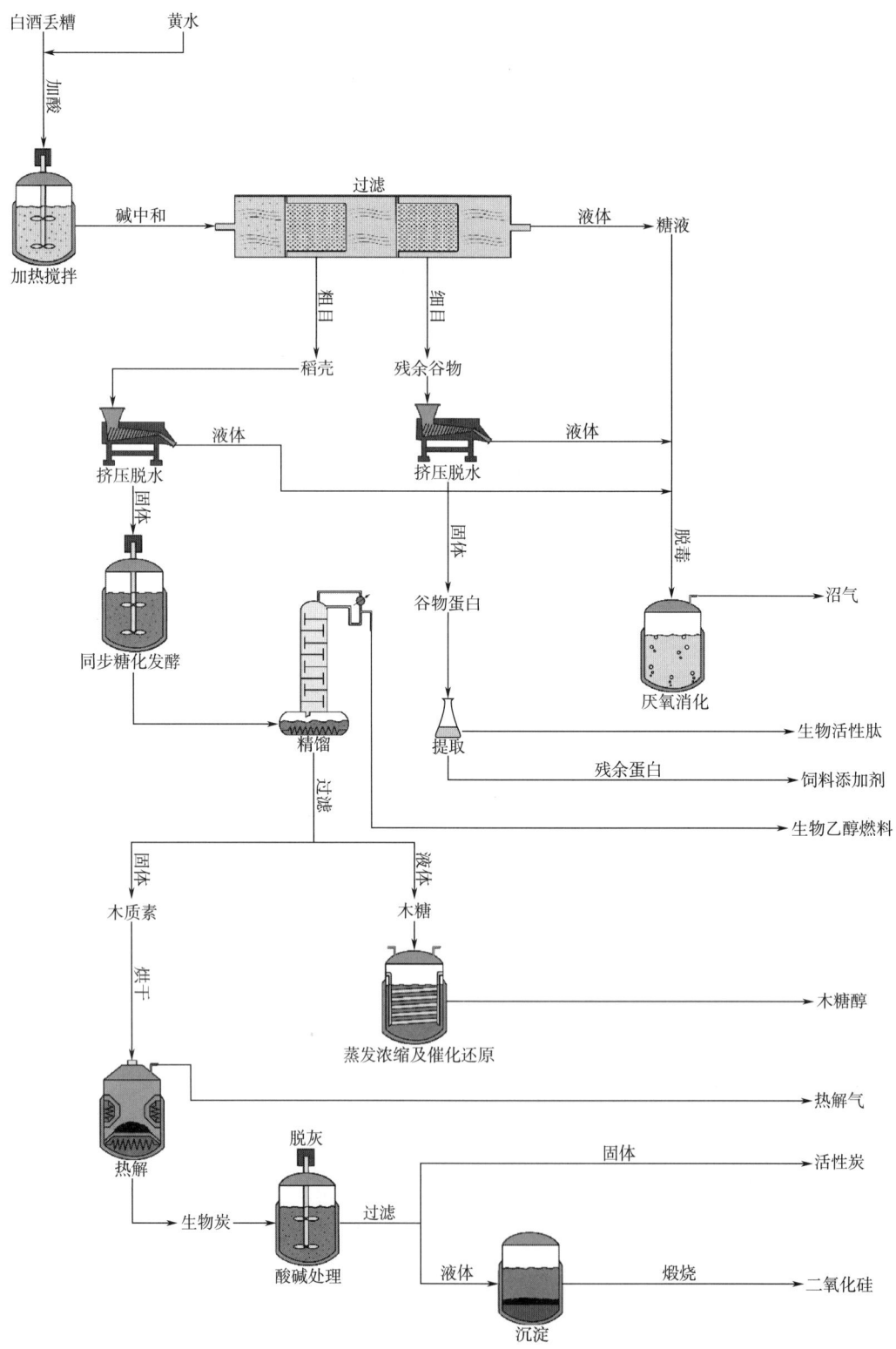

图 8-13　白酒丢糟全利用技术方案

（四）技术要点

1. 丢糟和黄水的预处理

将白酒丢糟和黄水在高温酸液中搅拌［固体负载量为10%~20%（质量分数）］，这样做的目的主要有以下四点：

（1）杀灭白酒丢糟和黄水中的微生物，利于后续存储；

（2）将白酒丢糟和黄水中的可溶性糖和淀粉水解成可发酵的单糖；

（3）对白酒丢糟中的结构成分进行酸预处理；

（4）通过水中搅拌，将谷物与稻壳打散分离。

第一步处理后即可使用不同孔径的滤网在水中筛分白酒丢糟，这一过程的要点是要将白酒丢糟筛分成稻壳（粗目滤网过滤所得固体部分）、残余谷物（细目滤网过滤所得固体部分）和液体糖液。

2. 多步递进获得相应的产品

稻壳可直接采用纤维素酒精工艺生产生物酒精燃料，发酵液中剩余的木糖可用于生产木糖醇。生产完纤维素酒精后，剩余的稻壳固体成分中木质素和二氧化硅更加富集，用于进一步生产活性炭和二氧化硅可获得更高的产率。已经有研究可将稻壳联产活性炭和二氧化硅。筛分得到的残余谷物经酸水解处理后，其主要成分谷物蛋白质被部分分解为小分子肽类物质，可先用于提取生物活性肽，剩余残渣则可用作饲料蛋白添加剂。过滤出的液体糖液由于经过高温酸性环境，其中会含有较多发酵抑制剂，可经过脱毒工艺后用于生产生物酒精燃料，或用于厌氧消化产沼气。

（五）应用前景

（1）精深加工产品多 采用复合技术对酒糟进行递进式精深加工，可获得8种相应的产品，做到物尽其用，效益好。

（2）前期投入成本高 该技术方案在于设备成本较高，使得前期资本投入高，机械设备的能耗可能会造成一定的电力成本和碳排放。此外，还会产生较多的废水，但这些废水中的有机物含量较少，与废水处理车间/厂联合运作，经简单处理后即可排放。

第二节 黄水的利用技术

黄水是传统固态发酵白酒生产过程中产生于窖池的副产物，近年来，对黄水的研究日渐增多，包括黄水的理化指标分析、黄水与酒质的关系和黄水的资源化再利用等方面。其中，韩永胜等人通过对不同窖龄黄水的差异性及其对酒质影响的研究得出窖池中酒醅的发酵好坏大多受这几种因素的影响：入窖酒醅的酸度，入窖温度的变化，配料比是否精确，操作人员是否精细等，发酵质量的好坏也可以通过黄水、酒醅等物质来反映。大多情况下，不同黄水之间的理化性质差异可以反映出窖池的质量差异，还可以推测酒质的质量。

一、黄水的形成与主要成分

(一)黄水的形成

我国固态发酵白酒大多选用大米、高粱、玉米、小麦、大麦、糯米等作为发酵的主原料,糠壳、麦壳作为辅料,在这些原辅料中,含有大量的淀粉、脂肪、蛋白质、木质素、半纤维素、纤维素和其他有机物质。在发酵过程中,入窖酒醅的含水量大多在52%~55%,经微生物分解代谢后产生大量的游离水,这些水将酒醅中的酸、可溶性淀粉、酵母菌溶出物、还原糖、单宁、酒精及香味前体物质溶出,再与酒醅中未被微生物所利用的水逐渐沉降,最后慢慢沉积在窖池底部而形成棕褐色、呈流体状的液体,这种液体被称为黄水。浓香型白酒酿造过程中的副产物之一的黄水,又称黄浆水,一般为棕褐色黏稠液体,含有醇类、酸类、醛类、酯类等呈香呈味物质,还含有经长期驯化的有益微生物、糖类物质、含氮化合物和少量的单宁及色素等有机物。黄水是一种可利用的宝贵资源,合理利用可以变废为宝。

(二)黄水的主要成分

1. 黄水的成分分析

在浓香型白酒生产中,不同原料的配比以及原料质量、人为操作因素、窖池质量好坏和窖龄等众多因素,导致发酵产生的黄水在主要成分及其含量上存在着较大差异。黄水的常规分析结果见表8-9。

表8-9　　　　　　　　　　黄水的常规分析结果

项目	含量
总固形物含量/(g/100mL)	12.7~17.1
酸度	6.9~7.8
淀粉含量/%	2.1~4.4
还原糖含量/%	2.2~4.7
酒精含量/[%vol]	3.2~5.3
pH	2.9~3.8
黏度/(Pa·s)	35.2~51.7
总氮量/%	0.27~0.35
总酸/(g/L)	23~38
总酯/(g/L)	1.3~2.7
单宁及色素含量/%	0.13~0.23

注:黄水(黄浆水)的酸度以每克黄水消耗的0.1000mol/L NaOH体积数表示,即1度=1mL 0.1mol/L NaOH/g黄水。

2. 黄水的微量成分

黄水中的微量成分非常丰富(表8-10),这些呈香呈味物质,与酒中这些物质的含量十分相近。如果加以提取利用，用来勾调可以提高低档大曲酒质量，用于人工窖泥的培养可提高窖泥的质量等。

表 8-10　　　　　　　　　黄水微量成分分析结果　　　　　　　　　单位：mg/L

微量成分	含量	微量成分	含量	微量成分	含量
乙醛	60.5~70.2	正丙醇	27~35	仲丁醇	4.6~5.2
乙缩醛	118~123	异丁醇	18~22	糠醛	16~20
异戊醛	8~10	正丁醇	13~16	丙酸	40~45
乙酸	1000~1200	异戊醇	28~31	正戊醇	7~9
丁酸	105~110	己酸乙酯	70~90	乳酸	2600~3000
戊酸	48~52	乳酸乙酯	2700~3000	丁酸乙酯	15~20
己酸	110~130	甲酸乙酯	4~6		

3. 黄水的感官评价

在生产浓香型白酒过程中，主要是通过物理、化学分析和感官检验的方法来衡量各道工序的质量，判断其操作的正确性。在三大检验方法中，感官检验方法是检验人员通过自身经验和感觉来评价或判断检测对象的质量，具有很多干扰因素，不能精确指导生产，被人称之为"不是科学的科学"。然而，感官检验在黄水的评价中是使用最多的一种方法，它具有实用性强、经济、快速的特点，因而被广泛应用。黄水的感官评价主要是从黄水的味道、色泽、悬丝特性来判断，具体见表 8-11。

表 8-11　　　　　　　　　黄水感官评价

指标	评定等级		
	好	较好	差
味道	涩中带酸，酸味大，涩味小，涩酸适宜	有涩酸味	很酸，酸而不涩，显甜，甜味重
色泽	黑褐色、菜油色、透亮	金黄色，透明清亮	黄中带白，米汤色、黑色、浑浊不清
悬性	大挂悬、悬丝长、肉头好	悬丝好，起黄鳝尾巴	悬小，无悬，如同清水

二、黄水的循环利用

黄水为白酒发酵的副产物，黄水的 pH3.0~3.5，COD_{Cr}25000~40000mg/L，BOD_{Cr}25000~30000mg/L，这些指标都超过了国家允许的废水排放标准，且黄水的生产量也比较大，一般情况下每生产 1000kg 大曲酒，可产生 300~400kg 黄水。生态酿酒技术要求对其进行循环利用，以达到资源的最大化利用和减少环境污染的目的。目前，黄水利用的研究主要表现在以下几个方面：

（一）提高产酒质量

1. 用于窖池养护、制作人工窖泥、二次发酵

优质的黄水中含有大量的有益微生物菌群，这些微生物主要是酵母菌和芽孢菌，另外，糖类、微生物生长因子、氨基酸态氮等微生物生长繁殖所必需的营养物质含量也很多。因此，将优质黄水用于制作人工窖泥、窖池养护和拌糟醅二次发酵是个很好的利用途径。将新鲜的黄水直接喷洒到窖池墙壁上，可起到养护窖池的目的，这样可以增加酒醅的酸度，加速酒醅中的酸醇酯化，提高酯香物质的含量，为下次发酵奠定了良好的基础。张建华等通过将黄水加工制作成酯化液，然后将酯化液用于拌糟醅回窖二次发酵，发酵产出的糟酒质量提升了一个档次。

2. 用于生产强化酒曲

优质的黄水主要由有益微生物、含氮化合物、糖类物质、菌体自溶物、微生物生长因子和少量的单宁及色素组成等，其中的有益微生物主要包括酵母菌和产香类的细菌类及梭状芽孢杆菌，前者是发酵产酒的主要微生物，后者是产生己酸和白酒香味物质不可缺少的有益菌种，这样可以通过将黄水处理并利用其中的有益微生物添加到大曲中做成强化大曲。陈柄灿等通过利用黄水中的有益微生物，用黄水制备大曲，成品曲在酯化力、发酵力及糖化力等指标都有了很大的提高。

3. 用于改善白酒品质

通过对黄水与酒尾的微量成分分析，得知黄水与酒尾中含有大量的白酒呈香呈味的前体物质，采用酯化反应可以制得酯化液，用来勾调低档白酒，提高酒中的香味成分含量，增强酒体自然谐调的浑厚感，因而可提高低档白酒的品质。黄水的酯化反应是黄水的酯化深加工，其目的是产生出白酒香味成分，用来勾调白酒。目前酒厂所采用的酯化反应是引入酯化酶催化黄水中有机酸与醇的酯化，罗惠波等人在引入酯化酶的基础上加入了 TH-AADY（耐高温活性干酵母菌），黄水经过酯化后，总酯含量可达 120%~150%，特别是浓香型大曲主体香成分的己酸乙酯和乙酸乙酯的含量上升幅度高达 9 倍。赫江华将黄水粗滤后，添加高活性生物酶进行催化热裂处理，制得黄水调味液，该黄水调味液具有窖香、糟香的复合香和尾净的特点，用于新型白酒的勾调，增强新型白酒自然谐调感的效果明显。张宿义等人通过在黄水调味液中添加高活性生物酶，经催化热裂后的馏出液含有大量的白酒香味物质，利用其对白酒进行调味，能改善酒质，赋予白酒自然感；同时可以降低生产成本，减少污染。唐丽云通过利用优质黄水制作酯化液来提高浓香型白酒质量，产品在口感上有了明显的提升，达到了提高浓香型白酒优质品率和降低成本的目的。伍显兵等人对黄水用自制的酯化酶进行酯化，酯化液中己酸乙酯和乙酸乙酯的含量大幅度地提高。张培芳等人通过用酯化酶的方法酯化黄水，酯化液中己酸乙酯的含量由 70.0mg/L 提高到 2.49g/L，提高了 35.57 倍，加以处理后可以用来勾调低档白酒。因此，黄水酯化是合理利用黄水，改善酒质，提高企业收益和实现绿色生产的有效途径。

（二）开发新产品

1. 利用黄水二次发酵生产食醋

黄水中含有大量的有机酸，其中乙酸和乳酸的含量最多，并且还含有与食醋香气成分含量相接近的香味物质。因此，通过对黄水调配二次发酵，或者进行相关处理后，可进一步加工成具有特色风味的优质食醋产品。张志刚等人通过采用大曲对黄水进行二次发酵，生产出的食醋既质量好又有特色。杨新力将新鲜黄水分离得到酸、酯、醛等物质，再经过脱臭、脱色、分解、浓缩等处理后，可调配成不同风味的食醋。

2. 利用黄水中的乳酸制备有机钙

乳酸在食品、医药、化工等行业市场需求量非常大，且需求量每年都在不断增加。在新鲜黄水中，乳酸的含量可达到 $2\times10^3 \sim 3\times10^3 mg/L$，并且黄水中还含有高达 $50 \sim 54 g/L$ 的糖类物质，这些糖类物质可被微生物加以利用进行乳酸发酵，进一步提高乳酸的含量。罗惠波等人通过对黄水中的微生物进行筛选培养，得到了性状优良的乳酸菌，再利用该菌种对黄水发酵生产乳酸，发酵液中的乳酸含量较黄水有大幅度的提高。王国春等人将乳酸从黄水中提取出来，再将其制成乳酸钙，也取得了良好的效果。然而，黄水还含有其他很多与乳酸性质相近的有机酸，如果用黄水生产纯的乳酸或乳酸钙时，就会面对较大的困难；如果用黄水生产复合型有机酸钙，就会相对容易得多，该法是一种值得推广应用的方法。

3. 利用黄水发酵制备丙酸

丙酸在食品加工中的用量与日俱增，黄水中的乳酸和还原糖作为丙酸发酵的碳源物质，黄水中的含氮物质、菌体自溶物、微生物生长因子可以满足丙酸菌的生长需求，利用丙酸菌对黄水进行发酵生产丙酸，可作为酿酒企业合理开发黄水的另一途径。梁慧珍等人通过将丙酸菌固定化，对黄水中的糖类物质和乳酸进行发酵制取丙酸，产酸量高达 17.9g/L。周新虎等人以黄水、米酒醪液和酒精醪液为筛选源，采用固体 MRS 和琼脂黄水为筛选培养基，选育出 3 株利用黄水碳源能力较强的菌株，将这 3 株菌按不同比例混合对黄水发酵，发酵结束后，发酵液中的乙酸和丙酸含量分别达到了 496.97mg/L 和 603.03mg/L。

4. 利用黄水中的氨基酸生产酱油

通过测定，黄水中的氨基酸含量高达 2.1g/L，而氨基酸含量是酱油的主要质量指标，普通酱油中氨基酸的含量大约为 3.9g/L。郭憬等人先用超临界 CO_2 萃取黄水中的风味物质，然后以残留的黄水母液为原料，经过浓缩、除酸和配兑食品添加剂等工艺过程，制备出高品质的风味酱油调味液。

（三）发酵基质的原料

黄水中含有各种氨基酸、蛋白质分解物，其中菌体自溶也释放了多种含氮化合物，因此可以提取黄水中的含氮物质进行加工生产液体蛋白饲料。韩小龙等人通过利用酶水解黄水中残留的蛋白质制得富含各种氨基酸的溶液，然后将该氮源溶液应用于酒精生产中酒母的培养，结果黄水氮源溶液培养酒母的效果优于尿素作为氮源的培菌效果。蒲岚等人利用黄水作为灵芝菌丝体培养的培养基，通过优化培养条件，培养得到的灵芝菌丝体干重可达 1.308g/100mL。刘丹等人研究采用米曲霉降解黄水中营养物质，发现米曲霉 CGMCC5992 能有效降解黄水中的有机物质，可显著降低黄水的 COD。

（四）食品防腐剂

黄水中不但含有各种丰富的营养物质，而且还含有丰富的有机酸，利用有机酸进行防腐效果不错。同时，黄水是通过酒醅发酵产生的，没什么危险性，因而可以将黄水处理后用作食品防腐剂。杨新力等对黄水进行除杂、脱臭、脱色以及浓缩等处理后，将其加工成酸度为8%的黄水处理液添加入酱油，防腐效果良好。

（五）保健休闲品

江西李渡酒业有限公司充分利用酿酒剩余的锅底黄水，制作出酒糟黄金水泡脚液，为来到企业参加体验式活动的游客提供泡脚休闲服务，能有效消除游客的疲劳，开创了黄水用于休闲性项目的先河。

（六）利用黄水指标来评价发酵状况

大多数酒厂在开窖起糟时召开开窖鉴定会议，在滴窖期间，组长和管窖人员要选定适当的时间，召集全组人员，对该窖的母糟、黄水进行感官评价。通过黄水的色泽、悬头和味道判断粮糟发酵情况，以此来调整下一轮发酵的入窖条件。因此，通过对黄水的感官鉴定：眼观其色、鼻嗅其气、口尝其味、手摸悬头，就可大体判断母糟发酵的正常与否。韩永胜等人对浓香型白酒黄水质量评价及检测进展做了比较全的综述，得出黄水的质量评价体系可以通过黄水的感官因素、理化指标和卫生指标三方面来进行单因素的评定，感官因素可以通过颜色、味道、悬头等方面进行评定，理化指标可以通过总酸、总酯、还原糖等进行评定，微生物指标可以通过培养测定细菌、酵母菌、霉菌等的数量来评定，最后可通过单因素评价的方法来综合评定黄水的质量。方军等人采用建立的酿造用水数学模型应用于浓香型白酒生产，应用模糊数学对出窖母糟和黄水进行感官质量的综合评价，使评判趋向数学化、定量化、系统化，评判效果良好，达到了更正确地反映母糟和黄水实际情况的目的。

三、黄水全利用技术

以翟公先的发明专利《酿酒废黄水综合利用技术》（专利号：201010137932.2，授权时间：20130116）为例，介绍黄水全利用技术的具体情况。

（一）技术特点

目前行业内对黄水主要采用简单酯化的方法将黄水酯化后直接兑入锅底蒸馏，不仅利用效率较低而且严重影响锅底水的COD含量，清洁生产的效果较差。黄水具有高COD、高氨氮等特点，处理难度大，不能稳定达标排放。通过黄水综合利用技术的清洁生产，对黄水进行全利用，可削减高浓度黄水的排污，大大减少稀释用冷却水的使用量，降低了废水处理站处理污水及其污染物的负荷，同时能增加酿酒企业的经济效益。

（二）技术原理

将黄水与食用酒精混合沉淀两次后，分离出上清液与含有蛋白质、腐殖物和胶状物质的沉淀物。将分离的黄水沉淀物兑入窖泥基质中，培养优质的人工窖泥，对分离的黄水上清液再次进行蒸馏分离，可获得酿酒调味液和复合有机酸。其中，调味液主要用于勾调成品白酒，复合有机酸可以作为生产香醋或乳酸的原料。因此，黄水被有效地全利用，从而实现了清洁生产。

（三）工艺流程

黄水全利用工艺流程如图8-14所示。

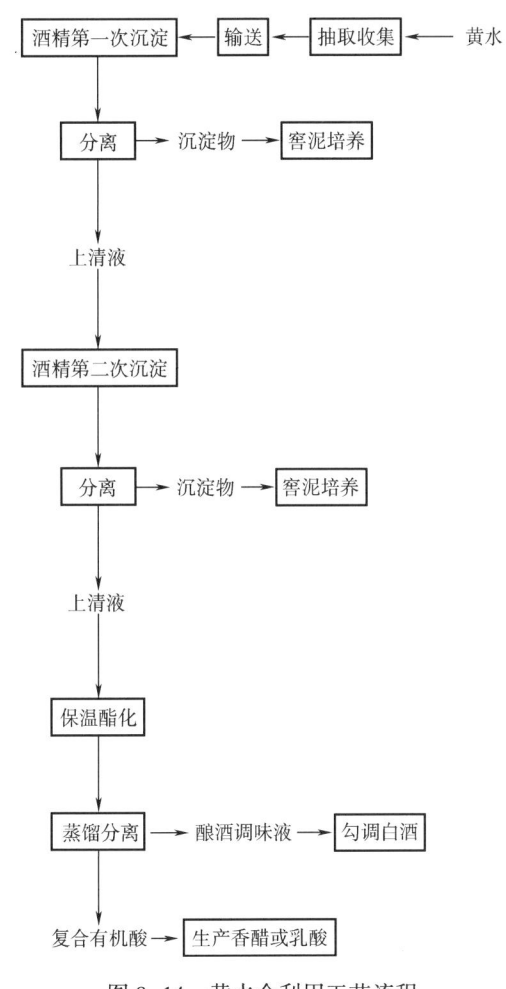

图8-14　黄水全利用工艺流程

（四）技术要点

（1）黄水预处理　从酿酒生产窖池内抽取出黄水，其中含有多种有机酸和酒精混合物，将黄水过滤浓缩进行净化处理。

（2）酒精沉淀与分离　在预处理后的黄水中兑入95%vol食用酒精，黄水∶食用酒精=1∶3（质量比），自然沉淀24h后，分离出蛋白、腐殖质和胶状物质的沉淀物；上清液继续自然沉淀约48h后，再次分离出蛋白、腐殖质和胶状物质的沉淀物。收集两次沉淀物共1%~1.5%，直接兑入有机窖泥中用于窖泥培养。

（3）保温酯化　将收集的上清液在40~60℃下恒温酯化，历时40~45d。

（4）蒸馏分离　调整浓度和pH后进行蒸馏分离，利用大型蒸馏设备充分蒸馏20~30min，分离出酒度80%vol以上的酿酒调味液和复合有机酸，并将高度酿酒调味液替代食用酒精作为下一阶段黄水的混合物。如此循环三次后，可得到约占混合物总量78.5%的酿酒调味液，将酿酒调味液直接用于勾调普通白酒；同时可得到约占混合物总量21.5%的有机复合酸，复合有机酸可以作为生产香醋或乳酸的原料。

（五）应用效果

宋河酒业公司每班每天可抽取优质黄水约411kg，兑入1233kg 95%vol食用酒精，经两次共72h自然沉淀后获得含有蛋白、腐殖质和胶状物质的沉淀物共16440g，获得混合物共1627g，将其45d保温酯化后直接导入蒸馏罐内常温蒸馏，25min后获得约90%vol的酿酒调味液1277kg，获得纯度较高的复合有机酸350kg。

第三节　废水的生态处理技术

白酒生产废水基本上可以分为高浓度有机废水和低浓度有机废水两部分。其中，高浓度废水包括：蒸馏锅底水，白酒糟废液，发酵池渗沥水，地下酒库渗漏水，蒸馏工段冲洗水，制曲废水及粮食浸泡水等，其主要成分为水、低碳醇（乙醇、戊醇、丁醇等）、脂肪酸、氨基酸等，这些废水中COD_{Cr}、BOD_5、SS值高，成分复杂，pH为酸性，间歇性排放，属于主要污染物。低浓度废水包括冷却水，洗瓶水，场地冲洗水等，这些废水有机物浓度较高，含有较高的氮、磷污染物及悬浮物。白酒企业排放的废水属于易降解有机废水，通常的处理方法有物理法、化学法和生物法表示，处理过程通常分为预处理、二级处理和后处理三部分。其中，生物法为白酒废水主要处理方法，一般采用厌氧加好氧相结合的两级或三级处理工艺，白酒生产企业污水的好氧处理工艺主要有：序列间歇式活性污泥法（SBR法）、周期循环活性污泥法（CASS法）、生物脱氮除磷法（AO法、AAO法及其改进工艺）、生物氧化沟法、生物转盘、生物接触氧化法等（表8-12至表8-14）。

表8-12　白酒废水处理生化技术的比较

处理方法	优点	缺点
好氧法	不产生臭味的物质，处理时间短，处理效率高，工艺简单投资省	人为充氧实现好氧环境，牺牲能源，运行费用相对昂贵
厌氧法	高负荷高效率，低能耗投资省，可回收资源	多有臭味，高浓度废水处理出水仍然达不到排放标准，运行控制要求高
好氧-厌氧法	厌氧阶段大幅度去除水中悬浮物或有机物，提高废水的可生物性，为好氧段创造稳定的进水条件，并使其污泥有效减少，设备容积缩，中等投资	需要根据实际合理选择工艺进行优化组合，建造与操作比单纯好氧或纯粹厌氧复杂，有时运行条件控制复杂，管理难
微生物菌剂	处理系统启动快，效果好	高效优势菌种筛选难度大，技术不很成熟

表 8-13　　　　　　　　　　我国部分白酒企业废水处理工艺

生产企业名称	废水处理工艺
四川五粮液酒厂	两级 USAB-UBF-SBR
广东省九江酒厂	两级 EGSB-生物接触氧化法
贵州茅台酒厂	UASB-生物接触氧化法-中空纤维膜过滤
四川沱牌集团	AFB-CASS
河北衡水老白干	UASB-SBR
青岛第一酿酒厂	UASB-SBR
安徽文王酿酒有限公司	两级 UASB-CASS-生物滤池
山东银河酒厂	复合厌氧反应器-化学混凝
四川绵阳丰谷酒业	水解酸化-UASB-SBR-水生生物进化
河南宋河酒业	两级 UASB-絮凝沉淀-两级好氧滤池
江苏洋河集团有限公司	水解酸化-生物接触氧化-气浮

注：UASB—上流式厌氧污泥床，EGSB—厌氧膨胀颗粒污泥床，UAHB 或 UBF—上流式厌氧复合床，AFB—厌氧流化床，SBR—间歇式活性污泥，CASS—循环活性污泥。

表 8-14　　　　　　　　我国部分白酒企业高浓度废水工程治理措施及效果

生产企业名称	工程治理措施	处理效果
四川五粮液酒厂	酸化调节池-两段常温 UASB 装置-UBF-SBR	用于处理高浓度有机废水底锅黄水和冲滩水。各单元 COD 去除率为：酸化调节池 20%，两段 UASB 为 95%，UBF 为 60%，SBR 为 75%。采用该工艺进行资源化综合治理，可以达到国家排放标准
河南张弓酒厂	生物接触氧化法	工程处理水量为 4000m^3/d，进水 SS 值、COD、BOD 分别为 762、791、350.8mg/L 的条件下，排出水 SS 值、COD、BOD 分别为 28、55.0、23.5mg/L，处理后水质达到排放标准。单位处理成本为 0.51 元/m^3
广东省九江酒厂	EGSB 反应器-RC 好氧反应器	厌氧处理单元一级处理反应器能在 20kg COD/（m^3·d）左右稳定运行，并且有机物去除率平稳上升。若一级厌氧进水 COD 浓度在 25000mg/L 左右，二级厌氧出水通常在 2000mg/L 以内，总去除率达 90% 以上。高效、合理，处理成本低
安徽金沙酒业有限公司	两级预处理-两级厌氧（UASB 厌氧反应器、高效厌氧生物滤池）-A/O（厌氧水解-好氧）	处理废水产生量为 41000m^3/d，COD、BOD、SS 浓度分别为 4325、23787、6390mg/L 的高浓度废水。经该工艺处理后，废水中的 COD、BOD 等指标均能达标排放。采用自动化控制，提高系统的可操作性，便于管理
贵州茅台酒股份有限公司	UASB-生物接触氧化法-过滤	UASB 反应池 6 座，两级生物接触氧化罐 4 个。COD、BOD、SS 的去除率分别达到 93%、95%、99%。处理效率高、运行稳定、能耗低、容易调试，适合在白酒有机废水处理中推广应用

续表

生产企业名称	工程治理措施	处理效果
厦门亚洲酿造有限公司	水解酸化-低负荷活性污泥	酸化水解池，COD 的去除率约为 25%；低负荷活性污泥池 COD、BOD 的去除率高达 95%、98%。处理效果稳定，出水水质好，易于管理，不产生污泥膨胀，污泥量少，处理工艺简单，可直接作厂区内绿化用有机肥料
河南宋河酒业	两级 UASB-絮凝沉淀-两级好氧滤池	工程各单元设施处理效果明显，总排污口污染浓度为 COD 83.6mg/L，悬浮物 100mg/L。运行平稳，易于操作、单位处理费用低，工艺路线有操作弹性，对 COD、温度、流量变化适应性较强
江苏洋河集团有限公司	水解酸化-生物接触氧化-气浮-污泥脱水	进水 COD、BOD 浓度分别为 800~1500mg/L、800~1200mg/L，出水 COD、BOD 浓度分别为 40~80mg/L、30~55mg/L。工程采用 CQV-H 型高效回转气浮，比平流式、竖式气浮的效率高，运行费用低，操作方便

注：同表 8-13。

一、高浓度酿酒废水处理技术

以广州市环境保护工程设计院有限公司谢洁云报道的研究"'IC+CASS+BAF'工艺处理酒厂高浓度废水"为例（IC，厌氧高效内循环；CASS，循环活性污泥；BAF，曝气生物滤池），介绍酒厂高浓度废水的"物化+生化"的联合处理技术情况。

（一）技术特点

采用本工艺处理高浓度酿酒废水经实践证明是成功的，并具有以下优势：①处理系统采用"IC+CASS+BAF"作为主体生化处理工艺，废水中绝大部分污染物得到去除，废水得到净化；②处理系统运行稳定，效果显著，废水直接处理成本为 2.1 元/t 水。

（二）技术原理

处理系统采用"物化+生化"的组合处理工艺，其中物化预处理采用"微滤+沉淀"工艺，废水先通过微滤机和沉淀池，将水中的悬浮物和部分有机物截留，减轻后续负荷；生化处理工艺中，为加快 IC 对有机物浓度的降解，对废水进行预酸化处理后再进行 IC 主体厌氧处理工艺；CASS 适合处理进水水源不均匀、水质变化大的情况；经过"IC+CASS"工艺处理，废水中在部分有机物被降解，但 COD 仍然较高，接着采用 BAF 工艺对 CASS 池的出水进行浓度处理，将废水中难以降解的有机物进一步降解和脱色，从而保证 COD 和其他各项指标均达标排放。

（三）工艺流程

"IC+CASS+BAF"联合处理酒厂高浓度废水的工艺流程如图 8-15 所示。

（四）技术要点

在高浓度废水处理规模为 1000m^3/d 的设计能力下，主要技术参数：

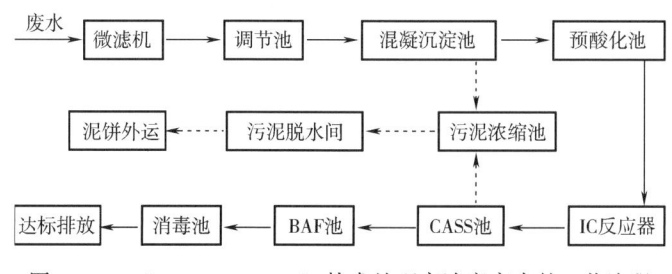

图 8-15 "IC+CASS+BAF"技术处理高浓度废水的工艺流程

（1）调节池　调节池一座，有效停留时间为20h，采用机械搅拌，设微滤机一套，提升泵两台。

（2）混凝沉淀池　混凝沉淀池一座，表面负荷 $1.0m^3/(m^2·h)$，设刮泥机一套，污泥泵两台。

（3）预酸化池　预酸化池一座，有效停留时间为12h，设搅拌系统一套。

（4）IC反应器　IC反应器一座，有效停留时间为25h，设沼气处理系统一套，三相分离器一套，循环水泵两台。

（5）CASS池　CASS池一座，有效停留时间为28h，设曝气处理系统一套，污泥排泥系统一套，滗水器三台。

（6）BAF池　BAF池一座，水力负荷 $2.1m^3/(m^2·h)$，设曝气处理系统一套，反冲洗系统一套。

（五）处理效果

此技术处理高浓度酒厂废水，在四川和贵州等地酒厂应用效果显著。IC反应器、CASS池、BAF池对COD的去除率分别达到80%、90%和40%以上，各工段运行稳定，废水经处理后水质达到目标排放标准（表8-15）。

表 8-15　水质处理前后的对比

项目	COD	BOD_5	SS	NH_3-N	pH
废水进水水质	12000	4000	1500	30	4~5
出水要求	100mg/L	30mg/L	70mg/L	15mg/L	6~9

二、酒厂污水的厌氧沼气循环利用技术

江苏洋河酒厂股份有限公司洋河基地污水处理站占地面积1.65万 m^2（南北长165m，东西宽100m），2012年建成并投入使用，日处理酿酒产污水5000~6000t。污水处理站以"科学管控、高效运行、凝心聚力、追求极致"为己任，通过创新构建"污水锅炉一体化运行"模式，运行收益取得最大化（图8-16）。2021年以来，公司投入3000万元用于污水扩能升级改造项目一期、二期工程建设，实现了污水运行全流程信息化、自动化、数字化管控（图8-17）。在污水处理过程中，采用升流式厌氧污泥床（UASB）处理技术，将沼气转化为蒸汽，用于酿酒生产和污水加热，实现了资源的循环利用。

图 8-16　洋河基地污水处理站

图 8-17　洋河污水处理站运行信息化平台

（一）技术特点

1. 废水处理达标后排放

生产废水及生化污水经过管道自流进入污水站集水井，通过调节池调节水量、pH后，进入厌氧环境去除污水中高浓度有机物，再经生化好氧脱氮、投加化学药剂去除总磷后实现出水达标排放。

2. 回收沼气转化为热源

本项目采用 UASB 工艺，具有厌氧过滤及厌氧活性污泥法的双重特点，能够将污水中的污染物转化成再生清洁能源——沼气。厌氧产生的沼气通过锅炉燃烧产生蒸汽，用于酿酒生产和污水加热。

3. 过滤污泥干化后焚烧

系统中产生的污泥经过浓缩池收集后，投加聚丙烯酰胺，经离心机脱水，实现污泥干化后焚烧处理。

（二）技术原理

UASB 由污泥反应区、气-液-固三相分离器（包括沉淀区）和气室三部分组成，在底部反应区内存留大量厌氧污泥，具有良好的沉淀性能和凝聚性能的污泥在下部形成污泥层。要处理的污水从厌氧污泥床底部流入与污泥层中污泥进行混合接触，污泥中的微生物分解污水中的有机物，把它转化为沼气。沼气以微小气泡形式不断放出，微小气泡在上升过程中不断合并，逐渐形成较大的气泡，在污泥床上部区域，沼气搅动作用使得低浓度污泥与水混合形成悬浮层，该混合物随气流上升进入三相分离器，沼气碰到分离器下部的反射板时，折向反射板的四周，然后穿过水层进入气室，集中在气室的沼气用导管导出，固-液混合液经过反射进入三相分离器的沉淀区，污水中的污泥发生絮凝，颗粒逐渐增大，并在重力作用下沉降。沉淀至斜壁上的污泥沿着斜壁滑回厌氧反应区内，使反应区内积累大量的污泥，与污泥分离后的处理出水从沉淀区溢流堰上部溢出，然后排出污泥床。

（三）工艺流程

污水处理与沼气利用的工艺流程见图8-18。

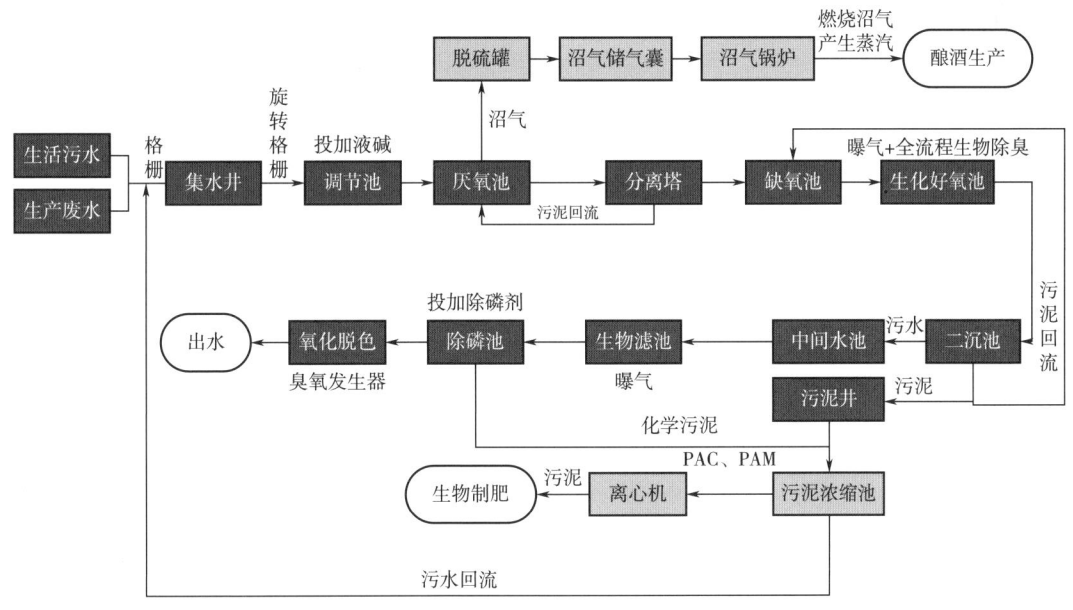

图8-18　污水处理与沼气利用的工艺流程
注：PAC：聚合氯化铝；PAM：聚丙烯酰胺。

（四）技术要点

厌氧反应在厌氧系统中完成，运行的参数见表8-16。厌氧反应可分为水解、酸化、产氢和产乙酸、产甲烷四个阶段，酿酒生产的废水在各个阶段经历不同的反应，最终达到去除COD和产生沼气的目的。

（1）水解阶段　污水中大分子有机物转化为小分子有机物，它们在第一阶段被细菌胞外酶分解成小分子。

（2）酸化阶段　发酵细胞中的酸化细菌将上述小分子化合物转化为更简单的化合物，并分泌至细胞外。这一阶段的主要产物是挥发性脂肪酸（VFA）、醇类、乳酸、二氧化碳、氢气、氨、硫化氢等，同时酸化细菌也利用其中的一些物质合成新的细胞物质。因此，未充分酸化的废水在厌氧处理过程中会产生更多的剩余污泥。

(3) 产氢及乙酸阶段　产酸菌产物被乙酸菌转化为乙酸、氢气和二氧化碳。

(4) 产甲烷阶段　上一阶段产物在产甲烷菌作用下，转化为甲烷、二氧化碳和新的细胞材料。

表 8-16　　　　　　　　　　　厌氧系统运行的主要参数

序号	项目名称	参数	数量
1	厌氧塔	1. 本体材质为304不锈钢，沼气室采用玻璃鳞片防腐 2. 直径10m，高度21m 3. 4组抗堵塞布水器 4. 底部三相分离器1套 5. 顶部三相分离器1套 6. 沼气循环搅拌器1套 7. 沼气自动泄压器1套 8. 304不锈钢、取样阀3组（DN20） 9. 沼气管道排水阀1套 10. 304不锈钢隔离型温度计1套 11. 外层10cm保温层，304不锈钢保护壳 12. 检修平台，宽度1m，25mm厚玻璃钢平台	6套
2	厌氧池	建筑材质为钢混，内净尺寸：50m×18m×12m（地面下3m，地上9m），配置： 1. 脉冲布水装置：10套；材质：不锈钢 2. 组合填料架：10套；材质：碳钢 3. 组合填料：ZHT-80-150；数量：2700m^3；材质：醛化丝及PE 4. 三相分离器：10套；材质：碳钢 5. 集水槽：10套；材质：不锈钢 6. 电阻温度计10台 7. 电动阀：DN150；数量：10只 8. 配置现场控制柜：2台 9. 取样装置：10套（30只DN25取样阀） 10. 内循环泵：20台，10用10备；流量：400m^3/h；扬程：10m；电机功率22kW	1座

（五）应用效果

1. 年产沼气 1128 万 Nm^3

厌氧进水 pH 为 5.8~6.5、进水温度 30~36℃，流量 200~260t/h，进水 COD 为 6000~14000mg/L，出水 pH 在 7~7.5 范围，出水温度在 30~36℃。经厌氧处理，出水 COD 为 1000~3000mg/L，2023 年处理污水 170 万 t，产生沼气 1128 万 Nm^3。

2. 年产蒸汽 15 万 t

厌氧反应产生的沼气由管道收集，经脱硫罐（7m^3/个，共6个）脱硫后，缓存至沼气储气囊中，再经风机抽至沼气锅炉燃烧。本项目采用三浦工业（中国）有限公司生产的锅炉，共计9台（2台2t，7台4t），最大蒸发量32t/h，产生的蒸汽通过管道输送至酿酒车间，以及寒冷季节污水处理加热使用。2023 年转化蒸汽 15 万 t，直接经济收益 2655 万元。

三、酿酒废水的沼气发电技术

为推进白酒酿造废水中有机物资源化利用，变废为宝，切实贯彻好循环经济与可持续发展的思想，五粮液综合利用废水站厌氧发酵产生沼气，使用自主研发的新型燃气发电机组，将沼气转化为电能，建成国内最大的固态白酒生产企业酿酒废水沼气发电示范项目。该项目作为2020年度宜宾市大气污染防治重点目标任务，已于2020年5月由国家电网四川省电力公司宜宾供电公司完成并网验收，正式发电并入电网运行。该项目实现了减污降碳、协同增效，是兼具经济、环境和社会效益的生态环境保护示范工程，对推动行业绿色化、智能化、低碳化发展具有引领示范效应。

（一）技术特点

该项目综合利用五粮液废水站厌氧发酵产生的沼气，通过公司子公司"重庆普什机械有限责任公司"自主研发生产的新型燃气发电机组，将沼气转化为电能，变废为宝。

（二）技术原理

酿酒废水中含有大量的有机物质，在厌氧处理过程中可产生大量沼气，通过燃气发电机组（图8-19），可将废水厌氧处理产生的沼气转化为电能。

图8-19　燃气发电机组

（三）技术路线

重庆普什机械有限责任公司周海明、杨润岱、冒续伍等的发明专利《一种瓦斯气发电机组自动控制方法及装置》（专利号：ZL202110653287.8，获得授权日期：2022-08-19）应用于五粮液废水沼气发电项目，其自主研发的沼气发电系统主要由沼气储存柜、脱硫塔、发电机组等组成。沼气发电工艺流程如图8-20所示，厌氧产生的沼气在沼气储存柜存储，经过脱硫塔除去沼气中的H_2S，再经脱水器去除沼气中的液态水，然后进入沼气发电机发电。

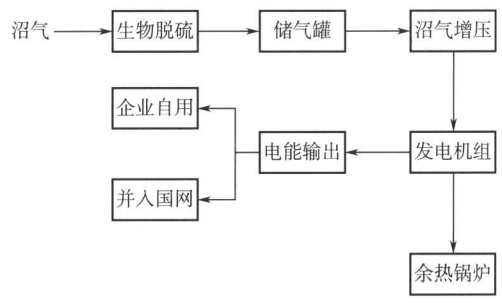

图8-20　沼气发电工艺流程

（四）技术要点

沼气发电工艺流程中，核心技术是发电机组自动控制。此发明专利可以简洁方便地实现瓦斯气发电机组一键启动功能、自动加载至目标功率运行，解决瓦斯气发电机组的启动机组困难，自动化程度不高的现状，实现无人值守功能。自动控制方法包括以下步骤：

（1）响应用户按下启动键，开始计时，延时 t_1 打开启动电机，延时打开电磁阀。

（2）根据空燃比数据确定燃气电磁阀开启条件，当空燃比>预设空燃比 λ 时，电磁阀开启时间按照空燃比与电磁阀的比值来确定；当空燃比≤预设空燃比 λ 时，电磁阀在机组转速大于预设转速 n 开启。

（3）启动成功判定条件应包含退马达操作后的延时阶段，在该延时周期内若实测转速持续超过预设转速阈值 n，则判定为启动成功。

（4）启动成功后维持在急速运行，监测滑油温度和/或冷却液温度作为急速/额速切换条件。

（5）机组达到额定转速并稳定运行预设时间 t_2 后，启动同步检查流程：初始同步检测 监测发电机电压、频率是否满足检同期预置条件，条件达标时向同期装置发送启动指令。精密同步校核 持续采集发电机与市电的电压幅值差、频率差、相位差，若满足同期条件时触发合闸许可。同步执行与容错 合闸指令发出后，断路器应在 200ms 内完成带载闭合；若在检同期时间内未找到同期点，发出故障复位到同期装置，再次发出检同期信号到同期装置，多次检同期失败后发出同期失败故障。故障恢复机制 停机后，检查故障原因；故障排除后执行复位，复位成功后自动转入步骤（1）。

（6）合闸后控制系统在自动加载状态下，按照预设目标功率自动逐级加载，运行过程中若遇保护减载则在稳定后自动逐级加载到目标功率。

（五）应用效果

五粮液废水沼气发电项目投资 2866 万元，包括 3 台 500kW 沼气发电机组并附属相关工程。新建集中污水处理厂，配套 6 台 1500kW 沼气内燃发电机和余热利用系统。

1. 经济效益

五粮液废水沼气发电项目年利用沼气约 400 万 m^3，年发电约 800 万 kW·h。新建集中污水处理厂配套沼气发电系统，年发电量约 5000 万 kW·h。

2. 社会和环境效益

五粮液废水沼气发电项目是宜宾市实现循环经济且能取得良好环境效益和经济效益的示范性工程。本项目每年可减少约 4000t 二氧化碳排放量，不仅减少了大气污染物的排放，而且增加了本地区的供电量，减轻当地的用电负荷，创造就业机会，对城市建设和经济持续发展产生巨大的间接效益。同时，五粮液废水沼气发电项目获评四川省"低碳发展优良实践案例"、服贸会"绿色发展服务示范案例"、中国酒业协会"酒类企业社会责任案例" 等多项优秀案例。

四、酿酒废水的生态湿地处理技术

为贯彻落实《中华人民共和国水污染防治法》《中华人民共和国长江保护法》《人工湿地污水处理工程技术规范》HJ 2005—2010 等法律和标准，进一步提升水处理质量，五粮液集团投资 7000 余万元，建设白酒行业首家规模最大、集景观功能、示范功能、污染治理功能于一体的"酿酒废水的生态湿地处理技术"项目。项目于2017年10月开始施工，2018年6月全面完工。从高空俯瞰，整个湿地呈现出五粮液LOGO的形状，LOGO的图案线条就是一道道田坎，将整个湿地分成了七八个池塘，池塘中芦竹林立、水草丰满，成为众多野生动物的乐园。在这里，已经处理达标的园区废水经过再次净化，超越岷江、沱江排放标准，以清水回归自然。

（一）技术特点

该项目采用不饱和垂直流滤床和表面流滤床工艺，利用湿地中植物、微生物和生态填料的物理、化学和生物作用达到污水净化的目的，湿地也为众多野生动物提供了栖息环境，在酿酒企业污水深度治理中开拓创新设计了湿地解决方案。处理后废水经生态湿地进一步净化至流域排放标准后作为生态补水，收割植物可为下一步生物质热解多联产固碳项目提供原料。同时，本工程中湿地充分利用垂直空间，较一般湿地系统节约了大量占地面积。

（二）技术原理

环保生态湿地工程采用不饱和垂直流滤床及表面流滤床两级生态湿地工艺，利用垂直分布的石英砂、火山石、铁矿渣、砾石四层生态填料形成的微生物菌群及水生植物去除污染物质。垂直流滤床为整个工程工艺设计的核心部分，如图8-21所示。污水中的COD_{Cr}、BOD_5和氨氮等污染物同滤床滤料层中附着的微生物进行好氧反应，微生物将污染物充分降解；含磷污染物将在滤床滤料层中吸附沉淀；含氮污染物主要通过硝化反硝化过程去除。人工生态滤床系统利用湿地中植物、微生物的生物作用完全达到污水净化的目的。湿地系统具有十分强大的生态功能，无任何消耗，无次生污染。

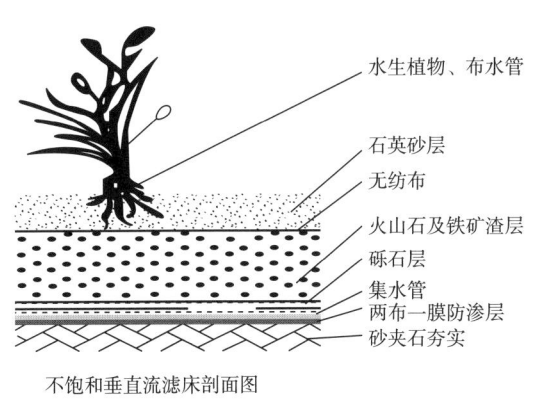

图8-21 不饱和垂直流滤床剖面图

（三）工艺流程

生态湿地处理污水的工艺流程如图8-22所示。园区废水深度处理站排出的废水先后通过多层生态填料，微生物在填料中附着形成生物膜，通过呼吸分解、硝化、反硝化等作用降解氮、有机物等污染物；生态填料也可吸附、阻截废水中的部分污染物（悬浮物、磷酸盐等），配合植物的吸收，将污染物无害化。园区排水经过生态湿地处理后，指标满足《四川省岷江、沱江流域水污染物排放标准》限值要求。

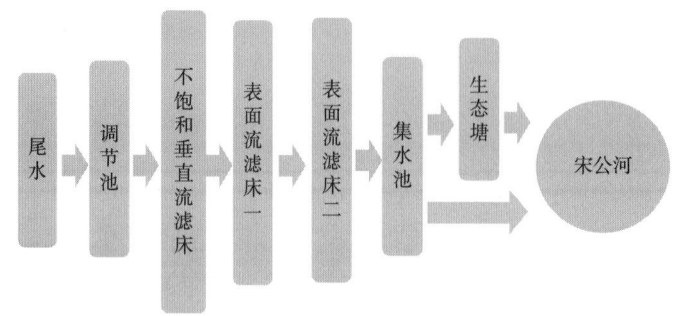

图 8-22　生态湿地处理污水工艺流程

（四）应用效果

1. 经济社会生态三效兼得

五粮液环保生态湿地项目位于宜宾市北岩寺前，建设面积 23000m²，设计处理能力 10000m³/d。据测算，该项目自运行以来，每年可进一步去除 60% 的氨、氮、总磷，每年可补给宋公河生态用水 300 万 m³ 以上。同时，该环保生态湿地融入了五粮液文化元素，配合五粮液 5A 级景区创建，集工业废水生态处理、景观打造和示范效益功能于一体（图 8-23 和图 8-24）。

图 8-23　五粮液环保生态湿地

2. 具有行业示范引领作用

五粮液提出并牵头制定 DB 5115/T34—2020《酿酒废水人工生态湿地处理技术规范》，

图 8-24 五粮液环保生态湿地常见鸟类

对酿酒废水生态湿地处理给出了技术架构和操作指南,为行业废水处理提供技术支撑。该项目既能改善河道及周边生态环境,又能提高宋公河水质,助力长江经济带生态屏障建设,是全国白酒行业首家废水生态处理的示范项目,得到了国家生态环境部的充分肯定。此外,该项目获评"四川省节能环保品牌示范项目奖"奖项和服贸会"绿色发展服务示范案例"、中国酒业协会"酒类企业社会责任案例"等多项优秀案例。

第四节 尾酒的利用技术

浓香型白酒在蒸馏的中后段,随着馏分酒精度的降低,一般可将混合样酒精度为40%vol 以下的馏分称为酒尾。尾酒相对于原酒而言,其酒精度较低,醇溶性物质如绝大部分酯类、醇类等含量较低,水溶性组分如乳酸乙酯、部分有机酸等含量较高。由于己乳倒挂等问题,导致其味杂、尾不净、香气闷、酸涩味重等缺陷。目前,除少数企业留存少部分用于调味外,都是将其回底锅复蒸,在此过程中会造成酒精及香味组分的一定损耗,如何实现尾酒中有益成分的充分利用是许多酒企亟待解决的问题。

一、尾酒的膜分离技术

以江苏洋河酒厂股份有限公司周新虎等人的《膜分离技术在尾酒中的研究及应用》为例,介绍膜分离技术对尾酒再利用的具体情况。

(一)技术特点

膜分离技术是指在分子水平上不同粒径分子的混合物在通过半透膜时,实现选择性分离的技术。膜分离技术自 1950 年开始应用于海水的脱盐,至今已经成为最具发展前景的高新技术之一,被广泛应用于化工、制药、生物以及食品工业等领域。其主要特点为:

(1)常温处理 在常温下进行操作,有效成分损失极少,特别适用于热敏性物质,如抗生素等医药、果汁、酶、蛋白质的分离与浓缩。

(2)能耗低 只需电能驱动,能耗极低,其费用约为蒸发浓缩或冷冻浓缩的 1/8~1/3。

(3)无化学变化 典型的物理分离过程,无相态变化,不用化学试剂和添加剂,产品不受污染。

（4）选择性好　可在分子级内进行物质分离，具有普遍滤材无法取代的卓越性能。

（5）适应性强　处理规模可大可小，可以连续也可以间隙进行，工艺简单，操作方便，易于自动化。

（二）技术原理

在优先透醇膜分离过程中，膜材料对目的成分具有优先选择透过的功能。原料液进入膜上游侧，膜的另一侧抽真空，有效成分优先在膜表面溶解，在膜两侧分压差驱动下，在膜内以不同速度扩散至膜下游侧汽化，蒸汽通过冷凝、脱附后富集，而杂味分子被截留在膜上游侧，从而实现目的成分和杂味分子的有效分离。

（三）工艺流程

优先透醇膜分离酒尾的工艺流程如图8-25所示。

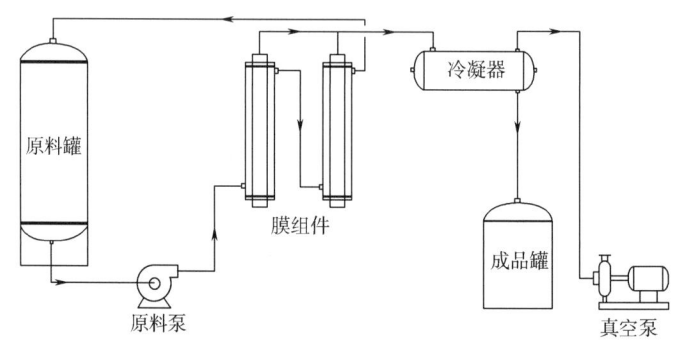

图8-25　优先透醇膜分离酒尾工艺流程

（四）技术要点

如图8-25所示，将尾酒输入原料罐，通过原料泵进入预热器，达到预定温度后以液态形式进入膜上游侧，膜下游侧用抽真空加冷凝方式在膜的上下游形成组分的蒸汽分压差，原料中的有效成分经膜渗透至膜下游侧，在真空条件下汽化，渗透蒸汽在真空机组抽吸下进入冷凝器，冷凝后以净化酒进入产品罐，膜上游侧被截留的渗余液通过换热器降温后进入渗余液贮罐。优先透醇膜材料为无机陶瓷膜，通过对材料的优化，可优先透过己酸乙酯等醇溶性组分。

（五）应用效果

采用优先透醇膜分离技术在渗透温度45℃、70%提取率条件下，可得65%vol左右净化酒，己乳比更加协调，其他醇、酯类等微量成分有效富集（表8-17），香气较纯正，无糟香，酒体较干净。达到清除尾酒杂味、香味富集、增己降乳的目的，品质显著改善，提高了尾酒附加值。

表 8-17　　　　　优先透醇膜分离技术处理尾酒效果的主要指标比较

项目	尾酒	样品			
		渗透液	A	B	C
酒精度/［%vol］	46	65	60	51	46
总酸/（g/L）	1.16	0.52	0.76	0.98	1.13
己酸/（mg/100mL）	58.15	27.08	37.35	47.84	58.21
乙酸/（mg/100mL）	40.73	24.11	29.54	35.23	40.77
己酸乙酯/（mg/100mL）	92.36	130.63	117.69	105.06	92.24
乳酸乙酯/（mg/100mL）	468.50	121.93	237.11	352.83	468.72
乙酸乙酯/（mg/100mL）	110.08	155.09	140.13	124.79	109.93
丁酸乙酯/（mg/100mL）	18.58	25.63	23.31	20.83	18.66

二、尾酒发酵生产酯化酶技术

红曲是中国古代的一项发明，用于制酒、酿造食品、医药等。当今对红曲霉的应用在国际上极为重视，近年召开过多次国际性会议，由红曲霉生产的含 Monacolin 的降脂药物就是一例。红曲霉的生产涉及食品安全、生态环境，在欧洲已经将天然红曲色素作为发酵香肠的发色剂，取代其他化学色素，且有防腐作用。吴衍庸等红曲酯化酶的研究成果 1998 年在法国图卢兹召开的"红曲霉培养和应用"的国际性专题讨论会上被认为对红曲霉研究填补了一项空白。酯化酶生物合成香酯技术，在中国白酒走向生态化生产的今天用于白酒生产将是必然趋势。

姚继承等完成的"酯化红曲的制备及应用"成果经鉴定达到国际先进水平，获得 2014 年湖北省科技进步奖二等奖。本项目采用现代微生物菌种选育和生物酶工程技术等现代生物技术，在已有优良菌株的基础上，选育出有着高酯化力、高糖化力以及安全型的红曲菌株，应用生物酯化酶技术以白酒酿造副产物黄水、酒尾和底锅水为主要原料制备生物酯化液，实现酒厂"节能减排，资源循环利用"。下面以姚继承等人的《酯化红曲的制备及应用》成果为例，介绍黄水酯化技术的具体情况。

（一）技术特点

浓香型酒主体香成分为己酸乙酯，窖内发酵己酸为前体物由产己酸细菌产生，而由己酸合成己酸乙酯则依赖产酯菌作用，泸型红曲酯化菌则具有这项功能，只需要将酯化酶新技术在窖外生产酯化液，这种酯化液用于浓香型酒生产即可提高优质品率、缩短发酵周期，它更适应北方短发酵期浓香型酒的生产、其他尚可用在液态发酵或固、液结合生产浓香型酒上。因此，利用黄水发酵制作酯化液，酯化液在提高白酒质量和提高经济效益上都有较高的应用价值，还可减少因黄水应用不当而造成的环境污染，是一种一举多得的工艺技术。

（二）技术原理

黄水是在白酒发酵过程中由糟醅及窖泥中的水分和各种营养物质经微生物的代谢、酶促作用、有机反应形成颜色较深的黏稠状液体物质，通过糟醅淋浆及窖泥浸出流入到窖池底部。黄水中含有丰富的酸、酯、醇、醛有机成分，其中总酸、总酯含量较高，尤其是己酸高达 3g/L。用黄水做酯化液，为酯化反应生成己酸乙酯提供了良好的底物反应条件，这些有机成分在酯化酶的作用下，生成己酸乙酯含量很高的酯化液。

（三）技术要点

1. 酯化液配比

①20%vol 的酒尾 20%；②黄水 45%~50%；③大曲粉 2%；④香醅 2.5%；⑤超浓缩己酸菌液 8%；⑥窖底泥 2.5%；⑦酒精 10%；⑧有机溶剂 0.5%~2%；⑨酯化红曲 8%。

2. 操作程序

将上述配方所列物质①~⑥按比例配好后，放入发酵容器内搅拌均匀（测试 pH 为 4.5~6.0），密封，30~35℃保温培养。每天搅拌一次，培养 15d 左右，将液体取出倒入另一容器中，加入配方中的⑦~⑨项物质，搅拌均匀，密封，40~45℃生化反应。每天搅拌一次，生化反应 15~20d，开缸可闻到以己酸乙酯为主浓郁的复合香气。

（四）应用效果

用以上配方及工艺生产酯化液已经成熟，所产酯化液总酸在 7~8g/L 以上，己酸乙酯在 25g/L 以上。酯化液用于成品酒（中，低档酒）的勾调，主要优点是酒体自然感强、绵甜、主体香突出，免除化学合成香料调香中所产生的浮香，从而使普通白酒真正地向优质酒转化。酯化液不仅可以用于传统工艺中进行串香增香，同时也可以用于小曲生料及全液态法酒的串香增香，丢糟酒精串香，固液结合配制酒加香等多种用途，使酒质风味自然。

第五节　固液香味成分共提技术

近年来，固态法白酒生产中固液副产物的共同开发技术取得了长足进步。但在 21 世纪初，白酒产业与国家社会发展及财政增收密切相关，当时白酒生产因耗粮、产能过剩等问题发展严重受限，结构调整和产业链的延伸成为实现其可持续发展的关键。作为传统的酿造风味饮品，产品品质决定于白酒发酵过程中形成的呈香呈味物质。白酒用呈香呈味物质生成缓慢、含量极低，传统的蒸馏提取方式提取率低（小于 30%），纯化技术难度极大，造成白酒优质资源的极大浪费和环境污染，从而严重制约了固态白酒品质提升和效益的提高。对当时研究现状的查新表明，传统技术尚不能有效解决这一共性技术难点，成为实现其"优质、高效、生态、安全"生产的"瓶颈"。如果能从酿酒资源（黄水、丢糟、酒尾等）中安全、高效、低成本地提取呈香呈味物质，将会对白酒行业的发展起到里程碑式的作用。五粮液集团率先采用超临界萃取技术从白酒生产的固液副产物中提取香味成分，下面介绍该技术的具体情况。

一、技术特点

（1）萃取和分离合二为一，当饱和的溶解物的 CO_2 流体进入分离器时，由于压力的下降或温度的变化，使得 CO_2 与萃取物迅速成为两相（气液分离）而立即分开，不仅萃取的效率高而且能耗较少，提高了生产效率也降低了费用成本。

（2）CO_2 是一种不活泼的气体，萃取过程中不发生化学反应，且属于不燃性气体，无味、无臭、无毒，安全性非常好。

（3）CO_2 气体价格便宜、纯度高，容易制取，且在生产中可以重复循环使用，从而有效地降低了成本。

（4）压力和温度都可以成为调节萃取过程的参数，通过改变温度和压力达到萃取的目的。压力固定的情况下通过改变温度也同样可以将物质分离开来；反之，将温度固定，通过降低压力使萃取物分离，因此工艺简单容易掌握，而且萃取的速度快。

二、技术原理

在超临界状态下，将超临界流体与待分离的物质接触，使其有选择性地把极性大小、沸点高低和分子质量大小不同的成分依次萃取出来。当然，对应各压力范围所得到的萃取物不可能是单一的，但可以控制条件得到最佳比例的混合成分，然后借助减压、升温的方法使超临界流体变成普通气体，被萃取物质则完全或基本析出，从而达到分离提纯的目的，所以超临界 CO_2 流体萃取过程是由萃取和分离过程组合而成的。

三、工艺流程

丢糟、黄水和酒尾中呈香呈味物质的提取技术采用分开处理工艺与共同超临界萃取工艺相结合，具体工艺流程如图 8-26 所示。

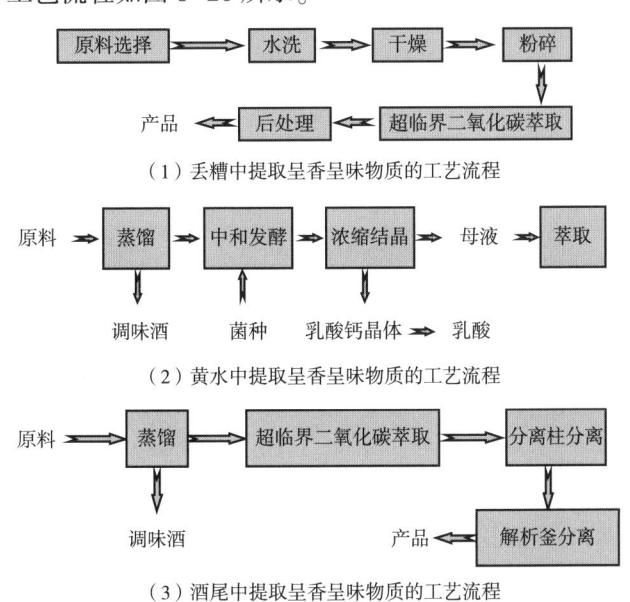

图 8-26

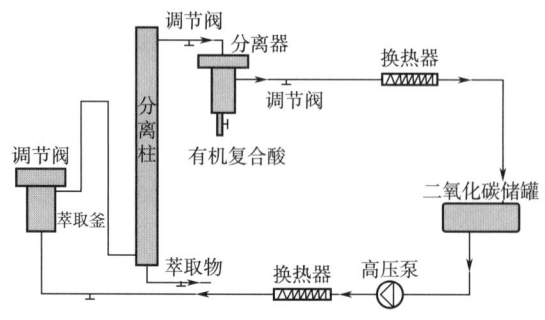

（4）超临界CO_2萃取配套组合总体布局流程

图 8-26　呈香呈味物质提取工艺流程

四、技术要点

（1）提取物的基础分析　黄水等酿酒副产物中含有大量的呈香呈味物质，尤其以中、高沸点成分最为丰富。

（2）萃取工艺参数的确定　黄水、丢糟、酒尾等为原料的萃取工艺中，包括萃取介质二氧化碳与温度、压力等参数优化与确定。

（3）后处理及纯化工艺研究　通过超临界 CO_2 萃取黄水、丢糟、酒尾中呈香呈味物质后，还需要对处理工序进行筛选，对相应的工序进行工艺参数的优化与确定。

（4）获得的香味物质的应用　对分离纯化后的基酒特性进行分析与感官评价，可作为调味酒在基酒升级和酒体设计中应用，如提取物的中、高沸点成分可增强白酒细腻、圆润、丰满的感官特性。

五、应用效果

（一）完成技术集成与装置设计

公司建成 3000L×2 超临界 CO_2 萃取生产线（图 8-27），当时年生产酒用呈香呈味物质 200t 的工业化超临界萃取设备装置，年升级基酒 4 万 t 以上。

图 8-27　3000L×2 超临界 CO_2 萃取生产线

（二）具有显著的效益

通过提高五粮液优质白酒率，能新增利税 4.0 亿元/年，新增创汇 120 万元/年，呈香呈味物直接节支 750 万元/年，增加就业 120 人以上，实现了研发成果的产业化开发。该套工业化的萃取设备日处理酿酒底锅黄水 180~250t；处理丢糟、酒尾 50 余吨，环保间接节支 2600~3500 万元；年产乳酸 1800t，增效 1440 万元。总体带来极为显著的经济、社会、环保效益。

（三）具有行业示范作用

该技术创新性地将现代先进的分离技术与白酒传统工艺结合，成功实现了理论创新、技术创新、产品创新和研发成果的产业化应用，为整个酿酒行业的发展树立了一项示范工程。四川省科技厅组织专家的鉴定意见为：该研究成果属国内首创、国际一流水平，建议将超临界二氧化碳萃取技术在白酒行业中推广应用。

第六节　糟水联合处理技术

白酒企业的酒糟和废水产生量大，一般采用分开处理或资源化利用，而李海松、万俊锋、杜家绪等人的发明专利《一种酒糟与酿酒废水联合处理工艺》（专利号：201410232914.0，获得授权日期：2016-02-03）提出了一种联合处理技术，以达到废水零排放和酒糟资源化利用的双重目的。下面介绍该技术的具体情况。

一、技术特点

采用本发明的联合处理工艺，不但浸泡酒糟的酿酒废水在处理工艺流程中循环使用，可实现工艺处理过程的废水零排放，而且能够有效地处理固体酒糟，同时还能够产生有经济价值的沼气产品，剩余糟渣可用于生产有机肥。该处理工艺不但大幅减少了酒糟和酒厂废水的污染，而且节约了水资源和能源。该处理工艺还具有抗冲击负荷能力强、系统运行成本低、运行稳定等特点。

二、技术原理

酒厂废水通过内部循环反复浸泡固体酒糟的联合处理工艺，酒厂所产生的酒糟与酿酒废水首先在酒糟搅拌浸泡池中搅拌浸泡，搅拌浸泡池中浸出液经过过滤进入浸出液贮存池，调节浸出液 pH 至 6.8~7.2，浸出液 NH_3—N 浓度合适时可由浸出液贮存池厌氧反应器进行厌氧产沼气，浸出液 NH_3—N 过高时经过氨吹脱塔处理后再进入厌氧反应器进行厌氧产沼气，处理后废水回流到搅拌池。搅拌池中剩余糟渣经过压滤后与氨吹脱塔脱去的氨-氮混合生产有机肥，压滤后滤液回流至搅拌池。采用酒糟与酿酒废水联合处理工艺，可以达到酿酒废水零排放与资源化利用固体酒糟的双重目的。

三、工艺流程

酒糟与酿酒废水联合处理糟水的工艺流程如图 8-28 所示。

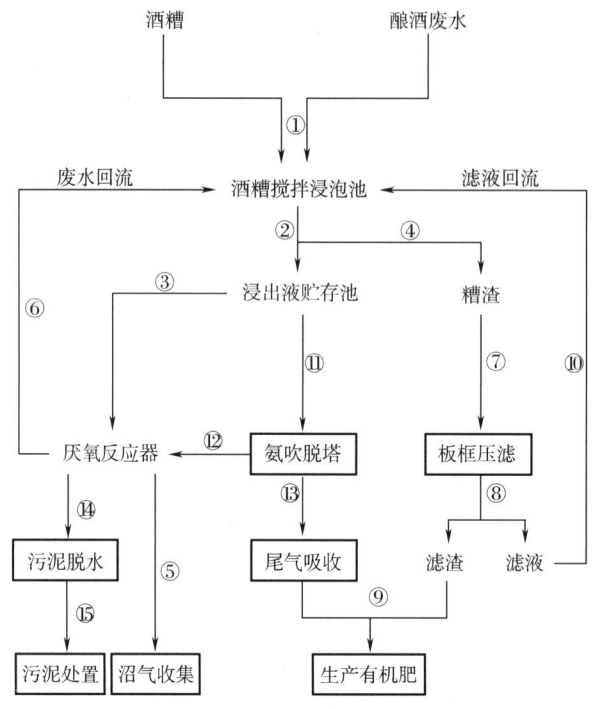

图 8-28　酒糟与酿酒废水联合处理糟水的工艺流程

四、技术要点

（1）酒糟与酿酒废水同时进入酒糟搅拌浸泡池［酒糟与酿酒废水的质量比为 1：(10~20)、混合 pH 为 4.3~5.0］进行搅拌（图 8-28 中①过程），酒糟中的部分可生化降解的有机物通过搅拌机的作用溶解到废水中，搅拌时间为 3~5d，温度为 40~50℃。

（2）搅拌池中废水与酒糟浸出液混合液经过过滤装置后进入浸出液贮存池，并调节 pH 至 6.8~7.2（图 8-28 中②过程）。

（3）贮存池中酒糟浸出液 NH_3—N 浓度低于 800mg/L 时可直接进入厌氧反应器（图 8-128 中③过程），NH_3—N 浓度高于 800mg/L 时经氨吹脱塔（氨吹脱塔的操作参数为：pH10~11，气液比为 2000~3000，温度为 25~35℃）处理后使浸出液保持良好的可生化性，之后再进入厌氧反应器进行厌氧生物处理（图 8-28 中⑪、⑫过程），处理时间为 1~2d。

（4）厌氧反应器出水通过泵回流到搅拌池，重新参与酒糟、废水的搅拌过程（图 8-28 ⑥过程），产生的沼气净化后进入沼气柜进行回收利用（图 8-28 中⑤过程），产生的污泥脱水后进行处置（图 8-28 中⑭、⑮过程）。

（5）浸出液贮存池中混合液 NH_3—N 浓度过高时，通过氨吹脱塔可脱去多余的

NH$_3$—N，脱去的 NH$_3$—N 经吸收装置回收，用于剩余糟渣生产有机肥的过程（图 8-28 中⑬、⑨过程）。

（6）在酒糟搅拌浸泡池中的剩余糟渣，经过板框压滤机压滤后，可得到滤渣与滤液（图 8-28 中④、⑦、⑧过程）。其中滤渣用于生产有机肥（图 8-28 中⑨过程），滤液由泵回流到酒糟浸泡搅拌池中（图 8-28 中⑩过程）。

五、应用效果

在某酒厂企业试用该技术，日处理酒糟搅拌浸泡池中浸出液量为 100m^3，能够达到各处理单元稳定运行、经济高效的处理目标，获得了理想的效果。具体情况为：处理前酿酒废水水质的 pH 为 4.3~5.0、COD 浓度为 13350~14200mg/L、SS 浓度为 2700~3000mg/L、NH$_3$—N 含量为 260~320mg/L。处理后，COD 和 SS 含量分别为 2300mg/L 和 1468mg/L，去除率分别为 83.3% 和 47.8%；NH$_3$—N 含量增加了 13.8%。累计一个周期产气，产气率高达 110.25mL/g，沼气中甲烷平均含量为 65.6%。

第九章 生态化白酒包装技术

白酒包装设计集保护、便捷性、品牌增值及销售促进四大功能于一体，它不仅承担着保护产品及便于储运的基本职责，更日益成为产品信息传达与文化传承的关键媒介，是提升产品档次、强化市场竞争力、塑造白酒品牌形象的战略工具。中国白酒包装的发展历经了"朴素时期""正装时期"与"多彩时期"的演变，现如今正步入"生态包装时代"这一崭新阶段。21世纪，全球环境恶化问题日益严峻，环保意识在全球范围内觉醒并持续增强。在此背景下，白酒产业必须顺应潮流，采取生态酿酒与生态经营的发展策略，其中，生态包装是实现产业可持续发展的核心要素。生态包装意指那些对生态环境及人体健康无害、易于回收与循环利用、促进可持续发展的包装形式，严格遵循"4R1D"原则：即减少使用（Reduce）、再利用（Reuse）、回收循环（Recycle）、再填充（Refill）及可降解（Degradable），全面符合绿色包装的标准。

白酒包装的革新与进步在很大程度上依赖于包装材料的创新与升级。在当今包装材料日新月异的时代，中国白酒包装行业对新材料的探索与应用尤为迅速且广泛，生态化包装材料及其应用已成为白酒及其相关行业研发的重点领域。随着"可持续发展""可持续生产"及"可持续消费"理念的深入推广，政府、投资者及消费者对可持续性及社会责任的关注度空前高涨。当低碳、可降解、易回收的白酒包装设计成为市场主流时，消费者将自发践行绿色消费观念，拒绝过度包装商品，共同迈向一个更加环境友好的生活方式，这一愿景的实现指日可待。

第一节 生态化包装材料的必要性

一、生态化包装的来历

包装的真正兴起，始于20世纪50年代发明的人工合成材料——塑料。塑料具有质轻、耐用、阻隔性好、易成型、形状多样化、资源和能源消耗少等优点，大量地取代了天然资源加工的包装材料，促进了新包装机械的出现，可以说现代包装是随着塑料工业的发展而发展起来的。20世纪60年代是我国塑料制品工业由热固性塑料制品向热塑性塑料制品的转折时期。20世纪70~80年代发展起来的复合包装材料，如铝塑复合材料、纸塑复合材料、多层塑料复合材料等，可代替金属、玻璃、纸等包装材料，提高了包装的阻隔性、结构性、印刷性，使包装更方便、更安全。生态包装发端于1987年联合国环境与发展委员会的"我们共同的未来"文件，即指对生态环境和人体健康无害、能源高效利用和材料再生利用,可促进持续发展的包装。在白酒产品设计上,一些白酒企业在选择生态化包装材料的基础上,结合当前流行趋势,采用新颖的材质、独特的造型,创造出兼具艺术感染力的酒类产品;也有的企业结合当地的特色,融合文化元素,开发出具有地域特色的酒品进行文化传播。如珍酒李渡集团的湖南湘窖酒业有限公司设计了一款铁盖龙匠的酱酒产品(图 9-1),以"大美至简"的设计理念,采用水晶玻璃瓶,简约大气,体现中华文化中内敛、含蓄的审美价值,亦蕴含了"少即是多""无为而治"的智慧;琥珀光泽,别具美学质感,于不同光线下折射出别样光华,增添了品酒赏鉴的美学意趣;复古铁盖,尽显低调奢华,暗合中国人千年来的价值取向。此款酒的外包装饰五彩祥龙纹呈现龙文化,龙在中国古代文化中是至高祥瑞,是中华民族的图腾、文化符号和精神信仰,这不仅是对中国传统文化的传承,而且充分体现了湖南人、湘窖人敢想敢闯、豪迈霸蛮、敢为天下先的"龙头精神"。湖南湘窖酒业有限公司毗邻湖南百里龙山国家森林公园的大龙山主体,"药王"孙思邈(541—682)曾在龙山采药著书《千金要方》,湘窖受龙山精气滋养,蕴就滴滴美酒。

图 9-1 湘窖龙匠酱酒产品的设计图样

二、白酒包装材料特性

食品包装材料是指用于制造食品(含食品添加剂)包装容器和构成产品包装材料的总称,中国白酒包装材料包括内包装材料、外包装材料和辅助材料,其中内包装材料种类主要有玻璃、陶瓷、木材和塑料等种类,外包装材料主要有纸质、塑料、金属和木材,辅助材料主要有保丽龙(泡沫)、丝带、绸布、防伪锁扣、铆钉等。20 世纪 90 年代末以来,中国白酒包装进入了"缤纷时代",包装材料呈现出"五彩缤纷"的发展局面,虽然各种包装材料的种类、物理性质和化学性质各不相同(表 9-1),但是包装材料污染和有毒物质超标,与被包装的白酒产品之间接触,通过吸收、溶解、迁移等方式相互交融或渗透,时刻威胁着白酒产品的安全,如白酒塑化剂事件就是一个很好的例证。

表 9-1 白酒内包装材料特性

类型	主要特点	安全隐患	包装产品实例	绿色环保性评价
玻璃	透明,坚硬耐压,良好的阻隔、耐蚀、耐热和光学性质	氧化物中重金属溶出而超标	五粮液酒、水井坊酒的瓶包装	可回收重复使用
陶瓷	防腐防虫,经久不坏	涂料、釉中重金属如铅和镉等迁移入酒	酒鬼酒的陶瓶包装,飞天茅台和至尊舍得酒的瓷瓶包装	可回收重复使用
竹木	密封性和整体性都很强,且坚固耐用	甲醛被酒吸附或直接刺激人的上呼吸道	少数民族特色的白酒的内包装,如版纳竹酒	—

续表

类型	主要特点	安全隐患	包装产品实例	绿色环保性评价
塑料	原料来源丰富、价格低廉、种类多易成型，生产灵活性高包装性能好，生产过程节能	单体溶出，添加剂迁移	制作成瓶塞	废弃后很难降解复用，易形成永久的"白色垃圾"
纸质	环保轻便，易于成型，经济节约，生产灵活性高，储运方便	纸浆中添加剂溶出，导致重金属、农药残留等污染问题	西凤酒的外包装	可降解、易回收复用，绿色环保性能好
竹木	弹性极好，可以根据需要编织成各种形状，可提可背，便于携带	甲醛被酒吸附或直接刺激人的上呼吸道	"全兴老酒"竹筒外包装盒和五粮液特制尊酒52度木盒	可降解材料，竹子为可再生性材料
塑料	原料来源丰富、价格低廉、种类多易成型，生产灵活性高包装性能好，生产过程节能	原料本身有毒，塑料裂解产物有毒	五粮液酒外包装	废弃后很难降解复用，易形成永久的"白色垃圾"
金属	在阻气性、防潮性、遮光性和密封性方面良好，易成型加工，机械强度高，金属光泽	既有涂层中的有毒成分，还有镍、铬、镉和铝等有毒金属离子析出和迁移量超标	泸州老窖六年陈头曲和郎酒系列国藏郎红的铁盒外包装盒，铝制防盗瓶盖	优良的可循环再生材料

三、包装材料的安全性

包装材料的安全性是保障中国白酒安全不可或缺的重要环节，中国白酒包装的回收体系还未建立起来，随着中国白酒产量扩大，包装废弃物对环境污染的影响程度也在加大，在中国白酒工业倡导生态酿酒和生态经营的发展态势下，国家有必要进一步健全、完善食品包装材料的国家标准。对食品包装材质、种类、用途做出规范要求，对中国白酒包装材料的安全做出规范要求，对那些容易产生毒副作用的包装材料严令禁止，健全并在全国强制性推行统一的检测检验标准。因此，通过研制开发新型绿色包装材料和控制使用安全的包装材料，倡导绿色生态的消费观念，加大包装物的回收和再利用工作力度，解决包装材料回收中存在的安全问题，实现白酒包装材料的生态化，以利于促进消费者的健康和保护生态环境。

第二节 生态化包装材料的基本特性

白酒包装的生态材料性能涉及许多因素，但其应该具有四个基本特性。

一、优良的产品保护特性

白酒是液态饮品,包装材料的保护特性体现在产品流通贮运过程中,保护酒不渗漏、不挥发、不受污染、不易变质、不易损坏。要实现白酒产品的保护特性,包装材料需要具备相应的性能,如防潮性、防水性、耐酸性、透气性、适应气温变化性、无毒性、无味性、耐压性、耐久性以及具有一定的机械强度性,如采用纸质等天然植物纤维素材料、生物可降解材料(聚淀粉)、光降解材料(三元聚酮材料)、生物分裂材料(聚淀粉与聚乙烯复合物)、生物/光双降解材料(生物/光双降解塑料)和"绿色"印刷材料等制作的白酒外包装盒,采用玻璃、陶瓷和复合材料加工而成的内包装物,都必须具备首要的保护特性。

二、优良的加工使用特性

白酒包装材料生态化要便于自动化操作,易于加工成型、易于包装、易于填充、易于封合,在生产制作过程中能适应大规模工业化生产的要求,更好地提高生产效率和降低耗能。在消费者使用时,要处处体现对消费者、使用者的人文关爱。如赵友清先生设计的天之蓝绵柔型白酒的蓝色酒瓶,以精白料为基础瓶,配以有机外层喷绘,采用光刻猫眼技术一次性完成传统印刷机印后的复杂制作流程,直接做到了高效高品质的大批量生产,保证了品牌产品包装的标准化和统一性。蓝色酒瓶宛如江南美女身段,上深下浅渐变的配色更显质感,消费者手握瓶身倒酒时更有安全感。外盒形如一个西装革履的白领青年,两边拉环同时向下即可拉开,取酒瓶时简约干练。

三、优良的视觉设计特性

白酒包装生态化材料本身具有不同的质感、色彩、肌理,能产生较好的视觉效果,为消费者提供了基本的审美享受。当设计师将材料的透明度、表面光泽度、印刷的适应性、吸墨性、耐磨性等加以充分利用,再在视觉设计上巧妙的构思,白酒包装物的视觉效果则会锦上添花。如许僚原先生为水井坊世纪典藏酒所设计的包装物,堪称国酒高档包装的经典之作,外包装采用了青铜合金材质,给人大气磅礴、庄重威严的质感;内包装为玻璃拼嵌金属材料,高贵稳重又不失华丽精巧,给人很强的视觉震撼力。宋河的嗨80、嗨90,是一款针对青年消费者的白酒,倡导激情青春,在视觉表达上富有极强感染力。

四、优良的回收利用特性

白酒包装的生态材料要有利于环保,加工过程中不排放废气、废水、废渣等污染物;在使用过程中对人体和生物无毒无害,最大限度地避免使用稀缺材料和减少材料的种类,选用易于分离的复合材料或镀层材料,以便使用后可回收与再资源化利用或可降解。如使用玻璃为原料制作的白酒内包装,便于回收和再利用;采用来源广且加工方便的藤条、竹子、麻纤维等速生植物为材料,制作中低档白酒的外包装,既可减少原材料使用又可减少运输与贮备空间,既不会形成永久垃圾又可减轻环境负载。

第三节 生态化包装材料的分类

中国白酒包装材料中,外包装材料由单一的纸质材料发展出纸塑结合和纸木结合等多种材料相结合的形式,内包装材料包括玻璃、陶瓷、金属、塑料、纸、复合材料等多种材质。按照环保要求,中国白酒包装生态化材料在消费者完成消费后的归属进行分类,主要分为三类。

一、可直接自然降解的材料

这类材料废弃后可直接进入大自然的生态循环系统中,通过土壤和水中的微生物、阳光中的紫外线等自然力的作用而被快速降解,对环境不造成污染。可直接自然降解的材料包括天然包装材料及其制品(如竹、木、藤、纸张、纸板、纸浆模塑材料)、生物可降解材料、生物分裂材料、光降解材料、生物与光的双降解材料等可降解材料。

二、可回收再循环利用的材料

这类材料废弃后,通过建立回收体系加以回收,经过分类直接再利用或加工生产再利用,此举是保护环境、促进白酒包装再循环利用的一种最有效的处理方式。可回收再循环利用的材料包括纸质材料(如纸张、纸板、纸浆模塑材料)、玻璃材料、金属材料、高分子纤维材料(如丝、棉、麻、毛)和高分子聚合物材料(如合成树脂)等。

三、可回收再制能降解的材料

这类材料在废弃后通过建立的回收体系加以回收,经过分类焚烧获得能源后再填埋,最终可自行分解,对大气湖泊等自然环境不构成污染。可回收再制能降解的材料有化学合成高分子材料、复合型材料和生物降解塑料等。

第四节 中国白酒包装生态材料的发展趋势

包装材料逐渐在材料工业中占据了重要位置,据不完全统计,世界每年包装材料的销售额约为500亿美元,从业人员超过500万,占国民生产总值的1.5%~2.3%。中国每年的城市固体废物中,包装物比例达到30%以上。生态包装材料所追求的不仅要求具有优良的使用性能,而且要求材料的制造、使用、废弃直到再生的整个寿命周期中,必须具备与生态环境协调的共存性(图9-2)。为实现最大化保护生态环境的目标,对于白酒包装材料而言,对现有使用的材料加以改进,便于提高其整体性能和环保功能,或直接开发出新兴复合环保材料用于白酒包装。

一、安全无毒化

包装材料的安全是保障酒质安全和人体健康的必要条件。目前用于白酒包装的材料

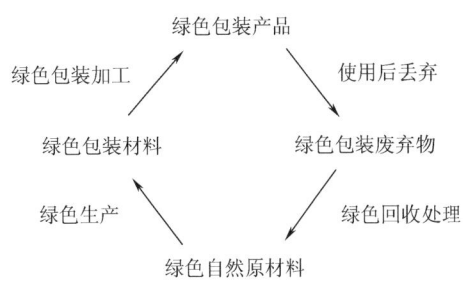

图 9-2　包装材料生态自然循环过程

或多或少含有有毒成分,因此研究和使用无毒替代材料成为必然的趋势。发展白酒包装用无毒材料的主要途径:①塑料中采用柠檬酸酯类无苯型增塑剂;②开发淀粉黏合剂、水溶剂型黏合剂和无溶剂复合黏合剂等环保型黏合剂;③开发预涂涂料、水性涂料、粘贴涂料和粉末涂料等环保涂料;④开发无苯无酮环保型油墨;⑤开发聚丙烯塑料发泡缓冲材料。如山东省引进国内相关专利,以植物提取物为主要原料,采用最先进的加工、分离、提纯工艺生产新型环保无苯型增塑剂——柠檬酸酯类增塑剂,产品具有耐迁移、耐挥发、无毒无害和增塑效率高的特点,替代含苯的邻苯二甲酸酯类化合物如邻苯二甲酸二(2-乙基己基)酯(Diethylhexyl phthalate,DEHP),从而能有效防止塑化剂成分迁移进入酒中。

二、简朴原生态化

白酒消费正进入消费者自掏腰包的大众消费时代,简单、实惠、朴素的包装将成为主流,直接取自大自然、资源丰富、无毒无害、价格低廉的原生态材料刚好能满足这一发展需求,原生态材料兼有绿色环保与返璞归真的审美观和可持续发展的设计观。发展白酒包装用原生态材料的主要途径:①使用竹、藤或深加工的竹胶板等制作外包装物;②天然植物纤维及合成材料制作外包装物、缓冲衬垫等;③用淀粉、纤维素、蟹壳等天然高分子材料加工成塑料薄膜制作外包装物。如以麦秸、稻草、玉米秸、芦苇、甘蔗渣、棉秆等农作物秸秆为主要原料,采用纤维发泡技术制成孔泡均匀、比重小、抗冲击性能良好、能自然降解的包装材料。

以江西李渡酒业有限公司的李渡高粱 1955 白酒产品为例,它的设计遵循生态包装理念,摒弃高大上的包装外盒,采用玻璃裸瓶,普通彩纸做酒标,沿用 20 世纪 70 年代的铁制瓶盖,但酒体以优质老酒为主(图 9-3)。金东资本华泽集团吴向东董事长评价李渡高粱 1955 时指出"李渡高粱 1955 除贵且陋两大缺点之外,全是优点!"这款产品在中国首次举办的 2015(贵阳)比利时布鲁塞尔国际烈性酒大奖赛中,与全球 1397 款烈酒、中国 552 款白酒同时参赛,经 83 位国际级评委品评,李渡高粱 1955 凭借出色的酒质和香醇的口感受到评委们的一致好评,位列布鲁塞尔烈性酒 8 个大金牌之一,与茅台、洋河等名酒同台领奖。此酒符合消费者价值回归主张,每瓶卖 380

图 9-3　荣获世界大金奖的李渡高粱 1955 光瓶酒包装

元，上市10个月，销售额突破千万元，出现一瓶难求的供需局面，消费者为高粱1955大金奖产品的高超品质、简朴的原生态包装点赞。

三、纳米功能化

当物质颗粒被粉碎到纳米级后，其功能特性会发生改变，将纳米特性应用在包装材料上，便可获得比原来材料在强度、生物分解力、抗腐蚀、阻燃和阻热等方面更好的功能特性，如将晶粒尺寸1~100nm的单晶体或多晶体的纳米粒子与PP、PE、PVC等原料颗粒混合加工而成的包装材料，可增加抗菌杀毒、低透湿率、低透氧率、吸收紫外线、阻隔二氧化碳、机械性能等性能，扩大材料的应用范围。发展白酒包装用纳米功能特性材料的主要途径：①纳米阻隔材料防止白酒渗漏跑香；②纳米抗菌材料防止酒的包装物霉变；③纳米色彩油墨或涂料提高白酒产品防伪性能。如将纳米TiO_2添加在壳聚糖颗粒中制得纳米复合材料，在可见光照射下对大肠杆菌、金黄色葡萄球菌和黑曲霉菌具有明显的抑制作用，能有效防止白酒产品在货架期内出现包装物的霉变。

四、用材轻量化

近年来，白酒包装材料上出现了一系列成本高的"过度包装"和"欺诈性包装"现象，必须杜绝。坚持适度包装是发展生态包装的首选举措，它能从源头上节约资源、能源和减少向环境中排放"三废"。发展白酒包装用刚性轻量材料的主要途径：①晶莹剔透的玻璃材质轻量化；②纸质和塑料材质的轻量化；③金属材料薄壁轻量化；④简化容器结构实现轻量化；⑤省去低档光瓶白酒销售的外包装。玻璃瓶是白酒的主要包装容器，如果通过调整配方后，实行理化强化工艺和表面涂层强化处理等技术，及采用瓶形的轻量化结构优化设计，可使玻璃瓶从平均壁厚3.5mm减薄为2.0~2.5mm，从而实现玻璃瓶轻量化。

为加快推进绿色低碳发展，助力实现碳达峰、碳中和目标，国家市场监管总局、国家标准化管理委员会于2021年8月10日联合发布了GB 23350—2021《限制商品过度包装要求 食品和化妆品》，该标准于2023年9月1日起实施。该标准明确，食品或化妆品内装物的体积是用净含量乘以必要空间系数来表示，必要空间系数的取值依据产品而定。以酒类商品为例，酒的必要空间系数是13，一瓶500mL的白酒允许的包装空隙率不超过30%，可以计算出这瓶白酒外包装的最大允许体积为9285.7cm^3。以湖南湘窖酒业有限公司的铁盖龙匠酱酒产品包装设计为例，该酒外包装的长、宽、高分别为10cm、10cm、28.5cm，则实际外包装体积为2850cm^3，不足最大允许值的30%；且新标准要求所有包装的成本不超过产品销售价格的20%，该产品的包装成本没有达到销售价的10%。因此，这款酒产品的设计完全符合国家标准的规定要求。

五、塑料可降解化

塑料包装材料是化学性能稳定的人工高分子化合物，广泛用于白酒外包装和低档白酒的利乐包包装，但因其不能自行降解而造成环境的"白色"污染。塑料具有可循环使用的特点，将来可能成为中高档白酒的外包装材料，但必须增加安全无毒和可降解的特性。发展白酒包装用可降解塑料的主要途径：①化学（人工）合成生物降解塑料如聚乳酸；②微生物合成脂肪聚酯的完全生物降解塑料；③天然高分子与合成高分子共混型生物降解塑料。如采用塑料改性工艺，生产淀粉/聚乙烯醇共混型塑料，用作中高档白酒的外包装材料，聚乙烯醇具有水和微生物均能降解的特性，最终可降解为 CO_2 和 H_2O，有效解决传统塑料对环境的危害。

六、资源再利用化

对使用后的白酒包装材料废弃物进行资源回收再利用，旨在保护环境、节约资源和能源，如回收废纸制浆较木材制浆能够节约 60%以上的能源和水资源，回收废弃塑料制成新包装容器较使用新的树脂可节约 85%~96%的能源，回收废旧玻璃生产新容器，比采掘铁矿石、石英砂制成新容器能够节约 50%~75%的能源。白酒包装材料回收再利用的方式主要有重复再利用、回收循环再生、能源再利用 3 种方式，发展白酒包装用资源再利用材料的主要途径：①玻璃瓶的回收循环利用；②废弃塑料包装物再生加工成树脂颗粒原料；③废弃纸质回收加工废纸浆再造纸浆模塑制品；④开发适合现代物流反复使用要求的包装容器。如以废纸板、废纸等植物纤维为主要原料，加入松香胶、石蜡乳胶或松香-石蜡乳胶等湿强剂进行打浆，然后浇注到金属网状模型中，通过真空方法成型、压实，再经烘干机干燥，热压整形机校形，可得到具有几何空腔结构的纸浆模塑制品，用于白酒包装或其他产品的包装。

对于包装界而言，生态包装是 20 世纪最大、最震撼人心的"包装革命"，生态包装具有无污染、可重复使用、节约资源的特性，完全符合新时期可持续发展战略要求。在大力推进循环经济和低碳产业的大环境下，我国生物基可降解食品包装材料行业将具有巨大的发展潜力和市场价值，而可食性与全降解食品包装纳米复合材料的合成与应用，多功能可食性包装材料的研发，低能耗、高效、自动化专用生产装备的研发以及工业化生产，这些将是生物基可降解食品包装材料行业的发展趋势。中国白酒企业在未来一个阶段将发生深度洗牌，进入一场品质、品牌、包装的较量战。随着新型生态包装材料的开发及应用，低碳可降解回收的白酒包装会成为市场的主流，中国白酒包装将进入"生态包装"时代。白酒行业及相关的包装行业需要携手，共同打造白酒产业辉煌的明天，实现包装材料的生态化，不仅有利于实现经济效益、社会效益和生态效益的和谐统一，而且有利于实现人与自然环境、酿酒工业与自然环境、社会环境与自然环境的协调发展。

第五节 生物基可降解纳米材料制备技术

生物基可降解食品包装材料是以淀粉、蛋白质、纤维、壳聚糖、酯类等食品级可再生资源为原料，通过干法捏合、多元共混改性、接枝聚合、稳态化成型等技术工艺制备的一类新型食品包装材料，具有可降解性、选择通透性好、抗菌、安全、方便等优点。近年来，随着人们食品安全与环保意识的提升，传统食品包装材料因难以降解而引发环境污染问题引起社会的关注。因此，研发安全、可降解的食品级材料，成为解决食品包装污染、促进可持续发展的关键。国内外众多研究机构及其科研人员致力于生物基可降解食品包装材料的研发及应用，下面以何文等申请的专利《一种多水分食品包装用的可降解壳聚糖薄膜的制备方法》（201410701701.8）为例，介绍生物基可降解纳米材料的制备技术。

一、技术特点

由壳聚糖、烷基化纳米纤维素与没食子酸复合而成的纳米薄膜，是一种适合于食品包装的可完全降解的生物质复合材料。作为一种天然生物高分子材料，壳聚糖之所以能够在包装领域具有很好的应用前景，主要原因在于其：①来源广泛，仅次于自然界中纤维素的含量；②属于可降解材料，很容易在土壤微生物的作用下降解生成二氧化碳和水等，可以很好地解决环境污染问题；③无毒，自身具有良好的生物相容性和抗菌性；④良好的成膜性。

该发明的技术特点：

（1）壳聚糖由于具有上述特点，以其作为助剂或者被改性后制作的复合薄膜已被广泛用于果蔬、肉类、禽蛋类、鱼类等的保鲜。

（2）利用纳米纤维素与没食子酸对壳聚糖进行改性，该材料克服了壳聚糖在实际应用中机械强度低、脆性大、抗氧化能力弱、耐湿耐酸性差以及抑菌能力不强等缺点，而具有强度高、抗氧化能力强和抗菌能力强等新特点。

二、技术原理

纳米纤维素经烷基化处理后，提高了其非极性，使其在壳聚糖溶液中分散更加均匀，力学效果增强更明显。另一方面，没食子酸是一种从植物中提取的天然酚类抗氧化剂，具有较高的还原能力，其分子结构中的羧酸基团容易和壳聚糖分子以及纳米纤维素上的—OH发生反应结合成没食子酸衍生物，从而可提高壳聚糖薄膜的抗氧化性、抗菌性、强度等能力。

三、工艺流程

可降解壳聚糖薄膜产品的制备工艺流程如图9-4所示。

原料→烷基化的纳米纤维素→纳米纤维素/壳聚糖溶液→没食子酸/纳米纤维素/壳聚糖溶液→可降解壳聚糖薄膜产品

图9-4 制备可降解壳聚糖薄膜产品的工艺流程

四、技术要点

（一）烷基化的纳米纤维素的制备

将1%~5%的乙酸溶液加入分散有纳米纤维素的酒精溶液（纳米纤维素与酒精的质量体积比为1g:100mL）中，调节pH至4~5，然后加入硅烷偶联剂［硅烷偶联剂与纳米纤维素的质量比为（0.3%~1.5%）:1］，搅拌40~60min，离心清洗至中性后冷冻干燥，即得到烷基化的纳米纤维素。

（二）纳米纤维素/壳聚糖溶液制备

取壳聚糖粉末溶于0.5%~2%乙酸或其他弱酸水溶液中，加热至40~60℃搅拌15~

20min，使壳聚糖完全溶解，然后在该溶液中加入（一）所得的1%~5%烷基化纳米纤维素，在45~55℃下充分搅拌30~45min。抽滤除杂后，再经过800W超声处理10~20min，即得到纳米纤维素/壳聚糖溶液［纳米纤维素与壳聚糖质量比为（3%~15%）：1］。

（三）没食子酸/纳米纤维素/壳聚糖溶液的制备

将没食子酸溶于酒精中，并在没食子酸酒精溶液中分别加入1-乙基-（3-二甲基氨基丙基）碳二亚胺盐酸盐和 N-羟基琥珀酰亚胺试剂，使其充分反应。然后，将此溶液加入（二）所制的烷基化纳米纤维素/壳聚糖溶液中，或者直接将没食子酸或没食子酸酯类物质直接加入（二）所制的烷基化纳米纤维素/壳聚糖溶液中。其中，没食子酸与1-乙基-（3-二甲基氨基丙基）碳二亚胺盐酸盐的质量比为1:1，没食子酸与 N-羟基琥珀酰亚胺的质量比为1:1，没食子酸或没食子酸酯类物质与纳米纤维素/壳聚糖质量比为（2%~12%）：1。没食子酸与1-乙基-（3-二甲基氨基丙基）碳二亚胺盐酸盐的反应条件是在常温下反应20~30min，没食子酸与 N-羟基琥珀酰亚胺的反应条件是在冰水浴中反应40~60min，反应时均保持匀速搅拌。

（四）可降解壳聚糖薄膜产品制备

将（三）所制备的没食子酸/纳米纤维素/壳聚糖溶液置于低温环境中搅拌20~40min后，在室温下放置6~12h。再经过超声处理10~20min后进行真空脱泡处理，最后在40~60℃下烘干成膜。将干燥所得的复合膜在浓度0.05~0.2mol/L的碱性溶液中浸泡20~35min，取出用清水冲洗处理至中性，在室温下晾干，即得可降解壳聚糖纳米薄膜产品。

五、应用效果

（一）强度提升

纯壳聚糖膜的拉伸强度为45.3MPa，没食子酸/纳米纤维素/壳聚糖复合纳米薄膜拉伸强度为78.6MPa，提高了约65.7%；处理100min后，将纯壳聚糖膜与复合纳米薄膜进行比较发现，吸水率由62%下降到23.4%；纯壳聚糖膜的渗透系数为$1.63\times10^{-9}cm^2/s$，复合纳米薄膜的渗透系数值下降到$1.06\times10^{-9}cm^2/s$。

（二）抗氧化能力增强

抗氧化能力分别通过膜对羟基自由基、DPPH以及超氧阴离子自由基的清除能力来评判。纯壳聚糖膜对羟基自由基、DPPH以及超氧阴离子自由基的清除能力分别为：2.13%、1.08%和3.46%，而复合纳米薄膜对三者的清除能力分别为75%，83.4%和62.3%。

（三）抗菌能力提高

纯壳聚糖和复合纳米薄膜对大肠杆菌的抑菌能力显示，复合纳米薄膜周围有明显的抑菌圈出现，而纯壳聚糖膜的周围几乎没有抑菌圈出现，说明复合纳米薄膜具有较好的抗菌能力。

第六节　智能化包装技术

老村长酒业有限公司成立于1995年，位于黑龙江省哈尔滨市双城区，其工艺和文化源起于公元1825年始创的东北著名白酒老号"永兴复烧锅"。老村长酒业是大众白酒市场领军企业、东北白酒产区代表企业，同时也是白酒行业数字化转型的先行企业。老村长酒业智能化包装车间建设于2015年，车间拥有最高30000b/h全自动生产线10条，主要用于产品的灌装包装、存储、物流等环节。它摒弃了传统白酒行业的多品种、低效率、复杂工艺的生产模式，采用国际先进的高速啤酒饮料生产线控制模式，从酒瓶整垛上线到成品酒码垛入库，全部实现了自动化、智能化，克服了工序多、瓶形特殊、工艺复杂、包装物不统一等诸多不利因素，确立了老村长"国民白酒"规模化生产的成本优势，形成了在同类型白酒生产企业中的核心竞争力。

一、技术特点

老村长酒业智能化包装车间按照现代白酒包装行业自动化生产的需要进行整体设计，实现了人、车、物分离，干湿区分离，防爆与非防爆区分离，供酒与生产区分离，库房与生产区分离，白酒灌装后封闭管理、多道品质检验环节、各单机速度"V"形设计、全线无压力输送控制等（图9-5）。其主要技术特点如下。

图9-5　老村长酒业智能化包装车间布局场景

（一）高效运转与自动化

操作涵盖从酒瓶输送、卸瓶、洗瓶、灌装、贴标到装箱等各环节的自动化操作，显著减少了人工干预，从而大幅提升了生产效率。此外，通过工业互联网技术，将各生产设备和系统紧密连接，实现生产数据的实时采集、监控与优化，进一步确保生产流程的高效与顺畅。

（二）智能控制与精准管理

借助先进的传感器和控制系统，对灌酒量、贴标位置、整箱重量等关键生产参数进行精准把控，确保产品质量的稳定与一致。同时，生产计划由高级排产系统（APS）发起，该系统综合考虑市场需求、产线工艺、包材准备、酒体准备以及人员情况等多重因素，快速进行智能分析决策，形成科学合理的生产计划。生产计划一旦确定，将准确无误地发送至所在车间和产线，并自动匹配相应的包材供应和物料准备，形成一套智能化、高效化的生产计划组织模式。

（三）高灵活性与柔性排产

产线具备高度的灵活性，能够根据生产过程中的各种条件变化进行快速调整，实现柔性排产。这种灵活性不仅有助于应对市场需求的波动，还能确保生产线始终保持最佳状态，最大限度地提升生产效率和产品质量。通过灵活的生产线调整，企业能够更好地适应市场变化，满足消费者的多样化需求。

二、技术原理

智能化包装车间设备总布局示意图如图9-6所示。全自动灌装生产线主要依靠电机、减速机、链条、皮带等机械传动装置及卸垛机器人实现货物的升降、平移等动作，利用液位、压力、光电等传感器，实时监测生产过程中的物理量，为控制系统提供数据支持；可编程逻辑控制器（PLC）根据预设程序对设备进行逻辑控制，实现各环节的精确动作和协同运行，从而完成了整个流程的稳定运行。采用仓库管理系统（Warehouse management system，WMS），通过二维码、条形码将货物信息与库位信息进行关联，实行一物一码，从而实现生产全过程的一键追溯和对库存进行精确管理。

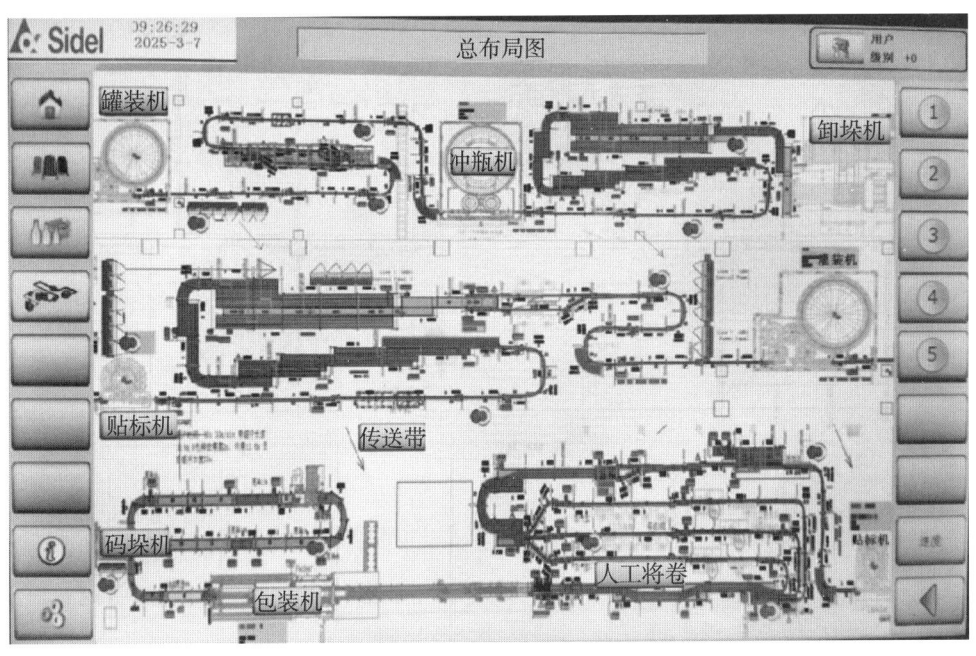

图9-6　智能化包装车间设备总布局示意图

三、工艺流程

老村长酒业智能化包装工艺流程如图9-7所示。

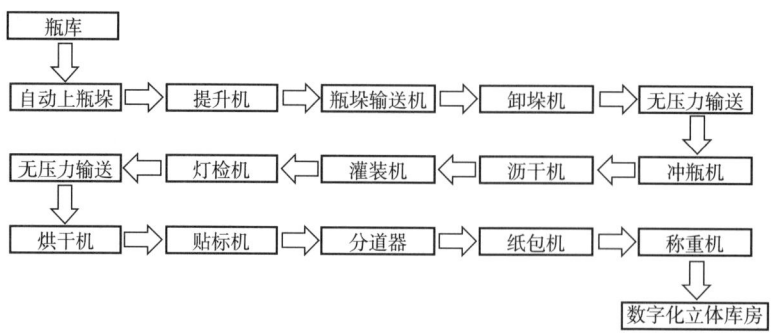

图 9-7 老村长酒业智能化的包装工艺流程

四、技术要点

（一）全自动输瓶垛系统

根据 ERP 系统生产计划单，系统自动选取所需的酒瓶垛上线，调度系统通过二维码识别，运用提升机和瓶跺输送机，通过地下输送线，自动准确地将其输送到所需产线，拆除的包装膜、打包带等附属物则自动返回库房，整个流程实现自动化（图 9-8）。

图 9-8 包装车间的全自动输瓶垛系统

（二）卸垛

采用全自动卸垛机器人（图 9-9），可以将每个酒瓶推送到无压力输送链道，并自动回收托盘、顶板、隔板，返回库房整理，自动化程度高、生产效率高。

（三）冲瓶、沥干

全自动冲瓶机保证酒瓶的冲洗洁净度，全自动沥干机确保灌装前空瓶残水的量不超过 3 滴，从而为产品的质量合格提供了保证（图 9-10）。

图 9-9　包装车间的全自动卸垛机器人　　图 9-10　包装车间的全自动冲瓶、沥干设备

（四）灌装

清洗后的空瓶进入灌装区，灌装机依据设定量灌装白酒，同时进行液位检测，确保灌装量准确。全自动灌装、压塞配合全自动洗塞机，实现瓶塞的自动清洗和输送（图 9-11）。

图 9-11　包装车间的全自动灌装机与洗塞机

（五）烘干、贴标

灌装后的酒瓶子表面会有水汽，烘干机（图 9-12）将瓶子表面的水进行烘干，防止水对贴标过程产生影响。采用新型超高频雷茨风机，蜘蛛手多点吹风设计，保证贴标前瓶子干爽。贴标机选用先进全伺服定位旋转贴标机，根据瓶形特征自动定位，实现不停机接标，自动收卷，双面贴标，在线贴标检测。

（六）高速线瓶输送

高速线选配塑料链板，干润滑方式，摩擦因数低，倒瓶率低，保证了高速生产。采用输送线动态缓冲技术，满足灌装机到贴标机瓶流的合理匹配，在灌装机稳定高效运行的前提下，灌装上下游设备按科学的速度配比完成瓶流供应和快速输出的功能，各设备根据缓冲平台产品数量进行动态控制（图 9-13），自动调整速度，保持系统高速高效运行。

图9-12 包装车间的全自动烘干机和贴标机

图9-13 西得乐 AQ-MAX 灌装线动态缓冲平台

（七）分道、自动理盖

采用全自动伺服分道器（图9-14），根据设定分组规则，准确写成贴标后均匀分道动作。结合产品的箱体标准，根据设定的包装形式设定好分道数量，效率高、运行稳定；全自动理盖机实现自动理盖、输盖、挂盖、压盖。

（八）特殊瓶形自动翻瓶

因产品设计需要，部分瓶形为椭圆形，瓶子输送过程中会自然形成宽边朝前的运行姿态，与纸包机正常包装要求相差90°。公司自主研发自动翻瓶机构，通过精确设计的摩擦辊，实现分组后的每组酒瓶自动翻转90°，满足生产工艺要求。

（九）纸包机、称重

全自动裹包机采用单片式自动裹包喷胶成型，单机效率可达50箱/min（图9-15）。

称重仪器自动检测整箱重量，通过设定偏差范围自动剔除不合格产品，确保不出现酒体数量不准等质量问题。

图9-14 包装线全自动伺服分道器

图9-15 包装车间的全自动纸包机

（十）纸包机胶箱自动定时升温

根据生产线生产需要，通过程序优化设计，根据生产计划，对次日开班生产的产线胶机采用定时装置，在生产前自动完成升温，使胶机加热用电更为合理，同时不需专人进行提前升温操作。

（十一）赋码管理

采用二维码管理系统赋码（图9-16），实现生产全过程一键追溯。同时利用大数据分析决策功能，全面推进二维码营销，结合各市场特点进行精准营销。

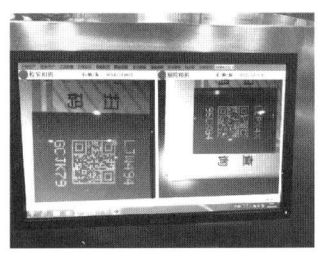

图9-16　包装车间的二维码管理系统赋码

（十二）生产环境

包装车间配置节能型冷水空调机组，保持车间生产环境舒适，适合员工生产操作，且保证包材的最佳温湿度状态。

五、应用效果

1. 效率提升

老村长酒业智能化包装车间单线效率达30000瓶/h，大大提升了企业的效率和产能。

2. 一物一码

根据生产任务单，生产批次、物料代码信息、防伪信息一键发送到相关激光机在线赋码，实现"一物一码"。

3. 全面追溯

建立产品数据管理系统，通过一物一码实现整个生产过程的全面追溯，包装好的产品如图9-17所示。

图9-17　老村长产品示意图

第十章　生态化管理信息技术

在工业4.0的大潮中，白酒行业正积极拥抱数字化转型，通过生态化管理信息技术的深入应用，实现生产模式的革新与可持续发展。这一转型不仅标志着白酒行业技术进步的里程碑，更是对行业绿色、智能、高效发展路径的积极探索。工业4.0的核心在于融合人工智能、物联网、区块链等前沿技术，这些技术在白酒行业的生态化管理中发挥着至关重要的作用。物联网技术如同一张无形的网，将生产线上各个环节紧密相连，从原料采购到成品出厂，每一步都实现了信息的实时采集与传输（图10-1）。这不仅确保了生产过程的透明化，更使得企业能够迅速响应生产中的变化，及时调整策略，保障产品质量的稳定性与一致性。大数据技术的应用，为白酒企业提供了强大的数据分析能力。通过对海量生产数据的深度挖掘，企业能够发现生产过程中的瓶颈与潜在风险，进而优化生产流程，提升效率。这种基于数据的决策支持，使得白酒企业的生产管理更加科学、精准。云计算技术的引入，则进一步提升了白酒企业的信息化水平。借助云计算强大的数据存储与处理能力，企业得以实现跨地域、跨部门的信息共享与协同工作，极大地提高了工作效率。同时，云计算的弹性扩展能力也为白酒企业应对市场波动、快速调整生产规模提供了有力支持。此外，智能化设备与管理系统的应用，更是为白酒行业的生态化管理插上了翅膀。自动化生产线、智能仓储系统等先进设备的引入，不仅大幅提高了生产效率，降低了人力成本，更在节能减排、环境保护方面发挥了积极作用。这些智能化设备通过精确控制生产过程中的能耗与排放，有效减轻了白酒生产对环境的压力，促进了行业的绿色发展。综上所述，白酒行业的生态化管理信息技术是推动企业可持续发展的重要引擎，它不仅提升了企业的生产效率与产品质量，而且在环境保护、生态平衡方面做出了积极贡献。

第一节　企业管理一体化信息技术

企业资源的整合能力决定着市场竞争能力，企业的信息化管理技术在一些大型酒业集团得到了应用，为企业管理层科学决策提供了准确性和即时性的数据支撑。以内蒙古河套酒业集团股份有限公司任国军报道的《ERP系统在河套酒业的实施》为例，介绍酿酒企业管理信息化技术的具体情况。

一、技术组成

2003年7月，内蒙古河套酒业集团股份有限公司采用某信息技术公司的企业资源计

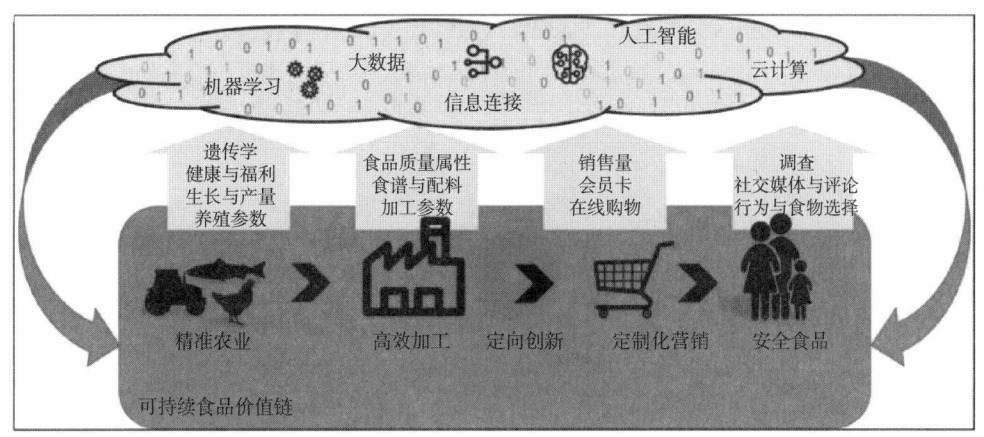

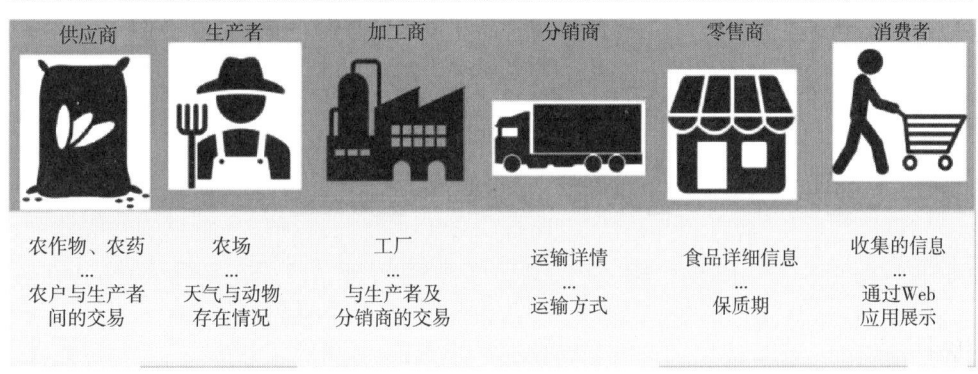

图 10-1　食品价值链数据源和信息流概览

划（K3ERP）系统，建设河套酒业新一代的信息化管理平台，实施的模块包括从车间管理、采购管理、库存管理、财务到人力、销售、商业智能等 10 大系统。河套酒业采用 K3ERP 系统的整体解决方案可概括为："以财务为中心，以计划为主线"，具体包括：①物流和销售解决方案（建立支撑物流、信息流、资金流统一的逻辑组织架构；建立科学且操作性强的物料编码、分类体系和维护小组；建立批次号，利于全程质量控制；采购业务集中处理，降低河套酒业采购成本；销售业务集中整合，提升河套酒业的品牌形象）；②库存管理子系统解决方案（采购过程中设置多个控制点对物料进行查询、出库、入库等在途物料的状态跟踪、分析、数据输出）；③存货核算解决方案（对出入库单据、报废单据、调整单据、调拨单据、盘点单据的全面库存单据管理；可根据计划价的调整而重新对存货情况进行统计、汇总；可比较调价前后成本差异分析所得出成本差异总额帮助决策者进行调价；可以生成记账凭证，记录收、付、转信息）；④财务体系确立（总账模块、应收账模块、应付账模块、现金管理模块、固定资产核算模块、多币制模块和工资核算模块等会计核算模块均与物流系统相联系，物流单据可自动生成凭证转入总账；财务计划、控制、分析和预测的全程财务管理快捷分析，供各职能部门共享的成本与收入数据监控）；⑤生产控制系统（通过产品 BOM 单据以及现有库存物资的数量准确地计算出实际生产能力后，下达生产计划）。

二、技术特点

K3ERP 系统以根据酿酒企业组织生产的需要，提供产业链的供应与生产协同的信息化技术开放性管理平台，以计划为纽带将车间、仓库、采购等部门联系起来，全面支持多组织财务管理、业务协同、精细管控，借助平台实现全网资源整合、敏捷协同、降低成本，提高企业管理的决策能力。

三、应用效果

内蒙古河套酒业集团股份有限公司 ERP 系统的建立和应用实现了以下的效果：

（1）各部门、岗位职责清晰、责权分明，提高了办事效率。

（2）管理业务流程规范，大幅提升了企业供应链全程服务水平。

（3）建立以计划、控制、分析为主的动态控制体系，提高了业务处理的标准化和正确性。

（4）信息数据处理的及时性和准确性，管理层加强了"靠多层次、多维度动态数据"的科学决策管理。

（5）强化销售和服务、采购管理、库存管理、生产计划和财务管理的协同管理，降低了生产成本。

第二节　白酒酿造主要环节管理信息化技术

一、原粮储存管理信息化技术

俗话讲："粮是酒之肉"，说明粮食是酿酒之本，原粮贮存也就成为固态纯粮发酵白酒生产中重要的环节。酿酒企业贮存粮食传统方法采用砖混结构的粮仓，不仅防鼠效果不好，而且防霉变、防营养物质损耗的效果较差。按生态酿酒的思想，寻找新的信息化技术做好酿酒原粮的贮存管理工作是必要的。下面以沱牌舍得酒业 10 万 t 自动化金属粮仓为例，介绍酿酒原粮的管理信息化技术的具体情况。

（一）技术组成

沱牌舍得酒业公司 10 万 t 自动化金属粮仓管理信息化技术组成如图 10-2 所示。公司投资 4000 多万元从美国 GSI 公司引进的世界一流的全套贮粮设备，整个粮仓由 4 仓 5 系统组成，包括 12 台主仓、1 台湿料仓、1 台烘干仓、1 台卸料仓、自动控制系统（如配备了 6 台瑞士苏尔寿公司的谷物冷却机用于温度调控）、温度监测系统、料位监测系统、清选除尘系统、烘干系统。每个主仓贮粮 8000 多 t，共可贮粮 10 万 t。原粮自进厂到使用的全工艺过程可自动控温、除湿、除杂、翻仓，自动化程度高。

（二）技术特点

与传统房式粮仓比较，金属粮仓管理信息化技术具有以下特点：

图 10-2　沱牌舍得酒业 10 万 t 自动化金属粮仓管理信息化技术组成

1. 全程自动化控制

酿酒原粮从入仓、清选、烘干、倒仓、出仓等全部工艺流程实现自动化控制，能满足贮粮工艺要求，为生产出高质量的沱牌舍得生态系列大曲酒提供了保障。

2. 粮食保质期长

粮仓采用在 15℃ 以下的恒定低温、干燥的贮存条件，既降低了原粮因呼吸作用对营养物质的损耗，又抑制了微生物生长繁殖导致的原粮变质。因此，不使用磷化铝等农药及杀虫剂，避免了传统贮粮方式造成的二次污染，使粮食能够保鲜、防虫、防霉、不陈化，贮存期可长达 3~5 年。

（三）应用效果

1. 节约一次性投资

与同等规模的房式粮仓一次性投资 5000 万元相比，10 万 t 自动化金属粮仓可节约投资 1000 万元。

2. 减少占地面积

与同等规模的房式粮仓占地 100 余亩相比，金属粮仓系统结构紧凑，贮粮能力大，10 万 t 自动化金属粮仓占地仅 20 余亩，而可减少占地面积 80 余亩。

3. 仓储成本低

与传统的房式粮仓贮粮成本 80 元/t 左右相比，10 万 t 自动化金属粮仓可节约贮粮成本 75 元/t 左右；同等规模的房式粮仓需要安排 50 余人完成整个作业，而 10 万 t 自动化金属粮仓仅需 6 人。

4. 生态化贮粮

金属粮仓自动化系统既能有效防鼠，又能防霉变，避免使用磷化铝等农药及杀虫剂和防鼠药，避免了传统贮粮方式造成的二次污染，保证了贮粮过程的生态环保。

二、基酒管理信息化技术

传统的基酒存储受仓库结构环境制约，规模小、地点分散，贮存、保管、品鉴、采购等各个环节，缺乏统一管理，导致基酒贮存的时间不准确、基酒的身份没有可信的科学依据。基酒管理水平低，影响了行业、企业的可持续发展。机械化、自动化、信息化技术应用于基酒管理，能有效地推动酿酒行业的技术水平和管理水平的提高。以贵州师范大学吴亮的专利《一种基于物联网技术的基酒信息管理方法及其系统》（201310672855.4，授权时间：20180810）为例，介绍基酒管理信息化技术的具体情况。

（一）技术组成

一种基于物联网技术的基酒信息管理系统，用于对贮存的基酒进行系统管理，该系统包括：RFID（Radio Frequency Identification）传感器模块、系统控制模块、系统时钟模块、数据处理模块、无线传输模块、视频采集系统模块、环境数据采集模块、门禁控制模块、执行机构模块和系统监控中心模块等10个模块组成（图10-3），各组成部分介绍如下：

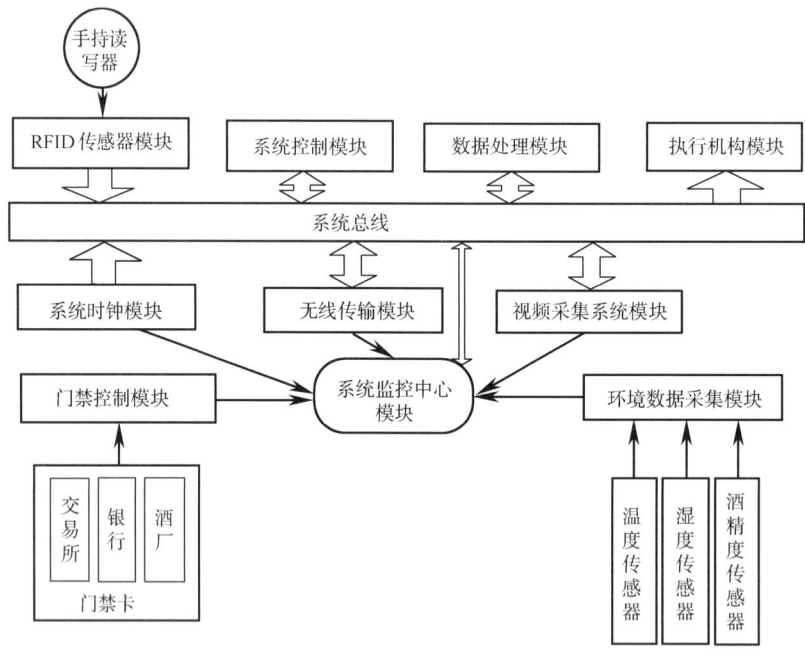

图10-3　基于物联网技术的基酒信息管理方法及其系统的组成结构

1. RFID传感器模块

用于标识基酒酒坛身份和关键信息记录，每个基酒酒坛都存储一个RFID传感器标签，每个RFID传感器标签具有全球唯一的EPC编码，在芯片内设置有48位用户数据区，然后将基酒酒坛关键数据写入48位用户数据区，这些数据将通过无线传输模块传递给系统监控中心模块数据库进行统一管理。

2. 系统控制模块

控制RFID基酒身份信息的读取、传输和处理，实现远程无线网络或手持设备读取或写入基酒的身份和酒坛动态信息，当基酒密封RFID标签被打开时，向系统监控中心模块发报警信号，同时监控中心发信号启动视频采集系统模块记录打开过程，并将视频信息传递给监控中心数据永久保存，进行事后追溯。

3. 系统时钟模块

传感采集系统提供"黑盒"时钟源，不仅能统一底层系统时钟，而且能杜绝关键时钟信息被篡改，从而能可靠标记基酒贮存时间戳。

4. 数据处理模块

对传感信息数据进行融合处理，根据需要发送给控制模块进行控制，实现执行机构的打开和关闭；同时通过对控制模块读取的信息和采集到的数据进行处理，实现 RFID 标签信息的更新，并根据采集的外部环境数据进行比较、统计、转换和分析，为系统监控中心提供数据支持，从而判断仓库内的异常环境状况，然后通过声音和 LED 显示屏发出相应的提示和报警。

5. 无线传输模块

将基酒身份数据和环境参数信息、数据处理产生的控制信息、视频数据等以无线射频 Zigbee 的传输方式发送给系统监控中心模块进行存储和管理。

6. 视频采集系统模块

通过摄像头抓取基酒仓库环境录像，监控基酒仓储过程，当酒坛标签被开启时，将启动摄像装置记录开启过程，并通过无线网络传递给系统监控中心模块，实现过程追溯。

7. 执行机构模块

基酒酒坛密封后，通过锁紧机构进行坛盖锁紧，需要打开时，通过外部手持设备发指令给系统控制模块，控制模块进行分析后，启动机械执行机构完成开锁动作，同时通过无线网络给控制中心发出启动摄像申请，完成开坛过程记录。

8. 环境数据采集模块

通过收集部署在基酒仓库中的酒精浓度传感器、温度传感器、湿度传感器等检测的环境数据，通过无线网络传递给系统控制中心，系统控制中心将接收到的环境数据显示在室外 LED 屏和电脑监控屏上，并根据预先设定的阈值实现超限报警。

9. 门禁控制模块

门禁读卡器负责读取人员标签信息，判断人员合法性，操作人员在操作时通过配备的人员卡对门禁读卡器进行刷卡，由门禁读卡器读取人员标签信息，进行判断。

10. 系统监控中心模块

完成系统管理的核心单元，实现数据接收存储转发控制，并通过网络服务给外部用户提供数据查询和信息浏览。

（二）技术特点

1. 加强酒库管理中安全控制

该技术提供基于物联网技术的基酒信息管理方法及其系统，能对进入酒窖人员进行身份管理，能对记录人员做好记录，能对酒坛操作进行合法管理，对酒坛操作做好监控记录。

2. 确保贮酒条件的有效控制

该技术能采集酒精浓度、温度、湿度等信息，并根据这些信息判断是否产生报警信息，从而确保基酒贮藏条件的最优化，促进基酒的自然老熟。

3. 实现智能数据处理和监管

系统可以长期保留采集到的数据，并结合电子封签技术与基酒贮存容器（酒坛）的特殊结构，设计了对基酒身份信息的识别和采集装置，并达到对酒坛的有效密封，防止随意开启，同时科学地收集基酒身份数据，实现智能数据处理和监管。

（三）技术流程

基于物联网技术的基酒信息管理方法及其系统的控制流程如图10-4所示。其操作步骤如下：启动RFID传感器模块，系统自动进行初始化；发送数据采集命令，系统将酒坛身份数据输入；通过无线传输模块将酒坛身份数据传递到系统监控中心模块后台数据库存储和处理；固定在酒坛上的RFID的白酒基酒身份识别与信息采集装置启动监控管理程序，监控酒坛的状态；当装置被有效命令开启时，将发信号给系统监控中心模块启动视频采集系统模块记录开启过程，若是非合法开启，则还将发出报警信号给系统监控中心模块。

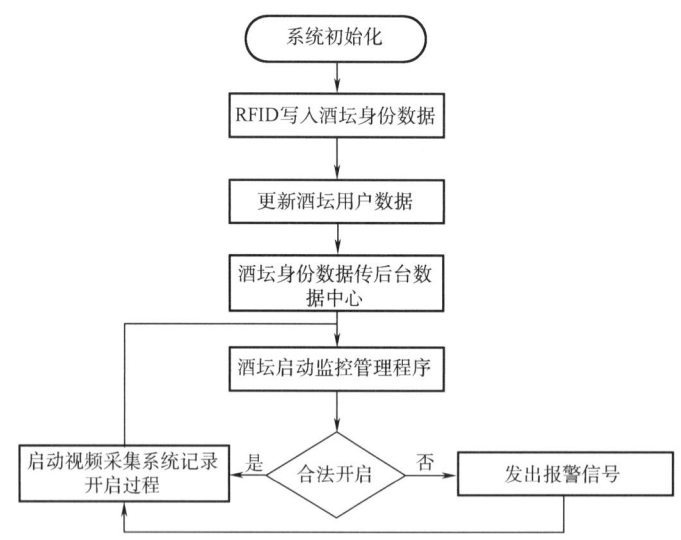

图10-4 基于物联网技术的基酒信息管理方法及其系统的控制流程

（四）应用效果

1. 实现基酒溯源

该系统采用基于RFID的电子封条技术，能够记录封闭容器或者其他硬包装是否曾经被偷偷打开，并且能够在被非法开启的时候自动报警的一种验证货物完整性的鉴别技术。电子封条能够实现对于货物的自动识别，将货物的开关状态信息记录到电子标签中，包括唯一身份识别码，窖藏时间及环境参数等进行记录，成为货物运输、存放信息的载体，实现从始到终的全程监管，对白酒生产全过程全生命周期的质量追溯提供基础性数据支持。

2. 采集基酒信息

对每一坛基酒，RFID 传感器模块记录了每坛酒的 EPC 固定身份编码，并接收写入变动信息，包括基酒的重量、入库日期、品类等，"固定信息+变动信息"通过无线传输模块发送给系统监控中心模块数据库中进行存储和处理，为后续的勾兑和调味过程提供保障。

三、酒库酒液输送管理信息化技术

对酒库中酒坛进行存取酒，是酿酒企业在收新酒、盘勾、大勾、待发包装等各项作业流程的最频繁的基本操作，每次存取对应的酒坛、存取数量、时间、班次、经手人等信息，将直接关系到整个酒库的库存管理、生产计划、生产调度、营销计划的制订和统筹，关乎企业发展与战略布局。因此，行业呼唤先进的信息化管理技术来适应日益壮大的酿酒企业的酒库酒液输送管理需求。下面以贵州茅台酒股份有限公司的杨代永等人的专利《酒库计量车控制终端、系统及其控制方法》（201410712551.0，授权时间：20170517）为例，介绍酒库酒液输送管理信息化技术的具体情况。

（一）技术组成

该技术由酒库计量车控制终端和酒库计量车控制系统两个部分组成。

1. 酒库计量车控制终端

酒库计量车控制终端包括电子标签读取模块、无线通信模块和中央处理模块（图10-5），各组成部分如下：

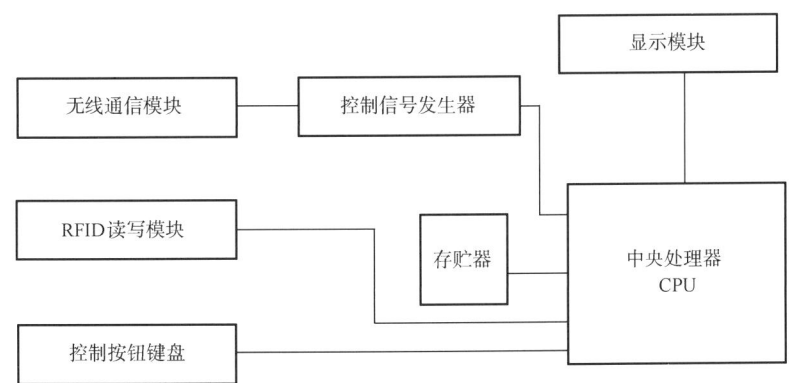

图 10-5　酒库计量车控制终端

（1）电子标签读取模块　用于读取酒坛的电子标签，其中电子标签存储有酒坛识别信息。

（2）中央处理模块　用于判断当前需要操作的酒坛与电子标签对应的酒坛是否一致；还用于将酒泵参数与酒坛作业任务进行比较，当酒泵参数达到酒坛作业任务的要求时，无线通信模块用于向酒库计量车控制装置发送调整酒泵动作的命令。

（3）无线通信模块　用于在当前需要操作的酒坛与电子标签对应的酒坛一致时，向酒库计量车控制装置发送控制酒泵动作的命令；还用于从后台服务器获取酒坛作业任务的相关信息。

（4）显示模块　无线通信模块从酒库计量车控制装置获取酒泵参数，供显示模块进行显示。

（5）输入模块　用于接收操作员输入的向酒库计量车控制装置发送控制酒泵动作的命令，当需要操作的酒坛与所述电子标签对应的酒坛不一致时，输入模块屏蔽操作员输入的向酒库计量车控制装置发送控制酒泵动作的命令。

2. 酒库计量车控制系统

包括用于酒泵、电子标签、酒库计量车控制装置、酒库计量车控制终端（图 10-6），各组成部分如下：

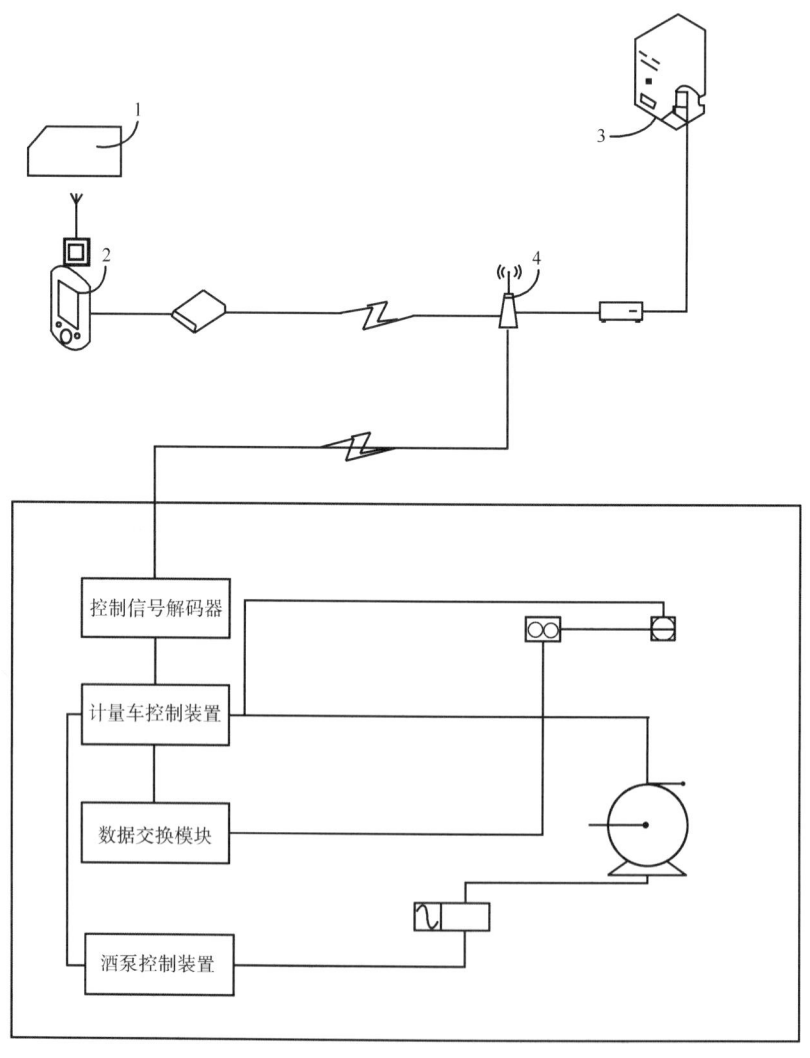

图 10-6　酒库计量车控制系统
1—控制按钮键盘　2—电子标签读取模块　3—中央处理模块　4—显示模块

（1）酒泵　用于向酒坛存酒或取酒。

(2) 电子标签　用于存储酒坛识别信息，且印有明文的酒坛识别信息。

(3) 酒库计量车控制装置　用于根据接收的酒库计量车控制终端发送的控制酒泵动作命令，控制酒泵进行相应动作；还用于获取酒泵的酒泵参数，并将酒泵参数发送给酒库计量车控制终端。

(4) 酒库计量车控制终端　还包括显示模块、后台服务器（用于存储酒坛作业任务的相关信息，并根据所述酒库计量车控制终端的请求向所述酒库计量车控制终端发送对应的酒坛作业任务的相关信息）。

（二）技术特点

酒库计量车控制终端可以作为移动装置而具有携带方便、操作方便的特点。操作人员可随身携带本装置在酒库的各个角落自由活动，随时控制计量车的开启或关闭，并实时显示计量车的酒泵参数、工作计划数据及计划完成状况。

（三）技术流程

酒库计量车的控制系统的控制方法流程如图10-7所示，其操作步骤如下：

(1) 酒库计量车控制终端从后台服务器下载当前酒坛作业任务的相关信息。

(2) 酒库计量车控制终端读取当前酒坛的电子标签以获取对应的酒坛识别信息。

(3) 酒库计量车控制终端根据酒坛识别信息判断当前酒坛与当前酒坛作业任务对应的酒坛是否一致：若不一致，则屏蔽操作员输入的向酒库计量车控制装置发送控制酒泵动作的命令，并发出提示信息；若一致，则执行下一个步骤。

(4) 酒库计量车控制终端接收操作员输入的向酒库计量车控制装置发送控制酒泵动作的命令。

(5) 酒库计量车控制装置接收控制酒泵动作的命令，控制酒泵进行对应的动作，并获取酒泵参数发送给酒库计量车控制终端，酒库计量车控制终端接收酒泵参数并进行显示。

(6) 判断酒泵的流量是否达到当前酒坛作业任务的要求，若达到则酒库计量车控制装置控制关停酒泵。

(7) 酒库计量车控制装置或酒库计量车控制终端将当前酒坛作业任务的各项数据发送给后台服务器，后台服务器将当前酒坛作业任务的各项数据进行保存。

（四）应用效果

1. 基酒出入的协调性好

能解决酿酒企业在酒库收新酒、盘勾、大勾、待发包装等工作过程中，收酒端与送酒端的计量车控制不协调、不及时，造成存酒时酒坛溢酒，而收酒时酒坛新酒不足的问题。

2. 数据采集的可靠性好

能解决数据采集不准确、不实时的问题；实现了酒库每一批次、每一班组、每一机组、每一酒坛的精细化精准化管理管控。

3. 酒库管理的时效性好

能解决酒行业生产过程中信息采集困难、数据不完整、信息链条断层的问题；克服

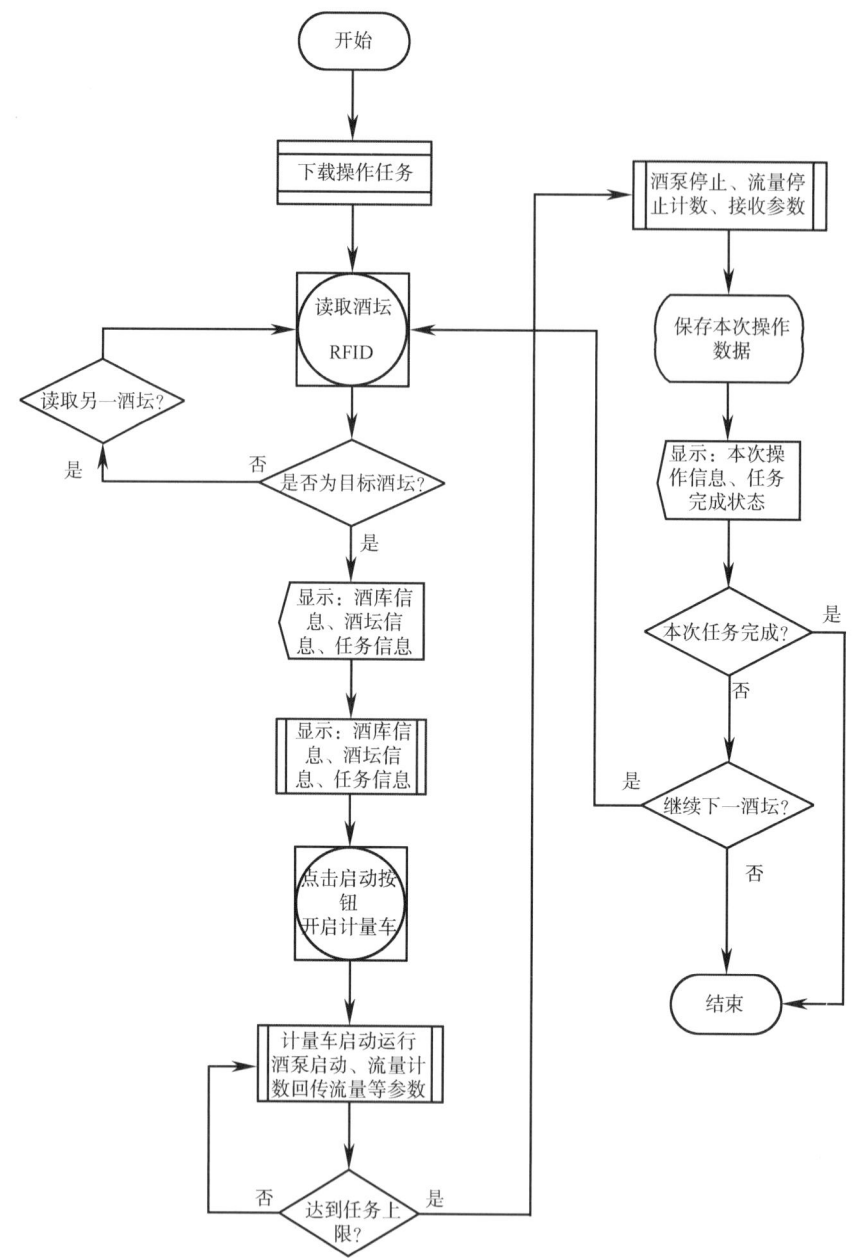

图 10-7　酒库计量车的控制系统的控制方法流程

了以往无法准确获取酒库中库存数量、流通数量、交接数量等弊端，为制酒企业提供了一种信息获取更实时、操作更方便、管理更精确高效的有效方法。

四、成品酒立体仓贮智能化管理技术

近十年来，老村长酒业抓住数字科技发展趋势，引入大数据、人工智能、云计算和物联网技术，在白酒行业率先开展了工业 4.0 系统建设和数字化战略转型，着力践行传统工艺与现代科技的深度融合。老村长酒业智能化立体仓储车间建设于 2018 年，现已成为成品酒智能化存储发货的核心车间。在设计方面，由联包车间通过高速的成品合并线经荷兰安霸螺旋输送机，通过美国英特乐自动分选机，配合 KUKA 机器人码垛机，实现成品酒的码垛、理货，并由高效率的堆垛机入库保管和发货。下面介绍老村长酒业成品酒立体仓贮智能化管理技术的具体情况。

（一）技术特点

成品酒立体仓贮车间设有 12000 个标准货位，通过单/双伸高速堆垛机、KUKA 机器人码垛机、高速注册机合并器、高速分选机、12000 只标准托盘，实现了智能入库以及存储。通过各发货口与装车作业无缝对接，真正实现了入库、存储、出库的智能化管理。该技术具有以下特点。

1. 高度自动化作业流程

系统通过采集相机、堆垛机、机械手等设备，实现了货物从出入库、搬运到存储的全程自动化操作，极大提升了作业效率，确保各环节按指令精准执行。

2. 智能化分选与码垛技术

采用注册机、合并器与高速输送线及螺旋机组，结合分选机根据二维码信息的智能识别，自动将成品酒分选至码垛机指定入口完成码垛，提高了成品处理的智能化水平和作业效率。

3. 高效空间利用与信息化管理

利用窄巷道货架、堆垛机等设计，极大提升了仓库的空间利用率，同时配备 WMS 仓储管理系统，实现库存实时监控、货物信息记录及智能化管理，既增加了存储容量，又保证了作业的高效性和灵活性，满足白酒企业不同时期的物流需求。

4. 高稳定性与准确性作业体系

通过全面自动化和智能化技术的应用，显著减少了人工操作带来的误差和不确定性，降低了货物损坏风险，确保了作业的高稳定性和准确性，特别是在复杂接驳条件下（如跨通道、宽场地输送），通过高效输送系统设计，实现了成品酒箱的快速、准确码垛，解决了技术上的重点难题。

（二）技术原理

成品酒立体仓贮智能化管理的技术原理主要基于机械传动、自动化控制及信息管理三大方面：

（1）在机械传动方面，系统依靠电机、减速机、链条、皮带等装置以及码垛机机器人，实现货物的升降、平移等动作，完成入库、存储和出库流程。其中，高速注册机精准定位排列成品酒，自适应输送线速度波动；高速合并器通过特殊输送平台快速合并各线产品，保持合理箱间距；高速输送系统则根据现场需求，设计多种专业输送方式，灵活应对各种情况，同时采用荷兰安霸螺旋的独特防滑技术，确保成品箱稳定可靠。自动高速分选机根据二维码识别指令精准分选入位（图 10-8），而码垛机则根据垛型设计自动完成箱子计数、排列、转向、推送、夹持、合并等动作，实现多样化码垛。

（2）在自动化控制方面，计算机控制系统通过编程设定设备运行参数，实现堆垛机、输送机等设备的自动化操作。

（3）在信息管理方面，仓库管理系统（WMS系统）通过二维码、条形码关联货物与库位信息，实现一物一码，对库存进行精确管理。这一系列技术原理共同构成了成品酒立体仓贮智能化管理的核心。

图 10-8　二维码数据采集关联系统显示窗口

（三）工艺流程

成品酒立体仓贮智能化管理的工艺流程如图 10-9、图 10-10 所示。

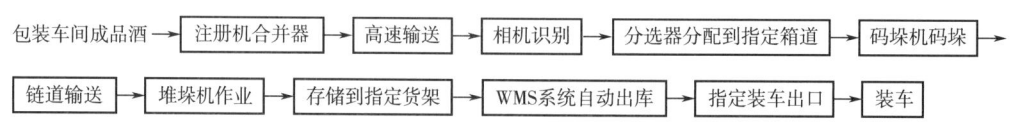

图 10-9　成品酒立体仓贮智能化管理的工艺流程

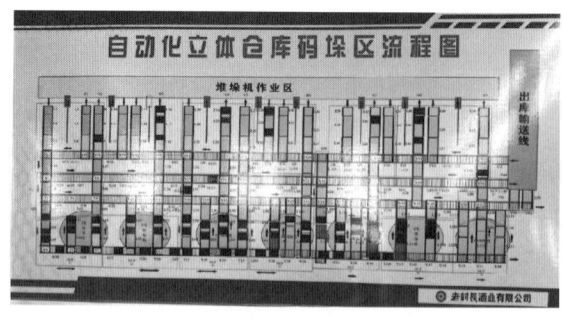

图 10-10　码垛区工艺流程

（四）技术要点

1. 入库操作管理

包装车间成品酒通过板链输送到立体化库房，通过自动相机识别箱的二维码，自动进行分道，输送到指定箱道，再通过码垛机自动进行码垛，通过立库系统以及堆垛行，将成品酒放到指定货位。

(1) 数字化瓶箱码关联 采用数字化技术，实现瓶码与箱码的精准关联，箱体自动赋码并与产线订单信息匹配，作为产品流通分选识别的核心信息。

(2) 多线合并与高速输送 包装车间通过美国英特乐高速注册机与合并器，高效整合多条产线成品酒，合并至高速输送线。

(3) 立体输送通道设计 包装一车间采用空中输送通道结合荷兰安霸螺旋技术，实现输送线升降（图10-11）；包装二车间则采用地下输送通道，共同将成箱产品高效输送至立库平台。

图 10-11　螺旋式升降输送线

(4) 高效分选与码垛优化 通过高速分选机将产品精准分选，输送至指定码垛机入口（图10-12）；码垛机采用一码二、一码三形式堆码产品（图10-13），最大化利用率。

图 10-12　高速分选机对产品的智能分选与输送　　图 10-13　码垛机对产品的智能堆码

(5) 数字化货位管理与堆垛 码垛后，数字化系统与立库 WMS 系统关联箱垛信息，形成数据链，WMS 系统智能分析分配货位，按批次管理（图10-14）；高速堆垛机具备双伸双叉功能，提升设备与空间利用率。

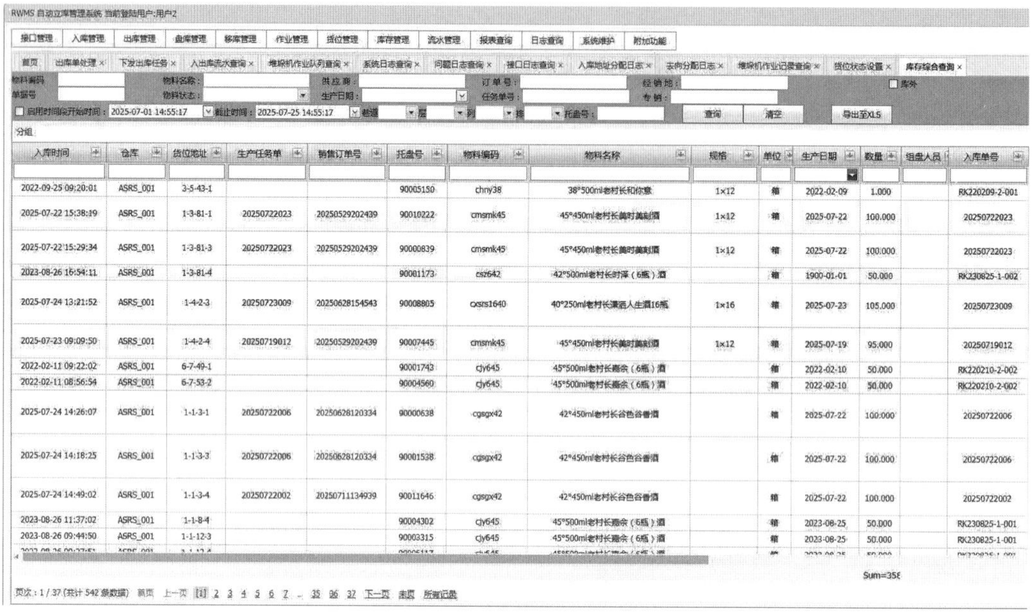

入库时间	仓库	货位地址	生产任务单	销售订单号	托盘号	物料编码	物料名称	规格	单位	生产日期	数量	组盘人员	入库单号
2022-09-25 09:20:01	ASRS_001	3-5-43-1			90005150	chny38	38°500ml老村长和你意	1×12	箱	2022-02-09	1.000		RK220209-2-001
2025-07-22 15:38:19	ASRS_001	1-3-81-1	20250722023	20250529202439	90010222	cmsmk45	45°450ml老村长美时美刻酒	1×12	箱	2025-07-22	100.000		20250722023
2025-07-22 15:29:34	ASRS_001	1-3-81-3	20250722023	20250529202439	90000839	cmsmk45	45°450ml老村长美时美刻酒	1×12	箱	2025-07-22	100.000		20250722023
2023-08-26 16:54:11	ASRS_001	1-3-81-4			90001173	csz642	42°500ml老村长时泽（6瓶）酒		箱	1900-01-01	50.000		RK230825-1-002
2025-07-24 13:21:52	ASRS_001	1-4-2-3	20250723009	20250628154543	90008805	cxsrs1640	40°250ml老村长潇洒人生酒16瓶	1×16	箱	2025-07-23	105.000		20250723009
2025-07-23 09:09:50	ASRS_001	1-4-2-4	20250719012	20250529202439	90007445	cmsmk45	45°450ml老村长美时美刻酒	1×12	箱	2025-07-19	95.000		20250719012
2022-02-11 09:22:02	ASRS_001	6-7-49-1			90001743	cjy645	45°500ml老村长嘉余（6瓶）酒		箱	2022-02-10	50.000		RK220210-2-002
2022-02-11 08:56:54	ASRS_001	6-7-53-2			90004560	cjy645	45°500ml老村长嘉余（6瓶）酒		箱	2022-02-10	50.000		RK220210-2-002
2025-07-24 14:26:07	ASRS_001	1-1-3-1	20250722006	20250628120334	90000638	cgsgx42	42°450ml老村长谷色谷香酒		箱	2025-07-22	100.000		20250722006
2025-07-24 14:18:25	ASRS_001	1-1-3-3	20250722006	20250628120334	90001538	cgsgx42	42°450ml老村长谷色谷香酒		箱	2025-07-22	100.000		20250722006
2025-07-24 14:49:02	ASRS_001	1-1-3-4	20250722002	20250711134939	90011646	cgsgx42	42°450ml老村长谷色谷香酒		箱	2025-07-22	100.000		20250722002
2023-08-26 11:37:02	ASRS_001	1-1-8-4			90004302	cjy645	45°500ml老村长嘉余（6瓶）酒		箱	2023-08-25	50.000		RK230825-1-001
2023-08-26 09:44:50	ASRS_001	1-1-12-3			90003315	cjy645	45°500ml老村长嘉余（6瓶）酒		箱	2023-08-25	50.000		RK230825-1-001

图 10-14　WMS 系统智能分析分配货位与按批次管理的显示窗口

（6）系统集成与设备维护　根据白酒企业需求选择合适设备并合理配置，确保 WMS 系统与企业资源计划（ERP）、制造执行系统（MES）等系统无缝集成，实现信息共享与协同；同时，建立完善的设备维护保养制度，确保设备稳定运行。

2. 存储过程管理

货物在库位上按照“先进先出”或其他指定规则进行存储，WMS 系统实时监控库位状态和货物信息。同时，白酒属于易燃品，立库配备完善的消防系统，每个货位单独配置消防喷淋装置，同时要保证良好的通风条件，以满足白酒存储的环境要求。

3. 出库操作管理

根据订单信息，WMS 系统下达出库指令，堆垛机从指定库位取出货物，输送至出库口，再由后续设备进行装车操作等。

（1）堆垛机与辊道输送机无缝对接　堆垛机装卸货平台与多功能辊道输送机实现无缝对接，自动完成出库、入库、整理及货架分配等工作，同时根据现场情况智能规划并优化输送路线。

（2）发货装车一卡通与信息可视化　发货口与装车区一一对应，通过一卡通系统完成装车流程管理，包括叫号、排队、通知及信息识别，并在装车口 LED 显示屏实时展示装车内容与剩余箱数（图 10-15），确保发货装车数据链的完整性和准确性。

（3）托盘自动整理与循环使用　立库发货区配置托盘自动整理装置，自动整理装车后留下的成品酒托盘并回收至立库；同时，根据需求自动从立库释放空托盘至各码垛机入口，形成托盘的高效循环使用机制。

图 10-15　出库管理中发货装车一卡通与信息可视化

（五）应用效果

1. 高效存储与全自动化生产

公司建立了智能化立体仓储车间（图 10-16），拥有 11892 个标准货位和 12000 只标准周转托盘，储酒能力近 120 万箱，且生产线自动化率达到 100%，显著提升了存储效率与生产效能。

2. 安全管理与全面可追溯体系

实现人机分离、人车分离，确保作业环境安全；同时建立产品数据管理系统，实行一物一码，对生产过程进行全面追溯，保障产品质量与安全。

图 10-16　智能化立体仓储车间内部场景

第三节　白酒产品全过程管理信息化技术

白酒产品种类繁多，市场反响好的产品又容易被仿冒，在激烈的市场竞争中，企业如何保护自身利益和消费者权益是一个亟待解决的现实问题。而传统的监管方式无法解决这一个棘手的问题，白酒行业呼唤着先进的管理信息化技术来解决上述不足。产品的生命周期（Product Life-Cycle Management，PLM）是指从人们对产品的需求开始，到产品淘汰报废的全部生命历程，PLM 监控是一种先进的企业信息化思想，它让人们思考在激烈的市场竞争中，如何用最有效的方式和手段来为企业增加收入和降低成本。下面以四川航天系统工程研究所的宋勇等人发明专利《一种基于 RFID 的食品全生命周期管理系统及其实现方法》（201210229999.8，授权时间：20150722）为例，说明白酒产品全过程管理信息化技术的具体情况。

一、技术组成

产品管理系统中至少包括生产线 RFID 系统、仓储 RFID 管理系统、物流 RFID 管理系统、销售 RFID 管理系统、防伪查询系统以及数据仓库系统作为其子系统，生产线 RFID 系统、仓储 RFID 管理系统、物流 RFID 管理系统、销售 RFID 管理系统和防伪查询系统均通过有线或无线的形式接入互联网，并通过互联网与数据仓库系统进行数据交换（图 10-17）。各子系统具体情况如下：

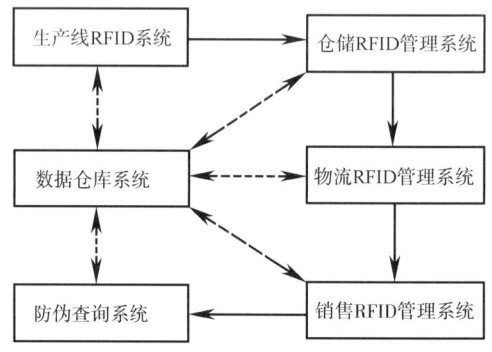

图 10-17　基于 RFID 的食品全生命周期管理系统的组成结构

（一）生产线 RFID 系统

包含两个 RFID 读写识别装置，所述的两个 RFID 读写识别装置均接入网络，且它们分别作为具有相同功能的主 RFID 读写识别装置与从 RFID 读写识别装置；通过 RFID 读写识别装置将各类信息化数据写入至产品上的 RFID 标签中，并同时读取该产品 RFID 标签的唯一标识 ID 连同向该产品 RFID 标签所写入的信息化数据一同写入数据仓库系统，并使得数据仓库系统中产品 RFID 标签的唯一标识 ID 与向该产品 RFID 标签所写入的信息化数据相互对应；生产线 RFID 系统中还包括内部集成在线赋码软件的工控机，用于由工控机通过其内部集成的在线赋码软件依据不同产品的类型，将与之相对应的各类信息化数据通过网络预先写入至数据仓库系统中，并根据 RFID 标签中的标签信息从数据仓库中获取。

（二）仓储 RFID 管理系统

通过 RFID 读写识别装置读取产品上 RFID 标签的唯一标识 ID，依据该唯一标识 ID 从数据仓库系统中查询与之相对应的各类信息化数据，依据该信息化数据完成产品仓储的各类操作，并将仓储过程中的各类操作信息写入至数据仓库系统中添加至与该唯一标识

ID 相对应的信息化数据中。

（三）物流 RFID 管理系统

通过 RFID 读写识别装置读取产品上 RFID 标签的唯一标识 ID，依据该唯一标识 ID 从数据仓库系统中查询与之相对应的各类信息化数据，依据该信息化数据完成物流过程中的各类操作，并将物流过程中的各类操作信息写入至数据仓库系统中添加至与该唯一标识 ID 相对应的信息化数据中。

（四）销售 RFID 管理系统

通过多个 RFID 读写识别装置读取产品上 RFID 标签的唯一标识 ID，依据该唯一标识 ID 在产品销售完成后将数据仓库系统中与该唯一标识 ID 相对应的信息化数据进行标记，并且将该产品的销售记录写入至数据仓库系统中添加至与该唯一标识 ID 相对应的信息化数据中。

（五）防伪查询系统

防伪查询系统采用 RFID 查询一体机与 RFID 查询手持机识别产品上 RFID 标签的唯一标识 ID，通过网络依据该唯一标识 ID 从数据仓库系统中获取与之相对应的生产、仓储、物流以及销售的全流程操作记录，以判定其来源合法性。

以上各类信息化数据中至少包括产品的溯源信息、防伪信息和产品信息化管理数据；产品信息化管理数据包括生产线 RFID 系统的写入的基础生产数据，仓储 RFID 管理系统写入的入库、出库、盘点以及检货的操作记录数据以及物流 RFID 管理系统写入的订单、收货、出货以及配送的操作记录数据。

二、技术特点

（一）产品的全程身份识别

RFID（Radio Frequency Identification）是一种射频识别技术，它是信息数据自动识读、自动采集到计算机的重要方法和手段，生产、仓储、物流以及销售等各个阶段进行产品身份记录和校验，确保了产品身份的真实性。

（二）实现了产品的有效监管

产品从生产、仓储、物流以及销售全程统一管理，让管理者和消费者随时随地知道产品从何而来、又到哪里去了，为企业管理者组织生产和产品促销提供了科学决策的依据；为消费者的权益保护提供了可靠的保障。

三、技术流程

基于 RFID 的食品全生命周期管理系统实现方法的流程如图 10-18 所示，其操作步骤如下：

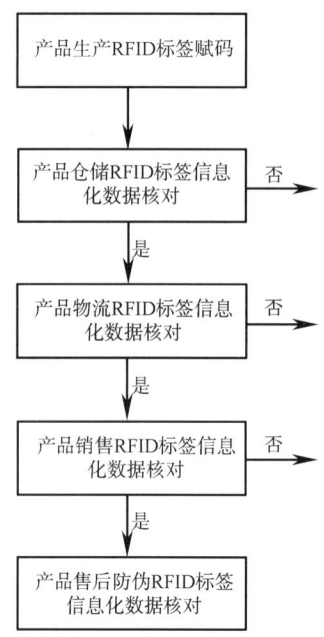

图 10-18　基于 RFID 的食品全生命周期管理系统实现方法的流程

（一）产品生产 RFID 赋码

生产线 RFID 系统通过 RFID 读写识别装置将各类信息化数据写入至产品上的 RFID 标签中，并同时读取该产品 RFID 标签的唯一标识 ID 连同向该产品 RFID 标签所写入的信息化数据一同写入至数据仓库系统，并使得数据仓库系统中产品 RFID 标签的唯一标识 ID 与向该产品 RFID 标签所写入的信息化数据相互对应；所述的各类信息化数据由生产线 RFID 系统中的工控机通过网络预先写入至数据仓库系统中，并根据 RFID 标签中的标签信息从数据仓库中获取。

（二）产品仓储 RFID 标签信息化数据核对

仓储 RFID 管理系统通过 RFID 读写识别装置读取产品上 RFID 标签的唯一标识 ID，依据该唯一标识 ID 从数据仓库系统中查询与之相对应的各类信息化数据，依据该信息化数据完成产品仓储的各类操作，并将仓储过程中的各类操作信息写入至数据仓库系统中添加至与该唯一标识 ID 相对应的信息化数据中；如在数据仓库系统中未查询到与之相对应的信息化数据，则认为该产品的来源不合法，不进行后续操作。

（三）产品物流 RFID 标签信息化数据核对

物流 RFID 管理系统通过 RFID 读写识别装置读取产品上 RFID 标签的唯一标识 ID，依据该唯一标识 ID 从数据仓库系统中查询与之相对应的各类信息化数据，依据该信息化数据完成物流过程中的各类操作，并将物流过程中的各类操作信息写入至数据仓库系统中添加至与该唯一标识 ID 相对应的信息化数据中；如在数据仓库系统中未查询到与之相对应的信息化数据，则认为该产品的来源不合法，不进行后续操作。

（四）产品销售 RFID 标签信息化数据核对

销售 RFID 管理系统用于通过多个 RFID 读写识别装置读取产品上 RFID 标签的唯一标识 ID，依据该唯一标识 ID 在产品销售完成后将数据仓库系统中与该唯一标识 ID 相对应的信息化数据进行标记，并且将销售记录依据该信息化数据写入至数据仓库系统中；如在数据仓库系统中未查询到与之相对应的信息化数据，则认为该产品的来源不合法，不进行后续操作。

（五）产品售后防伪 RFID 标签信息化数据核对

防伪查询系统利用产品上 RFID 标签的唯一标识 ID 从数据仓库系统中获取与之相对应的生产、仓储、物流以及销售的全流程操作记录，以判定其来源合法性。

四、应用效果

该管理系统应用到酒类生产中，可达到两个关键的效果：

（一）实现真正意义上的产品溯源

通过管理系统中的各个子系统，使产品在生产、仓储、物流以及销售等各个阶段的各种操作都在数据仓库系统中形成记录，实行从生产到销售全过程动态的统一管理，解决了生产厂家无法对已出厂的产品进行宏观统一管理的问题。

（二）实现销售过程的有效监管

该管理系统对产品销售进行统一管理和监控，能防止产品交叉销售和有效打击产品仿冒行为，以维护正常的市场秩序，保护企业和消费者合法权益。

第四节　浓香型白酒酿造的智能化管理技术

为了提高生产效率和产品质量，江苏洋河酒厂股份有限公司引领了中国传统白酒酿造技术向数字化管理的转型。在固态白酒酿造过程中，该公司通过"固态白酒酿造数字化技术集成研究与产业化应用"、绵柔型白酒靶向风味曲的研究与应用、洋河绵柔型白酒绵柔特征风味解析及应用实现了从原料蒸煮、发酵生产到蒸馏取酒的智能化管理。这一数智化管理手段是现代白酒产业追求高效能、高质量发展的重要途径，为浓香型白酒的酿造注入了新的活力。下面以该公司的项目成果为例，介绍浓香型白酒酿造的智能化管理技术。

一、技术特点

中国白酒作为传统发酵产业，生产方式至今仍处于半控制半经验阶段，极其依赖操作者的个人操作技能和经验，而且劳动强度较大，生产效率较低，在快速发展的社会背景下很难满足生产需求。为适应现代化工业的发展，白酒酿造方式需以传统生产技术为基础，结合现代化科学手段和科学依据，向机械化、自动化、智能化方向转变。该成果实现了传统酿造生产和质量控制的数字化、信息化、智能化，推动了传统白酒生产由分散、低效向规模化、高效化、信息化转变，成果达到了国际领先水平。成果的主要技术特点：

（1）采用原料高压连续蒸煮技术和在线粮糟连续同步蒸煮技术，首创物料自动导引车（AGV）智能调度输送系统技术，实现不同层酒醅在全车间的精准智能配送。

（2）建立酿酒 MES 大数据分析系统，实现原酒酿造过程全智能化数字化创新。

二、技术原理

项目围绕绵柔型白酒的绵柔特征风味解析、微生态酿造体系、智能化技术集成开展研究与应用，将微生物学、固态酿造工程学、智能化控制、风味化学和食品感知科学等技术融汇联用；再结合传统微生物筛选手段，靶向筛选复合风味导向功能微生物，解析绵柔型白酒关键"绵柔因子"，开发数字化智能酿造关键技术；在明确白酒风味物质与多感官联动机理的基础上，构建风味导向的白酒生态酿造体系，并建立行业首个白酒数字化智能酿造车间。通过以上方面项目打破绵柔型白酒高端品质提升与稳定的限制因素，极限提升绵柔型白酒品质与生产效率。

三、技术流程

洋河绵柔型白酒酿造的智能化管理技术流程如图 10-19 所示。在保持固态发酵核心工艺不变的前提下，基于酿酒生产计量准、控制准、参数准、全工艺数字化联动控制"三准一联动"，通过自动化设备技术升级生产工艺，利用智能控制系统，建立中央控制平台系统和专家优化系统，找到最佳控制工艺参数组合，智能调控生产，提升工艺稳定性和原酒品质。

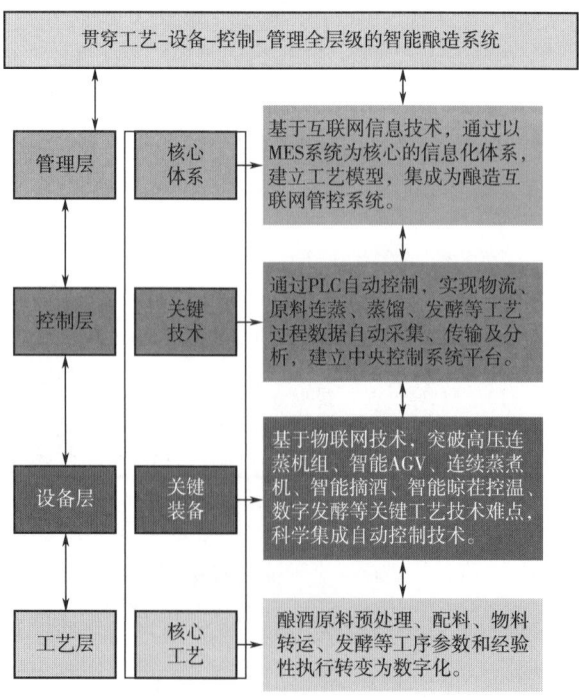

图 10-19　洋河绵柔型白酒酿造的智能化管理技术流程

四、技术要点

（一）面向传统酿造工艺的自动化设备集成开发与应用

针对传统白酒酿造工艺要求，研制与传统固态发酵白酒工艺相匹配的全流程自动化设备，攻克固态酒醅精准转运调度、粮糟连续蒸煮、摊晾、接酒、堆积发酵等关键工艺的自动化技术难点，研制酿造工艺过程数字化调控技术与装备，物料智能调度系统首次采取重载 AGV 对酒醅出入窖池进行智能调度和自动转运，实现物料输送全流程自动化和智能化。根据酒醅水分、重量等物理特性，自动调整当班的配料比、配糟比、用水量、用曲量，实现参数 100% 精准精细配比。开发具有自主学习能力的智能装甑系统，实现装甑速度、料层厚度、料面温度、蒸汽压力动态联动调控，可实现连续撒料，做到轻、松、匀、薄、平、准。通过原酒理化与感官大数据，建立原酒质量识别模型，蒸馏气压自动调控，实现不同等级原酒自动分级接酒，分段精度高，出酒率稳定，优质酒品质稳定。行业首次采取酒醅在线连续蒸煮技术进行酒醅蒸煮，连续蒸煮机单体设备大，蒸煮效率高，原料蒸煮效果好，蒸煮时间由原来的 110min 缩短至 60min，颗粒完整性高，熟烂均匀一致。该技术自动感应环境温度和酒醅温度变化，通风系统变频智能工作，自动纠偏温度，实现酒醅入池温度的精准控制；建立窖池物联网温控发酵技术，实现发酵过程数字化。

1. 原辅料自动输送技术

原料、大曲与稻壳等原辅料自动配送至暂存仓，根据物料特性，大曲、原料与稻壳分别由风送系统和刮板输送系统定量配送至不同的加料机中（图10-20）。

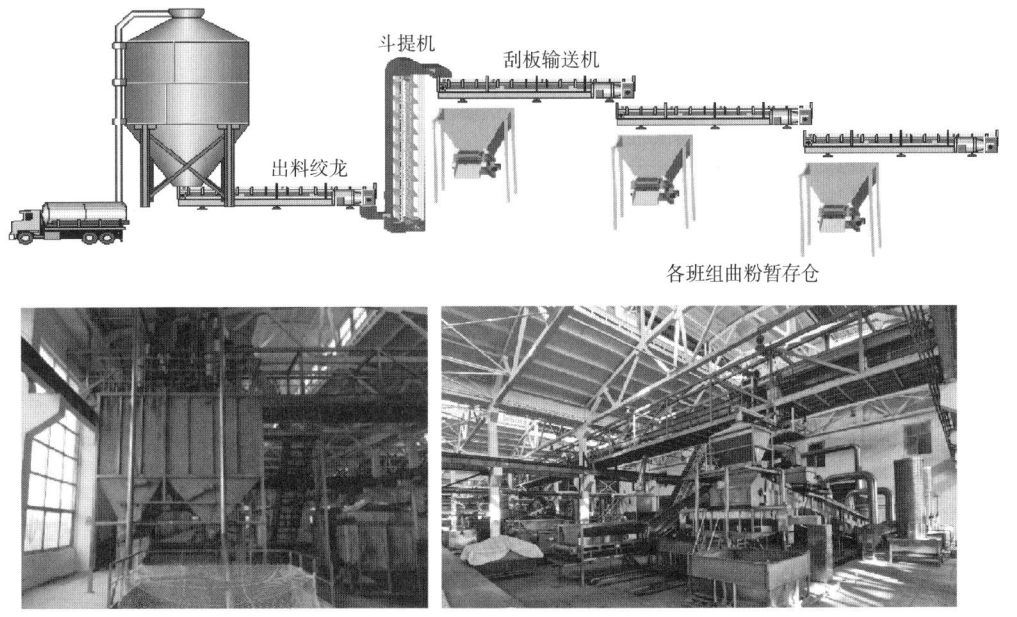

图 10-20　原辅料暂存与输送系统

原辅料暂存仓设置称重传感器，通过静态称重变频控制出料绞龙，实现对物料出料量的精准控制；设置雷达连续料位传感器，实现对料仓的连续料位精准检测。中控系统可将连续料位换算成仓内的物料体积，控制室可以实时显示料仓的体积状态的连续变化，同时通过连续料位自动控制料仓的进料及出料输送，料仓同时设有高低料位开关实现满料位、空料位的安全联锁控制及上位机报警显示。链板输送机、斗提机、绞龙、刮板输送机、管链输送机、皮带输送机等关键输送联动设备设有失速开关、跑偏开关、有料无料检测开关、堵料开关等关键检测元件，上位机可实时显示各联动设备的运行状态，同时可实现输送过程的自动联动控制，保证系统整体的自动控制运行，同时基于关键检测元件构成安全联锁控制系统，保证联动设备运行的安全稳定。

2. 酒醅自动化输送调度系统

将AGV叉车引入酒醅输送过程，实现了酒醅在全车间的精准、及时配送，实现集约化生产，生产效率高。

（1）AGV叉车与智能输送专用通道　　AGV叉车与智能输送专用通道如图10-21所示，智能AGV叉车转运采取定点工位方式，分为8个工位，出料分为上层、中上层、中下层、下层料斗4个工位，入料分为大茬满料斗、大茬空料斗、回缸满料斗、回缸空料斗4个工位。

（1）AGV叉车　　　　　　　　（2）AGV叉车专用通道

图10-21　AGV叉车与智能输送专用通道

（2）AGV智能输送调度工艺

①出料工艺流程：AGV智能出料工艺流程如图10-22所示，具体操作过程如下：

a. 将空料斗放至A上层\B中上层\C中下层\D下层料位的定点工位，行车操作工将酒醅抓至料斗内。

b. 定点工位上的称重传感器检测到料斗内装满料后，将信息上传给智能叉车控制平台，智能叉车控制平台更新库位状态。

c. 中控系统自动触发A上层\B中上层\C中下层\D下层加料斗物料需求，并上传给智能叉车控制平台，智能叉车控制平台发送上料指令给智能叉车调度系统，智能叉车调度系统调度智能叉车将满料斗搬运至对应生产线上料点。

d. 智能叉车将满料斗搬运至上料点时，回传信息给智能叉车控制平台，智能叉车控制平台与中控系统通信，中控系统控制料斗自动打开，酒醅落入生产线设备加料斗内。

e. 持续2min后，中控系统控制料斗自动闭合，料斗闭合后通过智能叉车控制平台发送空料斗返回指令给智能叉车调度系统，调度系统调度智能叉车将空料斗搬运至原料位。

②进料工艺流程：AGV智能进料工艺流程如图10-23所示，具体操作过程如下：

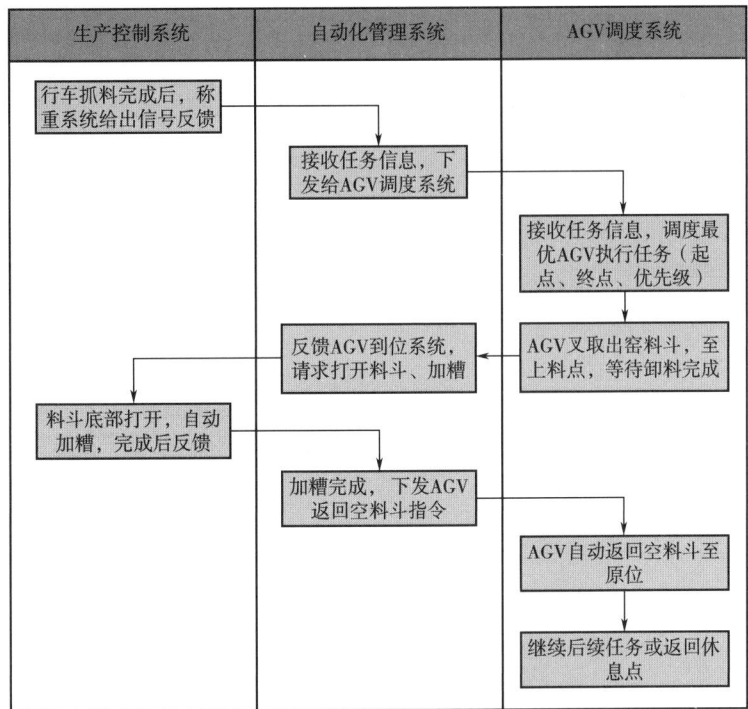

图 10-22　AGV 智能出料工艺流程

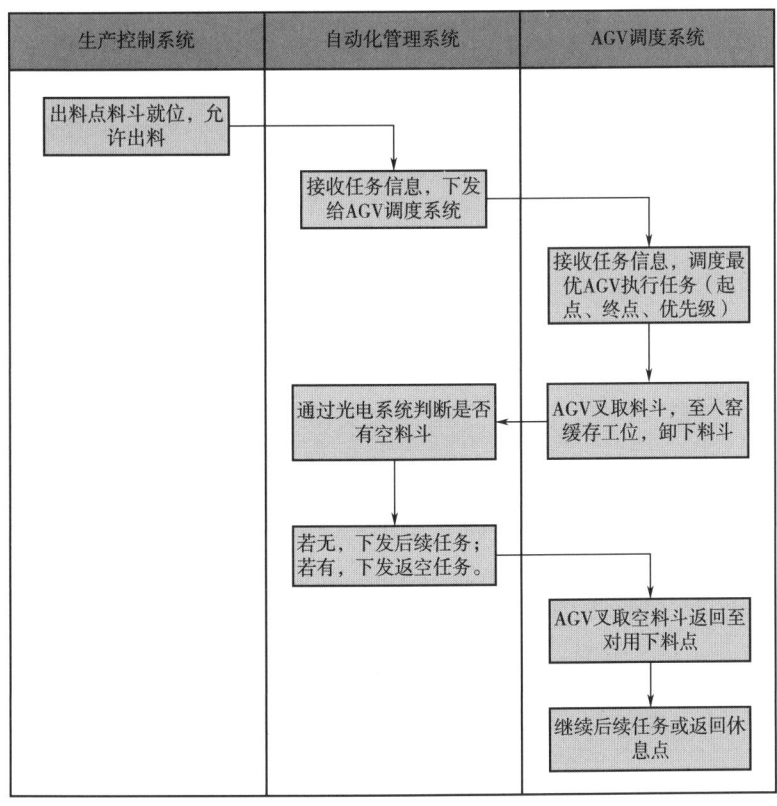

图 10-23　AGV 智能进料工艺流程

a. 生产线的出料位料斗装满料后，中控系统自动触发出料请求，并上传给智能叉车控制平台，同时出料位的称重传感器检测到料斗信息并上传给智能叉车控制平台。

b. 智能叉车控制平台发送出料回库指令给调度系统，调度系统调度智能叉车将满料斗搬运至定点工位。

c. 智能叉车完成出料作业后，返回完成信息给智能叉车控制平台。

d. 智能叉车控制平台根据空料斗出料位的光电传感器信息，判断出料位是否有空料斗，如判断是，发送空料斗返回指令给智能叉车调度系统。

e. 调度系统调度智能叉车从出料位取空料斗，送至生产线出料位，完成后返回待命点。

3. 配料精准控制技术

精准配料系统如图 10-24 所示。通过配方管理模块实现定量加壳机、定量加糟机的自动配比控制，板链输送机、稻壳给料器通过变频控制给料速度，定量加壳机通过静态称重自动计量稻壳给料量；为保证稻壳配比的控制精度，提升计量仪器准确度与输送机械转速联动的匹配度，每个机械设备转速对应的流量值预先进行多点标定形成数据模型，

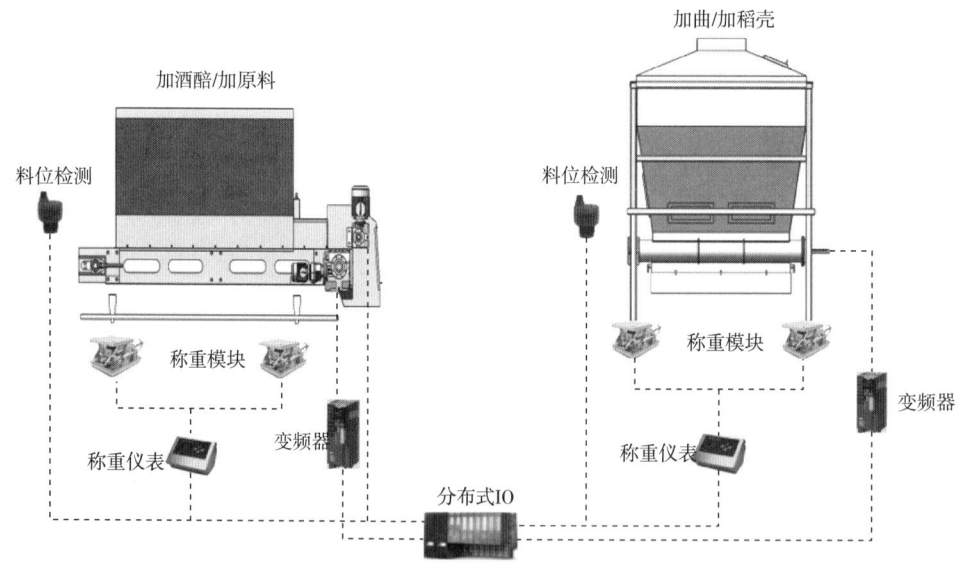

（1）精准配料系统示意图

（2）生产车间的加曲机

（3）生产车间的糖化料斗

图 10-24　精准配料系统

并将标定值数据模型预存到系统里面去，可有效提升机械输送变频控制的精准性；同时板链输送机、加糟机、给料器通过速度检测元件实时检测输送速度，通过机械暂存料斗挡板的方案保证物料输送的厚度稳定，通过速度和厚度的稳定控制，可实现固体物料连续输送的体积流量稳定控制，提升配比控制的精准度。

4. 智能装甑系统

（1）云装甑机器人系统技术方案　基于工业机器人及多领域离线仿真算法等关键技术，结合云计算、传感器网络与移动应用技术，开发具有自主学习能力的云装甑机器人，将装甑工艺、轨迹规划及补偿算法等融入云数据库，对料层温度和蒸汽气压联动控制，解决装甑过程中的运动轨迹规划、多轴联动算法控制，实现智能装甑。装甑机器人云服务系统技术方案如图10-25所示。

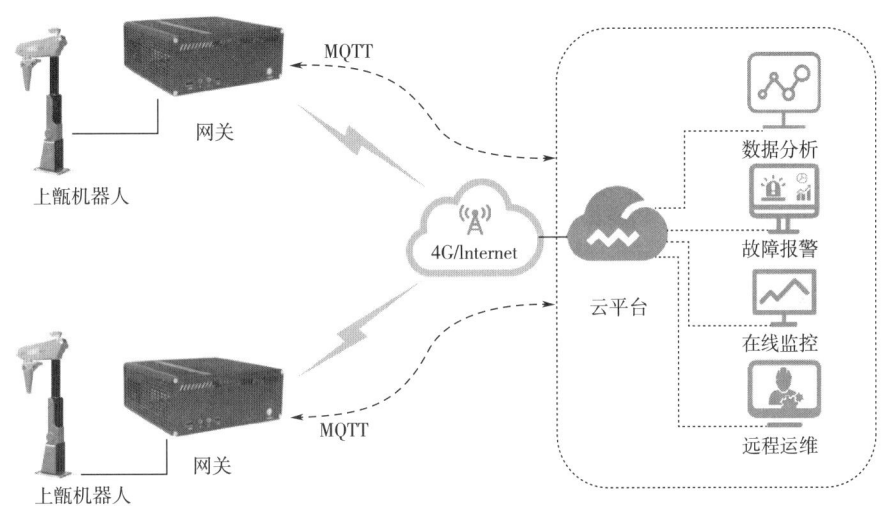

图10-25　装甑机器人云服务系统技术方案

注：MQTT：Message Queuing Telemetry Transport，消息队列遥测传输（协议）；4G/Internet：4G网络/互联网。

（2）智能装甑　遵循传统工艺，装甑机器人完全模仿人工作业，利用热源识别系统和工作面形态探测系统，实现装甑速度、料层厚度、料面温度、蒸汽压力动态联动调控，可实现连续撒料，做到轻、松、匀、薄、平、准。智能装甑控制系统如图10-26所示。

①定量回底锅：装甑信号开始后，根据设定的总量、尾酒量向底锅分别定量给水。开启气动阀门向底锅分别定量进酒尾、清水。定量给水完成后，相应阀门均关闭。

②智能装甑：装甑机器人自动在接料点定位后，定量输送机连续给料进入装甑机器人，机器人自动控制酒甑、甑盖、蒸汽大小及输送设备的启停，进行智能装甑。装甑过程中按设定的压力自动调控蒸汽压力，热源识别系统检测蒸汽分布情况，并引导布料头将酒醅准确布撒到将要穿汽的地方，实现连续"探气上甑"，工作面形态监测系统检测酒醅铺撒的厚度和均匀性。装甑完成后，装甑机器人复位或转向另一酒甑继续装甑。

5. 智能蒸馏与接酒技术

基于原酒理化与风味特征建立原酒质量智能识别模型，结合酒精度在线检测仪器、蒸汽智能控制系统、水冷系统和原酒管道储存系统，组成自动接选酒系统，实现原酒自

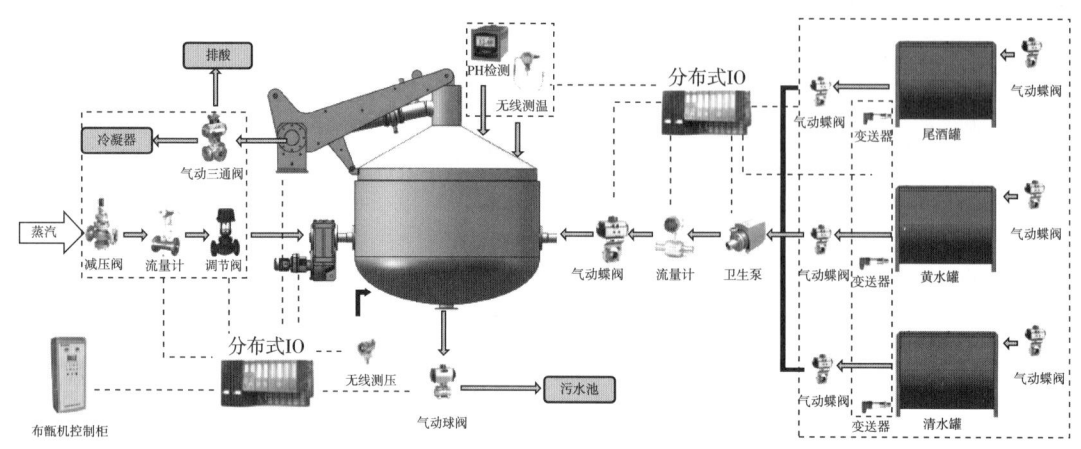

图 10-26　智能装甑控制系统

动分等级接酒，投入少，完全无人化操作，接酒酒度精准，稳定性高。

（1）原酒质量模型　采用顶空固相微萃取、气相色谱质谱法结合质谱解卷积技术解析不同感官特色等级酒样指纹信息，以采集到的酒精浓度作为主要分类标准，根据不同特色酒样香气、窖香绵厚、酸味等理化指标将原酒分为优级、一级、普级三个等级，通过合理化运用数据挖掘领域模式识别算法、机器学习算法筛选有用数据，建立原酒质量智能识别模型，同时辅以人工判断纠正，不断进行动态优化与完善，原酒质量模型识别成功率达95%以上。

（2）自动接选酒系统　自动接选酒系统如图10-27所示，由质量模型、酒精度在线检测系统、蒸汽智能控制系统、风冷系统和原酒管道储存系统组成。自动接选酒时，首先按照时间接选酒头，在酒头接选之后，按照质量模型酒精度标准接选优级酒、一级和普级三个等级，此系统较人工接酒的酒质更稳定。

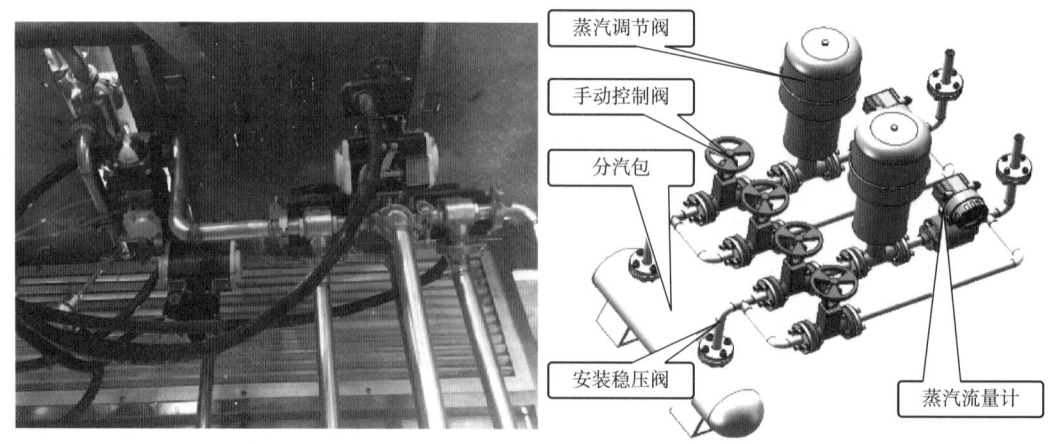

图 10-27　自动接选酒系统

6. 粮糟连续蒸煮自动化技术

粮糟连续蒸煮系统如图10-28所示，采用酒糟连续蒸煮自动化设备保证生产的连续性、自动化与标准化，蒸煮时间由传统甑桶蒸煮 100~110min 缩短为 60~70min，蒸煮效率提高了 1.5 倍，由单独蒸煮改为集中连续蒸煮，蒸汽节约 38.6%，熟粮蒸煮效果好，内无生心，有骨力。

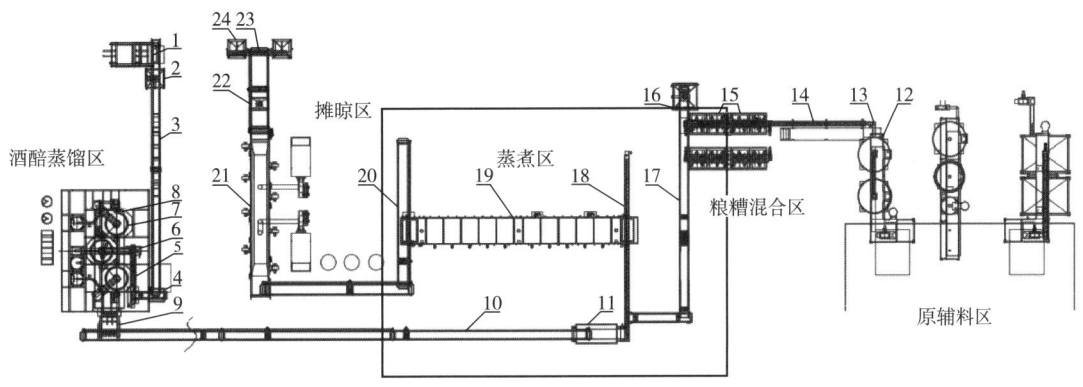

图 10-28　粮糟连续蒸煮系统

1—加糟机　2—提升板链　3—加壳机　4—上甑暂存斗　5—酒醅输送板链　6—装甑机器人　7—甑桶
8—水冷冷凝器　9—甑底板链　10—热糟输送板链　11—热糟暂存斗　12—原料暂存罐　13—斗式提升机
14—输送绞龙　15—润料仓　16—加壳机　17—原料输送板链　18—粮糟混合绞龙　19—蒸煮机
20—混合醅输送板链　21—晾茬机　22—加曲机　23—出料绞龙　24—出料斗

7. 智能晾茬控温技术

自动摊晾机具备加浆、摊晾、测温、加曲、搅拌、卸料等功能，摊晾机上端设计有引风系统，采用强排装置吸收蒸汽，自动将热汽冷凝成水向下排放，室内无热汽排出，保证车间干燥卫生，达到节能减排的效果。在摊晾过程中，安装了多个搅拌装置，使晾茬足够松散，不易结坨。温度与通风系统采用变频智能补偿方式，实现酒醅温度精准控制。

（1）加浆自动控制　根据蒸馏醅和入池醅水分大数据，建立加水配方管理模块，自动配比控制加浆水泵流量和酒醅输送机速度。加浆水通过电磁流量计计量加水量，酒醅输送机通过变频控制给料速度，每个机械设备转速对应的流量值预先进行多点标定形成数据模型，并将标定值数据模型预存到配方管理模块里面去，同时板链输送机通过速度检测元件实时检测输送速度，通过机械暂存料斗挡板的方案保证物料输送的厚度稳定，通过速度和厚度的稳定控制，可实现固体物料连续输送的体积流量稳定控制和控制的精准。加浆水控制原理如图 10-29 所示。

（2）温度智能调控　由于摊晾机系统为多

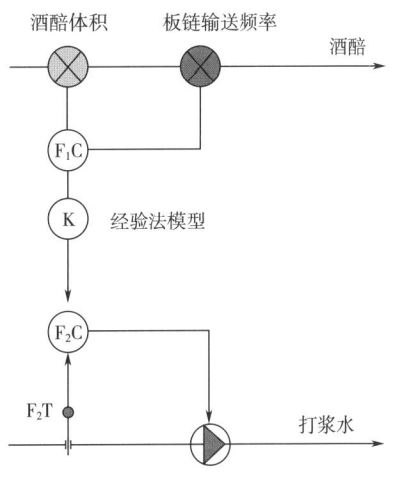

图 10-29　加浆水控制原理
F_1C—流量指示控制　K—比例系数
F_2C—二级流量控制　F_2T—二级流量显示

耦合大时滞性被控对象，控制难度非常高，采用常规 PID 控制算法难以实现稳定精准控制。根据受控对象内部机理及实践经验，采用多模态模糊模型前馈串级分程控制方案（图 10-30），采用六点直接测量，前（$T1$）、中（$T2$）及末端测温（$T3$）、引风机温测量（$T4$，$T5$）、室温测量（$T6$）；构建摊晾机系统专家控制数据模型，整个降温过程中，系统会根据物料的实际温度以及设定的温度，自动控制风机开启台数及风机频率，实现摊凉机的温度精准控制。过程中如果风机数量不足以完成降温过程，或者风机、网带机、加曲机发生故障，将触发安全联锁程序。

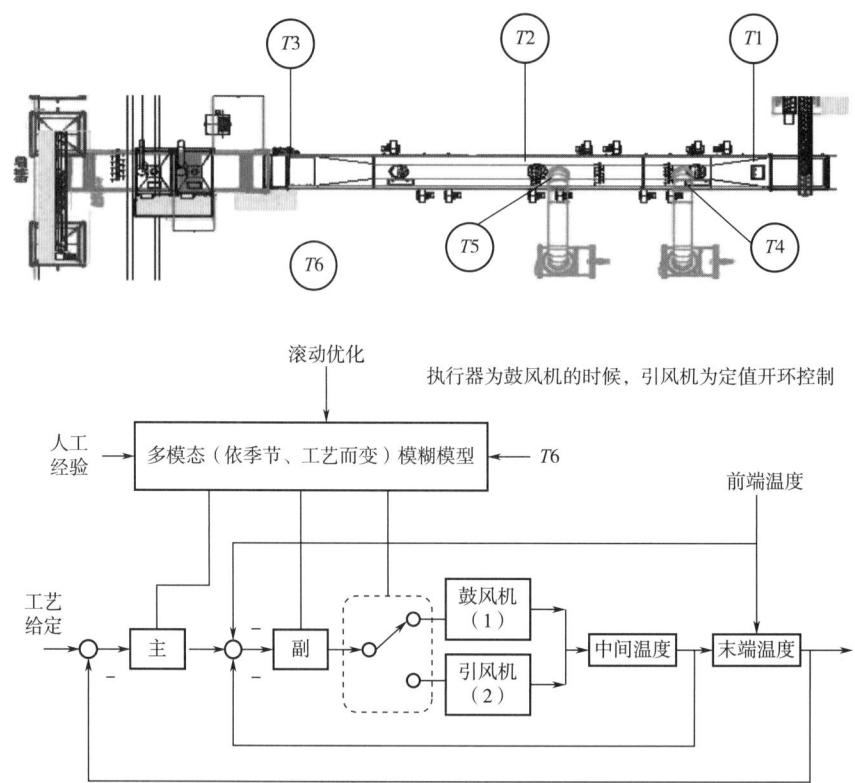

图 10-30 多模态模糊模型前馈串级分程控制方案

8. 窖池发酵数字化测温系统

采用物联网技术监控窖池发酵周期的温度变化，对窖池温度进行实时采集、显示和监控，接入中控室总控系统形成温度发酵曲线，可以实时查看升温幅度与时间、升温速度、站火温度与时间等数据（图 10-31）。通过将窖池测温仪收集到的监测数据发送到系统软件平台，实现了酿酒生产从人工到智能的转变，将零散不连续的生产数据变成了连续可追溯的生产数据，为观察和发现酿酒规律奠定基础。同时，系统使酿酒工的生产操作更加规范化和可视化。

（二）智能酿造的全工艺流程在线监测与控制系统

在上述工艺实现与自动化设备研制的基础上，建立中央监测系统平台，实现智能酿造全流程工艺参数自动采集、传输、组织及分析，实时监测酿造过程中的工艺参数和设

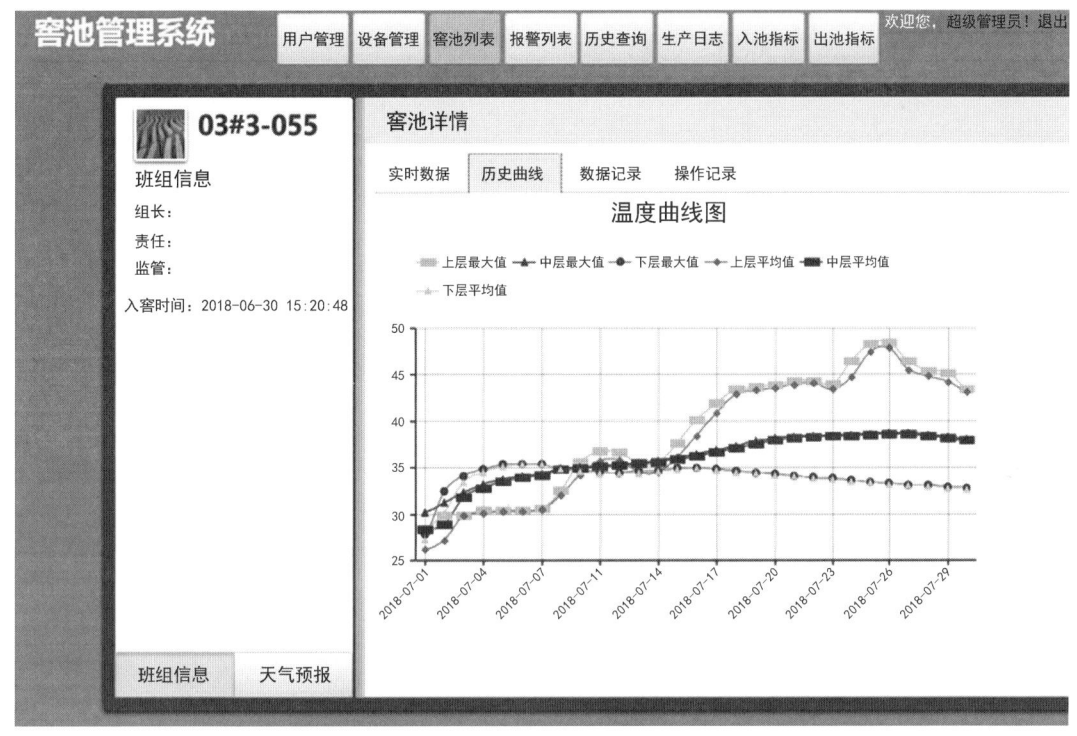

图 10-31　窖池发酵数字化测温系统

备运行情况，建立生产过程中的物料数字化跟踪系统，具备从原料输送开始至原酒，全程对生产过程进行跟踪的功能。通过获得的过程工艺参数（自动采集和质量数据），构建酿酒 MES 系统，搭建蒸馏调控模型、摊晾温度调控模型、发酵模型等关键工艺模型，将各个工艺段进行逻辑性串联，全过程追溯历史数据，实现对单个或多个工艺参数的分析，智能评价本排次生产工艺，反馈指导下排次生产工艺参数调整，实现可控、可视、可预警、可分析、可反馈智能调控生产，形成数字化"采集—分析—指导生产"闭合系统，工艺执行标准化，提升生产稳定性，提高原酒质量。

1. 中控室总控系统

中央监测与控制系统平台如图 10-32 所示，中控室总控系统管理着所有设备的运行，监视大屏实时显示设备运行状态和工艺参数执行情况，二级数据分析系统对工艺参数进行在线自动收集与分析，找到最适的工艺参数组合，自动下发至现场控制系统，实现可控、可视、可预警、可分析、可反馈智能调控生产，提升工艺稳定性和原酒品质。

2. 生产过程中的物料数字化跟踪系统

全面采集数据约 2120 个（包括离线数据），实时监测酿造过程中的工艺参数和设备运行情况，建立生产过程中的物料数字化跟踪系统，具备从原料输送开始至原酒，全程对生产过程进行跟踪的功能，采集生产过程中的各类数据并传送到信息管理数据库服务器，接收来自 MES 系统或信息管理系统及数学模型服务器的工艺参数并下发给 PLC 用于对现场设备进行控制，采集的数据包括所有与生产相关的参数，如重量、配比、温度、压力、含量等（图 10-33）。

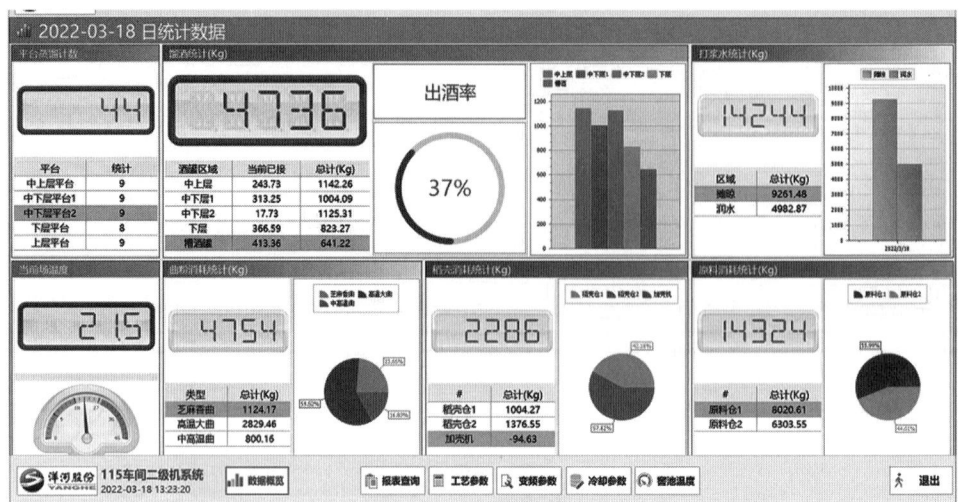

图 10-32 中央监测与控制系统平台（实时显示）

（1）批次信息

（2）酒醅检测

图 10-33 MES（Manufacturing Execution System）制造执行系统

3. 搭建生产工艺模型

白酒的酿造流程坚持以传统酿造方式实现，从原料的配比、加曲比例、蒸馏时间、堆积时间、发酵时间，包括温度、水分控制都相对固定。根据此特点，分工序建立基于配方表的数学模型，积累大量白酒酿造的生产过程的操作参数和操作结果，建立白酒酿造工艺中各生产单元的优化操作模型，应用大数据分析和 AI 深度学习等方法进行智能决策，实现智能决策的自动执行。

（1）生产批次分析　以甑桶为单元，实时记录生产过程中各环节中的工艺参数，按照窖池、月度、排次、生产周期四级层次进行分析，基于在线数据、理化指标、人工经验、历史数据的四类大数据，从记录数据中发现工艺操作参数与生产指标之间的内在关系，寻找最优生产工艺参数（图 10-34、图 10-35）。

No.	日期	工单号	产线	排次	班组	班别	批次	批次分类	窖池	头酒时间	优级酒时间	一级酒时间	普级酒时间	尾酒时间	生产绩效
1	2020-05-06	202005060301	三号线	第四排	六组	白班	第一甑	糟醅	125#1207	5.46	22.93	13.36	20.03	39.88	93.3
2	2020-05-06	202005060301	三号线	第四排	六组	白班	第二甑	糟醅	125#1107	4.61	24.73	17.23	21.18	38.93	95.14
3	2020-05-06	202005060301	三号线	第四排	六组	白班	第三甑	花醅	125#1207	4.46	21.76	19.42	19.59	40.14	96.85
4	2020-05-06	202005060301	三号线	第四排	六组	白班	第四甑	花醅	125#1207	4.85	20.04	21.34	19.53	40.16	98.93
5	2020-05-06	202005060301	三号线	第四排	六组	白班	第五甑	花醅	125#1207	5.29	23.39	13.49	20.79	38.25	92.62
6	2020-05-06	202005060301	三号线	第四排	六组	白班	第六甑	花醅	125#1207	5.76	25.5	19.75	20.57	40.74	99.75
7	2020-05-06	202005060301	三号线	第四排	六组	白班	第七甑	花醅	125#1107	5.88	24.42	14.77	20.38	38.87	94.21
8	2020-05-06	202005060301	三号线	第四排	六组	白班	第八甑	花醅	125#1107	4.97	21.42	16.55	19.03	40.64	95.46
9	2020-05-06	202005060301	三号线	第四排	六组	白班	第九甑	花醅	125#1107	4.56	21.29	22.06	20.39	39.3	97.89
10	2020-05-06	202005060301	三号线	第四排	六组	白班	第十甑	花醅	125#1107	5.68	25.95	14.41	19.52	41.96	93.93
11	2020-05-06	202005060201	二号线	第四排	五组	白班	第一甑	糟醅	125#1007	5.01	23.41	16.79	20.44	40.87	96.79
12	2020-05-06	202005060201	二号线	第四排	五组	白班	第二甑	糟醅	125#0907	5.63	24.66	15.4	19.58	40.54	94.98
13	2020-05-06	202005060201	二号线	第四排	五组	白班	第三甑	花醅	125#1007	4.84	22.29	17.24	21.74	40.73	96.6
14	2020-05-06	202005060201	二号线	第四排	五组	白班	第四甑	花醅	125#1007	5.41	25.46	16.61	19.95	39.23	96.18
15	2020-05-06	202005060201	二号线	第四排	五组	白班	第五甑	花醅	125#1007	4.96	22.8	20.21	20.04	42.16	99.84
16	2020-05-06	202005060201	二号线	第四排	五组	白班	第六甑	花醅	125#1007	4.77	24.48	15.2	20.23	41.06	94.28
17	2020-05-06	202005060201	二号线	第四排	五组	白班	第七甑	花醅	125#0907	5.33	24.71	17.29	21.79	42.57	97.29

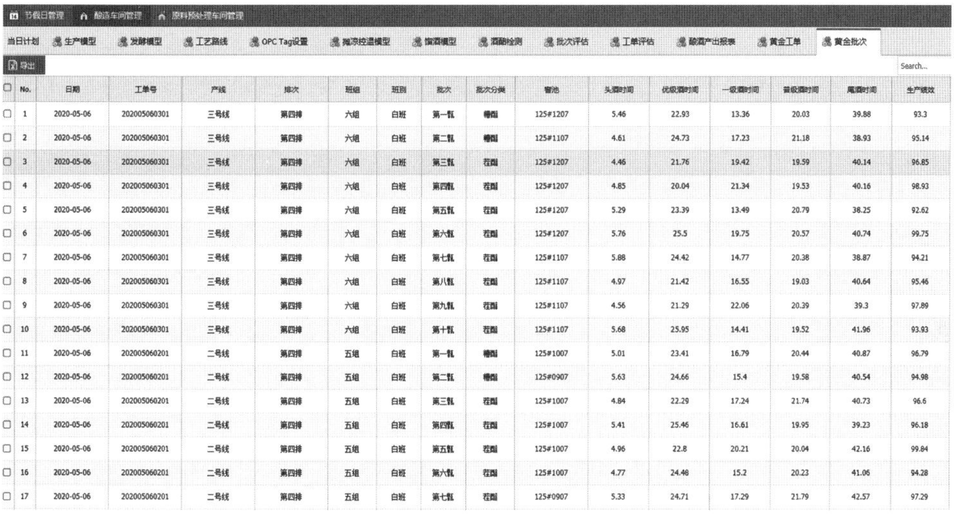

图 10-34　甑桶批次分析

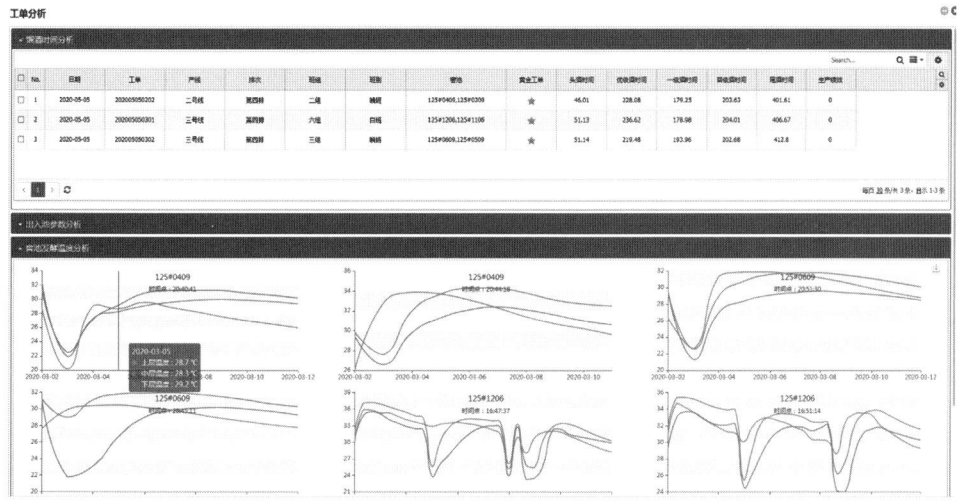

图 10-35　窖池批次分析

在线数据可以实时获取，理化指标通过关联实验室信息管理系统（LIMS）在线获取，进行聚类、相关性、回归等常规分析，以及使用无监督学习、半监督学习等机器学习手段进行分析，寻找数据之间的关系。人工经验可以经过抽象转换为一定的规则，借助智能决策系统来进行模糊推理与计算。历史数据通过聚类、回归等技术，找到数据之间的关联，将其转换为抽象推理规则，与智能决策系统一起工作。工艺优化则通过强化学习、深度学习、模拟退火等方式来进行，在大数据模型的指导下，通过在允许范围内进行调整与试错，不断优化工艺，并提高大数据模型的准确性。

（2）蒸馏工艺模型　根据酒醅性质，建立大茬和回缸两个工艺模型（图10-36），分为头段、优级、普级、酒稍、冲酸工序，分别根据酒度、流酒时间和蒸汽压力进行自动控制蒸馏。

（1）入甑酒醅信息

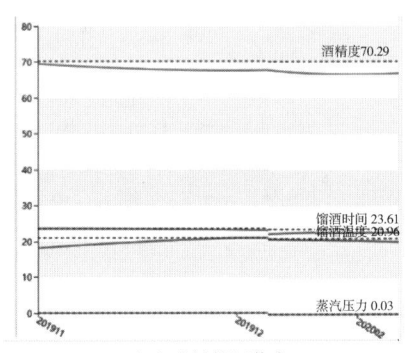
（2）蒸馏摘酒信息

图10-36　蒸馏工艺模型

（3）摊晾控温工艺模型　根据入池温度，每甑分为一二桶、三桶、四桶三个小模型，在不同场温条件下，温度间隔2~4℃，设定甑底频率、摊晾板链频率、加浆频率、风机数量、强排、加曲频率（图10-37）。

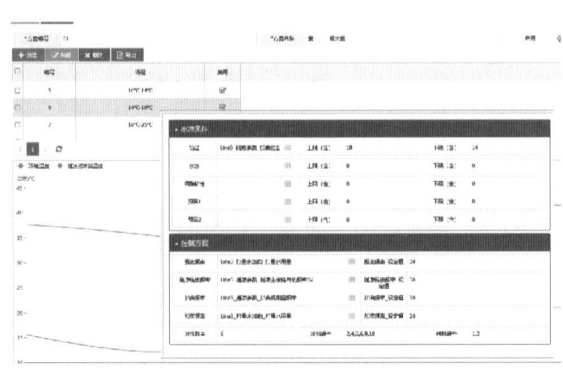

图10-37　摊晾控温工艺模型

（4）发酵工艺模型　该模型关联发酵温度、出池参数、入池参数、原酒产量等参数，根据原酒品评结果进行综合分析，同时对品酒周期和排次进行系统分析（图10-38）。

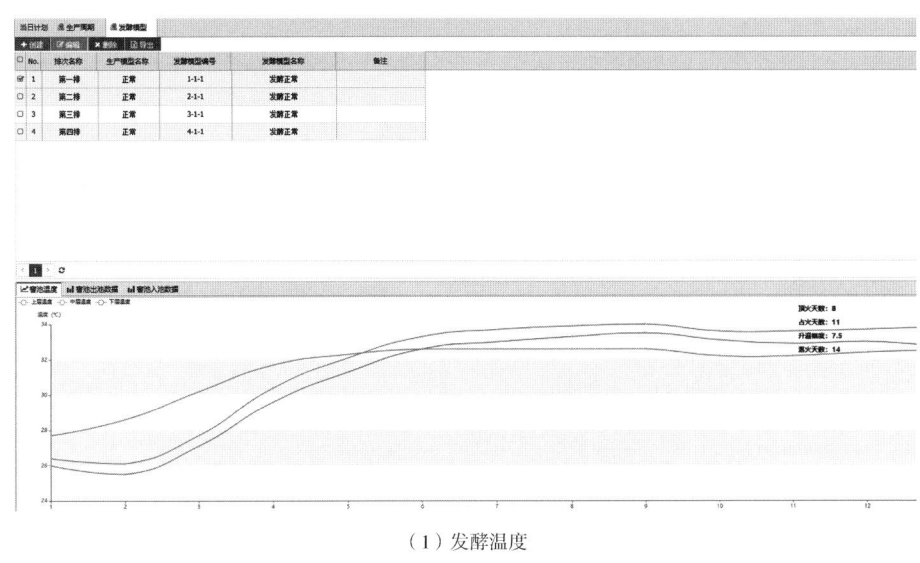

（1）发酵温度

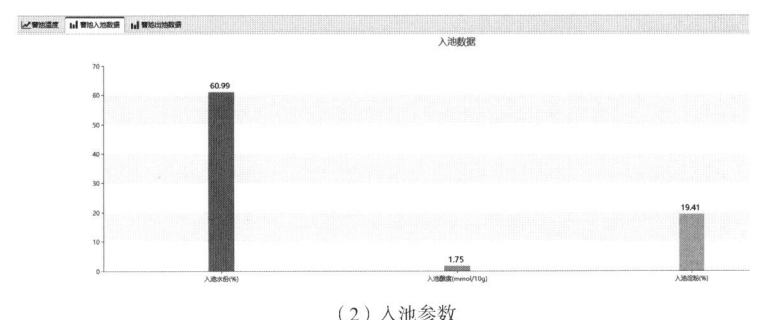

（2）入池参数

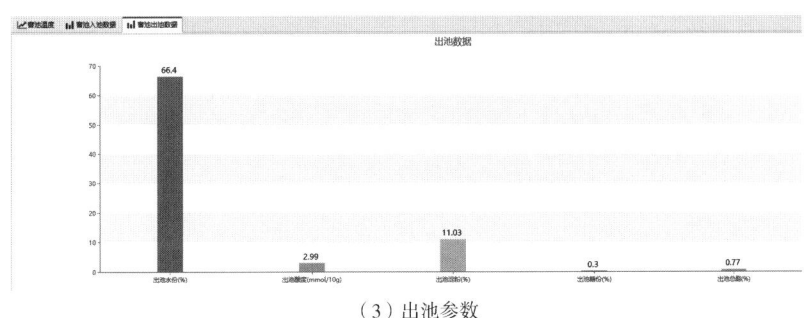

（3）出池参数

图 10-38　发酵工艺模型

五、应用效果

（一）推广应用情况

项目已建成智能原料预处理车间、智能酿酒 125 车间、智能酿酒 115 车间三个数字化车间。

1. 智能原料预处理车间

该车间是中国白酒行业目前唯一并且有自主知识产权的智慧化生产线，攻克了原料高温润料、高压连续蒸煮、双层堆积等核心共性技术难点，是白酒行业首套高压连蒸机组生产线。该生产线使白酒的分散生产走向集约化。原料自动化生产工艺设备布局如图10-39所示。原料采用高压连续蒸煮技术，蒸煮时间由3h缩短为25min，蒸汽利用率达98%以上；采用在线粮糟连续同步蒸煮技术，蒸煮时间由110min缩短为60min，蒸煮效率提高了1.5倍，颗粒完整性高，熟烂均匀一致。

（1）蒸汽回收系统　　　　（2）蒸馏系统

图10-39　原料自动化生产工艺设备布局

2. 智能酿酒125车间

该车间是行业第一个4.0版酿酒智能化生产车间（图10-40），构建首个酿酒MES系统并稳定运行，生产工艺管理执行与MES系统深度融合，实现生产过程、工艺参数、理化指标和品质控制全数据自动采集、工艺参数追溯、建立工艺模型、数据分析与指导生产。

（1）高压连蒸机　　　　（2）糖化圆盘

图10-40　自动化生产工艺设备布局

3. 智能酿酒115车间

该车间是白酒行业首套以车间为单元、工序集中化的自动化程度最高的数字化车间，创新研发物料智能调度系统、连续蒸煮机、智能摊晾、自动出醅机、重载AGV叉车等关键生产设备（图10-41）。首创物料AGV智能调度输送系统技术，有效解决了酒醅在线智能输送、计量精准、过程自控等难题，实现不同层酒醅在全车间精准智能配送，实现集约化生产。建立了酿酒MES大数据分析系统，通过传感器和PLC系统对十二大类2000多个工艺参数、4500多个数据进行分析建模，达到了生产一键启动，确保优质白酒生产的精准化和标准化操作，实现传统酿造生产和质量控制的数字化、信息化、智能化。

（1）重载AGV智能叉车　　　　（2）连续蒸煮机

图 10-41　智能化酿造车间场景

4. 效益分析

（1）节省人员　操作现场达到了无人化，节约人员 60%以上，年节约人工成本 2000 万以上；

（2）节能降耗　耗水下降 33%，蒸汽下降 41%，年节约蒸汽 1500 万元；

（3）高质量生产　生产效率提高 2 倍以上，原酒优级率提高 4.3%以上；

（4）降本创收　该项目每年为公司降本创收超过 1 亿元以上。

（二）第三方专家评价

2022 年 6 月 8 日和 2023 年 6 月 10 日，在中国轻工业联合会的组织与主持下，"绵柔型白酒靶向风味曲的研究与应用""固态白酒酿造数字化技术集成研究与产业化应用""洋河绵柔型白酒绵柔特征风味解析及应用"通过了由孙宝国院士、宋书玉理事长等白酒行业专家组成的鉴定委员会的技术鉴定，一致认为项目在继承传统酿造工艺的基础上，实现了产区生态微生物的靶向筛选、智能化技术的应用、白酒口感特征的科学表达，具有较强的示范作用和参考价值，推动了传统白酒生产由分散、低效向规模化、高效化、信息化转变。鉴定委员会认为，项目总体技术达到国际领先水平，建议进一步推广应用。

第五节　酱香型白酒智能化生产质量管控技术

贵州国台酒业集团股份有限公司（以下简称国台）智能酿造产业化的探索与创新经历了"先打基础，再上水平"的两个阶段：第一阶段始于国台立业的 2001 年，公司认真学习、实践茅台镇正宗大曲酱香型白酒酿造技艺，通过十年"学艺"，做到正宗业实；第二阶段从 2011 年算起，严格按照"秉承传统不泥古、科学创新不离宗"的理念以智能酿造改造传统产业，历经十余年六次技术迭代，先后投资近 30 亿元，完成了从点到面、从局部到系统的集成创新，开创了酱香型白酒智能酿造产业化新格局，为酱香型白酒智能化生产质量管控提供了成功的案例。

一、技术特点

尽管中国白酒产业规模较大，但工业化水平较低，存在生产周期长、资源消耗多、生产效率低、劳动强度大、环境污染重等问题，通过创新驱动、科技引领，以生产方式变革推动白酒产业走向高质量发展，是产业和产区共同面临的重大课题。

为了提升品质管控能力与产品质量，国台持续开展酱香型白酒质量综合管控解决方案攻关，推进生产全流程实现标准化、数字化、智能化的过程质量控制。在创建酱酒智能酿造标准体系的过程中，国台针对模糊的关键工艺点集中科研攻关，形成了大量新技术、新方法、新标准，其中从原料到成品全产业链红外光谱质量控制、酒体指纹图谱相似度评价、糊化度评价蒸煮程度、生物传感器跟踪评价堆积发酵、依据类黑素进行大曲质量分级、荧光定量PCR快速分析酿造微生物、多级数据监控、智能品酒等系列技术全部为国台酒首创。

二、技术原理

核心工艺不变，外围科学创新。国台进行技术攻关遵循的原则和路径：一是始终坚持产地、原料、工艺和品质的"四大正宗"；二是开展基础科研，厘清传统工艺精髓，形成工艺和质量标准的数字化表征；三是推进智能化生产装备创新，实现智能化装备对传统工艺精髓的再现；四是建立与智能化酿造相适应的数智化生产管理体系。以上四点揭示了传统白酒企业循序渐进开展数字化、智能化转型应该遵循的客观规律，为传统白酒企业因地制宜发展新质生产力提供了方向指引。

以数智化管理驱动产品质量提升，国台紧扣酱香型白酒智能酿造特征，以工艺、装备为核心，以大数据为依托，实现关键生产过程的数据采集，建立了多个质量与工艺参数相关联的算法模型，通过多批次大数据的积累，持续构筑具有自学习、自决策、自适应等功能的智能酿造车间生产管理体系，持续提升智能酿造的成熟度和先进性，为数智化、标准化、高质量的生产打下坚实基础。

三、技术方案

公司提出了酱香型白酒质量综合管控解决方案（图10-42），该方案包括高粱种植追溯系统、生产全流程数据采集系统、智能化制酒车间数据采集与监视控制系统（SCADA）

图10-42 国台酱香型白酒质量综合管控解决方案架构

系统、生产质量数据分析平台、指纹图谱相似度评定系统、鉴真溯源系统六个核心软件，逐步实现高粱种植数字化管控—生产过程关键指标数据收集—生产大数据关联分析和质量规律洞察—数字化的酒体质量一致性验证—生产销售全链路质量追溯。其中，"生产质量数据分析平台"是至关重要的工具，它借助各类分析模型（分类汇总、相关性分析、线性回归、单值质控图、正态性检验、单/多因素方差分析等），分析生产大数据之间的关联关系并进行可视化呈现，洞察质量机理，科学指导生产。

四、技术要点

（一）创建智能酿造工艺标准体系

国台智能酿造标准体系 2.0 架构如图 10-43 所示。

图 10-43　国台智能酿造标准体系 2.0 架构

国台将酱香型白酒的 "12987" 传统酿造工艺细化为 30 道工序、274 个环节，应用现代科技进行科学解析，提炼出 1508 项工艺指标标准，根据重要程度细分为 A、B、C 三类实行精细化控制，为智能装备再现传统工艺精髓打下坚实基础。国台依靠数字化解析传统工艺和科研攻关的技术积淀，形成了包含 7 个部分、4 个目录层级、534 项标准的《智能酿造标准体系》汇编文件，成为我国酱香型白酒智能酿造第一套标准体系。

以 "酒体指纹图谱相似度评价系统" 为例（图 10-44），国台基于酒体的风味物质组成和量比关系，结合香气活性值（OAV 值），突出白酒中 "量微香大" 物质的呈香作用，自主开发指纹图谱相似度算法模型，形成软件，科学量化地评价基酒和成品酒的品质，在基酒盘勾、半成品勾调、成品酒出厂检验等环节进行应用。该技术填补了酱香型白酒酒体质量评价缺乏客观风味物质指标的技术空白，首次从物质成分层面保证了酒体质量的稳定性和一致性，为行业内酒体质量标准升级提供了参考。

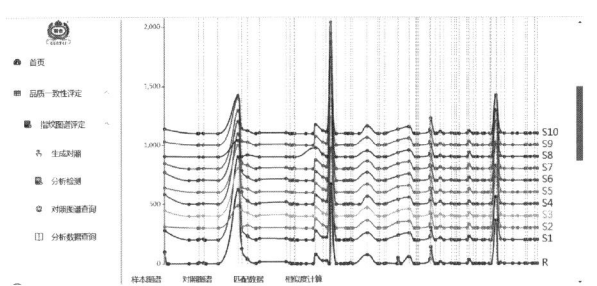

图 10-44　国台酒体指纹图谱相似度评价系统

（二）创建智能酿造生产装备体系

国台在坚守传统酿造工艺的基础上融合自动化、信息化、数字化、智能化新技术，联合设备制造商研制了 735 台套主辅配套、环节联动、贯穿制曲、酿酒、存储、包装等生产全流程的智能化酿酒专用设备（图 10-45~图 10-48），实现了关键工序的"机器换人"和连续高效生产，突破了酱香型白酒生产先进成套装备短缺的瓶颈。目前国台已建成 10 个智能酿造车间，智能酿造基酒年产量可达 1.2 万 t。

智能化制酒车间，是国台酱香型白酒智能制造工厂的核心建筑。车间设备包括润粮、物料转运、起入窖、上甑、冷却、摘酒、垂直提升、摊晾加曲、起堆、丢糟、中控 11 个模块，各模块间通过"中央控制系统"进行智能排产，实现了前后道工序密切衔接、设备运行状态实时监控和生产数据实时采集。在上甑环节，上甑机器人通过红外测温技术，依据"见汽压醅"和"轻、松、薄、准、散、匀、平"的传统工艺操作要求，自动调节蒸汽压力、自动规划运动轨迹，模拟人工上甑。在摊晾撒曲环节，国台把人工摊晾撒曲改造为立体式智能化摊晾加曲，通过板链运行速度和冷却水温度的智能调控，实现摊晾时间 40min 和加曲温度 28℃ 的精准控制，为达成各甑、各窖、各班组、各车间之间基酒品质的稳定打下坚实基础。

图 10-45　国台自动化制曲生产线

图 10-46　国台智能化制酒车间

图 10-47　国台数字智能化立体酒库

图 10-48　国台 5G 数字化包装车间

（三）创建智能酿造数智化管理体系

国台以"管理信息化、生产智能化、营销数字化"为目标，开发实施了产供销协同数据平台、生产质量数据分析平台、一体化数字营销平台等 26 套软件系统，贯穿研产供销全业务链，持续提升两化融合水平。按照工信部关于"智能制造示范工厂"的评定标准，国台以信息化软件为依托，实现了先进过程控制、智能协同作业、在线运行监测、产品质量优化、质量精准追溯、智能仓储、生产计划优化、供应商数字化管理、数据治理与流通、数字孪生工厂建设等 10 个智能制造典型场景的应用。

五、应用效果

（一）迈向智能酿造

在"秉承传统不泥古，科学创新不离宗"的理念引领下，国台以数字化解析传统工艺、智能化改造生产装备、标准化提升产品品质，持续推动传统酿造走向科学酿造、智能酿造。公司投资近 30 亿元，建成智能化制酒车间 10 栋、数字智能化酒库 10 栋、自动化制曲车间 1 栋、5G 高速包装车间 1 栋，打造了酱香型白酒产业首个万吨级智能酿造系统创新与产业化示范基地。

（二）实现生态环保

产区独特的资源禀赋是白酒产业赖以生存的基础。面对珍稀的土地资源，国台创新智能车间和酒库立体布局，向空间要效益，实现产能配套 1 万 t，用地仅 350 亩（传统酿造需要 800 亩）。同时，把节能减碳纳入工厂整体设计，针对影响环保的水、固、液、气进行综合治理，做到环境友好、生态环保、循环利用，实现智能酿造和智能环保两手抓、两促进、一体化。国台智能酿造车间建筑结构如图 10-49 所示，相比传统酿造模式，国台的智能酿造节约土地资源 60%，单位产品水降耗 78%、天然气降耗 17%、综合能耗降低 8%，人均年产能提高 60%，单位粮食产酒量提升 13.5%，显著降低了重体力劳动，改善了工人劳动环境。

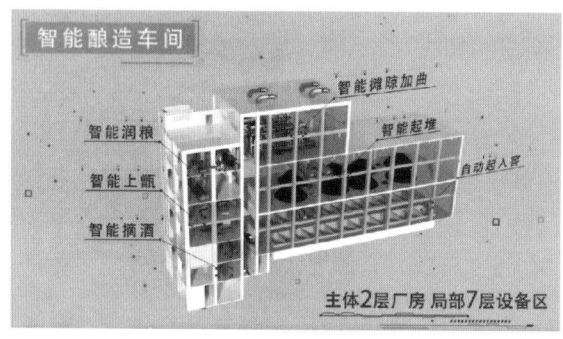

图 10-49　国台智能酿造车间主体两层厂房、局部七层设备区

（三）树立新的样板

项目实施后，显著改善了白酒产业普遍存在的生产效率低、劳动强度大、资源消耗多、环境污染重、产品质量不稳定等问题，为传统产业迈向高质量发展新型工业提供了新路径、新实践、新样板。国台获得"国家绿色工厂"（图 10-50）"智能制造示范工厂揭榜单位""智能制造系统解决方案揭榜挂帅项目"等多项国家级智能制造荣誉。

图 10-50　国台荣获"国家绿色工厂"荣誉称号

第六节　生态酿酒的产品追溯技术

白酒安全一直备受关注。为保障整个产业链的食品安全，许多生态酿酒企业纷纷建设了可追溯的监管系统，覆盖了从粮食生产到酿酒、加工、包装、运输和消费者等环节，这种追溯体系对于预防食品安全事故起到了至关重要的作用。然而，现有的白酒质量追溯体系大多仅能对生产灌装和物流环节进行追溯，存在不全面的问题。针对这一现状，山西汾酒集团和河北山庄老酒股份有限公司王国明、许秀亮、韩晶等人的发明专利《酒类产品的生产流程追溯方法及终端设备》（专利号：201911354739.1，获得授权日期：2023-09-26）提供了更全面的产品追溯技术案例，下面介绍该技术的具体情况。

一、生态酿酒全产业链的溯源技术

为了优化企业品质管理流程、辅助政府高效监管、增强消费者信任度，山西汾酒集团开发了涵盖汾酒产品全生命周期的产品溯源体系（图10-51），即从原粮基地、生产加工、成品存储、销售流通、终端市场到消费者的完整产业链条。

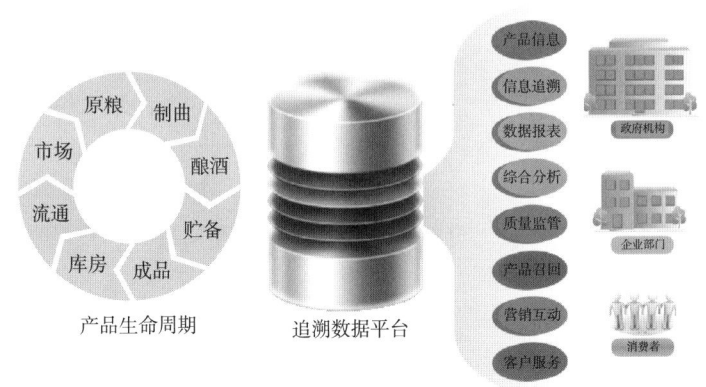

图10-51　汾酒溯源体系架构示意图

（一）技术特点

该体系以各环节的实体产品为管理单元，通过为不同形态或包装的产品赋予唯一数字身份标识，并借助计算机与自动化技术，实时关联产品形态演变与标识信息，最终构建起贯穿全流程的溯源大数据管理的信息化平台。该溯源体系具有以下主要特点：

1. 溯源功能强大

汾酒溯源大数据管理平台为每瓶汾酒创建专属电子档案，精准记录原料溯源、生产加工、物流配送、终端销售等全链条数据，系统通过强化风险管理与过程管控，确保全链条数据的真实性与可控性。实现了逆向溯源追踪、正向流向监控、信息透明查询、风险动态预警、问题产品召回、责任精准界定六大核心功能。

2. 全链条信息齐全

汾酒溯源体系建设从战略高度进行顶层架构设计，结合了汾酒实际情况和传统工艺制造的特点，推出了完整体系的企业标准和作业指导书。在充分考虑汾酒数字化、信息化发展水平的基础上，以产品制造过程的质量关键点和流通过程的交接数据为分析对象，采集并共享溯源体系各环节信息系统产生的大数据，构建了全新标准化的数学模型。

3. 技术领先优势

在原粮种植基地，系统采用传感技术，对土壤的温湿度指标进行采集，对种植过程中的品种选择、浇水施肥、病虫害治理等作业流程实行数字化管理。在产品生产过程，系统以物料组批为单位，结合质量抽检数据管理，对曲块、原酒、成品酒等质量指标进行监控与数字化管理。成品包装流水线所采用的嵌入式一体化赋码关联平台，集成了自动贴标、光学字符识别检测（OCR）、自动识别、激光刻码、预警监控、PLC自控、人机交互等技术，为国内白酒行业的首创。在销售物流部、各地库房、经销商、分销商、终端店等产品销售环节分别建立了物流追溯监管系统，实现了产品物流轨迹的全程追溯。产品制造过程质量追溯系统采集示意图见图10-52，汾酒溯源子节点追溯示意图见图10-53。

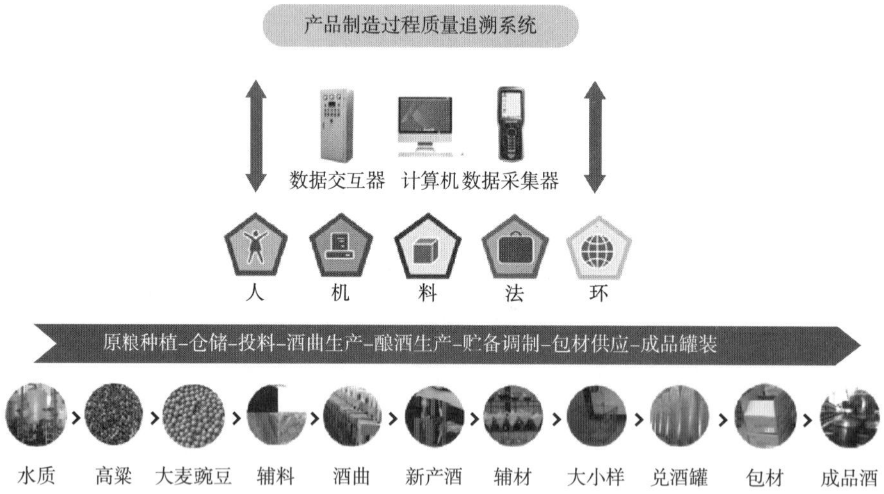

图10-52 产品制造过程质量追溯系统采集示意图

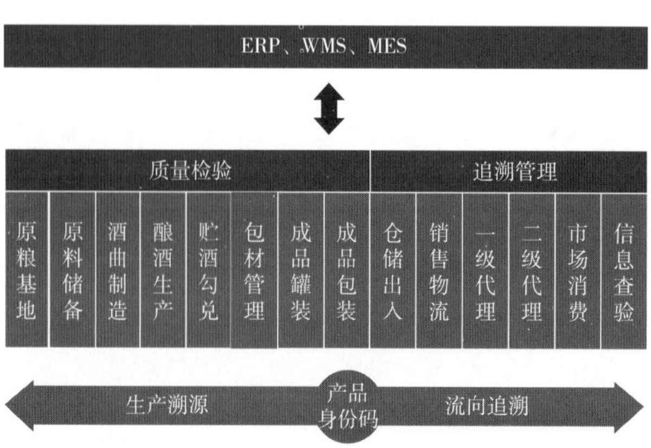

图5-53 汾酒溯源子节点追溯示意图

4. 数据应用便捷

整个体系的应用主要体现出自动化、智能化，追溯数据广泛应用到企业管理的各个层面，包含产品生产计划、产能调度、质量控制、成本分析、库存预警、仓储管理、产品召回、数字营销、流向管控、企业宣传、品牌打造、市场促销以及客户服务等多方面。为了方便数据的录入、调用和查询，系统支持多种数据录入和查验方式，在技术中心、质检处、生产处、打假办、销售公司客服部、销售公司市场部、各大区等部门建立了167个数据录入和查询终端。通过分级授权管理，开通了面对不同权限人员对追溯数据进行查验的手机客户端，并将产品质量数据通过扫描二维码公布给消费者和政府相关部门，同时还可以通过评价建议、投诉举报模块实现与汾酒的互动体验，使追溯数据真正做到了掌上管理，实现了随时随地实时采集、实时查询、实时调用、实时互动。

（二）技术原理

汾酒溯源体系建设致力于构建覆盖产品全生命周期的数字化信息系统，通过对原料采购、生产加工、仓储物流、终端销售至消费环节的闭环数据管控，实现产品流通过程的可视化追踪与逆向溯源（图10-54和图10-55）。

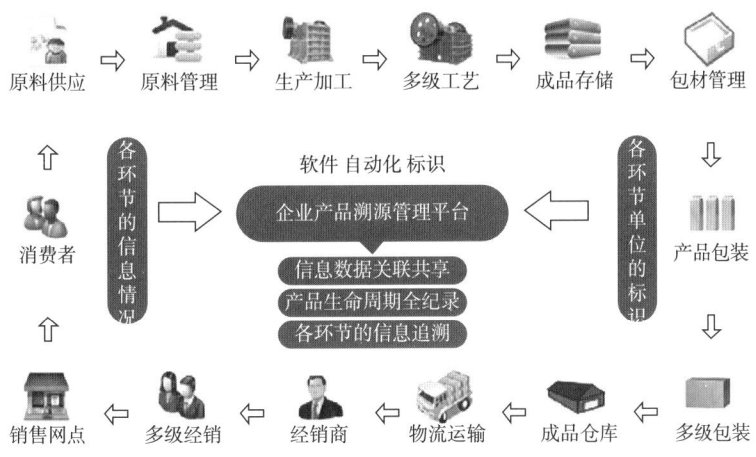

图10-54　溯源体系原理结构图

体系围绕整个大数据的技术包括数据标注、数据提取、数据采集、数据存储、数据应用分析等技术环节：

（1）标识赋码技术　标识赋码是体现产品身份码的最直接的实现方式，汾酒产品在各环节形态下采用了多种标识赋码技术，例如成品酒使用激光机和喷码机打印生产日期和身份码，在原料环节利用标签打印机打印二维码标签。

（2）信息通讯技术　实现数据在采集设备与采集设备之间、采集设备与计算机之间的数据传输。根据厂内的实际情况，射频RFID采用全向天线无线通讯方式，部分设备采用有线接入方式。

（3）条码二维码技术　包括条码的编码规则及条码的打印，采用自编码规格，结合日期、品种、部门等信息，然后包含校验码形成校验规则。

（4）自动识别及数据采集　根据厂内不同的工序采用不同的数据采集和自动识别方

图 10-55 汾酒溯源体系应用技术图

式，分为在线自动采集、定时任务处理、移动终端采集、设备对接指令等，最终通过工控数据清洗上传服务器。

（5）软件编程技术 根据汾酒溯源各节点的需求，结合一线实际业务，选用不同的软件编程语言，定制开发适合于汾酒厂的溯源管理软件和各数据逻辑程序，包括数据分配与采集，数据上传、存储、优化、管理过程，移动端数据采集与查验，可视化数据应用管理等，一方面要做到数据业务流的快速交互、批量优化管理，另一方面也要严谨逻辑语言、避免漏洞，保证编程指令与安全。

（6）现场控制技术 由各种现场标识硬件与软件实现人机界面所组成的系统——一个全分散、全数字化、全开放和可互操作的生产过程自动控制系统。

（7）计算机网络技术 利用交换机、路由器、网络协议及互联网实现产品库、生产线、各地物流中心等相关部门计算机之间的数据传送与共享。并建立有效的防火墙机制以防止病毒、黑客等不利因素对数据信息造成损害或丢失。

（8）数据库服务技术 对各种来源的数据进行整理、存储、分析、计算等操作，强大的数据库软件与数据分析后台能很迅捷很准确地给出管理者、操作者、执行者想要的数据信息。

（9）射频 RFID 技术 RFID 射频识别是一种非接触式的自动识别技术，可识别高速运动物体并可同时识别多个标签，操作快捷方便。汾酒产品采用超高频 RFID 标签，实现标签商品信息、生产信息的写入，并与流水线其他的设备硬件结构配合，实现与产品其他身份码的相互关联，真正实现了产品信息物联现代化。

核心技术原理基于唯一标识体系与多源数据融合机制：在各环节对产品实体（原料包、半成品、成品等）及其包装载体赋予唯一数字标识，利用工业物联网设备（如 RFID 读写器、视觉传感器）实时采集形态演变数据（如加工参数、质检结果、物流坐标），并将数据流与标识码动态绑定；基于时序数据库记录生产事件的时间序列特征，结合图谱数据库构建原料批次→加工单元→成品包装→流向轨迹→终端验证的拓扑关系网络，最终形成支持双向查询的追溯引擎——正向追踪可依据唯一标识符（UID）解析产品流向路径，逆向溯源可通过成品信息反推原料供应商、工艺执行记录及质检证据链。该系统使企业能够快速定位质量问题环节，为监管部门提供全链路数据接口，同时通过消费者端扫码验真功能增强市场信任度。

（三）工艺流程

汾酒溯源体系涉及了各个环节的物品形态，设定全程追溯链接的关键点是保证环环相扣，实现重要环节可溯源（图10-56）。首先从产品身份码开始，实现了三个维度的追溯源：

1. 产品身份码信息垂直整合

通过产品身份码绑定包装生产信息全要素，包括：

（1）产品信息　品名规格、酒精度、生产许可证号。

（2）灌装信息　灌装线编号、操作员工号、质检过程信息。

（3）包装编码　在成品包装过程中的五码合一，瓶盖内码、瓶盖外码、礼盒、外箱码、托盘身份标识。

2. 成品流向轨迹动态追踪

通过各轨迹环节点对成品托盘、外箱身份标识进行扫码出入库记录。所关联的数据链条：成品入库→出库物流单→经销商签收→经销出库→零售终端签收→市场扫码验证→消费者

3. 原料溯源深度穿透

以产品批次组批、各环节生产任务单号、班组号作为关联关键点。

（1）穿透路径　成品酒→勾调罐批次→基酒坛编号→酿酒批次→投料记录（粉碎投料批次）→制曲批次→原料存储批次→原粮种植地块→原粮信息。

（2）深度工艺采集点　一次/二次粉碎、制曲过程、酿酒过程、贮配过程的工艺参数记录；原粮生产播种、生长过程（环境）、收割过程的参数记录。

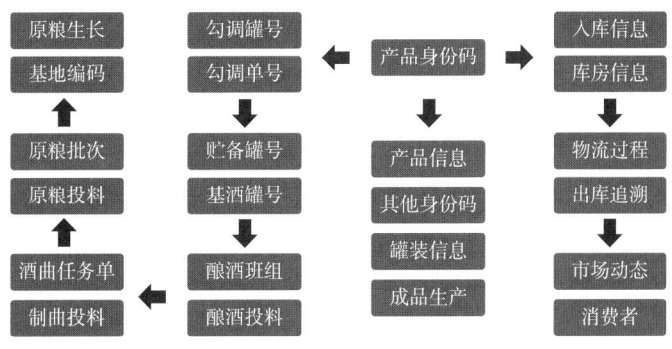

图10-56　汾酒溯源流程的关键链接点

（四）技术要点

1. 标识体系构建

汾酒溯源体系覆盖各环节的追溯系统，同时也涉及从原粮、半成品到成品的存储单

位，在追溯中必须要对其进行唯一标识建立。

（1）成品酒标识各级包装的追溯码精准管理　包括：

①实体覆盖：瓶盖、盒、箱、托盘。

②关联标识：瓶盖内外二维码/近场通信（NFC）芯片/身份防伪码→盒（或光瓶）防伪标二维码及验证码/身份防伪码→外箱合格证身份防伪码（条码）→托盘码，实现多码合一、相互关联。

③编码规则：包括：

a. 二维码（针对上述各包装二维码，批量印刷）：由汾酒唯一网址域名+品类区隔符+唯一编码（由生码日期+生码批次+印刷代码+序列号，通过加密算法组合为唯一无序的编码）。

b. 身份防伪码（针对瓶、盒、箱生产在线打印）：由年月日代码+产线代码+序列时间算法唯一代码，组合为唯一无序的编码。

c. 瓶盖NFC芯片（批量印刷）：芯片代码为全球唯一标识符，具备加密性。

d. 托盘码（RFID）：其中芯片代码为全球唯一标识符，具备加密性；（条形码）物号+序列号组合。

e. 原料包、酒曲批次、基酒罐、勾调单元、成品瓶/箱/托盘均赋予唯一数字身份。

（2）原粮及生产品的批次码　包括：

①物料覆盖：原粮、曲块、投料、酿酒、基酒、成品酒等。

②关联标识：地块、筒仓库房、曲房、酿酒车间、储蓄罐等。

③关联内容：各环节生产任务单、班组、时间节点、交接点等。

④组批规则：包括：

a. 原粮组批：需追溯至产地品种，按同一年份、同一基地、同一品种组批。

b. 原粮仓储组批：关联车辆运输批次、粮罐号、容量、实时库存、入库时间、预警余量。

c. 原粮发送组批：关联原粮仓储批次号、发送人、发送时间、重量、单位、车间、质检信息。

d. 曲块制作组批：曲块压制以连续生产的同一曲种同一制曲设备组批。

e. 曲块成品组批：关联曲块出入房批次、入棚时间、入棚数量、入棚位置。

f. 曲粉发送组批：关联曲块粉碎批、发往车间、发送日期、发送数量。

g. 酿酒加工组批：关联曲粉发送批次、红糁发送批次、上曲量、红糁量、酒班、上曲日期。

h. 酿酒发酵组批：关联入缸时间、入缸数量、入缸位置、楂别、责任人、酒班、出缸时间、质检信息。

i. 酿酒出酒组批：关联发酵批次、出酒量、酒精度、时间。

2. 工艺节点控制

追溯共分原粮种植、原料、包装材料入厂贮存、原料粉碎、培曲、酿酒、勾贮、成品包装、成品库管、物流、销售等环节，其中可分为三个过程追溯：从原粮基地到勾贮之间的过程按原粮批号为主线实现追溯，从基酒的勾贮到成品包装的过程按酒罐标示卡为主线实现追溯，从成品包装到销售的过程按成品批号为主线实现追溯；反之亦然。各个环节、过程、节点的参数信息的记录以纸质版为载体，记录的保存年限与酒的最终消失为同一个时限；同时，要求对以上信息采用电子化管理，其中电子信息的录入可以是信息产生单位录入，也可以由公司指定某个部门集中录入。

(1) 原粮基地　包括以下节点信息：

①原粮（高粱、大麦、豌豆）种植；

②种子（品种、生产厂家、批号）；

③产地（名称、合作单位、地块）；

④肥料（名称、型号、生产厂家、批号、用途、施肥时间、施肥人员）；

⑤生长（生产环境数据、过程记录图片、责任人、时间）；

⑥收割（时间、数量、库房、发货批次、车辆、发货时间）。

(2) 原粮管理　包括以下节点信息：

①进货（入库时间、料名、品种、产地、供货单位、车牌号、原粮批号、批次及数量、质量、检验员、检验时间、采购员）；

②存放及保管［条件（温度、湿度）、质量（虫害、霉变）、库名及库管员］；

③出库（时间、料名、品种、产地、原粮批号、数量、质量、库存名及库管员、去向）。

(3) 包材管理　包括以下节点信息：

①进货（时间、包材名称、生产厂家及编号、批次及数量、质量、检验员、检验时间、采购员）；

②存放及保管［条件（温度、湿度）、质量、库名及库管员］；

③出库（时间、厂家号、包材名称、批次、数量、库存名及库管员、质量、质检时间、去向）。

(4) 原粮、曲料粉碎　包括以下节点信息：

①粮曲来料（时间、料名、来源、原粮批号、数量、接收人）；

②粉碎质量（地点、粉碎度）；

③发送（时间、原粮批号、数量、领料单位、原粮质量、发料人）。

(5) 培曲　包括以下节点信息：

①来料（时间、料名、来源、原粮批号、数量、质量、检验时间、接收人）；

②采曲（地点、操作者、使用设备、质检、重量、水分、配比）；

③培曲（品种、培曲工、出房质量、班组、入房时间、出房时间）；

④入库及保管（品种、数量、班组、存放地点、入库时间、接受人、质量、管理员）；

⑤出库（时间、品种、原粮批号、数量、质量、领料单位、发料人）。

(6) 酿酒　包括以下节点信息：

①来料（时间、料名、来源、原粮批号、数量、质量、配比、领料人）；

②酿造（润糁、蒸糁、加浆、冷散下曲、大糟发酵、出缸拌辅料、装甑蒸馏、出甑加浆、二糟冷散下曲、二糟发酵、出缸拌辅料、装甑蒸馏、丢糟等过程中的原辅料批次、质量、操作工、操作时间与质检时间、操作地点）；

③交酒（时间、地点、糟别、原粮批号、数量、质量、交酒人）。

(7) 勾贮 包括以下节点信息：
①入库（时间、酒来源、楂别、数量、质量、库管、标识卡号）；
②并酒（时间、酒来源、数量、质量、去向、并酒员，贮酒缸\罐标识卡号、地点）；
③基酒组合（时间、酒来源、楂别、等级、数量、酒精度、质量、配比、存放贮酒缸、罐标识卡号、地点、操作员）；
④除浊降度（酒来源、时间、操作人、加工助剂、地点\车间、酒精度、质量）；
⑤存放（时间、酒来源、数量、质量、设备、库管、酒库）；
⑥勾调 [时间、酒来源、数量、配比、酒龄、用途、区号、勾调量、勾调阶段（小样、大样）]；
⑦出酒（时间、库别、产品编码、品名、规格、罐号、数量、质量、去向、库管）。
(8) 成品包装 包括以下节点信息：
①包材领用（时间、厂家、批次批号、数量、质量、接收人）；
②入酒（时间、酒来源、清酒罐号、数量、质量、接收人）；
③过滤（压力、外观）；
④灌装 [质量（洗瓶空检、首瓶检验、实瓶检验与抽检）、班组、人员、产线、时间]；
⑤产品标识（各级包装产品溯源身份码组合）；
⑥成品酒交库（时间、地点、产品编码、品名、规格、批号、数量、质量、交库人）。
(9) 成品库房 包括以下节点信息：
①成品入库（时间、地点、产品编码、品名、规格、批号、数量、质量、接收人）；
②成品存放及保管（条件、质量、库管）；
③成品酒出库（时间、地点、产品编码、品名、规格、批号、数量、去向、库管员）；
④产品标识（外箱身份码、托盘码）。
(10) 场外物流 包括以下节点信息：
①接收（时间、地点、产品编码、品名、规格、批号、数量、来源、库管员）；
②贮存（条件、质量、库管）；
③出库（时间、地点、产品编码、品名、规格、批号、数量、去向、接收人、库管员）；
④产品标识（外箱身份码）。
(11) 经销商 包括以下节点信息：
①入库（时间、来源、产品编码、品名、批号、数量、接收人员、送货员）；
②出售（终端名称、地点、产品编码、品名、批号、数量、接收人员、送货员）；
③产品标识（外箱身份码）。
3. 数据采集与处理
(1) 多源采集技术矩阵
①自动化采集层：包括：

a. 环境传感：部署室内外和土壤温湿度传感器、气象传感器等设备，实现关键工艺参数自动化的数据采集。

b. 标识赋码：使用在线赋码设备，如激光机、喷码机、自动贴标机对产品标识进行在线赋码。

c. 视觉识别：通过工业相机+AI图像识别技术，自动捕获识别每瓶产品的身份标识信息。

d. 自动采集：通过传感器、激光采集器对仓储、物流的外箱身份码进行采集。

e. 设备直连：对接灌装机、贴标机、输送机等设备PLC，实时获取运行状态。

②人工交互层：包括：

a. 通过工控一体机、计算机、个人数字助理（PDA）移动终端实现部分关键节点的人工交互。

b. 原粮基地生长过程的现场数据采集交互。

c. 制曲过程中粉碎度、培曲参数等工艺的数据交互。

d. 酿酒过程中实现从原料到仓库、加工、发酵、蒸馏全过程的数据交互。

e. 贮配过程中实现罐体流转、液态流合并的数据交互。

f. 质检过程中实现成品、包装材料的外观、生产过程关键点的数据交互。

g. 成品包装过程对生产工单与产线自动化识别的多层身份码的数据交互。

③系统对接层：包括：

a. 各环节数据采集工控站点与溯源管理平台进行系统数据对接。

b. 溯源管理平台通过企业服务总线（ESB）实现与以下系统的数据交互，ERP系统：对接生产工单管理模块，实时获取BOM配方数据及物料清单变更信息；LIMS系统：双向交互包材检测报告、成品理化指标审验结果及实验室检验数据；WMS系统：同步仓储作业数据，包括出入库订单状态、托盘级物流追踪信息及库存周转率分析；CRM系统：建立客户-门店-终端的三级数据链路，同步进销存数据并反馈产品质量追溯信息。

(2) 数据预处理机制　包括：

①缺失值处理：对传感器断网时段数据，自动线性插值补全并标记估算标识；

②异常值拦截：根据各环节特征，设置超阈值数据触发现场声光报警系统并暂停数据入库；

③关联性验证：校验上下游数据的逻辑与完整性。

4. 平台架构

(1) 硬件资源矩阵　包括：

①数采层：现场工控计算机、赋码关联一体机、手持PDA终端、传感器组件等。

②传输层：5G工业网关、光纤环网交换机、厂区无线覆盖、移动电信专线网络。

③防火层：使用融合性防火墙技术，可同时实现多层防护。

④网络层：动态包过滤、iptables、ACL访问控制列表等，防御基础网络攻击（如DDoS）等。

⑤存储层：采用分布式数据库集群，实现主从备份、高可用的负载均衡，使用redis集群实现缓存，采用分布式文件存储服务存储日志、文件图片等；按需实施数据脱敏与加密存储等。

（2）软件技术分层　包括：

①数据采集层

a. 协议库：兼容 Modbus/TCP、OPCUA、MQTT 等工业协议。

b. 驱动引擎：自动识别新接入设备型号并加载对应驱动。

②数据处理层

a. 数据接入：统一对接数据库、日志、API 等异构数据源，支持数据的标准化接入。

b. 计算引擎：集成批处理、流计算、内存计算框架，实现数据清洗、转换、聚合等核心运算。

c. 服务封装：将处理后的数据封装为 API 接口，供上层业务系统调用。

d. 实时数仓：支持亿级 TPS 数据写入，亚秒级响应复杂关联查询。

③业务应用层

a. 应用层：采用 WAF，集成 IPS 与恶文检测，架设 API 网关，防御 SQL 注入、XSS 等应用层攻击。

b. 链路层：实现交换机 MAC 过滤、802.1X 认证，防止防范 ARP 欺骗、MAC 泛洪攻击等。

（3）应用软件场景　基于以下三项数据应用原理，构建覆盖全环节的软件系统架构。

①正向追踪树：原料→半成品→成品的流向拓扑图。

②逆向溯源链：消费者扫码→经销商→仓库→产线→原料的穿透式证据锁链。

③数字应用端：具体业务场景与深度数据链结合，根据权限策略，实现可视化窗口软件。

（五）实施效果

自汾酒溯源体系的各个应用系统成功实施并投入实际运用以来，其在质量严格把控、市场秩序规范、消费者信任度提升以及标准化引领等四大核心领域均取得了尤为显著的成效。

1. 精准打假，净化市场

该方面主要包括：

（1）假酒识别　汾酒产品标识实现了五码合一、多码互联，通过专用的微信小程序"汾酒防伪数字验证系统"进行追溯和防伪查询，消费者扫码验真响应速度≤1.2s，假酒鉴别准确率达 99.8%，保证了消费者的合法权益。

（2）违规追溯　通过物流轨迹热力图与区域扫码数据对比，在汾酒销售终端管理后台，可以预警锁定窜货行为，有力地保护了汾酒市场开发政策的正常执行。

（3）渠道净化　通过溯源数据闭环验证，以及围栏定位技术的使用，从销售区域、产品、终端规范化渠道销售行为，全销售链条可溯源。

2. 质量跃升，降本增效

该方面主要包括：

（1）工艺优化　溯源系统提供了大量的制曲、酿酒、调制等加工环节的工艺参数，从累计量数据进行曲线分析，为工艺优化提供最有力的数据支撑。

（2）质量监控　溯源数据链条提升了自检、交互检、专检的精度与速度，实现了闭环逻辑验证，直接给出质检换节点的数据信息，从数据应用的反向推动力，使得人员更加高度密切关注产品质量。

（3）精准召回　全链条数据延展，一直覆盖到消费层级，可以实现按批次追溯产品目前分部状态，并以精准的一物一码数据获取实时态势。每年进行至少 2 次的追溯召回演练。

3. 数智管控，精细管理

溯源大数据平台，可以利用不同追溯环节点的数据信息，进行综合的分析利用，并针对部门的不同、关注点的不同，给予不同的信息反馈。目前全链条数据已经能为生产、仓储、销售、打假、客服、质量管理等部门提供针对性的数据查询和应用服务，包含了生产数据分析、出入库数链管理、经销商动态库存、终端市场管控、市场查询区域实时数据、窜货管理、轨迹管理、查询统计、数据分析等功能。

4. AI 驱动，智慧决策

汾酒集团依托全链路数据溯源体系，将整合超级计算集群与 AI 深度神经网络模型，构建覆盖生产运营全场景的智能决策系统。在工业端实现物料损耗动态监测、配方参数自适应调优、产能资源最优分配及生产投料效能预测；搭建风险预警体系与智能仓储网络，完善产品全周期追溯机制。在消费端构建用户行为分析矩阵，驱动精准营销策略实施，同步强化市场风控响应与品牌价值传播体系，并通过智能客服引擎优化客户服务体验闭环。

5. 行业赋能，标准引领

汾酒集团建立的质量安全追溯系统受到国家、省市食药监局、行业协会和同行的一致认可，成为中国白酒追溯体系标准的起草单位，为中国白酒建立数字化智能工厂取得了宝贵的实践经验。目前汾酒集团与其他单位共同完成的团体及行业内标准包含：①中国酒业协会发布的 T/CBJ 2201—2019《白酒产品追溯体系》；②中国工业和信息化部发布的 QB/T 5711—2022《白酒质量安全追溯体系规范》。

二、白酒生产全流程的追溯技术

（一）技术特点

面对成品酒市场出现制假售假的严重扰乱市场秩序的问题，河北山庄老酒股份有限公司通过整合物联网、大数据和区块链等先进技术，构建了一个覆盖白酒生产全流程的追溯系统。该技术的主要特点如下。

1. 构建酒类产品的生产流程溯源数据库

该技术采集生产流程中任意一个节点的信息，将酒类产品生产流程中的各节点关联起来形成网状结构，并将其存储在数据库中，以便在酒类产品的生产流程溯源过程中，只需根据各节点间的关联关系在数据库中调取相关数据即可完成溯源。

2. 提供了一种酒类产品的生产流程追溯装置

追溯装置包括三个模块（图10-57）：

（1）数据库构建模块　用于构建酒类产品全生命周期中可追溯的数据库；

（2）数据存储关联模块　用于获取任意节点的批次及该节点对应的相关信息，并将任意节点的批次及该节点对应的相关信息存储在数据库中，将任意节点的批次与该节点的前一节点的批次相关联；

(3) 追溯模块　用于获取追溯终端发送的追溯请求，根据追溯请求在数据库中获取目标酒类产品的各节点的批次及各节点对应的相关信息，并将目标酒类产品的各节点的批次及各节点对应的相关信息发送给追溯终端。

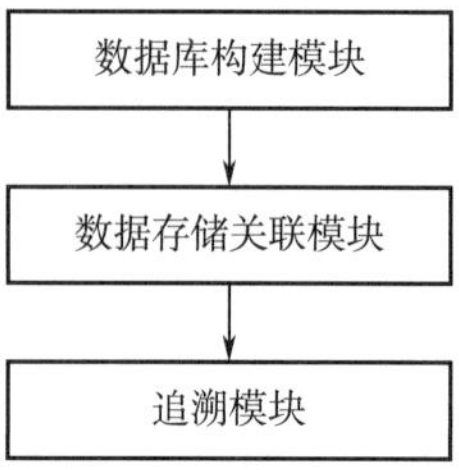

3. 提供了一种终端设备

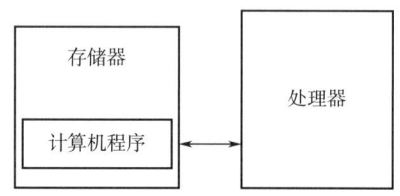

图 10-57　追溯装置的示意图

终端设备包括存储器、处理器以及存储在存储器中并可在处理器上运行的计算机程序（图 10-58），处理器执行计算机程序时，实施酒类产品的生产流程追溯方法的步骤。

4. 提供了一种计算机可读存储介质

计算机可读存储介质存储有计算机程序，计算机程序被处理器执行时，实施酒类产品的生产流程追溯方法的步骤。因此，这一技术能够实现从原料到灌装的整个白酒生产全流程的追溯，及时打击假酒制售行为，从而对规范酒类市场秩序起到有效的作用。这一技术的应用不仅提升了白酒行业的透明度和安全性，也为其他食品行业的追溯体系建设提供了参考。

图 10-58　终端设备的示意图

（二）技术原理

系统从原料采购环节开始，记录粮食的种植、收获、储存等信息；在酿酒生产过程中，实时监控发酵、蒸馏等关键工艺参数；在灌装和包装环节，记录每一批次产品的详细信息。将酒类生产流程中从原料到灌装的各个节点（包括原料节点、原曲节点、发酵节点、窖藏节点、基酒节点、半成品酒节点、准成品酒节点和成品酒节点）关联起来，最后，在物流和销售环节，通过二维码或 RFID 技术实现产品的全程跟踪。消费者只需扫描产品包装上的二维码，即可获取从原料到成品的完整信息，并将追溯到的目标酒类产品的相关信息反馈给追溯终端并显示，实现从原料到灌装的全流程可追溯。

（三）工艺流程

白酒生产全流程追溯技术的工艺流程如图 10-59 所示。

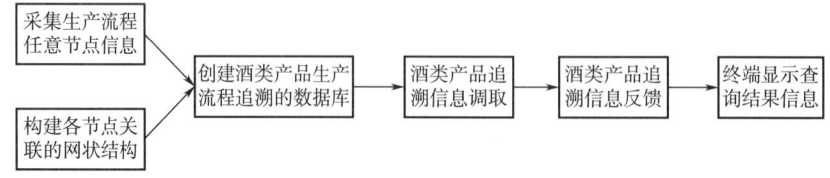

图 10-59　白酒生产全流程追溯技术的工艺流程

（四）技术要点

1. 创建酒类产品的生产流程追溯数据库

（1）采集生产流程中任意一个节点信息　酒类产品的生产流程中的节点即上述从原料到灌装的各个节点。获取第一节点的批次及第一节点对应的相关信息，其中，第一节点为酒类产品的生产流程中的任意一个节点。各节点采集的具体信息如下：

①原料节点：选料对应原料节点，原料节点由人工录入每批次的原料信息，包括：原粮、辅料、微生物、种曲等以及原料产地、购买时间、购买人、检测化验数据及存放位置等。

②原曲节点：制曲环节对应原曲节点，包括原曲批次、原料批次、制曲班组、制曲时间、制曲过程的温度和湿度曲线及检测化验数据等信息，其中制曲过程的温度和湿度曲线可由基于窄带物联网（NBIOT）的物联网曲房温度仪、湿度仪和 CO_2 检测仪自动记录得到。

③发酵节点：发酵环节对应发酵节点，包括发酵批次、原曲批次、原料批次、发酵班组、发酵时间、发酵过程温度和湿度曲线及检测化验数据等，其中发酵过程温度和湿度曲线可由基于 NBIOT 的窖池三点式测温仪自动记录得到。

④窖藏节点：发酵完成的酒醅经蒸馏后得到的原酒进行窖藏，对应窖藏节点，包括原酒所入的陶坛编号、窖池编号及窖藏批次、窖藏时间、恒温窖藏曲线、原酒化验数据及评级等。

⑤基酒节点：窖藏完成后将陶坛中的酒配制得到基酒对应基酒节点，包括基酒批次、基酒罐编号等。

⑥半成品酒节点：在勾调环节，将基酒勾调后得到的半成品酒存储在半成品酒罐中，对应半成品酒节点。半成品酒节点包括：半成品酒批次、所用基酒批次、半成品酒酒罐编号、配制时间、配制班组、所用基酒检化验数据及评级等。

⑦准成品酒节点：半成品酒过滤后对应准成品酒节点，准成品酒节点包括：准成品酒批次、准成品酒的酒罐编号及过滤过程信息等。

⑧成品酒节点：将半成品酒进行灌装对应成品酒节点，成品酒节点包括：成品酒批次、成品酒的酒罐编号及灌装过程信息等。

（2）构建各节点关联的网状结构并存贮　将酒类产品生产流程中的各节点关联起来形成网状结构，并将其存储在数据库中。第一节点的批次与前一节点的批次关联方式有容器相关联、通过申请单相关联或直接相关联。不同第一节点的关联方式如下：

①第一节点为发酵节点时，将第一节点的批次与前一节点的批次相关联，包括：

a. 获取发酵节点所需原曲的申请单，通过发酵节点所需原曲的申请单将发酵节点的批次与原曲节点的批次相关联。

b. 获取发酵节点所需原料的申请单，通过发酵节点所需原料的申请单将发酵节点的批次与原料节点的批次相关联。

c. 获取发酵过程中的数据，并将发酵过程中的数据直接与发酵节点的批次相关联。

d. 进行发酵需基于发酵节点的批次提出所需原曲的申请单，对应发酵节点的批次申请单匹配不同批次的原曲，由此发酵节点的批次通过所需原曲的申请单与原曲节点的批次相关联。

同时，发酵所需的粮食及辅料等还需要基于发酵节点批次提出所需原料的申请单，对应不同的发酵节点的批次申请单匹配不同批次的粮食及辅料，由此发酵节点的批次通过所需原料的申请单与原料节点的批次相关联。制曲过程中也需要基于原曲节点的批次提出所需原料的申请单，例如，种曲等，对应原曲节点的批次申请单匹配不同批次的原料，由此原曲节点的批次通过所需原料的申请单与原料节点的批次相关联。

② 第一节点为原曲节点时，将第一节点的批次与前一节点的批次相关联，包括：
　a. 获取原曲节点所需原料的申请单。
　b. 通过原曲节点所需原料的申请单将原曲节点的批次与原料节点的批次相关联。

③ 第一节点为窖藏节点时，将第一节点的批次与前一节点的批次相关联，包括：
　a. 窖藏节点的批次通过第三容器编号与发酵节点的批次相关联。
　b. 其中的第三容器编号可以为陶坛编号。

④ 第一节点为基酒节点时，将第一节点的批次与前一节点的批次相关联，包括：
　a. 基酒节点的批次通过第四容器编号与窖藏节点的批次相关联。
　b. 其中的第四容器编号可以为基酒罐编号。

⑤ 第一节点为半成品酒节点时，将第一节点的批次与前一节点的批次相关联，包括：
　a. 半成品酒节点的批次通过第五容器编号与基酒节点的批次相关联。
　b. 其中的第五容器编号可以为半成品酒的酒罐编号。

⑥ 第一节点为准成品酒节点，将第一节点的批次与前一节点的批次相关联，包括：
　a. 准成品酒的批次通过第一容器编号与半成品酒节点的批次相关联。
　b. 第一容器编号为装有准成品酒节点的批次对应的准成品酒的容器的编号，或装有半成品酒节点的批次对应的半成品酒的容器的编号，即第一容器编号可以为准成品酒的酒罐编号或半成品酒的酒罐编号。
　c. 半成品酒经过滤后形成准成品酒，半成品酒节点的批次与半成品酒的酒罐的编号相对应，不同编号的半成品酒的酒罐对应的半成品酒经过滤后装入带有编号的准成品酒的酒罐，准成品酒的酒罐与准成品酒节点的批次相关联。由此，准成品酒节点的批次可通过半成品酒的酒罐的编号或准成品酒酒罐的编号与半成品酒节点的批次相关联。

⑦ 第一节点为成品酒节点时，将第一节点的批次与前一节点的批次相关联，包括：
　a. 成品酒的批次通过第二容器编号与准成品酒的批次相关联。
　b. 第二容器编号为装有成品酒节点的批次对应的成品酒的容器的编号。
　c. 准成品酒灌装至不同的成品酒的酒罐中成为成品酒，灌装过程中人工录入成品酒的酒罐编号。
　d. 不同批次的准成品酒对应不同的成品酒的酒罐编号，不同的成品酒的酒罐编号对应不同的成品酒节点的批次，人工录入成品酒的酒罐编号，将准成品酒节点的批次与成品酒节点的批次相关联。

2. 酒类产品追溯信息调取

获取追溯终端发送的追溯请求后，根据追溯请求在数据库中调取目标酒类产品的各节点的批次及各节点对应的相关信息，包括：

（1）获取追溯终端发送的识别码信息，并根据识别码信息确定目标酒类产品。

（2）在数据库中获取目标酒类产品的各节点的批次及各节点对应的相关信息。

3. 酒类产品追溯信息反馈

向追溯设备发送第一控制指令及目标酒类产品的各节点的批次及各节点对应的相关信息，第一控制指令用于指示追溯终端显示目标酒类产品的各节点的批次及各节点对应的相关信息。

（五）实施效果

1. 实现从原料到灌装的全流程追溯

该技术建立酒类生产全流程追溯数据库，然后对应地将酒类产品从原料到灌装的生产流程中的节点及相关信息关联起来形成网状结构，当进行产品生产流程追溯时，可根据关联关系从数据库中由任意一个节点追溯到其他节点的信息，从而实现从原料到灌装的全流程追溯。

2. 方便用户和生产管理者随时查询

在成品酒节点，每一瓶成品酒灌装完成后可在外包装上对应贴敷唯一标识码，该标识码可以包括成品酒酒罐的编号、成品酒节点的批次等信息，用户根据唯一标识码可实现对该瓶酒类产品的生产流程追溯。例如，用户终端可以为手机或 iPad 等终端设备，用于扫描成品酒外包装上贴敷的唯一标识码获得识别码信息，系统获取追溯设备发送的识别码信息，根据识别码信息确定目标酒类产品，然后根据在数据库中调取目标酒类产品的各节点的批次及各节点对应的相关信息发送给追溯终端。其中，目标酒类产品为用户想要查询的成品酒。一些实施例中，系统可通过调用 HTML5 页面完成目标酒类产品的各节点的批次及各节点对应的相关信息的查询与信息展示。生产管理者还可通过浏览器访问云端平台，登录账号查询酒类产品生产流程中的各节点的批次及各节点对应的相关信息。

附录 GB/T 5009.271—2016
《食品安全国家标准 食品中邻苯二甲酸酯的测定》

前　言

本标准代替 GB/T 21911—2008《食品中邻苯二甲酸酯的测定》和 SN/T 3147—2012《出口食品中邻苯二甲酸酯的测定》。

本标准与 GB/T 21911—2008 相比，主要变化如下：
——标准名称修改为"食品安全国家标准　食品中邻苯二甲酸酯的测定"；
——增加了邻苯二甲酸二烯丙酯和邻苯二甲酸二异壬酯两种目标化合物；
——增加了同位素内标法定量作为第一法；
—— 修改了前处理方法；
——修改了方法的检出限。

食品安全国家标准 食品中邻苯二甲酸酯的测定

1 范围

本标准第一法规定了食品中 16 种邻苯二甲酸酯类物质含量的气相色谱-质谱联用（GC-MS）的测定方法；第二法规定了食品中 18 种邻苯二甲酸酯类物质含量的气相色谱-质谱联用（GC-MS）的测定方法。

本标准第一法适用于食品中邻苯二甲酸二甲酯（DMP）、邻苯二甲酸二乙酯（DEP）、邻苯二甲酸二异丁酯（DIBP）、邻苯二甲酸二正丁酯（DBP）、邻苯二甲酸二（2-甲氧基）乙酯（DMEP）、邻苯二甲酸二（4-甲基-2-戊基）酯（BMPP）、邻苯二甲酸二（2-乙氧基）乙酯（DEEP）、邻苯二甲酸二戊酯（DPP）、邻苯二甲酸二己酯（DHXP）、邻苯二甲酸丁基苄基酯（BBP）、邻苯二甲酸二（2-丁氧基）乙酯（DBEP）、邻苯二甲酸二环己酯（DCHP）、邻苯二甲酸二（2-乙基）己酯（DEHP）、邻苯二甲酸二苯酯（DPhP）、邻苯二甲酸二正辛酯（DNOP）、邻苯二甲酸二壬酯（DNP）含量的内标法测定和确证；第二法适用于食品中邻苯二甲酸二甲酯（DMP）、邻苯二甲酸二乙酯（DEP）、邻苯二甲酸二烯丙酯（DAP）、邻苯二甲酸二异丁酯（DIBP）、邻苯二甲酸二正丁酯（DBP）、邻苯二甲酸二（2-甲氧基）乙酯（DMEP）、邻苯二甲酸二（4-甲基-2-戊基）酯（BMPP）、邻苯二甲酸二（2-乙氧基）乙酯（DEEP）、邻苯二甲酸二戊酯（DPP）、邻苯二甲酸二己酯（DHXP）、邻苯二甲酸丁基苄基酯（BBP）、邻苯二甲酸二（2-丁氧基）乙酯（DBEP）、邻苯二甲酸二环己酯（DCHP）、邻苯二甲酸二（2-乙基）己酯（DEHP）、邻苯二甲酸二苯酯（DPhP）、邻苯二甲酸二正辛酯（DNOP）、邻苯二甲酸二异壬酯（DINP）、邻苯二甲酸二壬酯（DNP）含量的外标法测定和确证。

第一法 气相色谱-质谱法 同位素内标法

2 原理

在试样中加入氘代的邻苯二甲酸酯作为内标，各类食品经提取、净化后经气相色谱-质谱联用仪进行测定。采用特征选择离子监测扫描模式（SIM），以保留时间和定性离子碎片的丰度比定性，同位素内标法定量。

3 试剂和材料

除非另有说明，本方法所用试剂均为色谱纯，水为 GB/T 6682 规定的二级水。

3.1 试剂

3.1.1 正己烷（C_6H_{14}）。

3.1.2 乙腈（C_2H_3N）。

3.1.3 丙酮（CH_3COCH_3）。

3.1.4 二氯甲烷（CH_2Cl_2）。

3.2 标准品

3.2.1 16种邻苯二甲酸酯类标准品

邻苯二甲酸二甲酯（DMP）、邻苯二甲酸二乙酯（DEP）、邻苯二甲酸二异丁酯（DIBP）、邻苯二甲酸二正丁酯（DBP）、邻苯二甲酸二（2-甲氧基）乙酯（DMEP）、邻苯二甲酸二（4-甲基-2-戊基）酯（BMPP）、邻苯二甲酸二（2-乙氧基）乙酯（DEEP）、邻苯二甲酸二戊酯（DPP）、邻苯二甲酸二己酯（DHXP）、邻苯二甲酸丁基苄基酯（BBP）、邻苯二甲酸二（2-丁氧基）乙酯（DBEP）、邻苯二甲酸二环己酯（DCHP）、邻苯二甲酸二（2-乙基）己酯（DEHP）、邻苯二甲酸二正辛酯（DNOP）、邻苯二甲酸二壬酯（DNP）、邻苯二甲酸二苯酯（DPhP），混合液体标准品，浓度为1000μg/mL，标准品信息、纯度见附录A。

3.2.2 16种氘代同位素的邻苯二甲酸酯内标

D_4-邻苯二甲酸二甲酯（D_4-DMP）、D_4-邻苯二甲酸二乙酯（D_4-DEP）、D_4-邻苯二甲酸二异丁酯（D_4-DIBP）、D_4-邻苯二甲酸二正丁酯（D_4-DBP）、D_4-邻苯二甲酸二（2-甲氧基）乙酯（D_4-DMEP）、D_4-邻苯二甲酸二（4-甲基-2-戊基）酯（D_4-BMPP）、D_4-邻苯二甲酸二（2-乙氧基）乙酯（D_4-DEEP）、D_4-邻苯二甲酸二戊酯（D_4-DPP）、D_4-邻苯二甲酸二己酯（D_4-DHXP）、D_4-邻苯二甲酸丁基苄基酯（D_4-BBP）、D_4-邻苯二甲酸二（2-丁氧基）乙酯（D_4-DBEP）、D_4-邻苯二甲酸二环己酯（D_4-DCHP）、D_4-邻苯二甲酸二（2-乙基）己酯（D_4-DEHP）、D_4-邻苯二甲酸二苯酯（D_4-DPhP）、D_4-邻苯二甲酸二正辛酯（D_4-DNOP）、D_4-邻苯二甲酸二壬酯（D_4-DNP）：纯度>99%。

3.3 标准溶液配制

3.3.1 16种邻苯二甲酸酯标准中间溶液（10μg/mL）：准确移取邻苯二甲酸酯标准品（1000μg/mL）1mL至100mL容量瓶中，用正己烷准确定容至刻度。

3.3.2 16种氘代同位素的邻苯二甲酸酯内标溶液（100μg/mL）：准确称取16种氘代同位素的邻苯二甲酸酯内标各0.01g（精确到0.0001g）于100mL容量瓶中，用正己烷溶解并准确定容至刻度。

3.3.3 16种氘代同位素的邻苯二甲酸酯内标的标准使用液（10μg/mL）：准确移取16种氘代同位素的邻苯二甲酸酯内标（100μg/mL）10mL于100mL容量瓶中，加入正己烷并准确定容至刻度。

3.3.4 16种邻苯二甲酸酯标准系列工作液：准确吸取16种邻苯二甲酸酯标准中间溶液（10μg/mL），用正己烷逐级稀释，配制成浓度为0.00μg/mL、0.02μg/mL、0.05μg/mL、0.10μg/mL、0.20μg/mL、0.50μg/mL、1.00μg/mL的标准系列溶液，同时加入内标使用液（10μg/mL），使内标浓度均为0.125μg/mL，临用时配制。

4 仪器和设备

注：所用玻璃器皿洗净后，用重蒸水淋洗3次，丙酮浸泡1h，在200℃下烘烤2h，冷却至室温备用。

4.1 气相色谱-质谱联用仪（GC-MS）。

4.2 分析天平：精度0.0001g。

4.3 氮吹仪。

4.4 涡旋振荡器。

4.5 超声波发生器。

4.6 离心机：转速≥4000r/min。

4.7 粉碎机。

4.8 固相萃取（SPE）装置。

4.9 固相萃取柱：PSA/Silica 复合填料玻璃柱（1000mg，6mL）。

5 分析步骤

5.1 试样制备

5.1.1 液态样品：取约 200mL 样品混匀后放置磨口玻璃瓶内待用。

5.1.2 半固态和固态样品：分别取约 200g 样品经粉碎后放置磨口玻璃瓶内待用。

5.2 试样处理

5.2.1 液态试样

5.2.1.1 液态试样 A：液体乳、饮料、酱油、食醋、白酒、蜂蜜等

准确称取试样 1.0g（精确至 0.0001g）于 25mL 具塞磨口离心管中，加入 125μL 同位素内标使用液，加入 2mL～5mL 蒸馏水，涡旋混匀，再准确加入 10mL 正己烷，涡旋 1min，剧烈振摇 1min，超声提取 30min，1000r/min 离心 5min，取上清液，供 GC-MS 分析。

5.2.1.2 液态试样 B：植物油等

液态油脂混匀后准确称取 0.5g（精确至 0.0001g）于 10mL 具塞磨口离心管中，加入 25μL 同位素内标使用液，依次加入 100μL 正己烷和 2mL 乙腈，涡旋 1min，超声提取 20min，4000r/min 离心 5min，收集上清液。残渣中加入 2mL 乙腈，涡旋 1min，4000r/min 离心 5min。再加入 2mL 乙腈重复提取 1 次，合并 3 次上清液，待 SPE 净化。

5.2.2 半固态试样

5.2.2.1 半固态试样 A：果冻、甜面酱等

准确称取混匀试样 0.5g（精确至 0.0001g）于 25mL 具塞磨口离心管中，加入 125μL 同位素内标使用液，加入 2mL～5mL 蒸馏水，涡旋混匀，再准确加入 10mL 正己烷，涡旋 1min，剧烈振摇 1min，超声提取 30min，1000r/min 离心 5min，取上清液，供 GC-MS 分析。

5.2.2.2 半固态试样 B：芝麻酱、含油调味酱等

将样品充分粉碎混匀后准确称取 0.5g（精确至 0.0001g）于 10mL 具塞磨口离心管中，加入 25μL 同位素内标使用液，加入 1mL 正己烷，涡旋 2min，再加入 5mL 乙腈，涡旋 1min，超声提取 20min，4000r/min 离心 5min，收集上清液。加入 5mL 乙腈重复提取 1 次，合并上清液。40℃氮气吹干，加入 6mL 乙腈，涡旋混匀，待 SPE 净化。

5.2.3 固态试样

5.2.3.1 固态试样 A：乳粉、米粉、鸡精、味精、干酪、糖果、花粉、肉制品、糕点、方便面、果蔬及其制品等

准确称取混匀试样 0.5g（精确至 0.0001g）于 25mL 具塞磨口离心管中，加入 125μL

同位素内标使用液，加入 2~5mL 蒸馏水，涡旋混匀，再准确加入 10mL 正己烷，涡旋 1min，剧烈振摇 1min，超声提取 30min，1000r/min 离心 5min，取上清液，供 GC-MS 分析。

5.2.3.2 固态试样 B：黄油等

将样品充分粉碎混匀后准确称取 0.5g（精确至 0.0001g）于 10mL 具塞磨口离心管中，加入 25μL 同位素内标使用液，加入 1mL 正己烷，涡旋 2min，再加入 5mL 乙腈，涡旋 1min，超声提取 20min，4000r/min 离心 5min，收集上清液。加入 5mL 乙腈重复提取 1 次，合并上清液。40℃氮气吹至近干，加入 6mL 乙腈，涡旋混匀，待 SPE 净化。

注：黄油应融化为液态油脂混匀后称取，并在提取过程中保持液态。

5.3 SPE 净化

依次加入 5mL 二氯甲烷、5mL 乙腈活化，弃去流出液；将待净化液加入 SPE 小柱，收集流出液；再加入 5mL 乙腈，收集流出液，合并两次收集的流出液，加入 1mL 丙酮，40℃氮吹至近干，正己烷准确定容至 2mL，涡旋混匀，供 GC-MS 分析。

5.4 空白试验

除不加试样外，均按 5.2、5.3 测定步骤进行。

注：整个操作过程中，应避免接触塑料制品。

5.5 仪器参考条件

5.5.1 气相色谱参考条件

5.5.1.1 色谱柱：5% 苯基-甲基聚硅氧烷石英毛细管色谱柱，柱长：30m，内径：0.25mm，膜厚：0.25μm，或性能相当者。

5.5.1.2 进样口温度：260℃。

5.5.1.3 程序升温：初始柱温60℃，保持1min；以 20℃/min 升温至220℃，保持1min；再以 5℃/min 升温至250℃，保持1min；再以 20℃/min 升温至290℃，保持 7.5min。

5.5.1.4 载气：高纯氦（纯度>99.999%），流速：1.0mL/min。

5.5.1.5 进样方式：不分流进样。

5.5.1.6 进样量：1μL。

5.5.2 质谱参考条件

5.5.2.1 电离方式：电子轰击电离源（EI）。

5.5.2.2 电离能量：70eV。

5.5.2.3 传输线温度：280℃。

5.5.2.4 离子源温度：230℃。

5.5.2.5 监测方式：选择离子扫描（SIM），监测离子见附录 B。

5.5.2.6 溶剂延迟：7min。

5.6 标准曲线的制作

将标准系列工作液分别注入气相色谱-质谱联用仪中，以邻苯二甲酸酯各组分及其对应氘代同位素内标的峰面积比值为纵坐标，以系列标准溶液中各组分含量（μg/mL）与对应氘代同位素内标含量（μg/mL）比值为横坐标，绘制标准曲线。

5.7 试样溶液的测定

将试样溶液注入气相色谱-质谱联用仪中，由试样中邻苯二甲酸酯各组分及其内标峰面积比值进行定量计算，得出试样溶液中各组分含量（μg/mL）与对应氘代同位素内标含量（μg/mL）比值。再根据试样中加入的对应氘代同位素内标含量（μg/mL）计算试样溶液中邻苯二甲酸酯各组分含量（μg/mL）。

5.8 定性确认

在5.5仪器条件下，试样待测液和邻苯二甲酸酯标准品的目标化合物在相同保留时间处（±0.5%）出现，并且对应质谱碎片离子的质荷比与标准品的质谱图一致，其丰度比与标准品相比应符合表1，可定性目标化合物。

表1 气相色谱-质谱定性确证相对离子丰度最大容许误差

相对丰度（基峰）	>50%	>20%~50%	>10%~20%	≤10%
GC-MS相对离子丰度最大允许误差	±10%	±15%	±20%	±50%

邻苯二甲酸酯的总离子流色谱图见附录C。

6 分析结果的表述

试样中邻苯二甲酸酯的含量按式（1）计算：

$$X = \rho \times \frac{V}{m} \times \frac{1000}{1000} \quad \cdots\cdots\cdots\cdots\cdots\cdots\cdots\cdots\cdots（1）$$

式中：
X ——试样中邻苯二甲酸酯的含量，单位为毫克每千克（mg/kg）；
ρ ——从标准工作曲线上查出的试样溶液中邻苯二甲酸酯的质量浓度，单位为微克每毫升（μg/mL）；
V ——试样定容体积，单位为毫升（mL）；
m ——试样的质量，单位为克（g）；
1000 ——换算系数。

计算结果应扣除空白值。结果大于等于1.0mg/kg时，保留三位有效数字；结果小于1.0mg/kg时，保留两位有效数字。

7 精密度

在重复性条件下获得的两次独立测定结果的绝对差值不得超过算术平均值的10%。

8 其他

本方法的定量限为：邻苯二甲酸二正丁酯（DBP）定量限为0.3mg/kg，除DBP外其他15种邻苯二甲酸酯定量限均为0.5mg/kg。

第二法　气相色谱-质谱法　外标法

9 原理

各类食品提取、净化后采用气相色谱-质谱法测定。采用特征选择离子监测扫描模式

（SIM），以保留时间和定性离子碎片丰度比定性，外标法定量。

10 试剂和材料

除非另有说明，本方法所用试剂均为色谱纯，水为 GB/T 6682 规定的二级水。

10.1 试剂

同 3.1。

10.2 标准品

10.2.1 16 种邻苯二甲酸酯类标准品：同 3.2.1。

10.2.2 邻苯二甲酸二烯丙酯（DAP）：标准品信息、纯度参见附录 A。

10.2.3 邻苯二甲酸二异壬酯（DINP）：标准品信息、纯度参见附录 A。

10.3 标准溶液配制

10.3.1 邻苯二甲酸二烯丙酯标准储备液（1000μg/mL）：准确称取邻苯二甲酸二烯丙酯 0.025g（精确到 0.0001g）于 25mL 容量瓶中，用正己烷溶解并准确配制成质量浓度为 1000μg/mL 的标准储备液。

10.3.2 邻苯二甲酸二异壬酯标准储备液（1000μg/mL）：准确称取邻苯二甲酸二异壬酯 0.025g（精确到 0.0001g）于 25mL 容量瓶中，用正己烷溶解并准确配制成质量浓度为 1000μg/mL 的标准储备液。

10.3.3 17 种邻苯二甲酸酯标准中间液（10μg/mL）：分别准确移取 16 种邻苯二甲酸酯标准品（1000μg/mL）和邻苯二甲酸二烯丙酯标准储备液（1000μg/mL）各 1mL 至 100mL 容量瓶中加入正己烷并准确定容至刻度。

10.3.4 17 种邻苯二甲酸酯标准系列工作液：准确吸取 17 种邻苯二甲酸酯标准中间溶液（10μg/mL），用正己烷逐级稀释，配制成浓度为 0.0μg/mL、0.02μg/mL、0.05μg/mL、0.10μg/mL、0.20μg/mL、0.50μg/mL、1.00μg/mL 的标准系列溶液，临用时配制。

10.3.5 邻苯二甲酸二异壬酯标准系列工作液：准确吸取邻苯二甲酸二异壬酯标准储备液（1000μg/mL），用正己烷逐级稀释，配制成浓度为 0.0μg/mL、0.5μg/mL、1.0μg/mL、2.5μg/mL、5.0μg/mL、10.0μg/mL、20.0μg/mL 的标准系列溶液，临用时配制。

11 仪器和设备

同 4。

12 分析步骤

12.1 试样制备

同 5.1。

12.2 试样处理

除不加同位素内标外，均按 5.2 测定步骤进行。

12.3 SPE 净化

同 5.3。

12.4 空白试验

除不加试样外，均按 12.2、12.3 测定步骤进行。

12.5 仪器参考条件

除扫描方式外同 5.5。

扫描方式：选择离子扫描（SIM），监测离子参见附录 D。

12.6 标准曲线的制作

将标准系列工作液分别注入气相色谱-质谱联用仪中，测定相应的邻苯二甲酸酯的色谱峰面积，以标准工作液的质量浓度为横坐标，以相应的峰面积为纵坐标，绘制标准曲线。邻苯二甲酸二异壬酯的标准系列工作液单独进样测定。

12.7 试样溶液的测定

将试样溶液注入气相色谱-质谱联用仪中，得到相应的邻苯二甲酸酯的峰面积，根据标准曲线得到待测液中邻苯二甲酸酯的浓度。

12.8 定性确认

在 12.5 仪器条件下，试样待测液和邻苯二甲酸酯标准品的目标化合物在相同保留时间处（±0.5%）出现，并且对应质谱碎片离子的质荷比与标准品的质谱图一致，可定性目标化合物。

邻苯二甲酸酯的总离子流色谱图见附录 E。

13 分析结果的表述

试样中邻苯二甲酸酯的含量按式（2）计算：

$$X = \rho \times \frac{V}{m} \times \frac{1000}{1000} \quad \cdots\cdots\cdots\cdots\cdots\cdots\cdots\cdots (2)$$

式中：

- X ——试样中邻苯二甲酸酯的含量，单位为毫克每千克（mg/kg）；
- ρ ——从标准工作曲线上查出的试样溶液中邻苯二甲酸酯的质量浓度，单位为微克每毫升（μg/mL）；
- V ——试样定容体积，单位为毫升（mL）；
- m ——试样的质量，单位为克（g）；
- 1000 ——换算系数。

计算结果应扣除空白值。结果大于等于 1.0mg/kg 时，保留三位有效数字；结果小于 1.0mg/kg 时，保留两位有效数字。

14 精密度

在重复性条件下获得的两次独立测定结果的绝对差值不得超过算术平均值的 10%。

15 其他

本方法的定量限为：邻苯二甲酸二异壬酯（DINP）的定量限为 9.0mg/kg，邻苯二甲酸二正丁酯（DBP）定量限为 0.3mg/kg，除 DINP 和 DBP 外其他 16 种目标化合物定量限均为 0.5mg/kg。

附 录 A
常用的邻苯二甲酸酯类增塑剂信息表

18 种常用的邻苯二甲酸酯类增塑剂名称、缩写、CAS 号、分子式、纯度见表 A.1。

表 A.1　18 种常用的邻苯二甲酸酯类增塑剂名称、缩写、CAS 号、分子式、纯度

序号	中文名称	英文名称	缩写	CAS 号	分子式	纯度/%
1	邻苯二甲酸二甲酯	Dimethyl phthalate	DMP	131-11-3	$C_{10}H_{10}O_4$	99.5
2	邻苯二甲酸二乙酯	Diethyl phthalate	DEP	84-66-2	$C_{12}H_{14}O_4$	99.0
3	邻苯二甲酸二烯丙酯	Diallyl phthalate	DAP	131-17-9	$C_{14}H_{14}O_4$	97.0
4	邻苯二甲酸二异丁酯	Diisobutyl phthalate	DIBP	84-69-5	$C_{16}H_{22}O_4$	99.0
5	邻苯二甲酸二正丁酯	Dibutyl phthalate	DBP	84-74-2	$C_{16}H_{22}O_4$	99.0
6	邻苯二甲酸二（2-甲氧基）乙酯	Bis (2-methoxyethyl) phthalate	DMEP	117-82-8	$C_{14}H_{18}O_6$	94.0
7	邻苯二甲酸二（4-甲基-2-戊基）酯	Bis (4-methyl-2-pentyl) phthalate	BMPP	146-50-9	$C_{20}H_{30}O_4$	98.0
8	邻苯二甲酸二（2-乙氧基）乙酯	Bis (2-ethoxyethyl) phthalate	DEEP	605-54-9	$C_{16}H_{22}O_6$	99.5
9	邻苯二甲酸二戊酯	Dipentyl phthalate	DPP	131-18-0	$C_{18}H_{26}O_4$	99.2
10	邻苯二甲酸二己酯	Dihexyl phthalate	DHXP	84-75-3	$C_{20}H_{30}O_4$	99.0
11	邻苯二甲酸丁基苄基酯	Benzylbutyl phthalate	BBP	85-68-7	$C_{19}H_{20}O_4$	97.0
12	邻苯二甲酸二（2-丁氧基）乙酯	Bis (2-n-butoxyethyl) phthalate	DBEP	117-83-9	$C_{20}H_{30}O_6$	98.5
13	邻苯二甲酸二环己酯	Dicyclohexyl phthalate	DCHP	84-61-7	$C_{20}H_{26}O_4$	99.5
14	邻苯二甲酸二（2-乙基）己酯	Bis (2-ethylhexyl) phthalate	DEHP	117-81-7	$C_{24}H_{38}O_4$	99.0
15	邻苯二甲酸二苯酯	Diphenyl phthalate	DPhP	84-62-8	$C_{20}H_{14}O_4$	99.5
16	邻苯二甲酸二正辛酯	Di-n-octyl phthalate	DNOP	117-84-0	$C_{24}H_{38}O_4$	97.5
17	邻苯二甲酸二异壬酯	Diisononyl ortho-phthalate	DINP	28553-12-0	$C_{26}H_{42}O_4$	98.5
18	邻苯二甲酸二壬酯	Dinonyl phthalate	DNP	84-76-4	$C_{26}H_{42}O_4$	99.5

附 录 B
同位素内标法中邻苯二甲酸酯监测离子参数

B.1 同位素内标法中16种D_4-邻苯二甲酸酯的保留时间、定性和定量离子参数见表B.1。

表B.1 D_4-邻苯二甲酸酯的保留时间、定性和定量离子

序号	化合物名称	保留时间/min	定性离子（m/z）	定量离子（m/z）
1	D_4-邻苯二甲酸二甲酯（D_4-DMP）	7.65	167，77，198，137	167
2	D_4-邻苯二甲酸二乙酯（D_4-DEP）	8.51	153，181，109，197	153
3	D_4-邻苯二甲酸二异丁酯（D_4-DIBP）	10.20	153，227，108，171	153
4	D_4-邻苯二甲酸二正丁酯（D_4-DBP）	10.92	153，227，209，108	153
5	D_4-邻苯二甲酸二（2-甲氧基）乙酯（D_4-DMEP）	11.24	59，153，108，76	153
6	D_4-邻苯二甲酸二（4-甲基-2-戊基）酯（D_4-BMPP）	11.97	153，171，85，255	153
7	D_4-邻苯二甲酸二（2-乙氧基）乙酯（D_4-DEEP）	12.27	72，153，108，197	153
8	D_4-邻苯二甲酸二戊酯（D_4-DPP）	12.63	153，241，223，108	153
9	D_4-邻苯二甲酸二己酯（D_4-DHXP）	14.72	153，255，108，237	153
10	D_4-邻苯二甲酸丁基苄基酯（D_4-BBP）	14.86	153，91，210，136	153
11	D_4-邻苯二甲酸二（2-丁氧基）乙酯（D_4-DBEP）	16.28	153，105，85，197	153
12	D_4-邻苯二甲酸二环己酯（D_4-DCHP）	16.93	153，171，253，108	153
13	D_4-邻苯二甲酸二（2-乙基）己酯（D_4-DEHP）	17.17	153，171，283，117	153
14	D_4-邻苯二甲酸二苯酯（D_4-DPhP）	17.29	229，77，108，157	229
15	D_4-邻苯二甲酸二正辛酯（D_4-DNOP）	19.53	153，283，108，265	153
16	D_4-邻苯二甲酸二壬酯（D_4-DNP）	22.02	153，297，171，279	153

B.2 同位素内标法中16种邻苯二甲酸酯的保留时间、定性和定量离子参数见表B.2。

表B.2 邻苯二甲酸酯的保留时间、定性和定量离子

序号	化合物名称	保留时间/min	定性离子（m/z）	定量离子（m/z）
1	邻苯二甲酸二甲酯（DMP）	7.66	163，77，194，133	163
2	邻苯二甲酸二乙酯（DEP）	8.51	149，177，105，222	149
3	邻苯二甲酸二异丁酯（DIBP）	10.21	149，223，104，167	149
4	邻苯二甲酸二正丁酯（DBP）	10.93	149，223，205，104	149
5	邻苯二甲酸二（2-甲氧基）乙酯（DMEP）	11.25	59，149，104，176	149

续表

序号	化合物名称	保留时间/min	定性离子（m/z）	定量离子（m/z）
6	邻苯二甲酸二（4-甲基-2-戊基）酯（BMPP）	11.97	149，167，85，251	149
7	邻苯二甲酸二（2-乙氧基）乙酯（DEEP）	12.29	72，149，104，193	149
8	邻苯二甲酸二戊酯（DPP）	12.65	149，237，219，104	149
9	邻苯二甲酸二己酯（DHXP）	14.73	149，251，104，233	149
10	邻苯二甲酸丁基苄基酯（BBP）	14.88	149，91，206，104	149
11	邻苯二甲酸二（2-丁氧基）乙酯（DBEP）	16.30	149，101，85，193	149
12	邻苯二甲酸二环己酯（DCHP）	16.95	149，167，249，104	149
13	邻苯二甲酸二（2-乙基）己酯（DEHP）	17.19	149，167，279，113	149
14	邻苯二甲酸二苯酯（DPhP）	17.31	225，77，104，153	225
15	邻苯二甲酸二正辛酯（DNOP）	19.55	149，279，104，261	149
16	邻苯二甲酸二壬酯（DNP）	22.03	149，293，167，275	149

附 录 C
邻苯二甲酸酯标准溶液的总离子流色谱图（同位素内标法）

16种邻苯二甲酸酯标准溶液（0.12μg/mL）的总离子流色谱图（同位素内标法）见图C.1。

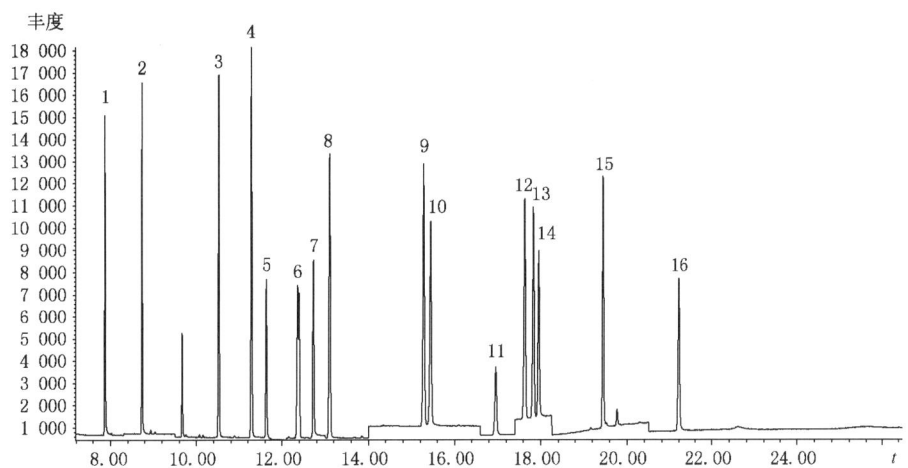

说明：
1—DMP（D_4-DMP）；
2—DEP（D_4-DEP）；
3—DIBP（D_4-DIBP）；
4—DBP（D_4-DBP）；
5—DMEP（D_4-DMEP）；
6—BMPP（D_4-BMPP）；
7—DEEP（D_4-DEEP）；
8—DPP（D_4-DPP）；
9—DHXP（D_4-DHXP）；
10—BBP（D_4-BBP）；
11—DBEP（D_4-DBEP）；
12—DCHP（D_4-DCHP）；
13—DEHP（D_4-DEHP）；
14—DPhP（D_4-DPhP）；
15—DNOP（D_4-DNOP）；
16—DNP（D_4-DNP）。

图C.1 16种邻苯二甲酸酯标准溶液（0.12μg/mL）的总离子流色谱图（同位素内标法）

附 录 D
外标法中邻苯二甲酸酯监测离子参数

外标法中18种邻苯二甲酸酯的保留时间、定性和定量离子参数见表D.1。

表 D.1 邻苯二甲酸酯的保留时间、定性和定量离子

序号	化合物名称	保留时间/min	定性离子（m/z）	定量离子（m/z）
1	邻苯二甲酸二甲酯（DMP）	7.66	163, 77, 194, 133	163
2	邻苯二甲酸二乙酯（DEP）	8.51	149, 177, 105, 222	149
3	邻苯二甲酸二烯丙酯（DAP）	9.73	41, 132, 149, 189	149
4	邻苯二甲酸二异丁酯（DIBP）	10.21	149, 223, 104, 167	149
5	邻苯二甲酸二正丁酯（DBP）	10.93	149, 223, 205, 104	149
6	邻苯二甲酸二(2-甲氧基)乙酯（DMEP）	11.25	59, 149, 104, 176	149
7	邻苯二甲酸二(4-甲基-2-戊基)酯（BMPP）	11.97	149, 167, 85, 251	149
8	邻苯二甲酸二(2-乙氧基)乙酯（DEEP）	12.29	72, 149, 104, 193	149
9	邻苯二甲酸二戊酯（DPP）	12.65	149, 237, 219, 104	149
10	邻苯二甲酸二己酯（DHXP）	14.73	149, 251, 104, 233	149
11	邻苯二甲酸丁基苄基酯（BBP）	14.88	149, 91, 206, 104	149
12	邻苯二甲酸二(2-丁氧基)乙酯（DBEP）	16.30	149, 101, 85, 193	149
13	邻苯二甲酸二环己酯（DCHP）	16.95	149, 167, 249, 104	149
14	邻苯二甲酸二(2-乙基)己酯（DEHP）	17.19	149, 167, 279, 113	149
15	邻苯二甲酸二苯酯（DPhP）	17.31	225, 77, 104, 153	225
16	邻苯二甲酸二异壬酯（DINP）	18.5~21.5	127, 149, 167, 293	149
17	邻苯二甲酸二正辛酯（DNOP）	19.55	149, 279, 104, 261	149
18	邻苯二甲酸二壬酯（DNP）	22.03	149, 293, 167, 275	149

附 录 E
邻苯二甲酸酯标准溶液的总离子流色谱图（外标法）

E.1 邻苯二甲酸二异壬酯（DINP）标准溶液（1.0μg/mL）的总离子流色谱图（外标法）见图 E.1。

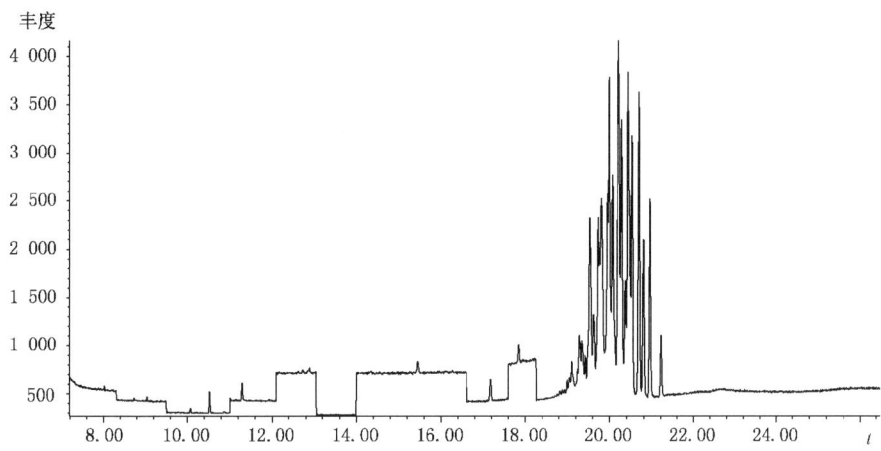

图 E.1 邻苯二甲酸二异壬酯（DINP）标准溶液（1.0μg/mL）的总离子流色谱图（外标法）

E.2 17 种邻苯二甲酸酯标准溶液（0.12μg/mL）的总离子流色谱图（外标法）见图 E.2。

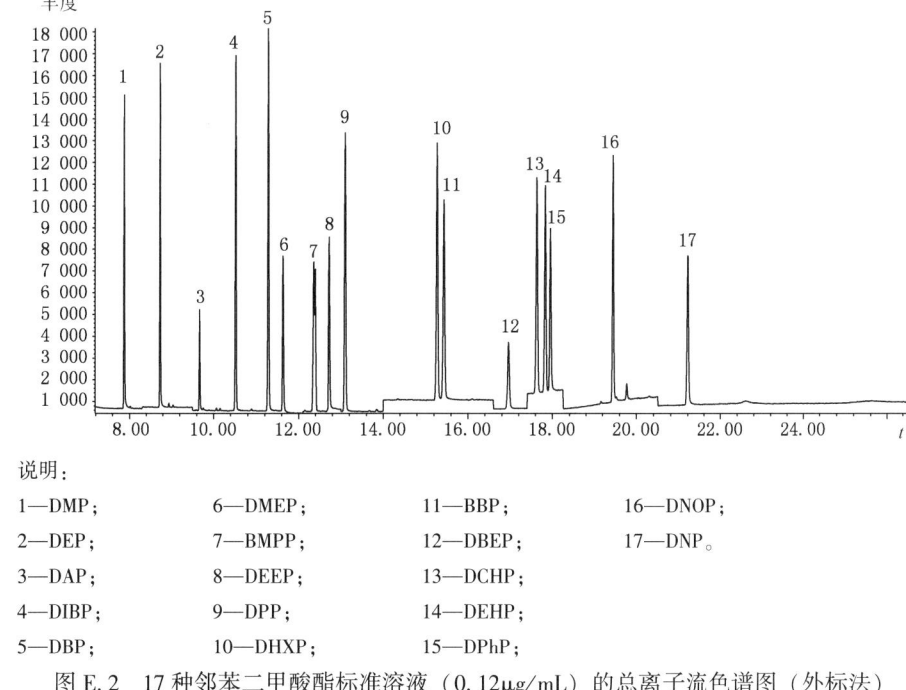

说明：
1—DMP；　　　　6—DMEP；　　　　11—BBP；　　　　16—DNOP；
2—DEP；　　　　7—BMPP；　　　　12—DBEP；　　　17—DNP。
3—DAP；　　　　8—DEEP；　　　　13—DCHP；
4—DIBP；　　　　9—DPP；　　　　14—DEHP；
5—DBP；　　　　10—DHXP；　　　15—DPhP；

图 E.2 17 种邻苯二甲酸酯标准溶液（0.12μg/mL）的总离子流色谱图（外标法）

参考文献

[1] 苗俊玲. 论生态伦理中的人类中心主义 [D]. 重庆：西南师范大学，2003.

[2] Pearce D W, Atkinson G. Capital theory and the measurement of sustainable development: an indicator of weak sustainability [J]. Ecological Economics, 1993, 8 (2): 103-108.

[3] Johnston D, Lowe R, Bell M. An exploration of the technical feasibility of achieving CO_2 emission reduction in excess of 60% within the UK housing stock by the year 2050 [J]. Energy Policy, 2005 (33): 1643-1659.

[4] 俞海. 绿色转型新浪潮下的世界与中国 [J]. 人民论坛·学术前沿，2015 (1): 53-63.

[5] 彭斯震，孙新章. 中国发展绿色经济的主要挑战和战略对策研究 [J]. 中国人口·资源与环境，2014 (3): 1-4.

[6] 罗必良.《走向生态化经营》出版后的思考 [J]. 酿酒科技，2001 (6): 17-18.

[7] 李家民. 生态酿酒与生态经营 [J]. 酿酒，2009 (6): 91-95.

[8] GB/T 15109—2008，白酒工业术语 [S]. 北京：中国标准出版社，2008.

[9] 李家民. 从生态酿酒到生态经营——酿酒文明的进程 [J]. 酿酒科技，2010 (4): 111-114.

[10] 陈鼓应. 老子注译及评介 [M]. 北京：中华书局，2009.

[11] 赵宗乙. 淮南子译注 [M]. 哈尔滨：黑龙江人民出版社，2003.

[12] 张轩. 道家生态文明思想简论 [J]. 中共四川省委党校学报，2014 (3): 89-92.

[13] 王中江. 道与事物的自然：老子"道法自然"实义考论 [J]. 哲学研究，2010 (8): 37-47.

[14] 张文学，赖登燡，余有贵. 中国酒概述 [M]. 北京：化学工业出版社，2011.

[15] 杜锦文，戴如莲，刘映霞，等. 关于茅台酱香酒业环境保护的思考 [J]. 传承，2012 (6): 66-67.

[16] 张国强. 白酒技术发展趋势的思考 [J]. 酿酒，2005，32 (6): 10-15.

[17] 胡承，钟杰，胡永松. 对建设长江上游白酒经济带的思考 [J]. 决策咨询通讯，2009 (4): 54-55, 67.

[18] 黄永光，刘杰. 我国白酒金三角发展战略分析 [J]. 酿酒科技，2010 (8):

82-86.

[19] 李启宇, 何凡. 我国白酒金三角——白酒产业空间组织优化探讨 [J]. 酿酒科技, 2013 (4): 21-25.

[20] 马克思, 恩格斯. 马克思恩格斯全集: 第42卷 [M]. 北京: 人民出版社, 1999.

[21] 马克思, 恩格斯. 马克思恩格斯全集: 第23卷 [M]. 北京: 人民出版社, 1972.

[22] 马克思, 恩格斯. 马克思恩格斯选集: 第1卷 [M]. 北京: 人民出版社, 1995.

[23] 周鑫. 马克思主义生态伦理观探析 [J]. 天津市社会主义学院学报, 2013 (1): 59-60.

[24] 李慧. 马克思主义生态伦理思想及其现实启示 [D]. 太原: 山西财经大学, 2014.

[25] 柳兰芳. 自然生态、人文生态和社会生态的辩证统一:《1844年经济学哲学手稿》的生态伦理思想 [J]. 社会科学家, 2013 (7): 16-20.

[26] 杨伟, 刘勇, 王良群, 等. 航天诱变处理对高粱产量以及品质的影响 [J]. 农学学报, 2015, 5 (8): 19-22.

[27] 程西永, 许海霞, 董中东. 小麦航天诱变育种效果研究 [J]. 中国农学通报, 2007, 7 (3): 598-601.

[28] 江学海, 朱速松, 张大双, 等. 酿酒用辅料稻壳优质品种的筛选及其栽培 [J]. 贵州农业科学, 2012, 40 (8): 98-100.

[29] 杨贝贝, 余有贵, 曾豪, 等. 酿造用稻壳的研究现状及发展趋势 [J]. 食品与机械, 2016 (2): 202-204, 225.

[30] 熊子书, 王久源, 李家民. "幽雅、舒适、健康"型白酒: GB/T 21820—2008 舍得酒问世探秘 [J]. 酿酒, 2014 (2): 6-11.

[31] 叶华夏, 练顺才, 谢正敏, 等. 小麦蒸煮香气成分的研究 [J]. 酿酒, 2014 (1): 38-42.

[32] 钟玉叶, 崔如生, 滕抗. "洋河蓝色经典"绵柔型质量风格成因初探 [J]. 酿酒, 2008 (4): 26-35.

[33] 沈怡方. 对淡雅浓香型白酒的粗浅认识 [J]. 酿酒科技, 2008 (3): 111-112.

[34] 杨红文, 潘大金. 浅谈浓香型白酒陈酿 [J]. 酿酒科技, 2008 (4): 78-79.

[35] 曾黄麟, 曾谦, 张良. 计算机白酒勾兑与调味辅助系统 [J]. 四川轻化工学院学报, 2000, 13 (3): 1-5.

[36] 杨红文. 白酒计量自动化输送系统在酒库管理中的应用 [J]. 酿酒, 2014 (1): 62-65.

[37] 李家明. 应用模糊数学理论创建蒸馏酒勾兑新方法 [J]. 酿酒科技, 2000 (4): 19-20.

[38] 徐岩, 范文来, 吴群, 等. 风味技术导向白酒酿造基础研究的进展 [J]. 酿酒科技, 2012 (1): 17-23.

[39] 钟其顶，王道兵，熊正河．固态法白酒与固液法白酒的同位素鉴别技术［J］．质谱学报，2014（1）：66-71.

[40] 任海伟，李金平，张轶，等．白酒丢糟糖化条件的优化及乙醇发酵［J］．应用与环境生物学报，2013，19（5）：838-844.

[41] 徐传鸿，余有贵，张文武．黄水的理化分析及其应用研究进展［J］．食品安全质量检测学报，2014，5（12）：4011-4017.

[42] 周新虎，陈翔，丁晓斌．膜分离技术在尾酒中的研究及应用［J］．酿酒科技，2013（9）：56-58.

[43] 宋柯，杜岗，刘念．白酒发酵副产物丢糟、黄水、底锅水中提取香味成分在酒用香料中的应用［J］．酿酒科技，2008（6）：82-84.

[44] 曹奇．白酒废水循环利用的治理技术研究［J］．资源节约与环保，2015（11）：62-63.

[45] 邹强，钟杰，胡承，等．中国白酒的生态化［J］．酿酒，2014，41（4）：17-21.

[46] 李家民．"五三"原理比较简析——食品酿造微生态与人体消化道微生态规律性研究［J］．酿酒，2016（1）：3-16.

[47] 李家民．像管药品一样管食品　像做药品一样做食品［J］．酿酒，2014（1）：3-6.

[48] 赵成．科学发展观与生态文明建设：生态文明建设的基本原则、行为规范及其意义［J］．科学技术与辩证法，2005，22（1）：6-9.

[49] 中共中央文献研究室．十七大以来重要文献选编（上）［M］．北京：中央文献出版社，2009.

[50] 鲁达．中国酿酒大师、沱牌舍得集团副董事长李家民道法自然酒法自然［J］．中国酒，2013（10）：12-21.

[51] 张文学，乔宗伟，向文良，等．中国浓香型白酒窖池微生态研究进展［J］．酿酒，2004，31（2）：31-35.

[52] 徐岩．科学传承、集成创新　走中国白酒技术可持续发展的道路：对芝麻香酒的看法和认识［J］．酿酒科技，2013（4）：17-20.

[53] 刘琪．论科学发展观的技术创新生态化实现路径［J］．科学与管理，2013，33（6）：18-23.

[54] 中共环境保护部党组．构建人与自然和谐发展的现代化建设新格局：党的十八大以来生态文明建设的理论与实践［J］．求是，2016（12）：11-13.

[55] 贺利平．论儒家生态伦理观对建设"美丽中国"的现实启迪［J］．前沿，2014（9）：60-61.

[56] 李建华，蔡尚伟．"美丽中国"的科学内涵及其战略意义［J］．四川大学学报：社会科学版，2013（5）：135-140.

[57] 四川大学"美丽中国"研究所．"美丽中国"省会及副省级城市建设水平（2013）研究报告（简本）［J］．西部发展评论，2014（00）：18-34.

[58] 高迪．马克思主义人与自然关系视域中的生态文明建设论析［J］．长春师范大

学学报：人文社会科学版，2014，33（3）：23-24.

［59］胡永松，王忠彦，邓小晨，等．对酿酒工业生态及其发展的思考（提要）［J］．酿酒科技，2000（1）：22-23，19.

［60］张文学，王印召，吴正云，等．白酒丢糟资源化利用的研究进展［J］．酿酒科技，2013（9）：86-89.

［61］罗必良，李家顺，李家民．走向生态化经营［M］．北京：中国数字化出版社，2001.

［62］朱弟雄，涂向勇．特色生态技术对浓香型白酒工艺中窖池设计与要求的研究［J］．酿酒，2012，39（2）：35-38.

［63］胡峰．微生物技术在浓香型白酒生产中的应用研究［J］．酿酒科技，2008（12）：56-59.

［64］刘洋，赵婷，姚粟，等．一株芝麻香型白酒高温大曲嗜热放线菌的分离与鉴定 生物技术通报［J］．生物技术通报，2012（10）：210-216.

［65］黄晓宁，黄晶晶，李兆杰，等．浓香型和酱香型大曲微生物多样性分析［J］．中国酿造，2016，35（9）：33-37.

［66］申孟林，张超，王玉霞．白酒大曲微生物研究进展［J］．中国酿造，2016，35（5）：1-5.

［67］李付丽，吴鑫颖，王晓丹．微生物技术在浓香型白酒增香方面的应用［J］．中国酿造，2014（1）：9-13.

［68］谢小林，龙立利．大曲生产中新技术的应用［J］．酿酒科技，2008（09）：96-98.

［69］胡承，邬捷锋，沈才洪，等．浓香型（泸型）大曲的研究及其应用［J］．酿酒科技，2004（1）：34.

［70］康明官．白酒工业新技术［M］．北京：化学工业出版社，1996.

［71］马美荣，梁洪艳，王春娜．红曲霉在白酒生产中应用研究现状［J］．酿酒科技，2004（4）：53-54.

［72］秦含章．国产白酒的工艺技术和试验方法［M］．北京：学苑出版社，2000.

［73］傅金泉．中国红曲及其实用技术［M］．北京：中国轻工业出版社，1997.

［74］吴衍庸．泸型红曲霉增香在浓香型酒上应用研究进展［J］．酿酒科技，1999（1）：18-20.

［75］朱婷婷，刘桂君．应用红曲生产牛栏山二锅头基酒的研究［J］．酿酒科技，2009（9）：89-91.

［76］王旭亮，王德良，刘桂君，等．红曲代谢产物的测定及分析［J］．酿酒科技，2009（9）：119-121.

［77］镇达，方尚玲，陈茂彬．红曲霉酯化霉特性及在白酒酿造中的应用研究［J］．酿酒科技，2009（1）：62-64.

［78］张艳梅，王昌禄，郭坤亮，等．酶对茅台酒酒糟再利用的影响［J］．酿酒科技，2005（10）：81-82.

［79］王立钊，梁慧珍，马树奎，等．影响固态发酵白酒中杂醇油生成因素的研究

［J］．酿酒科技，2006（5）：43-45．

［80］张志刚，吴生文，陈飞．大曲酶系在白酒生产中的研究现状及发展方向［J］．中国酿造，2011（1）：13-16．

［81］谢洁云．"IC+CASS+BAF"工艺处理酒厂高浓度废水［J］．环境与生活，2014（6）：63，65．

［82］董友新．阿米诺酶在浓酱兼香型白酒酿造中的应用［J］．酿酒科技，2004（1）：42-43．

［83］宋宇．酶制剂在白酒酿造生产中的应用［J］．赤峰学院学报，2006，22（01）：76-77．

［84］董友新，郭成林，熊小毛．影响"白云边"半成品酒正丙醇含量的原因初探［J］．酿酒，2002，29（1）：30-31．

［85］蒋宏，陈远钊，张良，等．白酒丢糟制备活性炭的初步研究［J］．酿酒科技，2006（3）：97-98．

［86］洪松，袁光和．酒曲丢糟的利用研究（第4报）：酒厂利用丢糟的效益分析［J］．酿酒科技，2000（4）：20-24．

［87］刘新环，陈敏，刘冬，等．用丢糟代替部分小麦制曲工艺的研究［J］．酿酒科技，2003（3）：84-85．

［88］李大和．浓香型大曲酒生产技术［M］．北京：中国轻工业出版社，1997．

［89］张宝年，夏元金．酒糟在纯小麦制曲中的应用［J］．酿酒，2010（3）：61-62．

［90］姚万春，唐玉明，廖建民，等．优质新型泸型大曲的研制及应用［J］．酿酒科技，2003（1）：37-38．

［91］沈怡方．白酒生产技术全书［M］．北京：中国轻工业出版社，1998．

［92］沈萍．微生物学实验［M］．北京：高等教育出版社，2003．

［93］王世宽，侯华，张强，等．伏曲培养过程中微生物及理化指标的研究［J］．酿酒科技，2009（4）：39-41．

［94］陈靖余，周应朝．泸型大曲质量标准及鉴曲方法的探索［J］．酿酒，1996（3）：6-7．

［95］谢永文，李莉．自动控制系统在白酒生产中的应用［J］．酿酒科技，2007，（9）：53-57．

［96］赵东，牛广杰，彭志云，等．五粮液包包曲中微生物生物区系变化及其理化因子演变［J］．酿酒科技，2009，186（12）：38-40．

［97］刘安然，罗俊，余有贵，等．包包曲生产和应用试验［J］．酿酒科技，2006，145（6）：62-64．

［98］唐瑞．北方中高温包包曲制作要点分析［J］．酿酒，2005，32（1）：30-32．

［99］范文来，徐岩．白酒79个风味化合物嗅觉阈值测定［J］．酿酒，2011（4）：80-84．

［100］任国军．ERP系统在河套酒业的实施［J］．酿酒科技，2006（6）：99-101．

［101］胥思霞，胡靖，王晓丹，等．浓香型青酒生产微生态环境研究及功能菌分离［J］．酿酒科技，2012（08）：33-37．

[102] 李娟，李忠海，余有贵．粉碎度对机压包包曲的动态影响［J］．邵阳学院学报（自然科学版），2011，8（1）：64-67．

[103] 方晓璞，张文学，张其圣，等．丢糟酿酒复合发酵剂的应用开发研究［J］．中国酿造，2007，169（4）：55-57．

[104] 程宏连，李德敏．丢糟代替部分小麦用于大曲生产的可行性研究［J］．酿酒科技，2009，182（8）：63-64．

[105] 李家顺，李家明，邓林，等．浓香型大曲酒丢糟综合利用新技术研究（第2报）：丢糟粉在大曲生产上的应用［J］．酿酒科技，1992（2）：16-21．

[106] 王计胜．利用丢糟制曲的探讨［J］．酿酒科技，2007，152（2）：70-71．

[107] 张文学，岳元媛，向文良，等．浓香型白酒酒醅中化学物质的变化及其规律性［J］．四川大学学报：工程科学版，2005，37（4）：44-48．

[108] 李学思，李绍亮．浓香型白酒在蒸馏过程中不同馏分风味物质变化规律的探索与研究（上）［J］．酿酒，2010，37（4）：27-36．

[109] 康白．微生态学在发达国家及中国的历史和现状［J］．中国微生态学杂志，1997，9（3）：52．

[110] 赵发清，马海燕．微生态基本概念的剖析［J］．中国微生态学杂志，1997，7（6）：41-44．

[111] 邵凤君，金家志．微生态学及微生态制剂［J］．农业环境与发展，1994，11（4）：28-30．

[112] 张克家．中药对动物微生态的调节［J］．中兽医学杂志，2003（1）：29．

[113] 唐由凯．论微生态系统及系统分析［J］．中国微生态学杂志，2000，12（2）：116-118．

[114] 刘志恒．现代微生物学［M］．北京：科学出版社，2002．

[115] 王大珍．微生物生态学的发展及应用［J］．科学，1993，45（2）：18-20．

[116] 陈益钊．中国白酒的嗅觉味觉科学及实践［M］．成都：四川大学出版社．1996．

[117] 张群．生物基可降解食品包装材料关键技术研究［J］．食品与生物技术学报，2016，35（7）：784．

[118] 顾文娟．生物可降解纳米复合材料在食品包装的应用［J］．中国包装，2007（6）：40-42．

[119] 易彬，任道群，唐玉明，等．不同窖龄窖泥微生态变化研究［J］．酿酒科技，2011（06）：32-34．

[120] 王海平，来安贵，赵德义．对中国传统白酒工艺学的新认识——微生物生态系统工程学［J］．酿酒，2006，33（6）：19-22．

[121] 张煜东，吴乐南，王水花．专家系统发展综述［J］．计算机工程与应用，2010（19）：43-47．

[122] 隆兵，杨均，江小华．酿志生态中国——"生态酿酒"重要问题考据［J］．中国酒，2014（04）：24-43．

[123] 沈怡方．白酒中四大乙酯在酿造发酵中形成的探讨［J］．酿酒科技，2003

(8):28-31.

[124] 舒代兰,张丽莺,张文学,等.浓香型白酒糟醅发酵过程中香气成分的变化趋势[J].食品科学,2007,28(6):89-92.

[125] 杨文博.微生物学实验[M].北京:化学工业出版社,2004.

[126] 章克昌.酒精与蒸馏酒工艺学[M].北京:中国轻工业出版社,2004.

[127] 吕辉,张宿义,冯治平,等.浓香型白酒发酵过程中微生物消长与香味物质变化研究[J].食品与发酵科技,2010(3):37-59.

[128] 郝建宇,张宿义,赵金松,等.浓香型白酒质量糟醅发酵过程中的动态研究[J].中国酿造,2011(6):37-59.

[129] 张文丽,戴铁军.浅议包装工业的可持续发展[J].再生资源与循环经济,2013(10):14-17.

[130] 刘园园,毛晓东,张玉梅.白云边酒入池发酵过程酒醅中的微生物分析[J].酿酒,2011,38(3):32-34.

[131] 吴衍庸,薛堂荣,陈昭蓉,等.五粮液老窖厌氧菌群的分布及其作用的研究[J].微生物学报,1991,31(4):299-307.

[132] 张良,任剑波,唐玉明,等.泸州老窖窖泥物理特性及矿物元素含量差异研究[J].酿酒,2004,31(4):11-13.

[133] 唐玉明,任道群,姚万春,等.泸州老窖窖泥化学成分差异研究[J].酿酒科技,2005(1):45-49.

[134] 吴谋成.仪器分析[M].北京:科学出版社,2003.

[135] 中国科学院南京土壤研究所.土壤理化分析[M].上海:上海科学技术出版社,1978.

[136] 唐玉明,沈才洪,任道群,等.老窖池窖泥特性研究[J].酿酒,2005,32(5):24-27.

[137] 杨鹏举.窖泥中微生物菌群及其代谢模式[J].酿酒科技,1995,68(2):14-15.

[138] 张良,沈才洪,张宿义,等.解析窖泥功能菌代谢能力的调控[J].酿酒科技,2008(1):57-58,61.

[139] 樊磊,叶小梅,何加骏,等.解磷微生物对土壤磷素作用的研究进展[J].江苏农业科学,2008,35(5):261-263.

[140] 赵小蓉,林启美,李保国.微生物溶解磷矿粉能力与pH及分泌有机酸的关系[J].微生物学杂志,2003,23(3):5-7.

[141] 林启美,王华,赵小蓉,等.一些细菌和真菌的解磷能力及机理初探[J].微生物学通报,2001,28(2):26-29.

[142] 鲁如坤.土壤磷素(二)[J].土壤通报,1980(2):16.

[143] 梁成华,魏丽萍,罗磊.土壤固钾与释钾机制研究进展[J].地球科学进展,2002,17(5):679-684.

[144] 吴衍庸,齐义鹏,徐成基,等.泸州大曲酒窖泥中微生物的生态分布和厌氧发酵特征[J].微生物学通报,1980,7(3):22-26.

[145] 徐国华，鲍士旦，史瑞和. 生物耗竭土壤的层间钾自然释放及固定特性 [J]. 土壤，1995，37（4）：182-185.

[146] Poonia S R, Mehta S C, Palr. Exchange equilibrium of potassium in soils: Effect of farmyard manure on potassium and calcium exchange [J]. Soil Science, 1986, 141 (12): 77-83.

[147] 吴衍庸. 论提高泸型酒质量的三大微生物技术 [J]. 酿酒科技，2002（5）：22，25.

[148] 沈怡方. 白酒风味质量形成的主要因素 [J]. 酿酒科技，2005，137（11）：30-34.

[149] 康文怀，徐岩. 中国白酒风味分析及其影响机制的研究 [J]. 北京工商大学学报（自然科学版），2012，30（3）：53-57.

[150] 文成兵，李光辉，邱声强，等. 提高窖泥质量的研究 [J]. 酿酒科技，2009，178（4）：68-70.

[151] 张家庆，宋瑞滨，曹敬华，等. 人工老窖窖泥结晶初步分析 [J]. 中国酿造，2014（3）：21-23.

[152] 谢玉球，林洋，周二干，等. 人工窖泥的制作和养护 [J]. 酿酒科技，2013（2）：67-70.

[153] 侯建光，郭富祥，杜明松. 人工老窖的保养与维护 [J]. 酿酒科技，2004（6）：51-52.

[154] 周恒刚. 窖泥培养 [M]. 北京：中国计量出版社，1998.

[155] 吴衍庸. 浓香型白酒微生物技术 [M]. 成都：成都科技大学出版社，1996.

[156] 孙玉法，杜明松. 仰韶酒微量组分的分析研究 [J]. 酿酒科技，1999（5）：71.

[157] 陆步诗，呙军荣，余有贵. 更换窖池窖泥提高产酒质量 [J]. 酿酒科技，1998（4）：32-33.

[158] 吴衍庸. 白酒工业生态中的微生物生态学 [J]. 酿酒科技，2001（5）：32-33.

[159] N. Renuka, Sarika V. Mathure, Rahul L. Zanan, et al. Determination of some minerals and β-carotene contents in aromatic indica rice (Oryza sativa L.) germplasm [J]. Food Chemistry, 2016 (191): 2-6.

[160] 王红彦，王道龙，李建政，等. 中国稻壳资源量估算及其开发利用 [J]. 江苏农业科学，2012，40（1）：298-300.

[161] 刘淑玲，赵德才. 白酒智能勾兑和质量评价系统的研究 [J]. 酿酒，2010，37（6）：78-80.

[162] 任飞，张晓宇. 浓香型大曲糖化动力学研究 [J]. 食品与机械，2013，29（1）：42-44.

[163] 黄来军，胡健良，麦文勇. 酒的金属外包装 [J]. 食品与机械，2002（04）：36-37.

[164] 孙夏冰，王松涛，陆震霞，等. 浓香型大曲酒窖泥中挥发性化合物的测定与

分析 [J]. 食品与机械, 2013, 29 (6): 54~58.

[165] 李大和. 白酒酿造工教程 [M]. 北京: 中国轻工业出版社, 2006.

[166] ChamPagne ET. Rice: Chemistry and technology (Third Edition) [M]. St. Paul, Minnesota: American Association of Cereal Chemists Inc, 2004.

[167] 刘绪, 张华玲, 常少健, 等. 白酒酿造中稻壳功能的探讨 [J]. 酿酒科技, 2015 (5): 21-25.

[168] Jin Y Q, Cheng X S, Zheng Z B. Preparation and characterization of phenol-formaldehyde adhesives modified with enzymatic hydrolysis lignin [J]. Bioresource Technology, 2010, 101 (6): 2046-2048.

[169] Ishneet Kaur, Yonghao Ni. A process to produce furfural and acetic acid from pre-hydrolysis liquor of kraft based dissolving pulp process [J]. Separation and Purification Technology, 2015 (46): 121-126.

[170] Gross A S, Chu J W. On the molecular origins of biomass recalcitrance: The interaction network and solvation structures of cellulose microfibrils [J]. J Phys Chem B, 2010, 114 (42): 13333-13341.

[171] Koksimovic G, Markovic Z. Investigation of the mechanism of acidic hydrolysis of cellulose [J]. ActaAgric. Serbia, 2007, 12: 51-57.

[172] HerreraA, Tellez-Luis S, Gonzalez-Cabriales J J, et al. Effect of hydrochloric acid concentration on the hydrolysis of sorghum straw at atmospheric pressure [J]. J. Food Eng., 2004, 63: 103-109.

[173] 王金山, 牛凤云, 孙萍, 等. 糠醛毒性的研究 [J]. 卫生毒理学杂志, 1994, 8 (3): 21-23.

[174] 叶华夏, 谢正敏, 练顺才, 等. 酿酒用糠壳中蒸煮气味成分的研究 [J]. 酿酒科技, 2015 (1): 55-57.

[175] 安登第, 刘厚福, 王国生, 等. 回收稻壳制酒性能试验 [J]. 粮食与饲料业, 1994 (12): 35-37.

[176] 吴忠会, 刘清波, 刘正安. 白酒丢糟"零排放"的研究 [J]. 食品科学, 2008, 29 (8): 201-204.

[177] Alireza Bazargan, Majid Bazargan, Gordon McKay. Optimization of rice husk pretreatment for energy production [J]. Renewable Energy, 2015 (77): 512-520.

[178] Ramchandra Pode, Boucar Diouf, Gayatri Pode. Sustainable rural electrification using rice husk biomass energy: A case study of Cambodia [J]. Renewable and Sustainable Energy Reviews, 2015 (44): 530-542.

[179] Ming Zhai, Yu Zhang, Peng Dong, et al. Characteristics of rice husk char gasification with steam [J]. Fuel, 2015 (158): 42-49.

[180] 张磊, 刘旭, 何皎, 等. 白酒丢糟干燥方法的探讨 [J]. 食品与发酵科技, 2012, 48 (4): 88-91.

[181] 张磊, 刘旭, 刘念, 等. 生物质环保型新燃料的燃烧分析 [J]. 食品与发酵科技, 2012, 48 (3): 78-80.

[182] 刘旭,张磊,王超凯,等.丢糟燃料成型条件的研究[J].食品与发酵科技,2012,48(5):79-82.

[183] 谢天柱,靳九红.白酒加浆用水处理方案选择与实践[J].甘肃科技,2002,18(9):21-23.

[184] 张倩,张继影不同酒度对加浆用水的要求[J].酿酒科技,2005(11):46-47.

[185] 曾祖训.中国白酒的技术创新[J].酿酒科技,2005(12):19-20.

[186] 沈怡方.我国白酒生产技术进步的回眸[J].酿酒科技,2002(6):24-28.

[187] 沈怡方.创新是白酒生产技术发展的核心[J].酿酒,2010,37(6):3-4.

[188] 余本富.浅谈"复合"香型白酒[J].酿酒科技,2002(2):54-55.

[189] 沈怡方,李小娟,焦二满.论复合香白酒的兴起[J].酿酒,2013,43(6):3-4.

[190] 崔海灏,杨月轮,崔靖靖,等.香型融合技术生产试验[J].酿酒,2014,41(2):76-78.

[191] 张书田.中国白酒三大香型生产工艺和香型融合创新技术[J].酿酒,2008,35(6):37-39.

[192] 焦二满,王丽,赵璐,等.北方清芝复合香型白酒生产工艺的研究[J].酿酒科技,2014(9):62-64.

[193] 李大和,曹远亮,王进明,等.三种复合香型白酒特点比较[J].酿酒,2016,43(1):26-30.

[194] 王振环.多粮复合兼香型工艺探讨[J].酿酒,2011,35(6):56-57.

[195] 杨志龙,熊翔,孙长庚,等.提高回糟产酒量的研究[J].邵阳学院学报:自然科学版,2005,2(2):114-115.

[196] 周建平,张义.阿米诺酶在武陵酒回糟生产中的应用[J].酿酒科技,2000(6):56-57.

[197] 黄大川.利用多甑双轮发酵提高浓香型大曲酒质量[J].酿酒科技,2003(2):40-41.

[198] 范文来,陈翔.应用夹泥发酵技术提高浓香型大曲酒名酒率的研究[J].酿酒,2001,28(2):71-73.

[199] 易祖军.酒鬼酒生产中双轮底夹泥发酵工艺[J].酿酒科技,2001(6):47.

[200] 张学英,贾美谊,向宗府.夹泥发酵在生产中的应用[J].酿酒科技,2006(2):58,60.

[201] 陈仁远,王俊,陈济丽.中国酱香型白酒生产中入窖发酵工序的技术质量控制与管理 优先出版[J].酿酒科技,2014(10):51-54.

[202] 邢钢,冯雅芳,张永利.绵柔凤香型白酒酿造工艺研究[J].酿酒,2016,43(5):59-62.

[203] 刘兴平.白酒固液复合发酵模式研究[J].酿酒,2001,28(3):65-67.

[204] 冯英木,逄顺路.中国景芝复合香白酒研讨会召开[J].酿酒,2011(1):80.

[205] 张吉焕, 胡建祥, 蔡官林. "多粮酿造, 发酵成型"法"凤兼复合型太白酒"香味成分和风味特点及其形成原因 [J]. 酿酒科技, 2007 (12): 33-35.

[206] 赵国敢, 范莽, 滕抗. 洋河大曲原酒贮存研究初探 [J]. 酿酒, 2008, 35 (5): 29-32.

[207] 乔华. 白酒陈化机理的研究及应用 [J]. 太原: 山西大学, 2013.

[208] 潘忠汉, 王汝侯, 崔益本. 激光陈化酒及其机理研究 [J]. 激光杂志, 1988 (5): 100-104.

[209] 林向阳, 林丛笑. 微波催陈白酒试验装置的研制 [J]. 机械与设计, 2000 (4): 34-36.

[210] 蒋耀庭, 孙英. 高压静电场催陈酒和醋综述 [J]. 中国酿造, 1999 (5): 1-4.

[211] 段旭昌, 李绍峰, 张吉焕, 等. 超高压技术处理对白酒物理特性和风味的影响 [J]. 中国食品学报, 2006, 6 (6): 78-82.

[212] 付立新, 孟丽芬, 许德春, 等. 辐射加速白酒陈化研究 [J]. 吉林农业大学学报, 1994, 16 (3): 67-70.

[213] 李宏涛, 王冰, 李次力. 臭氧对蒸馏白酒的催陈、除浊效果的研究 [J]. 酿酒, 2004, 31 (2): 75-77.

[214] 张忠茂, 崔棣章, 李洪亮, 等. 大型储罐强制加氧对白酒的催熟陈化探讨 [J]. 山东食品发酵, 2008 (1): 46-47.

[215] 尚宜良. 高锰酸钾与活性炭联合处理加速粮食白酒老熟 [J]. 酿酒, 2004, 31 (4): 85-86.

[216] 赵怀杰. 白酒催陈中的可逆现象 [J]. 酿酒科技, 1995 (1): 28-29.

[217] 郭生金, 赵怀杰. 白酒的人工催陈与化学平衡 [J]. 酿酒科技, 1996 (1): 30-31.

[218] 陈功. YS-Ⅱ天然生物催熟物在白酒中的应用 [J]. 酿酒科技, 1999 (1): 78-79.

[219] 陈立生. 白酒催陈技术的科学发展方向 [J]. 金筑大学学报, 2000 (4): 97-113.

[220] 袁先铃, 徐军, 曾燕. 白酒酒体的构成及酒体设计实例 [J]. 酿酒, 2009, 36 (3): 70-71.

[221] 武志勇, 佟金萍. 老龙口品牌白酒酒体风格设计 [J]. 酿酒科技, 2006 (7): 71-72.

[222] 徐占成, 徐姿静. 酒体风味设计学概论 [J]. 酿酒, 2012 (6): 3-8.

[223] 朱金玉, 解成玉, 李玉英. 白酒酒体的结构分析与设计原则 [J]. 酿酒科技, 2016 (11): 83-84.

[224] 彭奎, 刘念, 潘建军, 等. 江西章贡酒业微机勾兑网络管理系统的开发 [J]. 食品与发酵科技, 2009, 45 (1): 14-17.

[225] 李长文, 魏纪平, 李燚, 等. 运用FTIR分析不同酒龄基酒 [J]. 酿酒科技, 2008, 174 (12): 70-72.

[226] 姜安, 彭江涛, 彭思龙, 等. 基于SVM的白酒红外光谱分析方法研究 [J]. 计算机与应用化学, 2010, 27 (2): 233-236.

[227] 周围, 周小平, 赵国宏, 等. 名优白酒质量指纹专家鉴别系统 [J]. 分析化学, 2004, 32 (6): 735-740.

[228] 郑岩, 汤庆莉, 吴天祥, 等. GC-MS法建立贵州茅台酒指纹图谱的研究 [J]. 中国酿造, 2008 (9): 74-76.

[229] 王睿, 徐伟, 方翼. 中药指纹图谱研究进展 [J]. 中国药师, 2004, 10 (7): 764-767.

[230] 石志红, 何建涛, 常文保. 中药指纹图谱技术 [J]. 大学化学, 2004, 19 (1): 33-40.

[231] 袁洁, 尹京苑, 高海燕. 指纹图谱在白酒中的应用研究进展 [J]. 食品科学, 2008, 29 (11): 680-684.

[232] 黄艳梅, 卢建春. 采用气相色谱-质谱分析古井贡酒中的风味物质 [J]. 酿酒科技, 2006 (7): 91-94.

[233] 曹云刚, 马丽, 杜小威, 等. 汾酒酒醅发酵过程中有机酸的变化规律 [J]. 食品科学, 2011, 32 (7): 229-232.

[234] 马燕红, 张生万. 清香型白酒酒龄鉴别的方法研究 [J]. 食品科学, 2012, 33 (10): 184-189.

[235] Li X, Xiong W, Zhou L, etal. Analysis of 16 phalic acid esters in food stimulants from plastic food contact materials by LC-ESI-MS/MS [J]. J. Sep. Sci., 2013 (36): 477-484.

[236] Fan J, Wu L, Wang X, etal. Determination of the migration of phthalate esters in fatty food packaged with different materials by solid-phase extraction and UHPLC-MS/MS [J]. Anal. Methods, 2012 (4): 4168-4175.

[237] 谭文渊, 袁东, 付大友, 等. 气相色谱-质谱联用测定白酒中的氨基甲酸甲酯和氨基甲酸乙酯 [J]. 食品科学, 2011, 32 (16): 305-307.

[238] 崔鹏, 韩澄华, 张辉. 青稞酒中氨基甲酸乙酯的气相色谱-四级杆质谱测定法 [J]. 环境与健康杂志, 2012, 29 (1): 71-72.

[239] 包志华, 娜仁高娃, 马俊华. 气相色谱-质谱法测定白酒中氨基甲酸乙酯的分析 [J]. 农产品加工, 2013 (12): 64-68.

[240] 吉林省卫生厅. DBS 22/003—2013 饮料酒中氨基甲酸乙酯的测定: 气相色谱-质谱法 [M]. 北京: 中国标准出版社, 2012.

[241] 林国斌, 林麒, 倪蕾. 液-液萃取稳定同位素内标法测定酒中氨基甲酸乙酯 [J]. 海峡预防医学杂志, 2013, 19 (5): 58-60.

[242] 赵依芃, 王宗义, 李德美, 等. 稳定同位素稀释-液相色谱-串联质谱法直接测定酒类中氨基甲酸乙酯 [J]. 食品科学, 2015, 36 (8): 220-224.

[243] 刘红丽, 张榕杰, 卢素格. 酒中氨基甲酸乙酯的测定分析 [J]. 中国卫生工程学, 2010, 9 (4): 299-300, 303.

[244] 徐占成. 挥发系数鉴别年份酒的方法发明突破了年份酒鉴定的世界性难题

[J]. 四川食品与发酵, 2008, 44 (1): 1-3.

[245] 戴宏民. 包装与环境 [M]. 北京: 印刷工业出版社, 2007.

[246] 庄名扬. 谈谈年份酒与鉴别方法 [J]. 酿酒科技, 2008 (7): 83-86.

[247] 吴士业, 冯志平. 白酒微观形态形成机理探讨 [J]. 酿酒科技, 2007 (12): 28-29.

[248] 吴士业, 冯志平. 贮存期浓香型白酒微观形态变化探讨 [J]. 酿酒科技, 2007 (11): 32-33.

[249] 杨涛, 李国友, 庄名扬. 中国白酒年份酒鉴别方法的研究 [J]. 酿酒, 2008, 35 (5): 33-38.

[250] 段丽艳, 王春鹏, 储富祥. 纤维素基可生物降解共混高分子材料的制备和性能 [J]. 高分子材料科学与工程, 2008, 24 (9): 37-39.

[251] 曾祖训. 试论白酒香味成分与质量风格的关系 [J]. 酿酒, 2002, 29 (1): 8-10.

[252] 王忠彦, 尹昌树, 郭杰. 微量成分影响白酒风格质量的关键因素 [J]. 酿酒科技, 2000 (1): 90-91.

[253] 雄子书. 贵州茅台酒调查研究的回眸 [J]. 酿酒科技, 2000 (4): 26-29.

[254] 内蒙古自治区轻工业科学研究所分析室. 白酒中芳香成分的分析 [J]. 食品与发酵工业, 1979 (2): 20-28.

[255] 沈尧绅, 曹桂英, 孙洁, 等. 关于白酒中醇酯等主成分气相色谱分析方法的探讨 [J]. 酿酒, 1994 (2): 32-40.

[256] 蔡心尧, 尹建军, 胡国栋. 毛细管柱直接进样法测定白酒香味组分的研究 [J]. 色谱, 1997, 15 (5): 367-371.

[257] 康名宫. 白酒工业手册 [M]. 北京: 中国轻工业出版社, 1991.

[258] 刘炯光, 袁辉. 白酒指纹图谱 [J]. 酿酒, 2003, 3 (30): 152-153.

[259] 陈私, 郭勇, 王智猛, 等. 指纹图谱用于白酒质量的控制 [J]. 化学研究与应用, 2004, 3 (16): 373-374.

[260] 孙细珍. "指纹图谱" 技术在白酒产品质量评价中的应用 [J]. 酿酒科技, 2005, 10 (136): 33-36.

[261] 李长文, 魏纪平, 孙素琴. 白酒宏观红外指纹三级鉴定 [J]. 酿酒科技, 2006, 6 (144): 35-38.

[262] 王超, 张宿义, 李德林, 等. 固态法白酒丢糟的资源化综合利用 [J]. 酿酒科技, 2015 (12): 103-107.

[263] 王印召, 吴正云, 杨健, 等. 白酒丢糟资源化利用的研究进展 [J]. 酿酒科技, 2013 (9): 86-89.

[264] 王小军, 敖宗华, 沈才萍, 等. 浓香型大曲酒丢糟用于制曲的研究进展 [J]. 酿酒科技, 2011 (8): 104-106.

[265] 胡晓娜. 浅谈计算机在勾兑白酒技术中的应用 [J]. 酿酒科技, 1999 (2): 41-42.

[266] 王富花, 陈秀清. 白酒酿造中废水处理方法及工程治理措施 [J]. 酿酒科技,

2013（12）：80-84.

［267］周建丁，周健．白酒工业废水处理现状及展望［J］．四川理工学院学报（自然科学版），2008，21（6）：74-77，87.

［268］王肇颖，肖敏．白酒酒糟的综合利用及其发展前景［J］．酿酒科技，2004（1）：65-67.

［269］章克昌．酒精与蒸馏酒工艺学［M］．北京：中国轻工业出版社，1997.

［270］刘晓牧，吴乃科．酒糟的综合开发与应用［J］．畜牧与饲料科学，2004（5）：9.

［271］贺鸣，李胜利．发酵酒糟对肉牛和奶牛生产性能的影响［J］．中国饲料，2004（5）：24-27.

［272］高路．酒糟的综合利用［J］．酿酒科技，2004（5）：101-102.

［273］张建华，王传荣，沈洪涛．TH-ADDY和糖化酶在浓香型大曲丢糟中的应用［J］．酿酒科技，2003（4）：60-61.

［274］张礼星，唐湘华，唐胜，等．里氏木霉纤维素酶在大曲丢糟中的应用［J］．酿酒科技，2000（3）：52-53.

［275］王世东，周学政．酒糟栽培鸡腿菇高产技术［J］．中国食用菌，2004（6）：30.

［276］柴政强．气相色谱分析法测定丢糟中残留酒精分［J］．酿酒科技，2000（6）：102.

［277］李大和．新型白酒生产与勾兑技术问答［M］．北京：中国轻工业出版社，2004.

［278］吴衍庸．浓香型曲酒微生物技术［M］．成都：四川科学技术出版社，1987.

［279］连学林．常温UASB装置处理五粮液酒厂废水［M］．中国沼气，2001，19（4）：27-29.

［280］张欣．我国白酒废水治理技术研究进展［J］．酿酒，2008，35（6）：12-15.

［281］林芊．论创新包装设计对产品的增值作用［J］．包装工程，2010，31（3）：106-109.

［282］孟跃．白酒包装：三个阶段和四个趋势［J］．酒世界，2011（7）：48-50.

［283］高博．浅析中国白酒包装的现状及发展［J］．中国包装工业，2014（6）：28，30.

［284］张文学．生态食品工程学［M］．成都：四川大学出版社，2006。

［285］郝倩，苏荣欣，齐崴，等．食品包装材料中有害物质迁移行为的研究进展［J］．食品科学，2014，35（21）：279-285.

［286］Beld G, Pastorelli S, Franchini F, et al. Time and temperature dependent migration studies of Irganox 1076 from plastics into foods and food stimulants［J］. Food Add Cont：Part A，2012，29（5）：836-845.

［287］Alin J, Hakkarainen M. Migration from polycarbonate packaging to food simulants during microwave heating［J］. Poly Degrad Stab，2012，97（8）：1387-1395.

［288］高松，王志伟，胡长鹰，等．食品包装油墨迁移研究进展［J］．食品科学，

2012, 33 (11): 317-322.

［289］薛美贵, 王双飞, 黄崇杏. 印刷纸质食品包装材料中 Pb、Cd、Cr 及 Hg 含量的测定及其来源分析［J］. 化工学报, 2010, 61 (12): 3258-3265.

［290］刁波, 任劲, 林子吉, 等. 酒类包装材料对酒质的影响［J］. 酿酒科技, 2014 (2): 113-114, 122.

［291］郑校先, 俞剑燊, 冉宇舟, 等. 白酒塑化剂食品安全风波分析及白酒包装材料问题［J］. 酿酒科技, 2013 (10): 62-64.

［292］吴秀英. 食品包装材料的种类及其安全性［J］. 质量探索, 2014 (9): 56-59.

［293］司伟平. 浅谈食品包装材料及主要材质安全性［J］. 河南科技, 2013 (8): 39.

［294］谢淑丽. 竹材在白酒外包装设计中的运用探讨［J］. 包装工程, 2009, 30 (5): 146-147, 179.

［295］杨福馨. 食品安全与食品包装材料绿色化研究［J］. 上海包装, 2011 (10): 20-22.

［296］李明. 铝质材料在酒包装中的应用［J］. 上海包装, 2011 (12): 26-27.

［297］李婷, 柏建国, 刘志刚, 等. 食品金属包装材料中化学物的迁移研究进展［J］. 食品工业科技, 2013, 34 (15): 380-383, 389.

［298］任海燕. 绿色生态包装材料在现代包装设计中的作用［J］. 包装世界, 2014 (1): 75-76.

［299］戴宏民, 戴佩燕. 生态包装的基本特征及其材料的发展趋势［J］. 包装学报, 2014, 6 (3): 1-9.

［300］何伟, 姜莹莹, 于洋, 等. 包装材料的发展趋势及设计原则［J］. 湖南工业大学学报: 社会科学版, 2009 (5): 72-76.

［301］胡荣珍, 谢日星. 包装设计元素中材质的运用研究［J］. 包装工程, 2008, 29 (3): 187-189.

［302］朱和平, 任莹莹. "中国白酒创意包装设计大赛"参赛作品研究［J］. 包装学报, 2015, 7 (1): 76-81.

［303］谭亦武. 废弃聚酯化学回收再生利用的方法［J］. 合成纤维, 2011 (4): 1-7.

［304］江涛, 吴丽霞. 包装材料的发展及生态化研究［J］. 中国包装, 2004 (5): 54-56.

［305］生态包装材料的发展研究［J］. 中国包装工业, 2008 (6): 30-32.

［306］侯汉学, 董海洲, 王兆升, 等. 国内外可食性与全降解食品包装材料发展现状与趋势［J］. 中国农业科技导报, 2011 (5): 79-87.

［307］季伟, 主芸. 食品塑料包装的现状与发展趋势［J］. 中外食品工业, 2013 (7): 43-45.

［308］Paraskevopoulou D, Achilias D S, Paraskevopoulou A. Migration of styrene from plastic packaging based on polystyrene into food stimulants［J］. Poly Int, 2012, 61 (1): 141-148.

[309] Viñas P, López-garcía I, Campillo N, et al. Ultrasound assisted emulsification microextraction coupled with gas chromatography mass spectrometry using the Taguchi design method for bisphenol migration studies from thermal printer paper, toys and baby utensils [J]. Anal Bioanal Chem, 2012, 404 (3): 671-678.

[310] 王志伟, 黄秀玲, 胡长鹰. 多类型食品包装材料的迁移研究 [J]. 包装工程, 2008, 29 (10): 1-7.

[311] 戴宏民, 戴佩燕. 提高食品包装材料安全性的途径 [J]. 包装学报, 2014, 6 (1): 1-4.

[312] 王莉莉. 波浪式前进 螺旋式上升——以酒包装为例看我国包装设计的发展趋势 [J]. 才智, 2011 (29): 179-180.

[313] 王庆斌. 产品生态设计的理念与方法 [J]. 郑州轻工业学院学报: 社会科学版, 2005 (6): 69-71.

[314] 戴宏民, 戴佩燕. 提高食品包装材料安全性的新技术和治本途径 [J]. 包装学报, 2014, 6 (1): 23-26.

[315] 虞莉萍. 酒包装材料和技术的新突破 [J]. 中国酿造, 2005 (3): 42-43.

[316] 郭筱兵, 丁利, 李节, 等. 纳米包装材料及其安全性评价研究进展 [J]. 食品与机械, 2013, 29 (5): 249-251.

[317] 中国白酒包装未来发展的九大趋势 [J]. 酒世界, 2014 (2): 34-35.

[318] 戴宏民, 戴佩燕. 石油基食品包装材料的生态化及应用 [J]. 包装印刷, 2015 (2): 48-53.

[319] 申孟林. 浓香型白酒大曲发酵成熟过程中四种主要酶产生菌多样性分析 [D]. 成都: 西华大学, 2018.

[320] 翟磊, 于学健, 冯慧军, 等. 宜宾产区浓香型白酒酿造生境中细菌的群落结构 [J]. 食品与发酵工业, 2020, 46 (2): 18-24.

[321] 陈梦圆, 刘学彬, 汪平, 等. 产酯香功能菌对酱香型酒醅的影响 [J]. 食品科学, 2018 (10): 199-205.

[322] 蔡雪梅, 蒋英丽, 吴联海, 等. 不同区域酱香型白酒人工窖底泥细菌多样性及其影响因子 [J]. 食品科学, 2017, 38 (10): 87-91.

[323] 王柏文, 吴群, 徐岩, 等. 中国白酒酒曲微生物组研究进展及趋势 [J]. 微生物学通报, 2021 (5): 1737-1746.

[324] GB/T 10781.1—2021 白酒质量要求第1部分: 浓香型白酒 [S]. 北京: 中国标准出版社, 2021.

[325] DB3213/T 1036—2021 酿酒高粱轻简栽培技术规程 [S]. 南京: 江苏省市场监督管理局, 2021.

[326] GB 5009.271—2016 食品安全国家标准 食品中邻苯二甲酸酯的测定 [S]. 北京: 中国标准出版社, 2016.

[327] GB/T 15109—2021 白酒工业术语 [S]. 北京: 中国标准出版社, 2021.

[328] 张朝正, 张天爽, 董思文, 等. 窖泥中挥发性物质和微生物群落的空间分布规律及其关系 [J]. 食品工业科技, 2022, 43 (5): 147-157.

[329] 张海琳. 浓香型大曲酒的窖池设计与机械化施工的研究 [J]. 酿酒科技, 2019 (12): 70-72, 76.

[330] 成冬冬, 董灿灿, 韩小龙, 等. 浓香型大曲白酒窖池微生物及养护研究进展 [J]. 食品科技, 2022, 47 (12): 15-19.

[331] 赵东, 郑佳, 彭志云, 等. 高通量测序技术解析五粮液窖泥原核微生物群落结构 [J]. 食品与发酵工业, 2017, 43 (9): 1-8.

[332] 辜杨. 中国浓香型白酒酿造窖泥微生物多样性研究 [D]. 无锡: 江南大学, 2021.

[333] 肖琴, 何平, 周瑞平, 等. 不同窖龄及位置浓香型白酒窖泥微生物群落多样性与理化因子的比较分析 [J]. 食品科学, 2023, 44 (20): 165-174.

[334] 孟雅静, 张会敏, 王艳丽, 等. 浓香型白酒窖泥的真核菌群结构分析 [J]. 现代食品科技, 2020, 36 (5): 96-103.

[335] 任海伟, 李志娟, 刘美琪, 等. 基于高通量测序技术分析不同窖龄窖泥真菌群落多样性与空间异质性 [J]. 食品科学, 2024, 45 (2): 178-187.

[336] 王春艳, 付博辰, 郭书贤, 等. 宋河浓香型白酒不同窖龄窖壁泥与窖底泥真菌菌群结构分析 [J]. 中国酿造, 2021, 40 (2): 88-91.

[337] 张应刚, 许涛, 郑蕾, 等. 窖泥群落结构及功能微生物研究进展 [J]. 微生物学通报, 2021, 48 (11): 4327-4343.

[338] 毕天然, 黄钧, 张宿义, 等. 不同窖龄及位置窖泥微生物群落和代谢组分的差异 [J]. 食品与发酵工业, 2022, 48 (2): 231-237.

[339] 邓杰, 卫春会, 边名鸿, 等. 浓香型白酒不同窖龄窖池窖泥中古菌群落结构分析 [J]. 食品科学, 2017, 38 (8): 37-42.

[340] 唐云, 姚海刚, 李彦涛, 等. 不同窖龄浓香型白酒窖泥细菌群落结构及其多样性分析研究 [J]. 酿酒科技, 2022 (7): 93-98.

[341] 李超, 王金晓, 冯鹏鹏, 等. 己酸菌选育及在浓香型白酒生产中的应用 [J]. 中国酿造, 2020, 39 (8): 1-6.

[342] 徐占成, 唐清兰, 徐姿静, 等. 剑南春天益老号窖泥特殊功能菌的选育及应用 [J]. 酿酒科技, 2019 (10): 94-100.

[343] 张应刚. 产甲烷菌对窖泥中香味成分的影响 [D]. 北京: 中国农业科学院, 2019.

[344] 白霞, 屈云, 林东, 等. 窖池中酸性脲酶产生菌的分离鉴定及其对模拟窖泥pH 值和风味物质的影响 [J]. 食品与发酵工业, 2024, 50 (12): 275-283.

[345] 刘梅, 邓杰, 谢军, 等. 基于微生物群落结构相关的窖泥品质理化指标的筛选 [J]. 食品科学, 2018, 39 (19): 7.

[346] 邹斐, 叶力, 冯亮, 等. 窖泥微生物多样性及窖泥评价与养护研究进展 [J]. 食品科学, 2024, 45 (16): 320-328.

[347] 吴树坤, 穆敏敏, 杨磊. 浓香型白酒窖泥微生物群落及其养护技术研究进展 [J]. 中国酿造, 2024, 43 (11): 8-12.

[348] 史冬梅, 王松, 赵东瑞, 等. GC-MS/SIM 法检测 103 种白酒中 6 种酚类化合

物［J］．中国食品学报，2019，19（4）：235-248．

［349］文静，余东，蒋安华，等．不同清蒸工艺对谷壳析出糠醛的影响［J］．酿酒，2018，45（4）：73-75．

［350］黄敏，杨官荣，陈杰，等．浓香型曲酒酿造发酵以及生产全过程中异杂味产生的原因及预防和解决措施［J］．酿酒，2022，49（2）：38-41．

［351］李泽霞，姜东明，单凌晓，等．GC-O-MS对白酒中的糠味物质的研究［J］．酿酒，2020，47（1）：44-50．

［352］张煜行，李泽霞，王豹，等．稻壳清洁化处理技术在白酒生产中的应用［J］．酿酒科技，2018，（12）：102-105．

［353］余有贵．生态酿酒新技术［M］．北京：中国轻工业出版社，2016．

［354］余有贵，曾豪．生态酿酒及其蕴含的产业思想溯源［J］．食品与机械，2017，33（1）：213-218，220．

［355］张明远，李红梅．白酒生态化生产技术研究进展［J］．酿酒科技，2022，15（3）：78-85．

［356］王立新，陈思远．新型白酒蒸馏设备节能效果分析［J］．食品与发酵工业，2021，47（8）：256-262．

［357］唐贤华，杨官荣，黄志瑜，等．中国白酒与人体健康关系研究综述［J］．酿酒，2014（5）：10-13．

［358］赵云浩，黄晓丹，王珺，等．酒醅与酱渣混蒸馏分中的多肽鉴定及风味成分分析［J］．食品与发酵工业，2024，50（11）：55-61．

［359］赵云浩．酒醅与酱渣混蒸富集多肽及其对酱香型蒸馏酒风味的影响［D］．邵阳学院，2024．

［360］何东梅，马宇，黄永光，等．机械化酱香型轮次基酒风味结构及特征酯类化合物解析［J］．食品科学，2021，42（10）：269-275．

［361］王媚，李征，潘玲玲，等．不同前处理方法对酱香型白酒挥发性风味成分的影响［J］．中国酿造，2023，42（12）：143-152．

［362］孔艳，姚常斌，曾鸣，等．稻壳制备活性炭联产二氧化硅工艺［J］．过程工程学报，2015，15（04）：670-676．

［363］任聪，杜海，徐岩．中国传统发酵食品微生物组研究进展［J］．微生物学报，2017，57（06）：885-898．

［364］李家民．生态酿酒与生态经营［J］．食品与发酵科技，2009，45（5）：73-80．

［365］翟公先．酿酒废黄水综合利用技术［P］．中国专利：201010137932.2，2013-01-16．

［366］隆兵，扬均，江小华．酿志生态中国—"生态酿酒"重要问题考据［J］．中国酒，2014（4）：24-43．

［367］黄先全，孙云权，林薛刚，等．翻转式蒸粮锅及其蒸粮方法［P］．中国专利：201911422005.2，2023-09-22．

［368］王建成，姚鹏，贺燕波，等．一种雅致风格白酒的酿造方法［P］．中国专利：201710843769.3，2020-10-30．

[369] 王建成，姚鹏，贺燕，等．一种多种粮食同时柔熟的蒸粮方法［P］．中国专利：201710843825.3，2021-01-08．

[370] 余有贵，万勇，郑青，等．一种酱酒堆积发酵系统及其使用方法［P］．中国专利：202011488130.6，2023-04-07．

[371] 李家民．一种酿造浓香型白酒的"一清到底"工艺［P］．中国专利：200510020564.2，2007-10-17．

[372] 余有贵，杨贝贝．减少酿酒用稻壳碱金属与糠醛含量的预处理方法［P］．中国专利：201510715379.9，2017-09-29．

[373] 郑青，余有贵，徐海月，等．一种提高白酒酯香稳定性的辅助勾调方法［P］．中国专利：115960691A，2024-10-18．

[374] 余有贵，徐晓东．电磁感应加热的纯粮固态发酵白酒液态重蒸馏装置［P］．中国专利：201410674381.1，2016-01-06．

[375] 贾丽艳，张鑫，王晓勇，等．一种多菌种强化大曲发酵酿造清香型白酒的生产方法［P］．中国专利：201710827683.1，2020-04-10．

[376] 吴立平，朱栋才，李杰，等．一种压曲设备［P］．中国专利：202211416260.8，2024-11-29．

[377] 冷崇丰，王忠彦，付友登，等．微机控制架式大曲发酵制曲方法［P］．中国专利：89105919.9，1994-06-15．

[378] 徐击水，张子蓬，李毅，等．一种酒曲自动化翻转仓储系统［P］．中国专利：201810814683.2，2024-05-28．

[379] 任聪，徐岩，项兴本，等．一种可用于分析窖泥微生物群落结构的绝对定量方法［P］．中国专利：202110095560.X，2023-11-21．

[380] 胡光源，林琳，倪德让，等．一种测定酱香型白酒中羟基吡嗪类化合物的方法［P］．中国专利：201910196453.9，2021-12-14．

[381] 张生万，乔华，王伟，等．一种白酒催陈的方法及其装置［P］．中国专利：200810054772.8，2011-08-17．

[382] 程彦明．一种食品包装用可降解材料及其制备方法［P］．中国专利：201310310341.4，2016-06-15．

[383] 谢旭，苗秀珍，刘乐乐，等．一种复合微生物菌剂及其在调控窖泥pH中的应用［P］．中国专利：202010836692.9，2022-05-20．

[384] 周海明，杨润岱，冒续伍，等．一种瓦斯气发电机组自动控制方法及装置［P］．中国专利：202110653287.8，2022-08-19．

[385] 陈昌万，冒续伍，钱中华，等．箱式燃气发电机组［P］．中国专利：201920757827.5，2020-01-10．

[386] 李海松，万俊锋，杜家绪，等．一种酒糟与酿酒废水联合处理工艺［P］．中国专利：201410232914.0，2016-02-03．

[387] 易利福，林国龙，胡开辉，等．酒糟的生态解酸处理方法［P］．中国专利：201010286856.1，2012-07-25．

[388] 王国明，许秀亮，韩晶，等．酒类产品的生产流程追溯方法及终端设备［P］．

中国专利：201911354739.1, 2023-09-26.

[389] 郑青, 余有贵, 熊阿媛. 一种电化学氧化催陈白酒的方法［P］. 中国专利：202010439640.8, 2023-11-21.

[390] 郑青, 余有贵, 熊阿媛. 一种提高液态发酵基酒总酯含量的电化学方法及液态发酵基酒［P］. 中国专利：202010875994.7, 2020-8-27.

[391] 胡光源, 杨帆, 王莉, 等. 一种基于难挥发性有机酸判别酱香型白酒后味的方法［P］. 中国专利：202111127944.1, 2023-05-09.

[392] 李家民. 白酒原粮汽爆糊化处理方法［P］. 中国专利：201010028078.6, 2013-01-09.

[393] 李家民. 一种汽爆机［P］. 中国专利：201310046686.3, 2015-01-21.

[394] 李家民. 一种提高浓香型白酒陈香味的人工窖泥制备方法［P］. 中国专利：200910058616.3, 2012-05-23.

[395] 朱弟雄, 吴鸣, 涂向勇. 浓香型白酒生产中防止窖泥脱落的方法［P］. 中国专利：201110085873.3, 2012-07-18.

[396] 庞刚. 一种从处于生长的竹中制备野竹酒的方法［P］. 中国专利：00109427.0, 2004-05-19.

[397] 杜帮云, 张宜松, 周超, 等. 白酒勾兑自动控制系统［P］. 中国专利：200710142994.0, 2011-03-23.

[398] Abdo Hassoun, Abderrahmane Ait-Kaddour, Adnan M. Abu-Mahfouz, et al. The fourth industrial revolution in the food industry—Part I: Industry 4.0 technologies［J］. Critical Reviews in Food Science and Nutrition, 2022 (2): 2034735.

[399] Song F, Xiang H, Li Z, et al. Monitoring the baking quality of Tieguanyin via electronic nose combined with GC-MS［J］. Food Research International, 2023 (165): 112513.

[400] Q. Luo, J. Zheng, D. Zhao, D. Liu, et al. *Clostridium aromativorans* sp. nov., isolated from pit mud used for producing Wuliangye baijiu［J］. Antonie van Leeuwenhoek, 2023 (116): 739-748.

[401] Q. Liu, H. Zheng, H. Wang, et al. *Proteiniphilum propionicum* sp. nov., a novel member of the phylum Bacteroidota isolated from pit clay used to produce Chinese liquor［J］. International Journal of Systematic and Evolutionary Microbiology, 2022 (72): 005612.

[402] H. Wang, Y. Gu, D. Zhao, et al. *Caproicibacterium lactatifermentans* sp. nov., isolated from pit clay used for the production of Chinese strong aroma-type liquor［J］. International Journal of Systematic and Evolutionary Microbiology, 2022 (72): 005206.

[403] FAN B Q, XIANG L P, YU Y G, et al. Solid-state fermentation with pretreated rice husk: Green technology for the distilled spirit (Baijiu) production［J］. Environmental Technology & Innovation, 2020 (20): 101049.

[404] Yan-Chao Ma, Yang Zheng, Li-Hua Wang, et al. Integrated distilled spent grain with husk utilization: Current situation, trend, and design［J］. Renewable & Sustainable Energy Reviews, 2023 (179): 113275.

[405] Chen J, Zhang B, Luo L, et al. A review on recycling techniques for bioethanol production from lignocellulosic biomass [J]. Renewable and Sustainable Energy Reviews, 2021, 149 (2): 111370.

[406] Yang Zheng, Baoguo Sun, Mouming Zhao, et al. Characterization of the key odorants in Chinese Zhima aroma-type baijiu by gas chromatography-olfactometry, quantitative measurements, aroma recombination, and omission studies [J]. Journal of Agricultural and Food Chemistry, 2016, 64 (26): 5367-5374.

[407] Zheng Qing, Hu Yaru, Xiong Ayuan, et al. Elucidating metal ion-regulated flavour formation mechanism in the aging process of Chinese distilled spirits (Baijiu) by electrochemistry, ICP-MS/OES, and UPLC-Q-Orbitrap-MS/MS [J]. Food & Function, 2021 (12): 8899-8906.

[408] Li, X., et al. Volatile compounds analysis of Maotai liquor by GC-MS [J]. Journal of Food Science, 2020, 85 (3): 567-575.

[409] Zhang, Y., et al. Rapid determination of alcohol content, total acid and total ester in Chinese liquor using near-infrared spectroscopy [J]. Food Chemistry, 2019 (276): 1-7.

[410] Wang, J., et al. Discrimination of Chinese liquor from different origins based on electronic nose and chemometrics [J]. Sensors and Actuators B: Chemical, 2021 (330): 129316.

[411] Liu, H., et al. Development of an intelligent sensory robot for Chinese liquor grading using deep learning [J]. Journal of Food Engineering, 2022 (315): 110785.

[412] Chen, L., et al. Metabolomics analysis of the fermentation process of Chinese liquor [J]. Journal of Agricultural and Food Chemistry, 2021, 69 (15): 4567-4575.

[413] Zhou, M., et al. Blockchain-based traceability system for Chinese liquor quality control [J]. Food Control, 2023 (143): 109321.

[414] Wei Qiu, Hailong Ru, Jilei Wang, et al. Odor threshold dynamics during Baijiu aging: Ester–acid interactions [J]. LWT, 2025, 217 (117436): 1-7.

[415] Wang Jilei, Li Qu, Sun Yun, et al. Why does distilled liquor (Baijiu) have a yellowish color: A comprehensive analysis [J]. FOOD CHEMISTRY, 2024, 463: 141469.

[416] Hailong Ru, Haiyue Xu, Qu Li, et al. Equilibrium of esterification in Chinese distilled liquor (Baijiu) during ageing [J]. LWT, 2024, 192: 115735.

[417] Zheng Qing, Wang Zihao, Xiong Ayuan, et al. Elucidating oxidation-based flavour formation mechanism in the aging process of Chinese distilled spirits by electrochemistry and UPLC-Q-Orbitrap-MS/MS [J]. Food Chemistry, 2021, 355: 129596.

[418] ZHANG Y Y, ZHU X Y, LI X Z, et al. The process-related dynamics of microbial community during a simulated fermentation of Chinese strongflavored liquor [J]. BMC Microbiol, 2017, 17 (1): 1-10.

[419] ABRAHAM K, GUERTLER R, BERG K, et al. Toxicology and risk assessment of 5-hydroxymethylfurfural in food [J]. Molecula Nutrition & Food Research, 2011, 55 (5): 667-678.

［420］CAPUANO E, FOGLIANO V. Acrylamide and 5-hydroxymethylfurfural (hmf): A review on metabolism, toxicity, occurrence in food and mitigation strategies［J］. Lwt-Food Science and Technology, 2011, 44 (4): 793-810.

［421］ZHANG H M, MENG Y J, WANG Y L, et al. Prokaryotic communities in multidimensional bottom-pit-mud from old and young pits used for the production of Chinese strong-flavor Baijiu［J］. Food Chem［J］. 2020, 312: 126084.

［422］HU X L, DU H, REN C, et al. Illuminating anaerobic microbial community and cooccurrence patterns across a quality gradient in Chinese liquor fermentation pit muds［J］. Appl Environ Microbiol［J］. 2016, 82 (8): 2506-2515.

［423］ZhaoY, Huang X, Wang J, et al. Enrichment of oligopeptides in sauce-aroma Baijiu by optimized distillation with soy sauce byproduct and their effect on Baijiu flavor［J］. LWT, 2024 (201): 116208.

［424］Fang L, Zhang R, WEI Y, et al. Anti-fatigue effects of fermented soybean protein peptides in mice. Journal of the Science of Food and Agriculture［J］. 2022, 102 (7), 2693-2703.

［425］贵州茅台集团官网. 新闻资讯［EB/OL］.［2024-12-10］. https://wwwhy.moutai.com.cn/mtjt/xwzx/mtxw/index.html.

［426］贵州茅台酒厂集团红缨子农业科技发展有限公司官网. 新闻中心［EB/OL］.［2024-12-12］. https://www.hyzgl.com/article/345.html.

［427］五粮液集团官网. 新闻资讯［EB/OL］.［2025-01-10］. https://www.wuliangye.com.cn/zh/main/main.html#/g=NEWS.

［428］江苏洋河酒厂股份有限公司（苏酒集团）官网. 企业新闻［EB/OL］.［2025-01-12］. https://www.chinayanghe.com/article/type/19-1.html.

［429］舍得酒业股份有限公司官网. 动态资讯［EB/OL］.［2024-12-15］. https://www.tuopaishede.cn/productList_25_page1.html.

［430］泸州老窖官网. 企业新闻［EB/OL］.［2025-01-23］. https://www.lzlj.com/news/index.htm.

［431］山西杏花村汾酒集团有限责任公司官网. 新闻中心［EB/OL］.［2025-01-26］. https://www.fenjiu.com.cn/fjNews/index.html.

［432］贵州国台数智酒业集团股份有限公司官网. 新闻资讯［EB/OL］.［2025-01-15］. https://www.guotaijiu.com/?company.

［433］郎酒集团官网. 新闻与动态［EB/OL］.［2025-01-22］. https://www.langjiu.cn/home.

［434］国家知识产权局官网. 常规检索［EB/OL］.［2024-12-20］. https://pss-system.cponline.cnipa.gov.cn/conventionalSearch.

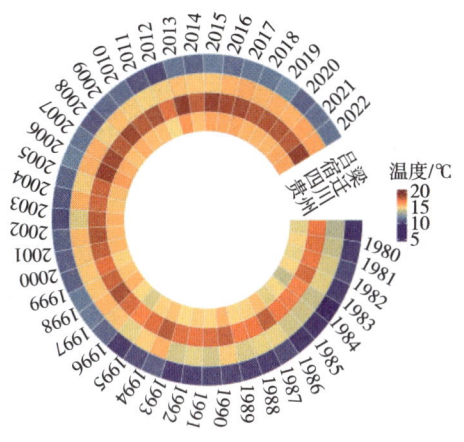

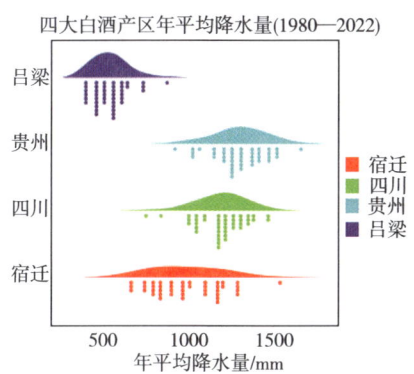

图 3-22 主要酿酒产区年平均气温、平均降水量的比较

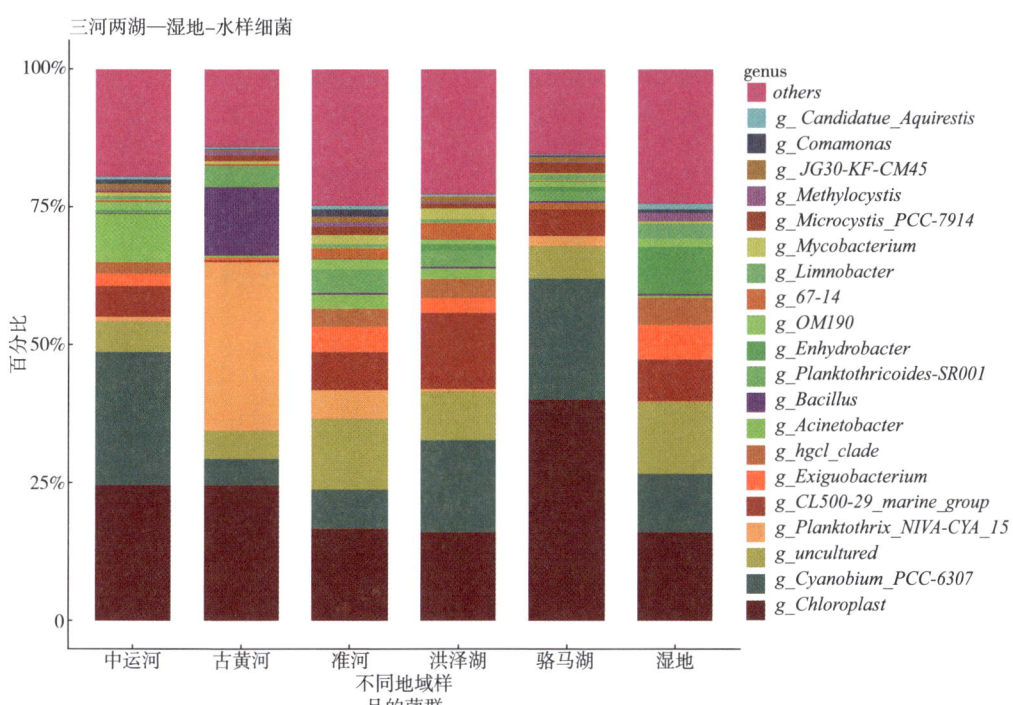

图 3-24

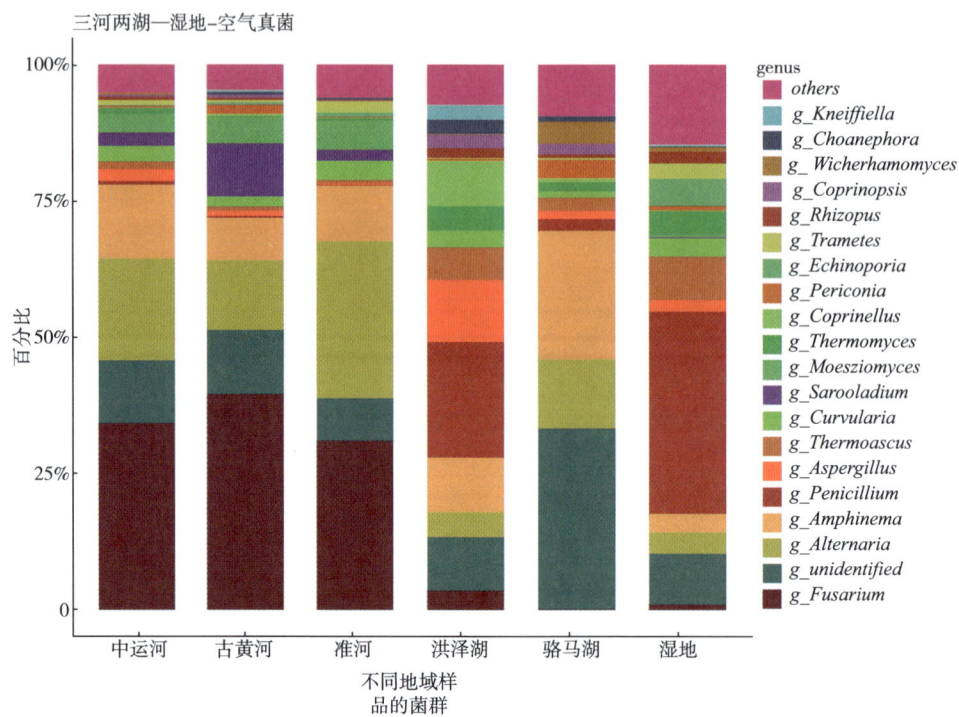

图 3-24 宿迁白酒产区水体中细菌（上）与空气中真菌（下）菌群结构

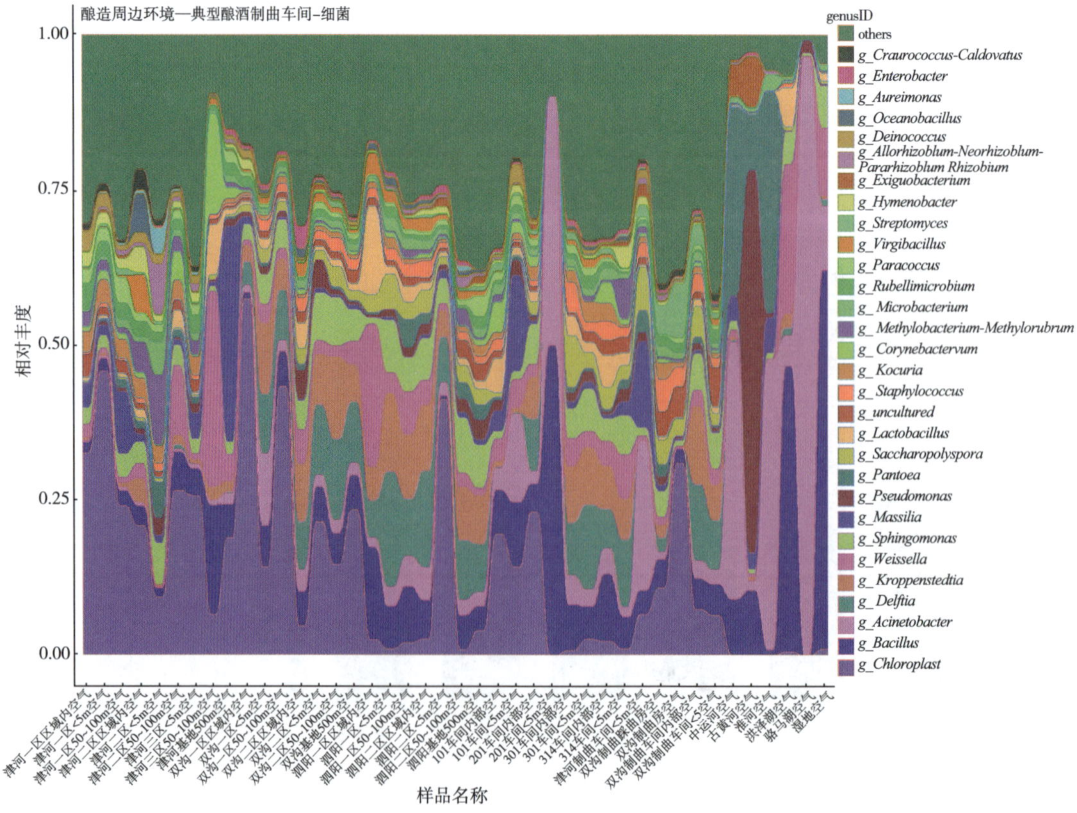

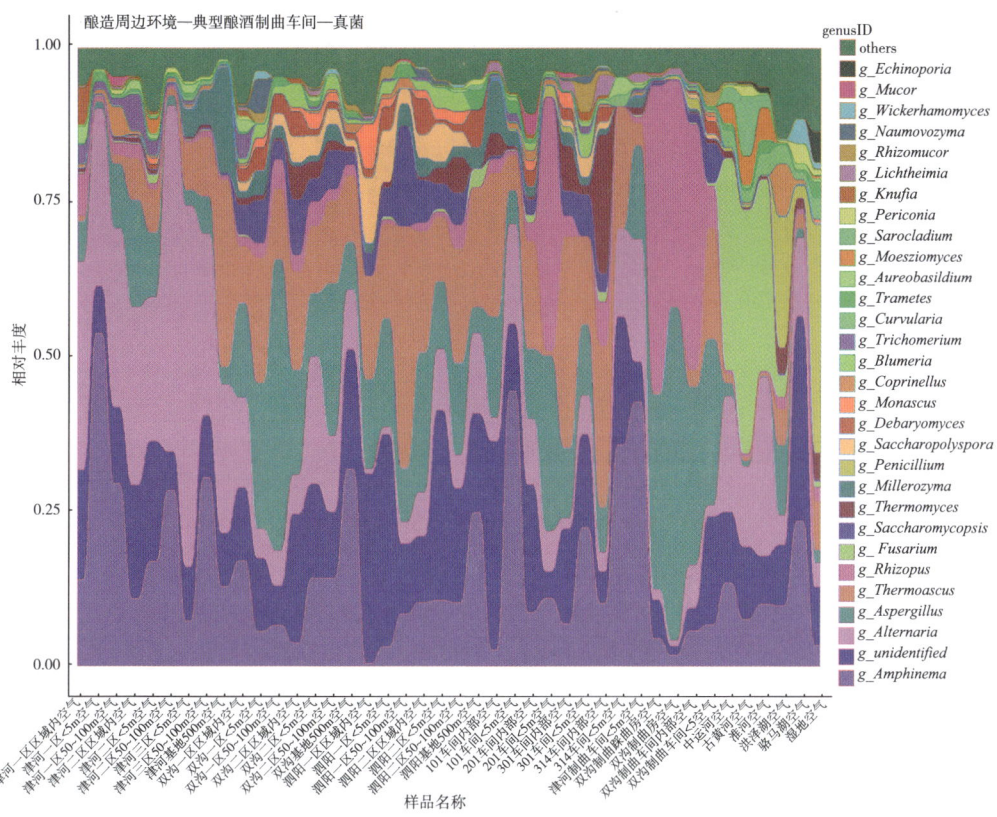

图 3-25 宿迁酿酒产区周边环境与典型车间空气中细菌（上）与真菌（下）菌群结构

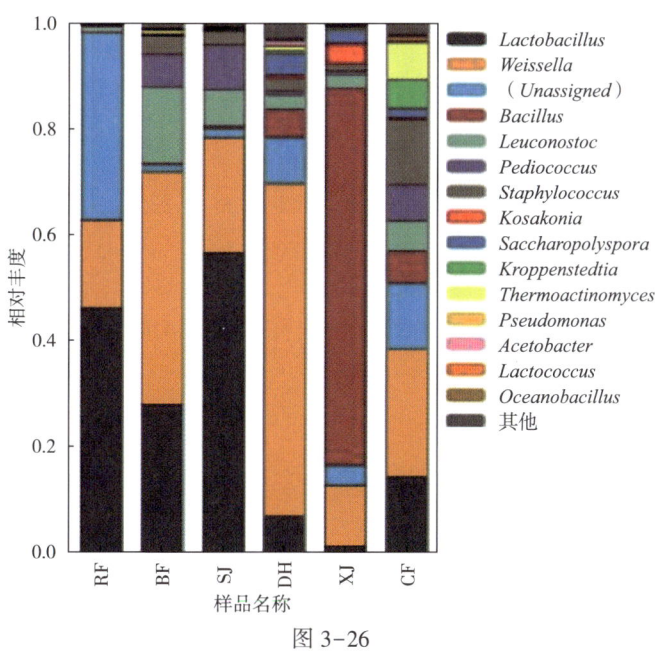

图 3-26

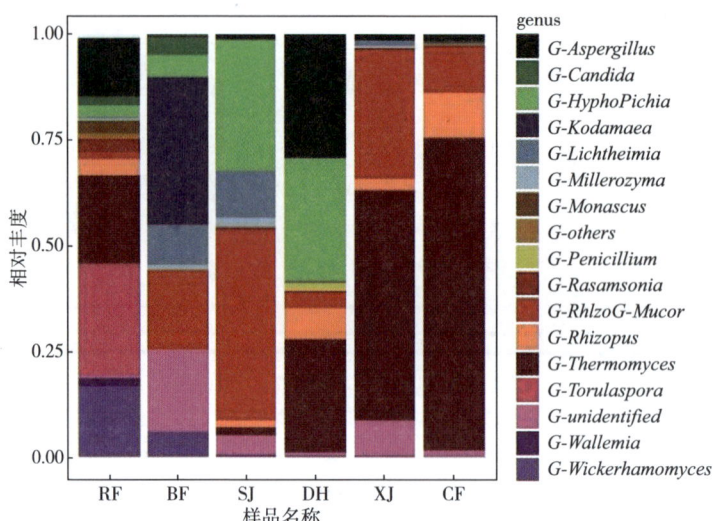

图 3-26 大曲培养各阶段细菌（上）与真菌（下）在属水平上的分布变化
RF—入房　BF—并房　SJ—上架　DH—大火　XJ—下火　CF—出房

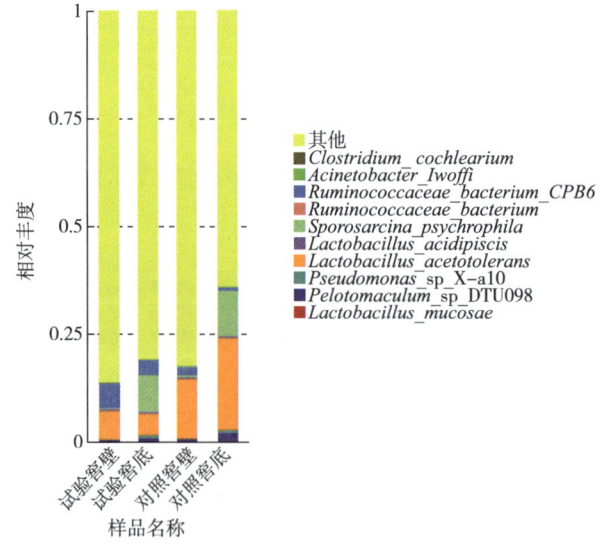

图 3-27 养护窖池试验对窖泥菌群结构作用